U0192583

配电实用技术

第4版

狄富清　狄晓渊　编著

机械工业出版社

本书是作者根据自己多年的配电技术工作经验编写而成。本书共17章，包括：配电常用电气计算、电气主接线、配电变压器的安装与运行维护、低压电器、高压电器、低压成套配电装置、高压成套配电装置、箱式变电站、母线装置、无功功率补偿装置、配电设备继电保护、配电设备微机保护装置、配电线路继电保护、配电线路微机保护装置、配电设备二次回路、防雷与接地装置、配电自动化与用电智能化。本书详细介绍了35kV及以下配电系统短路电流的计算方法，配电变压器及高低压电气设备的选择及安装、运行维护、操作技能、故障检查和事故处理等配电实用技术。同时，书中还列举了大量的实用例题。

本书内容丰富、资料翔实、图文并茂、实用性强、技术先进。本书可供城乡电网35kV及以下配电所电工阅读，也可作为职业技术学校、电工培训班的教材，同时对配电设计人员具有一定参考价值。

图书在版编目（CIP）数据

配电实用技术/狄富清，狄晓渊编著. —4版. —北京：机械工业出版社，2020.5（2025.1重印）

ISBN 978-7-111-65336-3

Ⅰ.①配…　Ⅱ.①狄…②狄…　Ⅲ.①配电系统-技术　Ⅳ.①TM72

中国版本图书馆CIP数据核字（2020）第060969号

机械工业出版社（北京市百万庄大街22号　邮政编码100037）
策划编辑：付承桂　责任编辑：付承桂　吕　潇
责任校对：樊钟英　封面设计：陈　沛
责任印制：单爱军
北京虎彩文化传播有限公司印刷
2025年1月第4版第12次印刷
184mm×260mm · 30.25印张 · 6插页 · 782千字
标准书号：ISBN 978-7-111-65336-3
定价：99.00元

电话服务　　　　　　　　　　网络服务
客服电话：010-88361066　　机　工　官　网：www.cmpbook.com
　　　　　010-88379833　　机　工　官　博：weibo.com/cmp1952
　　　　　010-68326294　　金　书　网：www.golden-book.com
封底无防伪标均为盗版　　机工教育服务网：www.cmpedu.com

前　言

随着社会的不断进步和时代的发展，以及国家经济的快速增长，城乡经济开发区的国有企业、民营企业、外资企业等迅速建设；智能化用电的居民住宅小区、商业中心、文化教育系统建设的步伐更快。由此，促进了城乡电网配电装置的建设，以满足城乡经济发展用电的需要。

近年来，在经济发达的城市郊区，大量新建电压为220/110/10kV、主变压器容量为240MV·A的变电所，在乡镇新建电压为220/35/10kV、主变压器容量为180MV·A的变电所。为了加快城乡电网配电设施的建设，提高配电装置的设计、安装质量及配电运行人员的运行管理技术业务水平，作者及时对《配电实用技术》第3版进行修订，完成了第4版的编写工作。

《配电实用技术》第4版延续了图文并茂、资料翔实、通俗易懂、实用性强的特点，基本反映了现代35kV及以下城乡电网配电装置的先进技术和设备。

本书介绍的电气计算、设备选型、安装工艺、运行管理、故障处理、实用例题等内容，给广大读者提供了大量的实用参考资料。

随着改革开放不断深化，科学技术快速进步，设备不断更新，国家大量引进了配电新技术和新设备。根据广大读者的要求，适当增加了配电装置新技术和新设备的内容，同时将电压等级提高到35kV，更加系统深入地介绍了配电变压器、配电线路的继电保护原理和装置，二次回路的原理及安装等内容，使本书内容更富有实用性，以满足供电系统有关配电设计、运行人员，厂矿企事业单位值班电工，以及各类职业技术院校相关专业教学培训的需要。

作　者

目　录

第一章　配电常用电气计算

第一节　电 路 计 算

一、欧姆定律

在恒定电流的电路中，用欧姆定律表示电流、电压、电阻三者的关系，电路中的电流与电压成正比，与电阻成反比。在图 1-1 中所示的电流、电压、电阻之间关系式为

$$\left.\begin{aligned} I&=\frac{U}{R}\\ U&=IR\\ R&=\frac{U}{I}\end{aligned}\right\}\tag{1-1}$$

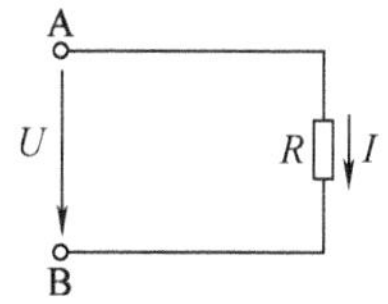

图 1-1　欧姆定律

式中，I 为电流，单位为 A；U 为电压，单位为 V；R 为电阻，单位为 Ω。

二、串联电路

电阻串联电路如图 1-2 所示。串联电路中电压、电流、电阻之间关系式为

$$\left.\begin{aligned} U_1&=I_1R_1\\ U_2&=I_2R_2\\ U_{ab}&=U_1+U_2\\ I&=I_1=I_2\\ R_{ab}&=R_1+R_2\end{aligned}\right\}\tag{1-2}$$

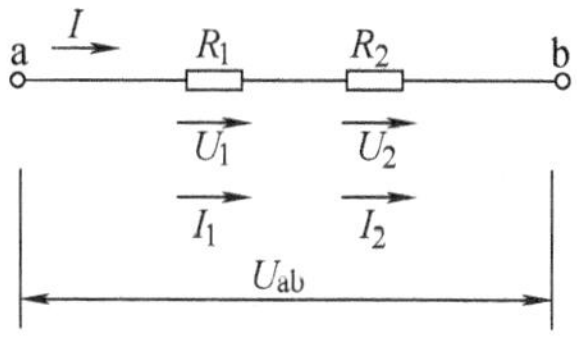

图 1-2　串联电路

式中，R_1、R_2 为电阻，单位为 Ω；R_{ab} 为串联电路的总电阻，单位为 Ω；I_1、I_2 为通过电阻 R_1、R_2 的电流，单位为 A；I 为通过串联电路的电流，单位为 A；U_1、U_2 为电阻 R_1、R_2 上的电压，单位为 V；U_{ab} 为串联电路电源总电压，单位为 V。

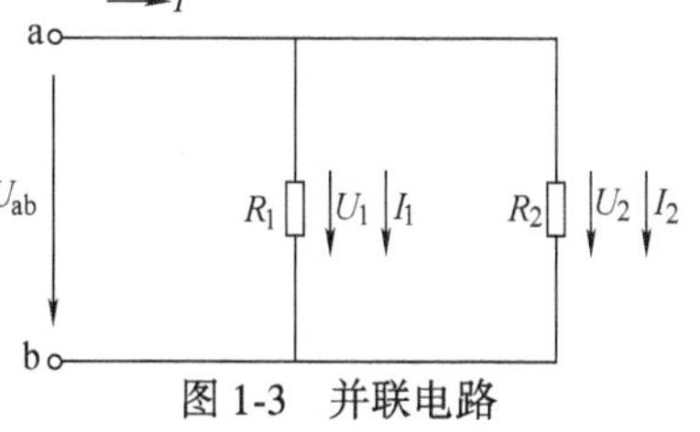

图 1-3　并联电路

三、并联电路

电阻并联电路如图 1-3 所示。并联电路中，电压、电流、电阻之间关系式为

$$
\left.\begin{aligned}
U_1 &= I_1 R_1 \\
U_2 &= I_2 R_2 \\
U_{ab} &= U_1 = U_2 \\
I &= I_1 + I_2 \\
\frac{1}{R_{ab}} &= \frac{1}{R_1} + \frac{1}{R_2}
\end{aligned}\right\} \tag{1-3}
$$

式中，R_{ab} 为并联电路的总电阻，单位为 Ω；U_{ab} 为并联电路电源总电压，单位为 V。

其余符号含义同式（1-2）。

四、星形（Y）联结

三相交流负荷星形（Y）联结，如图 1-4 所示。

三相交流负荷星形（Y）联结时，线电压、相电压、线电流、相电流之间关系式为

$$
\left.\begin{aligned}
U_L &= \sqrt{3} U_{ph} \\
I_L &= I_{ph}
\end{aligned}\right\} \tag{1-4}
$$

式中，U_L、U_{ph} 为线电压和相电压，单位为 kV；I_L、I_{ph} 为线电流和相电流，单位为 A。

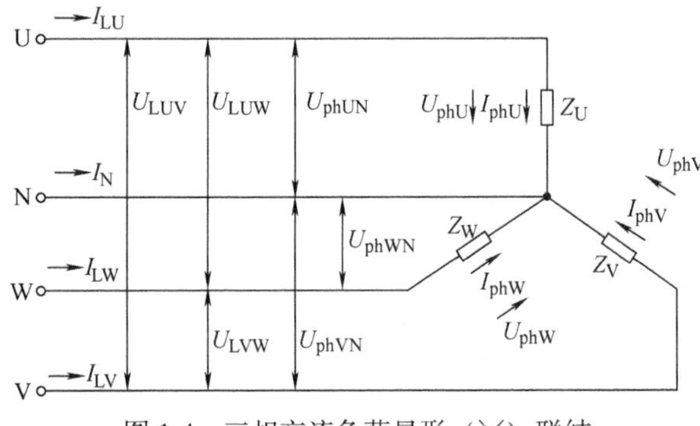

图 1-4　三相交流负荷星形（Y）联结

五、三角形（△）联结

三相交流负荷三角形（△）联结，如图 1-5 所示。

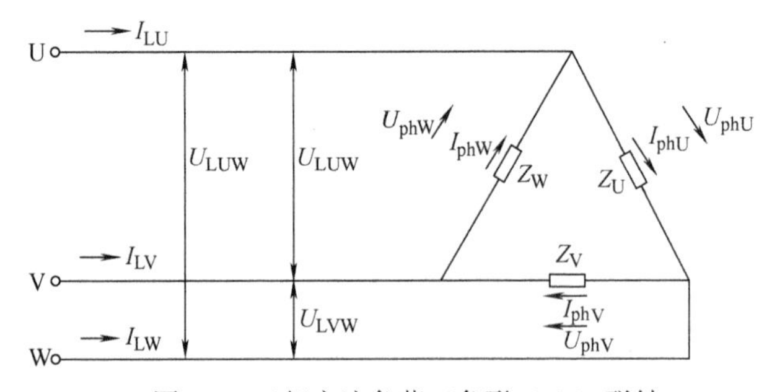

图 1-5　三相交流负荷三角形（△）联结

三相交流负荷三角形（△）联结时，线电压、相电压、线电流、相电流之间关系见下式。

$$
\left.\begin{aligned}
U_L &= U_{ph} \\
I_L &= \sqrt{3} I_{ph}
\end{aligned}\right\} \tag{1-5}
$$

符号含义同式（1-4）。

六、交流电路功率计算

1. 单相交流电路功率计算

单相交流用电负荷功率计算式为

$$P_{ph} = U_{ph} I_{ph} \cos\varphi \tag{1-6}$$

式中，P_{ph} 为单相交流用电负荷功率，单位为 kW；U_{ph} 为单相交流用电电源电压，单位为 kV；I_{ph} 为单相交流用电负荷电流，单位为 A；$\cos\varphi$ 为功率因数。

2. 三相交流电路功率计算

三相交流电路用电负荷功率计算式为

$$\left.\begin{aligned} P_L &= 3U_{ph} I_{ph} \cos\varphi \\ P_L &= \sqrt{3}\, U_L I_L \cos\varphi \end{aligned}\right\} \tag{1-7}$$

式中，P_L 为三相交流用电负荷功率，单位为 kW；$\cos\varphi$ 为功率因数。

其余符号含义同式（1-4）。

3. 电动机额定功率计算

电动机的额定功率计算式为

$$P_N = \sqrt{3}\, U_N I_N \cos\varphi \tag{1-8}$$

式中，P_N 为电动机的额定功率，单位为 kW；U_N 为电动机的额定电压，单位为 kV；I_N 为电动机的额定电流，单位为 A；$\cos\varphi$ 为电动机的功率因数。

4. 配电变压器额定容量计算

配电变压器的额定容量计算式为

$$\left.\begin{aligned} S_N &= \sqrt{3}\, U_{N1} I_{N1} \\ S_N &= \sqrt{3}\, U_{N2} I_{N2} \end{aligned}\right\} \tag{1-9}$$

式中，S_N 为配电变压器额定容量，单位为 kV · A；U_{N1}、U_{N2} 为配电变压器高压侧、低压侧的额定电压，单位为 kV；I_{N1}、I_{N2} 为配电变压器高压侧，低压侧的额定电流，单位为 A。

七、功率因数计算

配电变压器的用电负荷功率因数计算式为

$$\cos\varphi = \frac{P}{S} \tag{1-10}$$

式中，$\cos\varphi$ 为功率因数；P 为配电变压器输出的有功功率，单位为 kW；S 为配电变压器用电负荷视在功率，单位为 kV · A。

用电负荷平均功率因数计算式为

$$\cos\varphi = \frac{1}{\sqrt{1 + \left(\frac{W_Q}{W_P}\right)^2}} \tag{1-11}$$

式中，$\cos\varphi$ 为平均功率因数；W_Q 为月用电无功电能，单位为 kvar · h；W_P 为月用电有功电能，单位为 kW · h。

【例 1-1】 某农村单相照明线路，电源电压为 220V，村民有 20 户，每户平均用电负荷为 4kW，功率因数 $\cos\varphi=1$，试计算单相照明负荷电流。

解：该线路单相照明负荷电流按式（1-6）计算，得

$$I_{ph}=\frac{P_{ph}}{U_{ph}\cos\varphi}=\frac{4\times 20}{0.22\times 1}\text{A}=363\text{A}$$

【例 1-2】 某用户三相电源电压为 0.4kV，用电负荷为 150kW，平均功率因数 $\cos\varphi=0.85$，试计算三相用电负荷电流。

解：三相用电负荷电流按式（1-7）计算，得

$$I_L=\frac{P_N}{\sqrt{3}U_N\cos\varphi}=\frac{150}{\sqrt{3}\times 0.4\times 0.85}\text{A}=255\text{A}$$

【例 1-3】 某用户配电变压器的额定电压为 10/0.4kV，额定容量为 1000kV·A，试计算该配电变压器高、低压侧的额定电流。

解：配电变压器高、低压侧的额定电流按式（1-9）计算，得

高压侧额定电流 $I_{N1}=\dfrac{S_N}{\sqrt{3}U_{N1}}=\dfrac{1000}{\sqrt{3}\times 10}\text{A}=57.8\text{A}$

低压侧额定电流 $I_{N2}=\dfrac{S_N}{\sqrt{3}U_{N2}}=\dfrac{1000}{\sqrt{3}\times 0.4}\text{A}=1445\text{A}$

第二节　短路回路各元件阻抗的计算

一、系统电抗的计算

电力系统电抗计算式为

$$X_S=\frac{U_N^2}{S_K}\times 10^3 \tag{1-12}$$

式中，X_S 为系统电抗，单位为 mΩ；U_N 为额定电压，单位为 kV，35kV 时取 $U_N=U_{av}=37\text{kV}$，10kV 时取 $U_N=U_{av}=10.5\text{kV}$，0.38kV 时取 $U_N=U_{av}=0.4\text{kV}$；S_K 为短路容量，单位为 MV·A。

电源变电所 10kV 母线侧短路电流一般应控制在 16～20kA 之间，则短路容量为 277～364MV·A，或根据各地电网的实际状况，到有关供电单位查取。

二、配电变压器阻抗的计算

配电变压器的阻抗计算式为

$$Z_T=\frac{u_K\%U_N^2}{100S_N}\times 10^6 \tag{1-13}$$

式中，Z_T 为配电变压器的阻抗，单位为 mΩ；$u_K\%$为配电变压器的阻抗电压百分比，取 u_K 值；U_N 为配电变压器的额定电压，单位为 kV；S_N 为配电变压器的额定容量，单位为 kV·A。

配电变压器的电阻计算式为

$$R_T=\frac{\Delta P_K U_N^2}{S_N^2}\times 10^6 \qquad (1\text{-}14)$$

式中，R_T 为配电变压器的电阻，单位为 mΩ；ΔP_K 为配电变压器的负荷损耗，单位为 kW。

配电变压器的电抗（mΩ）计算式为

$$X_T=\sqrt{Z_T^2-R_T^2} \qquad (1\text{-}15)$$

【例 1-4】 一台 S11-2500/10 型配电变压器，额定电压 $U_{N1}=10\text{kV}$，$U_{N2}=0.4\text{kV}$，额定容量 $S_N=2500\text{kV}\cdot\text{A}$，阻抗电压 $u_K\%=5.0\%$，负荷损耗 $\Delta P_K=19.70\text{kW}$，试计算该配电变压器的阻抗、电阻、电抗。

解： 配电变压器的阻抗按式（1-13）计算，得

$$Z_T=\frac{u_K\% U_{N2}^2}{100S_N}\times 10^6=\frac{5.0\times 0.4^2}{100\times 2500}\times 10^6\text{m}\Omega=3.20\text{m}\Omega$$

配电变压器的电阻按式（1-14）计算，得

$$R_T=\frac{\Delta P_K U_{N2}^2}{S_N^2}\times 10^6=\frac{19.70\times 0.4^2}{2500^2}\times 10^6\text{m}\Omega=0.50\text{m}\Omega$$

配电变压器的电抗按式（1-15）计算，得

$$X_T=\sqrt{Z_T^2-R_T^2}=\sqrt{3.20^2-0.50^2}\text{m}\Omega=3.16\text{m}\Omega$$

按照【例 1-4】的计算方法，将常用型号的配电变压器的电阻、电抗、阻抗经计算后，其值见表 1-1～表 1-3，供读者选用时参考。

表 1-1　10/0.4kV 级 S11 系列配电变压器的电阻、电抗、阻抗

额定容量 S_N/kV·A	阻抗电压 u_K(%)	负荷损耗 ΔP_K/kW	电阻 R_T/mΩ	电抗 X_T/mΩ	阻抗 Z_T/mΩ
30	4	0.57	101.33	187.73	213.33
50	4	0.83	53.12	116.46	128.00
63	4	0.99	39.91	93.42	101.59
80	4	1.19	29.75	74.26	80.00
100	4	1.42	22.72	59.83	64.00
125	4	1.71	17.51	48.11	51.20
160	4	2.09	13.06	37.81	40.00
200	4	2.47	9.88	30.44	32.00
250	4	2.90	7.42	24.50	25.60
315	4	3.47	5.60	19.53	20.32
400	4	4.09	4.09	15.47	16.00
500	4	4.90	3.14	12.41	12.80
630	4.5	5.89	2.37	11.18	11.43
800	4.5	7.10	1.78	8.82	9.00
1000	4.5	9.78	1.56	7.03	7.20
1250	4.5	11.40	1.17	5.64	5.76
1600	4.5	13.70	0.86	4.42	4.50
2000	5	16.80	0.67	3.94	4.00
2500	5	19.70	0.50	3.16	3.20

表 1-2 10kV 级 SBH11-M 系列配电变压器的电阻、电抗、阻抗

额定容量 S_N/kV·A	阻抗电压 u_K(%)	负荷损耗 ΔP_K/kW	电阻 R_T/mΩ	电抗 X_T/mΩ	阻抗 Z_T/mΩ
30	4	0.60	106.67	184.75	213.33
50	4	0.87	55.68	115.26	128.00
63	4	1.04	41.92	92.54	101.59
80	4	1.25	31.25	73.64	80.00
100	4	1.50	24.00	59.33	64.00
125	4	1.80	18.43	47.77	51.20
160	4	2.20	13.75	37.56	40.00
200	4	2.60	10.40	30.26	32.00
250	4	3.05	7.81	24.40	25.60
315	4	3.65	5.89	19.45	20.32
400	4	4.30	4.30	15.41	16.00
500	4	3.15	3.30	12.37	12.80
630	4.5	6.20	2.50	11.15	11.43
800	4.5	7.50	1.88	8.80	9.00
1000	4.5	10.30	1.47	7.05	7.20
1250	4.5	12.00	1.23	5.63	5.76
1600	4.5	14.50	0.91	4.41	4.50
2000	5	17.40	0.70	3.94	4.00
2500	5	20.20	0.52	3.16	3.20

表 1-3 10/0.4kV 级 SC10 系列干式配电变压器的电阻、电抗、阻抗

额定容量 S_N/kV·A	阻抗电压 u_K(%)	负荷损耗 ΔP_K/kW	电阻 R_T/mΩ	电抗 X_T/mΩ	阻抗 Z_T/mΩ
30	4	0.61	108.44	183.72	213.33
50	4	0.85	54.40	115.86	128.00
80	4	1.20	30.00	74.16	80.00
100	4	1.37	21.92	60.13	64.00
125	4	1.60	16.38	48.51	51.20
160	4	1.85	11.56	38.30	40.00
200	4	2.20	8.80	30.77	32.00
250	4	2.40	6.14	24.85	25.60
315	4	3.02	4.87	19.73	20.32
400	4	3.48	3.48	15.62	16.00
500	4	4.26	2.73	12.51	12.80
630	4	5.12	2.06	9.95	10.16
630	6	5.19	2.09	15.10	15.24
800	6	6.07	1.52	11.90	12.00
1000	6	7.09	1.13	9.53	9.60
1250	6	8.46	0.87	7.63	7.68
1600	6	10.20	0.64	5.97	6.00
2000	6	12.60	0.50	4.77	4.80
2500	6	15.00	0.38	3.82	3.84

三、配电变压器零序阻抗的计算

1. Dyn11 联结组标号

配电变压器高压绕组三角形（D）联结时，绕组内可通过零序循环感应电流，因而可与低压绕组零序电流相互平衡去磁。因此，低压侧零序阻抗很小。配电变压器零序电阻的近似

计算式为

$$R_{T0}=KR_T \tag{1-16}$$

式中，R_{T0} 为配电变压器零序电阻，单位为 mΩ；K 为系数，一般取 0.5；R_T 为配电变压器电阻，单位为 mΩ。

配电变压器零序电抗计算式为

$$X_{T0}=Ku_K\%\frac{U_{ph}}{I_{ph}}\times10^3\approx0.8X_T \tag{1-17}$$

式中，X_{T0} 为配电变压器零序电抗，单位为 mΩ；K 为系数，一般取 0.9~1，容量较小（50kV·A）时取小值，容量较大（2500kV·A）时取大值；$u_K\%$为阻抗电压百分数；U_{ph} 为相电压，230V；I_{ph} 为相电压 230V 侧的相电流，单位为 A。

【例 1-5】 SBH11-M-1250/10 型配电变压器，额定电压 $U_{N1}/U_{N2}=10/0.4$kV，额定容量 $S_N=1250$kV·A，配电变压器低压侧相电流 $I_{ph\cdot2}=I_{N2}=1804$A，阻抗电压 $u_K\%=4.5\%$，绕组联结组标号为 Dyn11。试计算该变压器的零序阻抗。

解：查表 1-2 得 SBH11-M-1250/10 型变压器电阻 $R_T=1.23$mΩ。配电变压器零序电阻按式（1-16）计算，得

$$R_{T0}=KR_T=0.5\times1.23\text{m}\Omega=0.615\text{m}\Omega$$

配电变压器零序电抗按式（1-17）计算，得

$$X_{T0}=Ku_K\%\frac{U_{ph}}{I_{ph\cdot2}}\times10^3=1\times4.5\%\times\frac{230}{1804}\times10^3\text{m}\Omega=5.74\text{m}\Omega$$

2. Yyn0 联结组标号

配电变压器高压绕组成星形（Y）联结时，绕组不能流过零序电流，低压侧 Yn 联结励磁时，由零序电流产生的零序磁通一部分经过空气形成回路，磁阻较大，零序磁通较小，所以零序阻抗较小，零序电阻计算式为

$$R_{T0}=K\frac{U_{ph}}{I_N}\times10^3 \tag{1-18}$$

式中，R_{T0} 为配电变压器零序电阻，单位为 mΩ；U_{ph} 为配电变压器低压侧额定相电压，单位为 V；I_N 为配电变压器低压侧额定相电流，单位为 A；K 为系数，取 0.5。

零序电抗计算式为

$$X_{T0}=K\frac{U_{ph}}{I_N}\times10^3 \tag{1-19}$$

式中，X_{T0} 为配电变压器零序电抗，单位为 mΩ；U_{ph} 为配电变压器低压侧额定相电压，单位为 V；I_N 为配电变压器低压侧额定相电流，单位为 A；K 为系数，一般取值范围为 0.3~0.7，配电变压器容量较小时，取小数，容量较大时，取大数。

【例 1-6】 SBH11-M-1250/10 型配电变压器，额定电压 $U_{N1}/U_{N2}=10/0.4$kV，额定容量 $S_N=1250$kV·A，配电变压器低压侧额定电流 $I_{ph\cdot2}=I_{N2}=1804$A，联结组标号为 Yyn0，试计算该变压器的零序电阻及零序电抗。

解：配电变压器零序电阻按式（1-18）计算，得

$$R_{T0}=K\frac{U_{ph}}{I_N}\times10^3=0.5\times\frac{230}{1804}\times10^3\text{m}\Omega=63.75\text{m}\Omega$$

配电变压器零序电抗按式（1-19）计算，得

$$X_{T0}=K\frac{U_{ph}}{I_{ph\cdot 2}}\times10^{3}=0.6\times\frac{230}{1804}\times10^{3}\text{m}\Omega=76.50\text{m}\Omega$$

该配电变压器（Yyn0 联结）零序电抗实测值为 78.6mΩ。

采用 Yyn0 联结的 10kV 配电变压器的零序电抗实测值见表 1-4。

表 1-4 10kV 配电变压器（Yyn0 联结）零序电抗实测值

额定容量/kV·A	50	80	100	125	160	200	250	315	400
零序电抗/mΩ	902.2	753.6	613.1	460.5	407.1	359.2	307.0	229.8	220.1
额定容量/kV·A	500	630	800	1000	1250	1600	2000	2500	
零序电抗/mΩ	175.6	151.2	150.1	110.2	78.6	59.2	45.9	37.1	

四、导线、电缆阻抗的计算

1. 电阻的计算

导线、电缆的电阻计算式为

$$R_{L}=R_{0L}L \tag{1-20}$$

式中，R_{L} 为导线、电缆的电阻，单位为 mΩ；R_{0L} 为导线、电缆单位长度电阻，单位为 mΩ/m；L 为导线、电缆长度，单位为 m。

1）LJ 型铝绞线单位长度电阻见表 1-5。

表 1-5 LJ 型铝绞线单位长度电阻

型号	标称截面积 S/mm²	单位长度直流电阻 R_{0L} /(mΩ/m) <	型号	标称截面积 S/mm²	单位长度直流电阻 R_{0L} /(mΩ/m) <
LJ-16	16	1.802	LJ-120	120	0.2373
LJ-25	25	1.127	LJ-150	150	0.1943
LJ-35	35	0.8332	LJ-185	185	0.1574
LJ-50	50	0.5786	LJ-210	210	0.1371
LJ-70	70	0.4018	LJ-240	240	0.1205
LJ-95	95	0.3009	LJ-300	300	0.09689

2）LGJ 型钢芯铝绞线单位长度电阻见表 1-6。

表 1-6 LGJ 型钢芯铝绞线单位长度电阻

型号	标称截面积 S /mm²	单位长度直流电阻 R_{0L}(温度为+70℃时)/(mΩ/m) <	型号	标称截面积 S /mm²	单位长度直流电阻 R_{0L}(温度为+70℃时)/(mΩ/m) <
LGJ-16	16	2.141	LGJ-120	120	0.286
LGJ-25	25	1.371	LGJ-150	150	0.228
LGJ-35	35	0.979	LGJ-185	185	0.185
LGJ-50	50	0.685	LGJ-240	240	0.143
LGJ-70	70	0.489	LGJ-300	300	0.114
LGJ-95	95	0.361			

3）电力电缆单位长度电阻见表 1-7。

表 1-7 电力电缆单位长度电阻

标称截面积 S/mm^2	单位长度铜导体直流电阻 R_{0L}（温度为+90℃时）/（mΩ/m）<	单位长度铝导体直流电阻 R_{0L}（温度为+90℃时）/（mΩ/m）<	标称截面积 S/mm^2	单位长度铜导体直流电阻 R_{0L}（温度为+90℃时）/（mΩ/m）<	单位长度铝导体直流电阻 R_{0L}（温度为+90℃时）/（mΩ/m）<
25	0.911	1.465	185	0.123	0.198
35	0.651	1.046	240	0.0949	0.153
50	0.455	0.732	300	0.0759	0.122
70	0.325	0.523	400	0.0570	0.0916
95	0.240	0.385	500	0.0455	0.0732
120	0.190	0.305	630	0.0361	0.0581
150	0.152	0.244			

4）JKYJ-1、TJLYJ-1、JKYJ-10、JKLY-10 型交联聚乙烯绝缘架空电缆单位长度电阻见表 1-8。

表 1-8 交联聚乙烯绝缘架空电缆单位长度电阻

标称截面积 S/mm^2	单位长度铜导体直流电阻 R_{0L}（温度为+70℃时）/（mΩ/m）<	单位长度铝导体直流电阻 R_{0L}（温度为+70℃时）/（mΩ/m）<	标称截面积 S/mm^2	单位长度铜导体直流电阻 R_{0L}（温度为+70℃时）/（mΩ/m）<	单位长度铝导体直流电阻 R_{0L}（温度为+70℃时）/（mΩ/m）<
16	1.329	2.141	95	0.224	0.361
25	0.850	1.370	120	0.177	0.286
35	0.607	0.979	150	0.142	0.228
50	0.425	0.685	185	0.115	0.185
70	0.304	0.489	240	0.0886	0.143

2. 电抗的计算

导线、电缆的电抗计算式为

$$X_L = X_{0L}L \tag{1-21}$$

式中，X_L 为导线、电缆的电抗，单位为 Ω；X_{0L} 为导线、电缆单位长度电抗，单位为 Ω/km；L 为导线、电缆长度，单位为 km。

电力线路每相的单位长度电抗平均值见表 1-9。

表 1-9 电力线路每相的单位长度电抗平均值 （单位：Ω/km）

线路结构	线路电压			
	6~10kV		220/380V、1kV	
	$X_1=X_2$	X_0	$X_1=X_2$	X_0
架空线路	0.4	1.4	0.32	1.12
三芯电缆	0.08	0.28	0.06	0.21
1kV 四芯电缆	—	—	0.066	0.17

3. 导线、电缆阻抗计算

导线、电缆的阻抗（mΩ）计算式为

$$Z_L = \sqrt{R_L^2 + X_L^2} \tag{1-22}$$

五、母线阻抗的计算

母线的电阻计算式为

$$R_M = R_{0M}L \tag{1-23}$$

式中，R_M 为母线的电阻，单位为 mΩ；R_{0M} 为母线单位长度电阻，单位为 mΩ/m；L 为母线长度，单位为 m。

母线的电抗计算式为

$$X_M = X_{0M}L \tag{1-24}$$

式中，X_M 为母线的电抗，单位为 mΩ；X_{0M} 为母线单位长度电抗，单位为 mΩ/m；L 为母线长度，单位为 m。

母线的阻抗（mΩ）计算式为

$$Z_M = \sqrt{R_M^2 + X_M^2} \tag{1-25}$$

三相母线单位长度电阻、电抗见表 1-10。

表 1-10 三相母线单位长度电阻、电抗

母线规格 $(a\times b)$/mm	单位长度电阻 R_{0M}（温度为+70℃时）/(mΩ/m)		单位长度电抗 X_{0M}/(mΩ/m)（当相间中心距离 D 为下列诸值时）			
	铜导体	铝导体	160mm	200mm	250mm	350mm
25×3	0.292	0.469	0.218	0.232	0.240	0.267
25×4	0.221	0.355	0.215	0.229	0.237	0.265
30×3	0.246	0.394	0.207	0.221	0.230	0.256
30×4	0.185	0.299	0.205	0.219	0.227	0.255
40×4	0.140	0.225	0.189	0.203	0.212	0.238
40×5	0.113	0.180	0.188	0.202	0.210	0.237
50×5	0.091	0.144	0.175	0.189	0.199	0.224
50×6.3	0.077	0.121	0.174	0.188	0.197	0.223
63×6.3	0.067	0.102	0.164	0.187	0.188	0.213
63×8	0.050	0.077	0.162	0.176	0.185	0.211
80×6.3	0.050	0.077	0.147	0.161	0.172	0.196
80×8	0.039	0.060	0.146	0.160	0.170	0.195
80×10	0.033	0.049	0.144	0.158	0.168	0.193
100×6.3	0.042	0.063	0.134	0.148	0.160	0.183
100×8	0.032	0.048	0.133	0.147	0.158	0.182
100×10	0.027	0.041	0.132	0.146	0.156	0.181
120×8	0.028	0.042	0.122	0.136	0.149	0.171
120×10	0.023	0.035	0.121	0.135	0.147	0.170

六、低压断路器及隔离开关的阻抗值

低压断路器及隔离开关的接触电阻见表 1-11，断路器过电流线圈的电阻和电抗见表 1-12。

表 1-11　低压断路器及隔离开关的接触电阻

类　型	额定电流/A							
	50	100	200	400	630	1000	2000	3150
断路器接触电阻/mΩ	1.3	0.75	0.60	0.40	0.25	0	0	0
隔离开关接触电阻/mΩ	0.87	0.50	0.40	0.20	0.15	0.08	0.03	0.02

表 1-12　低压断路器过电流线圈的电阻和电抗

额定电流/A	50	100	200	400	630
电阻/mΩ	5.5	1.3	0.36	0.15	0.12
电抗/mΩ	2.7	0.86	0.28	0.10	0.09

第三节　用标幺值计算短路电流

一、基准值的计算

在计算配电系统短路电流时，一般只计及电力系统、电力架空线路、电力电缆线路、配电变压器等电器元件的电抗，采用标幺值方法计算。为了计算方便，在计算之前，通常应选定短路回路的基准容量、基准电压、基准电流及基准电抗等参数。

基准容量通常选 $S_j=100\text{MV}\cdot\text{A}$。

基准电压一般选平均电压，电源电压为 35kV 时，取 $U_j=37\text{kV}$；电源电压为 10kV 时，取 $U_j=10.5\text{kV}$；电源电压为 380V 时，取 $U_j=0.4\text{kV}$。

当基准容量 S_j（MV·A）与基准电压 U_j（kV）选定后，基准电流 I_j（kA）计算式为

$$I_j=\frac{S_j}{\sqrt{3}U_j} \tag{1-26}$$

基准电抗 X_j（Ω）计算式为

$$X_j=\frac{U_j}{\sqrt{3}I_j}=\frac{U_j^2}{S_j} \tag{1-27}$$

配电系统额定电压时的电压、电流基准值见表 1-13。

表 1-13　配电系统额定电压时的电压、电流基准值

额定电压 U_N/kV	基准电压 U_j/kV	基准电流 I_j/kA
35	37	1.56
10	10.5	5.50
0.4	0.4	144.5

二、标幺值的计算

在计算配电系统短路电流时，采用标幺值方法计算十分方便。标幺值是一种相对值，即电路参数的有名值与基准值之比，如

$$\left.\begin{aligned}&\text{容量标幺值：}S_*=\frac{S}{S_j}\\&\text{电压标幺值：}U_*=\frac{U}{U_j}\\&\text{电流标幺值：}I_*=\frac{I}{I_j}\\&\text{电抗标幺值：}X_*=\frac{X}{X_j}=\frac{XS_j}{U_j}\end{aligned}\right\}\tag{1-28}$$

式中，S 为计算回路容量，单位为 MV·A；U 为计算回路电压，单位为 kV；I 为计算回路电流，单位为 kA；X 为计算回路电抗，单位为 Ω；S_j 为基准容量，单位为 MV·A；U_j 为基准电压，单位为 kV；I_j 为基准电流，单位为 kA；X_j 为基准电抗，单位为 Ω。

三、配电系统电抗标幺值的计算

配电系统短路容量为 S_K、基准容量为 S_j 时，该电力系统的综合电抗标幺值计算式为

$$X_{S*}=\frac{S_j}{S_{KS}}\tag{1-29}$$

式中，S_j 为基准容量，单位为 MV·A，取 100MV·A；S_{KS} 为系统的短路容量，单位为 MV·A。

配电系统当短路电流分别为 16kA 时电抗标幺值见表 1-14。

表 1-14 配电系统的电抗标幺值

额定电压 U_N/kV	短路电流 I_K/kA	短路容量 S_{KS}/MV·A	S_j=100MV·A 时系统的电抗标幺值 X_{S*}
10	16	276	0.3623
35	16	968	0.1033

四、配电变压器阻抗标幺值的计算

配电变压器的电阻标幺值计算式为

$$R_{T*}=\Delta P_K\frac{S_j}{S_N^2}\times10^{-3}\tag{1-30}$$

式中，R_{T*} 为变压器的电阻标幺值；ΔP_K 为变压器的负荷损耗，单位为 kW；S_N 为变压器的额定容量，单位为 MV·A。

配电变压器的阻抗标幺值 Z_{T*} 计算式为

$$Z_{T*}=\frac{u_K\%}{100}\times\frac{S_j}{S_N}\tag{1-31}$$

式中，$u_K\%$为变压器的阻抗电压值。

$$X_{T*} = \sqrt{Z_{T*}^2 - R_{T*}^2} \tag{1-32}$$

配电变压器的电抗标幺值按式（1-32）计算，当变压器的电阻值允许忽略不计时，配电变压器的电抗标幺值计算式为

$$X_{T*} = \frac{u_K\%}{100} \times \frac{S_j}{S_N} \tag{1-33}$$

五、电力线路阻抗标幺值的计算

电力线路的电阻标幺值 R_{L*} 计算式为

$$R_{L*} = R_L \frac{S_j}{U_{av}^2} \tag{1-34}$$

式中，R_L 为电力线路的电阻值，单位为 Ω；U_{av} 为平均电压，单位为 kV。

电力线路的电抗标幺值计算式为

$$X_{L*} = X_L \frac{S_j}{U_{av}^2} \tag{1-35}$$

式中，X_L 为电力线路的电抗值，单位为 Ω。

电力线路阻抗标幺值为 $Z_{L*} = \sqrt{R_{L*}^2 + X_{L*}^2}$。

六、短路电流的计算

1. 三相短路电流有效值的计算

三相短路电流有效值（kA）计算式为

$$I_K^{(3)} = \frac{I_j}{\Sigma Z_*} \tag{1-36}$$

式中，I_j 为基准电流，单位为 kA；ΣZ_* 为短路点 K 处电气系统及元器件的阻抗标幺值。

2. 两相短路电流的计算

两相短路电流与三相短路电流的计算基本相同，一般可先按三相短路电流的计算方法计算，然后按下式计算两相短路电流。

$$I_K^{(2)} = \frac{\sqrt{3}}{2} I_K^{(3)} = 0.866 I_K^{(3)} \tag{1-37}$$

式中，$I_K^{(2)}$ 为两相短路电流，单位为 kA；$I_K^{(3)}$ 为三相短路电流，单位为 kA。

两相短路电流的计算，一般用于检验相间短路保护装置在短路的情况下能否精确灵敏启动切断电源。

3. 三相短路冲击电流的计算

短路回路时间常数计算式为

$$T_a = \frac{\Sigma X}{314 \Sigma R} \tag{1-38}$$

式中，T_a 为时间常数，单位为 s；ΣR 为短路回路电阻，单位为 Ω；ΣX 为短路回路电抗，单位为 Ω。

短路回路冲击系数计算式为

$$K_{imp}=1+e^{-\frac{0.01}{T_a}} \tag{1-39}$$

三相短路冲击电流值计算式为

$$i_{imp}=\sqrt{2}K_{imp}I_K^{(3)} \tag{1-40}$$

冲击系数 K_{imp} 与时间常数 T_a 有关，在 10kV 线路中，当 $T_a=0.05s$ 时，有 $K_{imp}=1+e^{-\frac{0.01}{0.05}}=1.8$，则冲击电流计算式为

$$i_{imp}=\sqrt{2}K_{imp}I_K=\sqrt{2}\times 1.8I_K=2.55I_K \tag{1-41}$$

冲击电流用于校验电气设备和载流导体的电动力稳定性。

4. 三相短路电流最大有效值的计算

三相短路电流最大有效值冲击系数计算式为

$$K'_{imp}=\sqrt{1+2(K_{imp}-1)^2} \tag{1-42}$$

三相短路电流最大有效值计算式为

$$I_{imp}=K'_{imp}I_K^{(3)}=\sqrt{1+2(K_{imp}-1)^2}I_K^{(3)} \tag{1-43}$$

在 10kV 配电线路中发生三相短路时，当 $K_{imp}=1.8$ 时，短路电流最大有效值计算式为

$$I_{imp}=\sqrt{1+2\ (K_{imp}-1)^2}I_K^{(3)}=\sqrt{1+2\ (1.8-1)^2}I_K^{(3)}=1.51I_K^{(3)} \tag{1-44}$$

短路电流最大有效值常用于校验某些电气设备的断流能力和机械强度。

5. 短路容量计算

三相短路容量（MV·A）计算式为

$$S_K=\sqrt{3}U_{av}I_K^{(3)} \tag{1-45}$$

式中，U_{av} 为短路点 K 处平均电压，单位为 kV；$I_K^{(3)}$ 为三相短路电流有效值，单位为 kA。

用标幺值计算时，短路容量标幺值计算式为

$$S_{K*}=\frac{S_K}{S_j}=\frac{\sqrt{3}U_{av}I_K^{(3)}}{\sqrt{3}U_{av}I_j}=\frac{I_K^{(3)}}{I_j}=I_{K*}^{(3)} \tag{1-46}$$

式中，U_{av} 为平均电压，单位为 kV，10kV 级取 $U_{av}=10.5kV$，低压取 $U_{av}=0.4kV$；I_j 为基准电流，单位为 kA，10kV 时 $I_j=5.5kA$，0.4kV 时 $I_j=144.5kA$；I_{K*} 为短路电流标幺值。

短路容量计算式为

$$S_K=I_{K*}S_j \tag{1-47}$$

短路容量主要用来校验断路器的开断能力。

第四节　10kV 用有名值计算短路电流

一、系统阻抗的计算

1. 最大运行方式

10kV 最大运行方式时，10kV 系统阻抗计算式为

$$Z_{S \cdot min}=\frac{U_N^2}{S_{K \cdot S \cdot max}} \tag{1-48}$$

式中，$Z_{S \cdot min}$ 为 10kV 系统最小阻抗，单位为 Ω；U_N 为系统额定电压，一般取 10.5kV；$S_{K \cdot S \cdot max}$ 为最大运行方式时，10kV 短路容量，单位为 MV · A。

10kV 系统短路容量计算式为

$$S_{K \cdot S \cdot max}=\sqrt{3}\,U_N I_{K \cdot max}^{(3)} \tag{1-49}$$

式中，$S_{K \cdot S \cdot max}$ 为 10kV 系统短路容量，单位为 MV · A；U_N 为系统额定电压，单位为 kV；$I_{K \cdot max}^{(3)}$ 为 10kV 系统最大运行方式时，三相短路电流有效值，单位为 kA。

2. 最小运行方式

10kV 最小运行方式时，10kV 系统阻抗计算式为

$$Z_{S \cdot max}=\frac{U_N^2}{S_{K \cdot S \cdot min}} \tag{1-50}$$

式中，$Z_{S \cdot max}$ 为 10kV 系统最大阻抗，单位为 Ω；U_N 为系统额定电压，取 10.5kV；$S_{K \cdot S \cdot min}$ 为最小运行方式时，10kV 短路容量，单位为 MV · A。

10kV 系统短路容量计算式为

$$S_{K \cdot S \cdot min}=\sqrt{3}\,U_N I_{K \cdot min}^{(3)} \tag{1-51}$$

式中，$S_{K \cdot S \cdot min}$ 为 10kV 系统短路容量，单位为 MV · A；U_N 为系统额定电压，单位为 kV；$I_{K \cdot min}^{(3)}$ 为 10kV 系统最小运行方式时，三相短路电流有效值，单位为 kA。

二、架空线路电抗的计算

架空线路电抗计算式为

$$X_{L1}=X_0 L_1 \tag{1-52}$$

式中，X_{L1} 为 10kV 架空线路电抗，单位为 Ω；X_0 为 10kV 架空线路单位长度电抗，取 0.4Ω/km；L_1 为 10kV 架空线路长度，单位为 km。

三、电力电缆电抗的计算

电力电缆电抗计算式为

$$X_{L2}=X_0 L_2 \tag{1-53}$$

式中，X_{L2} 为 10kV 电缆线路电抗，单位为 Ω；X_0 为 10kV 三芯电缆单位长度电抗，一般取 0.08Ω/km；L_2 为 10kV 三芯电缆线路长度，单位为 km。

四、短路电流的计算

1. 三相短路电流有效值计算

10kV 三相短路电流，可用有名值计算式为

$$I_K^{(3)}=\frac{U_{ph}}{\Sigma X}=\frac{U_N}{\sqrt{3}\,\Sigma X}=\frac{U_N}{\sqrt{3}\ (X_S+X_{L1}+X_{L2})} \tag{1-54}$$

式中，$I_K^{(3)}$ 为三相短路电流有效值，单位为 kA；U_{ph} 为额定相电压，单位为 kV；U_N 为额定线电压，取 10.5kV；ΣX 为短路系统总的电抗，单位为 Ω；X_S 为 10kV 系统电抗，单位为

Ω；X_{L1} 为 10kV 架空线路电抗，单位为 Ω；X_{L2} 为 10kV 电缆线路电抗，单位为 Ω。

2. 两相短路电流计算

10kV 两相短路电流计算式为

$$I_K^{(2)}=\frac{\sqrt{3}}{2}I_K^{(3)}=0.866I_K^{(3)} \tag{1-55}$$

式中，$I_K^{(3)}$ 为三相短路电流有效值，单位为 kA；$I_K^{(2)}$ 为两相短路电流有效值，单位为 kA。

【例 1-7】 某 10kV 线路由架空线路及电缆线路构成。10kV 电源系统三相短路电流最大有效值 $I_{K\cdot S\cdot max}^{(3)}=20kA$，架空线路采用 LGJ-120 型钢芯铝绞线，截面积 $S=120mm^2$，长度为 $L_1=10km$，电力电缆线路采用 ZR-YJLV22-3×120-10 型三芯交联聚乙烯绝缘电力电缆。给 2×2500kV · A 配电变压器供电，试计算线路末端短路电流。该电源线路结构如图 1-6 所示。

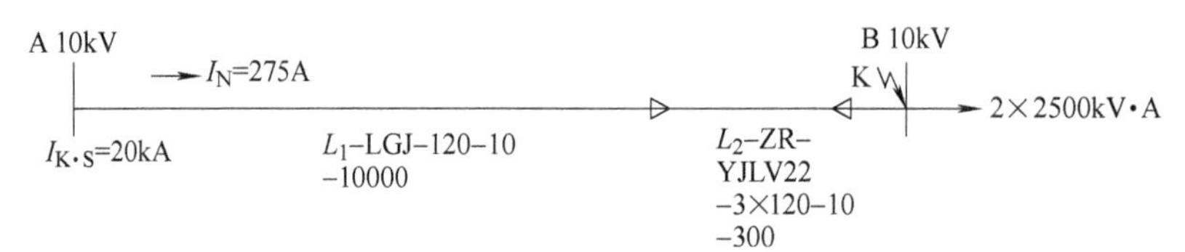

图 1-6　10kV 电源线路

解：1. 使用有名值计算短路电流

（1）电源系统阻抗计算：

1）10kV 电源系统短路容量按式（1-49）计算，得

$$S_{K\cdot S\cdot max}=\sqrt{3}U_NI_K^{(3)}=\sqrt{3}\times10.5\times20MV\cdot A=364MV\cdot A$$

2）10kV 电源系统阻抗按式（1-48）计算，得

$$Z_{S\cdot min}=\frac{U_N^2}{S_{K\cdot S\cdot max}}=\frac{10.5^2}{364}\Omega=0.3\Omega$$

（2）架空线路电抗计算：10kV 架空线路电抗按式（1-52）计算，得

$$X_{L1}=X_0L_1=0.4\times10\Omega=4\Omega$$

（3）电力电缆电抗计算：10kV 电力电缆线路电抗按式（1-53）计算，得

$$X_{L2}=X_0L_2=0.08\times0.3\Omega=0.024\Omega$$

（4）短路系统等效电抗为

$$\Sigma X=Z_{S\cdot min}+X_{L1}+X_{L2}=0.3\Omega+4\Omega+0.024\Omega=4.32\Omega$$

（5）三相短路电流有效值按式（1-54）计算，得

$$I_K^{(3)}=\frac{U_N}{\sqrt{3}\Sigma X}=\frac{10.5}{\sqrt{3}\times4.32}kA=1.4kA$$

（6）两相短路电流有效值按式（1-55）计算，得

$$I_K^{(2)}=\frac{\sqrt{3}}{2}I_K^{(3)}=0.866\times1.4kA=1.21kA$$

2. 使用标幺值计算短路电流

（1）系统电抗标幺值计算：10kV 电源系统标幺值按式（1-29）计算，得

$$X_{S*}=\frac{S_j}{S_{K\cdot S}}=\frac{100}{364}=0.2747$$

(2) 架空线路电抗标幺值计算：10kV 架空线路电抗标幺值按式 (1-35) 计算，得

$$X_{L1*}=X_{L1}\frac{S_j}{U_{av}^2}=4\times\frac{100}{10.5^2}=3.6281$$

(3) 电力电缆线路电抗标幺值计算：10kV 电力电缆线路电抗标幺值按式 (1-35) 计算，得

$$X_{L2*}=X_{L2}\frac{S_j}{U_{av}^2}=0.024\times\frac{100}{10.5^2}=0.0217$$

(4) 10kV 短路系统电抗标幺值为

$$\Sigma X_*=X_{S*}+X_{L1*}+X_{L2*}=0.2747+3.6281+0.0217=3.9245$$

(5) 10kV 三相短路电流有效值计算：查表 1-13 得 10kV 基准电流 $I_j=5.5\text{kA}$，10kV 三相短路电流有效值按式 (1-36) 计算，得

$$I_K^{(3)}=\frac{I_j}{\Sigma X_*}=\frac{5.5}{3.9245}\text{kA}=1.4\text{kA}$$

(6) 10kV 两相短路电流有效值按式 (1-37) 计算，得

$$I_K^{(2)}=\frac{\sqrt{3}}{2}I_K^{(3)}=0.866\times1.4\text{kA}=1.21\text{kA}$$

10kV 线路短路电流计算值见表 1-15。

表 1-15 10kV 线路短路电流计算值

计算方法	计 算 值	
	$I_K^{(3)}$/kA	$I_K^{(2)}$/kA
有名值计算	1.4	1.21
标幺值计算	1.4	1.21

第五节 低压短路电流的计算

一、短路电流有效值的计算

在选择低压电气设备时，必须计算 0.4kV 低压电网三相短路电流。三相短路电流一般都大于两相短路电流和单相短路电流。通常采用电阻、电抗、阻抗的有名值计算短路电流。

归算到短路点所在电压等级的电源到短路点的综合阻抗计算式为

$$\Sigma Z=\sqrt{\Sigma R^2+\Sigma X^2} \tag{1-56}$$

式中，ΣZ 为综合阻抗值，单位为 mΩ；ΣR 为综合电阻值，单位为 mΩ；ΣX 为综合电抗值，单位为 mΩ。

短路电流有效值计算式为

$$I_K=\frac{U_{av}}{\sqrt{3}\Sigma Z} \tag{1-57}$$

式中，I_K 为短路电流有效值，单位为 kA；U_{av} 为平均电压，单位为 kV，取 0.4kV；ΣZ 为短

路点处阻抗值，单位为 mΩ。

二、短路冲击电流的计算

在选择低压电气设备时，必须校验电气设备和载流导体的电动力稳定性。短路冲击电流计算式为

$$i_{imp}=\sqrt{2}K_{ch}I_K \tag{1-58}$$

式中，i_{imp} 为短路冲击电流，单位为 kA；I_K 为三相短路电流有效值，单位为 kA。

短路冲击系数计算式为

$$K_{imp}=1+e^{-\frac{0.01}{T_a}} \tag{1-59}$$

式中，K_{imp} 为短路冲击系数；T_a 为时间常数，单位为 s。

时间常数计算式为

$$T_a=\frac{\Sigma X}{314\Sigma R} \tag{1-60}$$

式中，T_a 为时间常数，单位为 s；ΣX 为短路点电抗值，单位为 mΩ；ΣR 为短路点电阻值，单位为 mΩ。

配电变压器容量在 1000kV · A 及以下，其二次侧及低压电路发生三相短路时，三相短路电流冲击值计算式为

$$i_{imp}=1.84I_K \tag{1-61}$$

三、短路电流最大有效值的计算

为了校验低压电气设备的开断能力和机械强度，必须计算短路电流最大有效值。短路电流最大有效值计算式为

$$I_{imp}=K'_{imp}I_K \tag{1-62}$$

式中，I_{imp} 为短路电流最大有效值，单位为 kA；I_K 为三相短路电流有效值，单位为 kA；K'_{imp} 为短路电流最大有效值冲击系数。

短路电流最大有效值冲击系数计算式为

$$K'_{imp}=\sqrt{1+2(K_{imp}-1)^2} \tag{1-63}$$

式中，K'_{imp}为短路电流最大有效值冲击系数；K_{imp} 为短路冲击系数。

配电变压器容量在 1000kV · A 及以下，其二次侧及低压电路发生三相短路时，三相短路电流最大有效值计算式为

$$I_{imp}=1.09I_K \tag{1-64}$$

四、短路容量的计算

短路容量主要用来校验断路器的开断能力，短路容量计算式为

$$S_K=\sqrt{3}U_N I_K \tag{1-65}$$

式中，S_K 为短路容量，单位为 MV · A；U_N 为额定电压，单位为 kV，一般取平均电压 $U_N=U_{av}=0.4$kV；I_K 为短路电流有效值，单位为 kA。

第六节　电气设备的校验

一、短路动稳定校验

电气设备的短路动稳定应满足以下条件：

$$i_{max} \geqslant i_{imp} \tag{1-66}$$

$$I_{max} \geqslant I_{imp} \tag{1-67}$$

式中，i_{max} 为电气设备允许通过的极限峰值电流，单位为 kA；i_{imp} 为三相短路冲击电流的计算值，单位为 kA；I_{max} 为电器设备允许通过的极限电流有效值，单位为 kA；I_{imp} 为三相短路电流最大有效计算值，单位为 kA。

二、短路热稳定校验

电气设备的短路热稳定应满足以下条件：

$$I_t^2 t \geqslant I_\infty^2 t_{ic} \tag{1-68}$$

式中，I_t 为电气设备热稳定试验电流，单位为 kA；t 为电气设备热稳定试验时间，单位为 s；I_∞ 为短路电流稳定值，取三相短路电流有效值，单位为 kA；t_{ic} 为短路发热假想时间，单位为 s，一般取短路保护动作时间与断路器动作时间之和，真空断路器取 0. 1~0. 15s。

三、短路容量校验

选用的电气设备允许的短路容量应大于设备回路的短路容量，即

$$S_{max} > S_K \tag{1-69}$$

式中，S_{max} 为设备允许的短路容量，单位为 MV · A；S_K 为电气设备回路计算的短路容量，单位为 MV · A。

第七节　10kV 配电系统短路电流的计算实例

【例 1-8】 某工厂配电所 10kV 电源供电，35kV 电源变电所 10kV 母线短路容量 S_K = 250MV · A，10kV 架空线路采用 LGJ—95 型钢芯铝绞线，导线截面积 S = 95mm^2，长度 L_1 = 2000m。采用 ZR—YJV—8. 7/12 型三芯铜芯交联聚乙烯绝缘阻燃电缆，电缆截面积 S=95mm^2，长度 L_2=100m。安装 2 台 SBH11-M 型配电变压器，额定电压 U_{N1}/U_{N2}=10/0. 4kV，额定容量 S_N=800kV · A，阻抗电压 $u_K\%$=4. 5%，负荷损耗 ΔP_K=7. 5kW，试计算该工厂配电变压器高、低压侧短路电流。配电系统电气接线原理如图 1-7 所示。

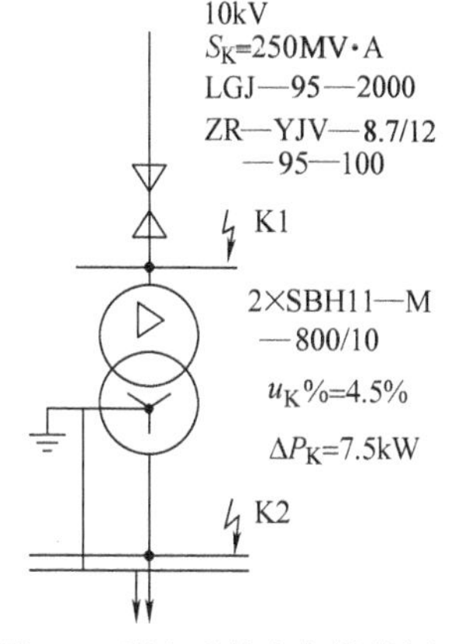

图 1-7　配电系统电气接线原理

解：1. 配电系统元件的阻抗计算

（1）系统的电抗：10kV 电力系统的电抗按式（1-12）计算，得

$$X_S=\frac{U_{N1}^2}{S_K}=\frac{10.5^2}{250}\Omega=0.441\Omega$$

（2）架空线路的电阻：查表 1-6 得 LGJ-95 型钢芯铝绞线单位长度电阻 $R_{oL1}=0.361\Omega/\text{km}$，线路的电阻按式（1-20）计算，得

$$R_{L1}=R_{oL1}L_1=0.361\times2\Omega=0.722\Omega$$

（3）架空线路的电抗：查表 1-9 得 10kV 架空电力线路单位长度电抗 $X_{oL1}=0.4\Omega/\text{km}$，线路的电抗按式（1-21）计算，得

$$X_{L1}=X_{oL1}L_1=0.4\times2\Omega=0.8\Omega$$

（4）电缆线路的电阻：查表 1-7 得铜芯电力电缆截面积 $S=95\text{mm}^2$ 的单位长度电阻 $R_{oL2}=0.240\Omega/\text{km}$，电缆的电阻按式（1-20）计算，得

$$R_{L2}=R_{oL2}L_2=0.240\times0.1\Omega=0.024\Omega$$

（5）电缆线路的电抗：查表 1-9 得 10kV 电力电缆单位长度电抗 $X_{oL2}=0.08\Omega/\text{km}$，电缆的电抗按式（1-21）计算，得

$$X_{L2}=X_{oL2}L_2=0.08\times0.1\Omega=0.008\Omega$$

（6）配电变压器的阻抗：按 2 台配电变压器并联运行，则配电变压器的阻抗按式（1-13）计算，得

$$\frac{Z_T}{2}=\frac{u_K\%U_{N1}^2}{2\times100S_N}\times10^3=\frac{4.5\times10.5^2}{2\times100\times800}\times10^3\Omega=3.1008\Omega$$

（7）配电变压器的电阻：按 2 台配电变压器并联运行，则配电变压器的电阻按式（1-14）计算，得

$$\frac{R_T}{2}=\frac{\Delta P_K U_{N1}^2}{2S_N^2}\times10^3=\frac{7.5\times10.5^2}{2\times800^2}\times10^3\Omega=0.646\Omega$$

（8）配电变压器的电抗：配电变压器的电抗按式（1-15）计算，得

$$\frac{X_T}{2}=\frac{1}{2}\sqrt{Z_T^2-R_T^2}=\frac{1}{2}\sqrt{6.2016^2-1.2920^2}\Omega=3.0328\Omega$$

配电系统阻抗等效电路如图 1-8 所示。

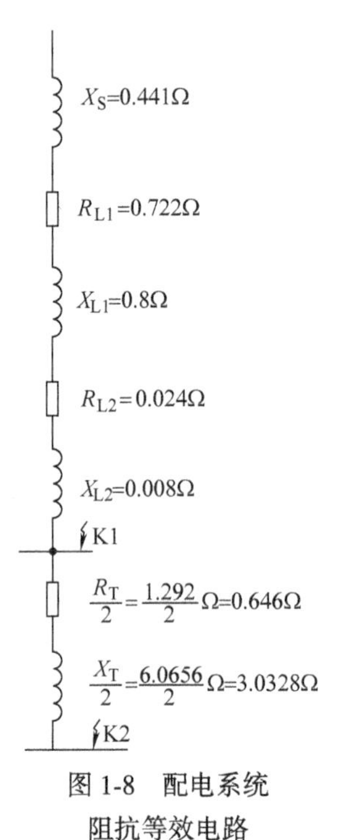

图 1-8 配电系统阻抗等效电路

2. 配电系统元件标幺值的计算

（1）系统的标幺值：采用标幺值方法计算短路电流时，取基准容量 $S_j=100\text{MV}\cdot\text{A}$，基准电压 $U_j=10.5\text{kV}$，$U_j=0.4\text{kV}$，基准电流 $I_j=5.5\text{kA}$，$I_j=144.509\text{kA}$。

系统的电抗标幺值按式（1-29）计算，得

$$X_{S*}=\frac{S_j}{S_K}=\frac{100}{250}=0.4$$

（2）架空线路的电阻标幺值：架空线路的电阻标幺值按式（1-34）计算，得

$$R_{L1*}=R_{L1}\frac{S_j}{U_{av}^2}=0.722\times\frac{100}{10.5^2}=0.6549$$

(3) 架空线路的电抗标幺值：架空线路的电抗标幺值按式（1-35）计算，得

$$X_{L1*}=X_{L1}\frac{S_j}{U_{av}^2}=0.8\times\frac{100}{10.5^2}=0.7256$$

(4) 电力电缆的电阻标幺值：电力电缆的电阻标幺值按式（1-34）计算，得

$$R_{L2*}=R_{L2}\frac{S_j}{U_{aV}^2}=0.024\times\frac{100}{10.5^2}=0.02177$$

(5) 电力电缆的电抗标幺值：电力电缆的电抗标幺值按式（1-35）计算，得

$$X_{L2*}=X_{L2}\frac{S_j}{U_{av}^2}=0.008\times\frac{100}{10.5^2}=0.007256$$

(6) 配电变压器的阻抗标幺值：

1）配电变压器的阻抗标幺值按式（1-33）计算，得

$$\frac{Z_{T*}}{2}=\frac{1}{2}\times\frac{u_K\%S_j}{100S_N}=\frac{1}{2}\times\frac{4.5\times100}{100\times0.8}=2.8125$$

2）配电变压器的电阻标幺值按式（1-30）计算，得

$$\frac{R_{T*}}{2}=\frac{1}{2}\times\frac{\Delta P_K S_j}{S_N^2}\times10^{-3}=\frac{1}{2}\times\frac{7.5\times100}{0.8^2}\times10^{-3}=0.5859$$

3）配电变压器的电抗标幺值按式（1-32）计算，得

$$\frac{X_{T*}}{2}=\frac{1}{2}\sqrt{Z_{T*}^2-R_{T*}^2}=\frac{1}{2}\times\sqrt{5.625^2-1.1719^2}=2.7508$$

4）配电系统阻抗标幺值等效电路如图 1-9 所示。

3. K1 处短路电流的计算

电阻标幺值为

$$\Sigma R_{K1*}=R_{L1*}+R_{L2*}=0.6549+0.02177=0.6767$$

电抗标幺值为

$$\Sigma X_{K1*}=X_{S*}+X_{L1*}+X_{L2*}=0.4+0.7256+0.007256=1.1329$$

阻抗标幺值为

$$\Sigma Z_{K1*}=\sqrt{\Sigma R_{K1*}^2+\Sigma X_{K1*}^2}=\sqrt{0.6767^2+1.1329^2}=1.3196$$

K1 处三相短路电流有效值按式（1-36）计算，得

$$I_{K1}=\frac{I_j}{\Sigma Z_{K1*}}=\frac{5.5}{1.3196}\text{kA}=4.17\text{kA}$$

K1 处电阻等效值为

$$\Sigma R_{K1}=R_{L1}+R_{L2}=(0.722+0.024)\Omega=0.746\Omega$$

K1 处电抗等效值为

$$\Sigma X_{K1}=X_S+X_{L1}+X_{L2}=(0.441+0.8+0.008)\Omega=1.249\Omega$$

时间常数按式（1-38）计算，得

$$T_a=\frac{\Sigma X_{K1}}{314\Sigma R_{K1}}=\frac{1.249}{314\times0.746}\text{s}=0.0053\text{s}$$

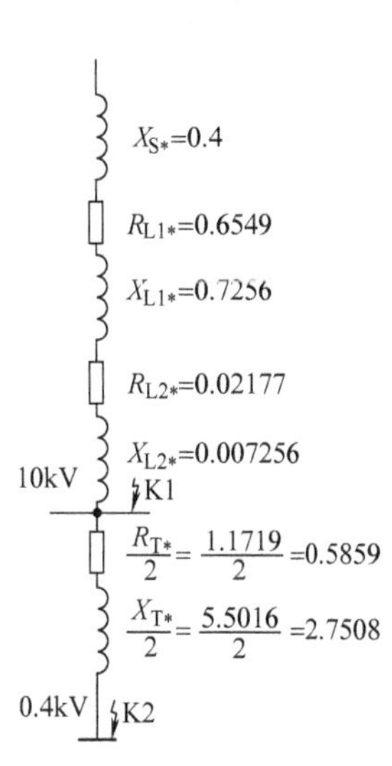

图 1-9 配电系统阻抗标幺值等效电路

短路冲击系数分别按式（1-39）、式（1-42）计算，得

$$K_{imp}=1+e^{-\frac{0.01}{T_a}}=1+e^{-\frac{0.01}{0.0053}}=1+0.15=1.15$$

$$K'_{imp}=\sqrt{1+2\ (K_{imp}-1)^2}=\sqrt{1+2\times(1.15-1)^2}=1.022$$

K1 处短路电流冲击值按式（1-40）计算，得

$$i_{imp}=\sqrt{2}K_{imp}I_{K1}=\sqrt{2}\times1.15\times4.17\text{kA}=6.8\text{kA}$$

K1 处短路电流最大有效值按式（1-43）计算，得

$$I_{imp}=K'_{imp}I_{K1}=1.022\times4.17\text{kA}=4.26\text{kA}$$

短路电流标幺值按式（1-46）计算，得

$$I_{K1*}=\frac{I_{K1}}{I_j}=\frac{4.17}{5.5}=0.76$$

K1 处短路容量按式（1-47）计算，得

$$S_{K1}=I_{K1*}S_j=0.76\times100\text{MV}\cdot\text{A}=76\text{MV}\cdot\text{A}$$

4. K2 处短路电流的计算

电阻标幺值为

$$\begin{aligned}\Sigma R_{K2*}&=R_{L1*}+R_{L2*}+R_{T*}/2=0.6549+0.02177+0.5859\\&=1.2626\end{aligned}$$

电抗标幺值为

$$\begin{aligned}\Sigma X_{K2*}&=X_{S*}+X_{L1*}+X_{L2*}+X_{T*}/2=0.4+0.7256+0.007256+2.7508\\&=3.8837\end{aligned}$$

阻抗标幺值为

$$\begin{aligned}\Sigma Z_{K2*}&=\sqrt{\Sigma R_{K2*}^2+\Sigma X_{K2*}^2}=\sqrt{1.2626^2+3.8837^2}\\&=4.0838\end{aligned}$$

K2 处三相短路电流有效值按式（1-36）计算，得

$$I_{K2}=\frac{I_j}{\Sigma Z_{K2*}}=\frac{144.509}{4.0838}\text{kA}=35.39\text{kA}$$

K2 处电阻等效值为

$$\Sigma R_{K2}=R_{L1}+R_{L2}+R_T/2=0.722\Omega+0.024\Omega+0.646\Omega=1.392\Omega$$

K2 处电抗等效值为

$$\begin{aligned}\Sigma X_{K2}&=X_S+X_{L1}+X_{L2}+X_T/2=0.441\Omega+0.8\Omega+0.008\Omega+3.0328\Omega\\&=4.2818\Omega\end{aligned}$$

时间常数按式（1-38）计算，得

$$T_a=\frac{\Sigma X_{K2}}{314\Sigma R_{K2}}=\frac{4.2818}{314\times1.392}\text{s}=0.0098\text{s}$$

冲击系数分别按式（1-39）、式（1-42）计算，得

$$K_{imp}=1+e^{-\frac{0.01}{T_a}}=1+e^{-\frac{0.01}{0.0098}}=1+0.36=1.36$$

$$K'_{imp}=\sqrt{1+2(K_{imp}-1)^2}=\sqrt{1+2\times(1.36-1)^2}=1.12$$

K2 处短路电流冲击值按式（1-40）计算，得

$$i_{imp}=\sqrt{2}K_{imp}I_{K2}=\sqrt{2}\times1.36\times35.39\text{kA}=67.86\text{kA}$$

K2 处短路电流最大有效值按式（1-43）计算，得

$$I_{imp}=K'_{imp}I_{K2}=1.12\times35.39\text{kA}=39.64\text{kA}$$

K2 处短路电流标幺值按式（1-46）计算，得

$$I_{K2*}=\frac{I_{K2}}{I_j}=\frac{35.39}{144.5}=0.2449$$

K2 处短路容量按式（1-47）计算，得

$$S_{K2}=I_{K2*}S_j=0.2449\times100\text{MV}\cdot\text{A}=24\text{MV}\cdot\text{A}$$

该工厂配电系统三相短路电流的计算值见表1-16。

表 1-16　配电系统三相短路电流的计算值

短　路　处	有效值 I_K/kA	冲击值 i_{imp}/kA	最大值 I_{imp}/kA	短路容量 S_K/MV·A
K1	4.17	6.8	4.26	76
K2	35.39	67.86	39.64	24

【例 1-9】 某配电所安装 1 台 S11-315/10 型配电变压器，额定电压 $U_{N1}=10\text{kV}$，$U_{N2}=0.4\text{kV}$，额定容量 $S_N=315\text{kV}\cdot\text{A}$，阻抗电压 $u_K\%=4\%$，负载损耗 $\Delta P_K=3.47\text{kW}$，配电变压器低压侧桩头到低压配电柜母排处，采用 TMY-50×5 型铜母线，截面面积 $S=50\times5\text{mm}^2$，长度 $L=3\text{m}$，配电系统原理如图 1-10 所示，试计算低压侧母排处短路电流。

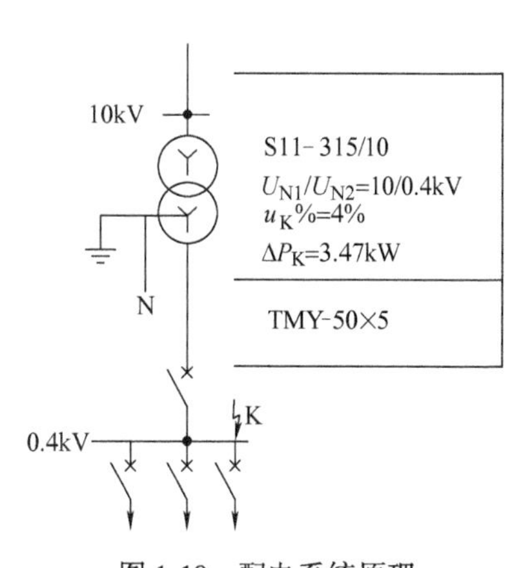

图 1-10　配电系统原理

解：1. 配电变压器的阻抗

查表 1-1 得 S11-315/10 型配电变压器的电阻 $R_T=5.6\text{m}\Omega$，电抗 $X_T=19.53\text{m}\Omega$。

2. 母线的阻抗

查表 1-10 得 TMY-50×5 型铜母线单位长度电阻 $R_{0M}=0.091\text{m}\Omega/\text{m}$，母线的电阻按式（1-23）计算，得

$$R_M=R_{0M}L=0.091\times3\text{m}\Omega=0.273\text{m}\Omega$$

查表 1-10 取 $D=250\text{mm}$，母线单位长度电抗 $X_{0M}=0.199\text{m}\Omega/\text{m}$，母线的电抗按式（1-24）计算，得

$$X_M=X_{0M}L=0.199\times3\text{m}\Omega=0.597\text{m}\Omega$$

配电系统阻抗等效电路如图 1-11 所示。

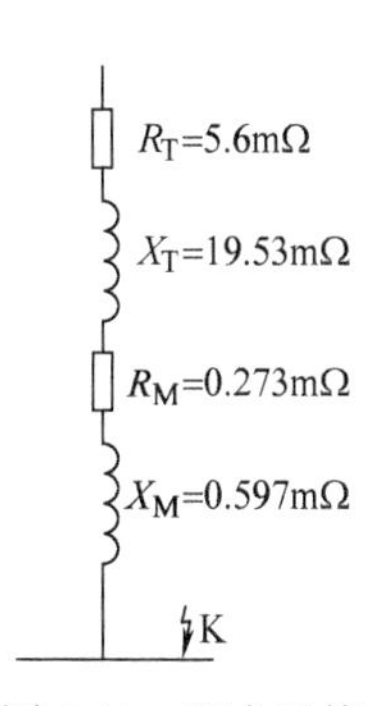

图 1-11　配电系统阻抗等效电路

3. 等效阻抗

等效电阻为

$$\Sigma R=R_T+R_M=(5.6+0.273)\text{m}\Omega=5.873\text{m}\Omega$$

等效电抗为

$$\Sigma X=X_T+X_M=(19.53+0.597)\text{m}\Omega=20.127\text{m}\Omega$$

等效阻抗为

$$\Sigma Z=\sqrt{\Sigma R^2+\Sigma X^2}=\sqrt{5.873^2+20.127^2}\,\text{m}\Omega=20.966\text{m}\Omega$$

4. 三相短路电流有效值的计算

三相短路电流有效值按式（1-57）计算，得

$$I_K^{(3)}=\frac{U_{av}}{\sqrt{3}\Sigma Z}=\frac{400}{\sqrt{3}\times 20.966\times 10^{-3}}\text{kA}=11.03\text{kA}$$

5. 冲击电流的计算

时间常数按式（1-60）计算，得

$$T_a=\frac{\Sigma X}{314\Sigma R}=\frac{20.127}{314\times 5.873}\text{s}=0.0109\text{s}$$

冲击系数按式（1-59）计算，得

$$K_{imp}=1+e^{-\frac{0.01}{T_a}}=1+e^{-\frac{0.01}{0.0109}}=1+0.4=1.4$$

冲击电流按式（1-40）计算，得

$$i_{imp}=\sqrt{2}K_{imp}I_K=\sqrt{2}\times 1.4\times 11.03\text{kA}=21.77\text{kA}$$

6. 短路电流最大有效值的计算

冲击系数按式（1-63）计算，得

$$K'_{imp}=\sqrt{1+2(K_{imp}-1)^2}=\sqrt{1+2\times(1.4-1)^2}=1.15$$

短路电流最大有效值按式（1-62）计算，得

$$I_{imp}=K'_{imp}I_K=1.15\times 11.03\text{kA}=12.68\text{kA}$$

7. 三相短路容量的计算

三相短路容量按式（1-65）计算，得

$$S_K=\sqrt{3}U_{av}I_K=\sqrt{3}\times 0.4\times 11.03\text{MV}\cdot\text{A}=7.64\text{MV}\cdot\text{A}$$

配电变压器0.4kV 低压侧三相短路电流的计算值见表 1-17。

表 1-17 配电变压器 0.4kV 低压侧三相短路电流的计算值

短 路 点	有效值 I_K/kA	冲击值 i_{imp}/kA	最大有效值 I_{imp}/kA	短路容量 S_K/MV·A
0.4kV 母排处	11.03	21.77	12.68	7.64

按照例 1-9 的方法计算，常用的配电变压器 0.4kV 低压侧短路电流的计算值见表 1-18，供读者参考。

表 1-18 常用的配电变压器 0.4kV 低压侧短路电流的计算值

序号	配电变压器型号	阻抗电压 u_K(%)	TMY 型母线尺寸 $n\times a\times b-L$/ mm×mm-mm	短路电流有效值 I_K/kA	短路电流冲击值 i_{imp}/kA	短路电流最大有效值 I_{imp}/kA	短路容量 S_K/MV·A
1	S11-315/10	4	50×5-3000	11.03	21.77	12.68	7.64
2	S11-400/10	4	50×5-3000	13.89	28.01	16.25	9.63
3	S11-500/10	4	60×8-3000	17.29	35.35	20.58	11.98
4	S11-630/10	4.5	80×6-3000	19.33	41.16	23.78	13.40
5	S11-800/10	4.5	100×8-3000	24.39	52.62	30.49	16.90
6	S11-1000/10	4.5	100×10-3000	30.13	63.72	37.10	20.88
7	S11-1250/10	4.5	120×10-3000	37.26	80.38	46.58	25.82

（续）

序号	配电变压器型号	阻抗电压 u_K(%)	TMY 型母线尺寸 $n×a×b-L$/ mm×mm-mm	短路电流有效值 I_K/kA	短路电流冲击值 i_{imp}/kA	短路电流最大有效值 I_{imp}/kA	短路容量 S_K/MV·A
8	S11-1600/10	4.5	2×100×10-3000	48.78	106.61	61.46	33.80
9	S11-2000/10	5	3×100×10-3000	55.65	124.76	72.35	38.57
10	S11-2500/10	5	3×120×10-3000	69.06	155.80	91.08	47.86
11	SBH11-M-315/10	4	50×5-3000	11.02	21.44	12.56	7.64
12	SBH11-M-400/10	4	50×5-3000	13.89	27.61	15.97	9.63
13	SBH11-M-500/10	4	60×8-3000	17.28	34.84	20.22	11.98
14	SBH11-M-630/10	4.5	80×6-3000	19.33	40.61	23.58	13.40
15	SBH11-M-800/10	4.5	100×8-3000	24.38	51.91	36.81	16.90
16	SBH11-M-1000/10	4.5	100×10-3000	30.12	64.55	37.35	20.87
17	SBH11-M-1250/10	4.5	120×10-3000	37.24	79.29	45.81	25.81
18	SBH11-M-1600/10	4.5	2×100×10-3000	48.78	105.23	60.98	33.80
19	SBH11-M-2000/10	5	3×100×10-3000	55.58	123.04	71.14	38.17
20	SBH11-M-2500/10	5	3×120×10-3000	60.90	139.97	81.61	42.20
21	SCB10-630/10	6	80×6-3000	14.67	33.92	19.80	10.17
22	SCB10-800/10	6	100×8-3000	18.53	43.37	25.39	12.84
23	SCB10-1000/10	6	100×10-3000	22.96	54.39	31.91	15.91
24	SCB10-1250/10	6	120×10-3000	28.46	67.82	39.84	19.72
25	SCB10-1600/10	6	2×100×10-3000	37.05	89.33	52.61	25.68
26	SCB10-2000/10	6	3×100×10-3000	46.67	113.18	66.27	32.34
27	SCB10-2500/10	6	3×120×10-3000	57.99	141.46	82.93	40.19
28	SCB10-1600/10	8	2×100×10-3000	28.07	69.66	40.98	19.45
29	SCB10-2000/10	8	3×100×10-3000	35.25	87.97	52.17	24.43
30	SCB10-2500/10	8	3×120×10-3000	43.90	108.94	64.53	30.42

第八节 35kV 配电系统短路电流的计算实例

【例 1-10】 某城镇经济开发区新建 35/10kV 配电所，安装 S11-8000/35 型变压器 1 台，容量 $S_N=8000$kV·A，电压 35±2×0.5%/10.5kV，接线组别 Ynd11，空载损耗 $P_0=7.0$kW，负载损耗 $\Delta P_K=28.25$kW，阻抗电压 $u_K\%=7.5\%$。35kV 架空电源进线长度 $L_1=3$km，选用 LGJ-90 型钢芯铝绞线，$R_{0L1}=0.489\Omega$/km，$X_{0L1}=0.4\Omega$/km；10kV 架空出线长度 $L_2=5$km，选用 LGJ-70 型钢芯铝绞线，$R_{0L2}=0.361\Omega$/km，$X_{0L2}=0.4\Omega$/km。110kV 变电站 35kV 母线短路容量 $S_K=1000$MV·A。试计算该 35kV 配电系统高低压侧短路电流。

解：1. 配电系统元件的阻抗计算

（1）系统的电抗：35kV 电力系统的电抗按式（1-12）计算，得

$$X_S=\frac{U_{N1}^2}{S_K}=\frac{37^2}{1000}\Omega=1.369\Omega$$

（2）架空线路的电阻：35kV 架空线路的电阻按式（1-20）计算，得

$$R_{L1}=R_{0L1}L_1=0.489\times3\Omega=1.467\Omega$$

10kV 架空线路的电阻按式（1-20）计算，得

$$R_{L2}=R_{0L2}L_2=0.361\times5\Omega=1.805\Omega$$

（3）架空线路的电抗：35kV 架空线路的电抗按式（1-21）计算，得

$$X_{L1}=X_{0L1}L_1=0.4\times3\Omega=1.2\Omega$$

10kV 架空线路的电抗按式（1-21）计算，得

$$X_{L2}=X_{0L2}L_2=0.4\times5\Omega=2\Omega$$

（4）配电变压器的阻抗：配电变压器的阻抗按式（1-13）计算，得

$$Z_T=\frac{u_K\%U_{N1}^2}{100S_N}\times10^3=\frac{7.5\times37^2}{100\times8000}\times10^3\Omega=12.8344\Omega$$

（5）配电变压器的电阻：配电变压器的电阻按式（1-14）计算，得

$$R_T=\frac{\Delta P_K U_{N1}^2}{S_N^2}\times10^3=\frac{28.25\times37^2}{8000^2}\times10^3\Omega=0.6043\Omega$$

（6）配电变压器的电抗：配电变压器的电抗按式（1-15）计算，得

$$\begin{aligned}X_T&=\sqrt{Z_T^2-Z_R^2}=\sqrt{12.8344^2-0.6043^2}\,\Omega\\&=\sqrt{164.7218-0.3652}\,\Omega\\&=\sqrt{164.3566}\,\Omega\\&=12.8202\Omega\end{aligned}$$

35kV 配电系统阻抗计算等效电路如图 1-12 所示。

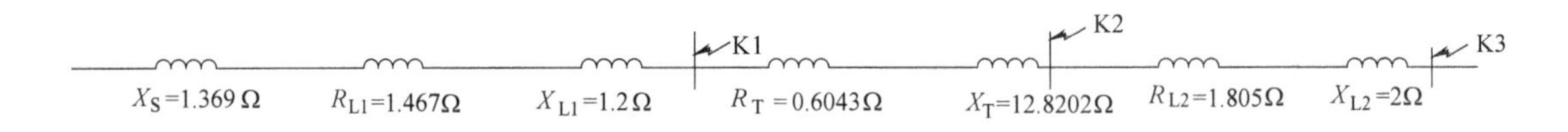

图 1-12　35kV 配电系统阻抗计算等效值

2. 配电系统元件标幺值的计算

（1）系统的标幺值：采用标幺值方法计算短电流时，取基准容量 $S_j=100\text{MV}\cdot\text{A}$，基准电压 $U_j=37\text{kV}$，$U_j=10.5\text{kV}$，基准电流 $I_j=1.56\text{kA}$，$I_j=5.5\text{kA}$。

系统的电抗标幺值按式（1-29）计算，得

$$X_{S*}=\frac{S_j}{S_K}=\frac{100}{1000}=0.1$$

（2）架空线路的电阻标幺值：35kV 架空线路的电阻标幺值按式（1-34）计算，得

$$R_{L1*}=R_{L1}\frac{S_j}{U_{av}^2}=1.467\times\frac{100}{37^2}=0.1072$$

10kV 架空线路的电阻标幺值按式（1-34）计算，得

$$R_{L2*}=R_{L2}\frac{S_j}{U_{av}^2}=1.805\times\frac{100}{10.5^2}=1.6372$$

（3）架空线路的电抗标幺值：35kV 架空线路的电抗标幺值按式（1-35）计算，得

$$X_{L1*}=X_{L1}\frac{S_j}{U_{av}^2}=1.2\times\frac{100}{37^2}=0.0877$$

10kV 架空线路的电抗标幺值按式（1-35）计算，得

$$X_{L2*}=X_{L2}\frac{S_j}{U_{av}^2}=2\times\frac{100}{10.5^2}=1.8141$$

（4）配电变压器的阻抗幺值：

1）配电变压的阻抗标幺值按式（1-31）计算，得

$$Z_{T*}=\frac{u_K\%S_j}{100S_N}=\frac{7.5\times100}{100\times8}=0.9375$$

2）配电变压器的电阻标幺值按式（1-30）计算，得

$$R_{T*}=\Delta P_K\frac{S_j}{S_N^2}\times10^{-3}=\frac{7\times100}{8^2}\times10^{-3}=0.0109$$

3）配电变压器的电抗标幺值按式（1-32）计算，得

$$X_{T*}=\sqrt{Z_{T*}^2-R_{T*}^2}=\sqrt{0.9375^2-0.0109^2}$$

$$=\sqrt{0.8789-0.0001}=0.9374$$

4）配电系统阻抗标幺值等效电路如图 1-13 所示。

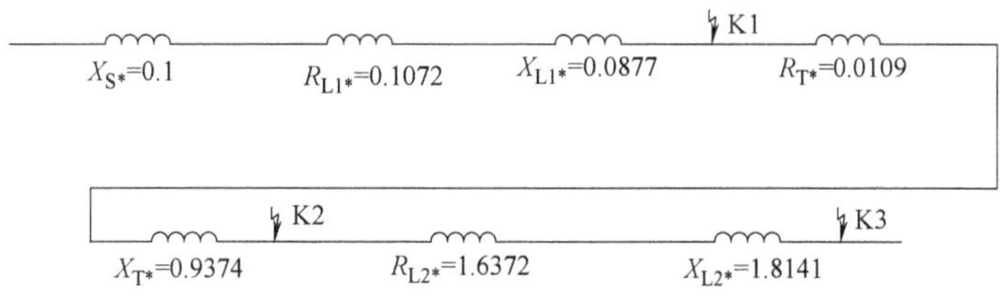

图 1-13　配电系统阻抗标幺值等效电路

3. K1 处短路电流的计算

电阻标幺值为

$$\sum R_{K1*}=R_{L1*}=0.1072$$

电抗标幺值为

$$\sum X_{K1*}=X_{S*}+X_{L1*}=0.1+0.0877=0.1877$$

阻抗标幺值为

$$\sum Z_{K1*}=\sqrt{R_{K1*}^2+X_{K1*}^2}=\sqrt{0.1072^2+0.1877^2}$$

$$=\sqrt{0.01149+0.0352}=\sqrt{0.04669}=0.2161$$

K1 处三相短路电流有效值按式（1-36）计算，得

$$I_{K1}^{(3)}=\frac{I_j}{\sum Z_{K1*}}=\frac{1.56}{0.2161}\text{kA}=7.2\text{kA}$$

K1 处两相短路电流有效值按式（1-37）计算，得

$$I_{K1}^{(2)}=\frac{\sqrt{3}}{2}\times I_{K1}^{(3)}=\frac{\sqrt{3}}{2}\times7.2\text{kA}=6.2\text{kA}$$

K1 处电阻等效值为

$$\sum R_{K1}=R_{L1}=1.467\Omega$$

K1 处电抗等效值为

$$\sum X_{K1}=X_S+X_{L1}=1.369+1.2\Omega=2.569\Omega$$

时间常数按式（1-38）计算，得

$$T_a=\frac{\sum X_{K1}}{314R_{K1}}=\frac{2.569}{314\times1.467}=0.0056$$

短路冲击系数分别按式（1-39）和式（1-42）计算，得

$$K_{imp}=1+e^{-\frac{0.01}{T_a}}=1+e^{-\frac{0.01}{0.0056}}$$
$$=1+0.168=1.168$$

$$K'_{imp}=\sqrt{1+2(K_{imp}-1)^2}=\sqrt{1+2(1.168-1)^2}$$
$$=1.028$$

K1 处短路电流冲击值按式（1-40）计算，得

$$i_{imp}=\sqrt{2}K_{imp}I_{K1}^{(3)}=\sqrt{2}\times1.168\times7.2\text{kA}=12\text{kA}$$

K1 处短路电流最大有效值按式（1-43）计算，得

$$I_{imp}=K'_{imp}I_{K1}^{(3)}=1.028\times7.2\text{kA}=7.4\text{kA}$$

短路电流标幺值按式（1-46）计算，得

$$I_{K1*}=\frac{I_{K1}^{(3)}}{I_j}=\frac{7.2}{1.56}=4.62$$

K1 处短容量按式（1-47）计算，得

$$S_{K1}=I_{K1*}S_j=4.62\times100\text{MV}\cdot\text{A}=462\text{MV}\cdot\text{A}$$

4. K2 处短路电流的计算

电阻标幺值为

$$\sum R_{K2*}=R_{L1*}+R_{T*}=0.1072+0.0109=0.1181$$

电抗标幺值为

$$\sum X_{K2*}=X_{S*}+X_{L1*}+X_{T*}$$
$$=0.1+0.0877+0.9374=1.125$$

阻抗标幺值为

$$\sum Z_{K2*}=\sqrt{\sum R_{K2*}^2+\sum X_{K2*}^2}=\sqrt{0.1181^2+1.125^2}$$
$$=\sqrt{0.01395+1.2656}=\sqrt{1.2796}=1.1312$$

K2 处三相短路电流有效值按式（1-36）计算，得

$$I_{K2}^{(3)}=\frac{I_j}{\sum Z_{K2*}}=\frac{5.5}{1.1312}\text{kA}=4.9\text{kA}$$

K2 处两相短路电流有效值按式（1-37）计算，得

$$I_{K2}^{(2)}=\frac{\sqrt{3}}{2}I_{K2}^{(3)}=\frac{\sqrt{3}}{2}\times4.9\text{kA}=4.2\text{kA}$$

K2 处电阻等效值为

$$\sum R_{K2}=R_{L1}+R_T=1.467\Omega+0.6043\Omega=2.0713\Omega$$

K2 处电抗等效值为

$$\sum X_{K2}=X_S+X_{L1}+X_T$$
$$=1.369\Omega+1.2\Omega+12.8202\Omega=15.3892\Omega$$

时间常数按式（1-38）计算，得

$$T_a=\frac{\sum X_{K2}}{314\sum R_{K2}}=\frac{15.3892}{314\times 2.0713}=0.0237$$

短路冲击系数分别按式（1-39）、式（1-42）计算，得

$$K_{imp}=1+e^{-\frac{0.01}{T_a}}=1+e^{-\frac{0.01}{0.0237}}$$
$$=1+0.66=1.66$$
$$K'_{imp}=\sqrt{1+2(K_{imp}-1)^2}$$
$$=\sqrt{1+2(1.66-1)^2}$$
$$=1.37$$

K2 处短路冲击电流值按式（1-40）计算，得

$$i_{imp}=\sqrt{2}K_{imp}I_{K2}^{(3)}=\sqrt{2}\times 1.66\times 4.9\text{kA}=11.5\text{kA}$$

K2 处短路电流最大有效值按式（1-43）计算，得

$$I_{imp}=K'_{imp}I_{K2}^{(3)}=1.37\times 4.9\text{kA}=6.7\text{kA}$$

短路电流标幺值按式（1-46）计算，得

$$I_{K2*}=\frac{I_{K2}^{(3)}}{I_j}=\frac{4.9}{5.5}=0.89$$

K2 处短路容量按式（1-47）计算，得

$$S_{K2}=I_{K2*}S_j=0.89\times 100\text{MV}\cdot\text{A}=89\text{MV}\cdot\text{A}$$

5. K3 处短路电流的计算

电阻标幺值为

$$\sum R_{K3*}=R_{L1*}+R_{T*}+R_{L2*}$$
$$=0.1072+0.0109+1.6372=1.7553$$

电抗标幺值为

$$\sum X_{K3*}=X_{S*}+X_{L1*}+X_{T*}+X_{L2*}$$
$$=0.1+0.0877+0.9374+1.8141$$
$$=2.9392$$

阻抗标幺值为

$$\sum Z_{K3*}=\sqrt{R_{K3*}^2+X_{K3*}^2}$$
$$=\sqrt{1.7553^2+2.9392^2}$$
$$=\sqrt{3.0811+8.6389}$$
$$=\sqrt{11.72}$$
$$=3.4234$$

K3 处三相短路电流有效值按式（1-36）计算，得

$$I_{K3}^{(3)}=\frac{I_j}{\sum Z_{K3*}}=\frac{5.5}{3.4234}\text{kA}=1.6\text{kA}$$

K3 处两相短路电流有效值按式（1-37）计算，得

$$I_{K3}^{(2)}=\frac{\sqrt{3}}{2}I_{K3}^{(3)}=\frac{\sqrt{3}}{2}\times 1.6\text{kA}=1.4\text{kA}$$

K3 处电阻等效值为

$$\begin{aligned}\sum R_{K3}&=R_{L1}+R_T+R_{L2}\\&=1.467\Omega+0.6043\Omega+1.805\Omega=3.8763\Omega\end{aligned}$$

K3 处电抗等效值为

$$\begin{aligned}\sum X_{K3}&=X_S+X_{L1}+X_T+X_{L2}\\&=1.369\Omega+1.2\Omega+12.8202\Omega+2\Omega\\&=17.3892\Omega\end{aligned}$$

时间常数按式（1-38）计算，得

$$T_a=\frac{\sum X_{K3}}{314\sum R_{K3}}=\frac{17.3892}{314\times 3.8763}=0.0143$$

短路冲击系数分别按式（1-39）和式（1-42）计算，得

$$K_{imp}=1+e^{-\frac{0.01}{T_a}}=1+e^{-\frac{0.01}{0.0143}}=1+0.5=1.5$$

$$\begin{aligned}K'_{imp}&=\sqrt{1+2(K_{imp}-1)^2}\\&=\sqrt{1+2(1.5-1)^2}\\&=1.225\end{aligned}$$

K3 处短路电流冲击值按式（1-40）计算，得

$$i_{imp}=\sqrt{2}K_{imp}I_{K3}^{(3)}=\sqrt{2}\times 1.5\times 1.6\text{kA}=3.4\text{kA}$$

K3 处短路电流最大有效值按式（1-43）计算，得

$$I_{imp}=K'_{imp}I_{K3}^{(3)}=1.225\times 1.6\text{kA}=2\text{kA}$$

短路电流标幺值按式（1-46）计算，得

$$I_{K3*}=\frac{I_{K3}^{(3)}}{I_j}=\frac{1.6}{5.5}=0.29$$

K3 处短路容量按式（1-47）计算，得

$$S_{K3}=I_{K3*}S_j=0.29\times 100\text{MV}\cdot\text{A}=29\text{MV}\cdot\text{A}$$

该配电系统短路电流的计算值见表 1-19。

表 1-19 35kV 配电系统短路电流计算值

短路处	有效值		冲击值	最大值	短路容量
	$I_K^{(3)}$/kA	$I_K^{(2)}$/kA	i_{imp}/kA	I_{imp}/kA	S_K/MV·A
K1	7.2	6.2	12.0	7.4	462
K2	4.9	4.2	11.5	6.7	89
K3	1.6	1.4	3.4	2.0	29

第二章　电气主接线

第一节　电气环网主接线

一、概述

城市经济技术开发区、新建城乡居民小区，在其用电负荷中心到10kV配电所之间，宜采用电气环网主接线，以提高供电可靠性。

二、电气主接线方式

10kV箱式变电站电气环网主接线方式如图2-1所示。

在10kV电气环网接线系统中，双电源进入10kV开闭所，选用YJV22-8.7/15-3×240型电缆进线，开闭所内安装2台电源进线环网柜，2台出线环网柜，1台电压互感器柜，10kV开闭所选用YJV22-8.7/15-3×120型电缆出线。10kV开闭所的主要电气设备见表2-1。

表2-1　10kV开闭所的主要电气设备

编　　号	1	2	3	4	5
名　　称	PT柜	进线柜	出线柜	出线柜	进线柜
开关柜型号	HXGN1-12	HXGN1-12	HXGN1-12	HXGN1-12	HXGN1-12
隔离开关	GN19-400				
负荷开关	—	FN16-10R 630A/50kA	FN16-10RD 630A/50kA	FN16-10RD 630A/50kA	FN16-10R 630A/50kA
电流互感器	—	LZZBJ12-10 630A/130kA 0.5/10P	LZZBJ12-10 300A/125kA 0.5/10P	LZZBJ12-10 300A/125kA 0.5/10P	LZZBJ12-10 630A/130kA 0.5/10P
电压互感器	JDZ11-10B 10/0.1kV	—	—	—	—
避雷器	YH5WZ-17/42	—	—	—	—
熔断器	XRNP1-10 0.5A	—	—	—	—
接地开关	—	—	JN10-10	JN10-10	—

10kV开闭所出线接ZGSBH11型或其他型号规格的箱式变电站，3个箱式变电站之间采用环网供电。根据用电负荷大小，选用箱式变电站的数量，每个箱式变电站中单台配电变压器容量一般选630kV·A、800kV·A。

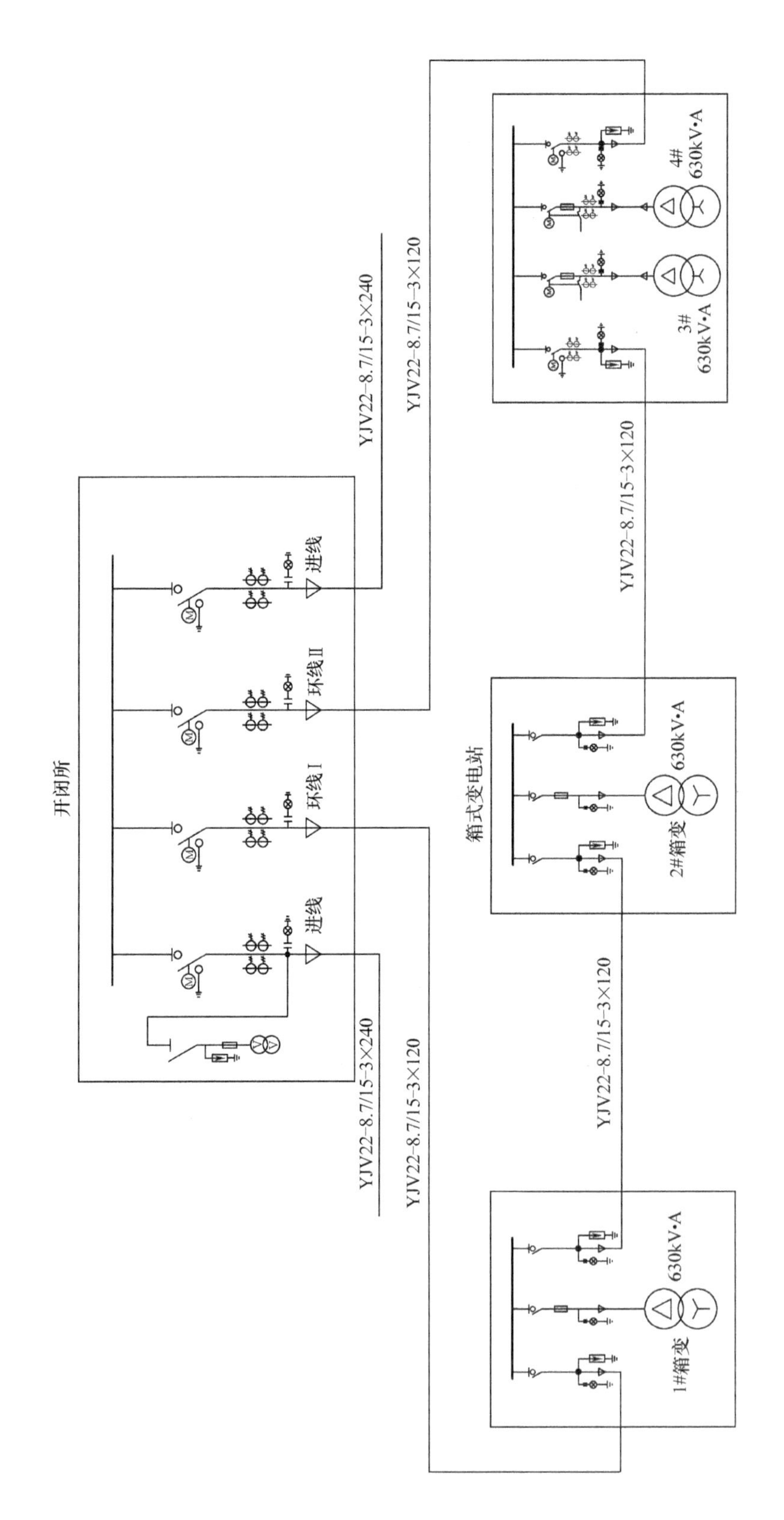

图 2-1　10kV 箱式变电站电气环网主接线

第二节　10kV 电气主接线

一、电气主接线的原则

1）10kV 配电所的高压母线宜采用单母线不分段或单母线分段接线。

2）配电所专用电源的进线开关宜采用断路器或带熔断器的负荷开关。

3）对于农村用电的配电变压器，容量一般在 315kV·A 及以下时，可用跌落式熔断器。

4）从总配电所以放射式向分配电所供电时，当分配电所需要带负荷操作或继电保护自动装置有要求时，应采用断路器。

5）10kV 母线的分段处宜装设断路器。

6）两配电所之间的联络线，应在供电侧的配电所装设断路器，另侧装设隔离开关或负荷开关；当两侧的供电可能性相同时，应在两侧均装设断路器。

7）配电所的引出线宜装设断路器。当满足继电保护和操作要求时，可装设带熔断器的负荷开关。

8）向频繁操作的高压用电设备供电的出线开关兼做操作开关时，应采用具有频繁操作性能的真空断路器。

9）接在母线上的避雷器和电压互感器，宜合用一组隔离开关。

二、电气主接线方式

1. 单电源单母线电气主接线

10kV 单电源单母线电气主接线的优点是接线方式简单，使用的 10kV 开关柜等电气设备较少，建设配电所时，一次投入费用较少。这种接线方式的最大缺点是采用单电源单母线供电，一旦 10kV 进线电源停电，全所停电，供电可靠性较差，仅适用于不太重要的用户，配电所失电，不会造成较大的经济损失。

该接线方式，安装 1 台 10kV 单电源进线柜，1 台计量柜，1 台电压互感器柜。出线柜的多少应根据用户的实际需要确定，一般为 1~2 回出线为宜，每回出线接配电变压器，单台配电变压器容量不宜大于 2500kV·A。安装 1 台容量为 30kV·A 的所用变压器。

2. 双电源单母线不分段电气主接线

10kV 双电源单母线不分段电气主接线的优点是双电源供电，提高了供电可靠性。缺点是基建时，一次性投资较多。由于接线方式为单母线不分段，一旦母线设备发生故障，需要全所停电检修，影响用户用电。

双电源单母线不分段电气主接线，一般安装 2 台 10kV 电源进线柜、2 台电能计量柜、2 台进线总柜、1 台电压互感器柜、2 台配变电源进线柜、采用 10kV 电缆进出线。

3. 双电源单母线分段电气主接线

10kV 双电源单母线分段电气主接线采用双电源供电，两段母线之间安装分段断路器，供电可靠，运行方式灵活，适用于重要的用户，但配电所基建时，一次性投资较高。

该接线方式，一般安装 13 个 10kV 间隔。主要包括电源进线间隔、配变进线间隔、环网间隔、母线分段联络间隔、电压互感器间隔等。

表 2-2 HXG-N□-12 型环网柜电气主接线方式

一次系统接线		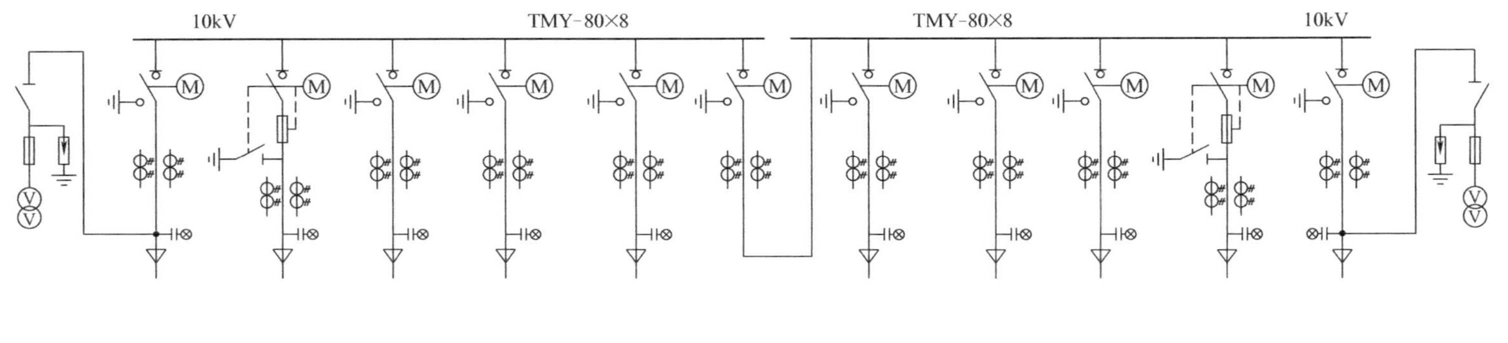 10kV			TMY-80×8				TMY-80×8			10kV	
编号	H1	H2	H3	H4	H5	H6	H7	H8	H9	H10	H11	H12	H13
名称	PT 柜	进线一	1#变压器	一环线	二环线	三环线	分　段	三环线	二环线	一环线	2#变压器	进线二	PT 柜
型号	HXGN-12	SAFE-C	SAFE-F	SAFE-C	SAFE-C	SAFE-C	SAFE-SL	SAFE-C	SAFE-C	SAFE-C	SAFE-F	SAFE-C	HXGN-12
主要设备	GN-19/10 630A/20kA JSZV-10R 10/0. 22/ 0. 1kV YH5WZ- 17/50 XRNP1- 10 0. 5A	SAFE-L 630A/20kA LZZBJ9-10 400/5A DXN2-T	SAFE-L 630A/20kA 熔断器 120A/ 50MV·A SAFE-E LZZBJ9-10 75/5A DXN2-T	SAFE-L 630A/20kA LZZBJ9-10 150/5A DXN2-T	SAFE-L 630A/20kA LZZBJ9-10 150/5A DXN2-T	SAFE-L 630A/20kA LZZBJ9-10 150/5A DXN2-T	SAFE-L 630A/20kA LZZBJ9-10 300/5A	SAFE-L 630A/20kA LZZBJ9-10 150/5A DXN2-T	SAFE-L 630A/20kA LZZBJ9-10 150/5A DXN2-T	SAFE-L 630A/20kA LZZBJ9-10 150/5A DXN2-T	SAFE-L 630A/200kA 熔断器 120A/ 50MV·A SAFE-E LZZBJ9-10 75/5A DXN2-T	SAFE-L 630A/20kA LZZBJ9-10 400/5A DXN2-T	GN-19/10 630A/20kA JSZV-10R 10/0. 22/ 0. 1kV YH5WZ- 17/50 XRNP1- 10 0. 5A
电缆型号（YJV22-8. 7/15）		3×300	3×70	3×120	3×120	3×120		3×120	3×120	3×120	3×70	3×300	
柜宽	800mm	325mm	325mm	325mm	325mm	325mm	325mm	325mm	325mm	325mm	325mm	325mm	800mm

表 2-3 XGN□-12 型 10kV 固定式开关柜电气主接线方式

柜 名	1#进线	1#计量	1#总柜	1#母线设备	1#主变	联络	分段	2#主变	2#母线设备	2#总柜	2#计量	2#进线
柜尺寸(宽×深×高)	$A\times B\times C$	$A\times B\times C$	$A\times B\times C$	$A\times B\times C$	$A\times B\times C$	$A\times B\times C$	$A\times B\times C$	$A\times B\times C$	$A\times B\times C$	$A\times B\times C$	$A\times B\times C$	$A\times B\times C$
母线规格	由设计确定											
一次系统接线	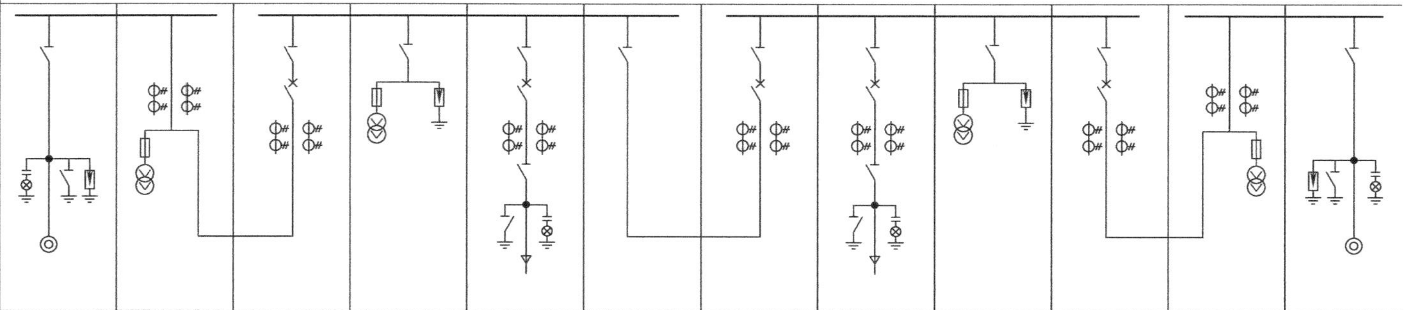											
10kV 真空断路器(20kA)			1250A,1 台		1250A,1 台		1250A,1 台	1250A,1 台		1250A,1 台		
隔离开关(GN19-10)	1250A,1 组		1250A,1 组	1250A,1 组	1250A,2 组	1250A,1 组	1250A,1 组	1250A,2 组	1250A,1 组	1250A,1 组		1250A,1 组
电流互感器(LZZBJ9-10)		□/5A, 0.2S/0.5 20V·A/ 20V·A, 2 只	□/5A, 0.5/10P20 20V·A/ 20V·A, 2 只		□/5A, 0.5/10P20 20V·A/ 20V·A, 2 只		□/5A, 0.5/10P20 20V·A/ 20V·A, 2 只	□/5A, 0.5/10P20 20V·A/ 20V·A, 2 只		□/5A, 0.5/10P20 20V·A/ 20V·A, 2 只	□/5A, 0.2S/0.5 20V·A/ 20V·A, 2 只	
电压互感器(JDZ9-10)		10/0.1 0.2 级 30V·A,2 只		10/0.1 3P 级 30V·A,2 只						10/0.1 3P 级 30V·A,2 只	10/0.1 0.2 级 30V·A,2 只	
高压熔断器(XRNP1-12)		0.5A,50kA, 3 只		0.5A,50kA, 3 只					3 只		3 只	3 只
避雷器(HY5WZ-17/42)	3 只			3 只					3 只			3 只
接地开关(EK-12)	3 只				3 只			3 只				3 只
带电显示器(GSN-10)	1 组				1 组			1 组				1 组

表 2-4　KYN□-12 型 10kV 移开式开关柜电气主接线方式

名　　称	1#进线	1#计量	1#总柜	1#母线设备	1#主变	联络	分段	2#主变	2#母线设备	2#总柜	2#计量	2#进线
柜尺寸(宽×深×高)	$A\times B\times C$	$A\times B\times C$	$A\times B\times C$	$A\times B\times C$	$A\times B\times C$	$A\times B\times C$	$A\times B\times C$	$A\times B\times C$	$A\times B\times C$	$A\times B\times C$	$A\times B\times C$	$A\times B\times C$
母线规格	由设计确定											
一次系统接线	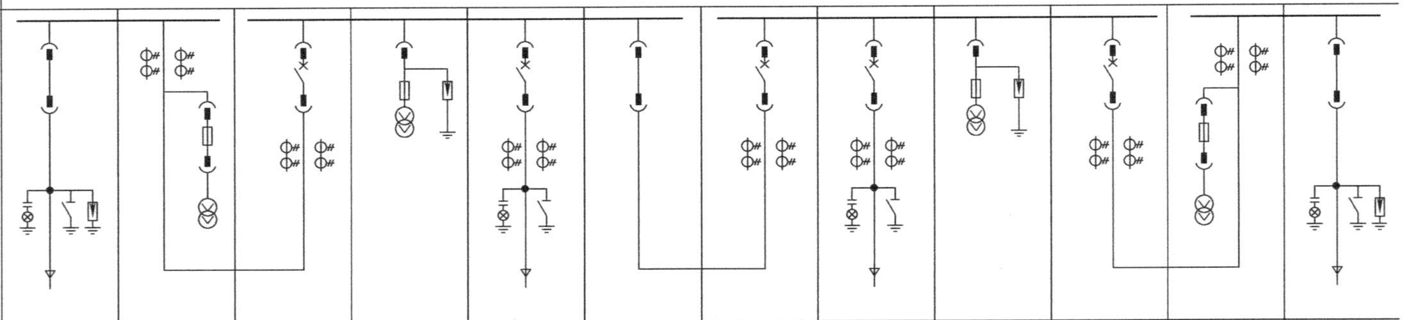											
10kV 真空断路器 (20kA)			1250A,1 台		1250A,1 台		1250A,1 台	1250A,1 台		1250A,1 台		
电流互感器 (LZZBJ9-10)		□/5A, 0.2S/0.5 20V·A/ 20V·A, 2 只	□/5A, 0.5/10P20 20V·A/ 20V·A, 2 只		□/5A, 0.5/10P20 20V·A/ 20V·A, 2 只		□/5A, 0.5/10P20 20V·A/ 20V·A, 2 只	□/5A, 0.5/10P20 20V·A/ 20V·A, 2 只		□/5A, 0.5/10P20 20V·A/ 20V·A, 2 只	□/5A, 0.2S/0.5 20V·A/ 20V·A, 2 只	
电压互感器 (JDZ9-10)		10/ 0.1 0.2 级 30V·A,2 只		10/ 0.1 3P 级 30V·A,2 只						10/ 0.1 3P 级 30V·A,2 只	10/ 0.1 0.2 级 30V·A,2 只	
高压熔断器 (XRNP1-12)		0.5A,50kA, 3 只		0.5A,50kA, 3 只					0.5A,50kA, 3 只		0.5A,50kA, 3 只	
避雷器 (HY5WZ-17/42)	3 只			3 只					3 只			3 只
接地开关(EK-12)	3 只				3 只			3 只				3 只
带电显示器(GSN-10)	1 组				1 组			1 组				1 组

表 2-5 35kV 固定式开关柜电气主接线

柜号	1H	2H	3H	4H	5H	6H	7H	8H	9H	10H	11H
柜名	进线(一)	计量兼联络(一)	总柜(一)	1#主变	母线设备兼联络	分段	母线设备	2#主变	总柜(二)	计量兼联络(二)	进线(二)
柜尺寸(宽×深×高)	$A\times B\times C$	$A\times B\times C$	$A\times B\times C$	$A\times B\times C$	$A\times B\times C$	$A\times B\times C$	$A\times B\times C$	$A\times B\times C$	$A\times B\times C$	$A\times B\times C$	$A\times B\times C$
母线规格	由设计确定										
一次系统接线											
35kV 真空断路器(1000A,25kA)			1 台			1 台			1 台		
隔离开关(GN27-35Q、630A,25kA)	1 组		1 组	1 组	2 组	1 组	1 组	1 组	1 组		1 组
电流互感器(LZZBJ7-35Q,□/5A)		0.2S/0.2S,2 只 35V·A /30V·A	0.5/10P20 /10P20,3 只 30V·A/30V·A/30V·A	0.5/10 P20,2 只 30V·A/ 30V·A		0.5/10P20 /10P20,3 只 30V·A /30V·A		0.5/ 10P20,2 只 30V·A /30V·A	0.5/10P20 /10P20,3 只 30V·A /30V·A	0.2S/0.2S,2 只 30V·A/ 30V·A	
电压互感器(JDZ9-35,35/0.1kV)		2 只,0.2 级 30V·A			2 只,0.5 30V·A		2 只,0.5 30V·A			2 只,0.2 级 30V·A	
高压熔断器(XRNP1-40.5/0.5-31.5)		3 只			3 只		3 只			3 只	
避雷器(HY5WZ-42/134)	3 只				3 只		3 只				3 只
接地开关(JN12-40.5)	1 组			1 组				1 组			1 组
带电显示装置(DXNT,AC220V)	1 组			1 组				1 组			1 组

表 2-6 35kV 移开式开关柜电气主接线

柜号	1H	2H	3H	4H	5H	6H	7H	8H	9H	10H	11H	12H
柜名	进线(一)	计量兼联络(一)	总柜(一)	1#主变	母线设备	联络	分段	母线设备	2#主变	总柜(二)	计量兼联络(二)	进线(二)
柜尺寸(宽×深×高)	$A\times B\times C$	$A\times B\times C$	$A\times B\times C$	$A\times B\times C$	$A\times B\times C$	$A\times B\times C$	$A\times B\times C$	$A\times B\times C$	$A\times B\times C$	$A\times B\times C$	$A\times B\times C$	$A\times B\times C$
母线规格	由设计确定											
一次系统接线												
35kV 真空断路器(1000A,25kA)			1 台				1 台			1 台		
电流互感器(LZZBJ7-35Q,□/5A)		0.2S/0.2S,2 只 30V·A/30V·A	0.5/10P20/10P20,3 只 30V·A/30V·A/30V·A	0.5/10P20,2 只 30V·A/30V·A			0.5/10P20/10P20,3 只 30V·A/30V·A/30V·A		0.5/10P20,2 只 30V·A/30V·A	0.5/10P20/10P20,3 只 30V·A/30V·A/30V·A	0.2S/0.2S,2 只 30V·A/30V·A	
电压互感器(JDZ9-35,35/0.1kV)		2 只,0.2 级 30V·A			2 只,0.5 30V·A			2 只,0.5 30V·A			2 只,0.2 级 30V·A	
高压熔断器(XRNP1-40.5/0.5-31.5)		3 只			3 只			3 只			3 只	
避雷器(HY5WZ-42/134)	3 只				3 只			3 只				3 只
接地开关(JN22-40.5)	1 组			1 组					1 组			1 组
带电显示装置(DXNT,AC220V)	1 组			1 组					1 组			1 组

10kV 配电所采用 HXGN-12 型、SAFE-F 型 10kV 环网柜时，电气主接线方式见表 2-2；采用 XGN□-12 型固定式开关柜时，电气主接线方式见表 2-3；采用 KYN□-12 型 10kV 移开式开关柜时，电气主接线方式见表 2-4。

第三节 35kV 电气主接线

一、固定式开关柜电气主接线

35kV 固定式开关柜电气主接线，双电源架空线进线，单母线分段接线方式。安装电源进线、计量兼联络、总柜、主变进线、母线设备、母线设备兼联络、分段等固定式开关柜共 11 块。35kV 固定式开关柜电气主接线见表 2-5。

二、移开式开关柜电气主接线

35kV 移开式开关柜电气主接线，双电源电缆进线，单母线分段接线方式。安装进线、计量兼联络、总柜、主变压器进线、母线设备、联络、分段等移开式开关柜共 12 块。35kV 移开式开关柜电气主接线见表 2-6。

第四节 低压电气主接线

一、某农村用电配电变压器低压电气主接线

某农村用电安装 1 台 SBH11-M-315/10 型配电变压器，配电变压器低压侧电源总柜，选用 GGD1-09 型固定式配电柜 1 台，选用 LMZ2-0.66 型电流互感器作为电能计量与电流测量，HD13BX-600/31 型杠杆刀开关 1 副，FTW1-600/3 型断路器 1 台。

低压出线选用 GGD1-39（改）型固定式配电柜 1 台，出线共 9 回，供各个自然村生活及田间地头用电。

某农村用电配电变压器低压电气主接线如图 2-2 所示。

二、某机械厂配电所低压电气主接线

某机械厂安装 1 台容量为 800kV · A 的干式配电变压器。低压侧采用单母线不分段接线方式，选用 GGD1 型低压配电柜，FTW1 系列断路器，安装进线柜 1 台、出线柜 2 台，出线共 14 回，分别送至各车间等场所用电。安装无功补偿柜 1 台，容量为 300kvar。

某机械厂配电所低压电气主接线如图 2-3 所示。

三、某锻造厂配电所低压电气主接线

某锻造厂配电所内安装 2 台 SBH11-M-2500-10 型配电变压器。0.4kV 低压侧母线采用单母线分段接线方式，供电可靠，运行方式灵活。选用 GGD3 型低压配电柜，安装低压配电柜共计 17 台。其中，0.4kV 进线柜 2 台；母联柜 1 台；母线提升柜 3 台；出线柜 9 台；无功补偿电容柜 2 台，总容量为 2000kvar。

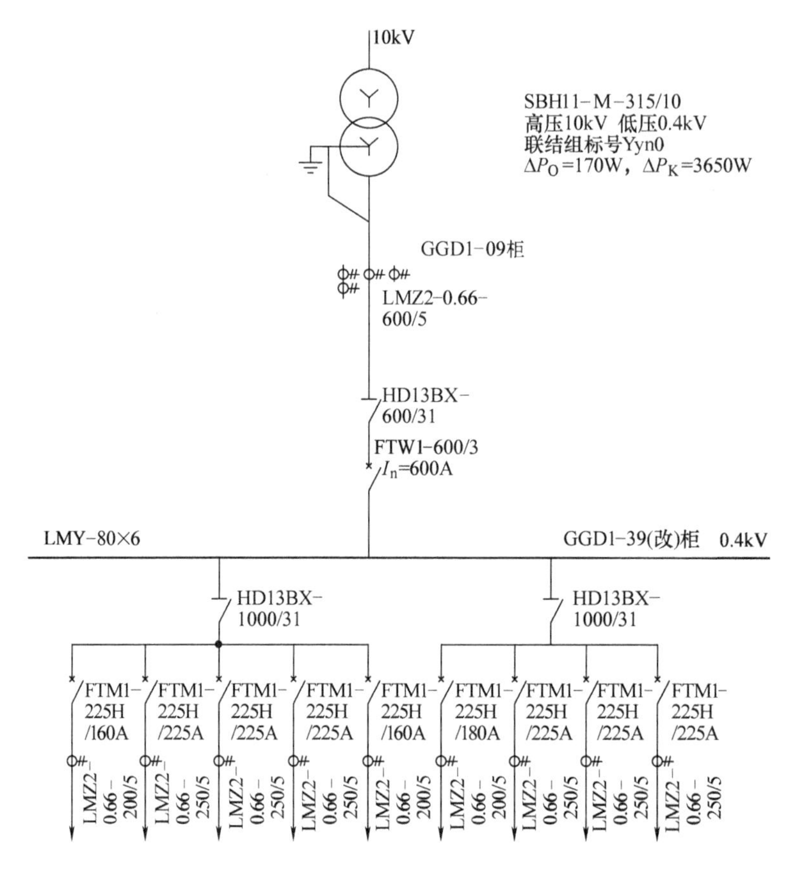

图 2-2　某农村用电配电变压器低压电气主接线

某锻造厂配电所低压电气主接线如图 2-4（见插页）所示。

第五节　配电所电气主接线

一、某配电所电气主接线

某 10/0.4kV 配电所，采用 KYN28-12 型移开式开关柜，双电源、双配电变压器、单母线分段供电，选择两套开关设备，同时增设母线分段柜、母线联络柜，电气主接线原理如图 2-5 所示。

二、某市汽车配件厂配电所电气主接线

某市汽车配件厂配电所选用 10kV 电源配电所内安装 S11-M-1600 型油浸式配电变压器 1 台，10kV 侧单母线接线，采用 XGN15-12 型固定式开关柜，电源进线间隔 1 个，配变进线间隔 1 个。0.4kV 侧采用单母线不分段接线方式，安装进线间隔 1 回、出线间隔 8 回，其中 1000A 的 4 回、800A 的 4 回。安装电容器间隔 2 回，每回安装无功补偿电容器容量为 300kvar。电气一次主接线如图 2-6 所示。

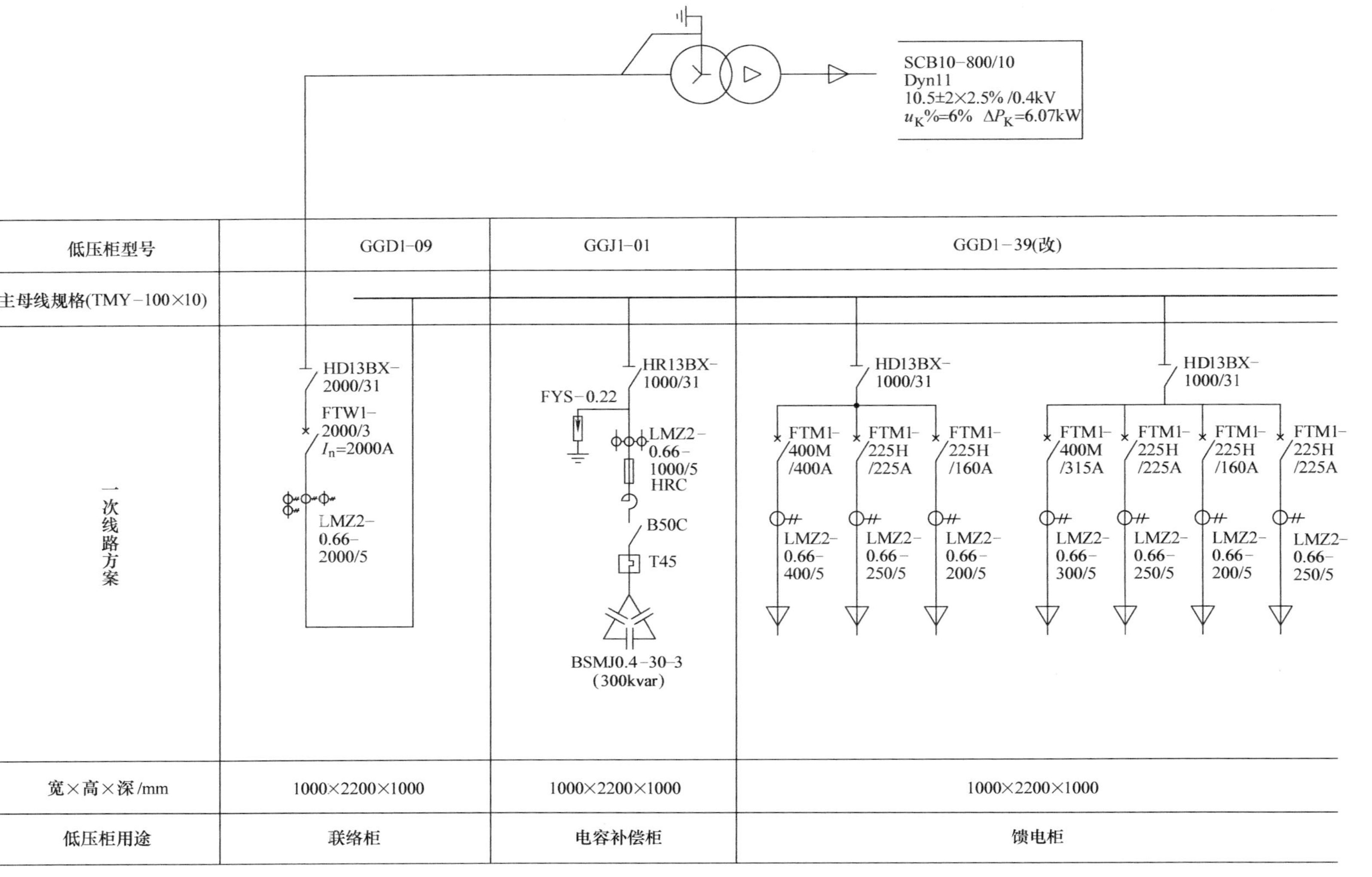

图 2-3　某机械厂配电所低压电气主接线

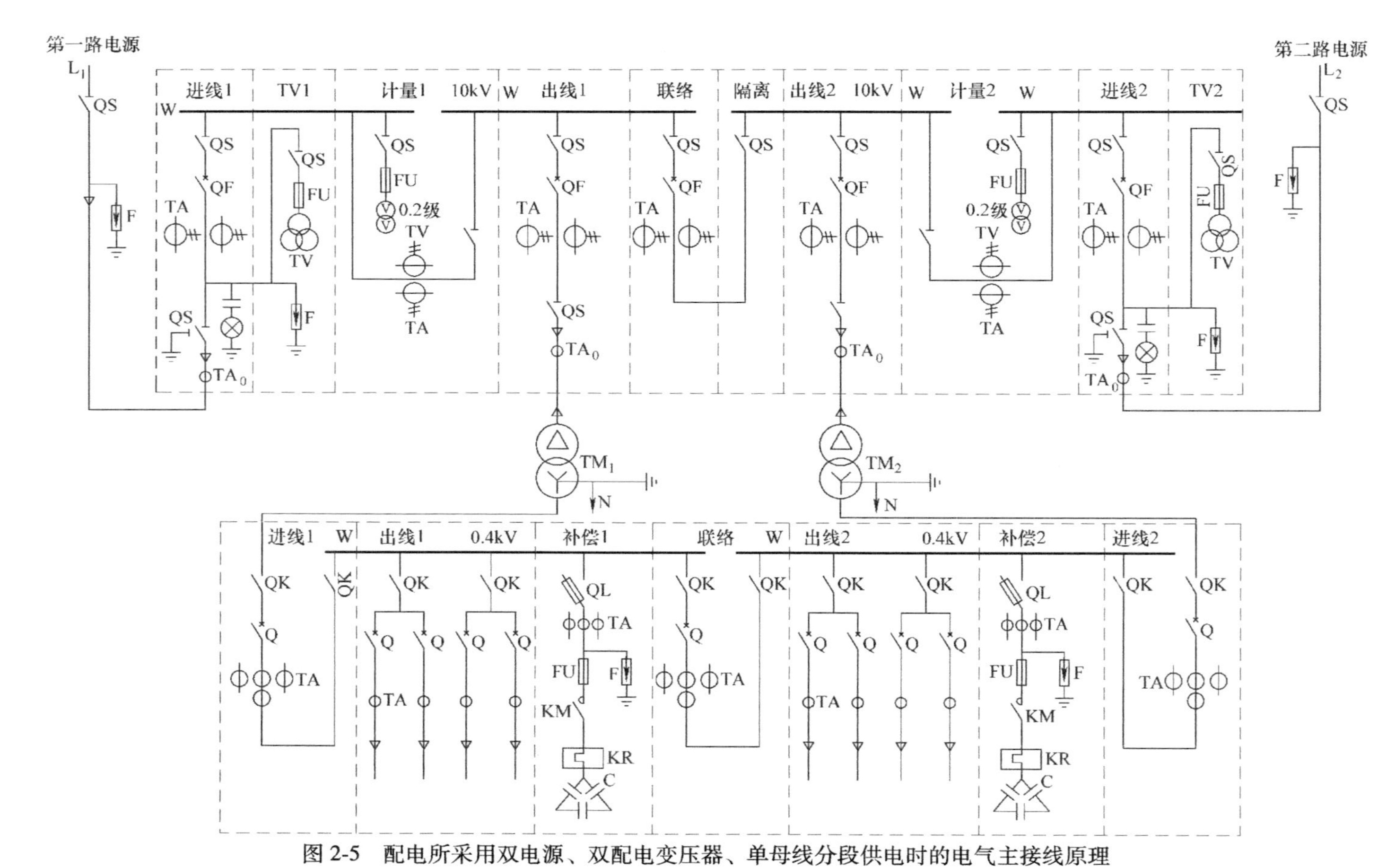

图 2-5　配电所采用双电源、双配电变压器、单母线分段供电时的电气主接线原理

L_1、L_2—10kV 电源线路　N—低压零线　TM_1、TM_2—配电变压器　W—母线　QS—隔离开关　QK—低压刀开关　QF—高压断路器　Q—低压断路器　KM—交流接触器　TV—电压互感器　TA—电流互感器　TA_0—零序电流互感器　FU—熔断器　F—避雷器　KR—热继电器　QL—负荷开关　C—无功补偿电容器

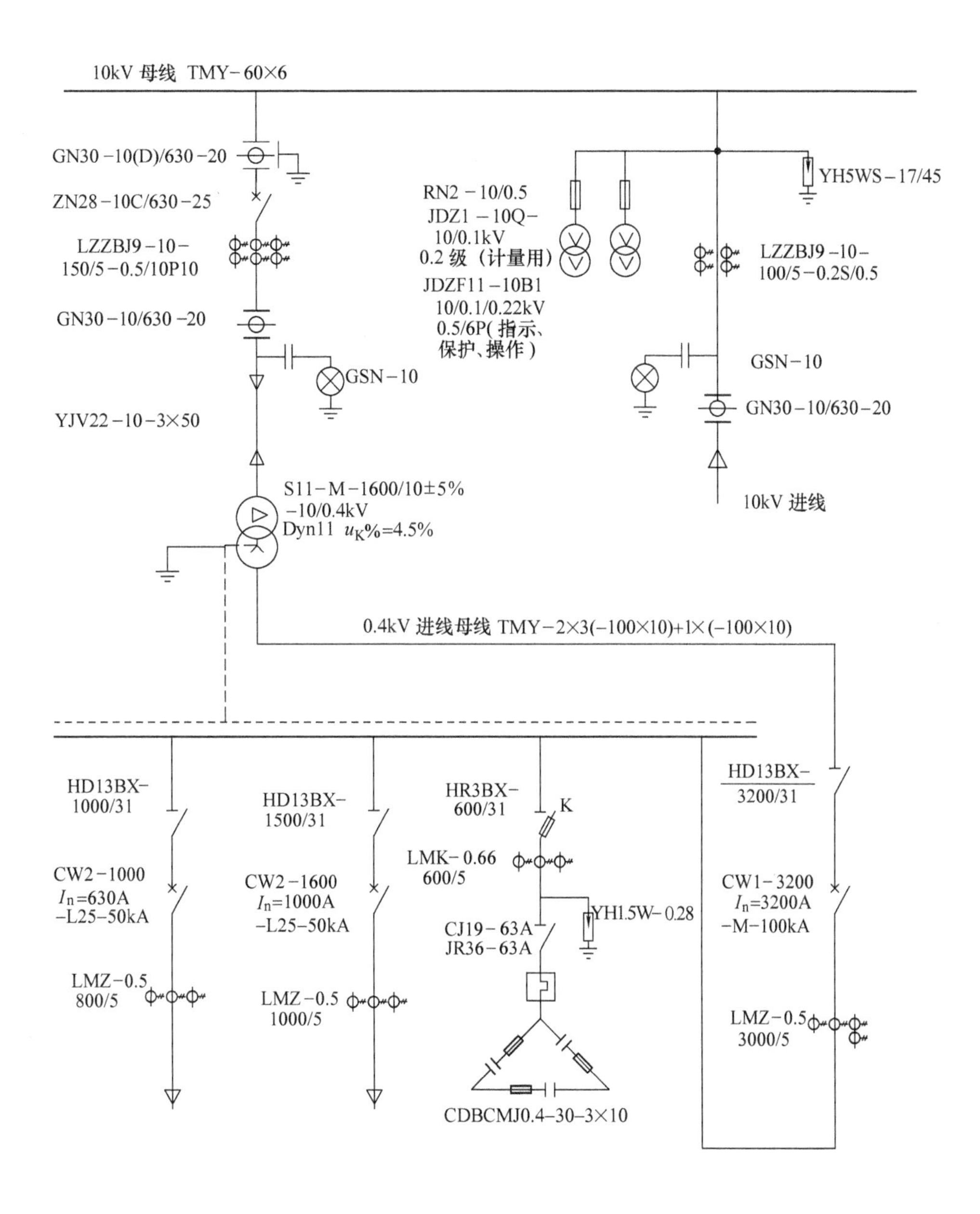

柜名	1#～4# 出线柜	5#～8# 出线柜	9#、10# 电容柜	11#0.4kV 进线柜
型号	GGD3-06(改)	GGD3-06(改)	GGJ1-02	GGD3-02
编号	1#～4#	5#～8#	9#、10#	11#
名称	1#～4#出线	5#～8#出线	无功补偿	变压器
负载			300kvar	1600kV·A
柜宽深 /mm×mm	800×800	800×800	1000×800	1000×800
进出线	电缆	电缆		铜排上进线右联

图 2-6　某市汽车配件厂配电所电气一次主接线

三、某市铸造厂配电所电气主接线

某市铸造厂配电所选用10kV电源供电，10kV侧采用单母线不分段接线，安装电源进线间隔1回、配电变压器电源进线间隔2回。采用XGN-12型固定式10kV开关柜。

配电所内安装2台S11-1250/10型配电变压器，每台配电变压器的额定容量为1250kV·A，接线方式为△/Y联结。

配电所0.4kV侧母线采用单母线分段接线方式，采用GGD1型低压固定式配电柜，安装电源进线间隔2回，并安装电气机械闭锁装置，出线间隔4回、出线电源共9回。安装无功补偿消谐柜4台。某市铸造厂配电所电气主接线如图2-7（见插页）所示。

四、某城镇居民区配电所电气主接线之一

某城镇居民区建有5层高15幢住宅楼，配电所采用10kV双电源供电，10kV母线采用单母线不分段接线方式。选用HXGN□-12型环网柜，安装10kV电源进线柜2台，配电变压器电源进线柜2台，电压互感器柜1台。

配电所安装SCB11-Z-1000/10型干式配电变压器2台，每台容量为1000kV·A，Dyn11联结。

低压侧0.4kV母线采用单母线分段接线方式。选用SCS-11型低压配电柜，安装0.4kV电源进线柜2台，母线联络柜1台，出线柜4台，出线共16回。安装无功补偿电容柜2台，总补偿容量为800kV·A。某城镇居民区配电所电气主接线之一如图2-8（见插页）所示。

五、某城镇居民区配电所电气主接线之二

某城镇居民区配电所采用10kV双电源供电，单母线不分段接线方式。选用HXGN□-12型环网柜，安装10kV电源进线柜2台，电缆进线，配电变压器电源进线柜2台。

配电所安装SCB10-1000/10型干式配电变压器2台，每台容量为1000kV·A，Dyn11联结。

低压侧0.4kV母线采用单母线分段接线方式。选用MNS型低压配电柜，安装0.4kV进线柜2台、母线分段柜1台、出线柜4台、出线共17回。安装智能型无功补偿柜2台，总容量为400kvar。某城镇居民区配电所电气主接线之二如图2-9（见插页）所示。

第六节　35kV配电所电气主接线

一、单台SC10-10000/35型干式变压器电气主接线

某城镇经济开发区35/10kV变电所，安装SC10-10000/35型干式变压器1台。35kV侧电气主接线为单电源单母线接线方式，安装进线、所用变压器、计量、母线设备兼翻排、主变压器出线、翻排出线等KYN61-40.5型移开式开关柜等共6块。10kV侧为单母线分段备供进线接线方式，安装10kV进线总柜、出线、电压互感器PT、电容器、备供进线、备供计量等KYN28-12型移开式开关柜共12块。电气主接线如图2-10所示。

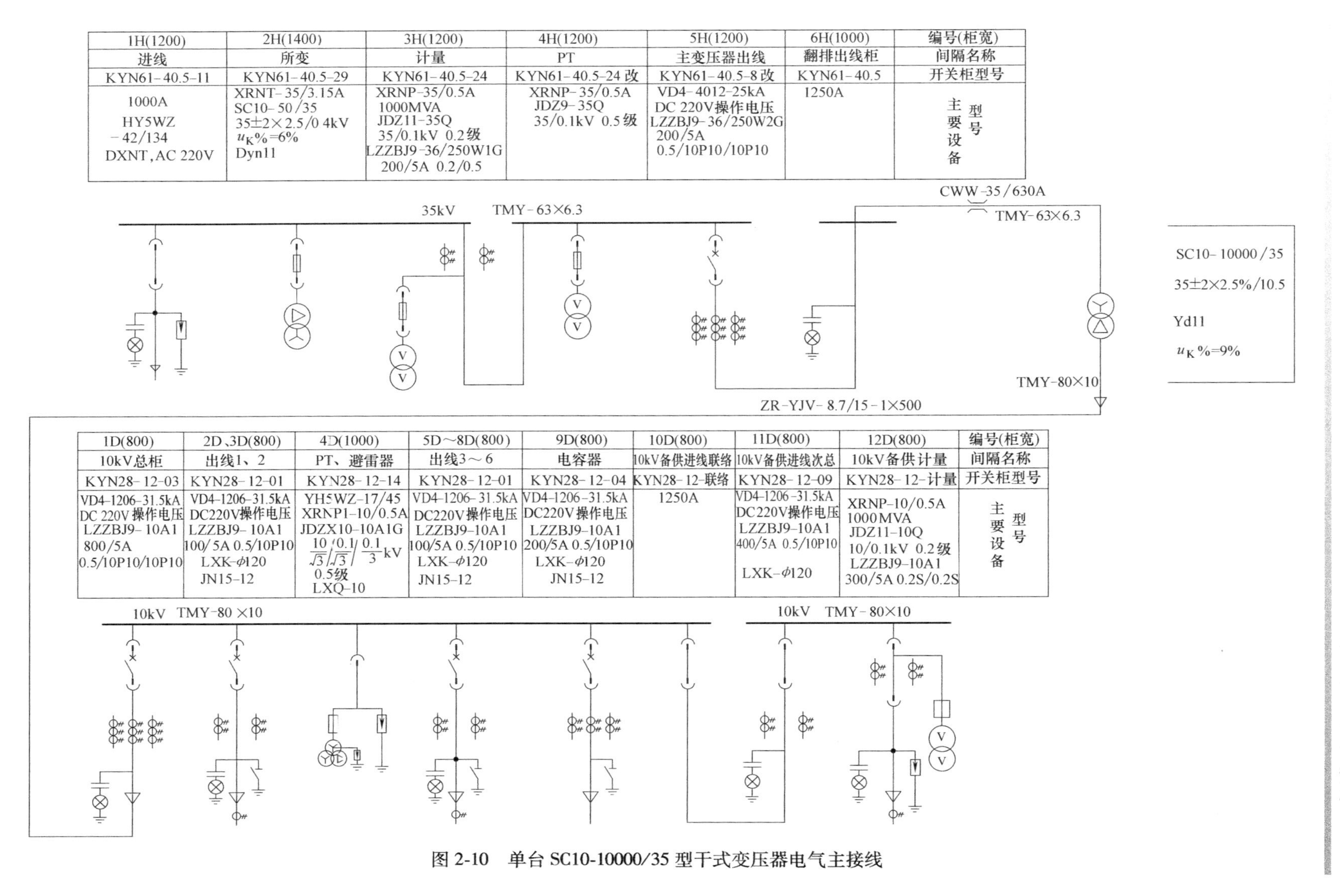

图 2-10 单台SC10-10000/35型干式变压器电气主接线

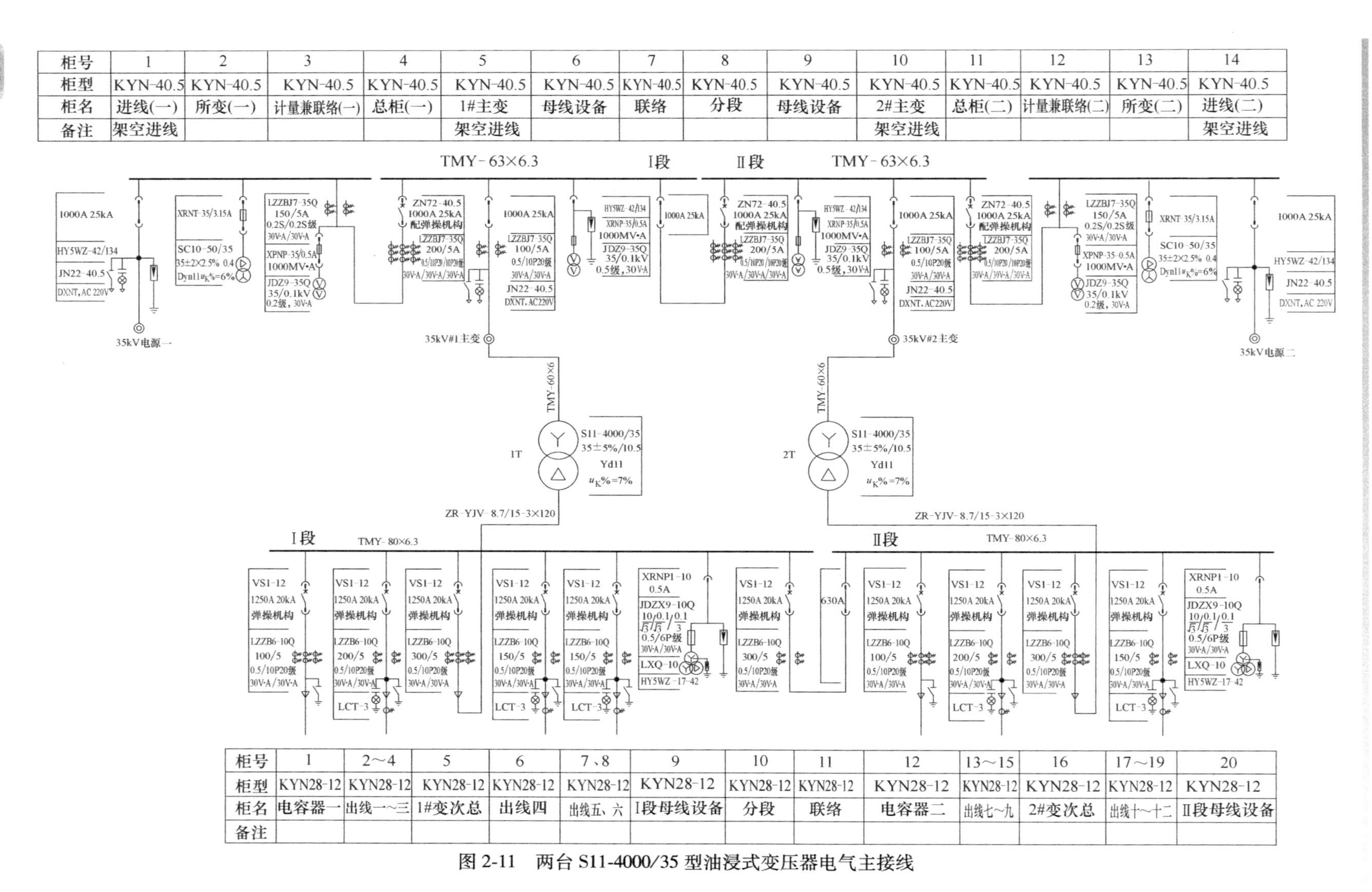

柜号	1	2	3	4	5	6	7	8	9	10	11	12	13	14
柜型	KYN-40.5	KYN-40.5	KYN-40.5	KYN-40.5	KYN-40.5	KYN-40.5	KYN-40.5	KYN-40.5	KYN-40.5	KYN-40.5	KYN-40.5	KYN-40.5	KYN-40.5	KYN-40.5
柜名	进线(一)	所变(一)	计量兼联络(一)	总柜(一)	1#主变	母线设备	联络	分段	母线设备	2#主变	总柜(二)	计量兼联络(二)	所变(二)	进线(二)
备注	架空进线				架空进线					架空进线				架空进线

柜号	1	2～4	5	6	7、8	9	10	11	12	13～15	16	17～19	20
柜型	KYN28-12	KYN28-12	KYN28-12	KYN28-12	KYN28-12	KYN28-12	KYN28-12	KYN28-12	KYN28-12	KYN28-12	KYN28-12	KYN28-12	KYN28-12
柜名	电容器一	出线一～三	1#变次总	出线四	出线五、六	I段母线设备	分段	联络	电容器二	出线七～九	2#变次总	出线十～十二	II段母线设备
备注													

图 2-11　两台 S11-4000/35 型油浸式变压器电气主接线

二、两台 S11-4000/35 型油浸式变压器电气主接线

某城镇经济开发区 35/10kV 配电所，安装 S11-4000/35 型油浸式变压器 2 台。35kV 侧电气主接线为双电源架空进线，单母线分段接线方式。安装电源进线、所用变压器、计量兼联络、总柜、主变压器进线、母线设备、联络、分段等 35kV 移开式开关柜共 14 块。10kV 侧为单母线分段，安装主变压器 10kV 次总、出线、母线设备、分段、联络，电容器等 KYN28-12 移开式开关柜共 20 块。电气主接线如图 2-11 所示。

第七节　所用配电变压器电气主接线

一、一次电气主接线

10kV 配电所所用配电变压器电气一次接线如图 2-12 所示，所用变压器容量一般选 S11-50/10 型或 SC10-50/10 型，额定容量为 50kV · A，其高压侧采用 RT14-20/6A 熔断器保护，低压侧选用自动断路器控制保护。

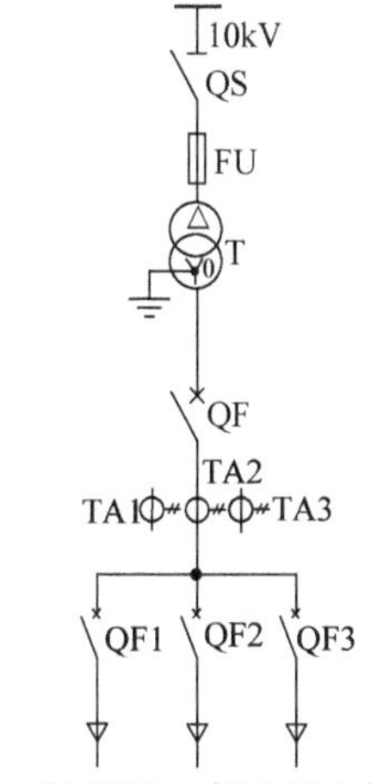

图 2-12　所用配电变压器电气一次接线

二、二次接线

所用配电变压器二次电气设备见表 2-7。

表 2-7　所用配电变压器二次电气设备

序　　号	标　　号	名　　称	型号规格	数　　量
1	TA1～TA3	电流互感器	LMZB8-0. 66	3
2	QF1、QF4	断路器	C65N-2P	2
3	EL	照明灯	QM-1　15W　AC 220V	1
4	SC1	旋钮	LA38-11X/K	1
5	WSK	温湿度控制器	WH48-20-HH	1
6	EH2	加热器	JDR-150W　AC 220V	2

（续）

序号	标号	名称	型号规格	数量
7	PA1～PA3	交流电流表	42L6-A 100/5A	3
8	PV	交流电压表	42L6-V 0～450W	1
9	SC	转换开关	LW5-15YH3/3	1
10	FU1～FU3	熔断器	RT14-20/6A	3

二次回路接线原理如图 2-13 所示。

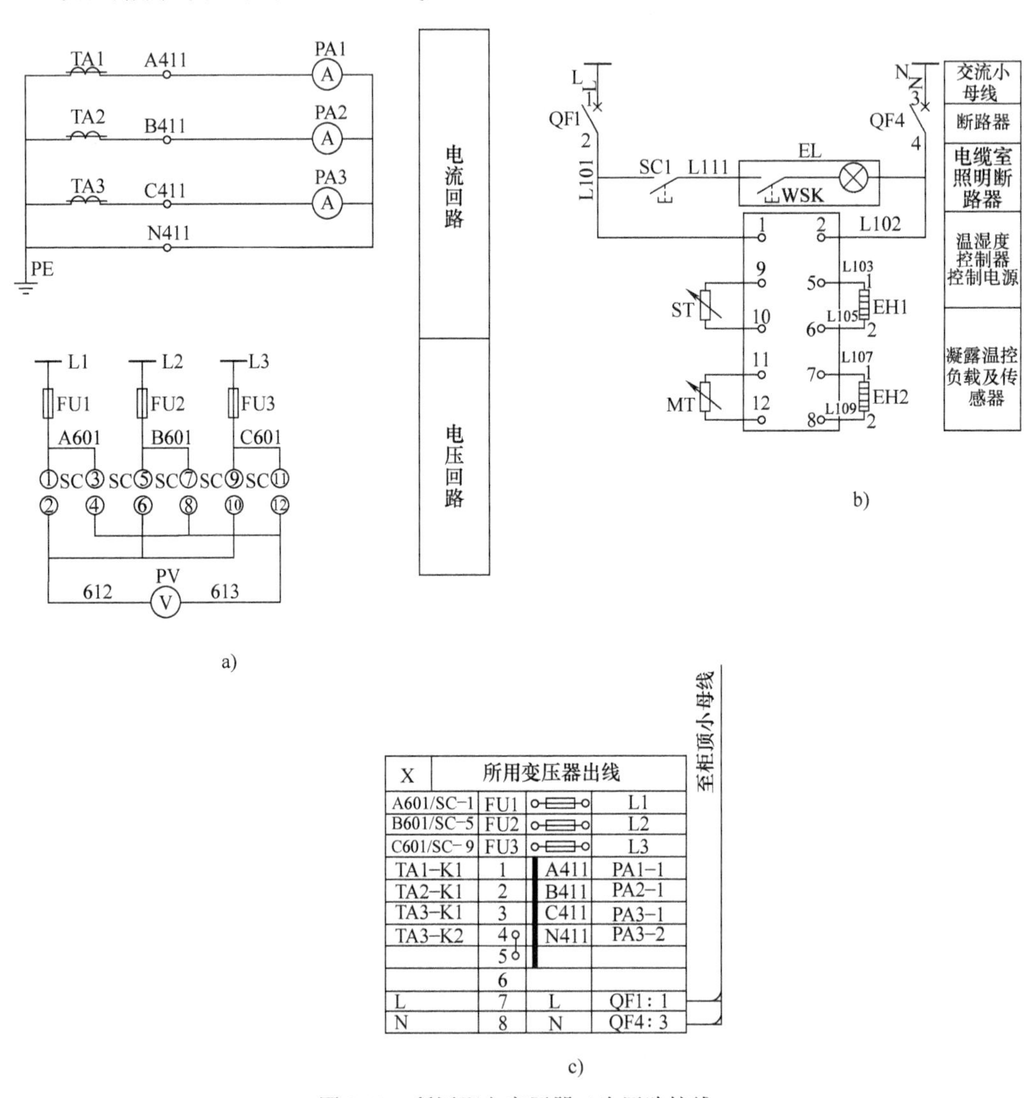

图 2-13 所用配电变压器二次回路接线

a）电流、电压回路 b）温湿度控制回路 c）二次端子接线

第三章　配电变压器的安装与运行维护

第一节　配电变压器的计算

一、农村综合用电配电变压器容量的计算

1. 用电负荷的计算

用电负荷计算式为

$$P_{\mathrm{d}}=K_{\mathrm{P}}K_{\mathrm{d}}P_{\mathrm{N}}+K_{\mathrm{P}}K_{\mathrm{d}}P_{\mathrm{av}}N \tag{3-1}$$

式中，P_{d} 为需用负荷，单位为 kW；K_{P} 为同时系数，南方电力排灌站取 1，北方井灌区取 0.85，村民生活用电取 0.9；K_{d} 为需用系数，南方电力排灌站取 1，北方井灌区取 0.85，村民生活用电取 0.5；P_{N} 为电动机的铭牌额定功率，单位取 kW；P_{av} 为村民每户平均用电负荷，一般取 2~4kW，单位为 kW/户；N 为村民总户数。

2. 配电变压器容量的计算

配电变压器容量计算式为

$$S=\frac{K_{\mathrm{P}}K_{\mathrm{d}}P_{\mathrm{N}}}{\cos\varphi_1\eta}+\frac{K_{\mathrm{P}}K_{\mathrm{d}}P_{\mathrm{av}}N}{\cos\varphi_2} \tag{3-2}$$

式中，S 为配电变压器的计算容量，单位为 kV · A；$\cos\varphi_1$ 为平均功率因数，取 0.80，或从电动机技术参数中查取；η 为电动机平均效率，取 0.85，或从电动机技术参数中查取；$\cos\varphi_2$ 为每户的平均功率因数，一般取 0.85。

3. 配电变压器预测容量的计算

随着农村经济的迅速发展，农民生活用电水平的不断提高，在选择配电变压器容量时，应考虑到 5 年发展计划，用电负荷按每年 20%的速度增长，则配电变压器预测容量计算式为

$$S_{\mathrm{N}}=S(1+x\%)^{T} \tag{3-3}$$

式中，S_{N} 为预测年配电变压器容量，单位为 kV · A；S 为当年配电变压器容量，单位为 kV · A；$x\%$为计划年内平均增长速度；T 为计划年限，一般取 5 年。

4. 容载比校验

根据用电负荷，选择配电变压器的额定容量。配电变压器容量过大，空载损耗大，运行不经济；容量过小，则满足不了用电需要。配电变压器容载比计算式为

$$R_{\mathrm{S}}=\frac{S_{\mathrm{N}}}{P_{\mathrm{d}}}\leqslant 3 \tag{3-4}$$

式中，R_S 为容载比，一般应小于3；S_N 为配电变压器的额定容量，单位为kV·A；P_d 为当年需用负荷，单位为kW。

【例3-1】 苏南某农村居民50户，电力排灌站1座，电动机功率 $P_N=30kW$；功率因数 $\cos\varphi_1=0.87$，效率 $\eta=0.92$，每户平均用电负荷2kW，试计算该村配电变压器容量。

解：该村用电负荷按式（3-1）计算，得

$$P_d = K_P K_d P_N + K_P K_d P_{av} N = (1\times1\times30+0.9\times0.5\times2\times50)\text{kW} = 75\text{kW}$$

配电变压器容量按式（3-2）计算，得

$$S = \frac{K_P K_d P_N}{\cos\varphi_1 \eta} + \frac{K_P K_d P_{av} N}{\cos\varphi_2} = \left(\frac{1\times1\times30}{0.87\times0.92} + \frac{0.9\times0.5\times2\times50}{0.85}\right)\text{kV·A} = 82.48\text{kV·A}$$

该村用电负荷按每年20%的速度增加，则5年后的用电负荷按式（3-3）计算，得

$$S_N = S(1+x\%)^T = 82.48\times(1+20\%)^5\text{kV·A} = 205.24\text{kV·A}$$

选择SBH11-M-200/10型配电变压器1台，额定容量为 $S_N=200\text{kV·A}$。

容载比按式（3-4）校验，得

$$R_S = \frac{S_N}{P_d} = \frac{200}{75} = 2.67 < 3$$

故配电变压器满足经济运行的要求。

二、工厂配电变压器容量的计算

1. 需用系数

用电设备需用系数计算式为

$$K_d = \frac{P_d}{P_N} \tag{3-5}$$

式中，K_d 为需用系数；P_d 为需用负荷，单位为kW；P_N 为用电设备的额定功率，单位为kW。

部分用电设备组的需用系数及功率因数值见表3-1；部分工厂的全厂需用系数、功率因数及年最大有功负荷利用小时参考值见表3-2。

2. 用电负荷的计算

工厂三相用电负荷计算式为

$$P_d = K_P K_d \Sigma P_N \tag{3-6}$$

式中，P_d 为工厂需用负荷，单位为kW；K_P 为同时系数，可查表3-3；K_d 为需用系数，可查表3-1、表3-2；ΣP_N 为三相用电设备铭牌功率之和，单位为kW。

3. 配电变压器容量的计算

配电变压器容量计算式为

$$S_N = \frac{P_d}{\cos\varphi\eta} = \frac{K_P K_d \Sigma P_N}{\cos\varphi\eta} \tag{3-7}$$

式中，S_N 为配电变压器容量，单位为kV·A；P_d 为需用负荷，单位为kW；$\cos\varphi$ 为平均功率因数，一般取0.85；η 为效率，一般取0.8以上。

表 3-1　用电设备组的需用系数及功率因数值

用电设备组名称	需用系数 K_d	$\cos\varphi$
小批生产的金属冷加工机床电动机	0.16~0.2	0.5
大批生产的金属冷加工机床电动机	0.18~0.25	0.5
小批生产的金属热加工机床电动机	0.25~0.3	0.6
大批生产的金属热加工机床电动机	0.3~0.35	0.65
通风机、水泵、空压机及电动发电机组电动机	0.7~0.8	0.8
非联锁的连续运输机械及铸造车间整砂机械	0.5~0.6	0.75
联锁的连续运输机械及铸造车间整砂机械	0.65~0.7	0.75
锅炉房和机加工、机修、装配等类车间的起重机(ε=25%)	0.1~0.15	0.5
铸造车间的起重机(ε=25%)	0.15~0.25	0.5
自动连续装料的电阻炉设备	0.75~0.8	0.95
实验室用的小型电热设备(电阻炉、干燥箱等)	0.7	1.0

用电设备组名称	需用系数 K_d	$\cos\varphi$
工频感应电炉(未带无功补偿装置)	0.8	0.35
高频感应电炉(未带无功补偿装置)	0.8	0.6
电弧熔炉	0.9	0.87
点焊机、缝焊机	0.35	0.6
对焊机、铆钉加热机	0.35	0.7
自动弧焊变压器	0.5	0.4
单头手动弧焊变压器	0.35	0.35
多头手动弧焊变压器	0.4	0.35
单头弧焊电动发电机组	0.35	0.6
多头弧焊电动发电机组	0.7	0.75
生产厂房及办公室、阅览室、实验室照明	0.8~1	1.0
变配电所、仓库照明	0.5~0.7	1.0
宿舍(生活区)照明	0.6~0.8	1.0
室外照明、事故照明	1	1.0

表 3-2　部分工厂的全厂需用系数、功率因数及年最大有功负荷利用小时参考值

工厂类别	需要系数	功率因数	年最大有功负荷利用小时数
汽轮机制造厂	0.38	0.88	5000
锅炉制造厂	0.27	0.73	4500
柴油机制造厂	0.32	0.74	4500
重型机械制造厂	0.35	0.79	3700
重型机床制造厂	0.32	0.71	3700
机床制造厂	0.2	0.65	3200
石油机械制造厂	0.45	0.78	3500
量具刃具制造厂	0.26	0.60	3800
工具制造厂	0.34	0.65	3800
电机制造厂	0.33	0.65	3000
电器开关制造厂	0.35	0.75	3400
电线电缆制造厂	0.35	0.73	3500
仪器仪表制造厂	0.37	0.81	3500
滚珠轴承制造厂	0.28	0.70	5800

表 3-3　同时系数 K_P 的取值范围

用电设备接线部位	K_P
车间干线或进户总线	0.85~0.95
低压母线(计算负荷直接相加)	0.8~0.9
场所车间干线(计算负荷直接相加)	0.9~0.95

【例 3-2】 某机械厂用电设备见表 3-4。试计算该厂用电负荷，并选择配电变压器容量。

表 3-4 某机械厂装机设备容量

序 号	用电车间	设备容量 P_N/kW	同时系数 K_P	需用系数 K_d	功率因数 $\cos\varphi$	效率 η
1	一车间	480	0.93	0.80	0.85	0.82
2	二车间	520	0.90	0.81	0.89	0.84
3	三车间	550	0.91	0.83	0.88	0.91
4	四车间	580	0.95	0.82	0.85	0.84

解：各车间配电变压器容量按式（3-7）计算，得

一车间：$S_{N1}=\dfrac{K_PK_dP_N}{\cos\varphi\eta}=\dfrac{0.93\times0.8\times480}{0.85\times0.82}\text{kV}\cdot\text{A}=512\text{kV}\cdot\text{A}$

二车间：$S_{N2}=\dfrac{K_PK_dP_N}{\cos\varphi\eta}=\dfrac{0.90\times0.81\times520}{0.89\times0.84}\text{kV}\cdot\text{A}=507\text{kV}\cdot\text{A}$

三车间：$S_{N3}=\dfrac{K_PK_dP_N}{\cos\varphi\eta}=\dfrac{0.91\times0.83\times550}{0.88\times0.91}\text{kV}\cdot\text{A}=519\text{kV}\cdot\text{A}$

四车间：$S_{N4}=\dfrac{K_PK_dP_N}{\cos\varphi\eta}=\dfrac{0.95\times0.82\times580}{0.85\times0.84}\text{kV}\cdot\text{A}=633\text{kV}\cdot\text{A}$

该工厂所需配电变压器总容量为

$$S_N=S_{N1}+S_{N2}+S_{N3}+S_{N4}=(512+507+519+633)\text{kV}\cdot\text{A}=2171\text{kV}\cdot\text{A}$$

选择 SBH16-M-1250/10 型配电变压器 2 台，单台容量为 1250kV · A，总容量为 2500kV · A，故满足用电要求。

三、居民小区配电变压器容量的计算

1. 用电负荷的计算

居民住宅区的用电负荷计算式为

$$P_j=P_{av}N \tag{3-8}$$

式中，P_j 为计算负荷，单位为 kW；P_{av} 为每户平均用电负荷，单位为 kW；N 为居民小区总户数。

居住区用电容量按以下原则确定：建筑面积 120m^2 及以下的，基本配置容量每户 8kW；建筑面积 120m^2 以上、150m^2 及以下的住宅，基本配置容量每户 12kW；建筑面积 150m^2 以上的住宅，基本配置容量每户 16kW。高级住宅，基本配置容量根据实际需要确定。

2. 配电变压器容量的计算

居民小区配电变压器容量计算式为

$$S=KP_j \tag{3-9}$$

式中，S 为配电变压器容量，单位为 kV · A；K 为配置系数；P_j 为计算负荷，单位为 kW。

配电变压器安装容量应按不小于 0.5 的配置系数进行配置。

公共服务设施应按实际设备容量计算。设备容量不明确时，按负荷密度估算：办公区

60~100W/m²；商业（会所）区 100~150W/m²。

居住区配电变压器的容量宜采用 315~500kV·A，油浸式变压器的容量不应超过 630kV·A，干式变压器的容量不应超过 1000kV·A。

【例 3-3】 某城镇居民区有 6 幢住宅楼，共 120 户居民，选择配电变压器容量。

解： 按每户用电负荷为 8kW，则总的用电负荷为 8×120kW=960kW。

小区配电变压器容量按式（3-9）计算，得

$$S=KP_{j}=0.5\times960\text{kV}\cdot\text{A}=480\text{kV}\cdot\text{A}$$

查表 3-7，选择 SBH11-M-500/10 型变压器 1 台，额定容量为 500kV·A，额定电压为 10/0.4kV。

四、配电变压器电能损耗的计算

配电变压器采用高供低计时，应计算配电变压器的电能损耗。

1. 有功铁损电能的计算

配电变压器有功铁损电能计算式为

$$\Delta W_{P\text{Fe}}=\Delta P_{\text{o}}t \tag{3-10}$$

式中，$\Delta W_{P\text{Fe}}$ 为有功铁损电能，单位为 kW·h；ΔP_{o} 为空载损耗功率，单位为 kW；t 为空载损耗计算时间，720h/月。

2. 无功铁损电能的计算

配电变压器无功铁损电能计算式为

$$\Delta W_{Q\text{Fe}}=\sqrt{\left(\frac{I_{\text{o}}\%}{100}\times S_{\text{N}}\right)^{2}-\Delta P_{\text{o}}{}^{2}}\ t \tag{3-11}$$

式中，$\Delta W_{Q\text{Fe}}$ 为无功铁损电能，单位为 kW·h；$I_{\text{o}}\%$为配电变压器空载电流百分比；S_{N} 为配电变压器的额定容量，单位为 kV·A；ΔP_{o} 为配电变压器的空载损耗，单位为 kW；t 为无功铁损电量计算时间，720h/月。

3. 有功铜损电能的计算

配电变压器有功铜损电能计算式为

$$\Delta W_{P\text{Cu}}=K_{P}W_{P} \tag{3-12}$$

式中，$\Delta W_{P\text{Cu}}$ 为有功铜损电能，单位为 kW·h；K_{P} 为有功铜损电能系数；W_{P} 为有功抄表电能，单位为 kW·h。

配电变压器有功铜损电能系数见表 3-5。

表 3-5　配电变压器有功铜损电能系数

配电变压器额定容量/kV·A	系数 K_P
4000 及以上	0.005
315 及以上	0.01
315 及以下	0.015

4. 无功铜损电能的计算

配电变压器无功铜损系数计算式为

$$K_{QCu}=\frac{\sqrt{\left(\frac{u_K\%}{100}S_N\right)^2-\Delta P_K^2}}{\Delta P_K} \tag{3-13}$$

式中，K_{QCu} 为无功铜损系数；$u_K\%$为阻抗电压百分数；S_N 为配电变压器的额定容量，单位为 kV · A；ΔP_K 为配电变压器的负载损耗，单位为 kW。

配电变压器无功铜损电能计算式为

$$\Delta W_{QCu}=\Delta W_{PCu}K_{QCu} \tag{3-14}$$

式中，ΔW_{QCu} 为无功铜损电能，单位为 kW · h；ΔW_{PCu} 为有功铜损电能，单位为 kW · h；K_{QCu} 为无功铜损电能系数。

五、配电变压器日负荷率的计算

配电变压器一昼夜 24h 内的平均负荷与最大负荷的比值，称为日负荷率，运行中应提高负荷率，负荷率计算式为

$$K_P=\frac{P_{av}}{P_{max}}=\frac{I_{av}}{I_{max}} \tag{3-15}$$

式中 K_P 为日负荷率；P_{av}、P_{max} 为日平均负荷、最大负荷，单位为 kW；I_{av}、I_{max} 为日平均电流、最大电流，单位为 A。

六、配电变压器过负荷的计算

配电变压器日负荷率 $K_P<1$ 时，允许的过负荷曲线如图 3-1 所示。

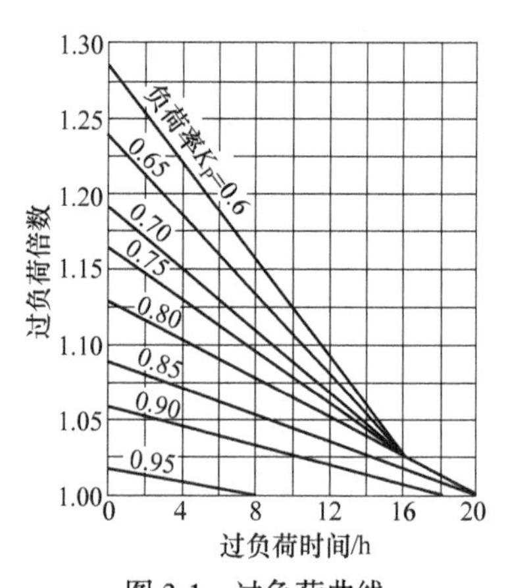

图 3-1 过负荷曲线

如果缺乏配电变压器过负荷曲线资料时，也可根据配电变压器过负荷运行前的上层油温，确定允许过负荷倍数及允许过负荷的持续时间，见表 3-6。

表 3-6 自然冷却或风冷却油浸式电力变压器的过负荷允许时间

过负荷倍数	过负荷前上层油的温升/℃					
	18	24	30	36	42	48
1.05	5h50min	5h25min	4h50min	4h00min	3h00min	1h30min
1.10	3h50min	3h25min	2h50min	2h10min	1h25min	10min
1.15	2h50min	2h35min	1h50min	1h20min	35min	
1.20	2h05min	1h40min	1h15min	45min		
1.25	1h35min	1h15min	50min	25min		
1.30	1h10min	50min	30min			
1.35	55min	35min	15min			
1.40	40min	25min				
1.45	25min	10min				
1.50	15min					

第二节 配电变压器型号的选择

一、SBH11-M 与 SBH16-M 型非晶合金配电变压器

1. 概述

SBH11-M 型油浸式配电变压器的铁心采用非晶合金带材卷制而成，非晶合金的配电变压器比硅钢片铁心的配电变压器的空载损耗下降 70%～80%，因此该型号的配电变压器是城市和农村广大配电网络中首选设备。

该型号的配电变压器同时具有全密封结构；低压采用铜箔绕组；采用 Dyn11 联结组，减少谐波对电网的影响，改善电能质量；采用真空注油，确保绝缘稳定等特点。

2. 技术参数

SBH11-M 型非晶合金配电变压器的技术参数见表 3-7。

表 3-7 SBH11-M 型非晶合金配电变压器的技术参数

型号	电压组合			联结组标号	空载损耗/W	负载损耗/W	空载电流(%)	阻抗电压(%)	长 L/mm	高 H/mm	宽 B/mm	安装底座中心($L_2 \times L_1$/4-ϕD)/mm	油重/kg	总重/kg
	高压/kV	高压分接范围(%)	低压/kV											
SH11-M-50/10	6 6.3 6.6 10 10.5 11	±2×2.5 3×2.5 −1×2.5	0.4	Dyn11 Yyn0	43	870	1.30	4	945	1040	620	400×550/4-ϕ14	160	680
SH11-M-100/10					75	1500	1.00	4	1055	1070	766	400×660/4-ϕ14	190	890
SBH11-M-160/10					100	2200	0.70	4	1280	1195	920	550×870/4-ϕ19	290	1170
SBH11-M-200/10					120	2600	0.70	4	1240	1200	920	550×870/4-ϕ19	270	1230
SBH11-M-250/10					140	3050	0.70	4	1340	1200	940	660×870/4-ϕ19	300	1400
SBH11-M-315/10					170	3650	0.50	4	1255	1200	920	660×870/4-ϕ19	302	1540
SBH11-M-400/10					200	4300	0.50	4	1370	1260	1120	660×1070/4-ϕ19	360	1720
SBH11-M-500/10					240	5150	0.50	4	1370	1330	1120	660×1070/4-ϕ19	355	2000
SBH11-M-630/10					320	6200	0.30	4.5	1520	1355	1185	820×1070/4-ϕ19	440	2400
SBH11-M-800/10					380	7500	0.30	4.5	1885	1470	1215	820×1070/4-ϕ19	630	2950
SBH11-M-1000/10					450	10300	0.30	4.5	1955	1550	1310	820×1070/4-ϕ19	680	3500
SBH11-M-1250/10					530	12000	0.20	4.5	2025	1660	1310	820×1070/4-ϕ19	790	4100
SBH11-M-1600/10					630	14500	0.20	4.5	2535	1795	1345	820×1070/4-ϕ19	1105	5550
SBH11-M-2000/10					750	17400	0.20	5	2080	1965	1540	850×1475/4-ϕ19	1310	6150
SBH11-M-2500/10					900	20200	0.20	5	2560	2375	1685	1070×1475/4-ϕ19	1990	8600

注：50kV · A 及 100kV · A 低压为非箔式绕组。

SBH11-M 型非晶合金配电变压器的绝缘水平见表 3-8。

表 3-8　SBH11-M 型非晶合金配电变压器的绝缘水平

电压等级/kV	设备最高电压有效值/kV	额定短时(1min)工频耐受电压有效值/kV	额定雷电冲击耐受电压全波峰值/kV
≤1	≤1.1	5	—
6	7.2	25	75
10	12	35	95

SBH16-M 型非晶合金配电变压器的技术参数见表 3-9。

表 3-9　SBH16-M 型非晶合金配电变压器的技术参数

型　号	电压组合			联结组标号	空载损耗/W	负载损耗/W	空载电流(%)	阻抗电压(%)	长 L/mm	高 H/mm	宽 B/mm	安装底座中心($L_2 \times L_1/4-\phi D$)/mm	油重/kg	总重/kg
	高压/kV	高压分接范围(%)	低压/kV											
SH16-M-50/10	6 6.3 6.6 10 10.5 11 20	±2×2.5 3×2.5 −1×2.5	0.4	Dyn11 Yyn0	38	870	0.9	4.0	950	1040	620	400×550/4−ϕ14	160	680
SH16-M-100/10					58	1500	0.7	4.0	1060	1070	770	400×660/4−ϕ14	190	890
SBH16-M-160/10					78	2200	0.5	4.0	1060	1150	930	400×870/4−ϕ19	250	1190
SBH16-M-200/10					90	2600	0.5	4.0	1110	1170	930	550×870/4−ϕ19	270	1300
SBH16-M-250/10					110	3050	0.5	4.0	1180	1180	1010	550×870/4−ϕ19	300	1460
SBH16-M-315/10					130	3650	0.4	4.0	1180	1180	1010	550×870/4−ϕ19	240	1400
SBH16-M-400/10					160	4300	0.4	4.0	1200	1180	1010	550×870/4−ϕ19	280	1660
SBH16-M-500/10					190	5150	0.4	4.0	1270	1200	1160	660×1070/4−ϕ19	300	1950
SBH16-M-630/10					230	6200	0.3	4.5	1450	1330	1240	820×1070/4−ϕ19	480	2450
SBH16-M-800/10					280	7500	0.3	4.5	1520	1460	1380	820×1070/4−ϕ19	520	2900
SBH16-M-1000/10					330	10300	0.3	4.5	1720	1510	1460	820×1070/4−ϕ19	680	3500
SBH16-M-1250/10					390	12000	0.2	4.5	1785	1690	1330	820×1070/4−ϕ19	800	3980
SBH16-M-1600/10					470	14500	0.2	4.5	1880	1970	1380	820×1070/4−ϕ19	850	5300
SBH16-M-2000/10					570	17400	0.2	5.0	2080	1965	1540	820×1475/4−ϕ19	1310	6150
SBH16-M-2500/10					680	20200	0.2	5.0	2400	2350	1500	820×1475/4−ϕ19	1850	8200

二、S11-□/35 型配电变压器

S11 型 35kV 配电变压器的技术参数见表 3-10。

三、SCBH10 型干式配电变压器

1. 概述

SCBH10 型为非晶合金干式配电变压器，具有空载损耗低、无油、阻燃自熄、耐潮、抗裂和免维护等优点，可用于高层建筑、商业中心、地铁、机场、车站、工矿企业等配电场所。

该变压器低压为箔式绕组，采用铜箔绕制，高压绕组用 H 级高强度漆包线绕制，采用玻璃纤维加强的环氧树脂包封结构，具有优良的耐潮和抗裂性能。铁心由非晶合晶带材卷制而成，采用矩形截面，四框五柱或三框三柱式结构。

2. 技术参数

配电变压器的性能参数见表 3-11。

表 3-10 S11 型 35kV 配电变压器技术参数

型号	电压组合/kV	联结组标号	空载损耗/kW	负载损耗/kW	阻抗电压(%)	变压器室最小尺寸/mm		
						宽面推进		轨距
						宽度 A	宽度 B	
S11-1600	35±5%/10.5	Dyn11	1.66	16.58	6	7500	5500	1070×1070
S11-2000			2.03	18.28	6	7500	5500	1070×1070
S11-2500			2.45	19.55	6	7500	5500	1070×1070
S11-3150			3.01	22.95	7	8500	6000	1070×1275
S11-4000			3.60	27.20	7	8500	6000	1070×1275
S11-5000			4.27	31.20	7	8500	6000	1070×1275
S11-6300			5.11	34.85	7.5	8500	6000	1070×1275
S11-8000			7.00	39.62	7.5	9500	7500	1475×1475
S11-10000			8.26	45.05	7.5	9500	7500	1475×1475
S11-12500			9.80	53.55	7.5	9500	7500	1475×1475
S11-16000			11.90	65.45	8.0	9500	7500	1475×1475
S11-20000			14.07	79.05	8.0	9500	7500	1475×1475

表 3-11 配电变压器的性能参数

名 称	参 数	名 称	参 数
相数	3 相	绝缘耐热等级	F 级
频率/Hz	50	绕组平均温升/K	≤100
局部放电/pC	≤10	噪声水平	声级符合 JB/T 10088—2004

配电变压器的绝缘水平见表 3-12。

表 3-12 配电变压器的绝缘水平

电压等级/kV	设备最高电压有效值/kV	额定短时(1min)工频耐受电压有效值/kV	额定雷电冲击耐受电压全波峰值/kV
≤1	≤1.1	3	—
6	7.2	25	60
10	12	35	75

SCBH10 型非晶合金干式配电变压器的技术参数见表 3-13。

表 3-13 SCBH10 型非晶合金干式配电变压器的技术参数

容量/kV·A	电压组合			联结组标号	空载损耗/W	空载电流(%)	负载损耗(120℃)/W	阻抗电压(120℃)(%)
	高压/kV	高压分接范围(%)	低压/kV					
100	6 6.3 6.6 10 10.5 11	±2×2.5 $^{+3}_{-1}$×2.5	0.4	Dyn11 Yyn0*	130	0.8	1570	4
160					170	0.8	2125	
200					200	0.7	2525	
250					230	0.7	2755	
315					280	0.6	3470	
400					300	0.6	3985	
500					360	0.6	4880	
630					420	0.5	5875	
800					480	0.5	6955	6
1000					550	0.4	8125	
1250					660	0.4	9690	
1600					750	0.4	11730	

注：带“*”的联结组 Yyn0 适用于容量≤400kV·A 的变压器。

3. 外形结构及安装尺寸

SCBH10 型干式配电变压器的外形结构如图 3-2 所示。外形结构尺寸见表 3-14。

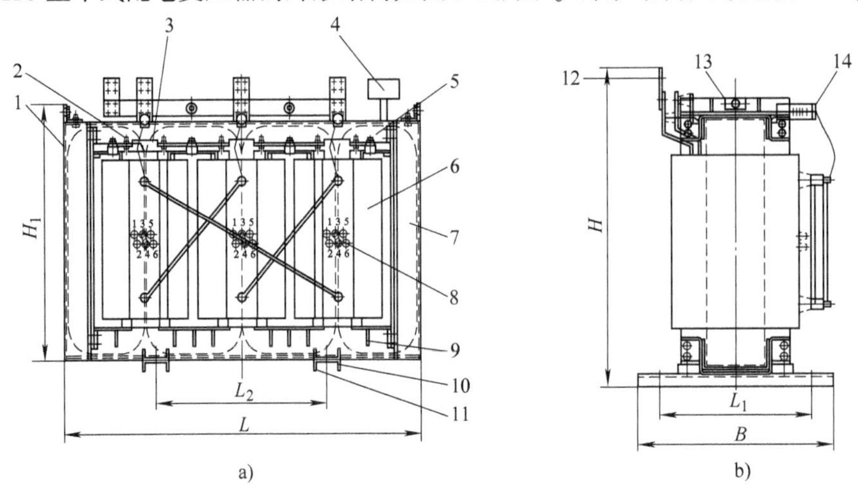

图 3-2 SCBH10 型干式配电变压器的外形结构

a）正视图 b）侧视图

1—铭牌 2—压钉 3—非晶合金铁心 4—温控仪 5—上夹件 6—绕组 7—端夹件 8—高压分接端子 9—下夹件 10—接地螺栓 11—底座 12—低压接线端子 13—吊攀 14—高压接线端子

表 3-14 SCBH10 型干式配电变压器的外形结构尺寸

型号	尺寸/mm					总质量/kg
	L	B	H	H_1	$L_2 \times L_1$/4-ϕ26	
SCBH10-315/10	1430	970	1210	1095	660×660/4-ϕ26	1800
SCBH10-400/10	1430	970	1380	1265	660×660/4-ϕ26	2150
SCBH10-500/10	1650	970	1275	1130	820×660/4-ϕ26	2530
SCBH10-630/10	1730	970	1430	1240	820×660/4-ϕ26	3000
SCBH10-800/10	1925	970	1490	1215	820×660/4-ϕ26	3400
SCBH10-1000/10	1925	970	1520	1335	820×660/4-ϕ26	4020
SCBH10-1250/10	1955	1070	1605	1365	820×820/4-ϕ26	4790
SCBH10-1600/10	2050	1070	1780	1455	1070×820/4-ϕ26	5780

四、D12 系列单相配电变压器

1. 概述

单相柱上式配电变压器特别适用于城网和农网的节能改造，是城乡街道路灯照明、居民照明、电力用电理想的更新换代产品，节能效果显著。

单相配电变压器具有低损耗、低噪声、基建投资少等特点。

1）铁心结构型式采用壳式结构，使空载损耗和空载电流降低，比心式 9 型分别降低 10%和 35%左右，负载损耗降低 25%，10 年变电成本降低 30%。

2）铁心采用新型结构和特种双H胶粘结工艺，有效降低了噪声，油箱外壳采用冲压和卷制工艺，外形美观。

3）采用柱上式悬挂安装方式，体积小、基建投资少，减少低压供电半径，可降低低压线损60%以上。

4）全密封结构，过负荷能力大，提高供电质量，连续运行可靠性高，维护简单。

2. 技术参数

D12系列单相配电变压器的技术参数见表3-15。

表3-15 D12系列单相配电变压器的技术参数

型号	额定容量/kV·A	额定电压		空载损耗/W	负载损耗/W	空载电流(%)	短路阻抗(%)	外形尺寸/mm			重量/kg		
		高压/kV	低压/kV					长	宽	高	油重	器身	总重
D12-10/10	10	10	0.23	57	240	2.0	3.5	590	450	1030	39	100	170
D12-20/10	20			93	380	1.8		590	450	1065	42	110	195
D12-30/10	30			122	500	1.6		590	450	1110	48	140	250
D12-50/10	50			160	660	1.4		630	500	1160	62	215	335
D12-63/10	63			190	810	1.3		630	500	1220	70	240	370
D12-75/10	75			230	970	1.2		630	500	1285	80	255	410
D12-100/10	100			270	1170	1.1		670	550	1340	90	270	440
D12-125/10	125			310	1440	1.0	4.0	670	550	1390	110	285	480
D12-160/10	160			400	1670	0.9		670	550	1450	130	310	540

第三节 10kV配电变压器的室内安装

一、配电变压器安装位置的选定

正确安装变压器是保证变压器安全运行的重要条件之一。变压器安装的方法有多种，但概括起来可以分为两大类：室内和室外。从总的原则来说，不管是室内安装还是室外安装，都要合理地确定变压器的安装位置。在确定安装位置时要考虑便于运行、检修和运输，同时应选择安全可靠的地方。因此，要满足下列几方面的要求：

1）变压器安装在其供电范围的负荷中心，且供电半径为0.5km。投入运行时的线路损耗最少，并能满足电压质量的要求。

2）变压器安装位置必须安全可靠，并且便于运输和吊装、检修，同时应符合城市乡村发展规划的要求。

3）变压器需要单独安装在台杆上时，下述电杆不能安装变压器：①大转角杆，分支杆和装有柱上断路器、隔离开关、高压引下线及电缆的电杆；②低压架空线及接户线多的电杆；③不易巡视、检查、测负荷和检修吊装变压器的电杆。

4）应避开蒸汽等温度及湿度较高的场所，并且应远离炉火等高温场所。

5）应远离贮存爆炸物及可燃物的仓库。

6）应远离盐雾、腐蚀性气体及灰尘较多的场所。

7）应选择在涨潮或河水泛滥等情况下不被水淹的场所。

8）应选择在没有剧烈振动的场所。

9）应选择坚固的地基。

二、配电变压器室的最小尺寸

配电变压器室的最小尺寸根据变压器外形尺寸和变压器外廓至变压器室四壁应保持的最小距离而定，油浸变压器外廓与变压器室墙壁和门的最小净距，应符合表3-16的规定。

表3-16 油浸变压器外廓与变压器室墙壁和门的最小净距 （单位：mm）

变压器容量/kV・A	100~1000	1250及以上
变压器外廓与后壁、侧壁净距	600	800
变压器外廓与门净距	800	1000

设置于变电所内的非封闭式干式变压器，应装设高度不低于1.7m的固定遮栏，遮栏网孔不应大于40mm×40mm。变压器的外廓与遮栏的净距不宜小于0.6m，变压器之间的净距不应小于1.0m。

配电变压器室面积应有更换为加大一至二级配电变压器容量的余地。

200~1600kV・A配电变压器室尺寸见表3-17，通风窗尺寸见表3-18；配电变压器宽面推进如图3-3a所示，其窄面推进如图3-3b所示。

表3-17 配电变压器室尺寸表

额定容量/kV・A	阻抗电压(%)	空载损耗/kW	负载损耗/kW	变压器室最小尺寸/mm			
				宽面推进		窄面推进	
				室宽 B	室深 A	室宽 B	室深 A
200	4	0.33	3.06	3100	2700	2500	3300
250		0.40	3.49	3100	2900	2700	3300
315		0.48	4.17	3200	2900	2700	3500
400		0.57	5.10	3500	2900	2700	3700
500		0.68	6.08	3500	2900	2700	3700
630	4.5	0.81	7.23	3600	3100	2900	3800
800		0.98	8.84	4100	3100	2900	3800
1000		1.16	10.37	4200	3100	2900	4100
1250		1.37	12.33	3900	3200	3000	4100
1600		1.65	14.71	4000	3200	3000	4200

变压器室的布置与变压器的安装方式有关，变压器的安装方式有宽面推进安装和窄面推进安装。当变压器为宽面推进安装时，其优点是通风面积大；其缺点是低压引出母线需要翻高，变压器底座轨距要与基础梁的轨距严格对准；其布置特点是开间大、进深浅，变压器的低压侧应布置在靠外边，即变压器的储油柜位于大门的左侧。当变压器为窄面推进安装时，其优点是不论变压器有何种形式底座均可顺利安装；其缺点是可利用的进风面积较小，低压

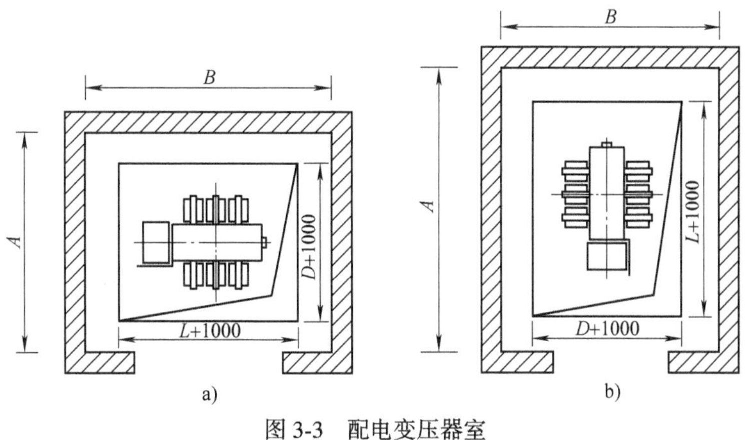

图 3-3 配电变压器室

a）宽面推进 b）窄面推进

引出母线需要多做一个立弯；其布置特点是开间小、进深大，但布置较为自由，变压器的高压侧可根据需要布置在大门的左侧或右侧。

表 3-18 配电变压器室通风窗尺寸表

变压器容量/kV·A	夏季通风计算温度/℃	进出风窗中心高度/mm	进出风窗面积之比 $S_j:F_c$	通风窗最小有效面积/m²		
				进风窗		出风百叶窗
				门上	门下百叶窗	
200~630	30	2500	1∶1.5	0.3	0.31	0.92
	35	3500	1∶1	0.75	0.75	1.5
800~1000	30	3000	1∶1.5	0.45	0.45	1.35
	35	4200	1∶1	1.05	1.05	2.1
1250~1600	30	3500	1∶1.5	0.6	0.6	1.8
	35	4600	1∶1	1.4	1.4	2.8

采用哪种安装方式，可根据高压进线方式和方向、低压出线情况以及建筑物的大小选取。

三、变压器室的高度与基础

1. 变压器室的高度和地坪

变压器室的高度与变压器的高度、进线方式及通风条件有关。根据通风方式的要求，变压器室的地坪有抬高和不抬高两种。地坪不抬高时，变压器放置在混凝土的地面上，变压器室高度一般为 3.5~4.8m；地坪抬高时，变压器放置在抬高地坪上，下面是进风洞，地坪抬高高度一般有 0.8m、1.0m、1.2m 三种，变压器室高度一般亦相应地增加为 4.8~5.7m。变压器室的地坪是否要抬高是由变压器的通风方式及通风面积所确定的。当变压器室的进风窗和出风窗的面积不能满足通风条件时，就需抬高变压器室的地坪。一般地说，“出风”影响变压器室的高度，“进风”影响变压器室的地坪。

2. 变压器基础梁

室内安装的变压器基础梁做成梁状，当地坪不抬高时，则与室内地面平齐；当地坪抬高时，则与抬高地坪平齐，以便于变压器的施工安装。

由于不同型号或不同制造厂生产的变压器的轨迹不尽相同，故两根基础梁的中心距要考虑能适应两种轨距尺寸，以保证变压器顺利安装就位。各种变压器的轨距，详见变压器产品技术参数。

配电变压器安装基础如图 3-4 所示。

四、电气设备的平面布置

1. 单台配电变压器的平面布置

在 10kV 配电室内，安装 SCBH10-□型干式配电变压器 1 台，额定容量为 315～1600kV · A，外形结构尺寸可由表 3-14 中查取。安装 10kV 开关柜 2 台，低压配电柜 5 台。在配电室内，将配电变压器、高压开关柜、低压配电柜排成一条直线安装，如图 3-5 所示。

2. 两台配电变压器的平面布置方案之一

在 10kV 配电室内，安装两台 SBH□-M 型油浸式配电变压器。单台配电变压器的额定容量为 315～2500kV · A。配电变压器的外形结构尺寸可由表 3-7、表 3-9 中查取。配电变压器室的尺寸可根据实际情况选定，两台配电变压器分别建有单独的变压器室，在两个配电变压器室之间安装 6 台 10kV 开关柜。安装 16 台低压配电柜，为单列布置。两台配电变压器的平面布置方案之一如图 3-6 所示。

3. 两台配电变压器的平面布置方案之二

在 10kV 配电室内，安装两台 SBH□-M 型油浸式配电变压器。单台配电变压器的额定容量为 2500kV · A 及以下，配电变压器的外形结构尺寸可由表 3-7、表 3-9 中查取。配电变压器室的尺寸可根据实际情况选定，两台配电变压器单独建设变压器室。10 台 10kV 开关柜按单列布置，14 台 0.4kV 低压开关柜按双列布置。方案之二如图 3-7 所示。

4. 两台配电变压器的平面布置方案之三

在 10kV 配电室内，安装两台 SBH□-M 型油浸式配电变压器。单台配电变压器的额定容量为 2500kV · A 及以下，配电变压器的外形结构尺寸可由表 3-7、表 3-9 中查取。配电变压器室的尺寸可根据实际情况选定，两台配电变压器分别建有变压器室。4 台 10kV 开关柜按单列布置，7 台 0.4kV 低压配电柜按双列布置。电气设备布置如图 3-8 所示，Ⅰ—Ⅰ视图如图 3-9 所示，电气设备布置Ⅱ—Ⅱ视图如图 3-10 所示。

五、配电变压器的安装尺寸及设备材料

1. SBH11-M-1000/10 型配电变压器的安装

SBH11-M-1000/10 型配电变压器的室内安装尺寸如图 3-11 所示，设备材料见表 3-19。

2. SBH11-M-1250/10 型配电变压器安装

SBH11-M-1250/10 型配电变压器的室内安装如图 3-12 所示，安装设备材料见表 3-20。

3. SBH11-M-1600/10 型配电变压器的安装

SBH11-M-1600/10 型配电变压器的室内安装如图 3-13 所示，主要设备材料见表 3-21。

4. SCBH10-500/10 型干式配电变压器的安装

SCBH10-500/10 型干式配电变压器的室内安装如图 3-14 所示，安装设备材料见表 3-22。

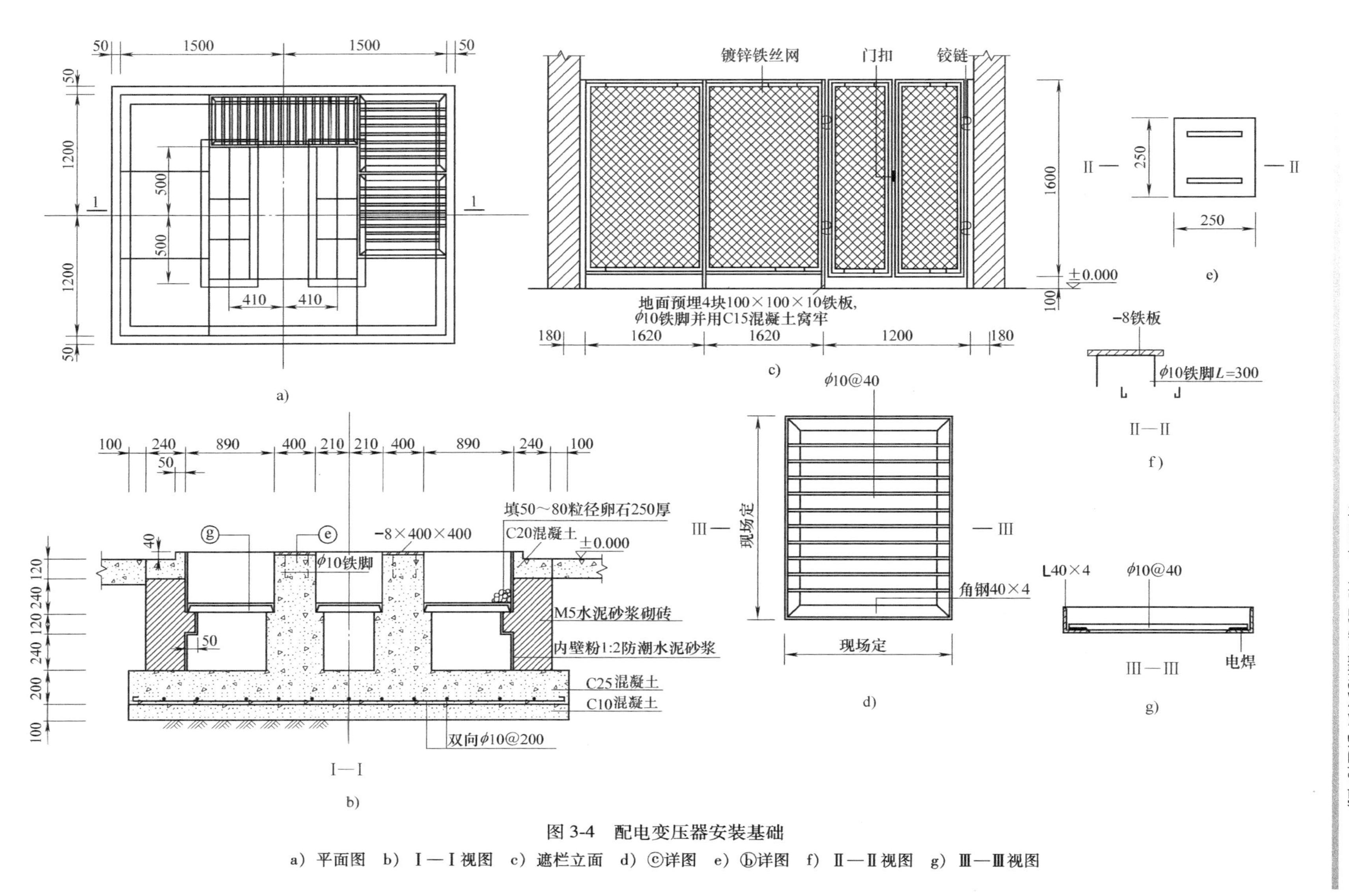

图 3-4　配电变压器安装基础

a）平面图　b）I—I视图　c）遮栏立面　d）ⓒ详图　e）ⓑ详图　f）II—II视图　g）III—III视图

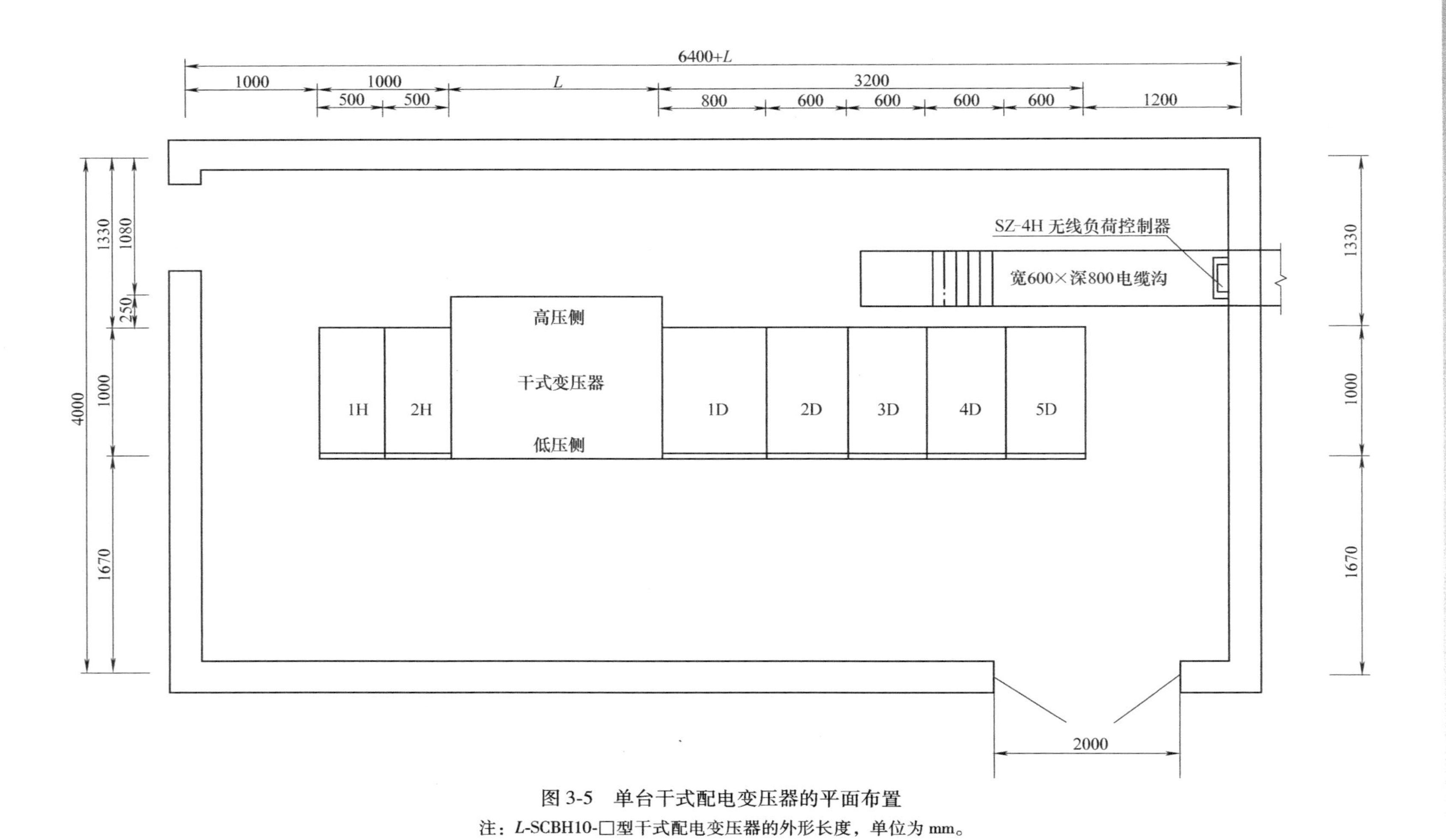

图 3-5 单台干式配电变压器的平面布置

注：*L*-SCBH10-□型干式配电变压器的外形长度，单位为 mm。

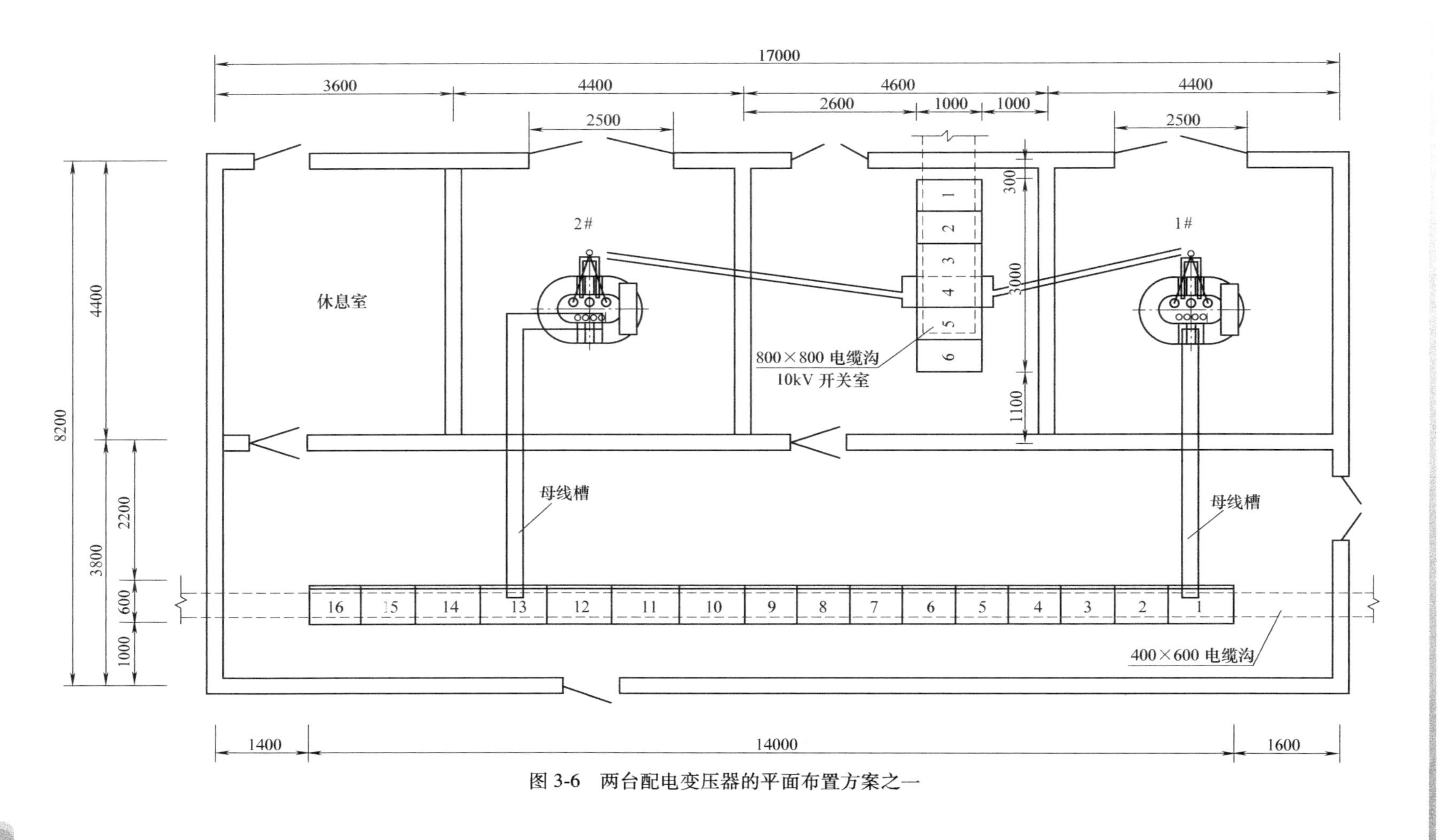

图 3-6　两台配电变压器的平面布置方案之一

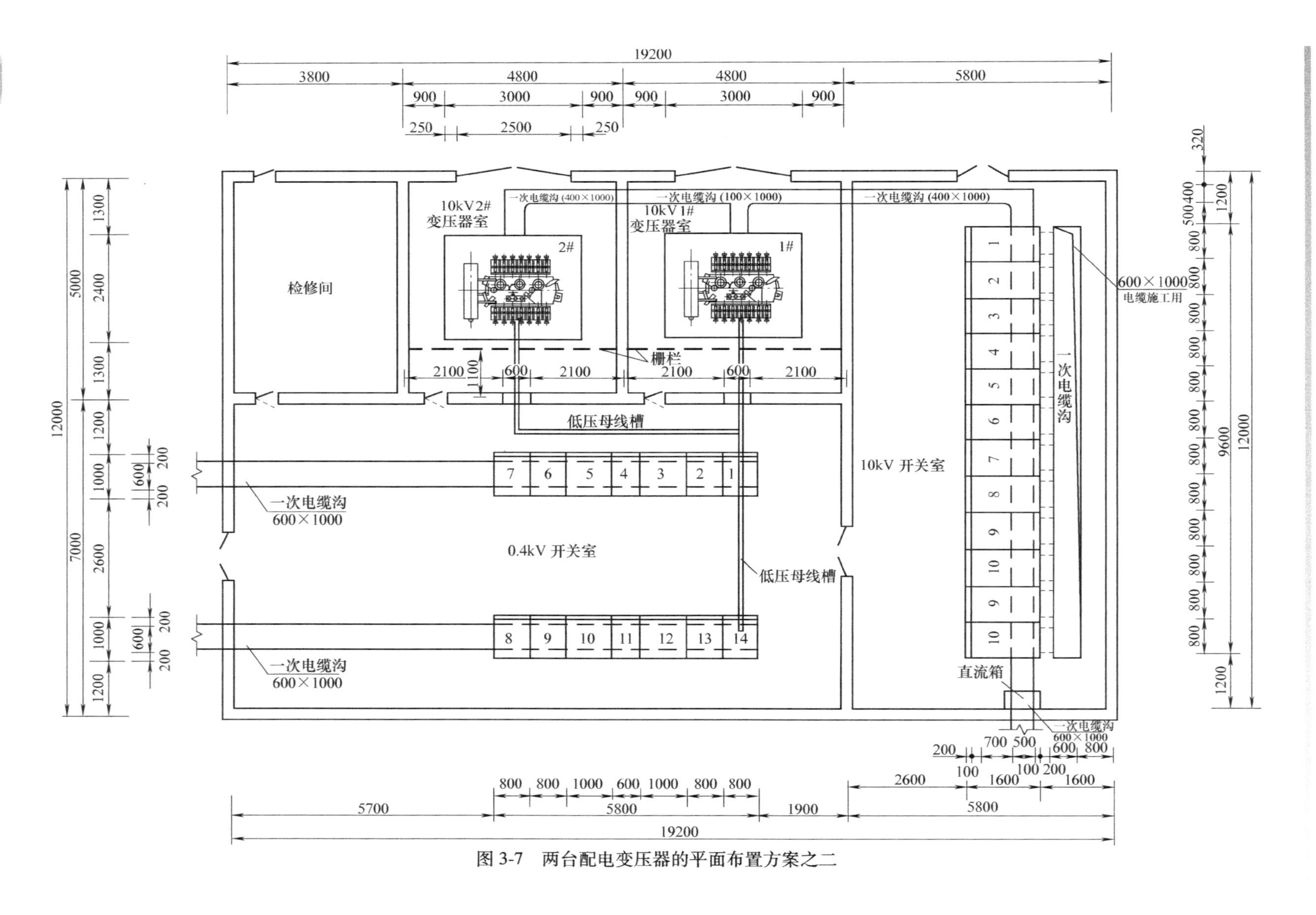

图 3-7 两台配电变压器的平面布置方案之二

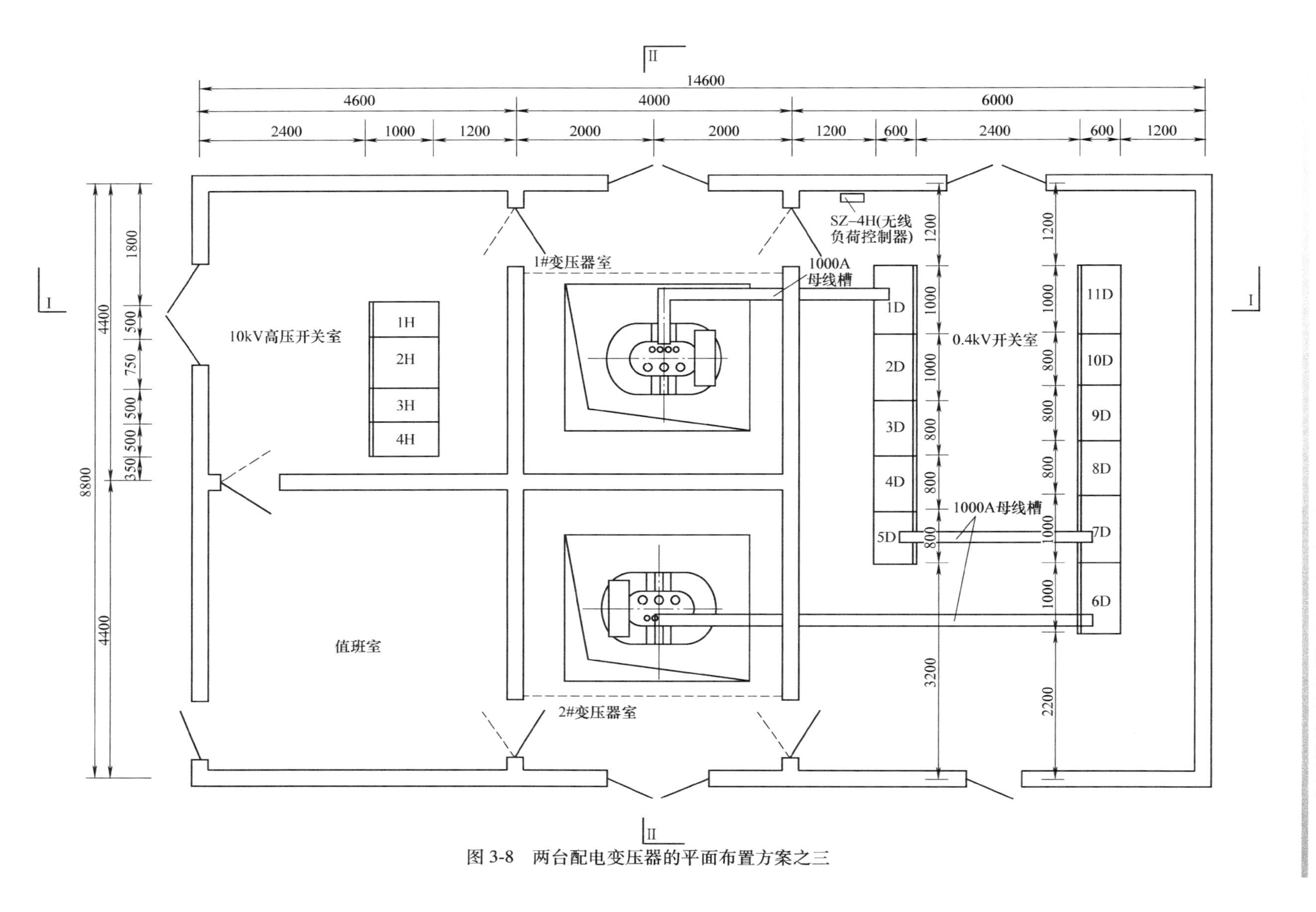

图 3-8　两台配电变压器的平面布置方案之三

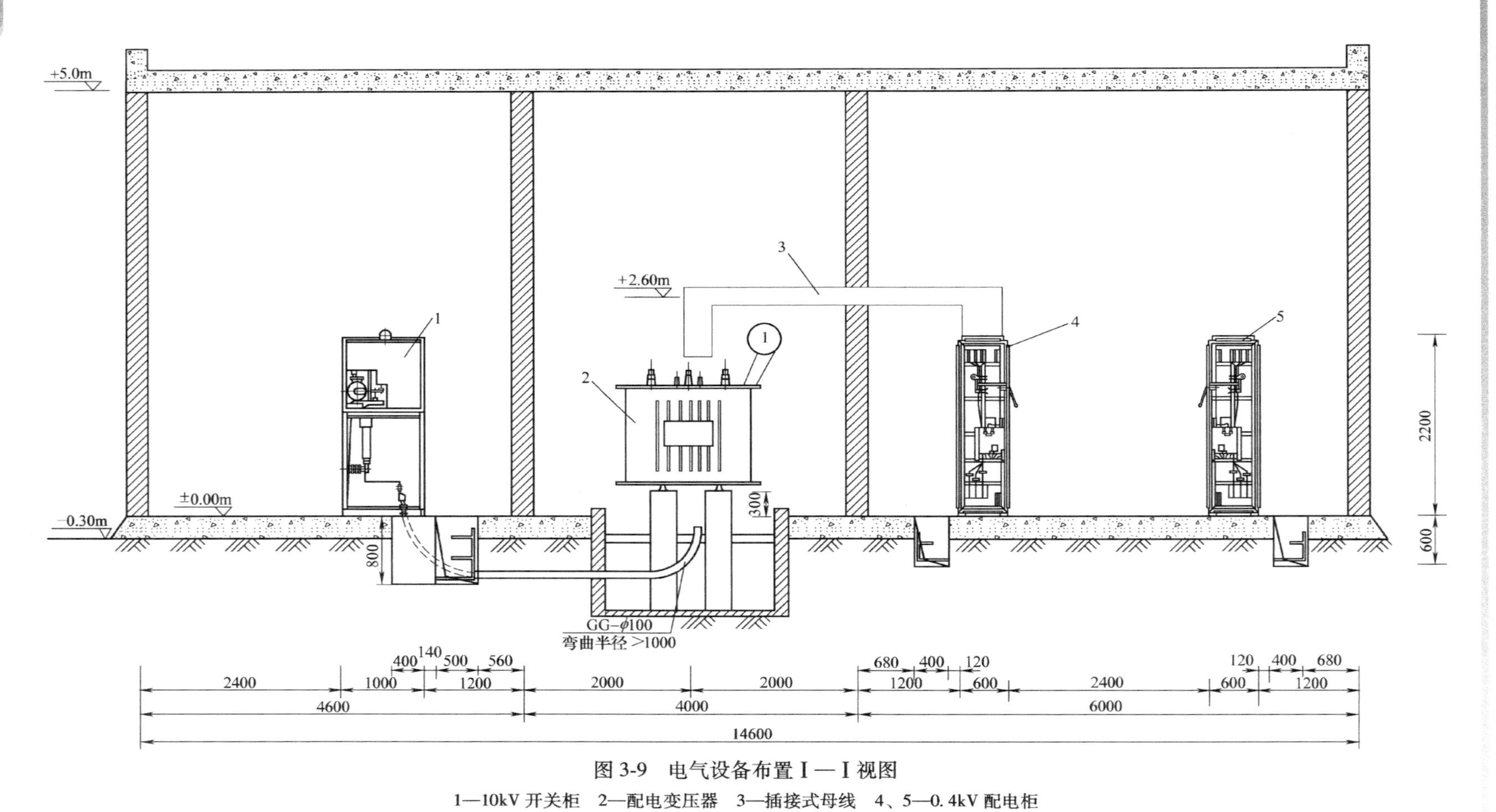

图 3-9　电气设备布置 I — I 视图

1—10kV 开关柜　2—配电变压器　3—插接式母线　4、5—0.4kV 配电柜

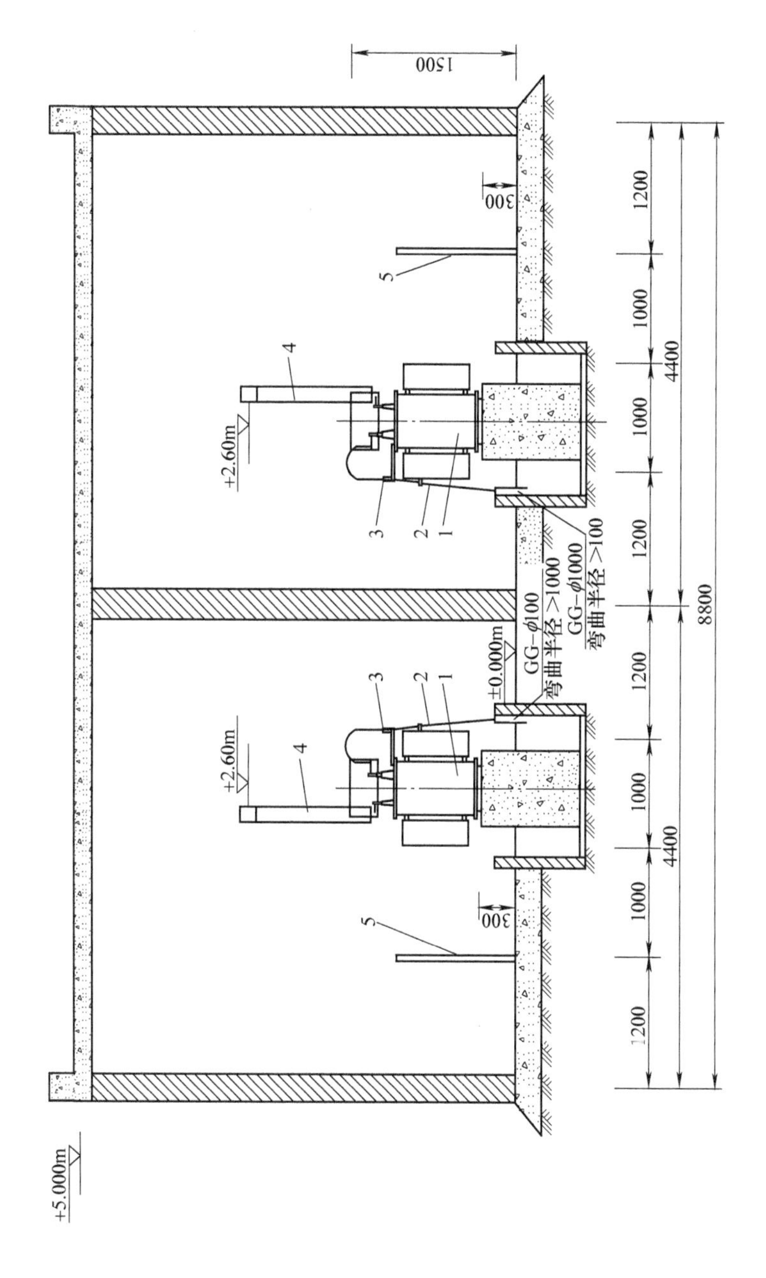

图 3-10　电气设备布置Ⅱ—Ⅱ视图

1—配电变压器　2—高压电缆　3—高压电缆头　4—插接式母线　5—栅栏

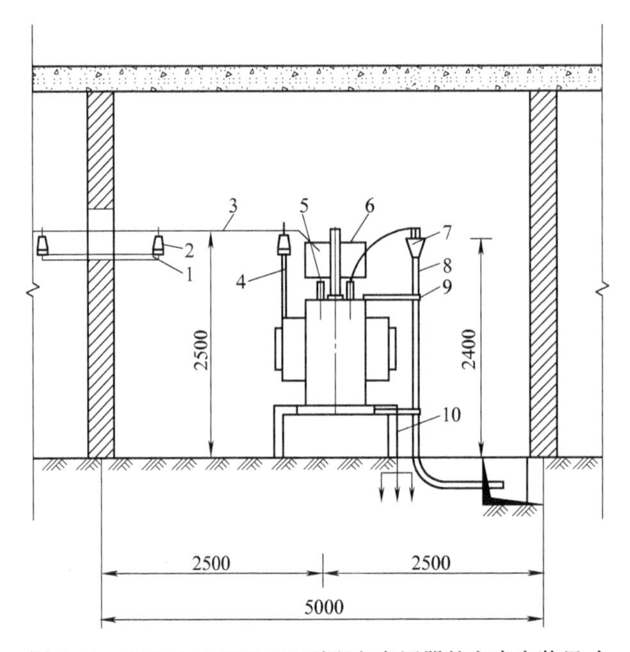

图 3-11　SBH11-M-1000/10 型配电变压器的室内安装尺寸

1、4—10kV 支柱瓷绝缘子角钢支架　2—10kV 支柱瓷绝缘子　3—0.4kV 出线铜排　5—母线伸缩节　6—变压器　7—10kV 户内电缆终端头　8—10kV 电力电缆　9—10kV 电缆角钢支架　10—变压器接地

表 3-19　SBH11-M-1000/10 型配电变压器安装的设备材料

序号	名　　称	规　　格	单位	数量	备　　注
1	10kV 支柱瓷绝缘子角钢支架	∠50×5 角钢 $L=2200$	副	1	现场制作
2	10kV 支柱瓷绝缘子	ZL-10/800N	只	20	附矩形母线固定金具 MNP-307 15 套 207 5 套
3	0.4kV 出线铜排	TMY-100×10	m	85	
4	10kV 支柱瓷绝缘子角钢支架	∠50×5 角钢 $L=2200$	副	1	现场制作
5	母线伸缩节	MSS-100×10	副	11	铜伸缩节
6	变压器	SBH11-M-1000/10±2×2.5%/0.2kV Dyn11 $u_K\%=4.5\%$	台	1	1#变压器
7	10kV 户内电缆终端头	10kV WLN-3/2 3×70	套	2	1#变压器 10kV 进线用三相冷缩
8	10kV 电力电缆	YJV22-8.7/15kV-3×70	m	25	1#变压器进线电缆，按实际测量长度为准
9	10kV 电缆角钢支架	∠50×5 角钢	副	2	现场制作
10	变压器接地	扁钢−50×5	m	10	热镀锌

表 3-20　SBH11-M-1250/10 型配电变压器安装的设备材料

序号	名　　称	规格及型号	单位	数量	备　　注
1	三相无载调压电力变压器	SBH11-M-1250/10	台	1	
2	户内冷缩型电缆头	与 95mm^2 三芯电缆配套	套	2	含 10kV 开关柜侧
3	10kV 电缆头支架	L40×4 现场制作	副	1	装于变压器上
4	10kV 电缆支架	L40×4 现场制作	副	1	装于变压器散热器上
5	阻燃铜芯交联聚乙烯绝缘电缆	ZR-YJV-8.7/15-3×95	m	50	已考虑 10%裕度
6	钢管	内径为 50,弯曲半径>500	根	1	热镀锌,预埋
7	钢管	内径为 100,弯曲半径>500	根	1	热镀锌,预埋

表 3-21　SBH11-M-1600/10 型配电变压器室内安装的主要设备材料

序号	名　　称	规　　格	单位	数量	备　　注
1	变压器	SBH11-M-1600/10±5%/0.4kV Dyn11 $u_K\%=4.5\%$	台	1	
2	10kV PT、计量柜	XGN-10/40	台	1	10kV 进线兼计量柜
3	10kV 变压器进线柜	XGN-10/08	台	1	
4	0.4kV 次总柜	GGD3 左联	台	1	
5	0.4kV 电容柜	GGJ1-01/02	台	1/1	
6	0.4kV 出线柜	GGD3	台	7	
7	10kV 进线电缆	YJV22-10kV-3×70	m		按实际长度用
8	10kV 进线电缆	YJV22-10kV-3×70	m	15	变压器进线
9	10kV 户外/内电缆头	WLW/N 10kV 3/2 3×70	套	1/1	冷缩三芯 10kV 进线
10	10kV 户内电缆头	WLN 10kV 3/2 3×70	套	2	冷缩三芯变压器进线
11	0.4kV 电缆桥架	3000A/6.5m	副	1	
12	钢管	ϕ100	m	2	10kV 电缆保护管
13	电缆支架	4#角钢 现场制作	副	2	
14	0.4kV 电缆桥架支架	4#角钢 现场制作	副	3	
15	接地扁钢	-50×5	m	5	热镀锌

表 3-22　SCBH10-500/10 型配电变压器安装的设备材料

序号	名　　称	型号及规格	单位	数量	备　　注
1	干式配电变压器	SCBH10-500/10	台	1	
2	高压电缆	ZR-YJV-8.7/15-3×95	m	8	
3	高压电缆头	3M　冷缩户内电缆头	个	2	与高压电缆配套
4	低压横排母线	TMY-5×(63×6.3)	m		
5	变压器工作接地线		m		
6	预埋槽钢	[10	根	2	

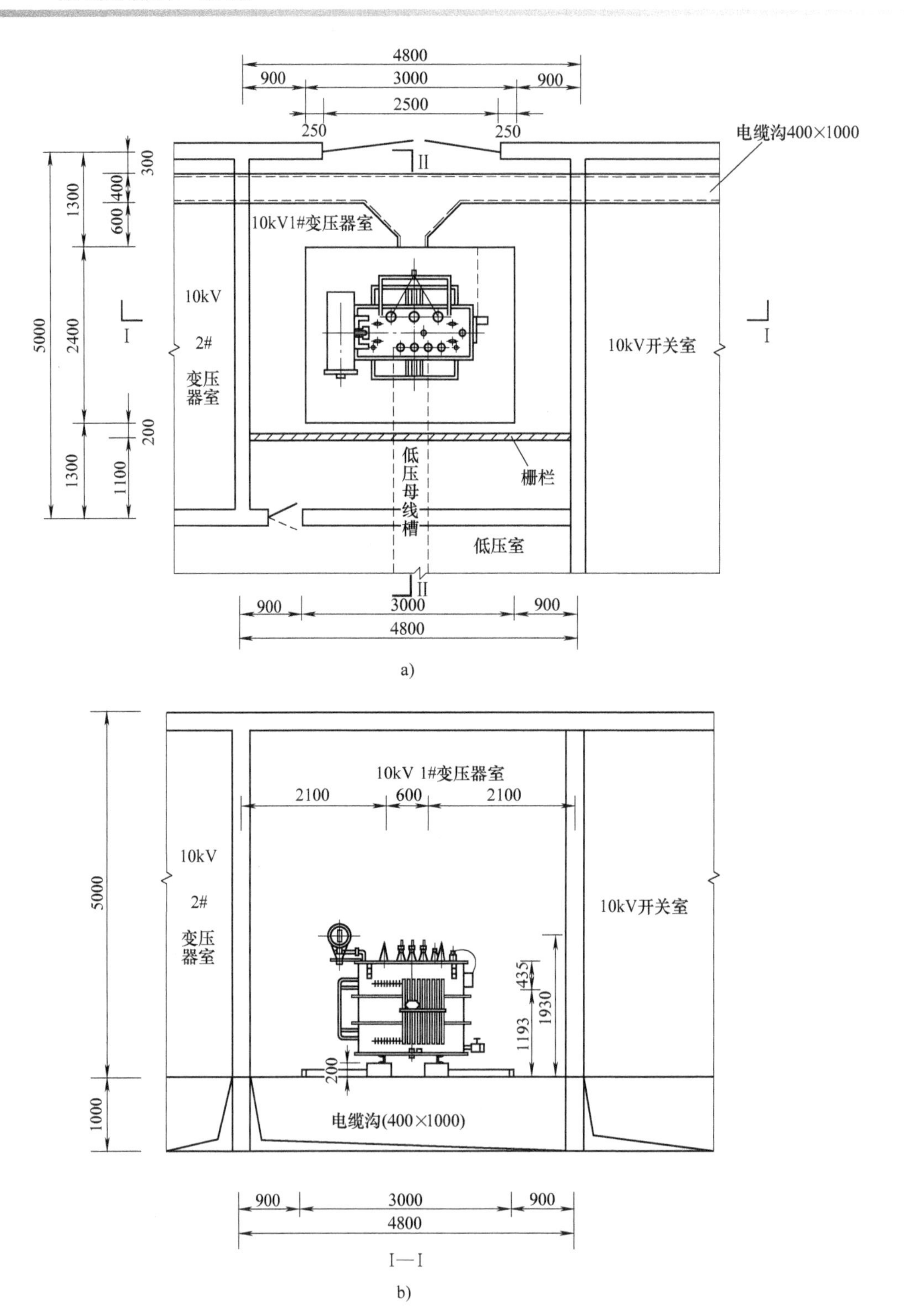

图 3-12　SBH11-M-1250/10

a）平面布置　b）I—I

1—SBH11-M-1250/10 型配电

3—10kV 电缆头支架

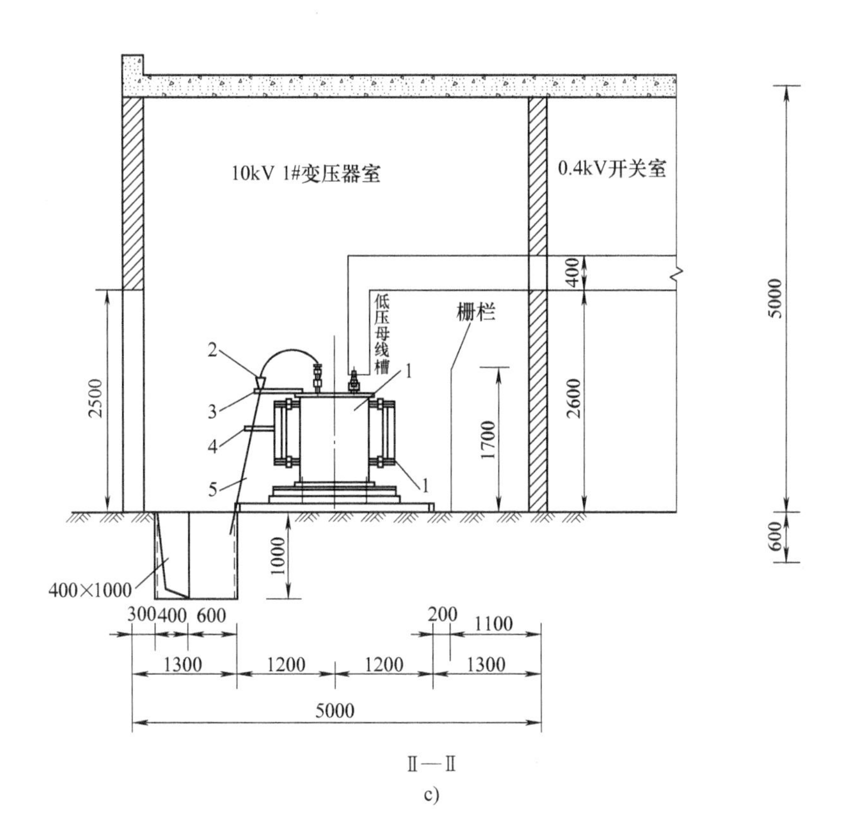

Ⅱ—Ⅱ

c)

型配电变压器的室内安装

断面图　c）Ⅱ—Ⅱ断面图

变压器　2—户内冷缩型电缆头

4—10kV 电缆支架　5—电缆

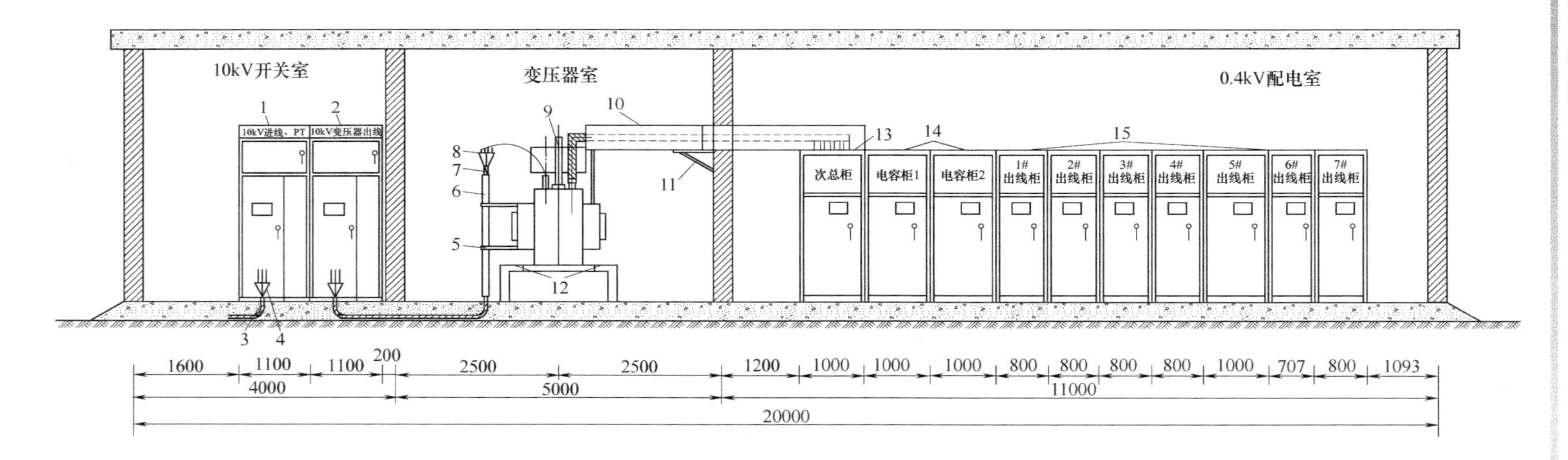

图 3-13 SBH11-M-1600/10 型配电变压器的室内安装

1—10kV PT、计量柜 2—10kV 变压器进线柜 3—10kV 进线电缆 4—10kV 户外/内电缆头 5—电缆支架 6—钢管 7—10kV 进线电缆 8—10kV 户内电缆头 9—配电变压器 10—0.4kV 电缆桥架 11—0.4kV 电缆桥架支架 12—接地扁钢 13—0.4kV 次总柜 14—0.4kV 电容柜 15—0.4kV 出线柜

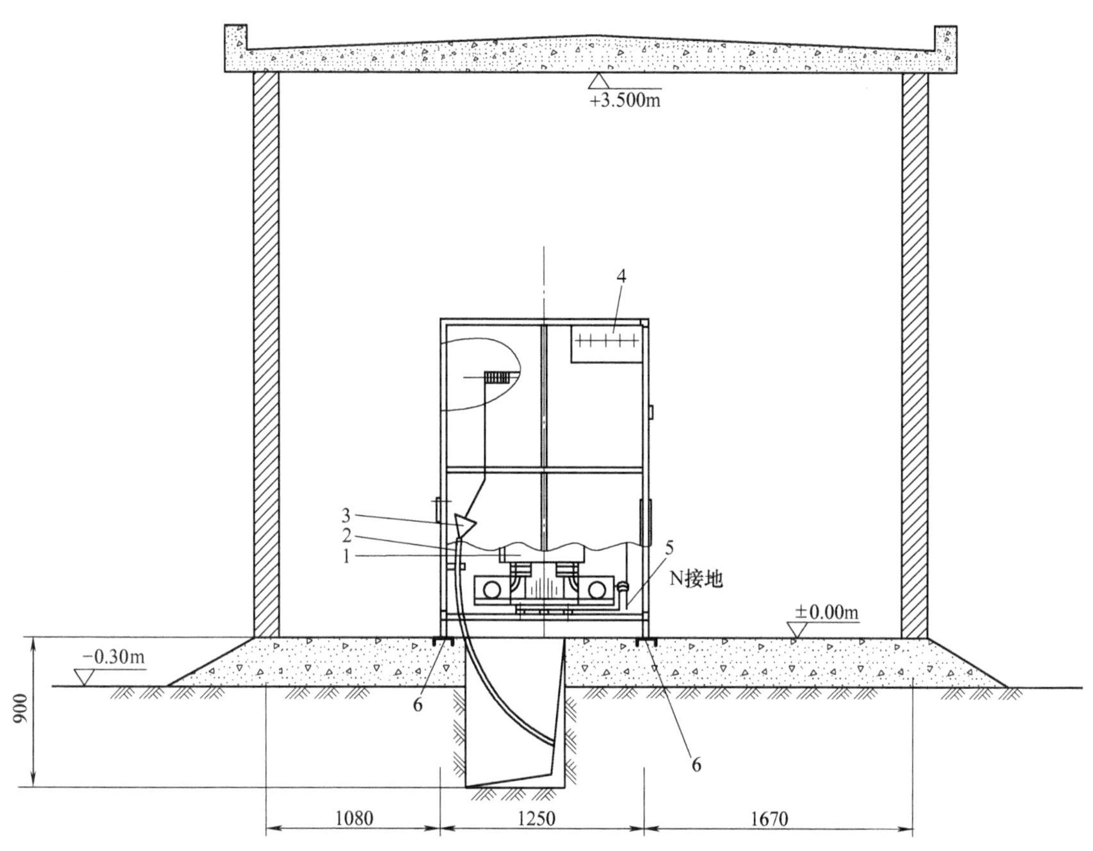

图 3-14　SCBH10-500/10 型干式配电变压器的室内安装

1—干式配电变压器　2—高压电缆　3—高压电缆头　4—低压横排母线

5—变压器工作接地　6—预埋槽钢

5. SCB10-1000/10 型干式配电变压器的安装

配电所安装 2 台 SCB10-1000/10 型干式配电变压器时，电气平面布置如图 3-15 所示。配电室内变压器、低压开关柜安装Ⅰ—Ⅰ视图如图 3-16 所示，安装设备材料见表 3-23。

表 3-23　SCB10-1000/10 型干式配电变压器室内安装的设备材料

序号	名　　称	型号及规范	单位	数量	备　　注
1	干式配电变压器	SCB10-1000/10	台	2×1	
2	高压电缆	YJV-8.7/15-3×70	m	2×9	
3	高压电缆头	3M 冷缩头 10kV 3×70	只	2×1	另一侧电缆头由负荷开关柜配
4	电缆头接线端子	DT 70	只	4×3	
5	低压母线槽	TMY-4(100×8)	m	2×5.5	
6	低压配电柜	MNS 400V	面	9	

配电室电气设备的安装工艺如图 3-17 所示。

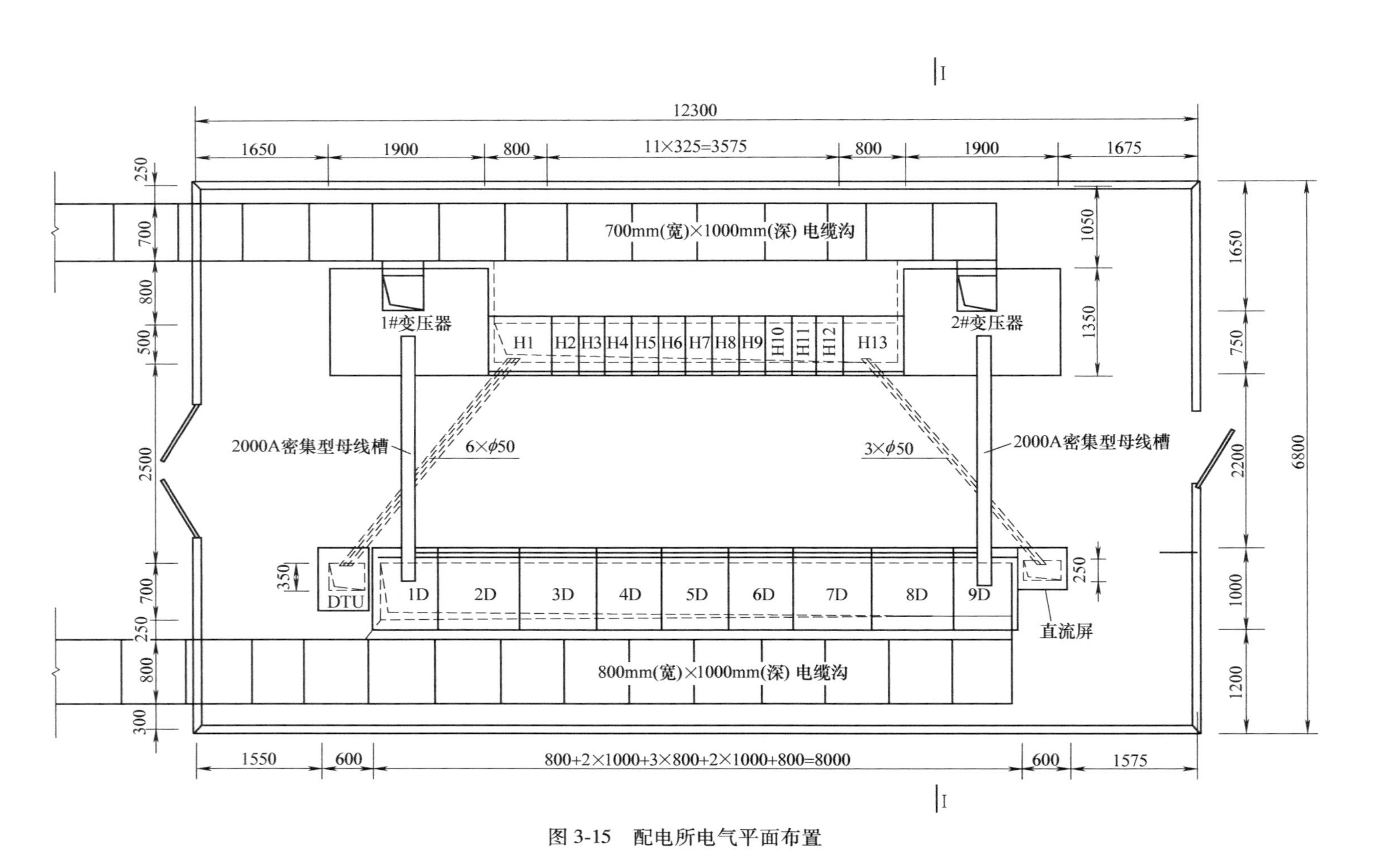

图 3-15 配电所电气平面布置

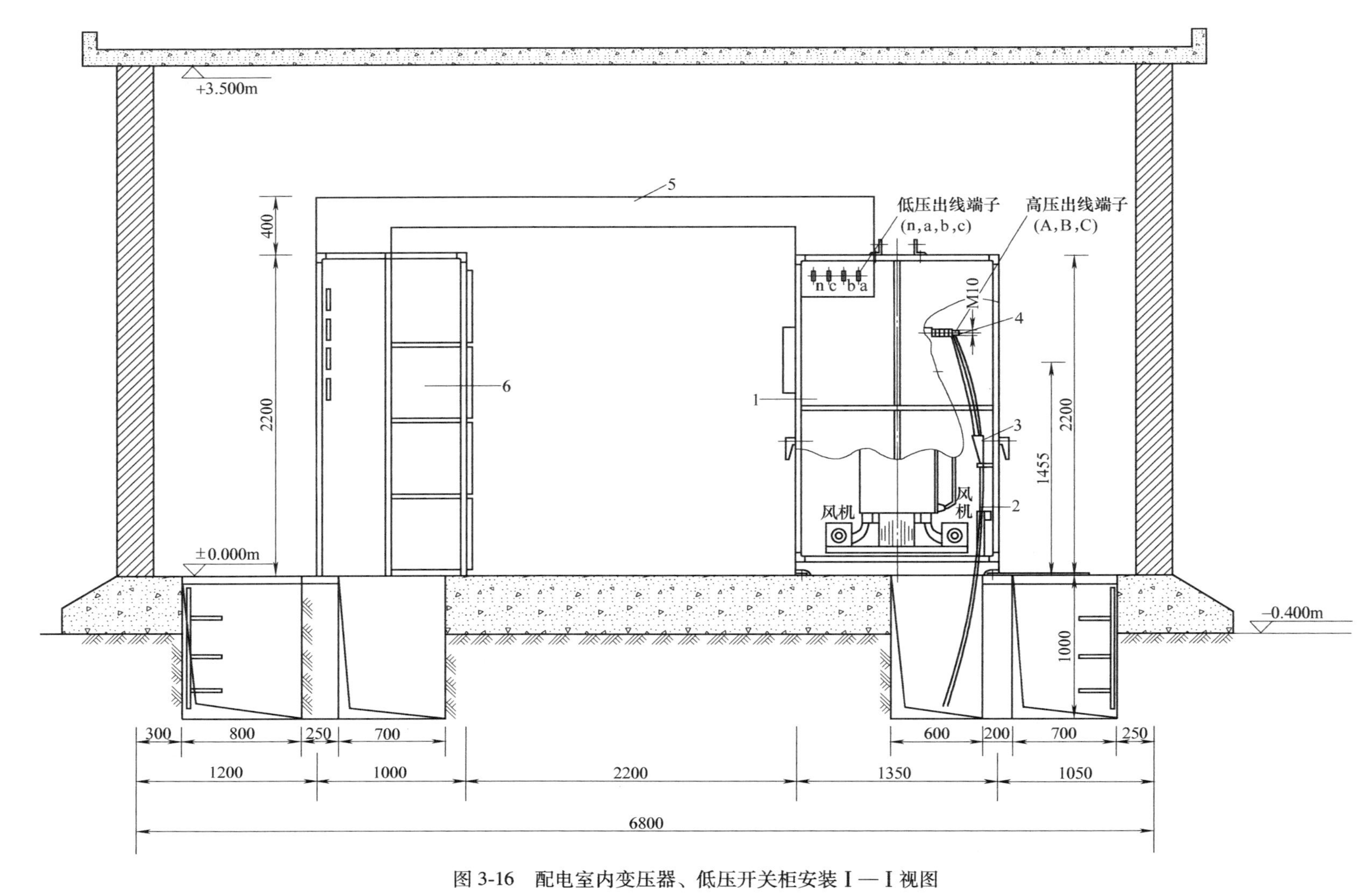

图 3-16 配电室内变压器、低压开关柜安装 I — I 视图

1—干式配电变压器 2—高压电缆 3—高压电缆头 4—电缆头接线端子 5—低压母线槽 6—低压配电柜

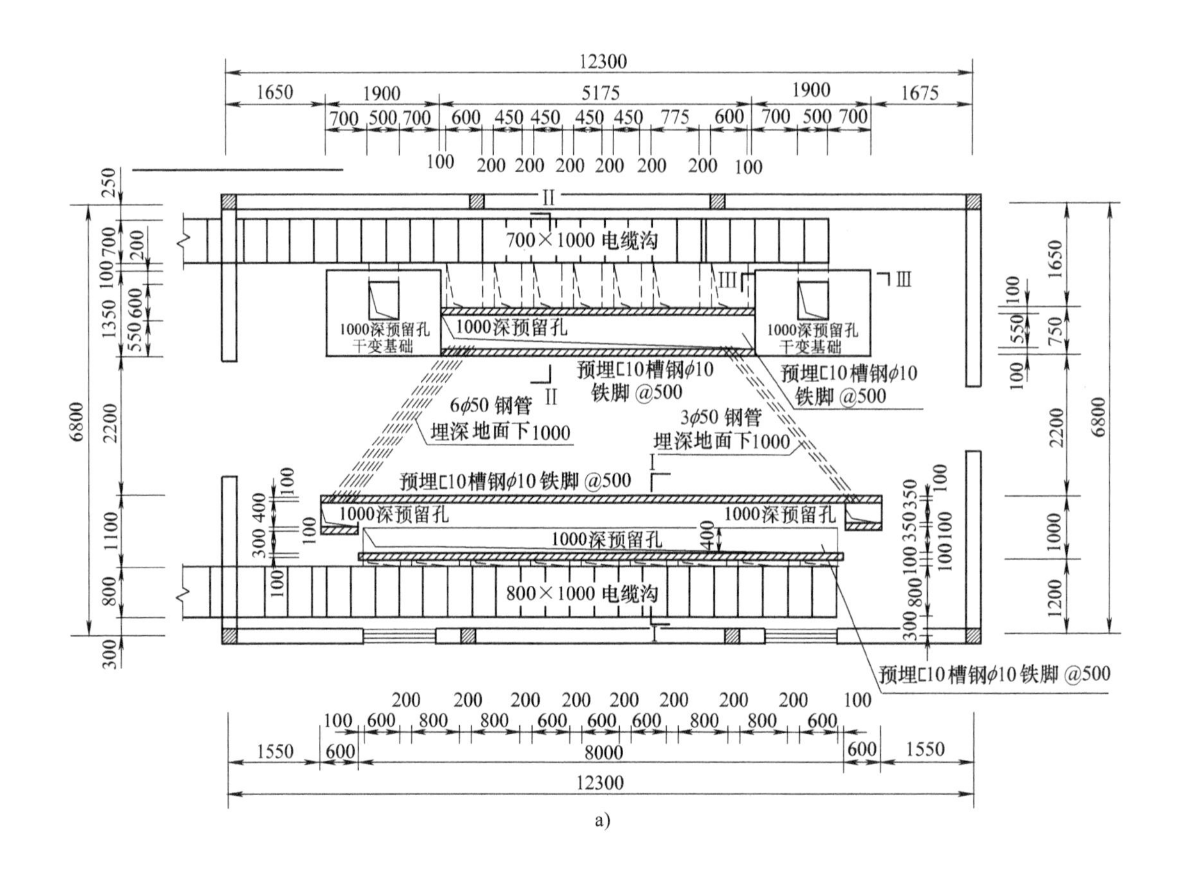

a)

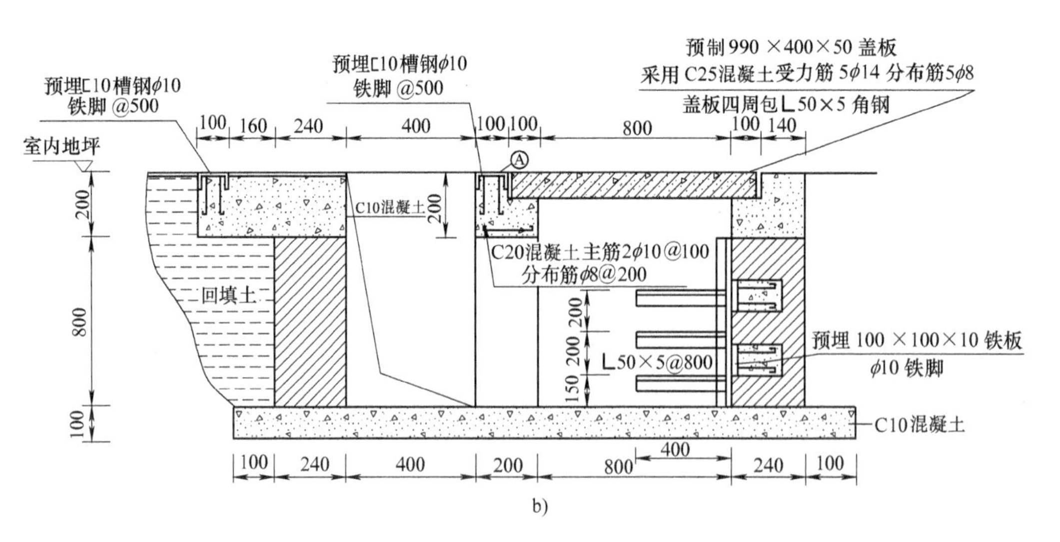

b)

图 3-17 配电室电气设备的安装工艺

a）工艺图 b）Ⅰ—Ⅰ视图

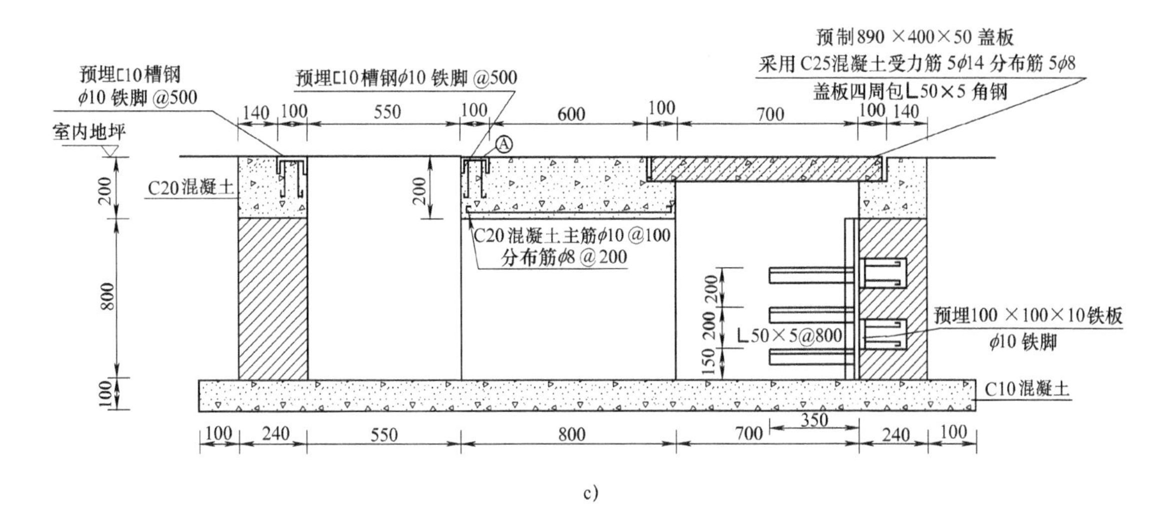

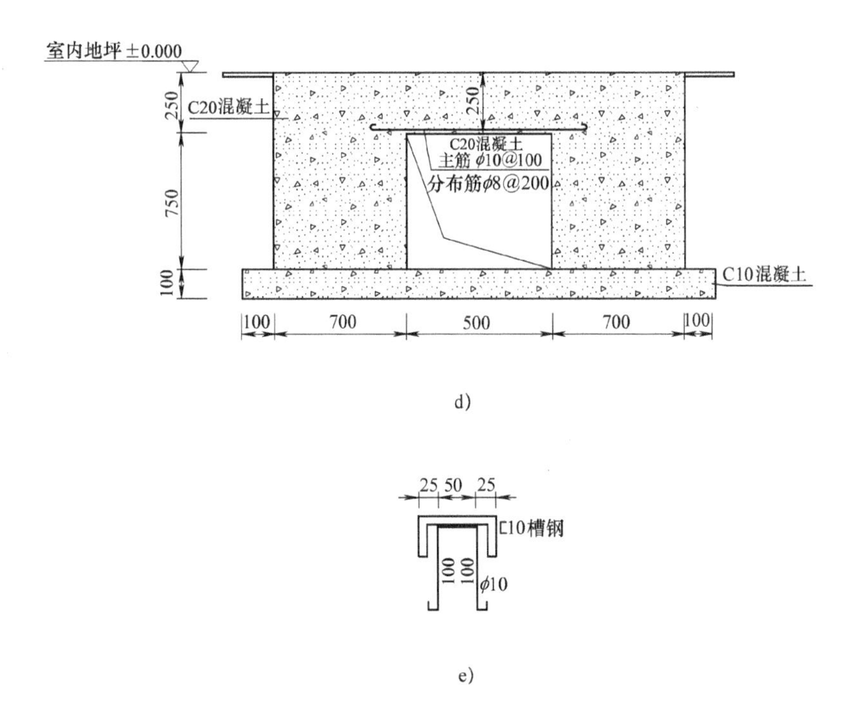

图 3-17　配电室电气设备的安装工艺（续）

c）Ⅱ—Ⅱ视图　d）Ⅲ—Ⅲ视图　e）A 详图

六、配电室电气进出线的安装工艺

1. 10kV 架空进线的安装

10kV 架空线路跌落式熔断器引入方式如图 3-18 所示。

10kV 架空线路进户装置钢架预埋示意如图 3-19 所示，低压母线穿墙隔板框架预埋示意如图 3-20 所示。

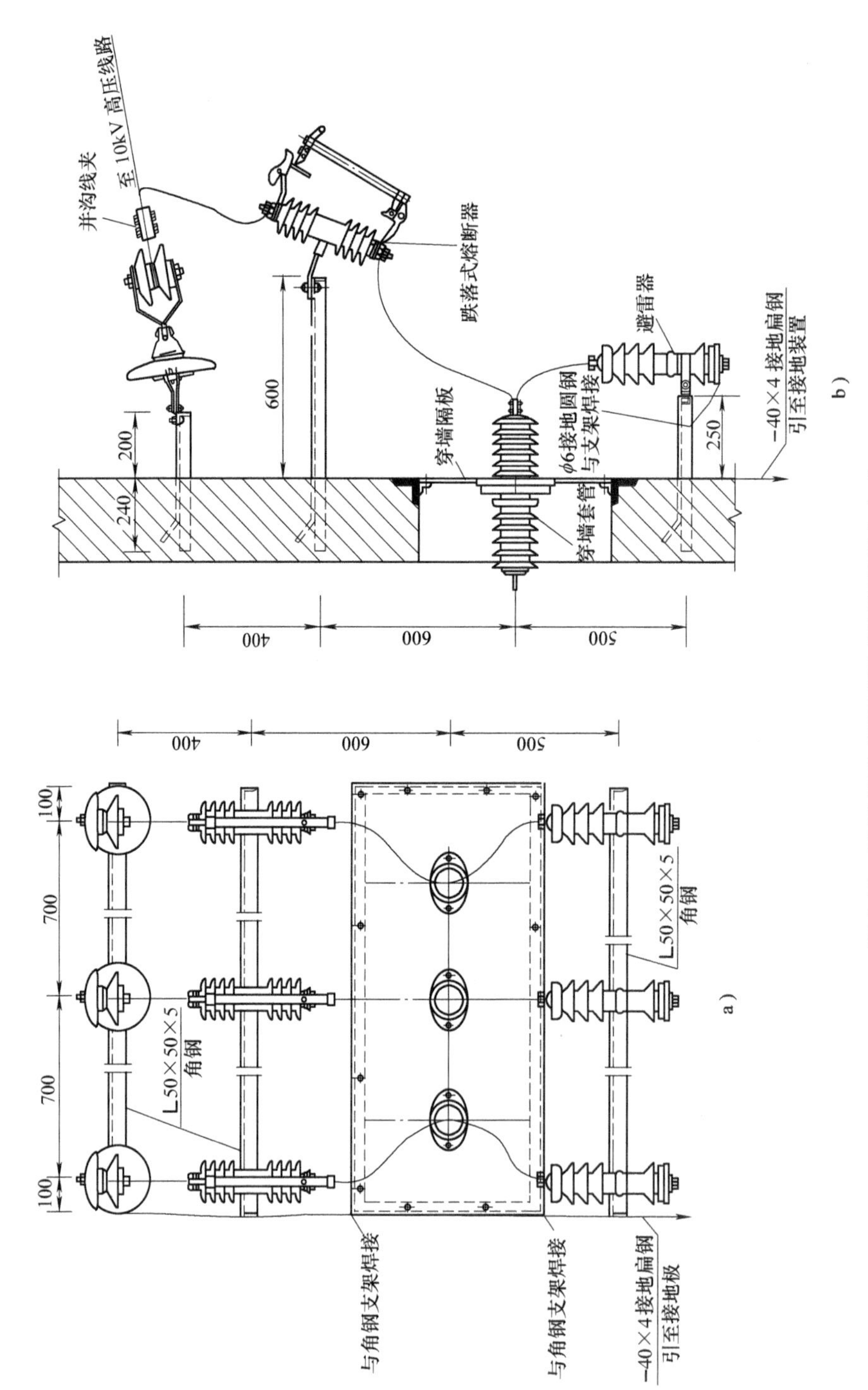

图 3-18　10kV 架空线路跌落式熔断器引入方式

a）正视图　b）侧视图

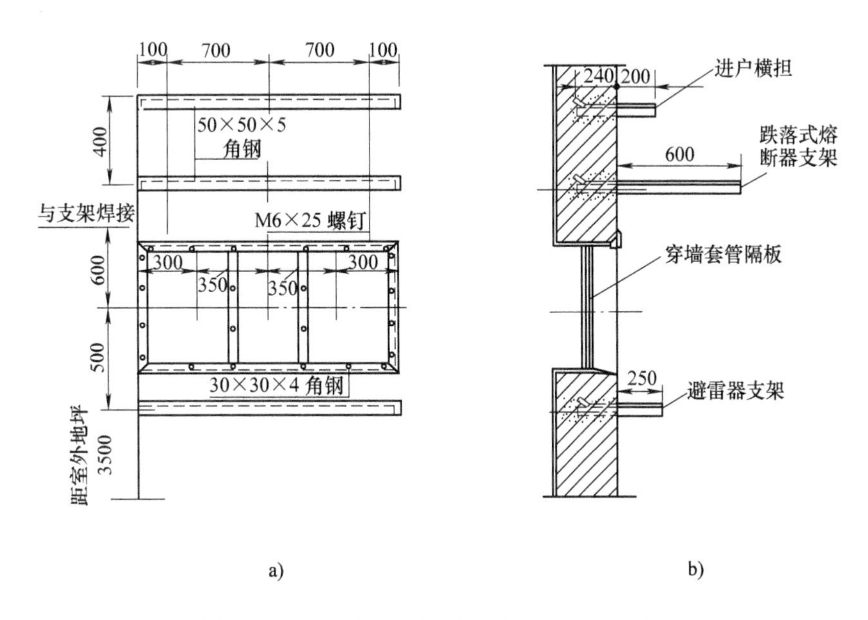

图 3-19　10kV 架空线路进户装置钢架预埋示意

a）正视图　b）侧视图

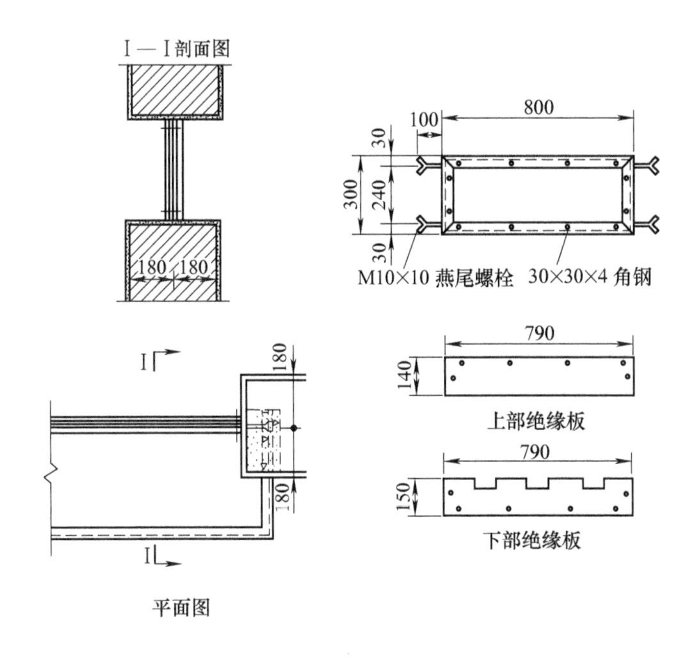

图 3-20　低压母线穿墙隔板框架预埋示意

2. 10kV 电缆引入安装

10kV 电缆终端杆引入配电室安装如图 3-21 所示，安装设备材料见表 3-24。

3. 配电室内电缆的安装

配电室内电缆的安装如图 3-22 所示，电缆终端支架最低高度见表 3-25。

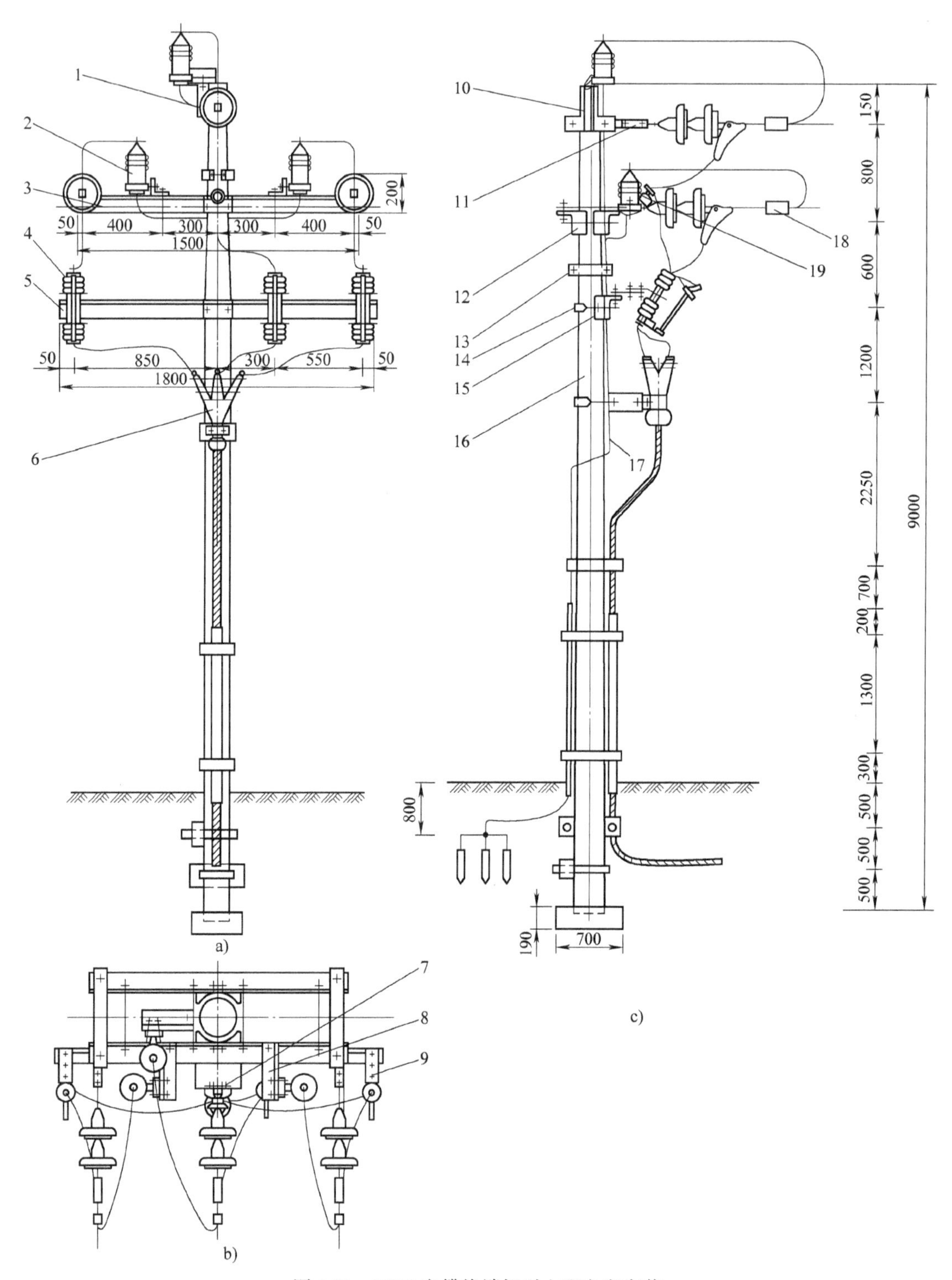

图 3-21 10kV 电缆终端杆引入配电室安装

a）正视图 b）俯视图 c）侧视图

1—耐张绝缘子串 2—避雷器 3—横担 4—跌落式熔断器 5—跌落式熔断器固定横担 6—电缆终端盒 7—针式绝缘子固定支架 8—避雷器固定支架 9—跌落式熔断器固定支架 10—杆顶支座抱箍 11—拉板 12—M 形抱铁 13—拉线 14—U 形抱箍 15—M 形抱铁 16—电杆 17—接地装置 18—并沟线夹 19—针式绝缘子

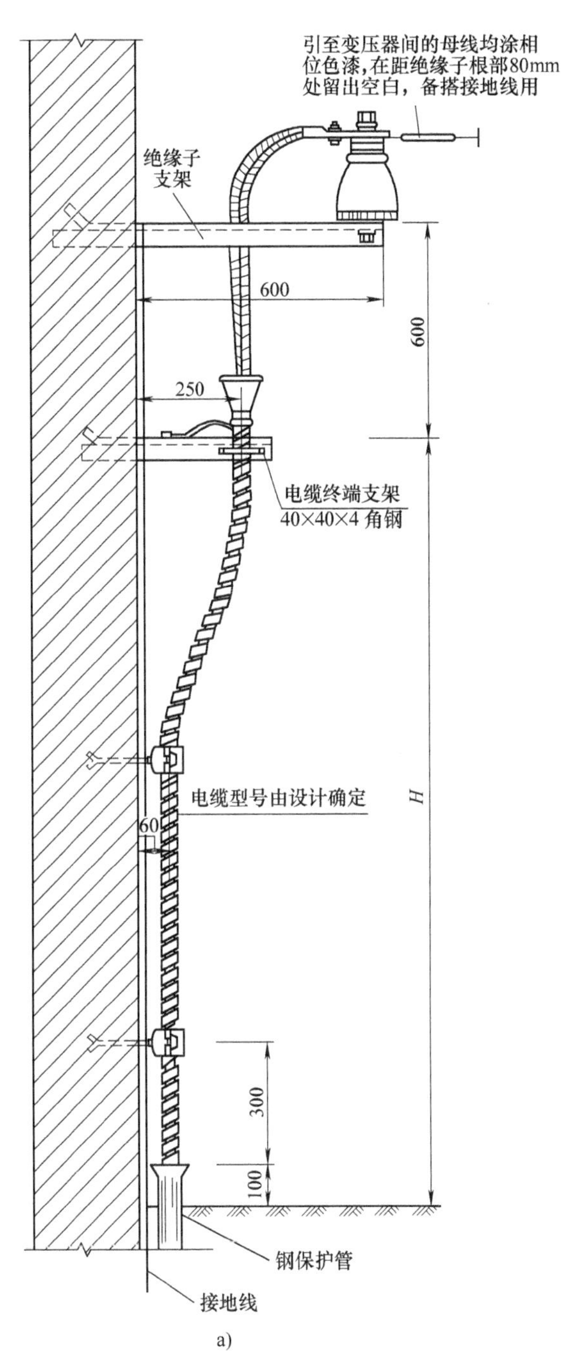

a)

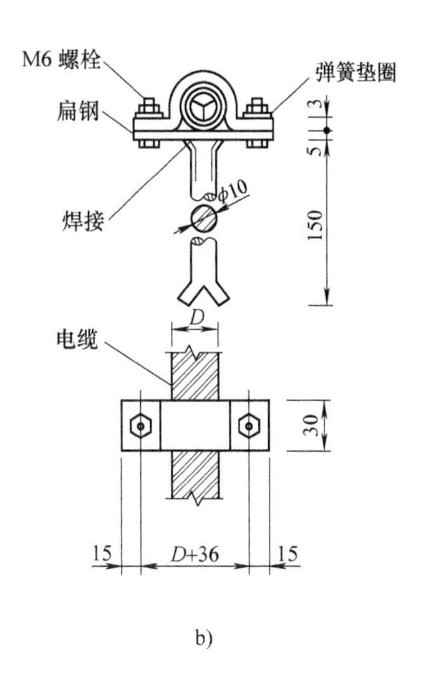

b)

图 3-22　配电室内电缆的安装

a）安装结构　b）电缆支架固定做法

表 3-24　10kV 电缆终端杆安装设备材料

序　号	名　称	规　格	单　位	数　量
1	耐张绝缘子串		串	3
2	避雷器	YH5WZ-10/27	个	3

（续）

序号	名称	规格	单位	数量
3	横担		副	1
4	跌落式熔断器	RW4-10	个	3
5	跌落式熔断器固定横担		根	1
6	电缆终端盒		组	1
7	针式绝缘子固定支架		副	1
8	避雷器固定支架		副	3
9	跌落式熔断器固定支架		副	3
10	杆顶支座抱箍		副	1
11	拉板		块	1
12	M形抱铁		个	2
13	拉线		组	1
14	U形抱箍		副	1
15	M形抱铁		个	1
16	电杆	ϕ170	根	1
17	接地装置		处	1
18	并沟线夹	JB型	个	3
19	针式绝缘子	P-20(15)T	个	1

表3-25 电缆终端支架最低高度表

变压器容量/kV·A	高度H/mm	变压器容量/kV·A	高度H/mm
100~125	1800	500~630	2000
160~250	1800	800~1000	2100
315~400	1900		

第四节 10kV配电变压器杆塔式安装

一、杆塔式安装的基本要求

杆塔式是将变压器装在杆上的构架上。其中最常见的有两种装法，即双杆式和单杆式。

双杆式户外安装方式适用于50~160kV·A的配电变压器，也有一些315kV·A的变压器采用这种安装方式，不过应在架子下面的中部加一顶柱。

台架由镀锌角铁构成，距地面高2.5m。台架既适合于装设在梢径190mm、杆高为12m的拔梢混凝土杆上，也适合于装设在同等梢径而杆高为15m的拔梢上，只要改变托架抱箍的大小即可。避雷器横担距台架1.5m。跌落式熔断器横担距避雷器横担0.6m。避雷器横担装在变压器杆的内侧，以免操作跌落式熔断器时熔管掉下，损坏避雷器或支持绝缘子。高压避雷器安装在高压跌落式熔断器之下，便于在不影响线路停电情况下进行装拆及现场试验检查。除靠近与单机配套的可用变压器低压侧可不装熔断器外，对50kV·A及以下的公用变压器，应在低压侧装设熔断器；50kV·A以上的公用变压器，可在低压侧安装配电箱或适当选用小的高压熔断器的办法来解决低压保护问题。

对路径较长及有雷击可能的低压线路，在变压器低压侧应安装低压避雷器进行防雷保护。

变压器安装在杆塔台架上的优点是占地少、四周不需围墙或遮栏；带电部分距地面高，不易发生事故，农村变压器适宜此种安装方式。其安装方式的缺点是台架用的钢材较多，造价较高。

二、S11-100/10型配电变压器的安装

S11-100/10型配电变压器台架安装方式如图3-23所示，安装设备材料见表3-26。

三、S11-160/10型配电变压器的安装

S11-160/10型配电变压器台架安装方式如图3-24所示，安装设备材料见表3-27。

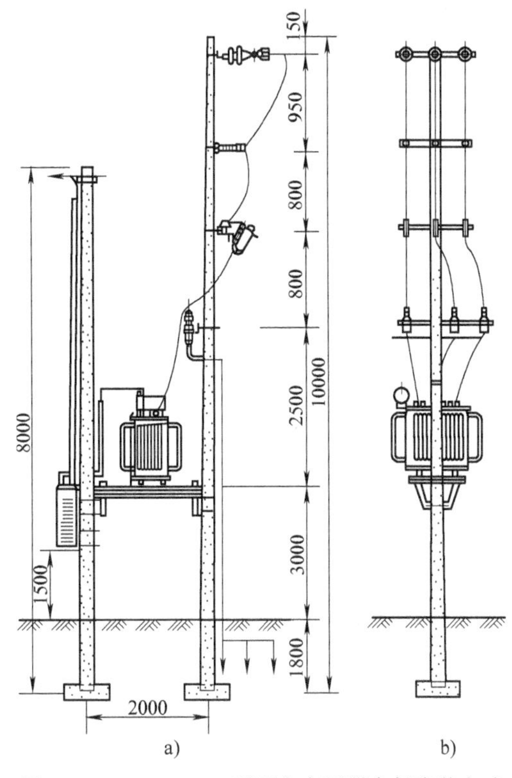

图3-23 S11-100/10型配电变压器台架安装方式
a）正面 b）侧面

表3-26 10kV、100kV·A配电变压器台架安装设备材料

序号	器材名称	规格型号	数量	序号	器材名称	规格型号	数量
1	变压器/台	S11-100kV·A	1	15	圆钢抱箍/只	ϕ16×260	3
2	水泥杆/根	ϕ190×10000(非)	1	16	镀锌螺栓/只	M12×35	20
3	水泥杆/根	ϕ150×8000	1	17	镀锌螺栓/只	M16×35	3
4	台架/副	[100×2000	1	18	弯钩螺栓/只	M16×220	8
5	撑脚/副	2×∟50×6×800	1	19	接地棒/根	ϕ25×2000	3
6	压板/副	∟50×5×200	1	20	接地扁铁/根	-30×3×2000	5
7	跌落式熔断器/只	RW7-10kV/A	3	21	接地铜线/kg	JT-25	2
8	避雷器/只	Y5C3-12.7/45	3	22	塑铜线/m	BV-25	10
9	支撑横担/根	∟50×5×1500	1	23	铜线卡子/只	TK-12mm	9
10	瓷横担/根	S2-10/2.5	3	24	钢芯铝绞线/kg	LGJ-50	3
11	避雷器支架/根	∟60×6×1500	1	25	设备线夹/只	SL-10	4
12	熔断器支架/根	∟60×6×1500	1	26	垫片/kg	D12mm	0.5
13	圆钢抱箍/只	ϕ16×220	3	27	垫片/kg	D18mm	2
14	圆钢抱箍/只	ϕ16×240	2				

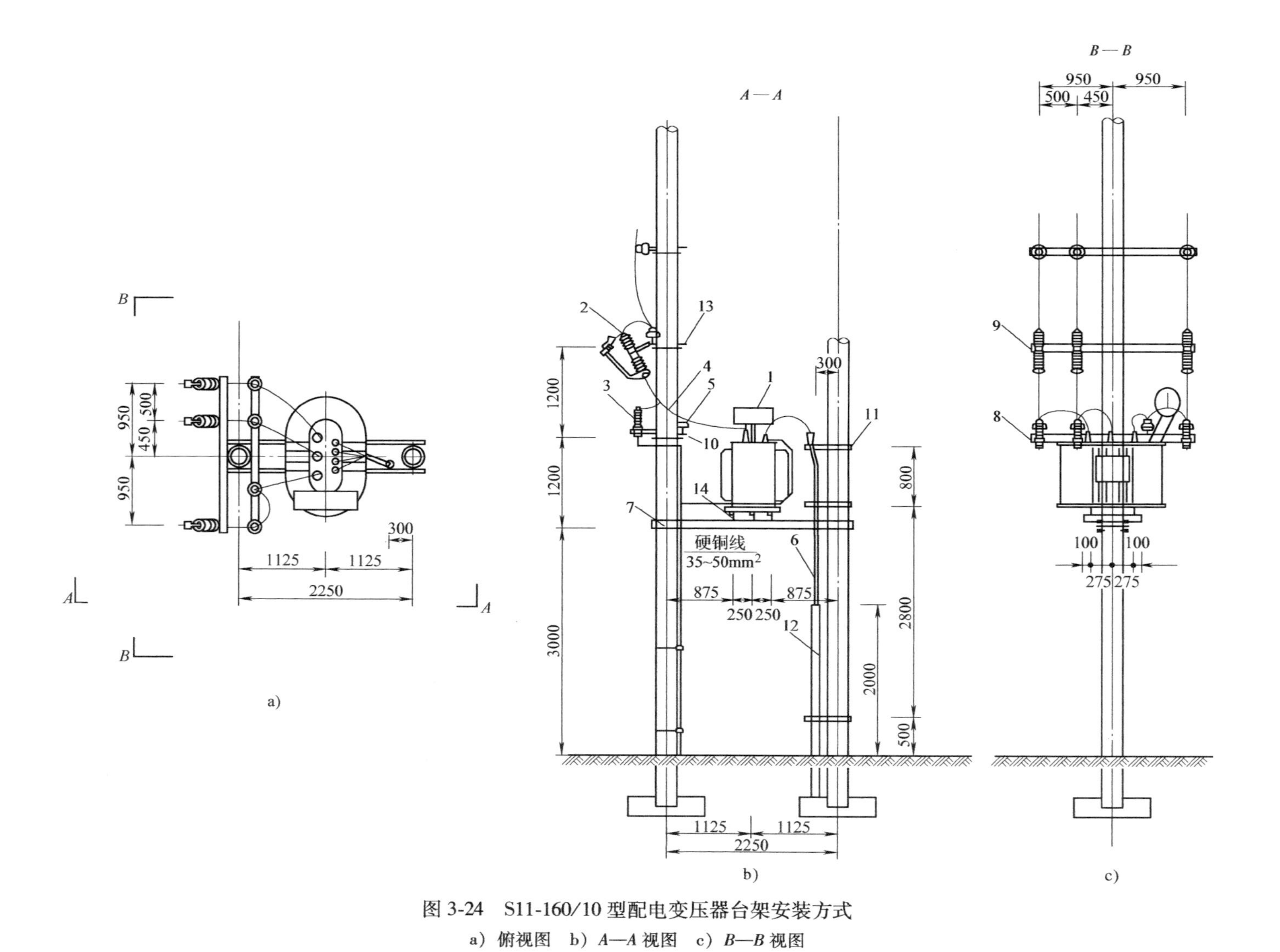

图 3-24 S11-160/10 型配电变压器台架安装方式

a）俯视图 b）A—A 视图 c）B—B 视图

表 3-27　S11-160/10 型配电变压器台架安装设备材料

序号	名　称	型号及规范	单位	数量	备　注
1	变压器	S11-160/10 10/0.4kV Dyn11	台	1	
2	跌落式熔断器	RW11-10　16A	只	3	
3	避雷器	Y5C2-12.7/41	只	3	
4	绝缘导线	JKYJ-35	米	15	
5	针式绝缘子	P-10T	只	7	
6	低压电缆	YJV22-0.6/1.0-4×150	m		长度现场定
7	变压器横担	100×48×48×5.3 槽钢	根	2	热镀锌
8	避雷器横担	L63×6	根	1	热镀锌
9	熔断器横担	L63×6	根	1	热镀锌
10	绝缘子横担	L63×6	根	1	热镀锌
11	电缆及钢管固定支架	L40×4	根	3	热镀锌
12	钢管	φ100	根	1	
13	角钢	L63×6	根	1	热镀锌
14	槽钢	100×48×48×5.3 槽钢	根	3	热镀锌

四、S11-315/10 型配电变压器的安装

城镇街道 10kV、315kV · A 及以下配电变压器台架安装方式如图 3-25 所示，安装设备材料见表 3-28。

表 3-28　10kV、315kV · A 配电变压器台架安装材料

序号	器材名称	规格型号	数量	序号	器材名称	规格型号	数量
1	水泥杆/根	φ190×15000(非)	1	17	圆钢抱箍/只	φ16×260	2
2	水泥杆/根	φ190×12000(非)	1	18	圆钢抱箍/只	φ16×300	4
3	变压器/台	S9-315	1	19	瓷横担/根	S2-10/2.5	3
4	台架/副	[120×2500	1	20	针式绝缘子/只	10kV	3
5	撑脚/副	2×∟ 50×6×800	1	21	接地铜线/kg	JT-25	2
6	压板/副	∟ 50×5×200	1	22	接地棒/根	φ25×2000	3
7	弯钩螺栓/只	M16×220	8	23	接地扁铁/根	-30×3×2000	5
8	垫片/kg	*D*15mm	0.5	24	设备线夹/只	SL-10	4
9	垫片/kg	*D*18mm	2	25	镀锌螺栓/只	M12×35	20
10	跌落式熔断器/只	RW7-10kV/-A	3	26	镀锌螺栓/只	M16×35	3
11	避雷器/只	Y5C3-12.7/45	3	27	扁铁抱箍/只	φ16×280	4
12	上方框/副	2×(∟ 60×6×2200+1200)	1	28	扁铁抱箍/只	φ300	1
13	下方框/副	2×(∟ 60×6×2200+1200)	1	29	钢芯铝绞线/kg	LGJ-50	5
14	圆钢抱箍/只	φ16×200	1	30	塑铜线/m	BV-25	10
15	圆钢抱箍/只	φ16×220	1	31	铜线卡子/只	TK-12mm	9
16	圆钢抱箍/只	φ16×240	2				

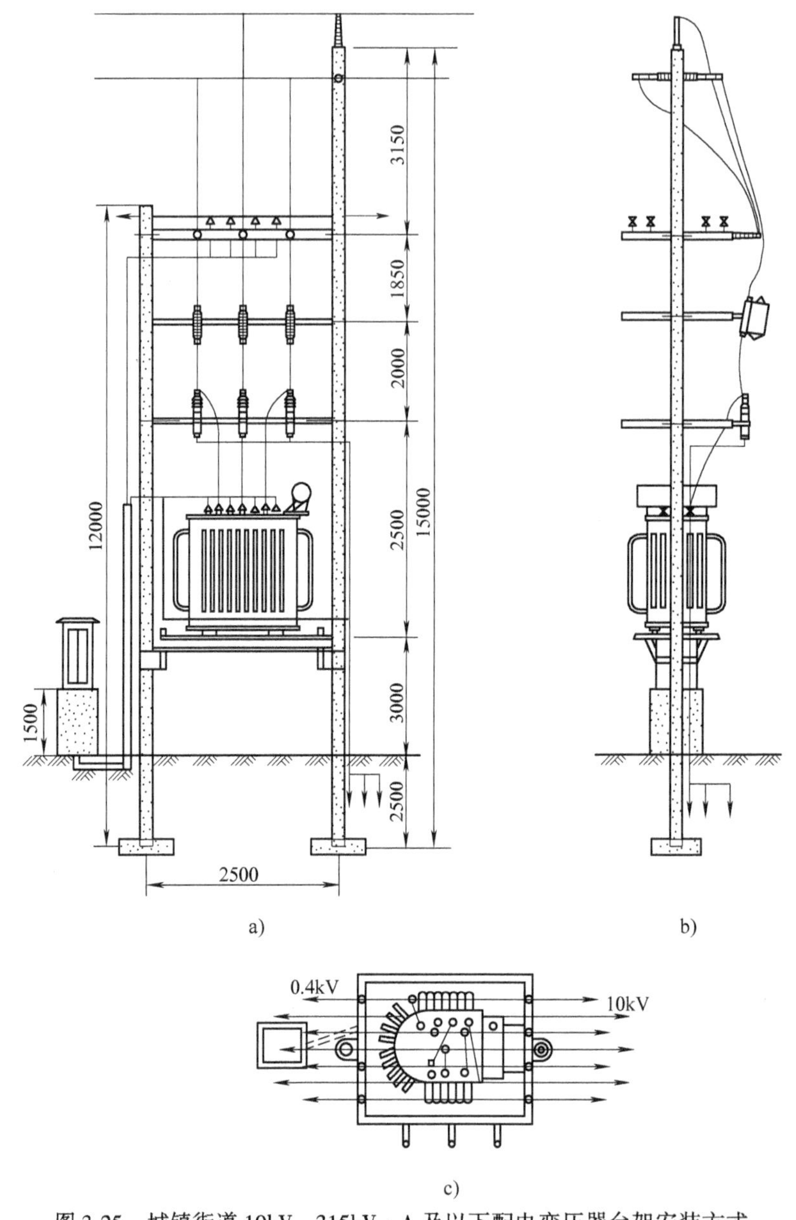

图 3-25 城镇街道 10kV、315kV · A 及以下配电变压器台架安装方式
a) 正面 b) 侧面 c) 平面

五、S11-320/10 型配电变压器的安装

城镇街道 10kV、320kV · A 及以下配电变压器台架安装方式如图 3-26 所示，其 10kV 跌落式熔断器安装在靠公路侧。安装设备材料见表 3-29，台架安装的铁件均为热镀锌，钢材 Q235 型。

六、架空绝缘导线配电变压器的安装

架空绝缘导线配电变压器台架安装方式如图 3-27 所示，安装设备材料见表 3-30。

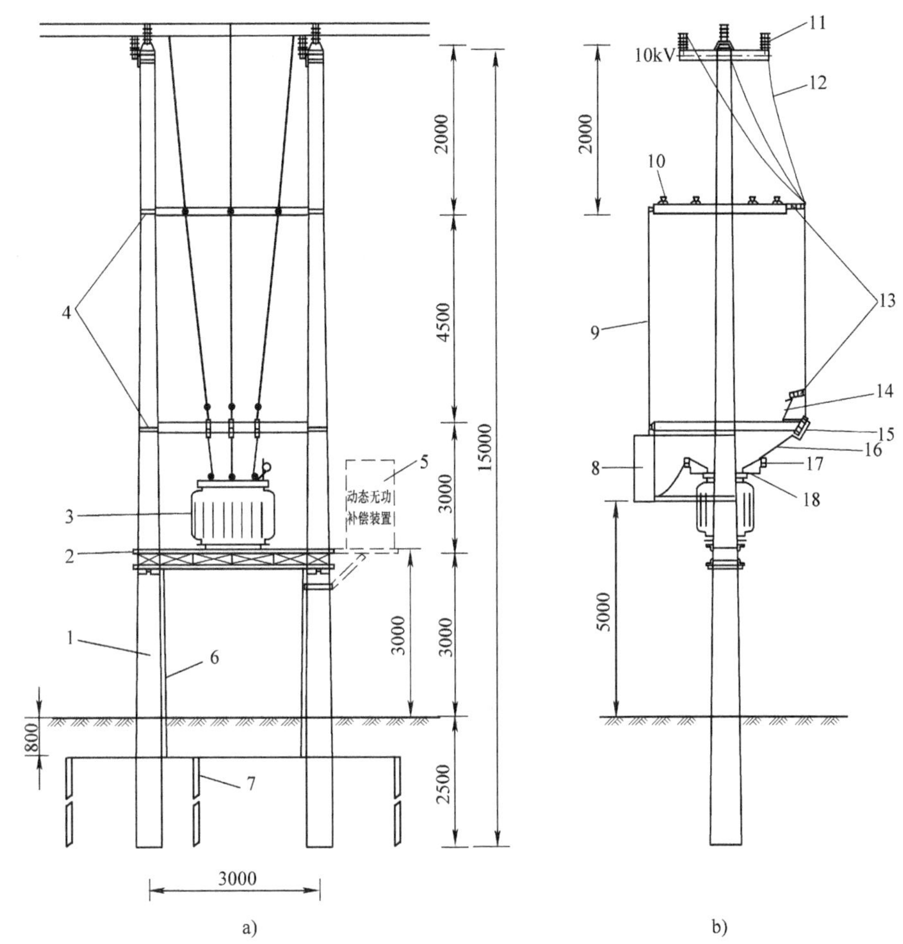

图 3-26　城镇街道 10kV、320kV·A 及以下配电变压器台架安装方式

a）正面　b）侧面

1—混凝土杆　2—变压器台架　3—变压器　4—变压器框架　5—动态无功补偿装置

6—钢绞线　7—接地体　8—低压控制箱　9—低压引线　10、11、13—绝缘子

12、16—高压引线　14—熔断器支架　15—熔断器　17—避雷器　18—避雷器支架

表 3-29　10kV、320kV·A 配电变压器台架安装材料

序号	名　称	型号及规格	单位	数量	备　注
1	混凝土杆	ϕ190/15000-1416	根	2	
2	变压器台架		副	1	
3	变压器	S11-50~320	台	1	
4	变压器框架		副	2	
5	动态无功补偿装置		只	1	
6	钢绞线	GJ-35	m	20	用于变压器固定及接地引线
7	接地体	Ⅱ型	副	1	
8	低压控制箱		只	1	
9	低压引线	JLLYJ-1/185	m	46	
10	绝缘子	ED-1	只	22	

（续）

序号	名　称	型号及规格	单位	数量	备　　注
11	绝缘子	S2-10/2.5	只	9	
12	高压引线	JKLYJ-10/50	m	37	熔断器上引线
13	绝缘子	S2-10/2.5	只	6	
14	熔断器支架	(-60×8×560)	只	3	
15	熔断器	PRWG-10F(W)-10/100	只	3	
16	高压引线	JKYJ-10/35	m	10	熔断器下引线
17	避雷器	HY5WS3-17/50	只	3	
18	避雷器支架	(-60×6×260)	只	3	
19	设备线夹	SL-1A	只	3	
20	设备线夹	SL-3A	只	4	
21	花篮螺钉	LH-16B	只	1	
22	钢丝卡子	JK-1	只	6	
23	钢丝卡子	JK-2	只	2	
24	铜线	BV-35mm^2	m	30	

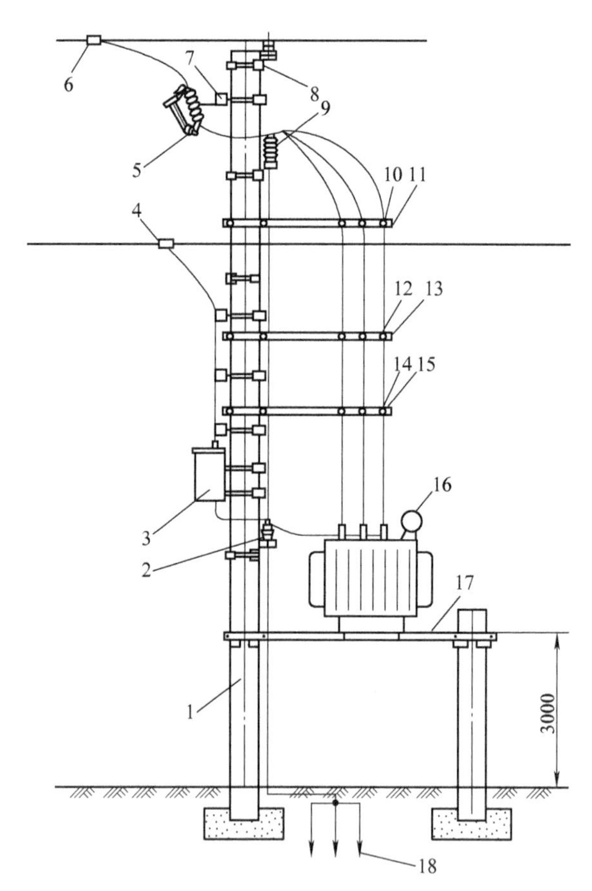

图 3-27　架空绝缘导线配电变压器台架安装方式

1—水泥杆　2、9—氧化锌避雷器　3—低压配电箱　4—楔形线夹　5—跌落式熔断器

6—黄铜线夹　7、8、11、13、15—镀锌角铁横担　10、12、14—柱式绝缘子

16—配电变压器　17—配电变压器支架槽钢　18—接地圆钢

表 3-30　架空绝缘导线配电变压器台架安装设备材料

序号	器材名称	型号规格	数量	序号	器材名称	型号规格	数量
1	水泥杆	ϕ190×15000(非)	1	10	柱式绝缘子	PS-15/3	3
2	氧化锌避雷器	YH1.5W-0.5/2.6	3	11	镀锌角铁横担	∟6×50×50×1900	1
3	低压配电箱		1	12	柱式绝缘子	PS-15/3	3
4	楔形线夹	4-120/185	3	13	镀锌角铁横担	∟6×50×50×1900	1
5	跌落式熔断器	RW3-10/200	3	14	柱式绝缘子	PS-15/3	3
6	黄铜线夹	95mm^2	3	15	镀锌角铁横担	∟6×50×50×1900	1
7	镀锌角铁横担	∟8×63×63×1900	1	16	配电变压器	S11-400-10/0.4	1
8	镀锌角铁横担	∟8×63×63×1900	1	17	配电变压器支架槽钢	20#2740	1副
9	氧化锌避雷器	HY5WS2-16.5/50	3	18	接地圆钢	ϕ16×2500	3

七、单相配电变压器的安装

在直线杆上单相配电变压器的安装如图 3-28 所示，主要设备材料见表 3-31。

表 3-31　直线杆上单相配电变压器安装的主要设备材料

序号	名　称	规　格	单位	数量	一件	小计	备　注
					质量/kg		
1	电缆沟						根据电缆弯曲半径定
2	低压配电箱基础						根据低压配电箱尺寸定
3	接地引下线	GJ-35	m	15			
4	单相变压器支架		套	2			
5	跌落式熔断器	PRWG-10F(W)-10/100	只	2			
6	高压引下线	JKLYJ-10/50	m				根据现场长度确定
7	瓷横担	S2-10/2.5	只	4			
8	固定角铁、抱箍	YXHD	副	3	14.1	14.1	
9	氧化锌避雷器	HY5WS3-17/50	只	2			端头加绝缘罩
10	单相变压器	D12-MR-30~80/10	台	1			高压桩头加绝缘罩
11	0.4kV 电缆	YJV22-0.6/1.0-3×70	m	6			
12	电缆管支架		套	2			
13	工程塑料管	CPVC　ϕ100	m	2.2			
14	220V 配电箱		台	1			根据变压器配置
15	接地体	Ⅱ型	副	1	37.1	37.1	

单相变压器及低压配电箱挂架加工如图 3-29 所示，主要材料见表 3-32。

电缆和 CPVC 管固定支架加工如图 3-30 所示，主要材料见表 3-33。

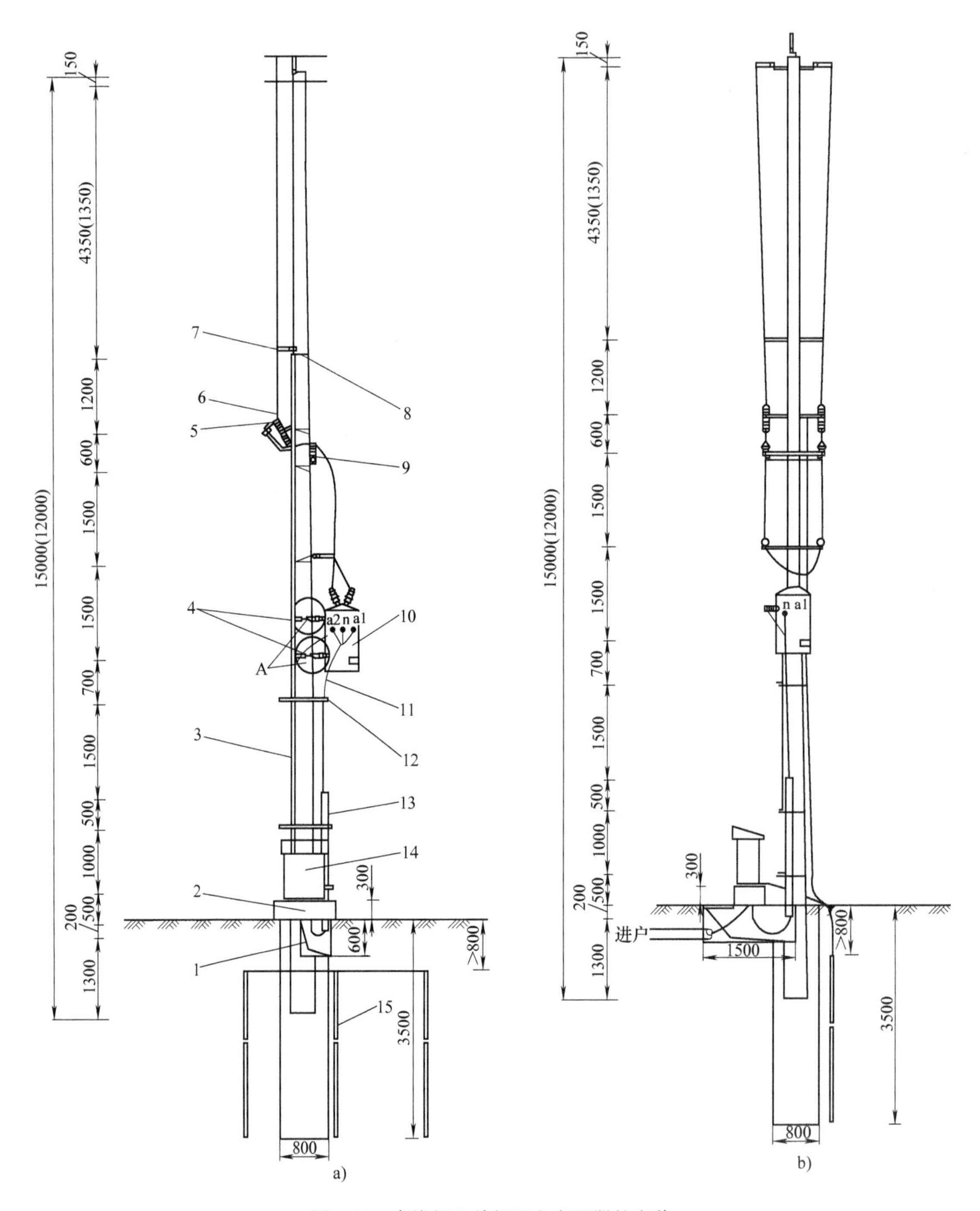

图 3-28　直线杆上单相配电变压器的安装

a）正视图　b）侧视图

1—电缆沟　2—低压配电箱基础　3—接地引下线　4—单相变压器支架　5—跌落式熔断器　6—高压引下线　7—瓷横担　8—固定角铁、抱箍　9—氧化锌避雷器　10—单相变压器　11—0.4kV 电缆　12—电缆管支架　13—工程塑料管　14—220V 配电箱　15—接地体

注：A 详图见图 3-29。

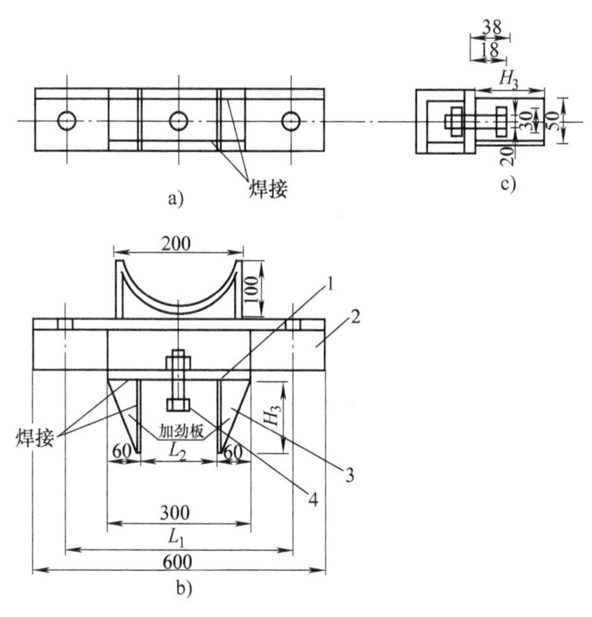

图 3-29　单相变压器及低压配电箱挂架加工

a）正视图　b）俯视图　c）侧视图

1—角钢　2—角钢　3—加劲板　4—扁钢

表 3-32　单相变压器及低压配电箱挂架主要材料表

序号	名　称	规格或规范	单位	数量	备　注
1	角钢	∟6　$L=300$	根	1	
2	角钢	∟6　$L=600$	根	1	
3	加劲板	−6	块	1	尺寸见图 3-30
4	扁钢	−6	套	1	
5	扁钢	−6×5×440	套	1	$L=200$

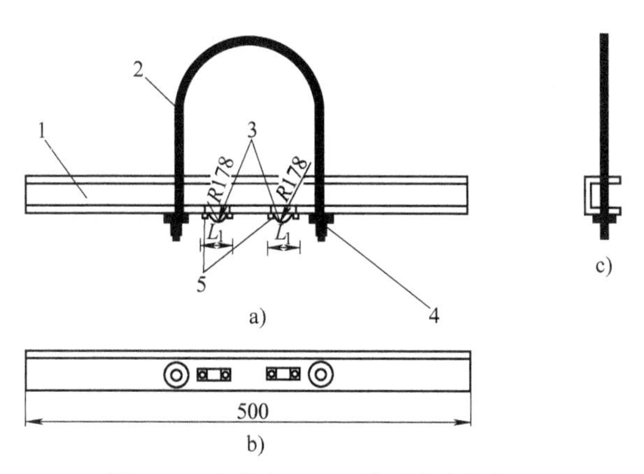

图 3-30　电缆和 CPVC 管固定支架加工

a）正视图　b）俯视图　c）侧视图

1—槽钢　2—圆钢　3—不锈钢卡箍　4—螺母　5—螺栓螺母

表 3-33　电缆和 CPVC 管固定支架加工主要材料表

序号	名称	规格或规范	单位	数量	备　注
1	槽钢	C6　$L=500$	根	1	
2	圆钢	16　$L=1079$	根	1	
3	不锈钢卡箍	$L=77$　$M=10$　$L_1=55$　$R=19$	只	1或2	①此型号为电缆用；②卡箍半径应比电缆略小
		$L=174$　$M=10$　$L_1=117$　$R=50$	只	1或2	①此型号为 CPVC 管用；②卡箍半径应比 CPVC 管略小
4	螺母	M16	只	2	配垫片
5	螺栓螺母	M6	套	4	配双垫片

第五节　10kV 配电变压器台墩式安装

台墩式是在变压器杆的下面用砖石砌成高 0.5~1.8m 的四方墩台，把变压器放在上面，变压器杆兼作高压线的终端杆并引下线，同时亦作为低压出线的终端杆。台墩的作用一方面是防止变压器底部积水，另一方面是抬高变压器位置，使其高低压引出线方便，并对地保持较大距离，便于操作。

安装在台墩上的配电变压器在安装尺寸方面大致与杆上变压器相同。此外还要注意如下事项：

1）变压器四周应装设不低于 1.8m 的牢固的遮栏或砌围墙，门应加锁并由专人保管。

2）遮栏、围墙距变压器应有足够的安全操作距离。

高压线路竣工及变压器安装完毕后，应在电杆或围墙上悬挂“高压危险，不许攀登！”等警告牌，防止人、畜接近。

这种安装方式一般用于 315kV · A 以上的变压器。由于变压器容量较大，为了便于操作及分路送电，在低压出线处装设小型配电间或露天的密封式低压配电箱。变压器台墩式装置的优点是造价低，便于维护检修等；但也有占地较多，周围要装设遮栏，老鼠和蛇等小动物易爬到带电部分上去，发生受外力破坏事故等缺点。

配电变压器台墩式安装如图 3-31 所示，主要设备材料见表 3-34。

表 3-34　配电变压器台墩式安装主要设备材料

序号	名　称	型号及规格	单位	数量	备　注
1	绝缘子	P-10T	只	7	
2	跌落式熔断器	RW11-10　16A	只	3	
3	避雷器	Y5C2-12.7/14	只	3	
4	角铁横担	L63×6×1500	根	1	热镀锌
5	绝缘导线	JKYJ-50	m	15	
6	绝缘子横担	L63×6×1500	根	1	热镀锌
7	配电变压器	S11-630/10-10±5% 10.4　Dyn11　$u_K\%=4\%$	台	1	
8	低压电缆	ZR-YJV22-0.6/1.0 2×4×300mm^2	m	15	
9	低压配电柜	GGD3	台	5	
10	配电变压器接地装置	−50×5，ϕ16×2500			接地电阻 $R_e=4\Omega$

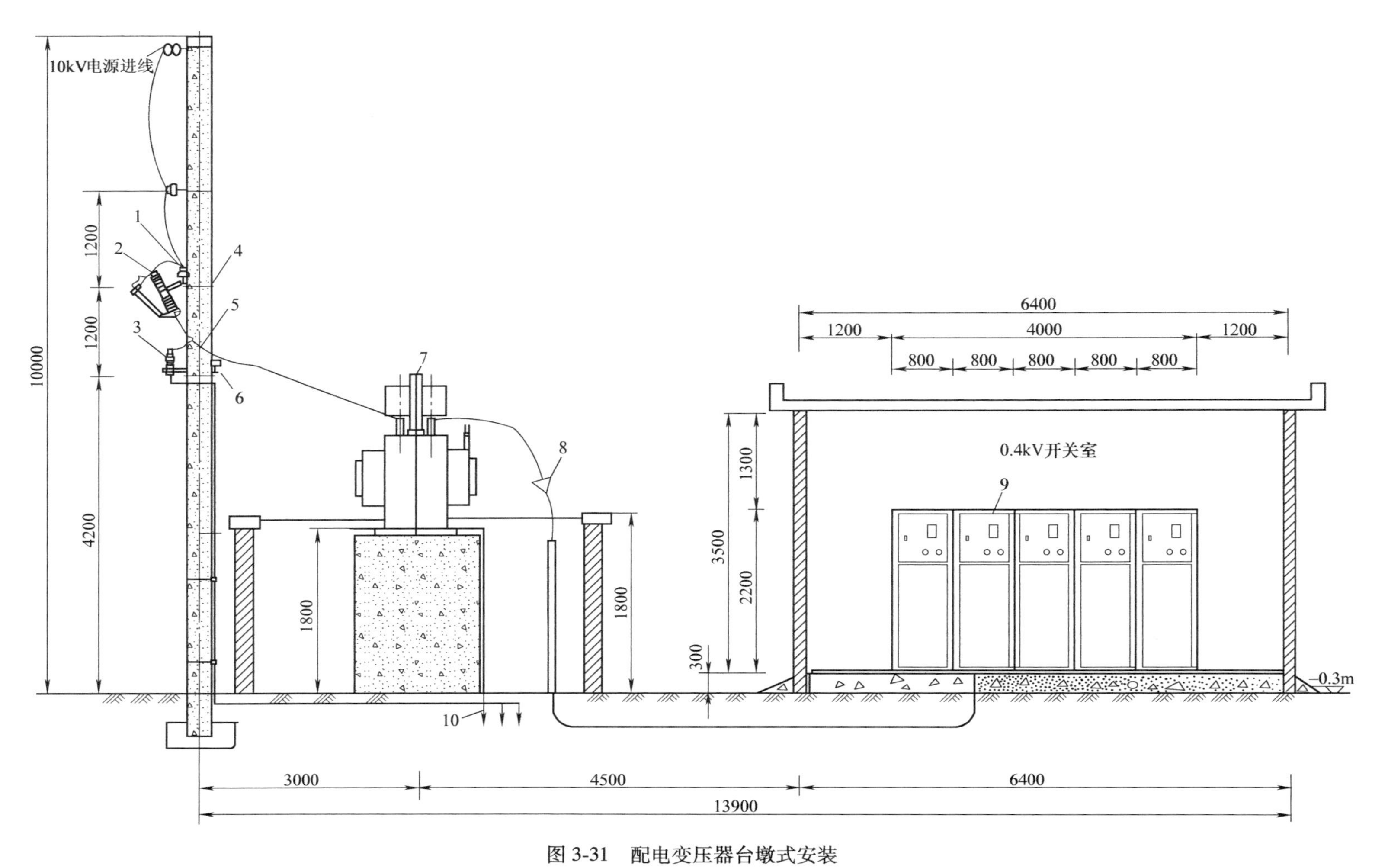

图 3-31　配电变压器台墩式安装

1—绝缘子　2—跌落式熔断器　3—避雷器　4—角铁横担　5—绝缘导线
6—绝缘子横担　7—配电变压器　8—低压电缆　9—低压配电柜　10—配电变压器接地装置

第六节　S11-4000/35 型变压器室内安装

某 35kV 配电所，安装 S11-4000/35 型配电变压器 2 台，35kV 配电装置为单母线分段接线方式，安装电源进线、所用变压器、计量兼联络、主变压器进线、母线设备、联络、母线分段等共 14 台 KYN-40. 5 型移开式开关柜。10kV 配电装置为单母线分段接线方式，共安装 20 台 KYN28-12 型移开式开关柜。该 35kV 配电所电气主接线参见图 2-11。

整个配电所为两层框架建筑结构，一层为变压器室、10kV 开关室及控制室等，二层为 35kV 开关室。配电所一层电气设备平面布置如图 3-32（见插页）所示。二层电气设备平面布置如图 3-33（见插页）所示。

电气设备 I — I 断面如图 3-34 所示，设备材料见表 3-35。

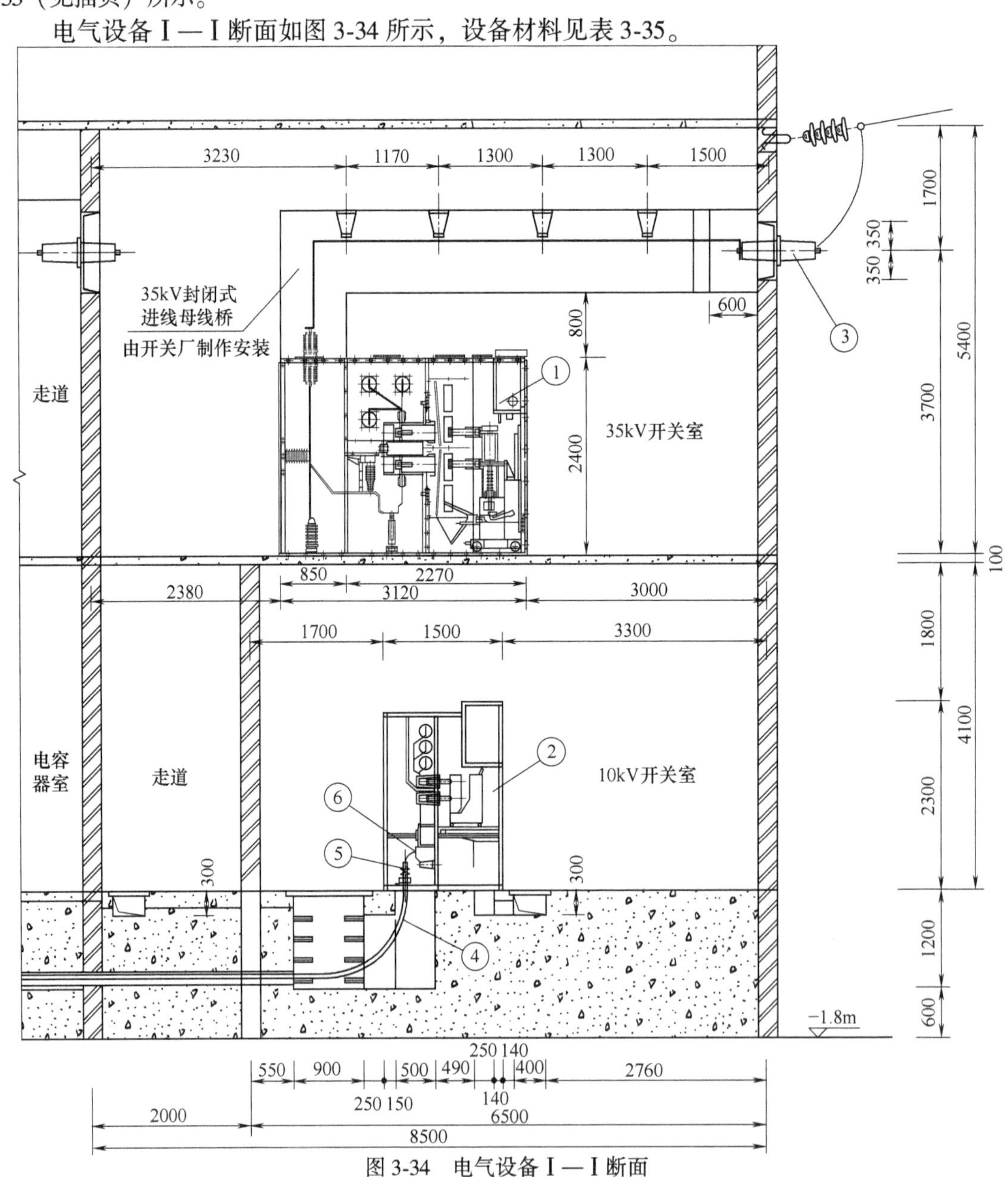

图 3-34　电气设备 I — I 断面

表 3-35　设备材料

编号	名　称	型号及规格	单位	数量
1	移开式金属封闭间隔开关柜	KYN-40.5	台	1
2	金属铠装移开式开关柜	KYN28-12	台	1
3	户外铜导体穿墙套管	CWW-35/630	只	3
4	阻燃铜芯交联聚乙烯绝缘电缆	ZR-YJV-8.7/15-	m	18
5	冷缩型电缆头	与相应截面的三芯电缆配套	套	2
6	铜接线端子	DT-	个	3

电气设备Ⅱ—Ⅱ断面如图 3-35 所示，设备材料见表 3-36。

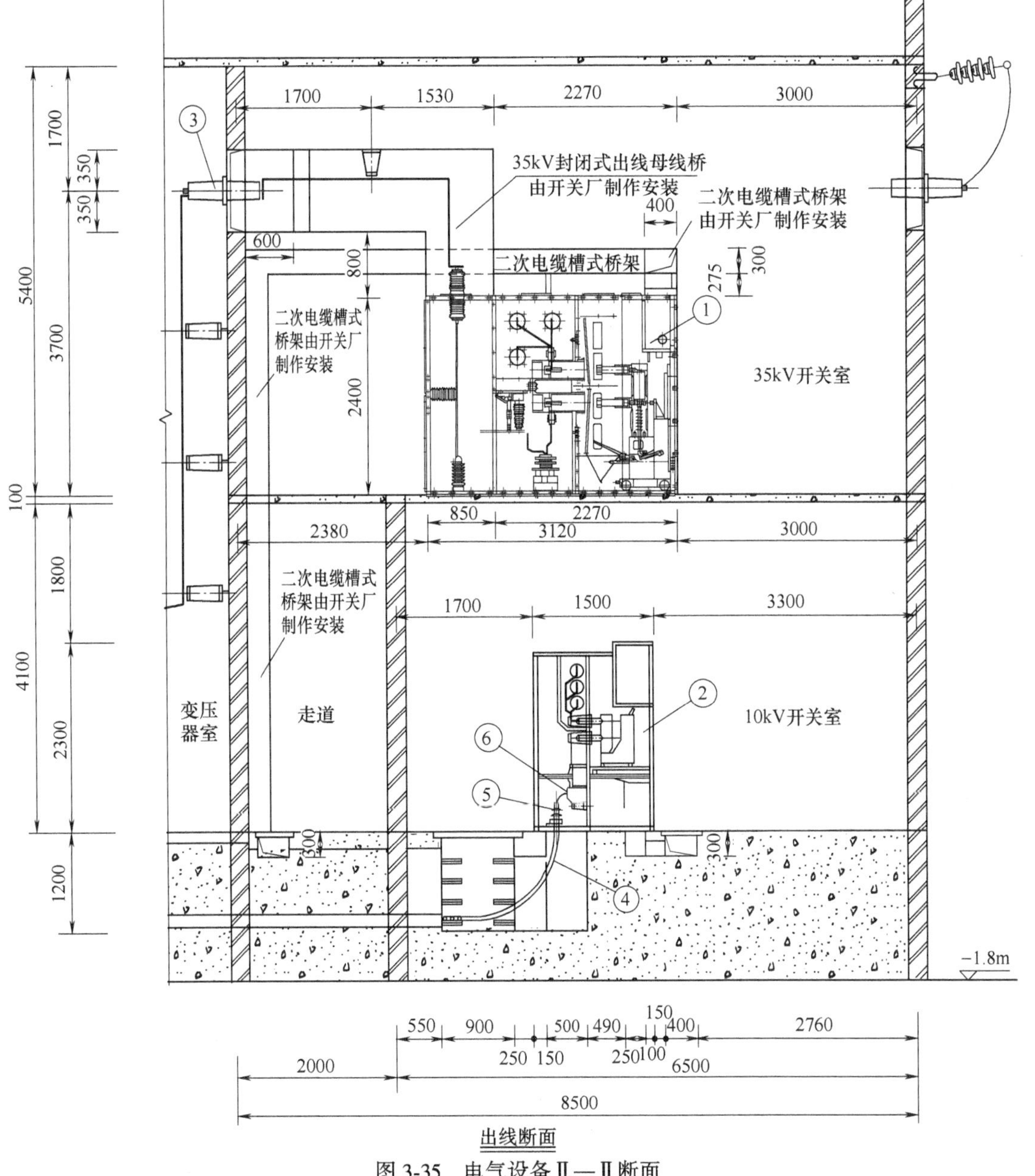

图 3-35　电气设备Ⅱ—Ⅱ断面

表 3-36 设备材料

编号	名 称	型号及规格	单位	数量
1	移开式金属封闭间隔开关柜	KYN-40.5	台	1
2	金属铠装移开式开关柜	KYN28-12	台	1
3	户外铜导体穿墙套管	CWW-35/630	只	3
4	阻燃铜芯交联聚乙烯绝缘电缆	ZR-YJV-8.7/15-3×120	m	18
5	冷缩型电缆头	与 $120mm^2$ 三芯电缆配套	套	2
6	铜接线端子	DT-120	个	6

电气设备Ⅲ—Ⅲ断面如图 3-36 所示。

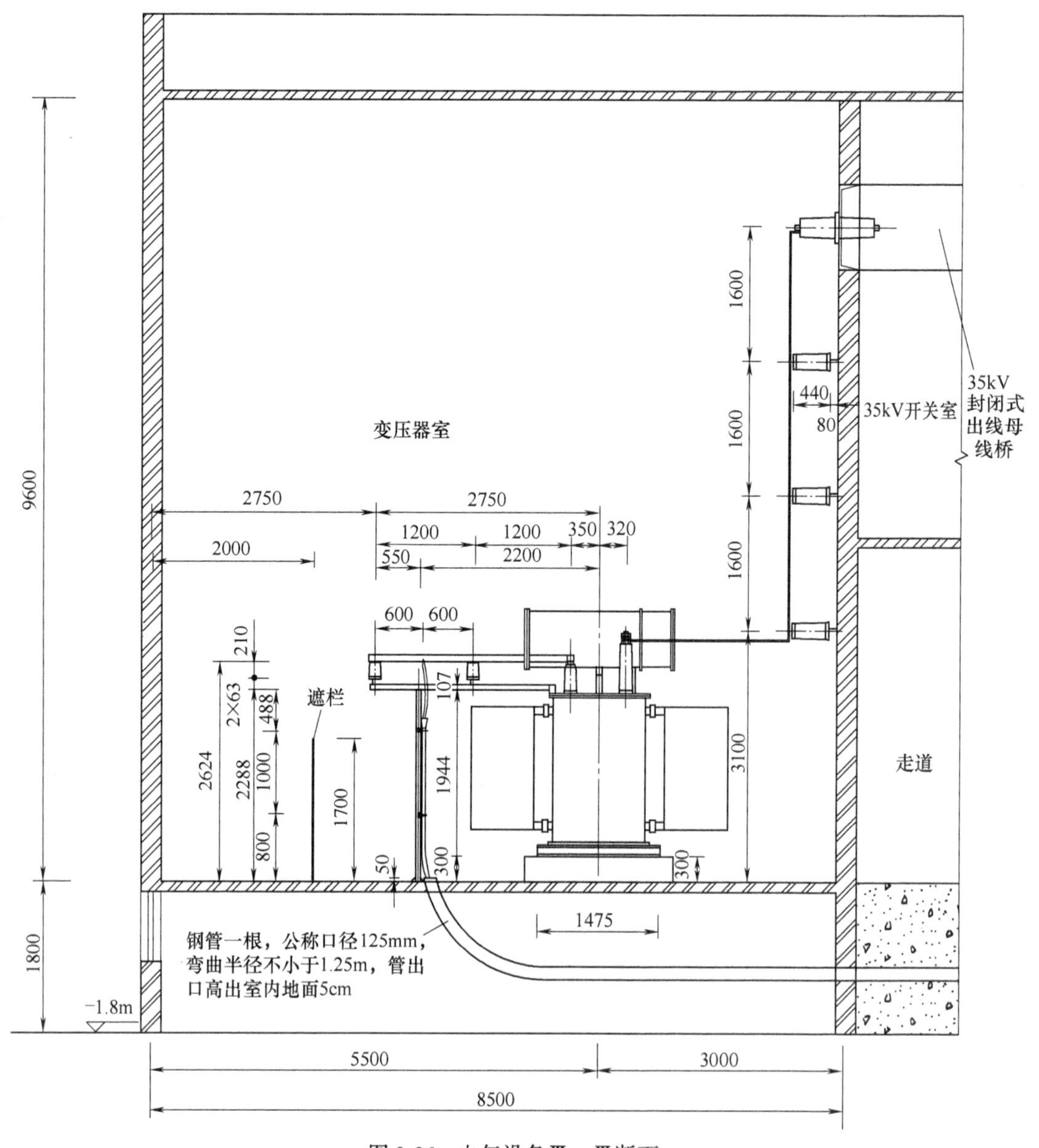

图 3-36 电气设备Ⅲ—Ⅲ断面

35kV 1 号配电变压器安装如图 3-37 所示。主要设备材料见表 3-37。

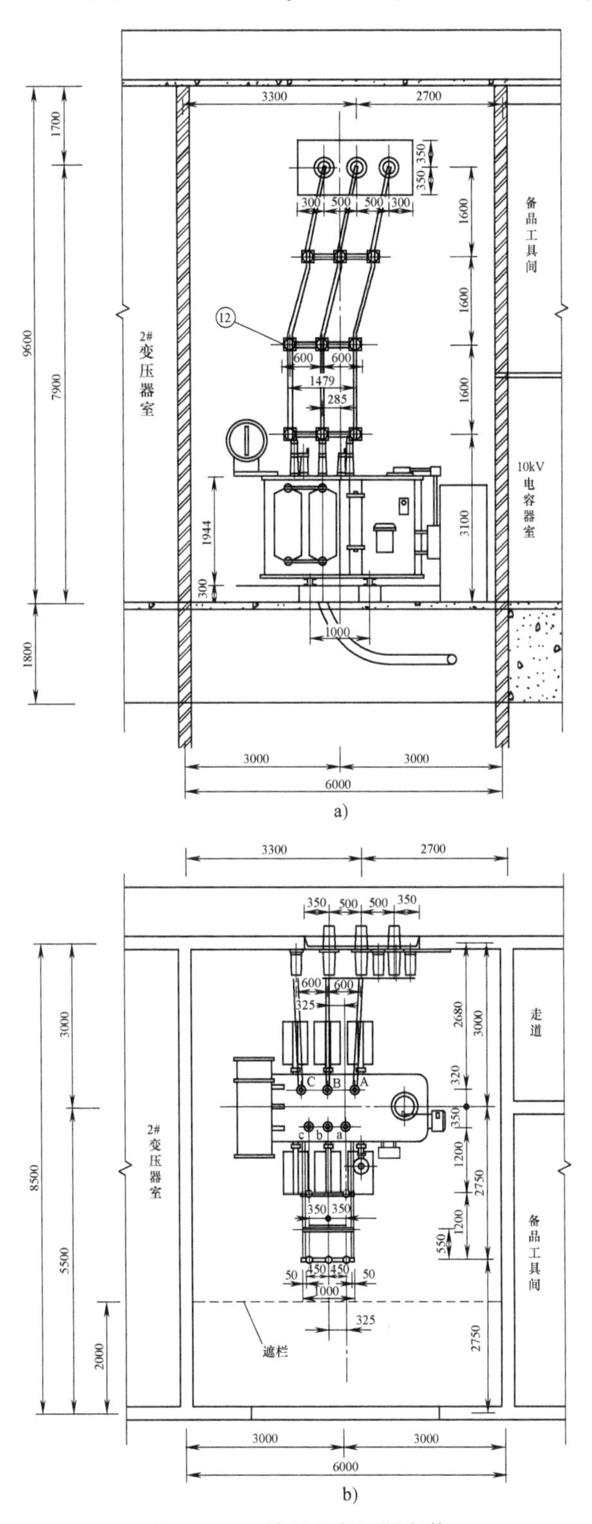

图 3-37　1 号配电变压器安装

a）正视图　b）俯视图

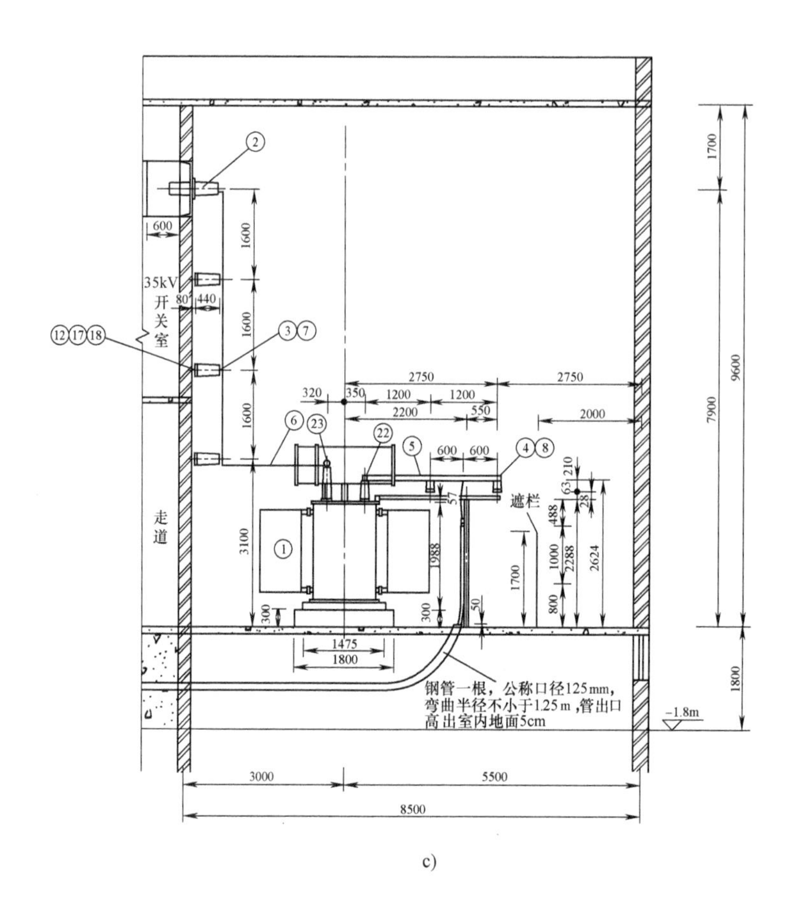

c)

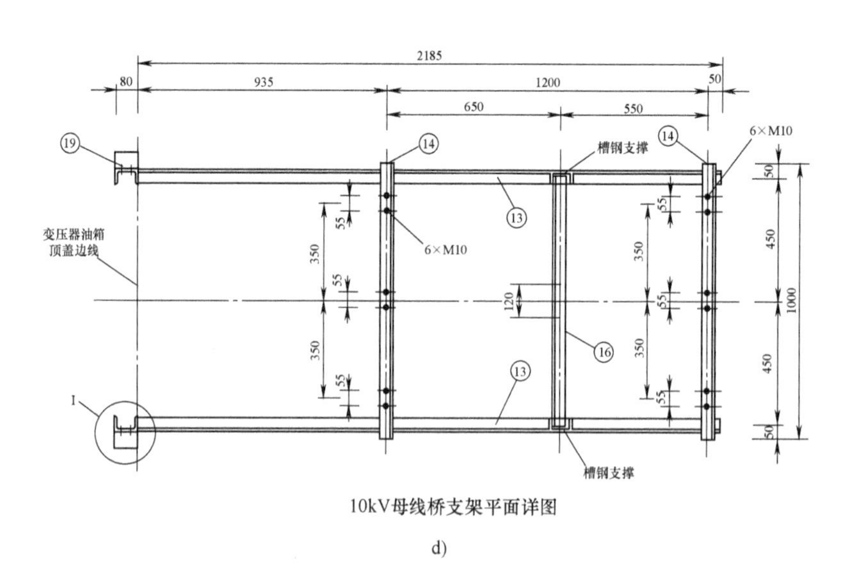

10kV母线桥支架平面详图

d)

图 3-37 1号配电变压器安装（续）

c）侧视图 d）10kV 母线桥支架平面详图

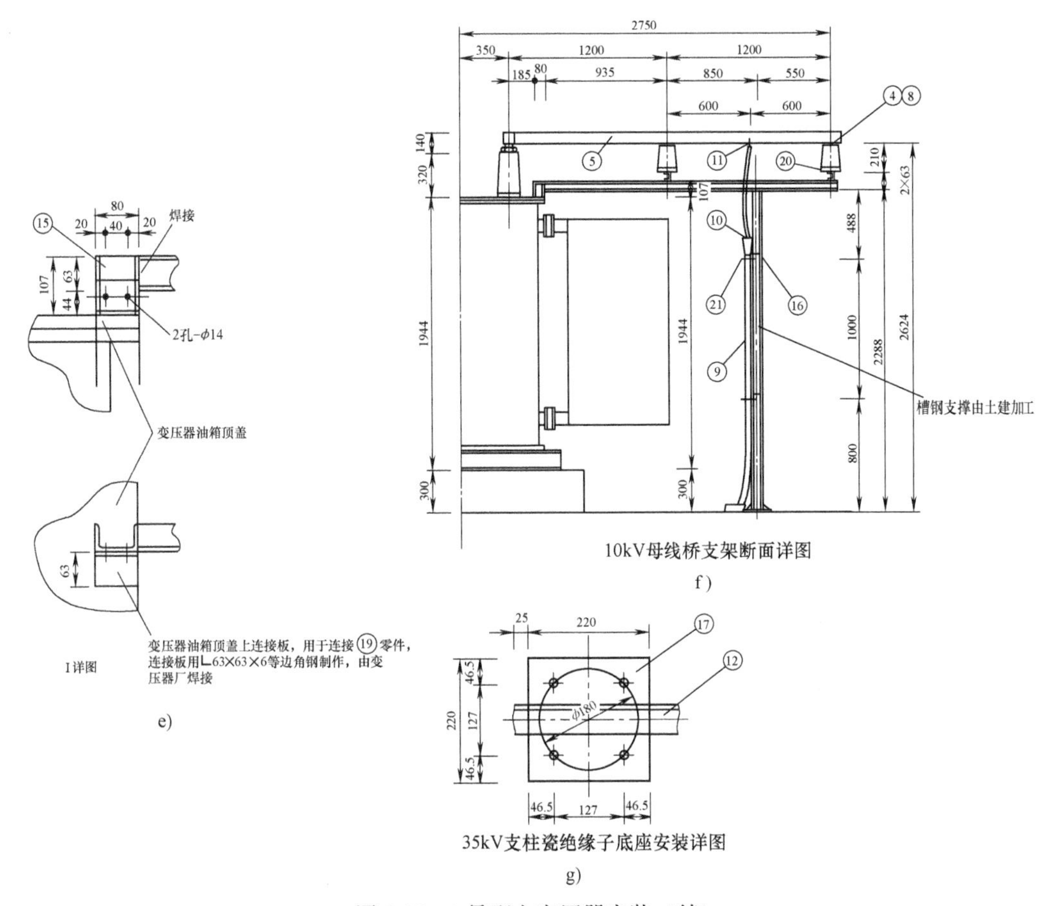

图 3-37　1 号配电变压器安装（续）

e）Ⅰ详图　f）10kV 母线桥支架断面详图　g）35kV 支柱瓷绝缘子底座安装详图

表 3-37　35kV 1 号配电变压器安装设备材料

编号	名　称	型号及规格	单位	数量
1	三相电力变压器	S11-4000/35	台	1
2	户外铜导体穿墙套管	CWW-35/630	只	3
3	耐污型棒形支柱绝缘子	ZSW1-35/4	只	9
4	普通型棒形支柱绝缘子	ZS2-10/5L	只	6
5	铜排	TMY-63×6. 3	m	8
6	铜排	TMY-50×5	m	27
7	户外型母线平放固定金具	MWP-101	套	9
8	户外型母线立放固定金具	MWL-101	套	6
9	阻燃铜芯交联聚乙烯绝缘电缆	ZR-YJV-8. 7/15-3×120	m	18
10	冷缩型电缆头	与 $120mm^2$ 三芯电缆配套	套	2
11	铜接线端子	DT-120	个	6
12	槽钢	[8　l=1470	根	3

（续）

编号	名　称	型号及规格	单位	数量
13	槽钢	[6.3　l=2815	根	2
14	槽钢	[6.3　l=1000	根	3
15	槽钢	[8　l=107	根	2
16	角钢	∟50×5　l=920	根	2
17	铜板	220×220　δ=8	块	9
18	螺栓螺母全套	M12×45	套	36
19	螺栓螺母全套	M12×30	套	4
20	螺栓螺母全套	M10×30	套	12
21	电缆包箍	现场自制	套	2
22	母线伸缩节	MST-63×6.3	套	3
23	母线伸缩节	MST-50×5	套	3

35kV 2 号配电变压器安装如图 3-38 所示，主要设备材料见表 3-38。

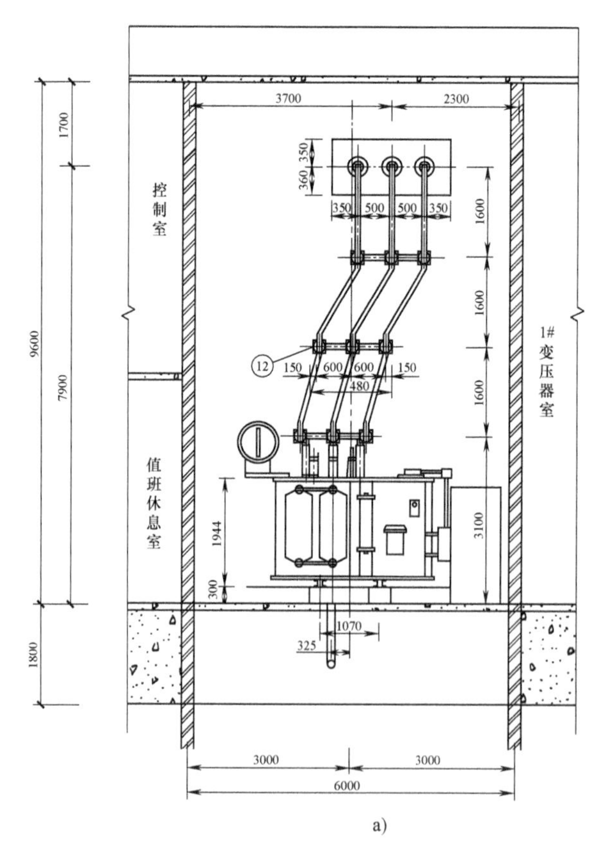

图 3-38　2 号配电变压器安装

a）正视图

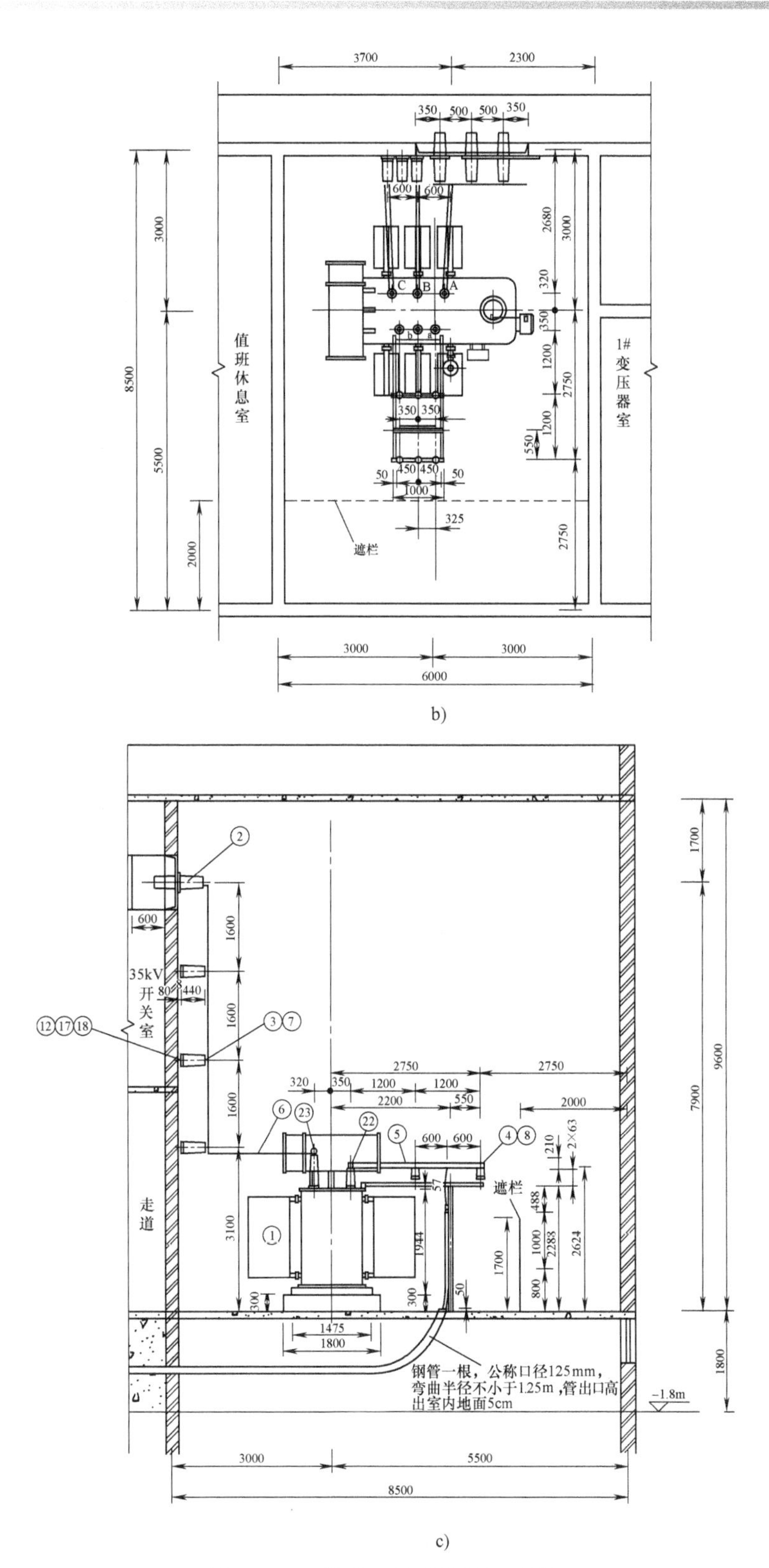

b)

c)

图 3-38　2 号配电变压器安装（续）

b）俯视图　c）侧视图

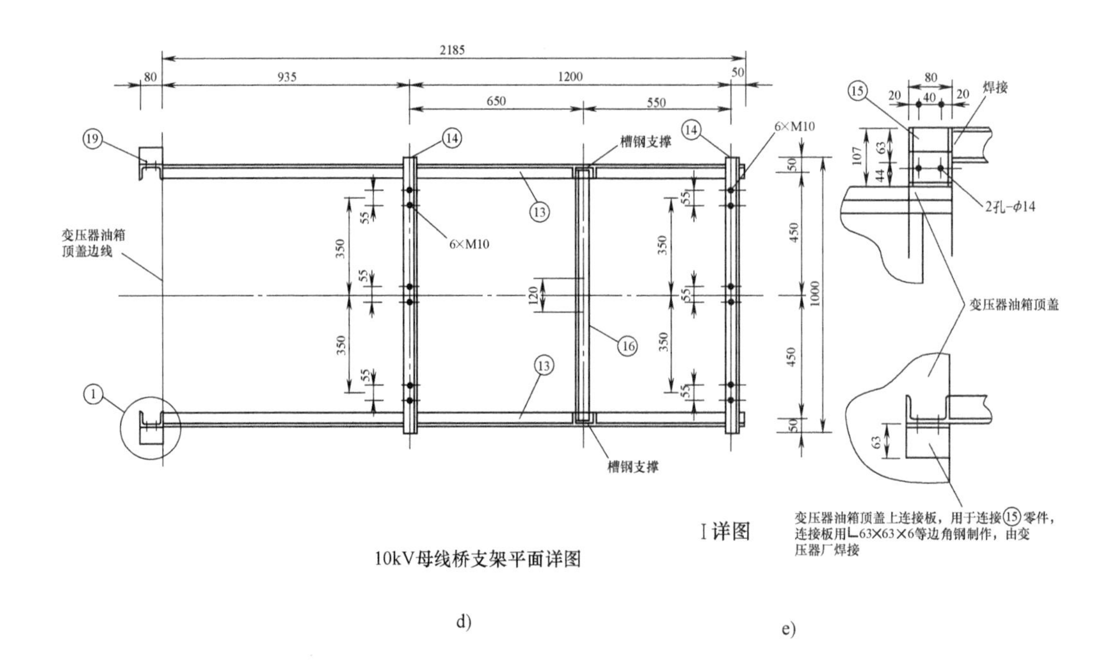

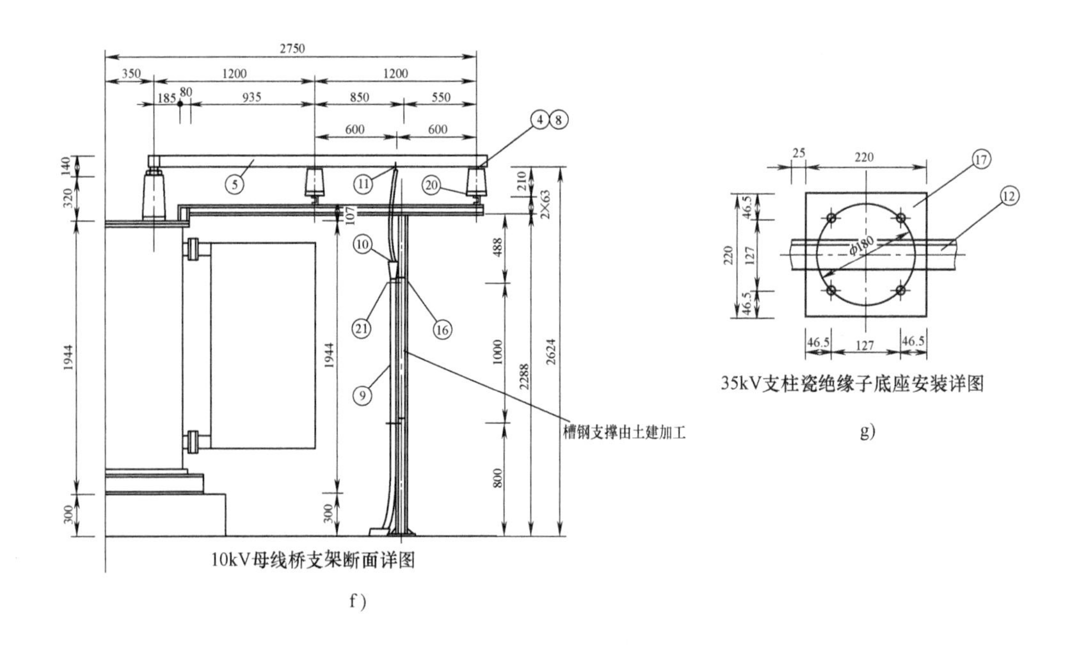

图 3-38　2 号配电变压器安装（续）

d）10kV 母线桥支架平面详图　e）Ⅰ详图　f）10kV 母线桥支架断面详图

g）35kV 支柱瓷绝缘子底座安装图

配电所一层土建工艺平面如图 3-39（见插页）所示，一层土建工艺详图如图 3-40 所示。变压器室工艺如图 3-41 所示，35kV 开关室工艺如图 3-42 所示。

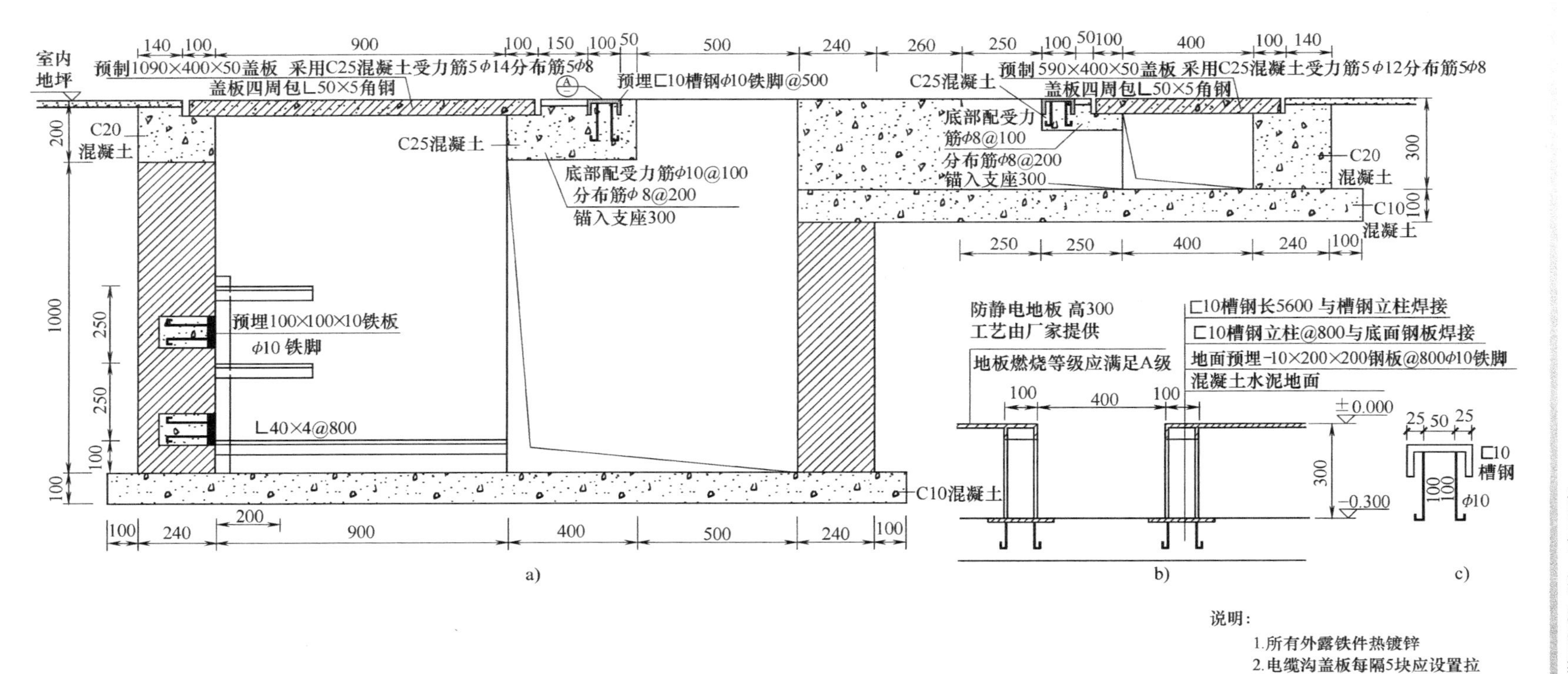

图 3-40 一层土建工艺详图

a) Ⅰ—Ⅰ断面 b) Ⅱ—Ⅱ断面 c) A详图

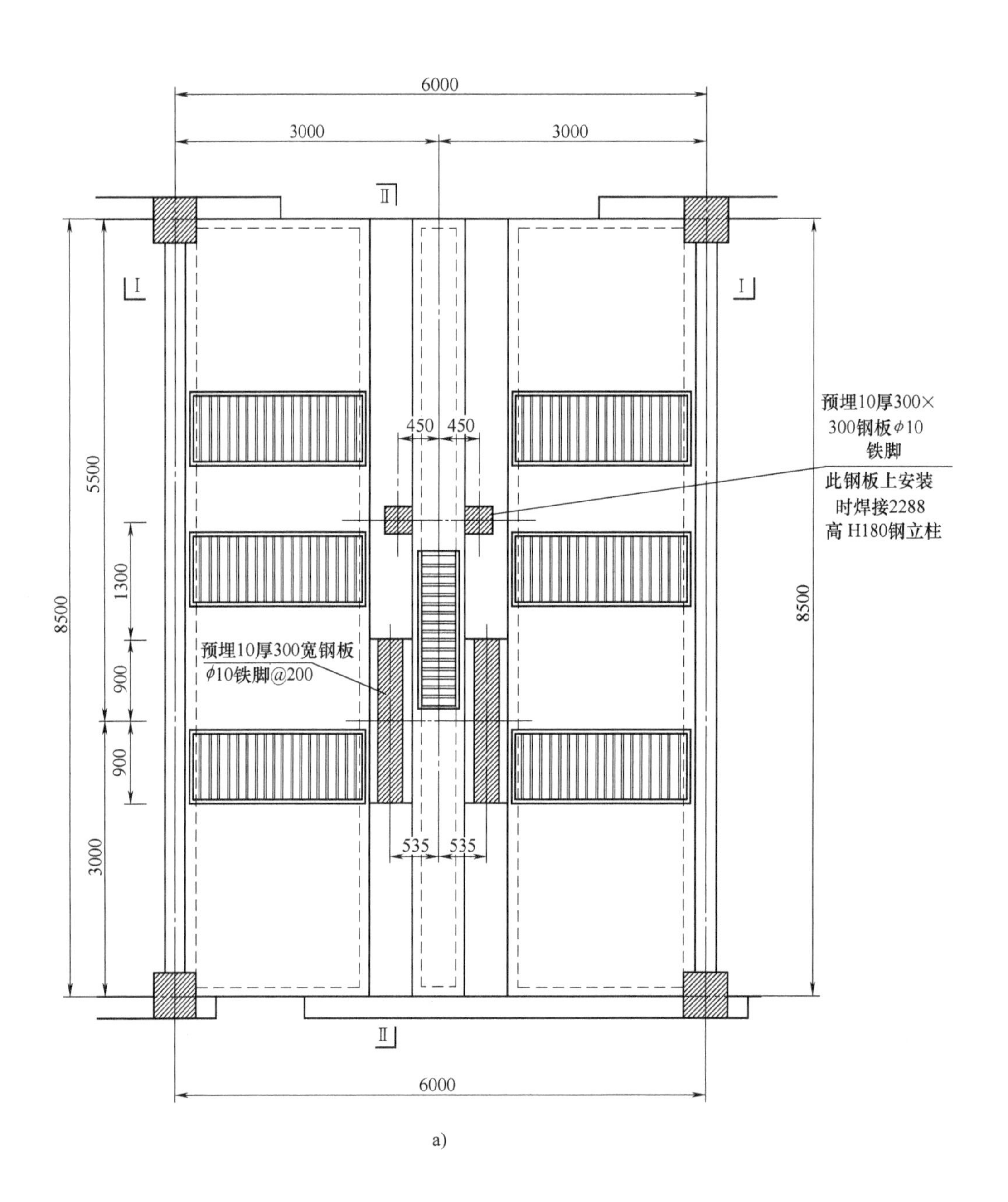

a)

图 3-41 变压器

a）工艺平面图

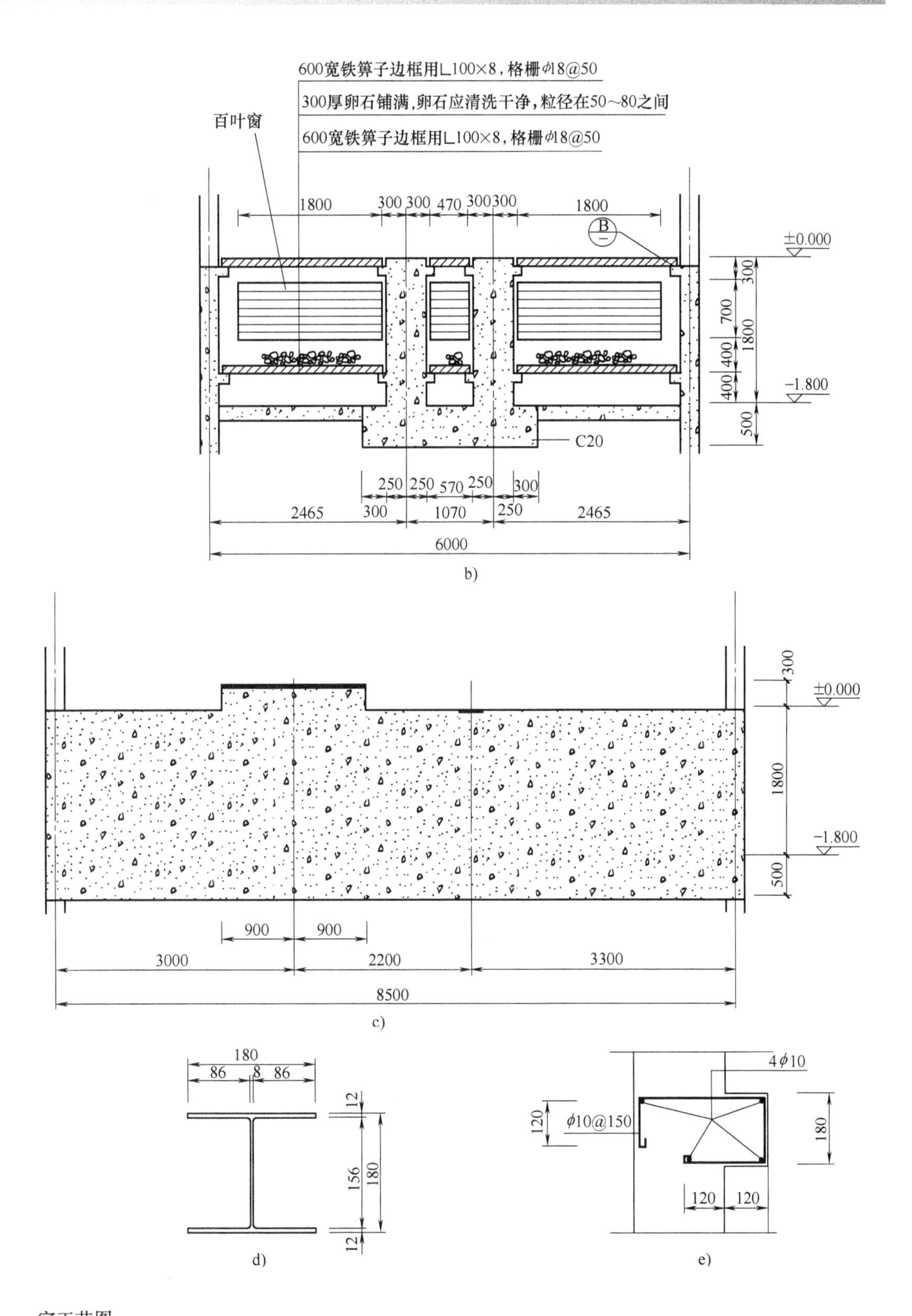

室工艺图

b）Ⅰ—Ⅰ断面　c）Ⅱ—Ⅱ断面　d）H180钢　e）B详图

表 3-38　设备材料

编号	名　　称	型号及规格	单位	数量
1	三相电力变压器	S11-4000/35	台	1
2	户外铜导体穿墙套管	CWW-35/630	只	3
3	耐污型棒形支柱绝缘子	ZSW1-35/4	只	9
4	普通型棒形支柱绝缘子	ZS2-10/5L	只	6
5	铜排	TMY-63×6. 3	m	8
6	铜排	TMY-50×5	m	27
7	户外型母线平放固定金具	MWP-101	套	9
8	户外型母线立放固定金具	MWL-101	套	6
9	阻燃铜芯交联聚乙烯绝缘电缆	ZR-YJV-8. 7/15-3×120	m	18
10	冷缩型电缆头	与 120mm² 三芯电缆配套	套	2
11	铜接线端子	DT-120	个	6
12	槽钢	[8　l=1470	根	3
13	槽钢	[6. 3　l=2815	根	2
14	槽钢	[6. 3　l=1000	根	3
15	槽钢	[8　l=107	根	2
16	角钢	∟50×5　l=920	根	2
17	钢板	220×220　δ=8	块	9
18	螺栓螺母全套	M12×45	套	36
19	螺栓螺母全套	M12×30	套	4
20	螺栓螺母全套	M10×30	套	12
21	电缆包箍	现场自制	套	2
22	母线伸缩节	MST-63×6. 3	套	3
23	母线伸缩节	MST-50×5	套	3

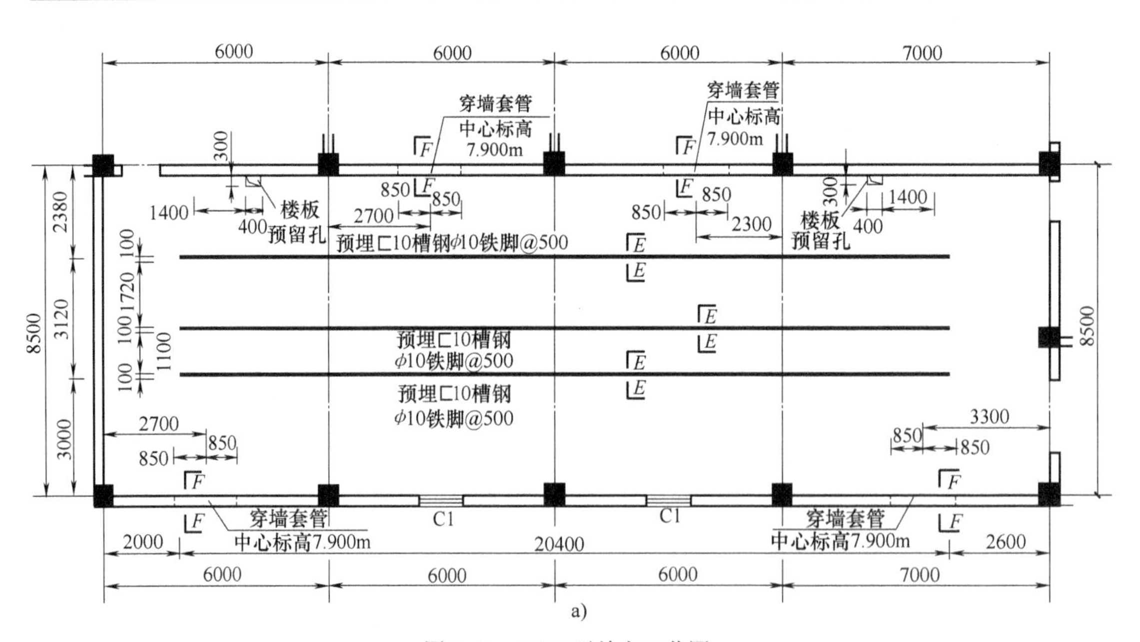

图 3-42　35kV 开关室工艺图

a）工艺平面图

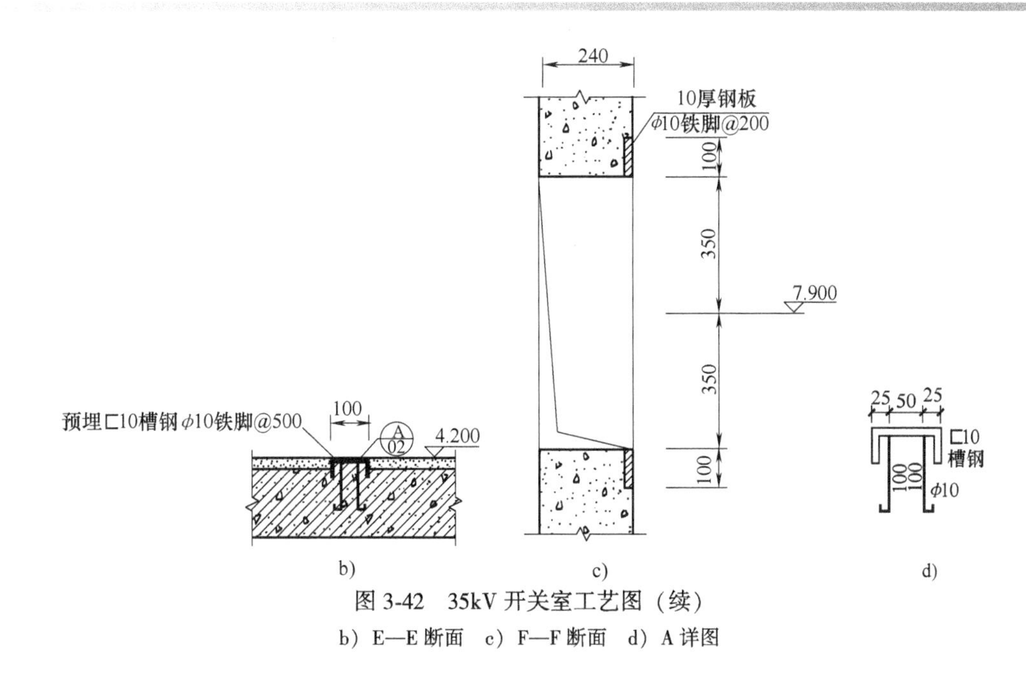

图 3-42 35kV 开关室工艺图（续）

b）E—E 断面 c）F—F 断面 d）A 详图

第七节 SC10-10000/35 型变压器室内安装

某 35kV 配电所单电源电缆进线，单母线供电，安装 SC10-10000/35 型干式变压器 1 台，

表 3-39 电气设备安装材料

编号	名 称	型号及规格	单位	数量	备 注
1	35kV 主变压器	SC10-10000 35±2×2. 5/10. 5kV Yd11	台	1	
2	35kV 高压开关柜	KYN61-40. 5-翻排	台	1	
3	10kV 高压电缆	ZR-YJV-8. 7/15-1×500	m	100	
4	10kV 高压电缆头	单芯冷缩型	个	6	包括对侧
5	35kV 穿墙套管	CWW-35/630A	只	3	
6	铜排	TMY-50×5	m	30	
7	铜排	TMY-63×6. 3	m	15	
8	10kV 支柱绝缘子	ZA-10Y	只	6	
9	35kV 支柱绝缘子	ZA-35Y	只	15	
10	母线固定金具	MNP-101	套	15	与 35kV 支柱绝缘子配套
11	母线固定金具	MNP-101	套	6	与 10kV 支柱绝缘子配套
12	35kV 主变压器温控器	35kV 主变压器厂家提供	台	1	装于遮栏上
13	35kV 母线支架支撑角钢	∟70×7 现场制作	根	4	焊接在预埋件及 35kV 母线支架上
14	35kV 母线支架		组	1	
15	遮栏	孔<20×20	组	1	列入土建
16	10kV 过渡母线支架	∟60×6 现场制作	组	2	
17	10kV 支柱绝缘子支架 Ⅰ	10#槽钢 现场制作	组	1	
18	10kV 支柱绝缘子支架 Ⅱ	∟50×5 现场制作	组	1	固定在 35kV 母线支架上
19	10kV 电缆支架 Ⅰ	10#槽钢 现场制作	组	3	
20	10kV 电缆支架 Ⅱ	∟40×4 现场制作	组	3	
21	母线伸缩节	MST-50×5	套	3	
22	母线伸缩节	MST-63×6. 3	套	3	

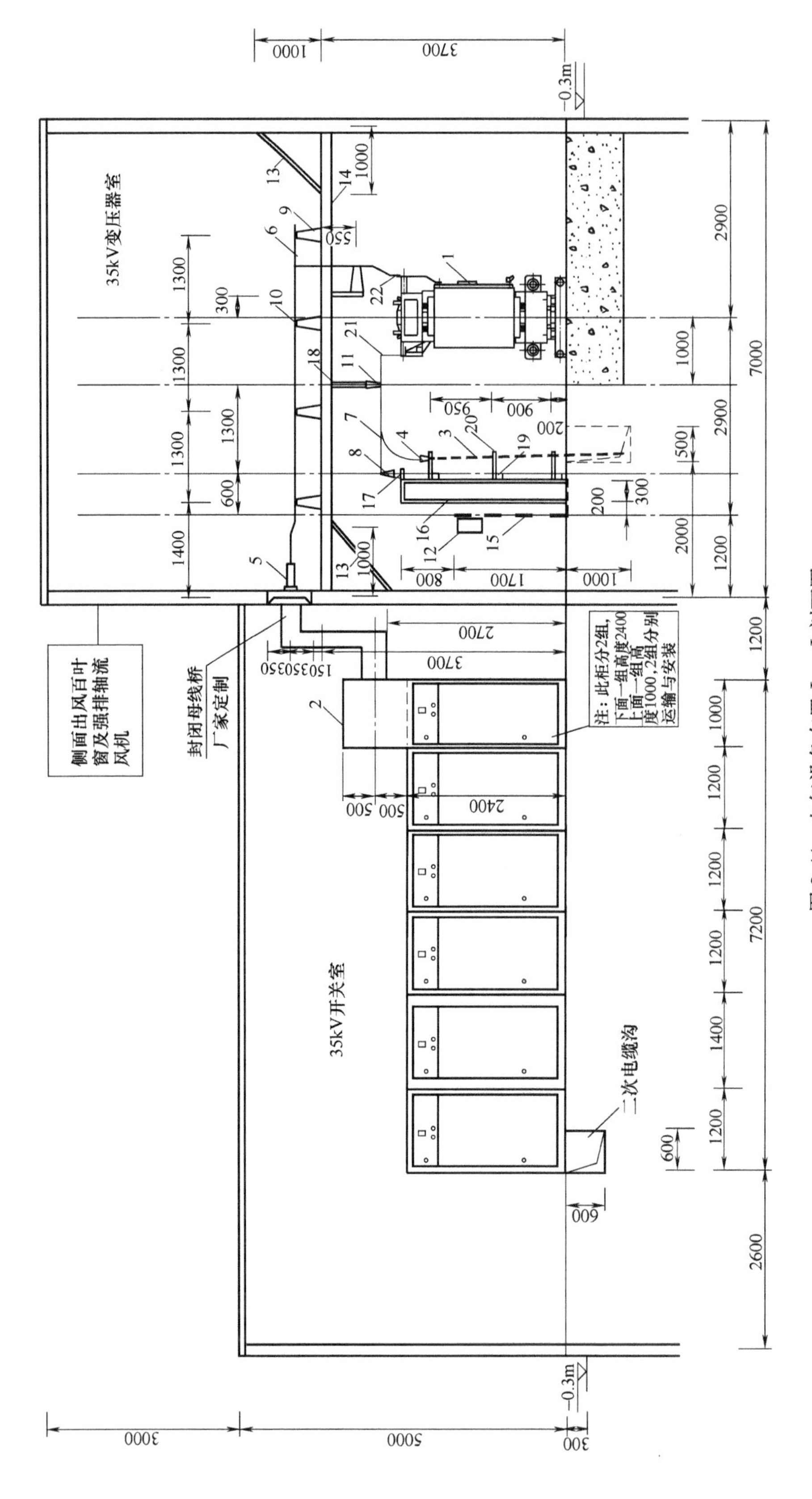

图 3-44　电气设备布置 I — I 剖面图

注：设备名称见表 3-39。

35kV 侧配电装置，安装 KYN61-40.5 移开式开关柜 6 块，10kV 侧配电装置，安装 KYN28-12 型移开式开关柜 12 块。

配电所电气设备平面布置如图 3-43（见插页）所示，电气设备布置Ⅰ—Ⅰ剖面如图 3-44 所示，其设备材料见表 3-39。

电气设备Ⅱ—Ⅱ剖面如图 3-45 所示。

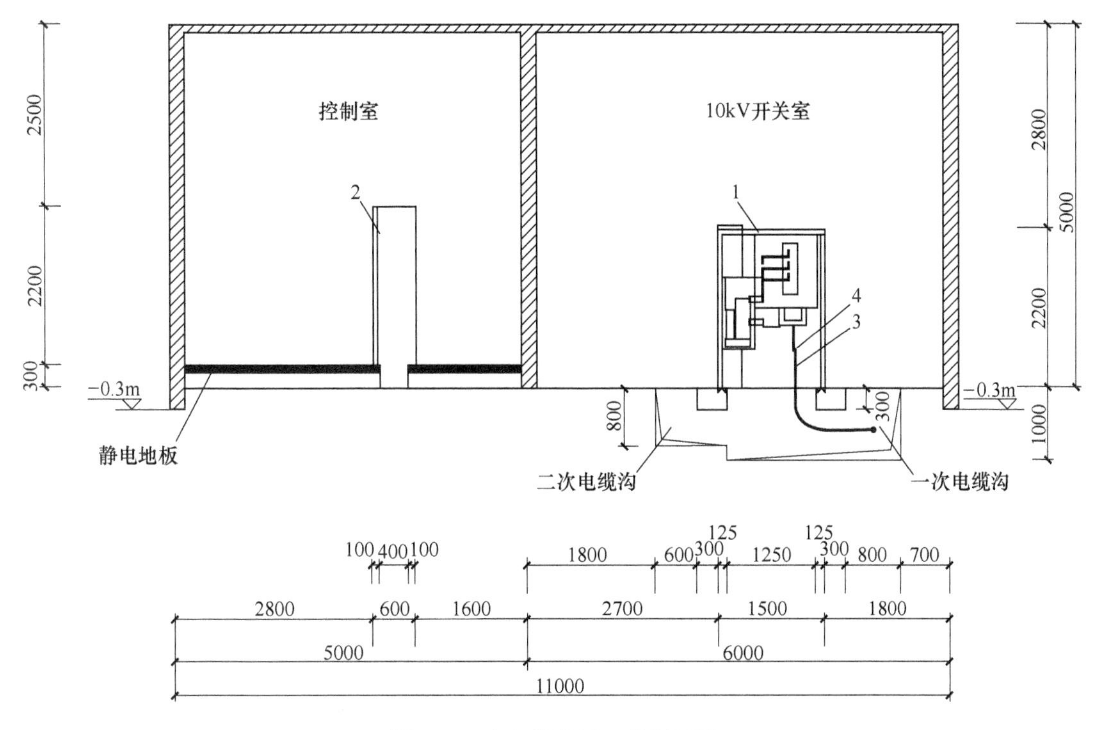

图 3-45 电气设备Ⅱ—Ⅱ剖面图

1—KYN28-12 开关柜 2—保护屏 3—ZR-YJV-8.7/15-1×500 4—10kV 电缆头

电气设备Ⅲ—Ⅲ剖面如图 3-46 所示。

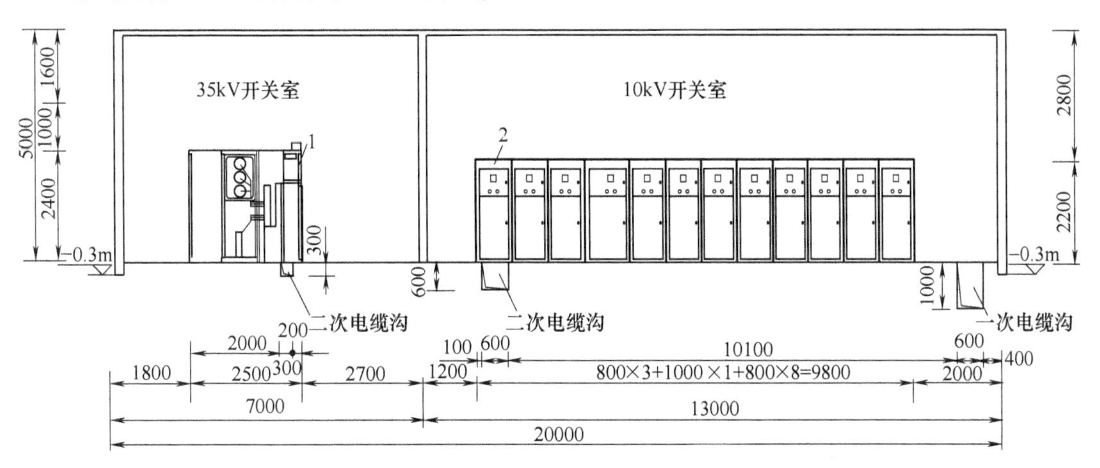

图 3-46 电气设备Ⅲ—Ⅲ剖面图

1—KYN61-40.5-12 型 35kV 高压开关柜 2—KYN28-12 型 10kV 开关柜

10kV 无功补偿电容量安装如图 3-47 所示。

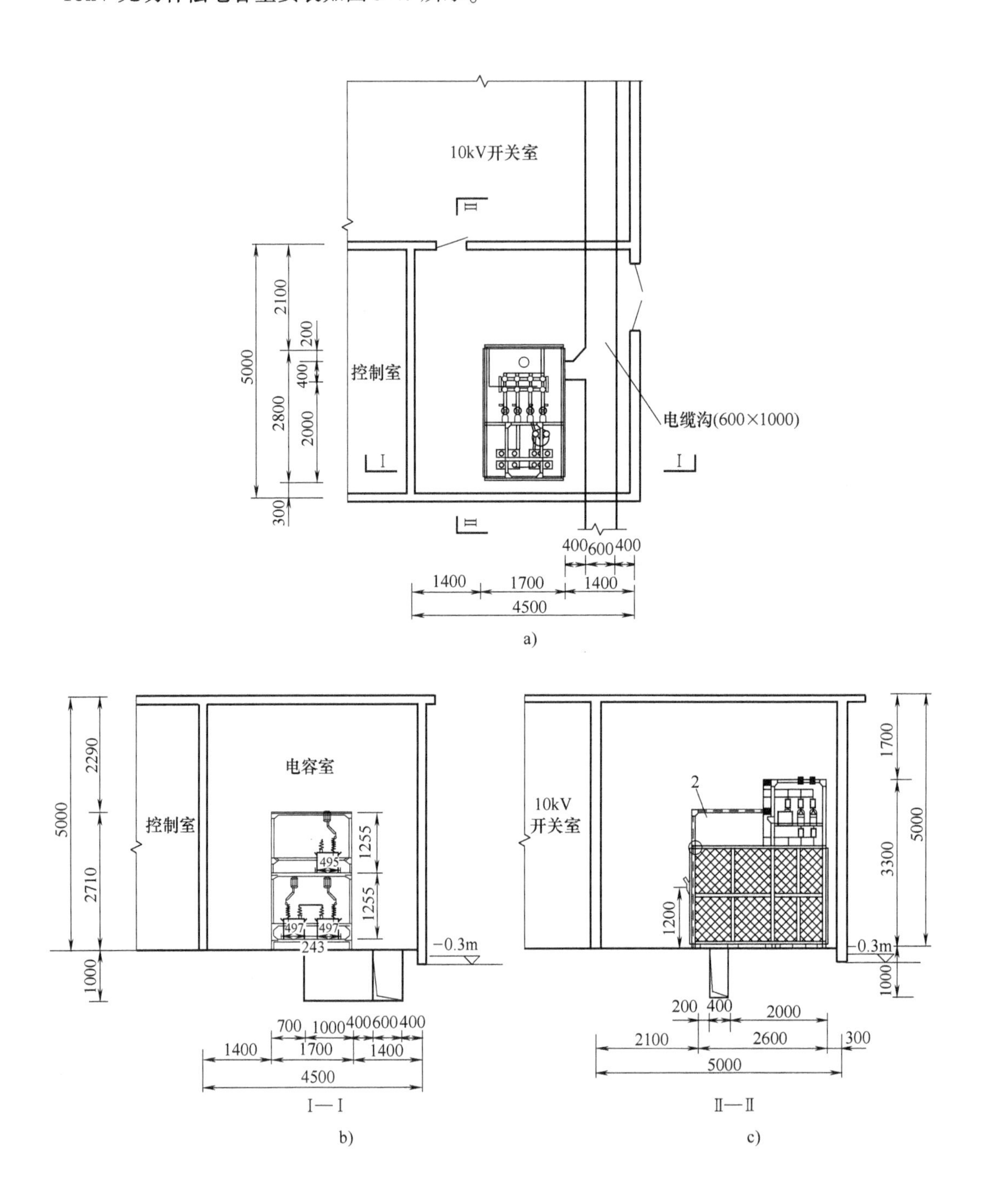

图 3-47　10kV 无功补偿电容器安装

a）平面布置图　b）Ⅰ—Ⅰ剖面图　c）Ⅱ—Ⅱ剖面图

配电所建筑平面如图 3-48 所示。

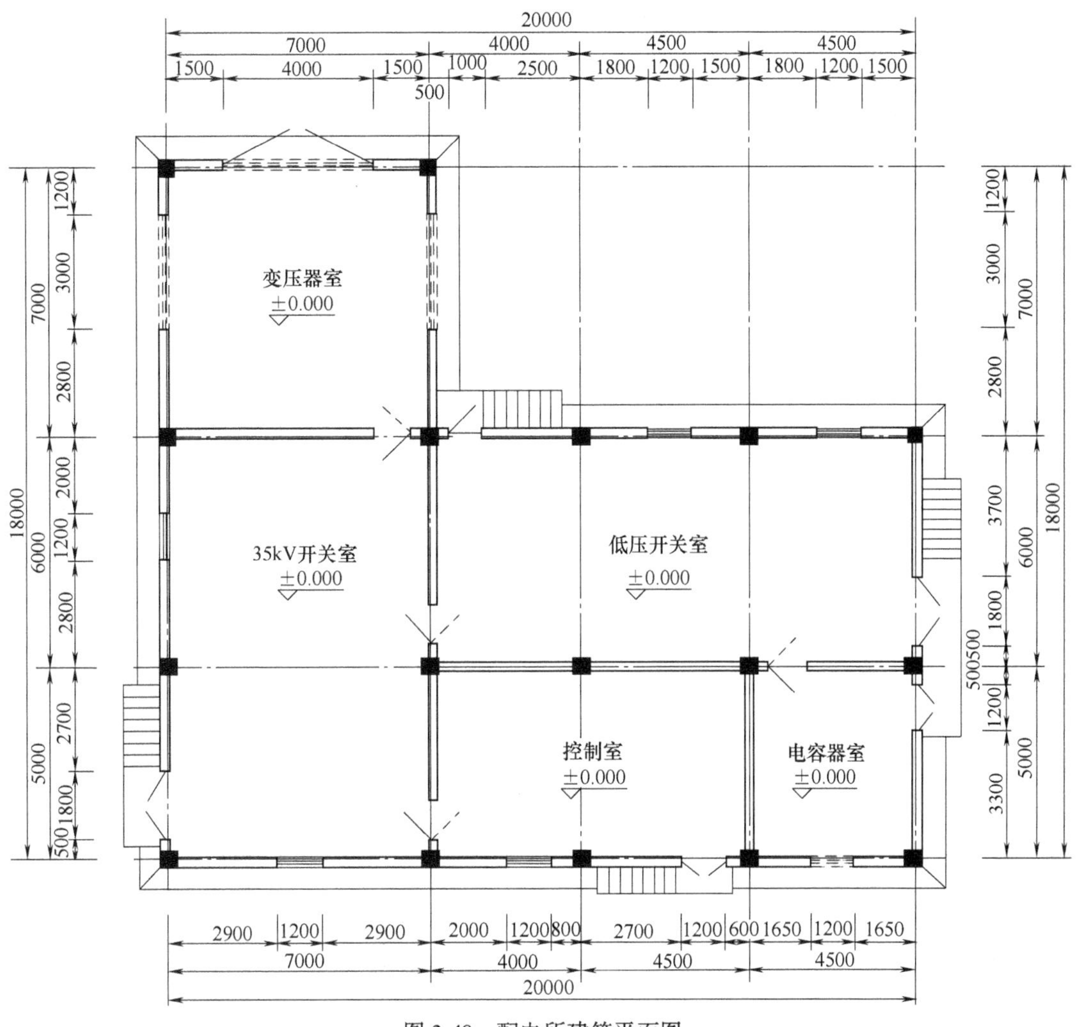

图 3-48 配电所建筑平面图

配电所电气设备预埋件平面布置如图 3-49（见插页）所示。

第八节 配电变压器并联运行

一、概述

为了使配电变压器能经济运行，减少电能损耗，在用电负荷较大时，可将 2 台配电变压器并联运行；当用电负荷较小时，可将其中一台配电变压器退出运行。

二、并联运行的条件

并联运行是指将 2 台及以上变压器的高、低压侧分别并联起来使用，以增加其供电容量。其接线如图 3-50 所示。

变压器并联运行应满足以下三个条件：

1）联结组标号、相序一致。

2）电压比相等，电压等级应相同。

3）阻抗电压相等。

电压比略有差异和阻抗电压相差不多的变压器，在保证任何变压器都不会过负荷运行的前提下，也可以并联运行。

阻抗电压不同的变压器并联运行时，应适当提高阻抗电压较大的变压器的二次电压，以尽量使两台变压器的容量都能达到充分利用。

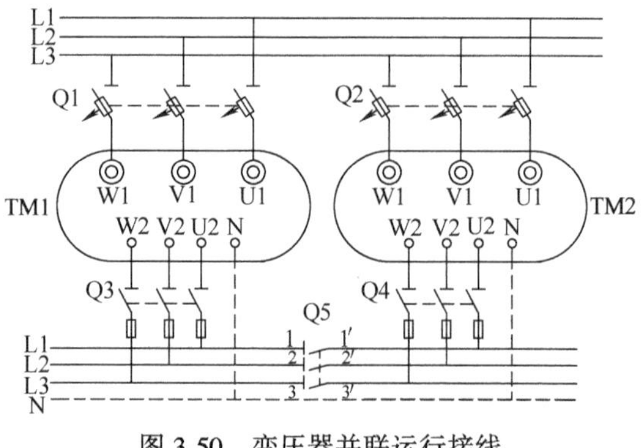

图 3-50　变压器并联运行接线

三、并联运行前的试验

变压器并联运行前必须进行定相试验。其试验方法如下：

先按图 3-50 把两台电压比相等、联结组相同的变压器接好线，合上高压跌落式熔断器 Q1 和 Q2（在合 Q1 和 Q2 前应检查低压侧的 Q3、Q4 和 Q5 都应在拉开位置），合上低压开关 Q3 和 Q4（合前应检查 Q5 应在拉开位置），用电压表测量开关 Q5 两端 1—1′、2—2′、3—3′的电压。只有这些电压均为零或极小（1~2V）时，方可将 Q5 合上，实行并联运行。若所测 Q5 两端的电压很大（接近 380V），说明接线错误而使两台变压器接线的相序不一致，应调其中一台变压器引出线的相序使两台变压器相序一致。为了确认试验时电压表完好无误，在每次测量前后都要测一下相线对中性线的电压，看电压表指示是否正确。上述试验叫作定相试验。

凡新装、变动过内外接线和改变过接线组别的变压器，在并联运行前都必须做定相试验。

四、并联运行负荷分担计算

2 台配电变压器并联运行时，配电变压器负荷分担计算式为

$$\left.\begin{aligned} S_{T1} &= S\frac{1}{\dfrac{Z_{T1}}{Z_{T2}}+1} \\ S_{T2} &= S\frac{1}{\dfrac{Z_{T2}}{Z_{T1}}+1} \end{aligned}\right\} \tag{3-16}$$

式中，S_{T1} 为第 1 台配电变压器负荷分担，单位为 kV · A；S_{T2} 为第 2 台配电变压器负荷分担，单位为 kV · A；Z_{T1} 为第 1 台配电变压器的阻抗，单位为 mΩ；Z_{T2} 为第 2 台配电变压器的阻抗，单位为 mΩ；S 为两台配电变压器的额定容量之和，单位为 kV · A。

2 台配电变压器并联运行时过负荷计算式为

$$\left.\begin{aligned} \Delta S_{T1}\% &= \frac{S_{N1}-S_{T1}}{S_{N1}}\times100\% \\ \Delta S_{T2}\% &= \frac{S_{N2}-S_{T2}}{S_{N2}}\times100\% \end{aligned}\right\} \tag{3-17}$$

式中，$\Delta S_{T1}\%$为第1台配电变压器过负荷百分数；$\Delta S_{T2}\%$为第2台配电变压器过负荷百分数；S_{N1}、S_{N2}为第1台、第2台配电变压器的额定容量，单位为kV·A；S_{T1}、S_{T2}为第1台、第2台配电变压器并联运行时分担的负荷，单位为kV·A。

【例3-4】 某工厂2台配电变压器并联运行，第1台为SBH16-M-800/10型，电压10/0.4kV，联结组标号Dyn11，阻抗电压$u_{K1}\%=4.5\%$；第2台为SBH16-M-1600/10型，电压10/0.4kV，联结组标号Dyn11，阻抗电压$u_{K2}\%=4.5\%$。要求两台配电变压器额定容量运行，总容量$S=S_{N1}+S_{N2}=(800+1600)\text{kV}\cdot\text{A}=2400\text{kV}\cdot\text{A}$，试计算每台配电变压器过负荷率。

解：2台配电变压等效阻抗分别按式（1-13）计算，得

$$Z_{T1}=\frac{u_{K1}U_{N2}^2}{100S_{N1}}\times10^6=\frac{4.5\times0.4^2}{100\times800}\times10^6\text{m}\Omega=9\text{m}\Omega$$

$$Z_{T2}=\frac{u_{K2}U_{N2}^2}{100S_{N2}}\times10^6=\frac{4.5\times0.4^2}{100\times1600}\times10^6\text{m}\Omega=4.5\text{m}\Omega$$

第1台配电变压器输出容量按式（3-16）计算，得

$$S_{T1}=(S_{N1}+S_{N2})\frac{1}{\dfrac{Z_{T1}}{Z_{T2}}+1}=(800+1600)\times\frac{1}{\dfrac{9}{4.5}+1}\text{kV}\cdot\text{A}=800\text{kV}\cdot\text{A}$$

第2台配电变压器输出容量按式（3-16）计算，得

$$S_{T2}=(S_{N1}+S_{N2})\frac{1}{\dfrac{Z_{T2}}{Z_{T1}}+1}=(800+1600)\times\frac{1}{\dfrac{4.5}{9}+1}\text{kV}\cdot\text{A}=1600\text{kV}\cdot\text{A}$$

由此可知，这两台配电变压器并联运行时都没有过负荷。

第九节　配电变压器的运行维护

一、新安装或大修后的配电变压器投运前的检查验收

配电变压器经过检修后或新安装竣工后，在投入运行前，都必须对变压器进行如下检查：

1. 变压器保护系统的检查

1）用熔丝保护的小型变压器，运行前应检查选用的熔丝规格是否符合要求，接触是否良好。

2）配备继电保护装置的变压器，应查阅继电保护试验报告，了解继电器的整定值是否相符，名称和标志是否正确，并试验信号装置动作是否正确。

3）配备气体继电器的变压器，要求继电器内部应没有气体，上触头发信号应动作准确，下触头跳闸连接片应断开，安装继电器的连通管应有向上的倾斜度。

4）防雷保护用避雷器，应在投入运行前做试验，保证雷击时能可靠动作，另外应装好放电记录器。

5）检查接地装置是否良好，接地电阻值是否符合规定数值。

送电前还要进行一次绝缘电阻的测量检查。

2. 监视装置的检查

监视装置用的电流表、电压表和温度测量仪表，均应齐全，测量范围应在规定的范围内，在额定值处画上红线，以便监视。小型变压器的顶部装有测量温度的温度计插孔，用酒精温度计插入观察。测温装置的温度计安装位置应正确。

3. 外表检查

储油柜上油位计应能清晰方便地观察；储油柜与气体继电器连通管道的阀门应打开，继电器内应充满油；外壳和中性点接地装置应牢固，出线套管与导线的连接应牢固，相序色标应正确。电压分接开关位置应正确。多台变压器应在箱壳明显处标注编号。防爆管薄膜应完整，各部件无渗漏油情况。

4. 查阅变压器的试验报告，均应符合试验规程的要求。

二、配电变压器的正常巡视检查

值班人员对运行中的变压器应作定期检查，以便了解和掌握变压器的运行状况，发现问题及时解决。

运行中变压器的正常巡视检查项目如下：

（1）声音是否正常：正常运行的变压器发出均匀的“嗡嗡”声，应无沉重的过载引起的“嗡嗡”声，无内部过电压或局部放电打火的“吱吱”声，无内部零件松动、穿心螺栓不紧、铁心硅钢片振动的“萤萤”声，无系统短路时的大噪声，无大动力设备起动或有谐波设备运行的“哇哇”声等。

（2）检查负荷：

1）室外安装的变压器，如没有固定安装的电流表时，应使用钳形电流表测量最大负荷电流及代表性负荷电流。

2）室内安装的变压器装有电流表、电压表的，应记录每小时负荷并应画出日负荷曲线。

3）测量三相电流的平衡情况，对 Yyn0 联结组标号的变压器，其中性线上的电流不应超过低压绕组额定电流的 25%。

4）变压器的运行电压不应超出额定电压的±5%范围。如果电源电压长期过高或过低，应调整变压器分接头，使低压侧电压趋于正常。

（3）温度是否超过允许值，上层油温一般应不超过 85℃。

（4）套管是否清洁，有无破损裂纹和放电痕迹，一、二次侧引线不应过紧、过松，各连接点是否紧固，应无放电及过热现象，测温用的示温蜡片应无熔化现象。

（5）外壳接地及中性点接地的连接及接地电阻值应符合要求。

（6）以手试摸散热器温度是否正常，各排散热管温度是否一致。

（7）冷却系统是否运行正常，装有风扇的变压器应保持在运行或可用状态（风冷、强油风冷、水冷等）。

（8）装备气体继电器和防爆管的变压器，应检查其充油及薄膜完整情况。

（9）油位应正常，外壳清洁无渗漏油现象。

（10）吸湿器应畅通，硅胶不应吸湿饱和，油封吸湿器的油位应正常。

三、配电变压器的特殊巡视检查

1）高温及重负载时，检查触头、接头有无过热现象，监视负载、油温、油位变化。冷却系统应运行正常。

2）大风来临前检查周围杂物，防止吹到设备上。大风时，观看引线摆动时的相间距离及对地安全距离是否满足要求和有无搭挂杂物。

3）雷电后检查瓷绝缘有无放电痕迹，避雷器、避雷针是否放电，雷电记录器是否动作。

4）下雾天气，瓷套管有无放电打火现象，重点监视瓷质污秽部分。

5）下雪天气，根据积雪融化情况检查接头发热部位，及时处理结冰。

6）夜间熄灯巡视，检查绝缘有无放电闪络现象及接头有无过热发红。

7）短路故障时，检查有关设备、接头有无异状。

8）有异常情况时，查看电压、电流表读数及继电保护动作情况。气体继电器发出警报时，对变压器内外部进行检查。

四、干式配电变压器的运行检查

1. 投入运行后的检查

1）有无异常声音、振动。

2）有无由于局部过热、有害气体腐蚀等使绝缘表面出现爬电痕迹和炭化现象等造成的变色。

3）变压器所在房屋或柜内的温度是否特别高，其通风、换气状态是否正常，变压器的风冷装置运转是否正常。

2. 定期检查

1）投运后的2~3个月期间进行第一次检查，以后每年进行一次检查。

2）检查浇注型绕组和相间连接线有无积尘，有无龟裂、变色、放电等现象，绝缘电阻是否正常。

3）检查铁心风道有无灰尘、异物堵塞，有无生锈或腐蚀等现象。

4）检查调压分接开关触头有无过热变色、接触不良或锈蚀等现象。

5）检查绕组压紧装置是否松动。

6）检查指针式温度计等仪表和保护装置动作是否正常。

7）检查冷却装置包括电动机、风扇轴承等是否良好。

第十节　配电变压器的故障处理

一、配电变压器出现强烈而不均匀的噪声且振动很大时的处理

变压器出现强烈而不均匀的噪声且振动加大，是由于铁心的穿心螺钉夹得不紧，使铁心松动，造成硅钢片间产生振动。振动能破坏硅钢片间的绝缘层，并引起铁心局部过热。如果有“吱吱”声，则是由于绕组或引出线对外壳闪络放电，或铁心接地线断线造成铁心对外

壳感应而产生高电压，发生放电引起。放电的电弧可能会损坏变压器的绝缘，在这种情况下，运行或监护人员应立即汇报，并待采取措施。如保护不动作则应立即手动停用变压器，若有备用变压器则先投入备用变压器，再停用此台变压器。

二、配电变压器过热时的处理

过热对变压器是极其有害的。变压器绝缘损坏大多是由过热引起，温度的升高降低了绝缘材料的耐压能力和机械强度。IEC354《变压器运行负载导则》指出：变压器最热点温度达到140℃时，油中就会产生气泡，气泡会降低绝缘或引发闪络，造成变压器损坏。

变压器过热也对变压器的使用寿命影响极大。国际电工委员会（IEC）认为在80～140℃的温度范围内，温度每增加6℃，变压器绝缘有效使用寿命降低的速度会增加一倍，这就是变压器运行的6℃法则，GB 1094《电力变压器》中规定：油浸变压器绕组平均温升值是65℃，顶部油温升是55℃，铁心和油箱是80℃。IEC还规定线圈热点温度任何时候不得超过140℃，一般取130℃作为设计值。

变压器温度异常升高的原因如下：

1）变压器过负荷。

2）冷却装置故障（或冷却装置未完全投入）。

3）变压器内部故障。如内部各接头发热、线圈有匝间短路、铁心存在短路或涡流不正常现象等。

4）温度指示装置误指示。

5）变压器大修后潜油泵阀门未打开，或阀门已打开，但开启不够。

发现变压器油温异常升高，应对以上可能的原因逐一进行检查，做出准确判断并及时作如下处理：

1）若运行仪表指示变压器已过负荷，单相变压器组三相各温度计指示基本一致（可能有几度偏差），变压器及冷却装置无故障迹象，则表示温度升高是由过负荷引起的，应按过负荷处理。

2）若冷却装置未完全投入或有故障，应立即处理，排除故障；若故障不能立即排除，则必须降低变压器运行负荷，按相应冷却装置冷却性能的对应值运行。

3）若远方测温装置发出温度报警信号，且指示温度值很高，而现场温度计指示并不高，变压器又没有其他故障现象，可能是远方测温回路故障误报警，这类故障可在适当的时候予以排除。

4）如果三相变压器组中某一相油温升高，明显高于该相在过去同一负荷、同样冷却条件下的运行油温，而冷却装置、温度计均正常，则过热可能是由变压器内部的某种故障引起，应通知专业人员立即取油样作色谱分析，进一步查明故障。若色谱分析表明变压器存在内部故障，或变压器在负荷及冷却条件不变的情况下，油温不断上升，则应按现场规程规定将变压器退出运行。

5）若属于潜油泵阀门未打开，或阀门已打开，但开启不够，应申请停电处理。

三、配电变压器油位异常的原因及处理

变压器的油位是与油温相对应的，生产厂家应提供油位与温度曲线。当油位与温度不符

合油位—温度曲线时，则油位异常。

引起油位异常的主要原因如下：

1）指针式油位计出现卡针等故障。

2）隔膜或胶囊下面储积有气体，使隔膜或胶囊高于实际油位。

3）吸湿器堵塞，使油位下降时空气不能进入，油位指示将偏高。

4）胶囊或隔膜破裂，使油进入胶囊或隔膜以上的空间，油位计指示可能偏低。

5）温度计指示不准确。

6）变压器漏油使油量减少。

7）大修后注油过满或不足。

8）变压器长期在大负荷下运行。

油位异常的处理如下：

1）发现变压器油位异常，应迅速查明原因，并视具体情况进行处理。特别是当油位指示超过满刻度或降到0刻度时，应立即确认故障原因并进行及时处理，同时应监视变压器的运行状态，出现异常情况，立即采取措施。主变压器油位可通过油位与油温的关系曲线来判断，并通过油位计的微动开关发出油位高或低的信号。

2）检查油箱吸湿器是否堵塞，有无漏油现象。查明原因汇报有关领导。

3）若油位异常降低是由主变压器漏油引起，则需迅速采取防止漏油措施，并立即通知有关部门安排处理。如大量漏油使油位显著降低时，禁止将气体保护改接信号。若变压器本体无渗漏，且有载调压油箱内油位正常，则可能是属于大修后注油不足（通过检查大修后的巡视记录与当前油位进行对比）。

4）若主油箱油位异常低，而有载调压油箱油位异常高，可能是主油箱与有载调压油箱之间密封损坏，造成主油箱的油向调压油箱内漏。

5）若油位因温度上升而逐渐上升，最高油温下的油位可能高出油位指示（并经分析不是假油位），则应放油至适当的高度以免溢出。应由检修单位处理。

若发现变压器油位异常时，应报缺陷，通知专业人员进行处理。

四、配电变压器油温升高的检查及处理

1）检查主变压器就地及远方温度计指示是否一致，用手触摸比较各相变压器油温有无明显差别。

2）检查主变压器是否过负荷。若油温升高是因长期过负荷引起，应向调度汇报，要求减轻负荷。

3）检查冷却设备运行是否正常。若冷却器运行不正常，则应采取相应的措施。

4）检查主变压器声音是否正常，油温是否正常，有无故障迹象。

5）若在正常负荷、环境和冷却器正常运行方式下主变压器油温仍不断升高，则可能是变压器内部有故障，应及时向调度汇报，征得调度同意后，申请将变压器退出运行，并做好记录。

6）判断主变压器油温升高，应以现场指示、远方打印和模拟量报警为依据，并根据温度—负荷曲线进行分析。若仅有报警，而打印和现场指示均正常，则可能是误发信号或测温装置本身有误。

五、配电变压器过负荷处理

1）运行中发现变压器负荷达到相应调压分接头的额定值90%及以上，应立即向调度汇报，并做好记录。

2）根据变压器允许过负荷情况，及时做好记录，并派专人监视主变压器的负荷及上层油温和绕组温度。

3）按照变压器特殊巡视的要求及项目，对变压器进行特殊巡视。

4）过负荷期间，变压器的冷却器应全部投入运行。

5）过负荷结束后，应及时向调度汇报，并记录过负荷结束时间。

六、配电变压器气体继电器报警原因及处理

（1）变压器气体继电器报警的原因：

1）变压器内部有较轻微故障产生气体。

2）变压器内部进入空气。

3）外部发生穿越性短路故障。

4）油位严重降低至气体继电器以下，使气体继电器动作。

5）直流多点接地、二次回路短路。

6）受强烈振动影响。

7）气体继电器本身问题。

（2）气体继电器报警后的处理：

1）检查是否因主变压器漏油引起。

2）检查主变压器油位和绕组温度，声音是否正常。

3）检查气体继电器内有无气体，若存在气体，应取气体进行分析。

4）检查二次回路有无故障。

5）若气体继电器内气体为无色、无臭、不可燃，色谱分析为空气，则主变压器可继续运行，若信号动作是因为油中剩余空气逸出或强油循环系统吸入空气而动作，而且信号动作时间间隔逐次缩短，将造成跳闸时，则应将气体保护改接信号；若气体是可燃的，色谱分析后其含量超过正常值，经常规试验给予综合判断，如说明主变压器内部已有故障，必须将主变压器停运，以便分析动作原因和进行检查、试验。

6）储油柜、压力释放装置有无喷油、冒油，盘根和塞垫有无凸出变形。

七、配电变压器气体继电器动作原因及处理

（1）变压器气体继电器动作的原因：

1）变压器内部故障。

2）二次回路问题误动作。

3）某些情况下，由于储油柜内的胶囊（隔膜）安装不良，造成吸湿器堵塞。油温发生变化后，吸湿器突然冲开，油流冲动使气体继电器误动跳闸。

4）外部发生穿越性短路故障。

5）变压器附近有较强的振动。

（2）变压器气体继电器保护动作后，值班人员应进行下列检查：

1）检查变压器各侧断路器是否跳闸。

2）油温、油位、油色情况。

3）变压器差动保护是否掉牌。

4）气体继电器保护动作前，电压、电流有无波动。

5）储油柜、压力释放和吸湿器是否破裂，压力释放装置是否动作。

6）有无其他保护动作信号。

7）外壳有无鼓起变形，套管有无破损裂纹。

8）各法兰连接处、导油管等处有无冒油。

9）气体继电器内有无气体，或收集的气体是否可燃。

10）气体继电器保护掉牌能否复归，直流系统是否接地。

11）检查故障录波器录波情况。

通过上述检查，未发现任何故障象征，可判定气体继电器误动作。

（3）变压器气体继电器动作后的处理：

1）立即投入备用变压器或备用电源，恢复供电，恢复系统之间的并列。若同时分路中有保护动作掉牌时，应先断开该断路器。失压母线上有电容器组（或静补）时，先断开电容器组（或静补）断路器。

2）经判定为内部故障，未经内部检查并试验合格，不得重新投入运行，以防止扩大事故。

3）若外部检查无任何异常，取气分析无色、无味、不可燃，气体纯净无杂质，同时变压器其他保护未动作，跳闸前气体继电器报警时，变压器声音、油温、油位、油色无异常，则可能属进入空气太多、析出太快，应查明进气的部位并处理。无备用变压器时，根据调度和上级主管领导的命令，试送一次，严密监视运行情况，由检修人员处理密封不良问题。

4）外部检查无任何故障迹象和异常，变压器其他保护未动作，取气分析，气体颜色很淡、无味、不可燃，即气体的性质不易鉴别（可疑），无可靠的根据证明属误动作，且无备用变压器和备用电源者，则根据调度和主管领导命令执行，拉开变压器的各侧隔离开关，遥测绝缘无问题，放出气体后试送一次，若不成功应做内部检查。有备用变压器者，由专业人员取样进行化验，试验合格后方能投运。

5）外部检查无任何故障迹象和异常，气体继电器内无气体，证明确属误动跳闸。①若其他线路上有保护动作信号掉牌，气体继电器动作掉牌信号能复归，属外部有穿越性短路引起的误动跳闸，故障线路隔离后，可以投入运行；②若其他线路上无保护动作信号掉牌，气体继电器动作掉牌信号能复归，可能属振动过大原因误动跳闸，可以投入运行。

八、压力释放阀动作后的检查及处理

（1）压力释放装置动作的原因：①内部故障；②变压器承受大的穿越性短路；③压力释放装置二次信号回路故障；④大修后变压器注油较满；⑤负荷过大，温度过高，致使油位上升而向压力释放装置喷油。

（2）检查及处理：①检查压力释放阀是否喷油；②检查保护动作情况、气体继电器情况；③主变压器油温和绕组温度、运行声音是否正常，有无喷油、冒烟、强烈噪声和振动；

④是否是压力释放阀误动；⑤在未查明原因前，主变压器不得试送；⑥压力释放阀动作发出一个连续的报警信号，只能通过恢复指示器人工解除；⑦若仅压力释放装置喷油但无压力释放装置动作信号，则可能是（1）点中的④、⑤所致。

储油柜或压力释放装置喷油，表明变压器内部已有严重损伤。喷油使油面降低到油位计最低指示限度时，有可能引起气体保护动作。如果气体保护不动作而油面已低于顶盖时，则会引起出线绝缘强度降低，造成变压器内部有“吱吱”的放电声。而且，顶盖下形成空气层，使油质劣化，因此发现这种情况，应立即切断变压器电源，以防事故扩大。

九、冷却装置的故障处理

冷却装置是通过变压器油帮助绕组和铁心散热。冷却装置正常与否，是变压器正常运行的重要条件。在冷却设备存在故障或冷却效率达不到设计要求时，变压器是不宜满负荷运行的，更不宜过负荷运行。需要注意的是：在油温上升过程中，绕组和铁心的温度上升快，而油温上升较慢，可能从表面上看油温上升不多，但铁心和绕组的温度已经很高了。所以，在冷却装置存在故障时，不仅要观察油温，还应注意变压器运行的其他变化，综合判断变压器的运行状况。

冷却装置常见的故障及处理方法如下：

（1）冷却装置电源故障：冷却装置常见的故障就是电源故障，如熔断器熔断、导线接触不良或断线等。当发现冷却装置整组停运或个别风扇停转以及潜油泵停运时，应检查电源，查找故障点，迅速处理。若电源已恢复正常，风扇或潜油泵仍不能运转，则可按动热继电器复归按钮试一下。若电源故障一时来不及恢复，且变压器负荷又很大，可采取用临时电源使冷却装置先运行起来，再去检查和处理电源故障。

（2）机械故障：冷却装置的机械故障包括电动机轴承损坏、电动机绕组损坏、风扇叶变形及潜油泵轴承损坏等。这时需要尽快更换或检修。

（3）控制回路故障：控制回路中的各元器件损坏、引线接触不良或断线、触点接触不良时，应查明原因迅速处理。

十、配电变压器跳闸后的检查及处理

1）根据断路器的跳闸情况、保护的动作掉牌或信号、事件记录器（监控系统）及其监测装置来显示或打印记录，判断是否为变压器故障跳闸，并向调度汇报。

2）检查变压器跳闸前的负荷、油位、油温、油色，变压器有无喷油、冒烟，瓷套有否闪络、破裂，压力释放阀是否动作或其他明显的故障迹象，作用于信号的气体继电器内有无气体等。

3）检查所用电的切换是否正常，直流系统是否正常。

4）若本站有2台主变压器，应检查另一台变压器冷却器运行是否正常，并严格监视其负荷情况。

5）分析故障录波的波形和微机保护打印报告。

6）了解系统情况，如保护区内外有无短路故障及其他故障等。

若检查发现下列情况之一者，应认为跳闸由变压器故障引起的，则在排除故障后，并经电气试验、色谱分析以及其他针对性的试验证明故障确已排除后，方可重新投入运行。

1）从气体继电器中抽取的气体经分析判断为可燃性气体。

2）变压器有明显的内部故障特征，如外壳变形、油位异常、强烈喷油等。

3）变压器套管有明显的闪络痕迹或破损、断裂等。

十一、配电变压器的应急停运

遇有以下情况时，应立即将变压器停止运行。若有备用变压器，应尽可能将备用变压器投入运行。

1）变压器内部声响异常或声响明显增大，并伴随有爆裂声。

2）在正常负荷和冷却条件下，变压器温度不正常并不断上升。

3）压力释放装置动作或向外喷油。

4）严重漏油使油面降低，并低于油位计的指示限度。

5）油色变化过大，油内出现大量杂质等。

6）套管有严重的破损和放电现象。

7）冷却系统故障，断水、断电、断油的时间超过了变压器的允许时间。

8）变压器冒烟、着火、喷油。

9）变压器已出现故障，而保护装置拒动或动作不明确。

10）变压器附近着火、爆炸，对变压器构成严重威胁。

十二、配电变压器的着火处理

1）配电变压器着火时，应立即断开各侧断路器和冷却装置电源，使各侧至少有一个明显的断开点，然后用灭火器进行补救并投入水喷雾装置，同时立即通知消防队。

2）若油溢在主变压器顶盖上着火时，则应打开下部油门放油至适当油位；若主变压器内部故障引起着火时，则不能放油，以防主变压器发生严重爆炸。

3）消防队前来灭火，必须指定专人监护，并指明带电部分及注意事项。

十三、判断配电变压器故障的试验项目

（1）当油中气体分析判断有异常时可选择下列试验项目：

1）绕组直流电阻。

2）铁心绝缘电阻和接地电流。

3）空载损耗和空载电流测量或长时间空载（或轻负载下）运行，用油中气体分析及局部放电检测仪监视。

4）长时间负载（或用短路法）试验，用油中气体色谱分析监视。

5）油泵及水冷却器检查试验。

6）有载调压开关油箱渗漏检查试验。

7）绝缘特性（绝缘电阻、吸收比、极化指数、$\tan\delta$、泄漏电流）。

8）绝缘油的击穿电压、$\tan\delta$。

9）绝缘油含水量。

10）绝缘油含气量。

11）局部放电（可在变压器停运或运行中测量）。

12）绝缘油中糠醛含量。

13）耐压试验。

14）油箱表面温度分布和套管端部接头温度。

（2）气体继电器报警后，进行变压器油中溶解气体和继电器中的气体分析。

（3）变压器出口短路后可进行下列试验：

1）油中溶解气体分析。

2）绕组直流电阻。

3）短路阻抗。

4）绕组的频率响应。

5）空载电流和损耗。

（4）判断绝缘受潮可进行下列试验：

1）绝缘特性（绝缘电阻、吸收比、极化指数、$\tan\delta$、泄漏电流）。

2）绝缘油的击穿电压、$\tan\delta$、含水量、含气量。

3）绝缘纸的含水量。

（5）判断绝缘老化可进行下列试验：

1）油中溶解气体分析（特别是 CO、CO_2 含量及变化）。

2）绝缘油酸值。

3）油中糠醛含量。

4）油中含水量。

5）绝缘纸或纸板的聚合度。

（6）振动、噪声异常时可进行下列试验：

1）振动测量。

2）噪声测量。

3）油中溶解气体分析。

4）阻抗测量。

第四章 低压电器

第一节 隔离开关

一、概述

低压开关包括隔离开关、熔断器式隔离开关和负荷开关等。它广泛应用于各种配电设备和供电线路中，可作为不频繁接通和分断低压供电线路，以及作为隔离电源以保证检修人员安全使用。

二、主要技术参数

HD 型单隔离开关的额定电压为 380V，额定电流为 200A、400A、600A、1000A、1500A、极数有 2 极、3 极，采用中央杠杆或侧面手柄操作方式，采用板前或板后接线方式。

三、隔离开关的安装

1）检查负荷电流是否超过隔离开关的额定值，要严格按厂家规定的分断能力使用。

2）检查隔离开关的动、静触头的接触是否良好。

3）安装的高度以操作方便和安全为原则，一般安装在离地面 1.3~1.5m 的位置。电源线和负载的进线都必须穿过开关的进出线孔，并在进出线孔加装橡皮垫圈。

4）开关在合闸位置时手柄应向上，不可倒装或平装。

5）电源进线应装在静触座上，用电负荷应接在开关的下出线端上。这样当开关断开后，触刀和熔丝上不带电，以保证更换熔丝时的安全。

6）检查操动机构是否完好，动作是否灵活，分、合闸是否准确到位，销钉、拉杆等有无缺损、断裂等现象。

7）检查合闸时三相是否同步，各相接触是否良好，避免造成断相运行。

8）隔离开关一般应垂直安装在开关板或条架上，并使静触座位于上方，以防止触刀自动落下而发生误操作（双投开关除外）。

9）检查压线螺钉是否完好，能否拧紧而不松扣。

10）开关的金属外壳应有可靠的保护接地或保护接零，防止发生触电事故。

四、隔离开关的运行与维护

1）检查负荷电流是否超过隔离开关的额定值，要严格按厂商规定的分断能力使用。

2）检查隔离开关的动、静触头的接触是否良好，连接线是否松动，有无过热变色等现象。

3）检查绝缘连杆、底座等绝缘部分有无损坏和放电现象。

4）检查动、静触头有无烧伤及缺损，带有灭弧罩的开关应检查灭弧罩是否清洁完整。

5）检查操动机构是否完好，动作是否灵活，分、合闸是否准确到位，销钉、拉杆等有无缺损、断裂等现象。

6）检查合闸时三相是否同步，各相接触是否良好，避免造成断相运行。

7）无灭弧罩的隔离开关作隔离电源用时，合闸顺序是先合上隔离开关，再合上控制负载的开关电器，分闸顺序则相反，要先使控制负载的开关电器分闸，然后再拉开隔离开关。

8）隔离开关一般应垂直安装在开关板或条架上，并使静触座位于上方，以防止触刀自动落下而发生误操作。

五、隔离开关的常见故障及处理方法（见表4-1）

表4-1　隔离开关的常见故障及处理方法

故障现象	故障原因	处理方法
远红外测温超过70℃	（1）接触不良 （2）过负荷	（1）使隔离开关合闸到位 （2）减少负荷
刀口和接头变色	（1）隔离口接触不良 （2）接头松动 （3）过负荷	（1）使刀口合闸到位 （2）紧固接头 （3）减少负荷
全部烧红	过负荷	停电更换隔离开关
瓷绝缘子外损或严重闪络	（1）瓷绝缘子老化 （2）环境污染	停电更换
隔离开关拉不开	（1）损坏 （2）过负荷	（1）停电更换 （2）适当减轻负荷
不能合闸	机构损坏	停电更换或调整机构

第二节　Emax系列智能化断路器

一、概述

ABB公司生产的Emax系列E1、E2、E3、E4、E6断路器的额定电压为690V，额定电流为800~6300A；其安装结构分为固定式、抽出式，采用弹簧操作机构；配有PR121/P、PR122/P、PR123/P三种电子脱扣器；其具有过载、短路剩余电流、欠电压、过电压、超温等保护，并有测量、维护事件及数据、与中央监控系统的通信、超温报警及脱扣、用户界面、负荷测控等功能。

Emax系列固定式断路器外形结构如图4-1所示，抽出式断路器外形结构如图4-2所示，抽出式断路器固定部分结构如图4-3所示。

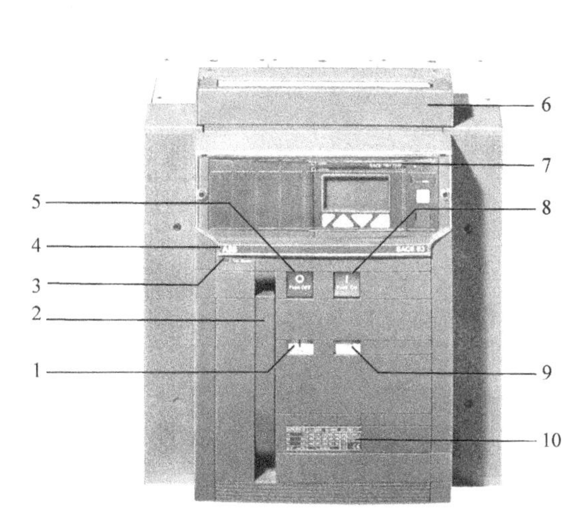

图 4-1　Emax 系列固定式断路器外形结构

1—机械指示，断路器处于分闸“O”或合闸“I”　2—手动弹簧储能操作手柄　3—脱扣器跳扣的机械指示　4—商标及断路器型号　5—手动分闸按钮　6—端子盒　7—SACE PR121/P、PR122/P 或 PR123/P 脱扣器　8—手动合闸按钮　9—表示弹簧已储能或已释能　10—电气额定值标签

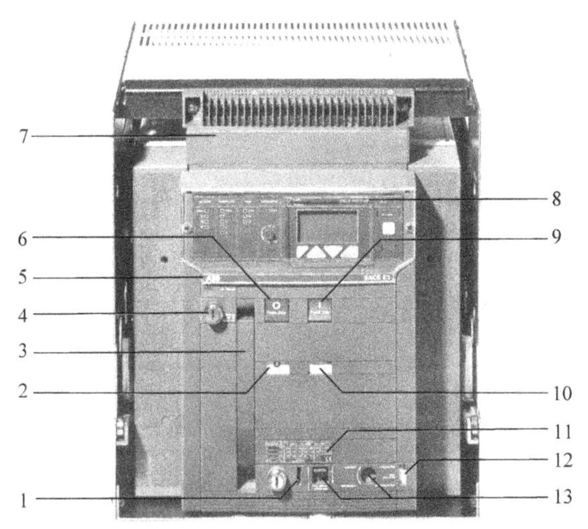

图 4-2　Emax 系列抽出式断路器外形结构

1—摇进/摇出位置的闭锁钥匙或挂锁（抽出式）　2—机械指示，断路器处于分闸“O”或合闸“I”　3—手动弹簧储能操作手柄　4—分闸位置锁　5—商标断路器型号　6—手动分闸按钮　7—滑动触头　8—SACE PR121/P、PR122/P 或 PR123/P 脱扣器　9—手动合闸按钮　10—表示弹簧已储能或已释放　11—电气额定值标签　12—断路器位置指示：连接/隔离测试/隔离　13—断路器摇进或摇出装置

注：“摇进”：指示主触头与辅助触头处于连接状态。
“摇出”：指示主触头与辅助触头处于隔离状态。
“隔离测试”：指主触头处于隔离状态，辅助触头处于连接状态。

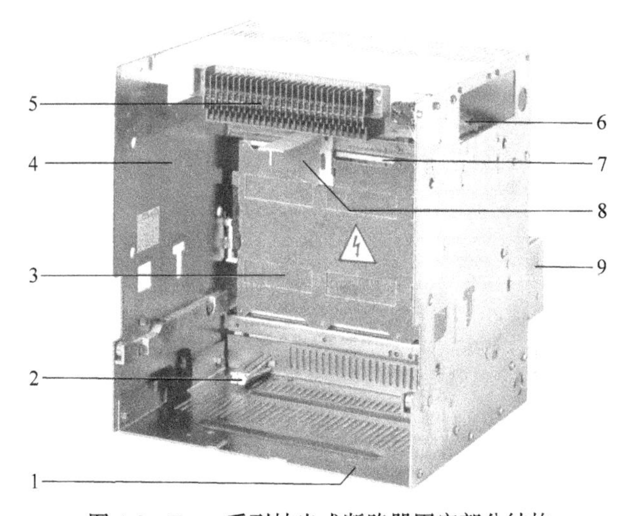

图 4-3　Emax 系列抽出式断路器固定部分结构

1—固定孔（E1、E2、E3 为 4 个，E4、E6 为 6 个）　2—双夹式接地接点（E4、E6 型），单夹式接地接点安装在左侧（E1、E2 和 E3 型）　3—安全遮板（防护等级 IP20）　4—钢板承载结构　5—滑动触头　6—推入、隔离、隔离测试用的信号接点　7—端子支承块　8—安全遮板的挂锁　9—端子（后接线式、前接线式或水平式）

二、技术参数

Emax 系列断路器共同特性参数见表 4-2。各项技术参数见表 4-3。

表 4-2　共同特性参数

名　　称		特性参数	名　　称	特性参数
电压	额定工作电压 U_e/V	690~	贮存温度/℃	-40~70
	额定绝缘电压 U_i/V	1000	频率 f/Hz	50、60
	额定冲击耐受电压 U_{imp}/kV	12	极数	3,4
运行温度/℃		-25~70	型式	固定式,抽出式

表 4-3　Emax 系列断路技术参数

名　　称		技　术　参　数						
性能水平		E1			E2			
		B	N	S	B	N	S	L
电流:额定不间断电流(40℃)/A		800	800	800	1600	1000	800	1250
		1000	1000	1000	2000	1250	1000	1600
		1250	1250	1250	—	1600	1250	—
		1600	1600	—	—	2000	1600	—
		—	—	—	—	—	2000	—
4 极断路器的 N 极容量/% I_U		100	100	100	100	100	100	100
额定极限短路分断能力/kA	220/230/380/400/415V~	42	50	65	42	65	85	130
额定运行短路分断能力/kA	220/230/380/400/415V~	42	50	65	42	65	85	130
额定短时耐受电流能力/kA	(1s)	42	50	65	42	55	65	10
	(3s)	36	36	65	42	42	42	—
额定短路合闸能力(峰值)/kA	220/230/380/400/415V~	88.2	105	143	88.2	143	187	286
用于交流的电子脱扣器		✓	✓	✓	✓	✓	✓	✓

名　　称		E3				
性能水平		N	S	H	V	L
电流:额定不间断电流(40℃)/A		2500	1000	800	800	2000
		3200	1250	1000	1250	2500
		—	1600	1250	1600	—
		—	2000	1600	2000	—
		—	2500	2000	2500	—
		—	3200	2500	3200	—
		—	—	3200	—	—
4 极断路器的 N 极容量/% I_U		100	100	100	100	100
额定极限短路分断能力/kA	220/230/380/400/415V~	65	75	100	130	130
额定运行短路分断能力/kA	220/230/380/400/415V~	65	75	85	100	130
额定短时耐受电流能力/kA	(1s)	65	75	75	85	15
	(3s)	65	65	65	65	—
额定短路合闸能力(峰值)/kA	220/230/380/400/415V~	143	165	220	286	286
用于交流的电子脱扣器		✓	✓	✓	✓	✓

三、电子脱扣器的安装接线原理

Emax 系列断路器配置 PR121/P、PR122/P、PR123/P 电子脱扣器处于运行状态时，3 极断路器与电子脱扣器安装接线原理如图 4-4 所示，4 极断路器与电子脱扣器安装接线原理如图 4-5 所示。

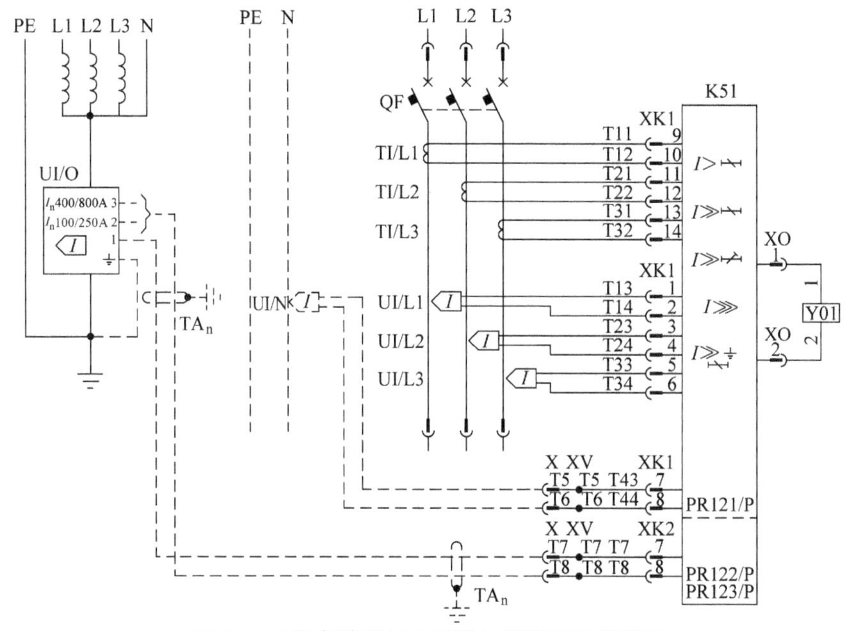

图 4-4 3 极断路器与电子脱扣器安装接线原理

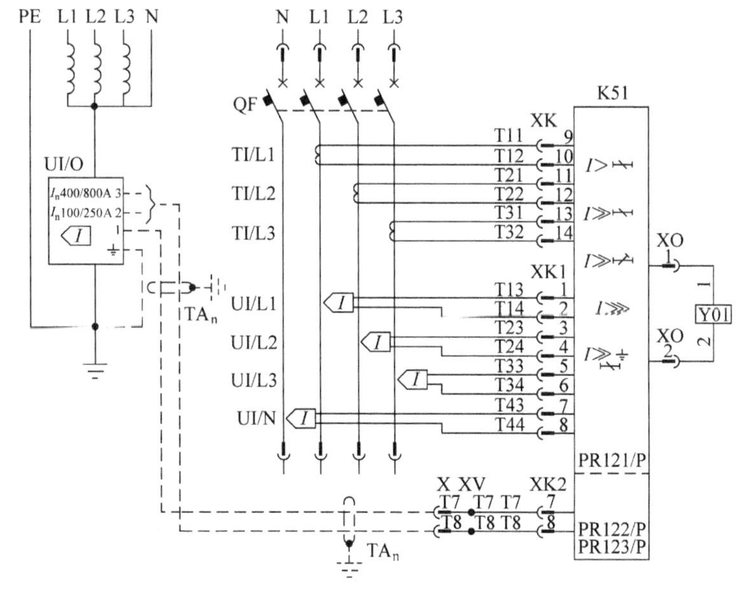

图 4-5 4 极断路器与电子脱扣器安装接线原理

Emax 系列断路器配置 PR121/P、PR122/P、PR123/P 电子脱扣器时，电动操作机构、分闸、合闸和欠电压脱扣器接线原理如图 4-6 所示。

Emax 系列断路器信号触头如图 4-7 所示。

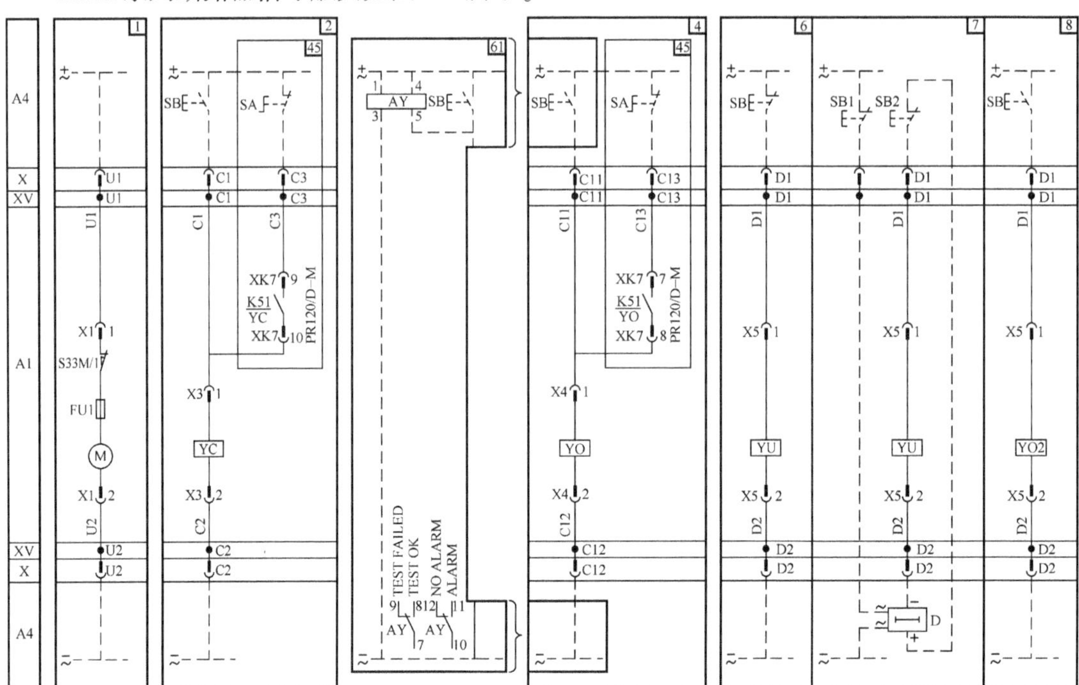

图 4-6　Emax 系列断路器电动操作机构、分闸、合闸和欠电压脱扣器接线原理

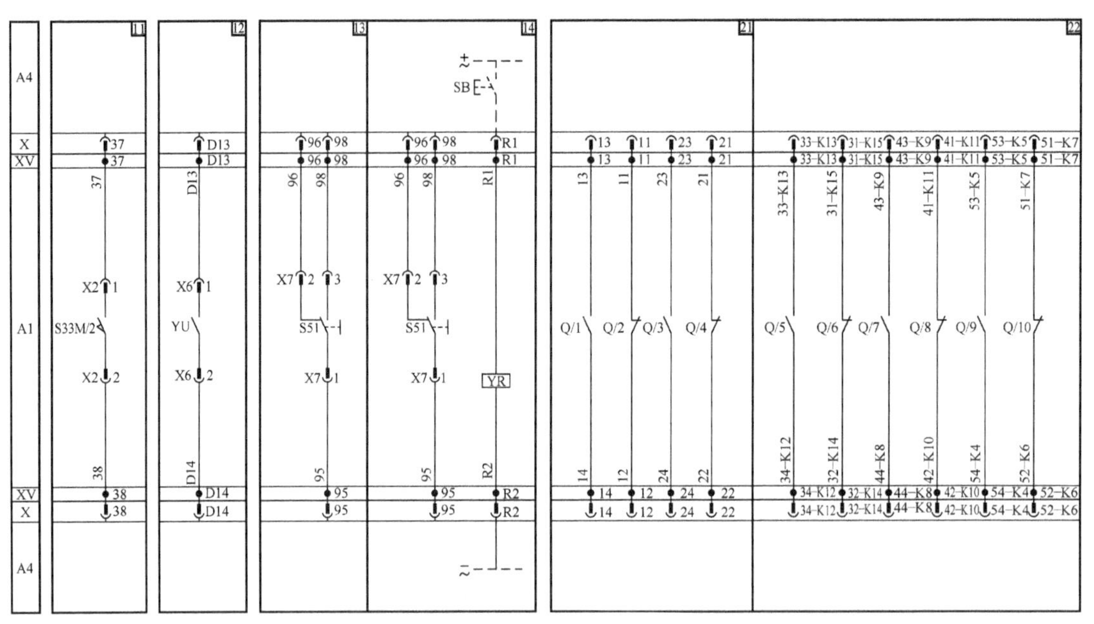

图 4-7　Emax 系列断路器信号触头

四、Emax 系列断路器电子脱扣器的使用

1. 主要特征

1）Emax 系列的断路器配置 PR121/P、PR122/P 及 RP123/P 三种电子脱扣器，适用于

交流系统。

2）基本型 PR121/P 提供整套的标准保护功能和一个完善友好的户界面。

3）依靠 LED 显示器，它能区别故障脱扣的种类。

4）PR122/P 和 PR123/P 采用了新的模块化结构概念，根据设计和用户的要求，可实现一套集完整的保护、准确的测量、信号指示或者对话功能为一体的断路器。

5）保护系统由以下几个部分组成：

① 3 个或 4 个新型的电流传感器（Rogowsky 线圈）；

② 外部电流传感器（例如外部中性线导体、剩余电流或 SGR 保护）；

③ 选择一个保护单元 PR121/P、PR122/P 或 PR123/P，以及可选的具有 Modbus 通信协议的通信模块，或选择 Fieldbus 网络（仅适用于 PR122/P 和 PR123/P），还有无线连接的通信协议；

④ 一个直接作用在断路器操作机构上的分闸线圈。

2. PR121/P 型保护脱扣器

（1）主要特点

PR121/P 是 Emax 系列的基本且完善型的脱扣器，具有完整的保护功能，宽广的门限值电流范围及脱扣时间的设定，适合各类交流电气装置的保护。此外，保护装置单元还提供了多功能 LED 指示。而且，PR121/P 能够连接外部的装置，如远程信号和监控或遥控管理显示。

PR121/P 型保护脱扣器的面板结构功能如图 4-8 所示。

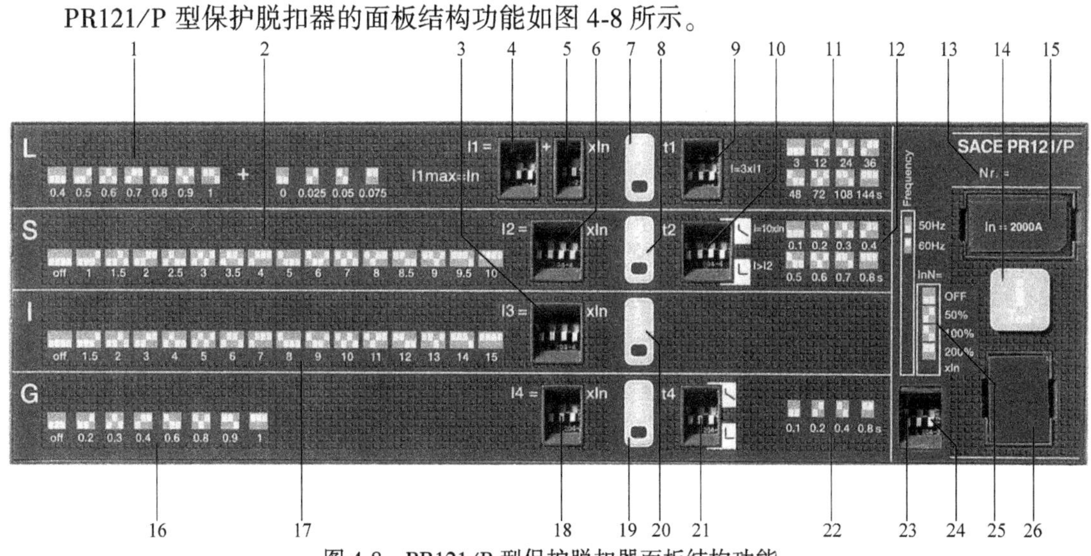

图 4-8 PR121/P 型保护脱扣器面板结构功能

1—各种门限值电流 I_1 的 DIP 开关位置显示 2—各种门限值电流 I_2 的 DIP 开关位置显示 3—DIP 开关-门限值电流 I_3 的设定 4—DIP 开关-门限值电流 I_1 的粗值设定 5—DIP 开关-门限值电流 I_1 的精细设定 6—DIP 开关-门限值电流 I_2 的设定 7—L 保护功能 LED 警报指示 8—S 保护功能 LED 警报指示 9—DIP 开关-脱扣时间 t_1 的设定（曲线的种类） 10—DIP 开关-脱扣时间 t_2 的设定（曲线的种类） 11—各种设置时间 t_1 的 DIP 开关位置显示 12—各种设置时间 t_2 的 DIP 开关位置显示 13—保护脱扣器的系列编码 14—脱扣原因指示和脱扣测试 15—额定电流插件 16—各种门限值电流 I_4 的 DIP 开关位置显示 17—各种门限值电流 I_3 的 DIP 开关位置显示 18—DIP 开关-门限值电流 I_4 的设定 19—G 保护功能 LED 警报指示 20—I 保护功能 LED 警报指示 21—DIP 开关-脱扣时间 t_4 的设定（曲线的种类） 22—各种设置时间 t_4 的 DIP 开关位置显示 23—电网频率的 DIP 开关位置显示 24—DIP 开关-电网频率和中性线保护设置 25—中性线保护的 DIP 开关位置显示 26—通过外部装置（PR030/B 供电单元、BT030 无线通信单元和 PR010/T 单元）连接或测试脱扣器的测试连接器

（2）主要功能

1）保护功能。PR121/P 提供下列保护：过载保护（L）、选择性短路保护（S）、瞬时短路保护（I）和接地故障保护（G）。

① 过载保护（L）。反时限长延时的过载保护（L）的特性为 $I^2t=k$；25 个电流设定及 8 条曲线可供选择，每条曲线均已标明电流为 3 倍门限值电流时（$I=3I_1$）的脱扣时间（I_1 为设定门限）。

② 选择性短路保护（S）。选择性短路保护 S 可设定两种不同的曲线，其中一条脱扣时间与电流无关（定时限）（即 $t=k$），另一条为将允通能量定为常数的反时限（即 $t=k/I^2$）曲线。

15 个电流设定值及 8 条曲线可供选择，可进行精确设定，但每条曲线都是基于下列条件定义的：

对（$t=k$）曲线，当 $I>I_2$ 时的脱扣时间。

对（$t=k/I^2$）曲线，当 $I=10I_n$（I_n 为断路器的额定电流）时的脱扣时间。

短延时短路的保护功能（S），可将 DIP 开关置于“OFF”即可使其功能关闭。

③ 瞬时短路保护（I）。保护功能提供 15 个门限值电流，同时亦可设定将本功能关闭（将 DIP 开关置于“OFF”位置）。

④ 接地故障保护（G）。接地故障保护（G）（亦可使其失效），提供 7 个可供设定的电流门限值及 4 条曲线。通过设置 t_4 及 I_4 来对曲线进行整定。与 S 保护功能相同，脱扣时间可被选择定时限（即 $t=k$），或允通能量定为常数（即 $t=k/I^2$）的反时限曲线。

2）用户界面。在脱扣参数准备阶段，用户可通过 DIP 开关直接与脱扣器进行沟通。多达 4 个 LED 可用于信号显示（根据不同类型）。这些 LED 在以下情况下被激活（每个保护各有一个）：

① 保护正在计时，对于 L 保护，亦将显示预报警状态；

② 某种脱扣保护（按 Info/Test，相应的 LED 被激活）；

③ 连接电流传感器失败或分闸线圈分闸失败。在脱扣器单元供电的情况下，也可激活指示灯（通过电流传感器或一个辅助电源供电）。

④ 断路器插入了错误的额定电流插件。

即使断路器在分闸状态，也无须任何内在/外在的辅助供电电源，保护脱扣显示仍然能正常工作。在静态情况下，脱扣信息在 48h 内仍然有效，即使重合闸后也有效。如果要求在 48h 之后仍可有效，则可连接一个 PR030/B 供电单元、PR010/T 或一个 BT030 无线通信单元来实现。

3）通信。通过 BT030 无线通信单元，PR121/P 能连接到一个掌上电脑或一台个人计算机。这将扩展用户的可用信息范围。特别是通过 ABB SD-Pocket 通信软件，用户可读取流经断路器的电流值，最后 20 次的中断电流值和保护设定值。

PR121/P 能连接可选性外部 PR021/k 信号单元，这个信号单元用于报警和脱扣保护远程信号显示，也可连接 HMI030，实现远程人机操作。

4）中性线的设定。中性线的保护，设定为相电流的 50%、100%或 200%，E1、E2、E3、E4 和 E6/f 可选择超过 50%的设定。特别是为了实现中性线的 200%设定，考虑到断路器的载流能力，L 保护设置必须设定为 $0.5I_n$，当然，用户也可以关闭中性线的保护。当使用三相断路器带有外部中性线电流传感器时，超过 100%的中性线设定不需要减少任何 L 设定值。

5）测试功能。测试功能可通过 Info/Test 按钮和一个底部带有接插线的 PR030/B 供电单元（或 BT030）来完成，接插线装置连接到 PR121/P 脱扣器前面盘的测试连接位置上。将 PR010/T 配置及测试单元连接到测试连接器上后，可实现对 PR121/P 电子脱扣器进行测试。所有的脱扣功能可通过 TS120 测试工具得到彻底的检测，TS120 可注入模拟电流值到脱扣器中来验证其准确特性。使用这个单元，脱扣器必须从断路器中断开。

（3）保护功能及参数设定

PR121/P 型保护功能及参数设定见表 4-4。

表 4-4 PR121/P 型保护功能及参数设定

功　　能	脱扣门限值	脱扣时间	可否被关闭	相关值 $t=f(I)$
L 过载保护	$I_1=(0.4,0.425,0.45,0.475,0.5,0.525,0.55,0.575,0.6,0.625,0.65,0.675,0.7,0.725,0.75,0.775,0.8,0.825,0.85,0.875,0.9,0.925,0.95,0.975,1)I_n$	电流 $I=3I_1$ $t_1=(3,12,24,36,48,72,108,144)s$①	—	$t=k/I^2$
容许偏差②	在 $1.05I_1$ 和 $1.2I_1$ 之间脱扣	$\pm10\%I_g\leqslant4I_n$ $\pm20\%I_g>4I_n$		
S 选择性短路保护	$I_2=(1,1.5,2,2.5,3,3.5,4,5,6,7,8,8.5,9,9.5,10)I_n$	电流 $I>I_2$ $t_2=(0.1,0.2,0.3,0.4,0.5,0.6,0.7,0.8)s$	✓	$t=k$
容许偏差②	$\pm7\%,I_g\leqslant4I_n$ $\pm10\%,I_g>4I_n$	两个数据中较好者： ±10%或±40ms		
	$I_2=(1,1.5,2,2.5,3,3.5,4,5,6,7,8,8.5,9,9.5,10)I_n$	电流 $I=10I_n$ $t_2=(0.1,0.2,0.3,0.4,0.5,0.6,0.7,0.8)s$	✓	$t=k/I^2$
容许偏差②	$\pm7\%,I_g\leqslant4I_n$ $\pm10\%,I_g>4I_n$	$\pm15\%,I_g\leqslant4I_n$ $\pm20\%,I_g>4I_n$		
I 短路瞬时保护	$I_3=(1.5,2,3,4,5,6,7,8,9,10,11,12,13,14,15)I_n$	瞬时	✓	$t=k$
容许偏差②	±10%	≤30ms		
G 接地故障保护	$I_4=(0.2,0.3,0.4,0.6,0.8,0.9,1)I_n$	电流 $I=4I_4$ $t_4=(0.1,0.2,0.4,0.8)s$	✓	$t=k/I^2$
容许偏差②	±7%	±15%		
	$I_4=(0.2,0.3,0.4,0.6,0.8,0.9,1)I_n$	电流 $I>I_4$ $I_4=(0.1,0.2,0.4,0.8)s$	✓	$t=k$
允许偏差②		±10%或±40%		

① 最小脱扣时间是 1s，不管设定类型。

② 以上误差适用于以下使用条件：在满负荷下的供电情况（不包括起始阶段）；两相或三相电源供电情况；设定脱扣时间不大于 100ms。

第三节　Tmax 系列塑料外壳式断路器

一、概述

Tmax 系列塑料外壳式断路器是 ABB 公司的产品。符合 IEC 60947-2 标准，主要分为 T1、T2、T3、T4、T5 五个基本型。

Tmax 系列可用在交流系统中，电流为 1～630A，电压可达 690V，分断能力为 16～200kA。带 TMD 和 TMA 的 T1、T2、T3、T4 和 T5 断路器也可用在直流系统中，电流为 1～630A 和具有最小的 24V 工作电压。当 2 极串联时，T1、T2 和 T3 可在额定电压 250V 系统中使用，T4 和 T5 可在 500V 系统中应用，分断能力可达 100kA。而且，如果 3 极串联，T1、T2 和 T3 可应用在额定电压 500V；T4 和 T5 可应用在 750V 的直流系统中，T1、T2 和 T3 的分断能力可达 85kA，T4 和 T5 可达 70kA。

Tmax 系列塑料外壳式断路器保护功能如下：

1）带不可调（$I_3=10\times I_n$）TMF 热磁脱扣器的 T1B 1p。

2）带可调热门限（$I_1=0.7\cdots1\times I_n$）和不可调磁门限（$I_3=10\times I_n$）的 TMD 热磁脱扣器的 T1、T2、T3 和 T4 断路器。

3）带发电机保护型可调热门限［$I_1=(0.7\cdots1)\times I_n$］和不可调磁门限的（$I_3=3\times I_n$）于 T3 以及可调磁门限［$I_3=(2.5\cdots5)\times I_n$］的 TMG 脱扣器于 T5。

4）带可调热门限［$I_1=(0.7\cdots1)\times I_n$］和可调磁门限［$I_3=(5\cdots10)\times I_n$］的 TMA 热磁脱扣器于 T4 和 T5。

5）带 PR221DS 电子脱扣器的 T2 断路器。

6）带 PR221DS、PR222DS/P 和 PR222DS/PD 电子脱扣器的 T4 和 T5 断路器。

二、技术参数

Tmax 塑料外壳式断路器技术参数见表 4-5。

三、PR222DS/PD 电子脱扣器

1. 外形结构

PR222DS/PD 电子脱扣器外形结构如图 4-9 所示。

表 4-5　Tmax 塑料外壳式断路器技术参数

参数名称		技术参数																		
额定电流/A		Tmax T1			Tmax T2				Tmax T3		Tmax T4					Tmax T5				
		160			160				250		250/320					400/630				
极数		3/4			3/4				3/4		3/4					3/4				
额定电压/V		690			690				690		690					690				
额定极限短路分断能力/kA		B	C	N	N	S	H	L	N	S	N	S	H	L	V	N	S	H	L	V
	220/230V	25	40	50	65	85	100	120	50	85	70	85	100	200	200	70	85	100	200	200
	380/415V	16	25	36	36	50	70	85	36	50	36	50	70	120	200	36	50	70	120	200

（续）

参数名称		技术参数																		
额定短路合闸能力 I_{cm}/kA	220/230V	52.5	84	105	143	187	220	264	105	187	154	187	220	440	660	154	187	220	440	660
	380/415V	32	52.5	75.6	75.6	105	154	187	75.6	105	75.6	105	154	264	440	75.6	105	154	264	440
分闸时间(415V)/ms		7	6	5	3	3	3	3	7	6	5	5	5	5	5	6	6	6	6	6

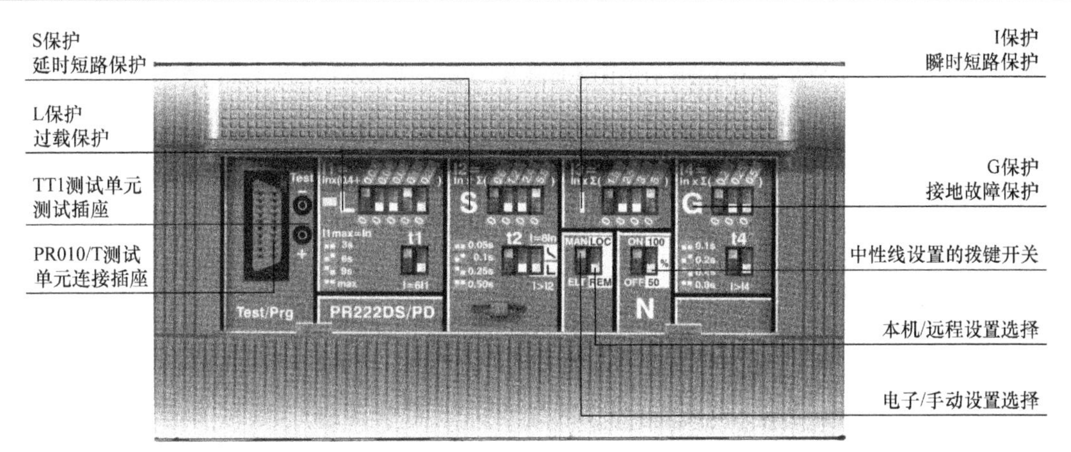

图 4-9 PR222DS/PD 电子脱扣器外形结构

2. 主要特点

PR222DS/PD 电子脱扣器的主要特点如下：

1）除了 L 保护功能、短路短延时 S 和瞬时短路保护 I（PR222DS/PD-LSI）外，还有接地故障保护 G（PR222DS/PD-LSIG），PR222DS/PD 可配置在 T4 和 T5 中，同时，还集成 Modbus RTU 协议的对话单元。

2）PR222/PD 能够将 T4 和 T5 集成在基于 Modbus RTU 协议的通信网络中。Modbus RTU 提供了一个主-从结构系统，主系统（PLC 和 PC 等）与多个从系统（装置）之间进行循环通信。这个装置使用 EIA RS485 作为数据传输的方式，最大传输速度可达 19200bit/s。

3）正常操作所需要的供电电源可直接由电流互感器提供，这可保证脱扣器即使在单相负载条件和最小的设定值下也能正常工作。但是通信需要 DC 24V 的辅助供电电源才能实现。

4）集成通信和控制功能的 PR222DS/PD 脱扣器，可远程传输和获得大量的信息，通过安装在断路器上的分闸、合闸装置来完成分闸和合闸命令，保存配置参数以及保护功能保护曲线。所有的信息既可在本机获得，也就是直接在断路器的前面板上获得或者 FDU 显示，还可通过管理和控制系统远程获得。PR222DS/PD 可通过与 AUX-E 辅助触头一起使用来判断断路器的状态（分/合），也可通过 MOE-E（当 MOE-E 使用时，AUX-E 必须使用）电动操作机构和 AUX-E 辅助触头来远程控制断路器分闸和合闸。

5）若装有 PR222DS/PD 脱扣器的断路器在管理系统中使用时，在 PR010/T 测试阶段，通信将自动停止，当测试完成时又会重新开始工作。

6）可实现本机通信显示，但断路器中必须有一相电流达 $0.35\times I_n$。

3. 保护功能和技术参数

PR222DS/PD 电子脱扣器保护功能和技术参数见表 4-6。

表 4-6　PR222DS/PD 电子脱扣器保护功能和技术参数

<table>
<tr><th>保护功能</th><th colspan="2">脱 扣 门 限</th><th>脱 扣 曲 线[①]</th></tr>
<tr><td rowspan="2">L
不可关闭
过载保护，反时限长延时脱扣和脱扣特性（I^2t=常数开）</td><td colspan="2">手动设置
I_1 = (0.40、0.42、0.44、0.46、0.48、0.50、0.52、0.54、0.56、0.58、0.60、0.62、0.64、0.66、0.68、0.70、0.72、0.74、0.76、0.78、0.80、0.82、0.84、0.86、0.88、0.90、0.92、0.94、0.96、0.98−1)×I_n</td><td>手动设置
在 6×I_1　在 6×I_1　在 6×I_1　在 6×I_1
t_1 = 3s　t_1 = 6s　t_1 = 9s　t_1 = 18s[②]</td></tr>
<tr><td colspan="2">电子设置
I_1 = (0.40~1)×I_n（步距 0.01×I_n）
脱扣在 1.1~1.3×I_n 之间
（IEC 60947-2）</td><td>电子设置
在 6×I_1　t_1 = 3~18s（步距 0.5s）[②]
允许偏差：±10%</td></tr>
<tr><td rowspan="4">S
可关闭
延时短路保护，反时限短延时或定时限短路保护和脱扣特性</td><td rowspan="2">（I^2t=常数开）</td><td>手动设置
I_2 = (0.6、1.2、1.8、2.4、3.0、3.6、4.2、5.8、6.4、7.0、7.6、8.2、8.8、9.4、10)×I_n</td><td>手动设置
在 8×I_n　在 8×I_n　在 8×I_n　在 8×I_n
t_2 = 0.05s　t_2 = 0.1s　t_2 = 0.25s　t_2 = 0.5s</td></tr>
<tr><td>电子设置
I_2 = (0.60~10)×I_n（步距 0.1×I_n）
允许偏差：±10%</td><td>电子设置
在 8×I_n　t_2 = 0.05~0.5s（步距 0.01s）
允许偏差：±10%[④]</td></tr>
<tr><td rowspan="2">（I^2t=常数关）</td><td>手动设置
I_2 = (0.6、1.2、1.8、2.4、3.0、3.6、4.2、5.8、6.4、7.0、7.6、8.2、8.8、9.4、10)×I_n</td><td>手动设置
t_2 = 0.05s　t_2 = 0.1s　t_2 = 0.25s　t_2 = 0.5s</td></tr>
<tr><td>电子设置
I_2 = (0.60~10)×I_n（步距 0.1×I_n）
允许偏差：±10%</td><td>电子设置
t_2 = 0.05~0.5s（步距 0.01s）
允许偏差：±10%[④]</td></tr>
<tr><td rowspan="2">I
可关闭
瞬时短路保护</td><td colspan="2">手动设置
I_3 = (1.5、2.5、3、4、4.5、5、5.5、6.5、7、7.5、8、9、9.5、10.5、12)×I_n[③]</td><td rowspan="2">瞬时≤25ms</td></tr>
<tr><td colspan="2">电子设置
I_3 = (1.5~12)×I_n（步距 0.1×I_n）[③]
允许偏差：±10%</td></tr>
<tr><td rowspan="2">G
可关闭
接地故障保护，反时限短延时和脱扣特性（I^2t=常数）</td><td colspan="2">手动设置
I_4 = (0.2、0.25、0.45、0.55、0.75、0.8、1)×I_n</td><td>手动设置
达到　达到　达到　达到
3.15×I_4　2.25×I_4　1.6×I_4　1.10×I_4
t_4 = 0.1s　t_4 = 0.2s　t_4 = 0.4s　t_4 = 0.8s</td></tr>
<tr><td colspan="2">电子设置
I_4 = (0.2~1)×I_n（步距 0.01×I_n）
允许偏差：±10%</td><td>电子设置
t_4 = 0.1~0.8×I_n（步距 0.01s）
允许偏差：±20%</td></tr>
</table>

① 这些允许偏差适合以下条件：
—自供电继电器处于全电流供电或有辅助电源；
—2 相或 3 相电源供电；
—正弦波峰值因数 1.41；
—峰值因数（峰值/有效值）= $\sqrt{2}$（L；3I_n；S、I、G）。
② 对于 T4I_n = 320A 和 T5I_n = 630A⇒t_1 = 12s。
③ 对于 T4I_n = 320A 和 T5I_n = 630A⇒I_3max = 10×I_n。
④ 对 t_2 = 0.1s 以下为正负 10ms。

四、电气控制接线

Tmax 系列塑料外壳式断路器 T1、T2、T3、T4、T5 电气接线如图 4-10~图 4-13 所示。

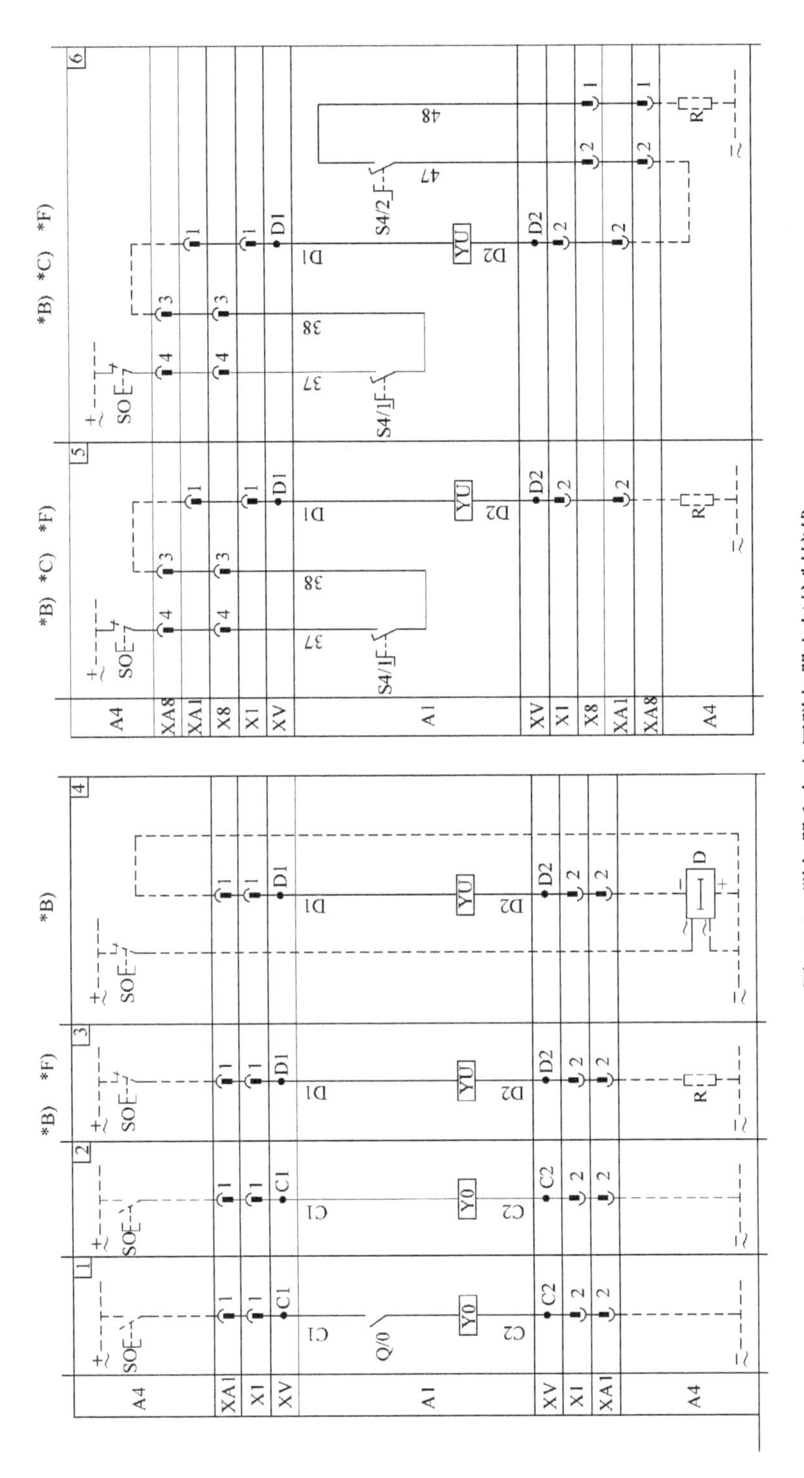

图 4-10　脱扣器和欠电压脱扣器电气控制接线

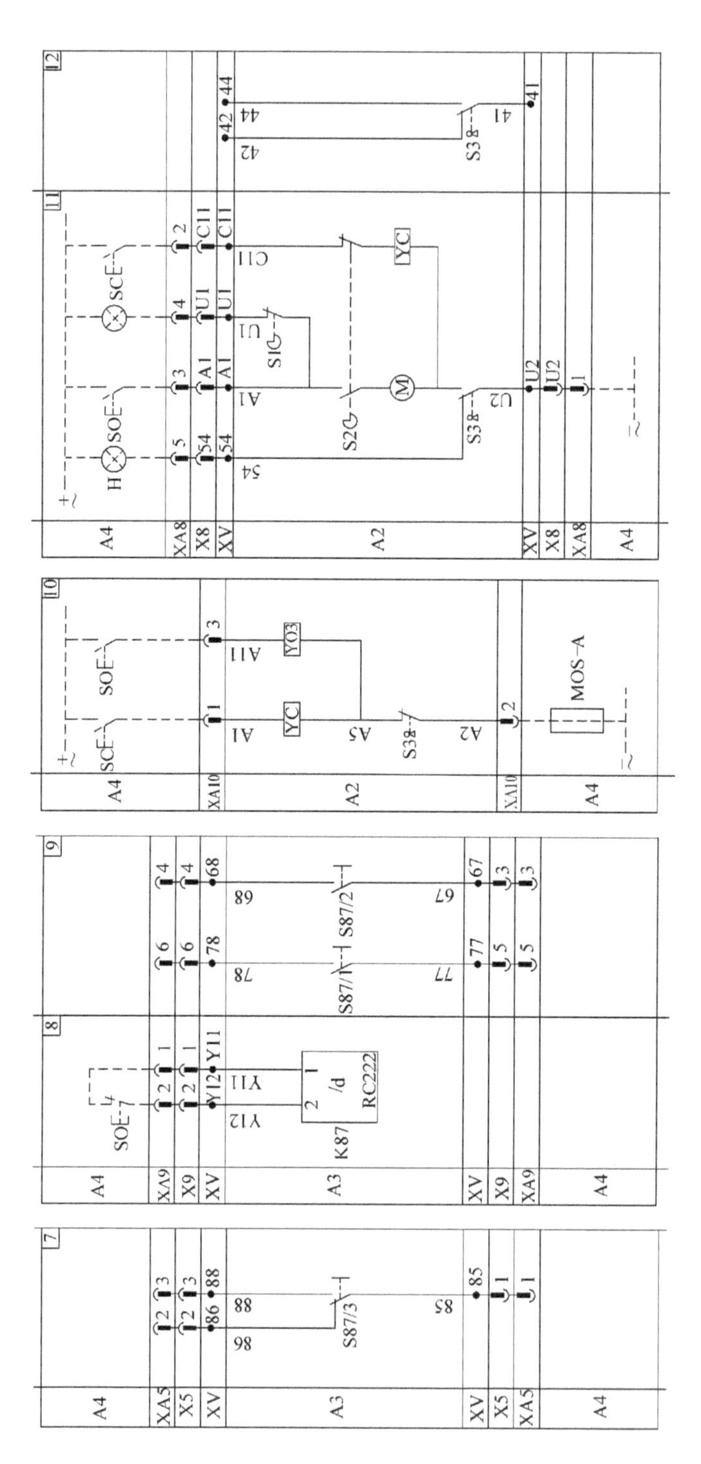

图 4-11　剩余电流脱扣器和遥控接线

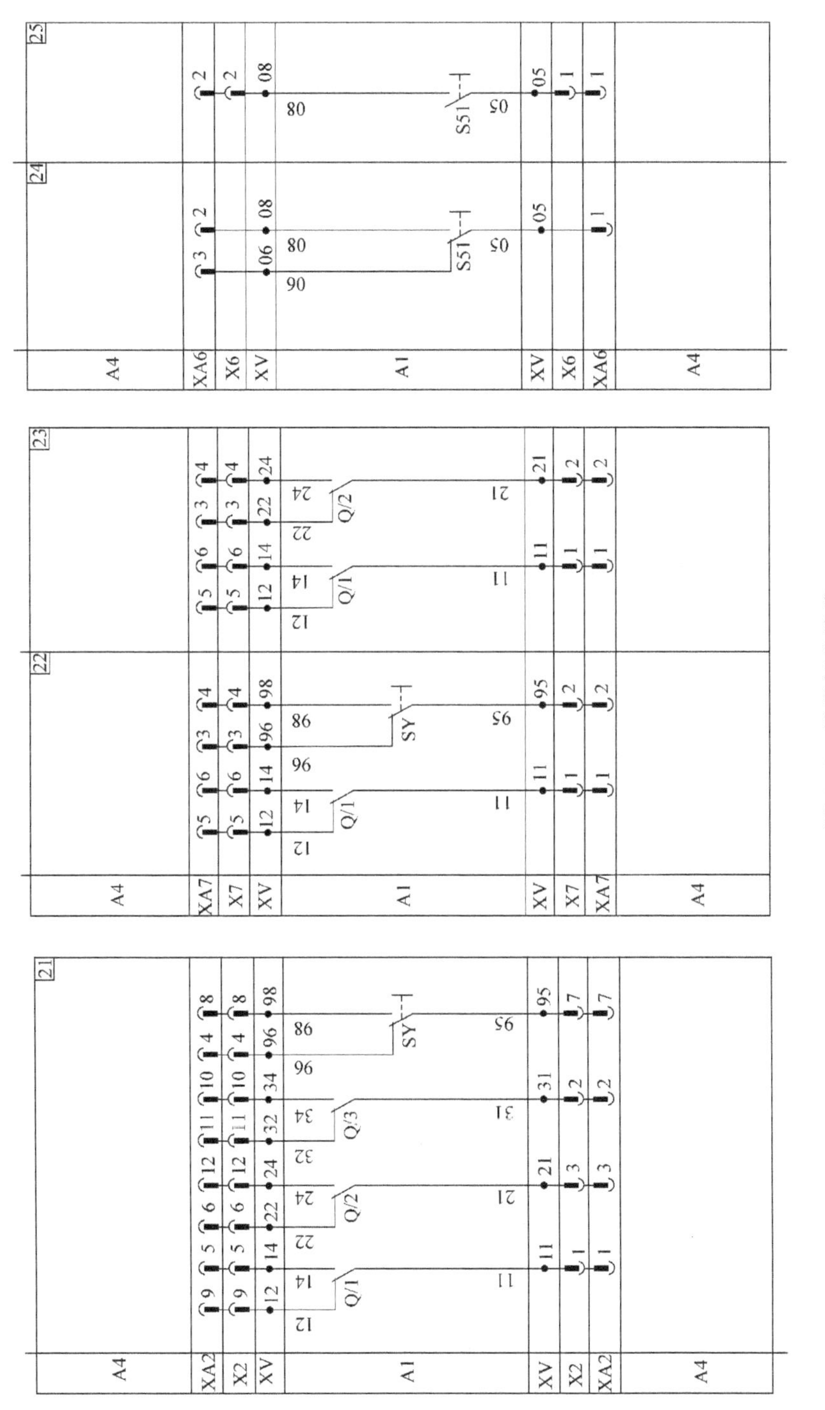
21
22
23
24
25
A4
XA2
X2
XV
A1
XA7
X7
XA6
X6
Q/1
Q/2
Q/3
SY
S51
12
14
22
24
32
34
96
98
11
21
31
95
06
08
05

图 4-12　辅助触头接线

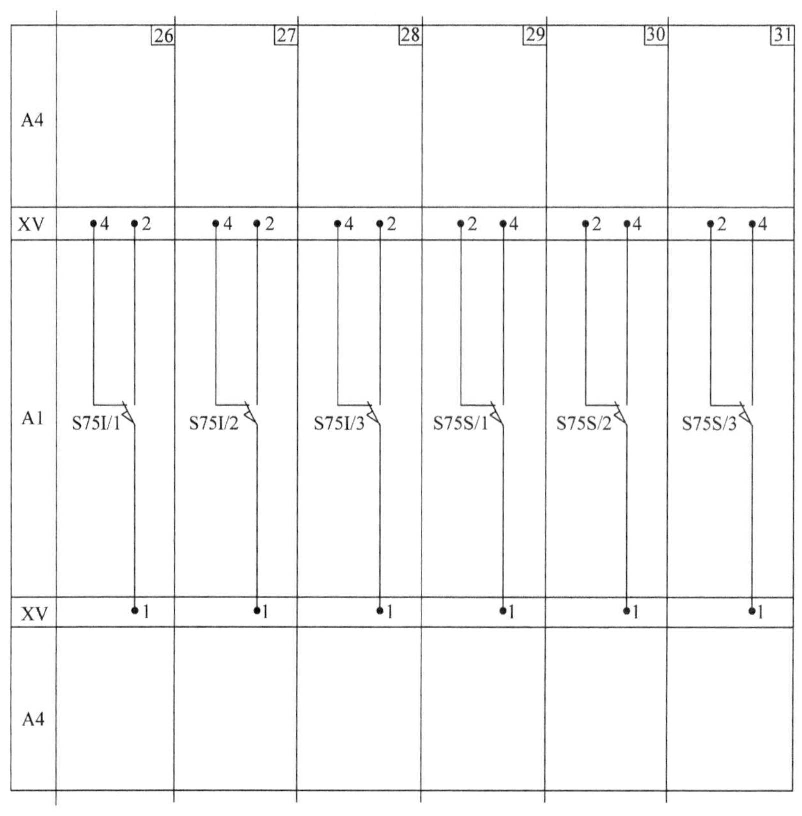

图 4-13　位置触头接线

第四节　低压电器的选择

一、低压电器选择的一般原则

1）首先应选用技术先进的低压电气设备，设备类型应符合安装条件、保护性能及操作方式的要求。

2）额定电压应不小于控制回路电源额定电压。

3）额定电流应不小于控制回路计算负荷电流。

4）额定短路通断能力应不小于控制回路最大计算短路电流。

5）短时热稳定电流应不小于控制回路计算稳态电流，即三相短路电流有效值。

二、低压断路器的选择

1）低压断路器首先应满足低压电气设备选择的一般原则要求。

2）配电变压器低压侧低压断路器应具有长延时和瞬时动作的特性，其脱扣器的动作电流应按下列原则选择：

① 瞬时脱扣器的动作电流，一般为变压器低压侧额定电流的 6~10 倍。

② 长延时脱扣器的动作电流可根据变压器低压侧允许的过负荷电流确定。

3）出线回路低压断路器脱扣器的动作电流应比上一级脱扣器的动作电流至少低一个级差。

① 瞬时脱扣器，应躲过回路中短时出现的尖峰负荷，即

对于综合性负荷回路

$$I_{op} \geqslant K_{rel}(I_{Mst}+\Sigma I_L-I_{MN}) \tag{4-1}$$

对于照明回路

$$I_{op} \geqslant K_c \Sigma I_L \tag{4-2}$$

式中，I_{op} 为瞬时脱扣器的动作电流，单位为 A；K_{rel} 为可靠系数，取 1.2；I_{Mst} 为回路中最大一台电动机的起动电流，单位为 A；ΣI_L 为回路正常最大负荷电流，单位为 A；I_{MN} 为回路中最大一台电动机的额定电流，单位为 A；K_c 为照明计算系数，取 6。

② 长延时脱扣器的动作电流，可按回路最大负荷电流的 1.1 倍确定。

4）低压断路器的校验：

① 低压断路器的分断能力应大于安装处的三相短路电流（周期分量有效值）。

② 低压断路器灵敏度应满足下式要求：

$$K_{sen}=\frac{I_{K\cdot min}^{(2)}}{I_{op}} \geqslant 1.5 \tag{4-3}$$

式中，I_{min} 为被保护线段的最小短路电流，单位为 A；对于 TT、TN-C 系统，为单相短路电流（一般单相短路电流小，很难满足要求，可用长延时脱扣器作后备保护），对于 IT 系统为两相短路电流；I_{op} 为瞬时脱扣器的动作电流，单位为 A；K_{sen} 为动作系数，取 1.5。

③ 长延时脱扣器在 3 倍动作电流时，其可返回时间应大于回路中出现的尖峰负荷持续的时间。

【例 4-1】 某工厂配电所 10kV 电源供电，安装 1 台 SBH11-M-1250 型配电变压器，额定容量 $S_N=1250\text{kV}\cdot\text{A}$，额定电压 $U_{N1}=10\text{kV}$，$U_{N2}=0.4\text{kV}$，低压侧选用 TMY—120×10 型铜母线，长度 $L=3\text{m}$，配电变压器 0.4kV 侧母排处短路电流的计算值见表 4-7，试选择该配电变压器低压侧断路器的型号规格。

表 4-7　配电变压器 0.4kV 侧母排处短路电流的计算值

短路点	三相短路				两相短路
	有效值 I_K/kA	稳态值 I_∞/kA	冲击值 i_{imp}/kA	最大有效值 I_{imp}/kA	有效值 I_K/kA
0.4kV 母排处	37.24	37.24	79.29	45.81	32.25

解：1. 断路器型号的选择

选择 Emax-E3-V 型，3 极固定式断路器。选用 PR121/P 保护脱扣器。

2. 断路器额定电压的选择

断路器的额定电压 $U_N=415\text{V}$，大于系统的额定电压 $U_N=400\text{V}$，满足要求。

3. 断路器额定电流的选择

配电变压器低压侧额定电流按式（1-9）计算，得

$$I_{N2}=\frac{S_N}{\sqrt{3}U_{N2}}=\frac{1250}{\sqrt{3}\times 0.4}\text{A}=1804\text{A}$$

电流互感器的电流比取 $n_{TA}=3000/5=1500$。

查表 4-3，选择断路器额定电流 $I_N=2500A$，大于配电变压器低压侧额定电流 $I_{N2}=1806A$，满足要求。

4. 额定极限短路分断能力的选择

查表 4-3，当 $U_N=415V$ 时，断路器额定极限短路分断能力 $i_{CU}=130kA$，大于三相短路冲击电流计算值 $i_{imp}=79.29kA$，满足要求。

5. 额定运行短路分断电流的选择

查表 4-3，当 $U_N=415V$ 时，断路器额定运行短路分断电流 $I_{CU}=100kA$，大于三相短路电流计算值 $I_K=I_\infty=37.24kA$，满足要求。

6. 额定短时耐受电流的选择

查表 4-3，断路器额定短时耐受电流 $i_{CU}=85kA$，大于三相短路冲击电流计算值 $i_{imp}=79.29kA$。

7. 额定短路合闸峰值电流的选择

查表 4-3，当 $U_N=415V$ 时，断路器额定短路合闸峰值电流 $i_{CU}=286kA$，大于三相短路冲击值 $i_{imp}=79.29kA$，满足要求。

8. PR121/P 过载保护的整定

查表 4-4 可知，L 过载保护动作电流整定值为

$$I_{op}=KI_{N2}=1.2\times1804A=2164.8A$$

断路器脱扣时间 $t=3s$。

9. 短路瞬时保护的整定

查表 4-4，I 短路瞬时保护动作整定电流为

$$I_{op}=KI_{n2}=10I_N=10\times1804A=18040A$$

断路器瞬时脱扣动作时间 $t\leqslant30ms$。

10. 保护动作灵敏度的校验

保护动作灵敏度按式（4-3）校验，即

$$K_{sen}=\frac{I_K^{(2)}}{I_{op}}=\frac{32.25}{18.04}=1.8>1.5$$

故断路器动作灵敏度满足要求。

Emax-E3-V 型断路器的技术参数及控制回路的计算值见表 4-8。

选择的断路器各项技术参数满足要求。

三、低压熔断器的选择

1）低压熔断器应满足低压电器设备选择的一般原则要求。

表 4-8　Emax-E3-V 型断路器的技术参数及控制回路的计算值

名　　称	断路器额定值	计算值
额定电压/V	415	400
断路器额定电流/A	2500	1804
额定极限分断电流/kA	130	79.29

（续）

名　　称	断路器额定值	计算值
额定运行短路分断电流/kA	100	37.24
额定短时耐受电流/kA	85	79.29
额定短路合闸电流/kA	286	79.29
过载保护整定电流/A	$1.2I_{N2}/n_{TA}$	2164.8/1.44
过载保护动作时间/s	3	3
短路瞬时保护动作电流/A	$10I_N/n_{TA}$	18040/12.04
短路瞬时保护动作时间/ms	≤30	30
断路器动作灵敏度	1.5	1.8

2）配电变压器低压熔断器的额定电流可按式（4-4）计算，即

$$I_N = KI_{N2} \tag{4-4}$$

式中，I_N 为熔断器熔体的额定电流，单位为 A；K 为保险系数，一般取 1.2；I_{N2} 为配电变压器低压侧的额定电流，单位为 A。

3）综合性负荷回路熔体电流的选择如下：

对于综合性负荷回路保护熔体电流可按式（4-5）选择，即

$$I_N \geqslant I_{max \cdot st} + (\Sigma I_{max} - I_{max \cdot N}) \tag{4-5}$$

式中，I_N 为熔体额定电流，单位为 A；$I_{max \cdot st}$ 为回路中最大一台电动机的起动电流，单位为 A；ΣI_{max} 为回路正常最大负荷电流，单位为 A；$I_{max \cdot N}$ 为回路中最大一台电动机的额定电流，单位为 A。

4）熔体熔断能力的校验如下：

一般熔体熔断能力按两相短路电流周期分量校验，即

$$K_{sen} = \frac{I_{K \cdot min}^{(2)}}{I_N} \geqslant 10 \tag{4-6}$$

式中，$I_{K \cdot min}^{(2)}$ 为两相短路电流，单位为 A；I_N 为熔体的额定电流，单位为 A。

熔断器的极限分断能力，应大于被保护线路三相短路电流周期分量有效值，即

$$I_{lf} \geqslant I_K^{(3)} \tag{4-7}$$

式中，I_{lf} 为熔断器极限分断能力，单位为 A；$I_K^{(3)}$ 为三相短路电流有效值，单位为 A。

【例 4-2】 某农村安装 1 台 SBH11-M-160/10 型配电变压器，试选择配电变压器低压侧保护熔断器的型号规格。

解： 查表 1-2，配电变压器的额定容量 $S_N = 160\text{kV} \cdot \text{A}$ 时的阻抗值 $Z_T = 40\text{m}\Omega$，按式（1-54）计算三相短路电流有效值，得

$$I_K^{(3)} = \frac{U_{av}}{\sqrt{3}Z_T} = \frac{400}{\sqrt{3} \times 40}\text{kA} = 5.77\text{kA}$$

两相短路电流按式（1-55）计算，得

$$I_K^{(2)} = \frac{\sqrt{3}}{2}I_K = \frac{\sqrt{3}}{2} \times 5.77\text{kA} = 5\text{kA}$$

配电变压器低压侧的额定电流按式（1-9）计算，得

$$I_{N2}=\frac{S_N}{\sqrt{3}U_{N2}}=\frac{160}{\sqrt{3}\times 0.4}A=230.9A$$

熔断器熔体的额定电流按式（4-4）计算，得

$$I_N=KI_{N2}=1.2\times 321.2A=385.44A$$

选择 NT2 型熔断器，额定电压 $U_N=500V$，大于配电变压器低压侧的额定电压 $U_N=400V$，选择额定电流 $I_N=400A$，大于配电电变压器低压侧的额定电流 $I_{N2}=230.9A$。

熔断器熔体的熔断灵敏度按式（4-6）校验，得

$$K_{sen}=\frac{I_{K\cdot min}^{(2)}}{I_N}=\frac{5000}{400}=12.5>10$$

满足灵敏度要求。

第五节　低压断路器的运行维护及故障处理

一、低压断路器的运行维护

低压断路器除了在投入运行前需要做一般性的解体检查外，在运行了一段时间后，经过多次操作和故障跳闸，还必须进行适当的维护，以保持正常工作状态。

1. 运行中的断路器一般检查

1）检查负荷电流是否在额定值范围以内。

2）检查断路器的信号指示与电路分、合状态是否相符。

3）检查断路器的过负荷热脱扣器的整定值是否与过负荷定值的规定相符。

4）检查断路器与母线或出线的连接点有无过热现象。

5）过电流脱扣器的整定值一经调好就不允许随意更动，长时间使用后要检查其弹簧是否生锈卡住，以免影响其动作。如发生长时间的负荷变动（增加或减少），需要相应调节过电流脱扣器的整定值，必要时应更换设备或附件。

6）应定期检查各种脱扣器的动作值，有延时者还要检查其延时情况。

7）监听断路器在运行中有无异常音响。

8）定期清除断路器上的尘垢，以免影响操作和绝缘。

2. DW 型低压断路器的其他检查

DW 型低压断路器除应做一般性检查外，还应做如下检查：

1）检查辅助触头有无烧蚀现象。

2）检查灭弧栅有无破裂和松动情况，如有损坏，应停止使用，待修配或更换后才能投入运行，以免在断开电路时发生飞弧现象，造成相间短路而发生事故。

3）检查失电压脱扣线圈有无异常声音和过热现象，电磁铁上的短路环有无损伤。

4）检查绝缘连杆有无损伤、放电现象。

5）检查传动机构中的连接部位开口销子以及弹簧等是否完好以及传动机构有无变形、锈蚀、销钉松脱现象，相间绝缘主轴有无裂痕、表层剥落和放电现象。

6）检查合闸电磁铁机构及电动机合闸机构是否在正常状态。

7）设有金属外壳的断路器应该接地。

3. DZ型低压断路器的其他检查

DZ型低压断路器除应做一般性检查外，还应做如下检查：

1）检查断路器的外壳有无裂损现象。

2）检查断路器的操作手柄有无裂损现象。

3）检查断路器的电动合闸机构润滑是否良好，机件有无裂损状况。

4. 维护工作

低压断路器除上述运行检查外，还应安排定期维护，其内容如下：

1）取下灭弧罩，检查灭弧栅片的完整性及清除表面的烟痕和金属粉末，外壳应完整无损，损坏应及时更换。

2）断路器的触头在使用一定的次数或分断短路电流后，如表面有毛刺和颗粒等应及时清理和修整，以保证接触良好。如果触头的银钨合金表面烧损，并超过1mm应更换新触头。

3）检查触头的压力，有无因过热而失效，调节三相触头的位置和压力，使其保持三相同进闭合，并保证接触面完整，接触压力一致。

4）用手动缓慢分、合闸，检查辅助触头的常闭、常开工作状态是否符合要求，并清擦其表面，损坏的触头应更换。

5）检查脱扣器的衔铁和弹簧活动是否正常，动作应无卡阻，电磁铁工作极面应清洁平滑，无锈蚀、毛刺和污垢。热元器件的各部位有无损坏，其间隙是否正常。如有以上不正常情况应进行清理或调整。

6）机构的各个摩擦部位应定期添加润滑油，每使用一段时间（一般为半年）后，应给操作机构添加润滑油（小容量的塑壳式断路器不需要加油）。

7）检修完毕后，应做传动试验，检查是否正常。特别是电气联锁系统，要确保接线正确，动作可靠。

二、低压断路器的常见故障及处理

1. 固定式低压断路器

固定式低压断路器的常见故障及处理方法见表4-9。

表4-9　固定式低压断路器的常见故障及处理方法

故障现象	故障原因	处理方法
手动操作断路器，触头不能闭合	(1) 失电压脱扣器无电压或线圈烧坏 (2) 储能弹簧变形，闭合力减小 (3) 反作用弹簧力过大 (4) 机构不能复位再扣	(1) 检查线路或更换线圈 (2) 更换储能弹簧 (3) 重新调整弹簧力 (4) 调整再扣接触面至规定值
电动操作断路器，触头不能闭合	(1) 操作电压不符 (2) 电源容量小 (3)电磁铁拉杆行程不够 (4) 电动机操作定位开关失灵 (5) 控制器中整流管或电容器损坏	(1) 更换相应电压等级的操作电源 (2) 提高操作电源容量 (3) 重新调整或更换拉杆 (4) 重新调整或更换定位开关 (5) 更换整流管或电容器

（续）

故障现象	故 障 原 因	处 理 方 法
有一相触头不能闭合	（1）一相连杆断裂 （2）限流断路器斥力机构可折连杆间角度变大	（1）更换连杆 （2）调整角度至规定的要求
欠电压脱扣器不能使断路器分断	（1）反力弹簧力变小 （2）若为储能释放，致使储能弹簧力变小 （3）机构卡阻	（1）调整弹簧 （2）调整储能弹簧 （3）消除卡阻原因
断路器闭合后一定时间内自行分断	（1）过电流脱扣长延时整定值有误 （2）热元器件或半导体延时电路元器件变质	（1）重新调整整定值 （2）更换元器件
分励脱扣器不能使断路器分断	（1）线圈短路 （2）电源电压太低 （3）再扣接触面太大 （4）螺钉松动	（1）更换线圈 （2）调整电源电压 （3）重新调整再扣接触面 （4）拧紧螺钉
起动电动机时断路器立即分断	（1）过电流脱扣瞬时动作电流整定值太小 （2）空气式脱扣器阀门失灵，或橡皮膜破裂	（1）调整过电流脱扣器整定值 （2）更换空气式脱扣器或修理损坏部件
欠电压脱扣器噪声大	（1）反力弹簧力太大 （2）铁心工作面有油污 （3）短路环断裂	（1）重新调整 （2）清除油污 （3）更换短路环
触头温度过高	（1）触头压力过低 （2）触头表面过分磨损或接触不良	（1）调整触头压力或更换弹簧 （2）更换触头或清理接触面
辅助触头失灵	（1）动触头卡死或脱落 （2）传动机构断裂，滚轮脱落	（1）重新装好动触头 （2）更换传动杆和滚轮
半导体过电流脱扣器误动	（1）半导体元器件损坏 （2）定值不稳定 （3）外界电磁场干扰	（1）更换损坏的元器件 （2）换成有温度补偿的稳压管 （3）进行隔离，使其免受电磁场影响

2. 抽屉式断路器

抽屉式断路器的常见故障及处理方法见表4-10。

表4-10 抽屉式断路器的常见故障及处理方法

故障现象	故障原因	处 理 方 法
断路器跳闸（故障指示灯亮）	过载故障脱扣（长延时指示灯亮）	（1）在智能控制器上检查分断电流值及动作时间 （2）分析负载及电网运行情况 （3）如确认过载应立即寻找及排除故障 （4）如实际运行电流与长延时动作电流不匹配，应根据实际运行电流修改长延时动作电流整定值，以适当地匹配保护 （5）按下复位按钮，将断路器重新合闸
	短路故障脱扣（短延时或瞬时指示灯亮）	（1）在智能控制器上检查分断电流值及动作时间 （2）如确认短路应立即寻找及排除故障 （3）检查智能控制器的整定值 （4）检查断路器是否完好，并确定能否合闸运行 （5）按下复位按钮，将断路器重新合闸

（续）

故障现象	故障原因	处 理 方 法
断路器跳闸（故障指示灯亮）	接地故障脱扣（接地故障指示灯亮）	（1）在智能控制器上检查分断电流值及动作时间 （2）如确认存在接地故障应立即寻找及排除故障 （3）如检查无接地故障，请检查接地故障电流整定值是否合适，是否与实际保护相匹配；如整定不合适，应修改接地故障电流整定值 （4）按下复位按钮，将断路器重新合闸
	欠电压脱扣器脱扣	（1）检查电源电压是否低于 70%U_e （2）检查欠电压脱扣器及控制单元是否出故障
	机械联锁动作	检查两台装有机构联锁的断路器工作状态
断路器不能合闸	欠电压脱扣器没有吸合	（1）欠电压脱扣器是否已通电 （2）检查电源电压是否低于 70%U_e （3）检查欠电压脱扣器及控制单元是否出故障，如确认故障应更换欠电压脱扣器
	复位按钮没有复位	按下复位钮，将断路器重新合闸
	抽屉式断路器未摇到位	将抽屉式断路器摇到位（应有“咔咔”两下声响）
	抽屉式断路器二次回路接触不良	检查二次回路接触情况，并予以排除
	断路器未预储能	（1）检查电动机控制电源是否接通并且必须不小于 85%U_s （2）检查电动机储能机构有无故障
	机械联锁动作，断路器被锁住	检查两台断路器机械联锁工作状态是否正常
	合闸电磁铁问题	（1）检查合闸电磁铁电源电压必须不小于 85%U_s （2）如合闸电磁铁有问题，不能吸合应更换
断路器合闸后跳闸	（1）立即跳闸 （2）延时跳闸	（1）可能合闸时电路中有短路电流，应寻找并排除故障 （2）电路中有无过载电流，应寻找并排除故障 （3）应检查断路器机构是否处于完好状态 （4）检查智能控制器整定值是否合理，不合理要重新整定 （5）按下复位钮，将断路器重新合闸
断路器频繁跳闸	现场过负荷运行引起过载保护跳闸，由于过载热记忆功能未能及时断电清除，又重新合闸	将控制器断电一次，或 30min 后再合闸断路器
断路器不能分闸	（1）不能远距离电动使断路器分闸 （2）不能由分闸按钮使断路器分闸	（1）检查分励脱扣器电路连接是否可靠及分励脱扣器有无故障，如确认有故障应更换分励脱扣器 （2）检查操作机构，有无机械故障
断路器不能储能	（1）不能手动储能 （2）不能电动储能	（1）检查电动储能装置控制电源电压应不小于 85%U_s，电路连接有无问题 （2）检查电动机有无问题 （3）储能机构故障

（续）

故障现象	故障原因	处　理　方　法
抽屉式断路器在“分离”位置不能抽出断路器	（1）手柄未拔出 （2）断路器没有完全达到“分离”位置	拔出手柄，把断路器完全摇到“分离”位置
抽屉式断路器不能摇到“连接”位置	有异物落入抽屉座内卡死摇进机构或摇进机构齿轮有损坏	检查有无异物，以及齿条和齿轮情况
智能控制器屏幕无显示	（1）智能控制器没有接通电源 （2）辅助电源输入端电压不正常 （3）基座变压器二次侧输出电压不正常 （4）基座变压器二次侧输出端与控制器连接不可靠	（1）检查智能控制器电源接通是否良好 （2）切除智能控制器控制电源，然后再接通电源，如故障依然存在，则可能控制器有问题需更换
H型控制器通信不正常	（1）通信线与断路器接线端子没有可靠连接 （2）通信线10#、11#端顺序接反 （3）通信距离、连线方式存在问题不符合要求 （4）断路器通信地址设置存在问题	（1）检查通信线与断路器接线端子是否连接可靠或是否错接 （2）检查通信线10#、11#端顺序是否接反，如接反应改正 （3）检查通信距离、连接方式是否符合要求 （4）检查断路器通信地址设置是否正确、有无冲突

第五章　高 压 电 器

第一节　高压断路器型号的选择

一、ZN28A-10 系列真空断路器

1. 概述

ZN28A-10 系列户内高压真空断路器是三相交流 50Hz、额定电压为 10kV 的户内装置，主要装设在固定式开关柜中或方便地替换老开关设备的少油断路器，安装尺寸相同，用于工矿企业，发电厂及变电站作电气设施的保护与控制，并适用于频繁操作的场所。

2. 技术参数

ZN28A-10 系列真空断路器的技术参数见表 5-1。

表 5-1　ZN28A-10 系列真空断路器的技术参数

序号	名　　称	ZN28A-10/630 1000-20 1250	ZN28A-10/630 1250-25 1600	ZN28A-10/1250 1600-31.5 2000	ZN28A-10/2000 2500-40 3150
1	额定电压(最高电压)/kV	12	12	12	12
2	额定电流/A	630 1000 1250	630 1250 1600	1250 1600 2000	2000 2500 3150
3	额定短路开断电流/kA	20	25	31.5	40
4	额定短路关合电流/kA	50	63	80	100
5	额定峰值耐受电流/kA	50	63	80	100
6	额定短时耐受电流/kA	20	25	31.5	40
7	额定短路持续时间/s	4	4	4	4
8	额定短路开断电流开断次数/次	30	30	30	30
9	额定操作顺序	分—0.3s—合分—180s—合分			
10	1min 工频耐压(有效值)/kV	42	42	42	42
11	雷电冲击耐压/kV	75	75	75	75
12	机械寿命/次	10000	10000	10000	10000

二、VS1-12 型真空断路器

1. 概述

VS1-12 型户内高压真空断路器是户内安装、三相交流 50Hz、额定电压为 12kV 级的变配电的控制和保护设备，用于 12kV 及以下的交流系统中，可用来分、合额定电流和故障电

流，尤其适合于频繁操作，如投切电容器组、控制电炉变压器和高压电机等，也可作为联络断路器使用。

断路器符合 GB 1984～1989 和 IEC56。

真空断路器采用封闭绝缘形式，主绝缘筒加内外裙边，其爬电比距都达到了 DL 标准要求，该产品具有体积小、绝缘可靠、无污染、无爆炸、性能稳定、技术参数高、维护周期长等显著优点。

断路器配用 ZMD14-10 系列中封式陶瓷或玻璃真空灭弧室，其铜铬触头具有环状纵磁场触头结构，开断能力强，截流水平低电寿命长。

机构与本体前后布置成一整体，传动效率高，操作性能好，适用于频繁操作，可装于移开式或固定式开关柜。

在手车式 VS1 基础上，开发设计而成的固定式断路器，能与 XGN2、GG1A、GGX2 等柜体相匹配，且能在旧柜改造中替换即将淘汰的老断路器（如油断路器），改动小、投资少、安装方便、节省时间。

用于中置柜中的抽出式手车系列功能单元：隔离手车、电压互感器手车（2PT 和 3PT）、电流互感器手车（2CT 和 3CT）、熔断器手车、接地手车等。

2. 技术参数

VS1 型真空断路器的技术参数见表 5-2。

表 5-2　VS1 型真空断路器的技术参数

序号	名称		参数
1	额定电压/kV		12
2	额定绝缘水平	雷电冲击耐受压(全波峰值)/kV	75
		1min 工频耐受电压(有效值)/kV	42
3	额定电流/A		630,1250,1600,2000,2500,3150
4	额定单个电容器组开断电流/A		200,630,800
5	额定背对背电容器组开断电流/A		200,400,630
6	额定频率/Hz		50
7	额定短路开断电流/kA		20,31.5,40,50
8	额定短路关合电流(峰值)/kA		50,80,100,125
9	额定峰值耐受电流/kA		50,80,100,125
10	额定短时耐受电流(有效值)/kA		20,31.5,40,50
11	额定短路耐受时间/s		4
12	额定操作顺序/s		0—0.3s(180s)—CO—180s—CO
13	机械寿命/次		20000
14	电寿命	开断额定短路开断电流/次	50
		开断额定电流/次	20000
15	动、静触头累计允许磨损厚度/mm		3

注：括号内数字为 40kA、50kA 参数。

3. 电气控制接线

VS1 型真空断路器抽出式电气控制接线如图 5-1 所示。

三、VD4-12 型真空断路器

1. 技术参数

ABB 公司生产的 VD4 型真空断路器的技术参数见表 5-3。

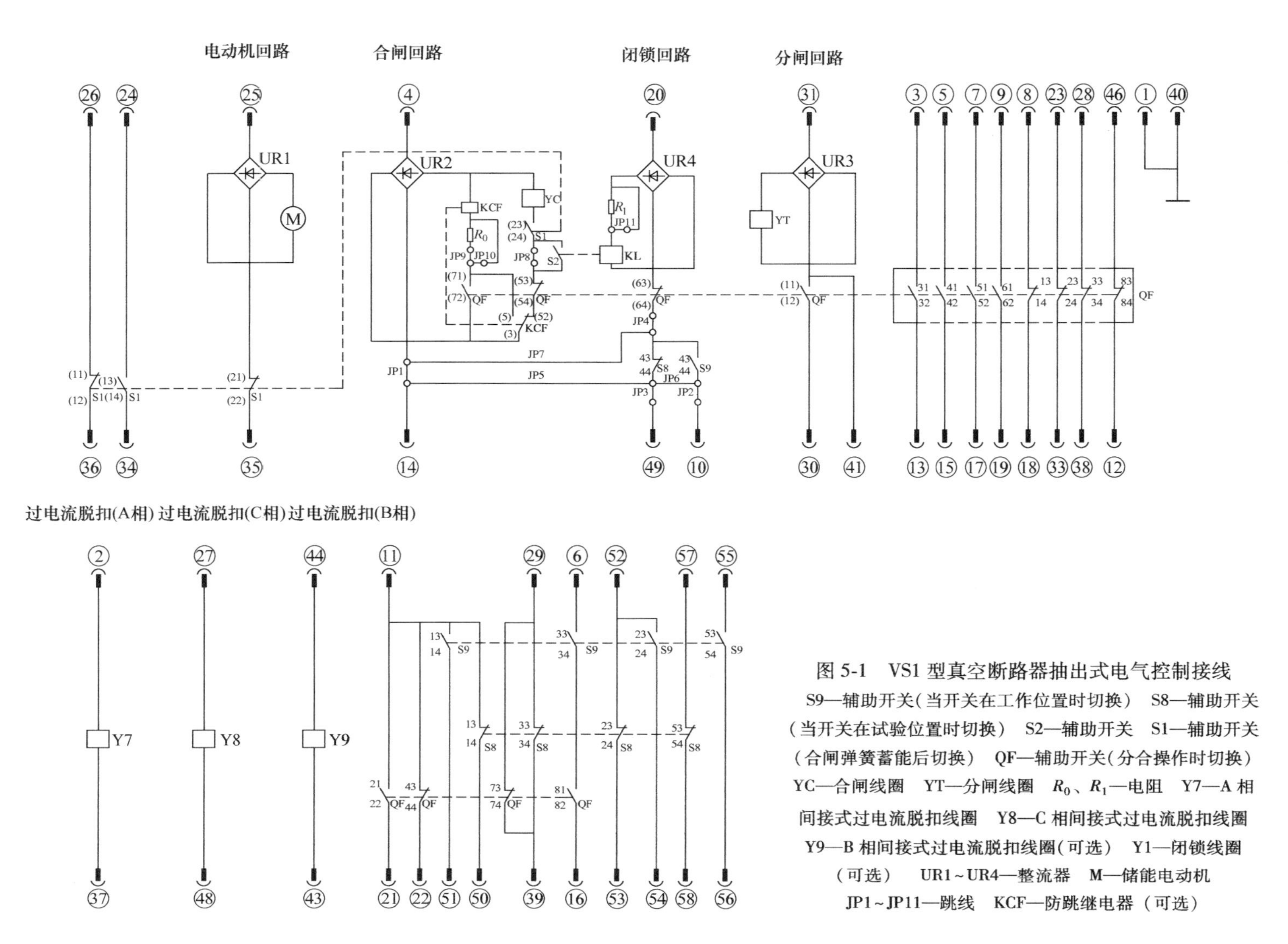

图 5-1　VS1 型真空断路器抽出式电气控制接线

S9—辅助开关(当开关在工作位置时切换)　S8—辅助开关(当开关在试验位置时切换)　S2—辅助开关　S1—辅助开关(合闸弹簧蓄能后切换)　QF—辅助开关(分合操作时切换)　YC—合闸线圈　YT—分闸线圈　R_0、R_1—电阻　Y7—A 相间接式过电流脱扣线圈　Y8—C 相间接式过电流脱扣线圈　Y9—B 相间接式过电流脱扣线圈(可选)　Y1—闭锁线圈(可选)　UR1～UR4—整流器　M—储能电动机　JP1～JP11—跳线　KCF—防跳继电器（可选）

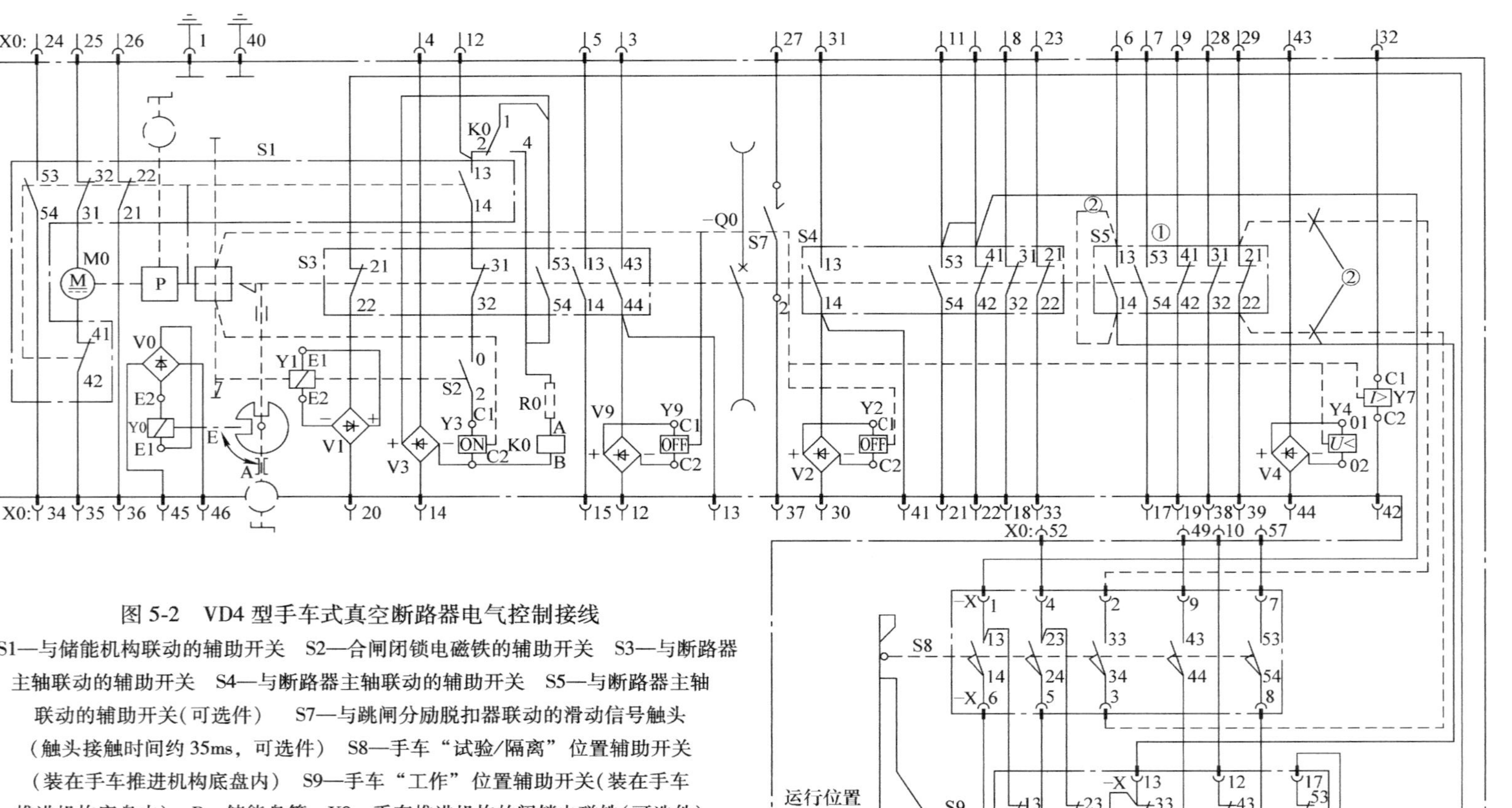

图 5-2　VD4 型手车式真空断路器电气控制接线

S1—与储能机构联动的辅助开关　S2—合闸闭锁电磁铁的辅助开关　S3—与断路器主轴联动的辅助开关　S4—与断路器主轴联动的辅助开关　S5—与断路器主轴联动的辅助开关(可选件)　S7—与跳闸分励脱扣器联动的滑动信号触头(触头接触时间约 35ms，可选件)　S8—手车“试验/隔离”位置辅助开关(装在手车推进机构底盘内)　S9—手车“工作”位置辅助开关(装在手车推进机构底盘内)　P—储能盘簧　Y0—手车推进机构的闭锁电磁铁(可选件)　Y1—合闸闭锁电磁铁　Y2—第一分闸脱扣器　Y3—合闸脱扣器　Y4—低电压脱扣器(可选件)　Y7—间接式过电流脱扣器(可选件)　Y9—第二分闸脱扣器(可选件)　V0—用于 Y0 的整流器件(可选件)　V1～V4、V9—用于各线圈的整流器件　M—弹簧操动机构的储能电动机　K0—机构同步防跳跃继电器

表 5-3　VD4 型真空断路器的技术参数

序号	名　称		参　数
1	额定电压/kV		12
2	额定电流/A		630,1250,1600,2000,2500,3150
3	额定频率/Hz		50
4	额定绝缘水平	1min 工频耐受电压/kV	42
		雷电冲击耐受电压/kV	75
5	额定短路开断电流/kA		16,20,25,31.5,40
6	额定短时耐受电流/kA		16,20,25,31.5,40
7	额定峰值耐受电流/kA		40,50,63,80,100,125
8	额定短路电流耐受时间/s		3
9	机械寿命/次		30000
10	合闸时间/ms		约 70
11	分闸时间/ms		≤45
12	燃弧时间/ms		≤15
13	开断时间/ms		≤60

2. 控制接线

在 KYN28-12 系列 10kV 开关柜中，VD4 型手车式真空断路器电气控制接线如图 5-2 所示。

VD4 型真空断路器储能电动机操动机构的电气控制接线如图 5-3 所示。

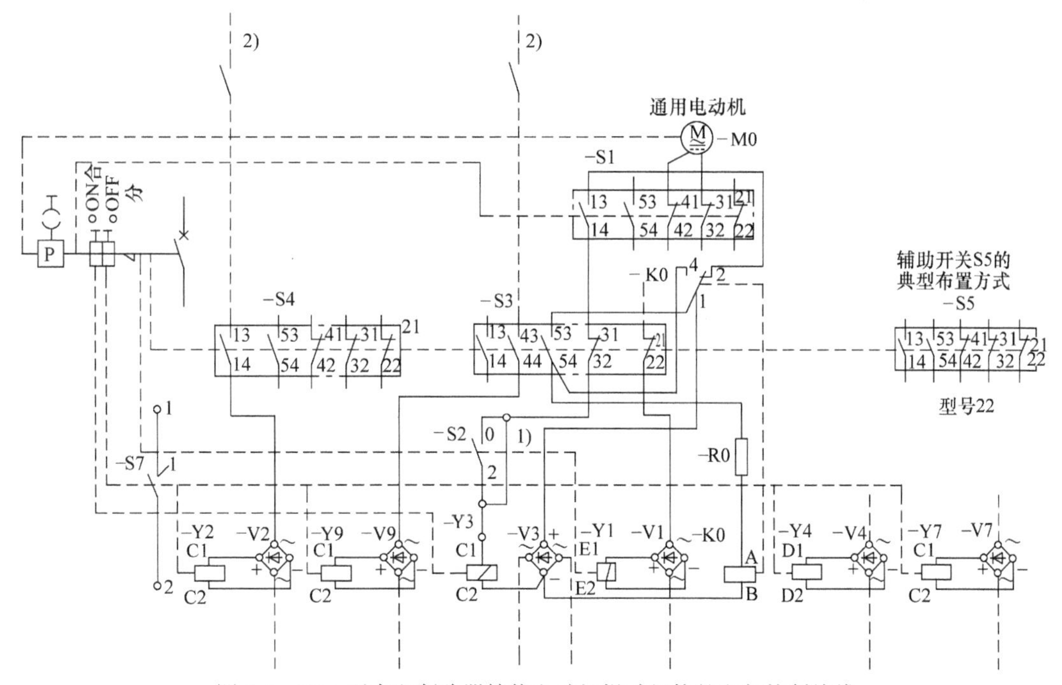

图 5-3　VD4 型真空断路器储能电动机操动机构的电气控制接线

S1—操动机构的辅助开关　S2—闭锁电磁铁的辅助开关　S3—装在断路器的主轴上的辅助开关　S4—装在断路器主轴上的辅助开关　S5—装在断路器主轴上的辅助开关　S7—用于电气分闸信号的辅助开关（触头接触时间≥300ms）　P—储能弹簧　Y1—闭锁电磁铁　Y2—分闸脱扣器　Y3—合闸释能电磁铁　Y4—低电压脱扣器　Y7—间接式过电流脱扣器　Y9—第二级分闸脱扣器　V1—Y1 用的整流元件　V2—Y2 用的整流元件　V3—Y3 与 K0 用的整流元件　V4—Y4 用的整流元件　V7—Y7 用的整流元件　V9—Y9 用的整流元件　M0—弹簧操动机构的储能电动机　K0—防跳继电器　R0—串联电阻器

四、ZW1-12(G)/630 柱上真空断路器

ZW1-12(G)/630 型柱上真空断路器带隔离开关，额定电压为 12kV，额定电流为 630A。该断路器为复合绝缘介质，无油，其本体由导电回路、硅橡胶绝缘子、密封件及不锈钢壳体组成，为三相共箱式。导电回路由进出线导电杆动静端支座，导电夹与真空灭弧室连接而成。外绝缘主要通过高压绝缘子来实现。操动机构可配弹簧机构（手动或电动储能），也可配永磁操动机构。

五、ZW32-12/630 型户外真空断路器

ZW32-12/630 型户外真空断路器，额定电压为 12kV，额定电流为 630A。该断路器采用三相支柱式结构，并配有两相或三相 CT，支座及 CT 均采用环氧树脂固定绝缘，操动机构采用小型化弹簧操动机构，传动采用直动传输方式，机构置于密封的机构箱内。可手动或电动分、合闸。

六、ZN72-40.5 型真空断路器

1. 简介

ZN72-40.5 型真空断路器，额定电压为 40.5kV 的户内高压开关设备，该断路器结构简单、开断能力强、操作功能齐全、维修简便。安装在 JGN2-40.5 型固定式开关柜中，对电气设备进行控制和保护。

2. 技术参数（见表 5-4）

表 5-4 ZN72-40.5 型真空断路器主要技术参数

序号	名　称	参　数
1	额定电压/kV	40.5
2	额定电流/A	1250,1600,2000,2500
3	额定开断电流/kA	25,31.5
4	额定峰值耐受电流/kA	63,80
5	额定短时耐受电流/(kA/s)	25/4　31.5/4
6	额定短时关合电流(峰值)/kA	63,80
7	额定工频耐受电压(1min)/kV	185
8	额定雷电冲击耐受电压(峰值)/kV	95

3. 操动机构安装接线

ZN72-40.5 型真空断路器操作机构接线如图 5-4 所示。

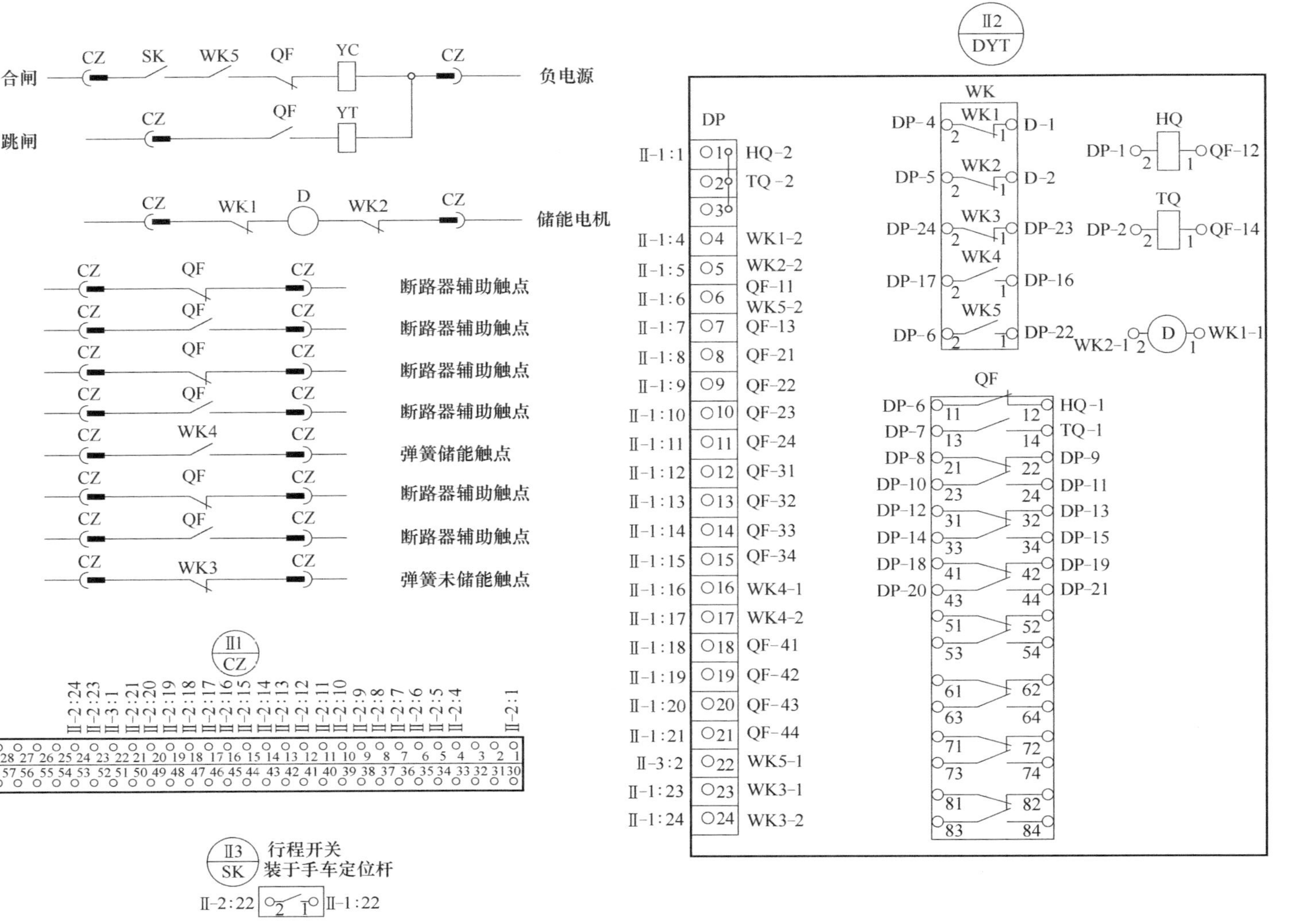

图 5-4　ZN72-40.5 型真空断路器操作机构接线图

第二节　负荷开关

一、FN16-12 系列负荷开关

1. 概述

FN16-12 系列真空负荷开关适用于交流额定电压为 6~10kV 的网络中，可开断正常负荷电流和过负荷电流，但不能切断短路电流。特别适用于无油化、少检修及要求频繁操作的场所。具有开断安全可靠、电寿命长，可频繁操作、开断电流较大、基本不需维护，且有明显的隔离断口等优点。负荷开关与熔断器配合，可以代替高压断路器。

FN16A-12D/630 型负荷开关的外形结构及安装尺寸如图 5-5 所示。

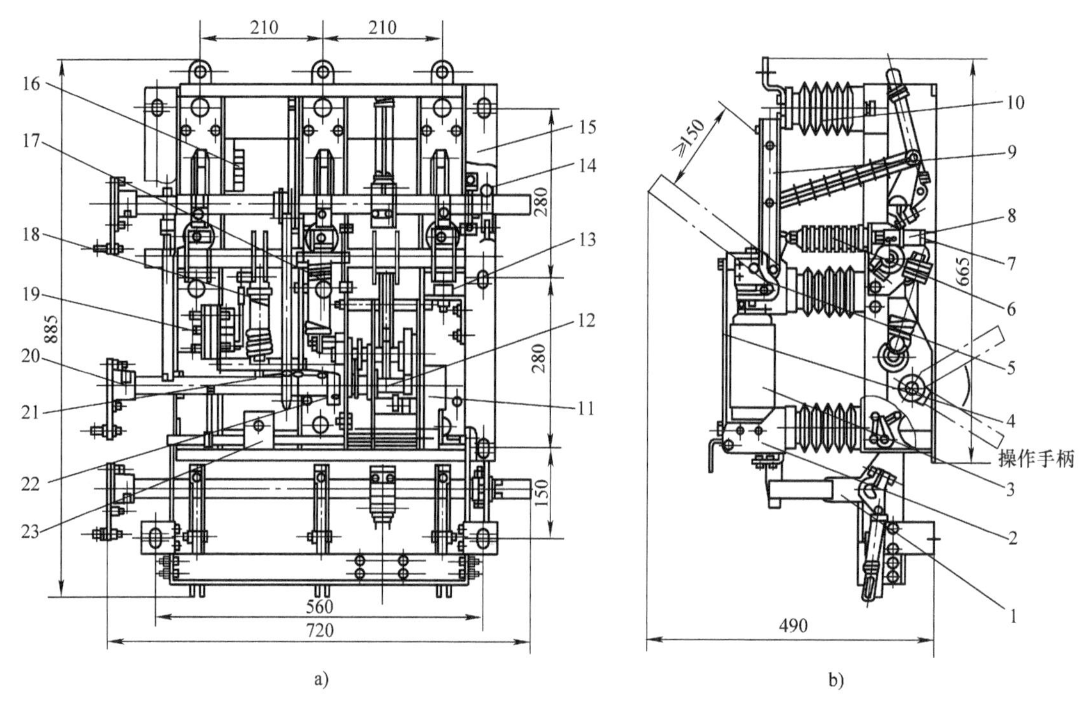

图 5-5　FN16A-12D/630 型负荷开关的外形结构及安装尺寸
a）正视图　b）侧视图
1—接地开关　2—下支架　3—真空灭弧室　4—绝缘支柱　5—上支架　6—绝缘拉杆　7—滑套　8—弹簧拉杆　9—隔离开关　10—绝缘子　11—电动机　12—操动机构　13—分闸缓冲垫　14—联锁机构　15—底架　16—接线端子　17—合闸弹簧　18—分闸弹簧　19—辅助开关　20—操作盘（正面操作时用）　21—隔离开关操作孔（背面操作时用）　22—负荷开关操作孔（背面操作时用）　23—脱扣器

2. 技术参数

FN16A-12D/630 型负荷开关的技术参数见表 5-5。

二、SFL 型 SF_6 负荷开关

1. 简介

SFL 型负荷开关为双断点、旋转式动触头，以 SF_6 气体为灭弧介质，动、静触头置于加

表 5-5 FN16A-12D/630 型负荷开关技术参数

序号	名　称	参　数
1	额定电压及最高工作电压/kV	12
2	额定频率/Hz	50
3	额定电流/A	630
4	额定有功负荷开断电流/A	630
5	额定闭环开断电流/A	630
6	5%额定有功负荷开断电流/kA	31.5
7	额定电缆充电开断电流/kA	10
8	额定电容开断电流/A	400
9	额定空载变压器开断电流	1600kVA 变压器空载电流
10	1min 工频耐受电压(有效值) 对地、相间、真空断口/隔离断口/kV	42/48
11	全波雷电冲击耐受电压(峰值) 对地、相间、真空断口/隔离断口/kV	75/85
12	额定短时耐受电流(热稳定)/(kA/s)	20/3
13	额定峰值耐受电流(动稳定)/kA	50
14	额定短路关合电流/kA	50
15	额定电流开断次数/次	10000
16	机械寿命/次	10000
17	触头允许磨损累计厚度/mm	3
18	分合闸操作力矩(力)/N·m(N)	120(240)
19	额定合闸操作电压/电流/(V/A)	AC/DC 220/0.5
20	额定分闸操作电压/电流/(V/A)	AC/DC 220/3

强结构的模铸环氧树脂外壳中。在操作轴引出端是一个透明的热压成型的塑料端盖，透过它可以观察触头状态。

每个开关充以 0.045MPa 气压的 SF_6 气体后是永久密封的（SFL 意为“永远密封”），用氦检测器可以检查有无气体渗漏。

开关垂直或水平安装不限，在单元式柜内，典型的安装方式是在电缆室和母线室之间置一钢隔板，水平安装。这种安装方式将开关外壳封在接地的钢板范围内并将母线与电缆接头之间相隔离以符合运行维护的最严格的安全要求。

2. 技术参数

SFL 型 SF_6 负荷开关的技术参数见表 5-6。

表 5-6 SFL 型 SF_6 负荷开关的技术参数

序号	名　称	数　值
1	额定电压/kV	12
2	额定雷电冲击耐受电压;相间及对地/断口间/kV	75/85
3	额定短时工频耐受电压;相间及对地/断口间/kV	42/48
4	额定电流/A	630
5	2s 短时耐受电流/kA	25
6	峰值耐受电流/kA	63
7	短路关合电流/kA	63
8	环境温度/℃	-40～+40
9	额定转移电流/A	1700
10	熔断器最大额定电流/A	125
11	相间距(中心距)/mm	210
12	机械寿命/次	2000

三、LK-LBS型负荷开关

1. 简介

LK-LBS组合电器是集成了隔离开关、负荷开关、接地开关、熔断器四种分立元件为一体的综合性高压电器。被安装在HXGN-12型成套配电柜内，适合用于工厂、企业、住宅、小区、高层建筑及矿山港口等的配电系统。环网柜起着接受、分配、控制电能及保护电器设备安全运行的作用。

2. 技术参数

LK-LBS系列负荷开关技术参数见表5-7。

表5-7　LK-LBS系列负荷开关技术参数

名　称		单　位	参　数		
			LK-LBS 1	LK-LBS 2	LK-LBS 3
额定电压		kV	12		
额定电流		A	400~630~800~1000		
工频耐受电压(1min)	相间及对地	kV	42		
	断口	kV	48		
雷电冲击耐受电压	相间及对地	kV	75		
	断口	kV	85		
额定热稳定电流(2s)		kA	20		
额定动稳定电流		kA	50		
额定电缆充电电流		A	10		
额定预期短路开断电流		kA		50	
额定短路关合电流		kA	50		
额定开断转移电流		A		1550	
局部放电量		pC	≤5		
开断变压器空载电流		A	16		
接地开关2s短时耐受电流		kA	20		
固分时间		ms	30~40		
机械寿命		次	4000		
电器寿命		次	500		

四、LK-GLBS型负荷开关

1. 简介

LK-GLBS型负荷开关使用SF_6气体作为开关的绝缘和灭弧介质，开关的触头被装入符合IEC规定的压力腔室内，作为12kV/24kV的SF_6负荷开关各项指标均满足24kV的IEC标准和12kV的国家标准；拥有相对12kV的超强绝缘性能和特大的爬电距离。

LK-GLBS型负荷开关的内部灭弧机构的动触头为直动、旋转相结合的压气式（SF_6气体）结构，具备在零表压状态下熄灭电弧的能力，也就是可以安全开断负荷电流的能力。

2. 技术参数

LK-GLBS/AL、LK-GLBS/BL型负荷开关的技术参数见表5-8。

表 5-8　LK-GLBS/AL、LK-GLBS/BL 型负荷开关技术参数

项目名称		单位	IEC 标准					国家标准
额定电压		kV	7.2	12	15	17.5	24	12
额定绝缘水平	额定短时共频耐受电压（断口/对地）	kV	20	28	36	38	50	48/42
	额定雷电冲击电压（断口/对地）	kV	60	75	95	95	125	85/75
额定频率		Hz	50/60					50/60
额定电流		A	630	630	630	630	630	630
额定短时耐受定流 I_k	对于 $t_k=1s$ 的系统	最高至 kA	25	25	25	25	25	25
	对于 $t_k=3s$ 的系统（可选）	kA	20	20	20	20	20	20
承受短路电流 I_d 的额定峰值电流		最高至 kA	50	50	50	50	50	50
额定短路关合电流 I_{ma}		最高至 kA	50	50	50	50	50	50
电气寿命		次	500					
机械寿命		次	5000					
环境温度 T	无二次设备的柜体	℃	-40~70					
	有二次设备的柜体	℃	-5~55					
在 20℃时的额定冲气压力、绝缘压力和冲气压力		MPa	0.03					

五、HZF1-12/630 型柱上真空负荷开关

HZF1-12/630 型柱上真空负荷开关，额定电压为 12kV，额定电流为 630A。该负荷开关为水平布置，由隔离开关和真空灭弧室组成，正常运行时负荷电流只流经隔离开关，只有当合、分时，才按规定程序将真空灭弧室接入电流回路，合闸时由灭弧室的储能快速机构实现动静触头等电位操作，分闸时由真空灭弧室实现灭弧。

该负荷开关用手动连杆操作，亦可用电动机构操作。

六、RL27-12 型柱上 SF_6 负荷开关

RL27-12 型 SF_6 负荷开关，额定电压 12kV，额定电流 400A 和 630A。该负荷开关以 SF_6 气体为绝缘和灭弧介质，开关箱由不锈钢制成，在操作把手反侧备有泄压隔板。套管将主导体与外壳绝缘，采用内置电压、电流传感器。操作机构为快合、快分弹簧力矩操动机构，可由电动机驱动，亦可手动操作。并有控制箱供选用。

七、OR（S&COmni-Rupter）型户外柱上隔离负荷开关

OR 型户外柱上隔离负荷开关，额定电压为 12kV，额定电流为 630A。该负荷开关已在西安国家高压电器质量监督检验中心按国际 GB 3804—2017《3.6kV~40.5kV 交流高压负荷开关》通过型式试验。该产品在出厂时全部调整好，故现场无需任何调试。减少了现场安装时间。

该负荷开关主要用于户外线路回路的切换，即环网或并联线路负荷分解，分支线路负荷及充电电流开断；变压器回路切换，即负荷及励磁电流开断；电缆回路切换，即环网或并联线路负荷分解，分支线路负荷及充电电流开断。

八、负荷开关电动操作原理接线

ABB 负荷开关电动操作原理接线如图 5-6 所示，LK 负荷开关电动操作原理接线如图 5-7 所示，设备型号及规格见表 5-9。

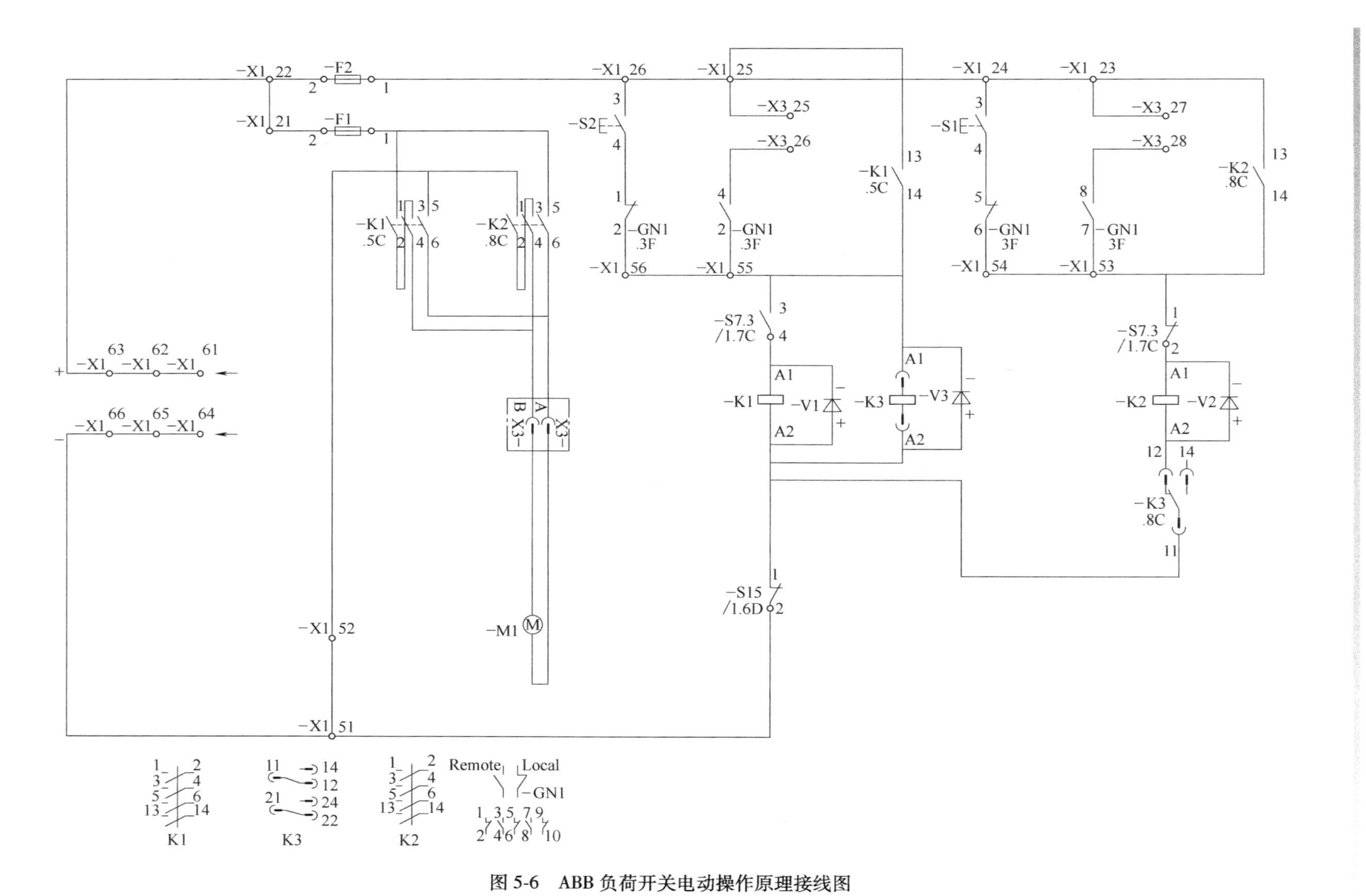

图 5-6 ABB负荷开关电动操作原理接线图

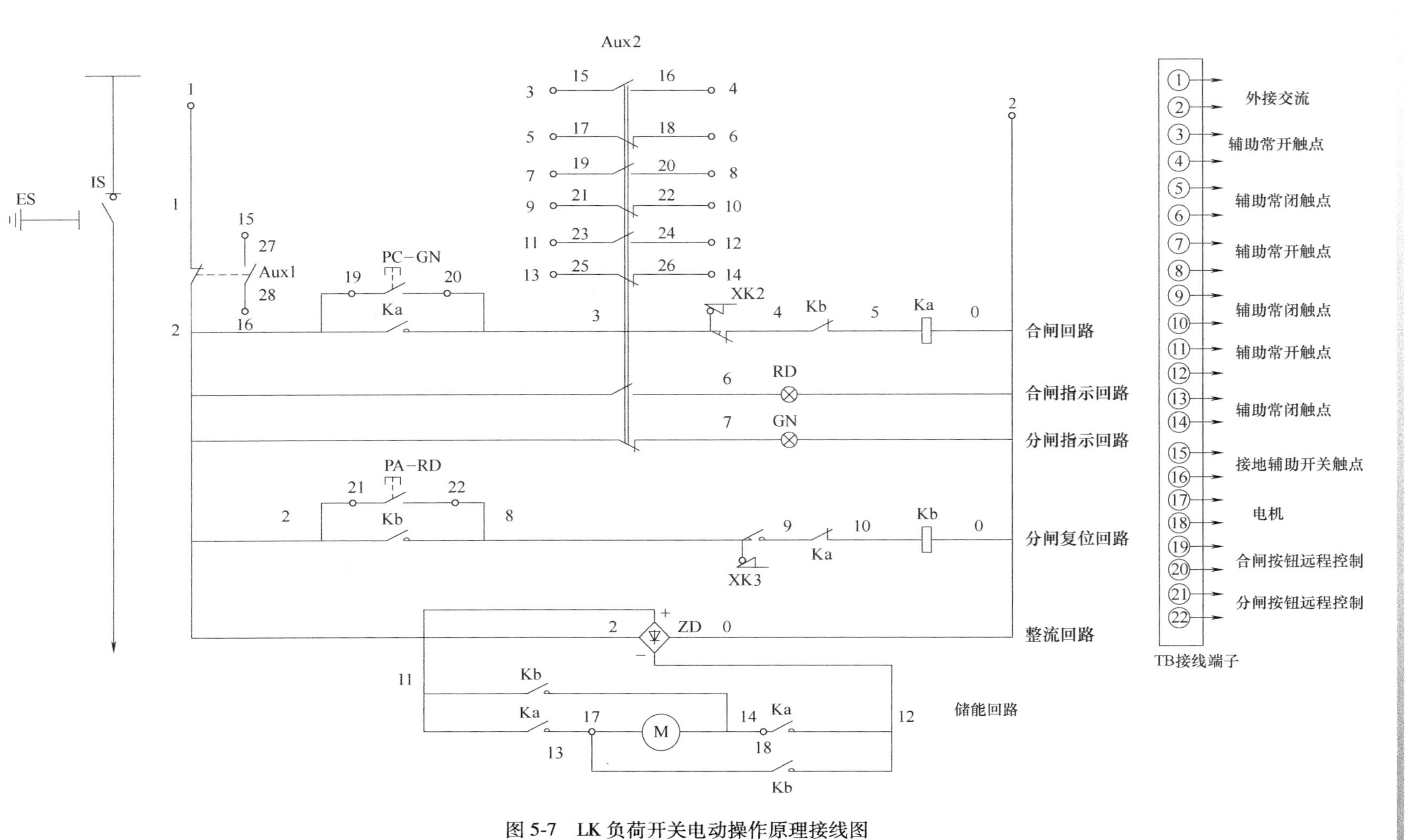

图 5-7 LK 负荷开关电动操作原理接线图

表 5-9 LK 负荷开关设备型号及规格

序号	符号	名称	型式及规格	数量	备注
1	IS	负荷开关工位	与主开关一体化	1	
2	ES	接地开关工位	与主开关一体化	1	
3	Aux1	接地辅助开关	F1 4N0+4NC	1	5A
4	Aux2	主开关辅助开关	F1 4N0+4NC	1	5A
5	Ka	接触器	TE-LC1 D0601	1	电机正转用
6	Kb	接触器	TE-LC1 D0601	1	电机反转用
7	ZD	单相全波整流桥	KBPC 1506	1	
8	M	直流永磁电机	TM-65 22D	1	DC 220V 2.4A
9	PC,PA	按钮	TE-XB2-EA	2	绿色,红色各一
10	GN,RD	指示灯	TE-XB2-EA	2	绿色,红色各一
11	XK2-XK3	行程开关	V-156 250V/10A	2	
12	TB	接线端子	SAK 2.5EN	22	

第三节 高压隔离开关

一、GN□-12F 型隔离开关

1. 概述

随着高压电器元器件升级换代，特别是永磁式真空断路器的出现，以及 SF_6 负荷开关的广泛使用，使得固定式高压柜有了突破性进展，紧凑型高压柜、环网柜应运而生，本隔离开关便是适应这样的需要而设计制造的。它具有三工位结构，全绝缘底板，配有同轴锁定机构和完善的机械联锁，外形紧凑小巧，特别适用于与永磁式真空断路器配合使用，使得断路器与母线间能有明显断开点。

2. 结构特点

1）采用母线穿墙式整块绝缘底板（APG 工艺），外绝缘爬电比距可达 24mm/kV，绝缘性能良好。

2）单断点、三工位结构确保隔离开关合闸时不能接地，接地时不能合闸。

3）配有同轴手动操作机构和位置定位装置。

4）与断路器有机械联锁，确保隔离开关不会带负荷分合闸，并能根据用户要求配置与柜门机械联锁。

5）安装方式灵活，有正装、侧装，上进线、下进线，左操作、右操作。

6）可配置带电显示功能。

GN□-12F 三工位 10kV 隔离开关的外形结构如图 5-8 所示。

3. 技术参数

GN□-12F 三工位隔离开关的技术参数见表 5-10。

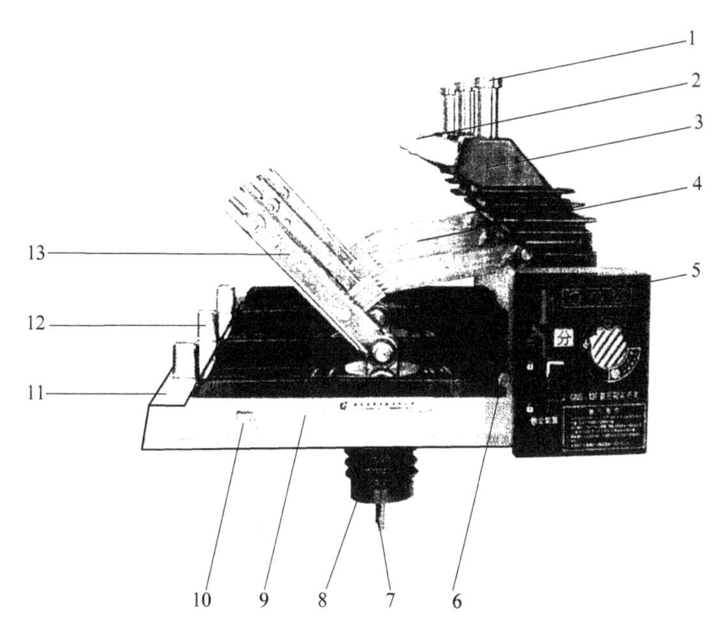

图 5-8　GN□-12F 三工位 10kV 隔离开关的外形结构
1—上端连接　2—触头　3—鸟形绝缘支座（可配置带电显示功能）　4—绝缘拉杆　5—手动操动定位机构　6—机械联锁装置　7—下端连接　8—母线穿墙式全绝缘底板　9—安装底框　10—接地螺钉　11—接地铜排　12—接地触头　13—导电触片

表 5-10　GN□-12F 三工位隔离开关的技术参数

序号	名　　称	数　　值	序号	名　　称	数　　值
1	额定电压/kV	10	5	额定峰值耐受电流/kA	63~80
2	最高工作电压/kV	12	6	1min 工频耐压:相间及对地/断口间/kV	42/48
3	额定电流/A	630~1250	7	雷电冲击耐压:相间及对地/断口间/kV	75/85
4	额定短时耐受电流(4s)/kA	25~31.5			

二、GN27-35Q 型 35kV 隔离开关

在 35kV 成套配电装置中，选用 GN27-35Q 型隔离开关，该开关主要技术参数见表 5-11。

表 5-11　GN27-35Q 型隔离开关主要技术参数

序号	名　　称	参　　数
1	额定电压/kV	40.5
2	额定频率/Hz	50
3	额定电流/A	630~1250
4	额定短时耐受电流(4s)/kA	25
5	额定峰值耐受电流/kA	63
6	1min 工频耐压:对地、相间/kV 断间/kV	42(有效值) 48(有效值)
7	雷电冲击耐受电压:对地、相间/kV 断口间/kV	75(峰值) 85(峰值)

第四节 隔离开关的运行维护

一、隔离开关的操作

1）在手动合上隔离开关时，应迅速果断，但在合闸行程终了时，不能用力过猛，以防损坏支持绝缘子或合闸过头。

2）使用隔离开关切断小容量变压器的空载电流，切断一定长度的架空线路、电缆线路的充电电流，解环操作等，均会产生一定长度的电弧，此时应迅速拉开隔离开关，以便尽快灭弧。

3）操作隔离开关前应注意检查断路器的分、合位置，严防带负荷操作隔离开关。合闸操作后，应检查接触是否紧密；拉闸操作后，应检查每相是否均已在断开位置。操作完毕后，应将隔离开关的操作把手锁住。

4）操作中若发生带负荷误合隔离开关，即使合错，甚至在合闸时发生电弧，也不准将隔离开关再拉开，因为带负荷拉隔离开关，将造成三相弧光短路事故。若发生错拉隔离开关时，在刀片刚离开固定触头时，应立即合上，可以消灭电弧，避免事故。如隔离开关刀片已离开固定触头，则不得将误拉的隔离开关再合上。

二、隔离开关的巡视检查

1）监视隔离开关的电流不得超过额定值，温度不超过允许温度（70℃），接头及触头应接触良好，无过热现象。否则，应设法减小负载或停用。若电网负载暂时不允许停电时，则应采取降温措施并加强监视。

2）检查隔离开关的绝缘子（瓷质部分）应完整无裂纹、无放电痕迹和异常声音。

3）隔离开关本体与操作连杆及机械部分应无损伤。各机件紧固、位置正确，电动操作箱内应无渗漏雨水，密封应良好。

4）检查隔离开关运行中应保持“十不”：不偏斜、不振动、不过热、不锈蚀、不打火、不污脏、不疲劳、不断裂、不烧伤、不变形。

5）检查隔离开关在分闸时的位置，应有足够的安全距离，定位锁应到位。

6）检查隔离开关的防误闭锁装置应良好，应保证电气闭锁和机构闭锁均在良好状态，辅助触头位置应正确，接触应良好，隔离开关的辅助切换触头应安装牢固，动作正确（包括母线隔离开关的电压辅助开关），接触良好。装于室外时，应有防雨罩壳，并密封良好。

7）检查带有接地开关的隔离开关，应接地良好，刀片和刀嘴应接触良好，闭锁应正确。

8）合上接地开关之前，必须确知有关各侧电源均已断开，并进行验明无电后才能进行。

9）装有闭锁装置的隔离开关，不得擅自解锁进行操作（包括电动隔离开关，直接掀动接触器、铁心等进行操作），当闭锁确实失灵时，应重新核对操作命令及现场命令，检查有关断路器位置等确保不会带负载拉合隔离开关时方可操作，不准采取其他手段强行操作。

10）在运行或定期试验中，发现防误装置有缺陷，应视同设备缺陷及时上报，并催促处理。

三、隔离开关的常见故障及处理

1. 接触部分发热

1）压紧弹簧或螺钉松动，应检查并调整弹簧压力，必要时，更换压紧弹簧。

2）接触面氧化使接触电阻增大，应使用“0-0”号砂纸清除触头表面氧化层，研磨接触面以增大接触面积，并在触头上涂中性凡士林。

3）触刀与静触头接触面积太小或过负荷运行，应更换容量较大的隔离开关或在停电处理之前应降负荷使用。

4）操作时应用力适当，操作后仔细检查触头接触情况，以防触头发热。

2. 绝缘子松动和表面闪络

1）表面脏污，用带电水冲洗绝缘子，结合停电进行清扫或在绝缘子表面涂上防污闪涂料。

2）胶合剂膨胀、收缩或因外力作用而发生松动，应更换松动的绝缘子或重新胶合。

3. 刀片发生弯曲

由于触刀之间电动力的方向交替变化或调整部位发生松动，触刀偏离原来位置而强行合闸使触刀变形，应检查接触面中心线是否在同一直线上，调整触刀或瓷柱的位置，并紧固松动的部件。

4. 拒绝分闸

引起拒分的原因有：覆冰、传动机构卡涩或接触部分卡住等，应扳动操动机构手柄，找出故障的部位进行处理，但不应强行拉开，以免损坏部件。

5. 拒绝合闸

1）轴销脱落、铸铁件断裂等机械故障或电气回路故障，可能发生刀杆与操动机构脱节。应固定好轴销，更换损坏部件，消除电气回路故障。如当时不能处理，可用绝缘棒进行操作，或在保证人身安全的情况下用扳手转动每相隔离开关的转轴。

2）传动机构松动，使两接触面不在一直线上，应调整松动部件，并使两接触面在一直线上。

6. 自动掉落合闸

原因是机械闭锁装置失灵，应更换闭锁装置中不合格的零件，检修后的部件应按规定装配。

第五节　真空断路器的运行维护与检修

一、真空断路器的运行维护

1）正常运行的断路器应定期维护，并清扫绝缘件表面灰尘，给摩擦转动部位加滑润油。

2）定期或在累计操作2000次以上时，认真检查各机构运动部件是否正常，检查各部位螺钉有无松动，旋紧紧固件。对各摩擦接合面应涂润滑脂，必要时应进行检修。

3）检查真空灭弧室动导电杆在合、分过程中有无阻滞现象，断路器在储能状态时限位是否可靠，在合闸状态时储能弹簧是否处于最短位置，在分闸状态时连板位置是否正常。

4）检查辅助开关、中间继电器及微动开关的触头接触是否正常，其烧灼部分应整修或调换，辅助开关的触头超行程应保持合格范围。

二、触头磨损的监测

真空断路器的触头既是正常的通流元件，又是开断短路电流的关合元件，所以，无论是正常开断还是故障开断都会使触头表面熔损而变薄。操作越频繁，开断电流越大，触头表面的磨损会越厉害。

由于真空断路器的触头都是平板对称式电极，合闸时，电极平面接触后，触头没有再向前继续前进的行程，而由操作杆再继续前进一段距离，压缩弹簧使触头间接触压力增加，以保证触头间压力和接触电阻正常。若触头表面烧损则压缩行程增大，接触压力降低和接触电阻增加，超过规定的烧损量，则正常通流时触头就会发热，在开断短路电流时就会熔触甚至爆炸。所以制造厂家都规定触头允许烧损厚度的数值，一般为2~3mm，以便运行单位进行监视、调整和更换。

为了准确掌握触头的累计电磨损值，断路器在第一次安装调试中就必须测量出动导电杆露出某一基准线的长度，并做好记录，以此作为历史参考。在以后每次检修中测量行程时，都必须复测该长度，其值与第一次原始值之差就是触头的电磨损值，当其超过标准时就要更换。

三、真空灭弧室真空度的检查

真空度是表征真空断路器性能的最重要的参数，如果真空断路器的真空度不能满足正常工作要求的数值，这台真空断路器就不能承担正常的工作。根据试验，要满足真空灭弧室的绝缘强度，真空度不能低于6.6×10^{-2}Pa，工厂制造的新灭弧室要求达到7.5×10^{-4}Pa以下，以此作为真空灭弧室可靠工作的保证。这也是对真空灭弧室的真空度进行监测的依据。

但是，由于真空灭弧室使用材料和制造质量方面的原因，真空灭弧室的真空度会降低。真空灭弧室的真空度一旦降低到一定数值，将会影响其开断能力和绝缘水平，因此，必须定期检查真空灭弧室内的真空度。目前采用如下检测方法：

1. 加强巡视检查

正常巡视检查时应注意屏蔽罩的颜色有无异常变化，特别要注意断路器分闸时的弧光颜色。正常情况下弧光呈微蓝色；若真空度降低，变为橙红色；当真空度严重降低时，内部颜色就会变得灰暗，在开断电流时将发出暗红色弧光。这种情况下，应及时申请停用检查，更换真空灭弧室。

加强巡视检查方法也只适用于玻璃管真空灭弧室，而且只能作定性检查。

2. 火花检漏计法

这种方法采用火花探漏仪检测。检测时将火花探漏仪沿灭弧室表面移动，在其高频电场作用下内部有不同的发光情况。根据发光的颜色来鉴定真空灭弧室的真空度，若管内有淡青色辉光，说明其真空度在 1.33×10^{-3}Pa 以 上；若呈蓝红色，说明该管已经失效；若管内已处于大气状态，则不会发光。

火花检漏计法比较简单，但只适用于玻璃管真空灭弧室。

3. 交流耐压法

交流耐压法是运行中常用的检测方法。规程规定，要定期对断路器主回路对地、相间及断口进行交流耐压试验，试验电压值见表 5-12。要按以下方法试验，触头开距为额定开距，在触头间施加额定试验电压；如果真空灭弧室内发生持续火花放电，则表明真空度已严重降低，否则表明真空度符合要求。

实践表明，采用交流耐压法检测严重劣化的真空灭弧室的真空度是一种简便有效的方法。如图 5-9 所示为测定真空度的接线图。

表 5-12　真空断路器交流耐压试验电压值

系统标称电压/kV	设备最高电压/kV	试验电压(有效值)/kV			加压时间/min
		相对地	相　间	断　口	
3	3.6	25	25	25	1
6	7.2	30(20)	30(20)	30(20)	
10	12	42(28)	42(28)	42(28)	

注：括号内和括号外数据分别对应是和非低电阻接地系统。

试验方法为用接触调压器以 20kV/min 的升压速度一直升到真空断路器的工频耐受电压值。如果电压上升过程中，放电使电流表指针摆动，则将电压降至零，再升电压，反复 2~3 次。如果真空灭弧室能耐受工频电压 10s 以上，可认为真空度符合要求；如果随着电压升高，电流也增大，且超过 5A，则认为不合格。

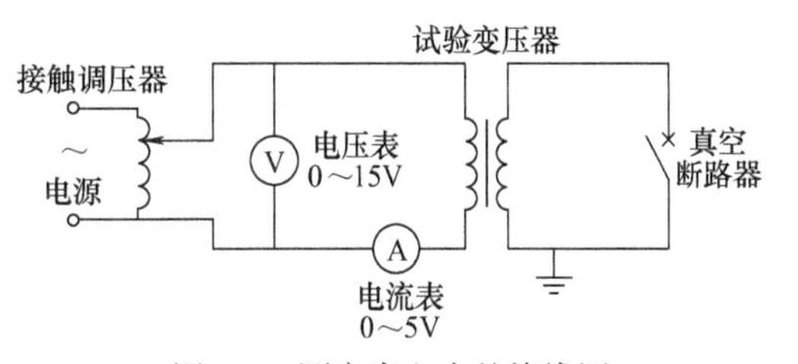

图 5-9　测定真空度的接线图

4. 真空度测试仪

利用专用的真空度测试仪定量测量真空度，比上述间接检测方法准确得多。目前比较精确的方法是磁控法。根据磁控法原理研制的国产真空度测试仪有 VCTT-ⅢA 型和 ZKZ-Ⅲ型等。

5. 更换真空灭弧室

在检修时，如更换 ZN12-10 型真空断路器的真空灭弧室具体步骤如下：

按图 5-10 所示，先拧开上出线座螺钉 1，拧下螺母 3，并卸下上出线座 2；然后再按图 5-11 提起，即可卸下灭弧室。

重装时，先将新灭弧室导电杆用刷子刷出金属光泽，进行清洗处理，并涂上中性凡士林；然后双手握住灭弧室往下装入固定板大孔中，并将导电杆插入导向套中；最后按拆卸相反次序依次固定各部螺栓。注意三相上出线座的垂直位置和水平位置相差不应超过 1mm，特别应注意紧固好导电夹的螺钉。

更换灭弧室时，灭弧室在紧固件紧固后不应受弯矩，也不应受到明显的拉应力和横向应力，且灭弧室的弯曲变形不得大于 0.5mm。上支架安装后，上支架不可压住灭弧室导向套，其间要留有 0.5~1.5mm 的间隙。

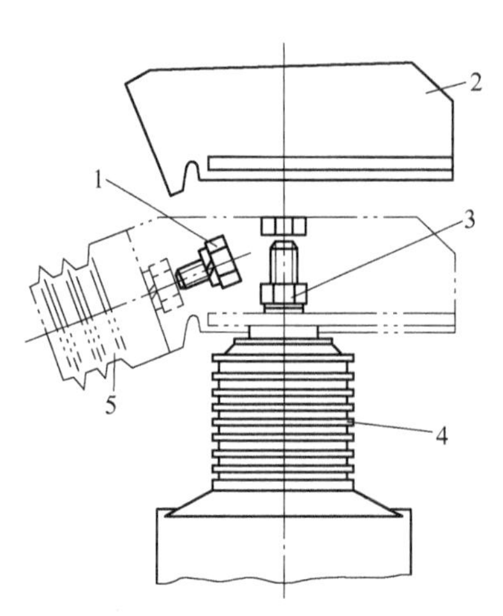

图 5-10　卸下上出线座示意图

1—螺钉　2—上出线座　3—螺母

4—灭弧室　5—支持绝缘子

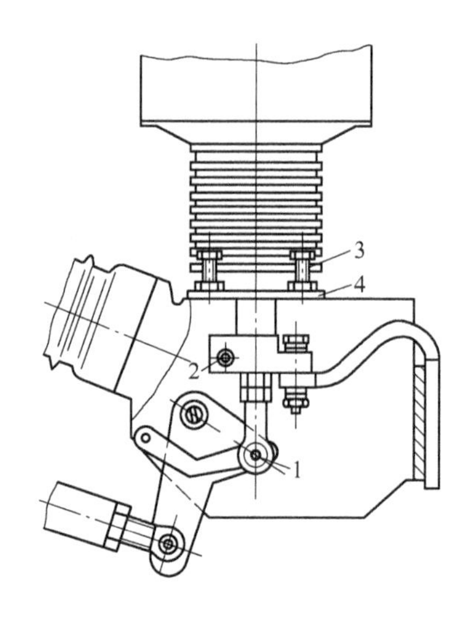

图 5-11　卸下下出线座示意图

1—轴销　2—导电夹螺栓

3—螺钉　4—下出线座

四、测量及调整真空断路器的行程及超行程

运行中的真空断路器，检修后如开距超过规范范围及超行程小于规定值时，必须按要求进行测量调整，其方法如下：

1. 实测法

实际测量 ZN12-10 型真空断路器的行程如图 5-12 所示。测量分、合闸位置时的 $x_{分}$、$x_{合}$，则导电杆行程（即开距）等于这两个数值之差，即 $x_{分}-x_{合}$。

测量超行程的示意图如图 5-13 所示。测量分、合闸状态下触头弹簧的长度 $L_{分}$ 和 $L_{合}$，则触头超行程为两数值之差，即 $L_{分}-L_{合}$。

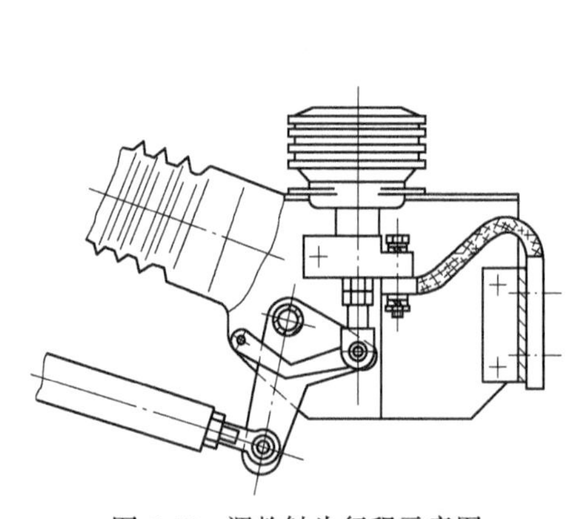

图 5-12　调整触头行程示意图

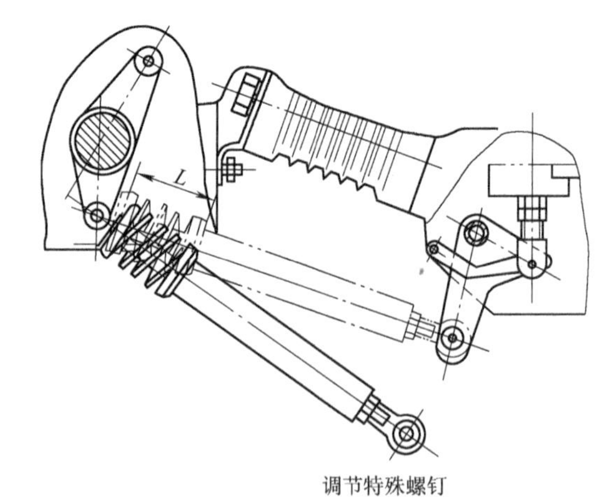

图 5-13　测量超行程示意图

当触头行程不符合要求时，可卸下绝缘拉杆处的轴销，调整绝缘拉杆长度。如行程偏小，可将调节特殊螺钉向里拧入，使拉杆变短；反之则可使行程减小。

ZN28-10 型断路器的触头开距行程是用增减分闸缓冲器的调整垫片来调节的。超行程主要靠调整绝缘拉杆处的调整螺栓来达到。该螺栓的螺距为 1.5mm，所以将螺栓旋出半圈，超行程会增加 0.625mm，反之则减少 0.625mm。另外，调整操动机构输出杆的长度可以同时改变三相的超行程而不改变触头开距。

2. 使用超程监视装置测量

超程监视装置由检测器和显示器两部分组成，如图 5-14 所示为这种装置的基本结构。检测器被组装在真空开关触头弹簧 5 的近旁，通过馈线 3 与声光显示器相连接。显示器可根据实际需要，安置在便于观察的柜门上或控制室内。

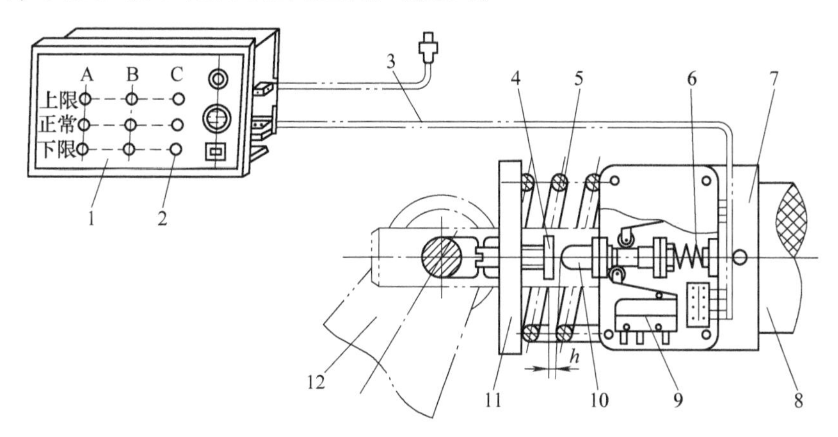

图 5-14　超程监视装置

1—显示板　2—指示灯　3—馈线　4—调节钉　5—触头弹簧　6—复位弹簧
7—底板　8—绝缘子　9—微动开关　10—导杆　11—导板　12—操作臂

检测器由装在底板 7 上的导杆 10、微动开关 9、复位弹簧 6、调节钉 4 和导板 11 等构成。显示器由组装在印制电路板上指示三相超程状态的发光二极管以及用以报警的蜂鸣器等构成。

检测器是借助于真空断路器的分、合动作，在触头弹簧被压缩或伸长的同时，使微动开关 9 的各触头按规定的超程尺寸实现相应的开闭动作。如图 5-14 所示，当调节钉 4 向右移动时，先走过空程 h，然后推动导杆 10 同向移动，从而使微动开关中的各触头先后转换，由此指示灯 2 便分别以各色光亮实现显示。

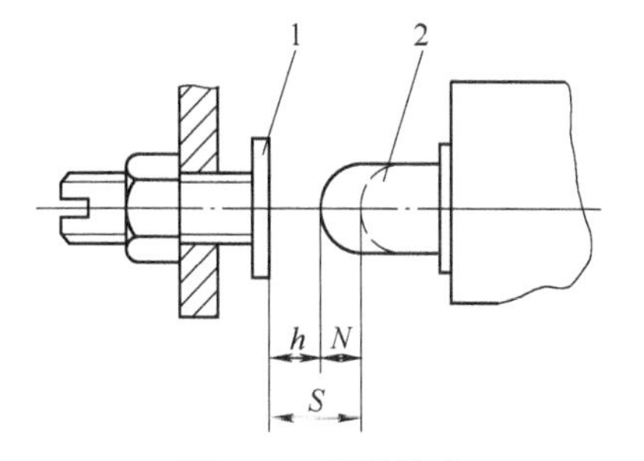

图 5-15　超程尺寸

1—调节钉　2—导杆

真空断路器超程尺寸如图 5-15 所示。图中，S 为超程总长，超出此尺寸时显示器的上限灯发光（黄灯亮）；h 为超程下限尺寸，低于此尺寸时，显示器的下限灯发光（红灯亮）；N 为超程允许变化范围，即

$$N=S-h$$

超程在 N 区间时，显示器的绿灯亮，表明情况正常。

当三相中任一相的超程降到小于下限尺寸时，显示器红灯亮，并伴以蜂鸣器声响（若需要），自动报警。

五、测量真空断路器的分、合闸速度

真空断路器在制造厂出厂调试中已使分、合闸速度合格，在安装或检修中一般可不进行测试。但当更换真空灭弧管或重新调整行程等检修后，就必须测试分、合闸速度。

真空断路器的分、合闸速度，一般都是指触头在闭合前或分离后一段行程内的平均速度（各种型号断路器规定的测取行程不相同，如 ZN12-10 型为 6mm）。

由于真空断路器触头行程很小（一般为 10~12mm），因而通常只能采取附加触头或采用滑线电阻两种测量方法。图 5-16 所示为采用附加触头的测速方法。附加的静触头固定在下接线基座上，动触头固定在动触杆装配上。测量合闸速度时，分闸位置将附加动、静触头开距调为 6mm（ZN12-10 型）；测量分闸速度时，合闸位置将附加触头压缩行程调为 6mm。

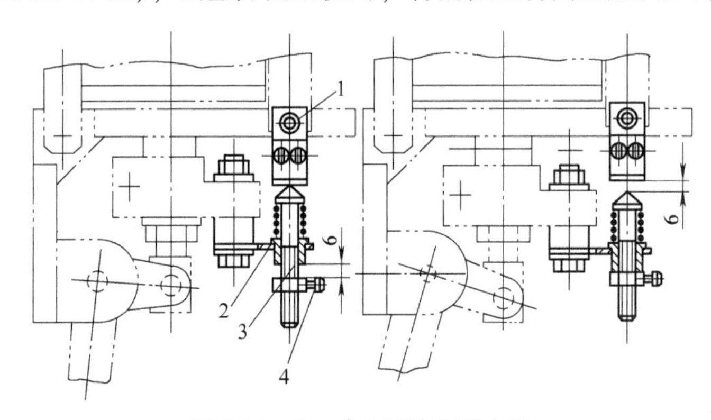

图 5-16　分、合闸速度测量方法

1—静触头　2—动触头弹簧　3—动触头　4—可调螺母

第六节　SF_6 断路器的运行及故障处理

一、SF_6 断路器运行中的检查和维护

运行人员在正常巡视时，应对 SF_6 断路器进行仔细检查，发现缺陷，及时消除，以确保人身和设备的安全。其检查点如下：

（1）加强水分的监视：水分较多时，SF_6 会水解成有毒的腐蚀性气体；当水分超过一定量，在温度降低时会凝结成水滴，黏附在绝缘表面。这些都会导致设备腐蚀和绝缘性能降低，因此必须严格控制 SF_6 气体中的含水量。测定 SF_6 气体中的含水量，可用电能法原理制成的水分测量仪进行测量，或用露点法测量。按原能源部有关导则规定，SF_6 气体中含水量标准：交接试验时，在断路器气室内为 15×10^{-4}，在其他设备气室内为 250×10^{-4}；在运行中，断路器气室内为 3×10^{-4}，其他设备气室内为 5×10^{-4}。含水量测试周期，在设备投入运行后每 3 个月检测 1 次，直至稳定后，方可每年检测 1 次。

（2）检查绝缘瓷套管有无裂纹、放电及脏污现象；检查外部连接导体和电气设备接头处有无过热现象，以及 SF_6 气体管道系统及阀门，有无损伤和裂缝。

（3）加强 SF_6 气体压力的监视：SF_6 气体压力正常值为 0.4~0.6MPa，为保持气体压力在正常值范围内，所以应对气体压力表加强监视，并及时调整压力。

1）每周抄表1次，必要时应根据实际情况增加次数。

2）为使环境温度与SF_6断路器内部气体温度尽可能一致，抄表时间应选择在日温较平坦的一段时间的末尾进行。

3）通过抄表能及早发现漏气情况，若发现压力降低或发现有异臭，应立即通知有关专业人员，查明原因，及时处理，否则会使绝缘性能和灭弧能力降低。还应检查气体压力表有无生锈及损伤。

（4）检查断路器各部分信道有无漏气声及振动声，有无异臭：若有上述现象，应查明原因，及时处理。

（5）检查声音：倾听金属筒内传出的声音，若金属筒内出现局部放电，就会发出“晰、晰”的类似小雨落在金属外壳上的声音。若断定是内部放电声，则应立即停电解体进行内部检查。若听到的声音与日常巡视听到的电磁声不同时，说明存在螺钉松动等状态变化，需进一步检查。

（6）弹簧操动机构的运行检查：①断路器在运行状态，储能电动机的电源开关或熔断器应在投入位置，并不得随意断开；②检查储能电动机，其行程开关触头无卡住和变形，分、合闸线圈无冒烟及异味；③断路器在分闸状态时，分闸连杆应复归，分闸锁扣应钩住，合闸弹簧应储能；④运行中的断路器应每隔6个月用万用表检查其操作熔断器的良好情况。

二、SF_6断路器的故障处理

1. SF_6断路器漏气故障

（1）现象：SF_6气体压力表指示值降低，温度补偿式压力开关发出压力低警报，则说明SF_6断路器漏气。

（2）漏气原因：漏气是气体密封性能不良造成的。其漏气部位可能是金属圆筒外壳法兰连接处，气体管道及接头处，断路器本体的动、静触头密封处，紧固螺钉处，引出线附近，铸件存在砂眼及裂缝等缺陷部位。

（3）漏气故障处理：年漏气率要求小于1%，这样可保证长期（如10年）不需补气，而且不易进水受潮，运行维护也方便。

若年漏气率超过1%，便应进行查漏。其检漏方法如下：

1）发泡液法：在气体密封部位涂上发泡液，如发现气泡，就是漏气部位，便可进行修漏或更换部件。

2）压力降法：此法只能检测显著的漏气，即用精密的压力表来测量SF_6气体的压力，相隔一定时间（如几天或一星期）再进行复测，根据压力变化来确定SF_6气体系统的漏气，所测压力应根据当时温度进行换算。例如，一台ABB公司制造的220kV SF_6断路器，用此方法找到了在一个灭弧室端帽上有微小的砂眼漏气，更换后消除了漏气。

3）局部定性检漏法：用SF_6检漏仪检查所有密封部位，若有漏气，则根据SF_6的漏气速度，进行补充SF_6气体。

4）定量检测法：用塑料罩把整个设备罩起来，包扎时间不小于8h，然后用检漏仪分别在上、中、下三点检测SF_6气体浓度，取其平均值，从而计算整个设备的年漏气率。

若年漏气率超过规定，则应补充SF_6气体，并查漏，消除漏气点。若由于漏气太多而断路器气室内不能保持气压，也应补充SF_6气体。

2. SF_6 气体纯度降低

气体纯度是指 SF_6 气体内纯 SF_6 所占的质量百分比，其新气纯度标准为99.8%，充入设备后为97%，运行时为95%。

由于新的 SF_6 气体本身纯度不纯和充气过程不严密，使 SF_6 气体含有水分和氧气等杂质，导致气体纯度降低。当 SF_6 气体的纯度低于标准时，应进行放气，将 SF_6 放入净化装置（不得排向大气），同时进行补充新鲜 SF_6 气体，使 SF_6 气体纯度提高到正常的数值。在充新鲜 SF_6 气体时，应选择好天气进行，且周围环境的相对湿度应小于等于80%。充气时，若采用液相充气法，应使钢瓶斜置或倒置，以使出口处的 SF_6 气体呈液相状态。

三、断路器自动分合闸故障的检查与处理

1. 断路器自动分闸

如断路器自动分闸而该设备的保护装置未动作，且在分闸时系统中又未发现短路或接地现象，则说明断路器误跳闸，必须查明分闸的原因。

在调查分闸原因时，首先应检查是否属于人员误操作。为此，应调查在分闸时，是否有人靠近断路器的操动机构，或继电保护回路上是否有人工作，致使断路器误分闸。

如果不是误操作，则应检查操动机构是否有故障，如断路器的分闸脱扣机构有毛病，使断路器脱扣，造成断路器自动掉闸。另外，对电磁操动机构，当受到外界振动时断路器自动分闸。这可能是定位螺杆调整不当，使拐臂三点过高；托架弹簧变形，弹力不足；滚轮损坏；托架坡度大、不正或滚轮在托架上接触面少之故。如经检查操动机构正常，则可能是操作回路中发生两点接地而造成断路器自动分闸。

如图5-17所示，在分闸线圈的直流操作回路中，发生a点和b点接地，使直流回路正、负极接地，造成断路器自动分闸，其故障电流方向如图中箭头所示。为此，在配变电所中都要求对操作回路的绝缘状态进行连续监视。当操作回路某一点发生接地时，立即发出信号。为了估计绝缘状态，信号装置上还设有电压。当发现操作回路绝缘水平有所降低时，运行人员必须立即采取措施寻找接地点并消除之。

如经检查操作回路的绝缘状态是良好的，则应对继电保护装置进行检查，以排除保护装置误动作引起的断路器自动分闸。如图5-18所示，在保护回路上发生a点和b点接地，使直流正、负电源接通，造成断路器自动分闸，这相当于继电器动作而使断路器分闸，造成对用户停电。经查明断路器自动分闸原因，处理后恢复送电。

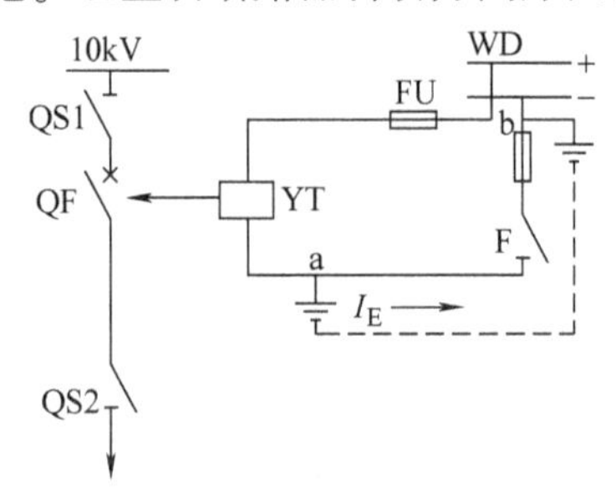

图5-17　直流回路两点接地使断路器分闸

QS1—母线隔离开关　QF—断路器　QS2—线路隔离开关

I_E—接地电流　YT—跳闸线圈　WD—直流母线

FU—熔断器　F—断路器辅助触头

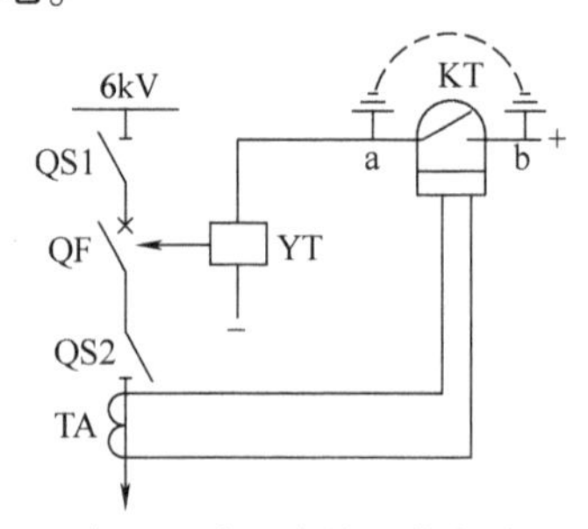

图5-18　直流回路两点接地使断路器误动作

QS1—母线隔离开关　QF—线路断路器

QS2—线路隔离开关　TA—电流互感器

YT—分闸线圈　KT—跳闸继电器

2. 断路器自动合闸

线路断路器自动合闸，可能是直流回路中正、负极两点接地，还可能是合闸继电器内某组件故障，继电器常开触点误闭合，使断路器自动合闸。另外，因断路器合闸接触器起动电压较低，当直流系统瞬间发生脉冲时，也会使断路器自动合闸。

当断路器误合闸时，应立即拉开。如已合于短路或接地的线路上时，则保护会动作分闸，但必须对断路器及一切通过故障电流的设备进行详细检查。

四、断路器拒绝分合闸故障的检查与处理

1. 断路器拒绝合闸的原因

1）合闸电源消失。

2）就地控制箱内合闸电源小开关未合上。

3）断路器合闸闭锁。

4）断路器操作控制箱内“远方-就地”选择开关在就地位置。

5）控制回路断线。

6）同期回路断线。

7）合闸线圈及合闸回路继电器烧坏。

8）操作继电器故障。

9）控制把手失灵。

2. 断路器拒绝合闸的检查及处理

1）若是合闸电源消失，运行人员可更换合闸回路熔体或试投小开关。

2）试合就地控制箱内合闸电源小开关。

3）将断路器操作控制箱内“远方-就地”选择开关放至远方的位置。

4）若属上述5）、6）、7）、8）、9）的情况，应通知专业人员进行处理。

5）当故障造成断路器不能投运时，应按断路器合闸闭锁的方法进行处理。

3. 断路器拒绝分闸的原因

1）分闸电源消失。

2）就地控制箱内分闸电源小开关未合上。

3）断路器分闸闭锁。

4）断路器操作控制箱内“远方-就地”选择开关在就地位置。

5）控制回路断线。

6）同期回路断线。

7）分闸线圈及合闸回路继电器烧坏。

8）操作继电器故障。

9）控制把手失灵。

4. 断路器拒绝分闸的检查及处理

1）若是分闸电源消失，运行人员可更换分闸回路熔体或试投小开关。

2）试合就地控制箱内分闸电源（一般有两套跳闸电源）小开关。

3）将断路器操作控制箱内“远方-就地”选择开关放至远方的位置。

4）若属上述5）、6）、7）、8）、9）的情况，应通知专业人员进行处理。

5）当故障造成断路器不能投运时，应按断路器分闸闭锁的方法进行处理。

第七节 操动机构的运行维护与检修

一、操动机构的检查

操动机构的作用是使断路器进行分闸、合闸并保持断路器在合闸状态。由于操动机构的性能在很大程度上决定了断路器的性能及质量，因此对于断路器来说，操动机构是非常重要的。由于断路器动作是靠操动机构来实现的，操动机构又容易发生故障。因而，巡视检查中，必须引起重视。主要检查项目包括：

1）机构箱门开启灵活，关闭紧密良好。

2）操动机构应固定牢靠，外表应清洁、完整、无锈蚀、连杆、弹簧、拉杆等亦应完整，紧急分闸机构应完好灵活。

3）操动机构与断路器的联动应正常，无卡阻现象；分、合闸指示正确；压力开关、辅助开关动作应准确可靠，触头应无电弧烧损。辅助开关触头应光滑平整，位置正确。

4）端子箱内二次线的端子排完好，无受潮、锈蚀、发霉等现象产生，电缆孔洞应用耐火材料封堵严密。

5）正常运行时，断路器操动机构动作应良好，断路器分、合闸位置与机构指示器及红、绿指示灯状态相符。

6）电气连接应可靠且接触良好。

7）电磁操动机构分、合闸线圈及合闸接触器线圈无冒烟或异味。直流电源回路接线端子无松脱、无铜绿或锈蚀。

8）弹簧操动机构应检查如下几个方面：

① 当断路器在合闸运行时，储能电动机的电源刀开关，熔丝应在投入位置。

② 当断路器在分闸备用状态时，分闸连杆应复位，分闸锁扣到位，合闸弹簧应在储能位置。

③ 检查储能电动机，行程开关触头应无卡阻和变形，分、合闸线圈应无冒烟或异味。

④ 防凝露加热器应良好。

二、操动机构的维护

1. 电磁操动机构的维护项目

1）操动机构各转动部分均需加适量的润滑脂，以保证机构动作灵活。

2）检查机构中各部分弹簧、扭簧、轴销、连板、支架、滚轮、拐臂等应无弯曲、变形、磨损，如有损坏应更换。

3）检查操动机构内端子板上的控制线接头螺钉，以防松动。

4）检查合闸铁心应无摩擦卡涩现象；手动操作杠杆的转轴及滚轴应动作灵活，橡皮缓冲垫应无损坏及严重老化现象；上轭铁板的隔磁铜片应完好、紧固。

5）分闸可动铁心应无卡涩摩擦现象，顶杆应为非导磁材料，无形变且端部光滑；自由脱扣应动作正确，拉动“死点”连板，检查各部件应灵活，双连板不应卡定位螺杆和机座。

铁心止头螺钉应紧固，分闸铁心的铜套应完整平滑、固定可靠。

6）检查分、合闸线圈及引线的绝缘电阻不应小于2MΩ（用1000V绝缘电阻表测量）。

7）检查合闸接触器各部件应清洁、完整，无油垢、锈蚀等现象。动、静触头应表面平整、接触良好、动作灵活和无烧毛等现象，开距和超行程也应符合要求。

2. 弹簧操动机构的维护项目

1）投运前，应仔细核对各操作元器件的额定电压、额定电流与实际情况是否相符。

2）投运前在各转动部分加适量的润滑油。

3）机构在运行中应定期进行润滑和检查，将松动的螺钉、螺母拧紧，检查并维修行程开关和辅助开关的触头，检查电动机绕组和各分、合闸电磁线圈的绝缘电阻。

4）正常检修时，应将合闸弹簧能量释放。释放合闸弹簧能量的方法可以带断路器进行一次“合-分”闸操作（应先将电动机电源切断，以防再一次储能），也可以在断路器分闸状态下先用手动分闸按钮将半轴和扇形板的扣接打开，然后给合闸信号使合闸弹簧空载释能。

5）机构具有合闸操作的机构联锁，只有当输出轴处于分闸位置才能进行合闸操作。因此，当机构在未连接断路器而合闸弹簧又已储能时，应首先将输出轴调到分闸位置，而后进行空载释能。

6）检查控制回路是否正常，分、合闸锁扣是否可靠等。

三、操动机构常见异常故障的处理

1. 电磁操动机构分、合闸线圈冒烟

断路器配用电磁操动机构，其分、合闸线圈由于进行分、合闸操作或继电保护，自动装置动作后，出现分、合闸线圈严重过热、有焦味、冒烟等现象可能是分、合闸线圈长时间带电所造成的。

合闸线圈烧毁的原因主要有合闸接触器本身卡涩或触头粘连；操作把手的合闸触头断不开；重合闸辅助触头粘连；防跳跃闭锁继电器失灵，或常闭触头连接；断路器的常闭辅助触头打不开，或合闸中由于机械原因铁心卡住。

为了防止合闸线圈通电时间过长，在合闸操作中发现合闸接触器“保持”，应迅速拉开操作电源熔丝，或拉开合闸电源（可就近在直流盘上拉一下总电源）。但不得用手直接拉开合闸熔断器，以防合闸电弧伤人。

分闸线圈烧坏的原因主要有分闸传动时间过长，分、合闸次数多（包括重合闸失败再跳闸）。断路器分闸后，机构的常开辅助触头打不开，或由于机械原因分闸铁心卡住，使分闸线圈长时间带电。

2. 弹簧操动机构运行中的异常及处理

1）在断路器合闸瞬间，“弹簧未压紧”光字牌示警瞬时亮，之后不亮，应查明原因。若常亮或熄灭后又亮，则应迅速切断交流合闸电源，然后查明原因，如检查熔丝是否正常，故障应设法消除，再予以储能。若无法消除和储能，又要求立即送电，或当储能电动机损坏时，均可手动储能将断路器合闸。但合闸后，还应再一次手动储能，供投入重合闸需要。

2）手动储能前，应拉开储能电源刀开关或熔丝，储能完毕，应将手柄取下，报告工段（区），检查处理。

3）断路器在合闸过程中如出现“拒合”（绿灯未闪光、弹簧未释放）时，应立即拉开操作电源，防止合闸线圈长期通电而烧坏。

4）当弹簧操动机构出现储能完毕，合闸锁扣滑扣而空合时，将使弹簧再一次储能，甚至出现连续储能现象，则应立即拉开电动机电源刀开关，检查原因。

5）断路器在进行维修前，应先拉开储能电源刀开关，然后进行一次“合-分”操作。将合闸弹簧释能，以保证工作安全（应在断路器冷备用或检修状态下进行释能）。

第八节　互感器的运行维护

一、电压互感器的运行维护

1）电压互感器在送电前，应测量其绝缘电阻，低压侧绝缘电阻不得低于1MΩ，高压侧绝缘电阻值不低于1MΩ/kV为合格。

2）定相，即确定相位的正确性。如果高压侧相位正确，低压侧接错，则会破坏同期的准确性。此外，在倒母线时，还会使两台电压互感器短时并列，产生很大的环流，造成低压熔断器熔断，引起保护装置电源中断，严重时会烧坏电压互感器二次绕组。

3）运行中，内部声响应正常，无放电声及剧烈振动声。当外部线路接地时，更应注意供给监视电源的电压互感器声响是否正常，有无焦臭味。

4）高压侧导线接头不应过热，低压电路的电缆及导线不应腐蚀及损伤，高、低压侧熔断器及限流电阻应完好，低压电路应无短路现象。

5）电压表三相指示应正确，电压互感器不应过负荷。

6）电压互感器外壳应清洁、无裂纹、无渗漏油现象，二次绕组接地线应牢固良好。

7）检查电压互感器高、低压侧熔断器熔丝是否熔断，发现熔丝熔断后应立即更换。

8）运行中防止电压互感器二次侧短路。

二、电流互感器的运行维护

1. 电流互感器的起、停用操作

电流互感器的起、停用，一般是在被测量电路的断路器断开后进行的，以防止电流互感器二次侧开路。但在被测电路的断路器不允许断开时，只能在带电情况下进行。

在停电情况下停用电流互感器时，应将纵向连接端子板取下，并用取下的端子板，将标有“进”侧的端子横向短接。

在起用电流互感器时应将横向短接端子板取下，并用取下的端子板将电流互感器纵向端子接通。

在运行中停用电流互感器时，应将标有“进”侧的端子，先用备用端子板横向短接，然后取下纵向端子板。在起用电流互感器时，应用备用端子板将纵向端子接通，然后取下横向端子板。

在电流互感器起、停用中，应注意在取下端子板时是否出现火花，如发现有火花，应立即将端子板装上并旋紧后再查明原因。另外，工作人员应站在橡胶绝缘垫上，身体不得碰到接地物体。

2. 电流互感器在运行中的检查

电流互感器在运行中，值班人员应进行定期检查，以保证安全运行。其检查项目如下：

1）检查电流互感器的接头应无过热现象。

2）电流互感器在运行中，应无异声及焦臭味。

3）电流互感器外壳部分应清洁完整，无破裂和放电现象。

4）定期校验电流互感器的绝缘情况。

5）检查电流表的三相指示值应在允许范围内，不允许过负荷运行。

6）检查电流互感器一、二次侧接线应牢固，二次绕组应该经常接上仪表，防止二次侧开路。

3. 电流互感器二次侧开路故障及处理

1）靠近振动的地方如二次侧导线端子排上的螺钉因受振动而自行脱扣，造成电流互感器二次侧开路。

2）保护盘上的压板，因中间胶木套过长，两端子间的距离小，拧螺钉压紧端子板时，未与铜片接触而压在胶木上，造成保护回路开路，相当于电流互感器二次侧开路。

3）用于切换可读三相电流值电流表的切换开关接触不良，造成电流互感器二次侧开路。

4）靠近传动部分的电流互感器二次侧导线，有受机械摩擦的可能，使二次侧导线磨断，造成电流互感器二次侧开路。

在运行时，如果电流互感器二次侧开路，则会引起电流保护动作不正确，电能计量不准。另外，铁心还会发出“嗡嗡”的异声，以及因电压峰值很高，在二次侧导线的端子处会出现放电火花。此时，应先将一次电流（即电路负荷）减少或降至零，然后将电流互感器的端子进行短接，以免二次侧开路后所引起的高电压伤人。

一相、二相或三相电流表指示值为零，原因包括：电流互感器二次回路断线、接线端子接触不良、接线端子短路、电流互感器内部故障。此时，应停用电流互感器，并通知检修人员处理。

如果电流互感器有焦味或冒烟等情况，在取得运行领导人同意后，应立即停用电流互感器。

第九节　电气设备倒闸操作

一、倒闸操作的基本原则

电气运行人员在进行倒闸操作时，应遵守下列基本原则：

1. 停送电操作原则

1）拉、合隔离开关及小车断路器送电之前，必须检查并确认断路器在断开位置（倒母线例外，此时母联断路器必须合上）。

2）严禁带负荷拉、合隔离开关，所装电气和机械防误闭锁装置不能随意退出。

3）停电时，先断开断路器，后拉开负荷侧隔离开关，最后拉开电源侧隔离开关；送电时，先合上电源侧隔离开关，再合上负荷侧隔离开关，最后合上断路器。

4）在操作过程中，发现误合隔离开关时，不准把误合的隔离开关再拉开，发现误拉隔离开关时，不准把已拉开的隔离开关重新合上。因为隔离开关无灭弧装置，若带负荷接通或断开电路，将会在其触头之间产生电弧，引起三相短路事故。

2. 母线倒闸操作原则

1）母线送电前，应先将该母线的电压互感器投入；母线停电前，应先将该母线上的所有负荷转移完后，再将该母线的电压互感器停止运行。

2）母线充电时，必须用断路器进行，其充电保护必须投入，充电正常后应停用充电保护。

3）倒母线操作时，母联断路器应合上，确认母联断路器已合好后，再取下其控制熔断器，然后进行母线隔离开关的切换操作。母联断路器断开前，必须确认负荷已全部转移，母联断路器电流表指示为零，再断开母联断路器。

3. 变压器操作原则

双绕组变压器停送电操作顺序：送电时，应先送电源侧，后送负荷侧；停电时，操作顺序应与此相反。

二、倒闸操作的基本步骤

1. 正常情况倒闸操作的基本步骤

（1）接受任务：当系统调度员下达操作任务时，操作前，预先用电话或传真将操作票（包括操作目的和项目）下达给发电厂的值长或变电站的值班长。值长或值班长接受操作任务时，应将下达的任务复诵一遍，并将电话录音或传真件妥善保管。当发电厂的值长向电气值班长或变电站的值班长向值班员下达操作任务时，要说明操作目的、操作项目、设备状态。接受任务者接到操作任务后，复诵一遍，并记入操作记录本中。电气值班长向值班员（操作人、监护人）下达操作任务时，除了上述要求外，还应交代安全事项。

（2）填写操作票：值班长接受操作任务后，立即指定监护人和操作人，操作票由操作人填写。如果单项操作任务的操作票已输入计算机，则根据操作任务由计算机开出操作票。

填写操作票的目的是拟定具体的操作内容和顺序，防止在操作过程中发生顺序颠倒或漏项。

（3）审核操作票：操作票填写好了以后，必须经过以下三次审查：

1）自审，由操作票填写人自己审查。

2）初审，由操作监护人审查。

3）复审，由值班负责人（值班长、值长）审查，特别重要的操作票应由技术负责人审查。

审票人应认真检查操作票的填写是否有漏项、操作顺序是否正确、操作术语使用是否正确、内容是否简单明了、有无错漏字等。三审无误后，各审核人均在操作票上签字，操作票经值班负责人签字后生效。正式操作待系统调度员或值长（值班长）下令后执行。

（4）接受操作命令：正式操作必须有系统调度员或值长（值班长）发布的操作命令。系统调度员发布操作命令时，监护人、操作人同时受令，并由监护人按照填写的操作票向发令人复诵，经双方核对无误后，在操作票上填写发令人、受令人姓名和发令时间；值长（值班长）发布操作命令时，监护人、操作人同时受令。监护人、操作人接到操作命令后，值长（值班长）、监护人、操作人均在操作票上签名，并记录发令时间。

（5）模拟操作：正式操作之前，监护人、操作人应先在模拟图板上按照操作票上所列项目和顺序进行模拟操作，监护人按操作票的项目顺序唱票，操作人复诵后在模拟图板上进行操作，最后一次核对检查操作票的正确性。

（6）正式操作：电气设备倒闸操作必须由两人进行，即一人操作，一人监护。监护人一般由技术水平较高、经验较丰富的值班员担任，操作人应由熟悉业务的值班员担任。特别重要和复杂的倒闸操作应由熟练的值班员操作，值班负责人监护。

操作监护人和操作人做好了必要的准备工作后，携带操作工具进入现场进行正式的设备操作。操作设备时，必须执行唱票、复诵制度。每进行一项操作，其程序是：唱票—对号—复诵—核对—下命—操作—复查—做执行记号“✓”。具体地说，就是每进行一项操作，监护人按照操作票项目先唱票，然后操作人按照唱票项目的内容，查对设备名称、编号、自己所处位置、操作方向（即四个对照），确定无误后，手指所要操作的设备（即对号），复诵操作命令。监护人听到操作人复诵的操作令后，再次核对设备名称、编号无误，最后下令：“对，执行”。操作人听到监护人的“对，执行”的动令后方可进行操作。操作完一项后，复查该项，检查该项操作结果和正确性，如断路器实际分、合位置，机械指示，信号指示灯、表计变化情况等。并在操作票上该项编号前做一个记号“✓”。按上述操作程序，依次操作后续各项。

（7）复查设备：一张操作票操作完毕，操作人、监护人应全面复查一遍，检查操作过的设备是否正常，仪表指示、信号指示、联锁装置等是否正常，并总结本次操作情况。

（8）操作汇报：操作结束后，监护人应立即向发令人汇报操作情况、结果、操作起始和结束时间，经发令人认可后，由操作人在操作票上盖“已执行”图章。

（9）操作记录：监护人将操作任务、起始和终结时间记入操作记录本中。

2. 事故时的操作

在处理事故时，为了迅速切除故障，限制事故的发展，迅速恢复供电，并使系统频率、电压恢复正常，可以不用操作票进行操作，但需遵守相关安全工作规程的有关规定。事故处理后的一切善后操作，仍应按正常情况倒闸操作步骤进行。

三、倒闸操作票的填写方法和填写项目

1. 操作票的填写方法

填写操作票时，根据下达的操作任务，按照统一的操作术语，对照电气主接线模拟图和考虑电气主接线的实际运行方式，认真、细致地填写操作票。其具体填写方法如下：

1）每份操作票只能填写一个操作任务。一个操作任务系指根据同一个操作命令，且为了相同的操作目的而进行一系列相互关联的、不间断的、依次进行的倒闸操作的过程。如一台机组的起、停操作，一台变压器的停、送电操作，变压器的切换操作，倒母线操作，几回线路依次进行停、送电操作，几个用电部分依次进行停、送电操作等，均可填用一份操作票。

2）操作票应用钢笔或圆珠笔逐项填写，用计算机开出的操作票应与手写格式一致。操作票票面应清楚、整洁，不得任意涂改。操作人和监护人应根据模拟图或接线图核对所填写的操作项目，并分别签名，然后经运行值班负责人（检修人员操作时由工作负责人）审核签名。每张操作票只能填写一个操作任务。

3）填写时，在操作票上应先填写编号并按编号顺序使用。

4）操作票应填写设备的双重名称，即设备的名称和编号。

5）一个操作任务所填写的操作票超过一页时，续页操作顺序号应连续。续页操作任务栏填“续前”，首页填操作开始和结束时间，每页有关人员均应签名。

6）操作票填写完毕，经审核正确无误后，在操作顺序最后一项后的空白处打终止号或写“操作结束”，表示以下无任何操作。

2. 操作票的填写项目

下列各项应作为单独项目填入操作票：

1）应开、合的断路器，如断开××线路×××断路器，合上××线路×××断路器。

2）检查断路器开、合情况，如检查××线路×××断路器已合好。

3）应拉、合的隔离开关，如拉开××线路×××隔离开关。

4）检查隔离开关拉、合情况，如检查××线路×××隔离开关已拉开。

5）操作前的检查项目。检查设备的运行位置状态，作为单独项目填入操作票。其目的是防止误操作，如检查××线路×××断路器在分闸位置，检查××线路×××隔离开关在断开位置。

6）检查送电范围内是否遗留有接地线，如检查送电变压器各侧一次回路无接地线（或无接地隔离开关）作为单独项目填入操作票，其目的是防止带地线合闸。

7）验电和装、拆接地线。填写操作票时，一定要写明验电和装、拆接地线的地点及编号（或拉、合接地隔离开关的编号）。如验明Ⅰ段母线无电压后，在工段母线上装设一组3号接地线；又如验明××线路无电后，合上××线路的线路侧××接地隔离开关。

8）检查负荷的转移情况（检查仪表指示）。两回并列运行的回路，当停下其中的一回路时，应检查负荷的转移情况。如用旁路断路器代替线路断路器运行时，当操作到旁路断路器与线路断路器并列时，先检查两断路器的负荷分配，断开线路断路器后，检查该线路的仪表指示应正常。

9）取下或装上熔断器。如装上××线路×××断路器的控制熔断器。

10）停用或投入继电保护的保护连接片（包括同时停用或投入多个保护连接片）。若一项中有同时停用或投入多个保护连接片，操作时，每操作完一个连接片，应在该连接片编号前打“✓”。如投入青络线84断路器的保护连接片✓1XB、✓2XB。

四、倒闸操作举例

1. 10kV线路由运行状态转为检修状态

10kV 1号车间线路，由运行状态转为检修状态的操作票见表5-13。

表5-13　×××配电所倒闸操作票

单位:×××		编号:×××
发令人:×××	接令人:×××	发令时间:××××年××月××日××时××分
操作开始时间:		操作结束时间:
××××年××月××日××时××分		××××年××月××日××时××分
(✓)监护下操作		

（续）

操作任务:10kV 1号车间线路由运行到检修

10kV 1号×××线路停送电操作接线如图

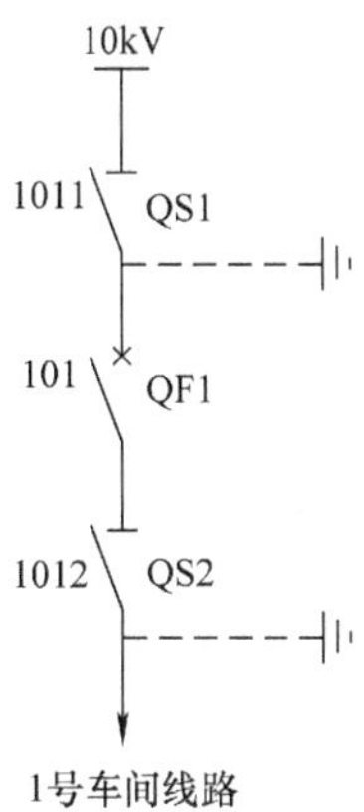

顺序	操 作 项 目	✓
1	拉开101断路器	✓
2	检查101断路器确实已拉开	✓
3	拉开1012隔离开关	✓
4	检查1012隔离开关确实已拉开	✓
5	拉开1011隔离开关	✓
6	检查1011隔离开关确实已拉开	✓
7	在1012隔离开关出线侧,验明无电	✓
8	在1012隔离开关出线侧挂接地线一组,编号01。	✓
9	在1011隔离开关出线侧,验明无电	✓
10	在1011隔离开关出线侧挂接地线一组,编号02。	✓
11	在101断路器、1011隔离开关、1012隔离开关的操作把手上挂“禁止合闸,线路有人工作”的标示牌。	✓
12	操作结束。	✓

操作人:(签字)　　监护人:(签字)　　值班负责人(值长):(签字)

2. 10kV线路由检修状态转为运行状态

10kV 1号车间线路，由检修状态转为运行状态的操作票见表5-14。

表5-14 ×××配电所倒闸操作票

单位:×××	编号:×××
发令人:×××　　接令人:×××	发令时间:××××年××月××日××时××分
操作开始时间:	操作结束时间:
××××年××月××日××时××分	××××年××月××日××时××分
(✓)监护下操作	
操作任务:10kV 1号车间线路从检修转为运行。	

（续）

顺序	操 作 项 目	✓
1	收回 10kV 1 号车间线路的检修工作票。	✓
2	拆除 1012 隔离开关出线侧编号 01 接地线等安全措施。	✓
3	拆除 1011 隔离开关出线侧编号 02 接地线等安全措施。	✓
4	检查 101 断路器确在断开位置	✓
5	合上 1011 隔离开关。	✓
6	检查 1011 隔离开关确实已经在合闸位置。	✓
7	合上 1012 隔离开关。	✓
8	检查 1012 隔离开关,确实已经在合闸位置	✓
9	合上 101 断路器。	✓
10	检查 101 断路器,确实已经在合闸位置。	✓
11	操作结束。	✓
操作人:(签字)　　监护人:(签字)　　值班负责人(值长):(签字)		

第六章　低压成套配电装置

第一节　配电柜型号的选择

一、GGD 型固定式配电柜

1. 概述

GGD 型固定式配电柜是厂矿企业最常用的低压成套配电装置。配电柜适用于交流 50Hz、额定工作电压 380V、额定工作电流 3150A 的配电系统，作为动力、照明及配电设备的电能转换、分配与控制之用。该配电柜具有分断能力高、动热稳定性好、电气主接线方案灵活、组合方便、系列性与实用性强、防护等级高等特点。GGD 型固定式配电柜的外形结构如图 6-1 所示。

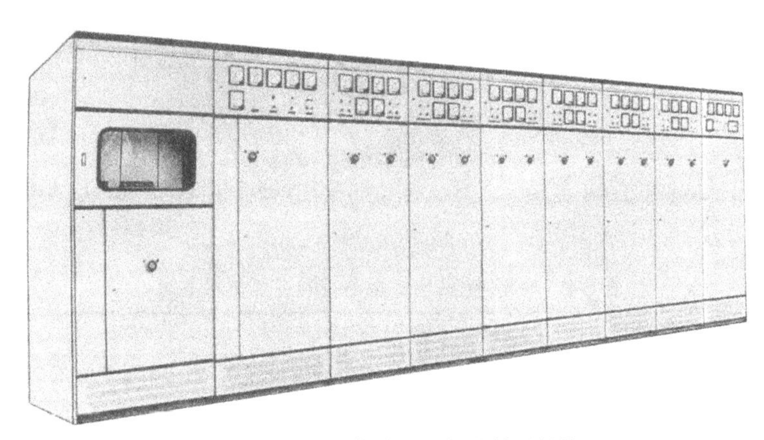

图 6-1　GGD 型固定式配电柜的外形结构图

2. 技术参数

GGD 型固定式配电柜的主要技术参数见表 6-1。

表 6-1　GGD 型固定式配电柜的主要技术参数

型号	额定电压/V	额定电流/A		额定短路开断电流/kA	额定短时耐受电流(1s)/kA	额定峰值耐受电流/kA
GGD1	380	A	1000	15	15	30
		B	600(630)			
		C	400			

（续）

型号	额定电压/V	额定电流/A		额定短路开断电流/kA	额定短时耐受电流(1s)/kA	额定峰值耐受电流/kA
GGD2	380	A	1500(1600)	30	30	63
		B	1000			
		C				
GGD3	380	A	3150	50	50	105
		B	2500			
		C	2000			

二、MNS 型抽出式配电柜

1. 概述

MNS 系列低压抽出式配电柜是引进瑞士 ABB 公司制造技术的产品，为组装式低压开关柜配电装置。MNS 系列抽出式配电柜能适用于各种供配电的需要，被广泛应用于各种工矿企业配电系统。

MNS 系列抽出式配电柜以较小的空间容纳较多的功能单元。采用标准模块设计，分别组成保护、操作、转换、控制、调节、测定、指示等标准单元，用户可根据需要选用组装。MNS 型抽出式配电柜的外形结构如图 6-2 所示。

图 6-2　MNS 型抽出式配电柜的外形结构图

2. 技术参数

MNS 型抽出式配电柜的主要技术参数见表 6-2。

表 6-2　MNS 型抽出式配电柜的主要技术参数

序号	名　称	参　数	序号	名　称	参　数
1	额定绝缘电压/V	660	5	主母线短时(1s)耐受电流(有效值)/kA	100
2	额定工作电压/V	660	6	主母线短时峰值电流(最大值)/kA	250
3	主母线最大工作电流/A	4700,5500	7	垂直安装配电母线短时峰值电流 标准型(最大值)/kA	90
4	垂直安装配电母线最大工作电流/A	1000		加强型(最大值)/kA	130

三、GC$\frac{L}{K}$□型抽出式配电柜

1. 概述

柜体由冷轧钢板及冷轧型材加工成结构件，用螺栓组装而成。

柜体基本尺寸宽度分为 600mm、800mm、1000mm、1200mm 4 种，高度均为 2200mm，

深度均为 1000mm。外壳防护等级为 IP30 时，后门采用铰链开启结构；为 IP40 时则采用螺钉安装结构。

本抽出式配电柜用于发电厂、电站、石油化工、冶金、轻纺、机械加工等企业中。作为三相交流 50/60Hz、电压为 380V 电力系统的配电（PC）、电动机集中控制（MCC）、照明、无功补偿之用。

GC$^{L}_{K}$□型抽出式配电柜的外形结构如图 6-3 所示。

图 6-3　GC$^{L}_{K}$□型抽出式配电柜的外形结构图

2. **技术参数**

GC$^{L}_{K}$□型抽出式配电柜的技术参数见表 6-3。

表 6-3　GC$^{L}_{K}$□型抽出式配电柜的技术参数

序号	名　　称	参数	序号	名　　称	参数
1	额定工作电压/V	380	4	母线峰值耐受电流/kA	105
2	母线最大额定工作电流/A	2500	5	外壳防护等级	IP30、IP40
3	母线短时耐受电流(1s)有效值/kA	50			

四、GCS 型低压抽出式配电柜

1. 概述

GCS 型低压抽出式配电设备适用于发电厂、变电所、石油化工等工厂企业及高层建筑等，作为三相交流频率 50Hz（60Hz）、额定电压 380V（660V）的低压配电系统的动力、配电、动力控制中心、电容补偿等的电能转换、分配与控制之用。在发电厂、石化等行业低压动力控制中心和电动机控制中心等电力使用场合时，能满足与计算机接口的特殊需要。

图 6-4　GCS 型低压抽出式配电柜的外形结构图

GCS 型低压抽出式配电设备是根据电力行业需求，为满足不断发展的电力市场对增容、计算机接口、动力集中控制、方便安装维修、缩短事故处理时间等需要而设计生产的新型低压抽出式配电柜。该产品具有分断与接通能力高、动热稳定性好、电气方案灵活、组合方便、规格全、适用性强、结构新颖、防护等级高等特点。

GCS 型低压抽出式配电柜的外形结构如图 6-4 所示。

2. 技术参数

GCS 型低压抽出式配电柜的技术参数见表 6-4。

表 6-4　GCS 型低压抽出式配电柜的技术参数

序号	名　称		参　数
1	额定绝缘电压/V		AC 660(1000)
2	额定工作电压/V	主电路	AC 380(660)
		辅助电路	AC 380,220　DC 220,110
3	额定频率/Hz		50(60)
4	水平母线额定电流/A		≤4000
5	垂直母线额定电流/A		1000
6	母线额定峰值耐受电流(0.1s)/kA		105,176
7	母线额定短时耐受电流(1s)/kA		50,80
8	工频耐压(1min)/V	主电路	2500
		辅助电路	1760
9	母线	三相四线制	A、B、C、PEN
		三相五线制	A、B、C、PE+N
10	防护等级		IP30、IP40

第二节　低压配电柜的安装

一、安装尺寸

1. 配电柜安装前后的通道

低压配电柜安装前后的通道最小宽度见表 6-5。

表 6-5　低压配电柜安装前后的通道最小宽度　（单位：m）

配电屏种类		单排布置			双排面对面布置			双排背对背布置			多排同向布置		
		屏前	屏后		屏前	屏后		屏前	屏后		屏间	前、后排屏距墙	
			维护	操作		维护	操作		维护	操作		前排	后排
固定式	不受限制时	1.5	1.0	1.2	2.0	1.0	1.2	1.5	1.5	2.0	2.0	1.5	1.0
	受限制时	1.3	0.8	1.2	1.8	0.8	1.2	1.3	1.3	2.0	2.0	1.3	0.8
抽出式	不受限制时	1.8	1.0	1.2	2.3	1.0	1.2	1.8	1.0	2.0	2.3	1.8	1.0
	受限制时	1.6	0.8	1.2	2.0	0.8	1.2	1.6	0.8	2.0	2.0	1.6	0.8

2. 低压配电室土建工艺尺寸

低压配电室土建工艺尺寸如图 6-5 所示。

3. 基础型钢安装的允许偏差

基础型钢安装的允许偏差见表 6-6。

基础型钢安装后，其顶部宜高出抹平地面 10mm；手车式成套柜按产品技术要求执行。

4. 固定式配电柜的安装尺寸

GGD2 型固定式配电柜的安装尺寸如图 6-6 所示。

5. 抽出式配电柜的安装尺寸

GCS 型抽出式配电柜的排列及安装尺寸如图 6-7 所示。

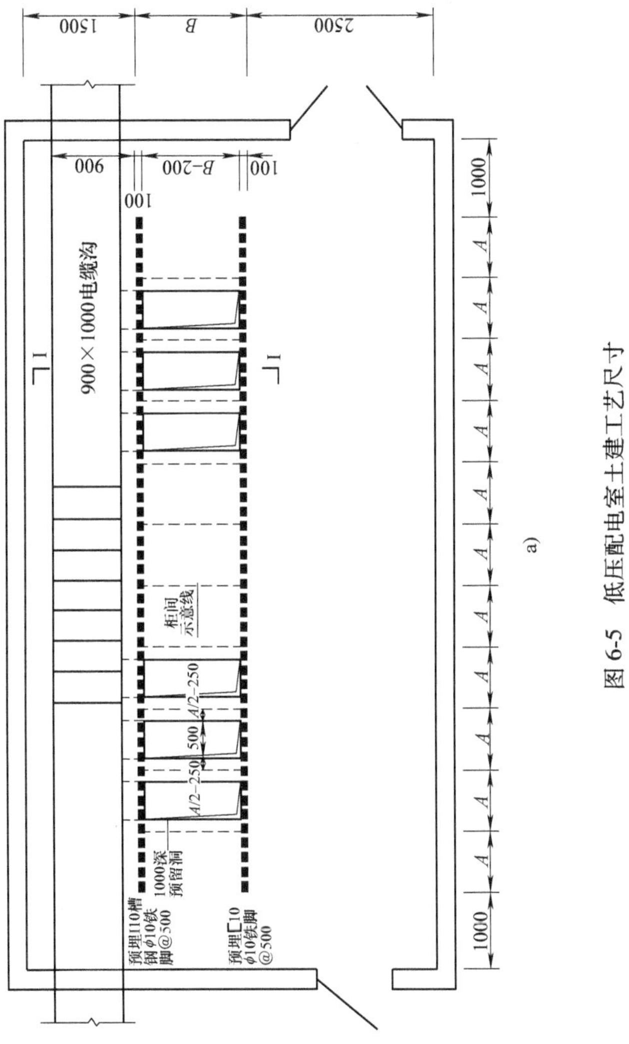

图 6-5　低压配电室土建工艺尺寸

a）土建平面图

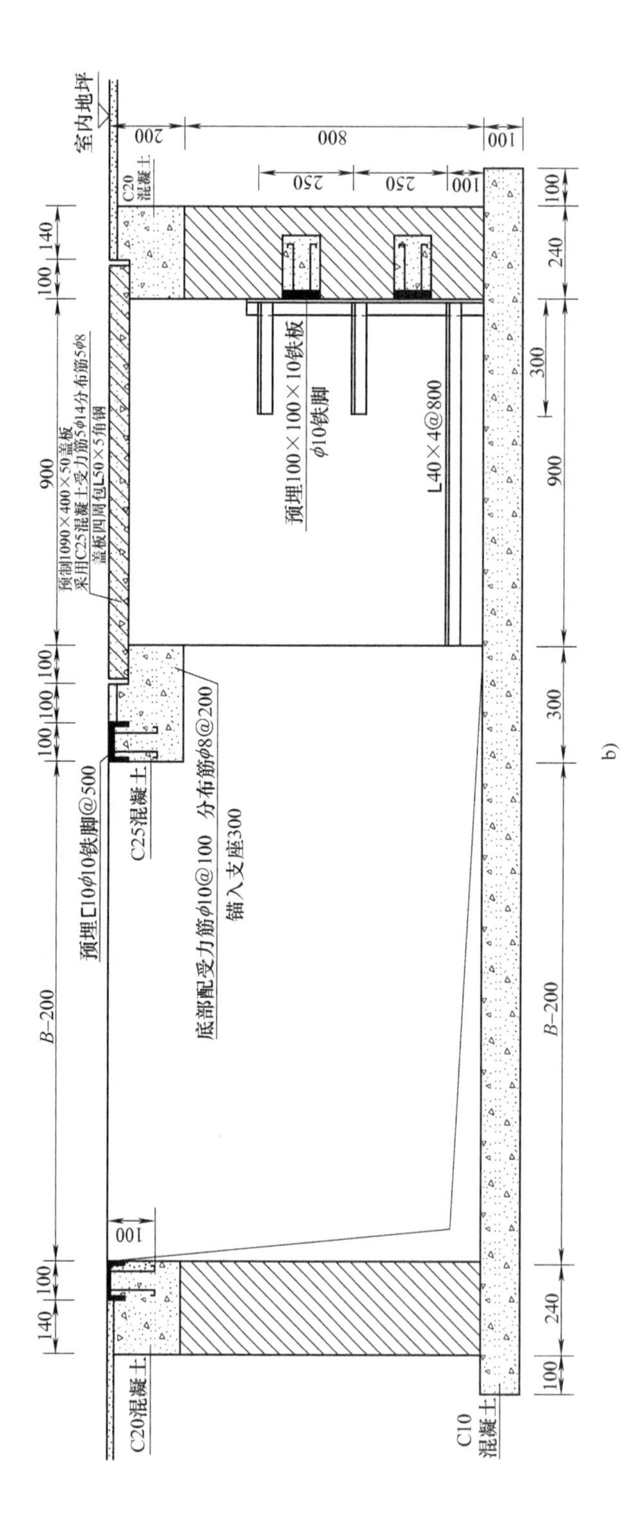

图6-5　低压配电室土建工艺尺寸（续）

b）I—I视图

表 6-6　基础型钢安装的允许偏差

项　　目	允许偏差	
	mm/m	mm/全长
不直度	<1	<5
水平度	<1	<5
位置误差及不平行度		<5

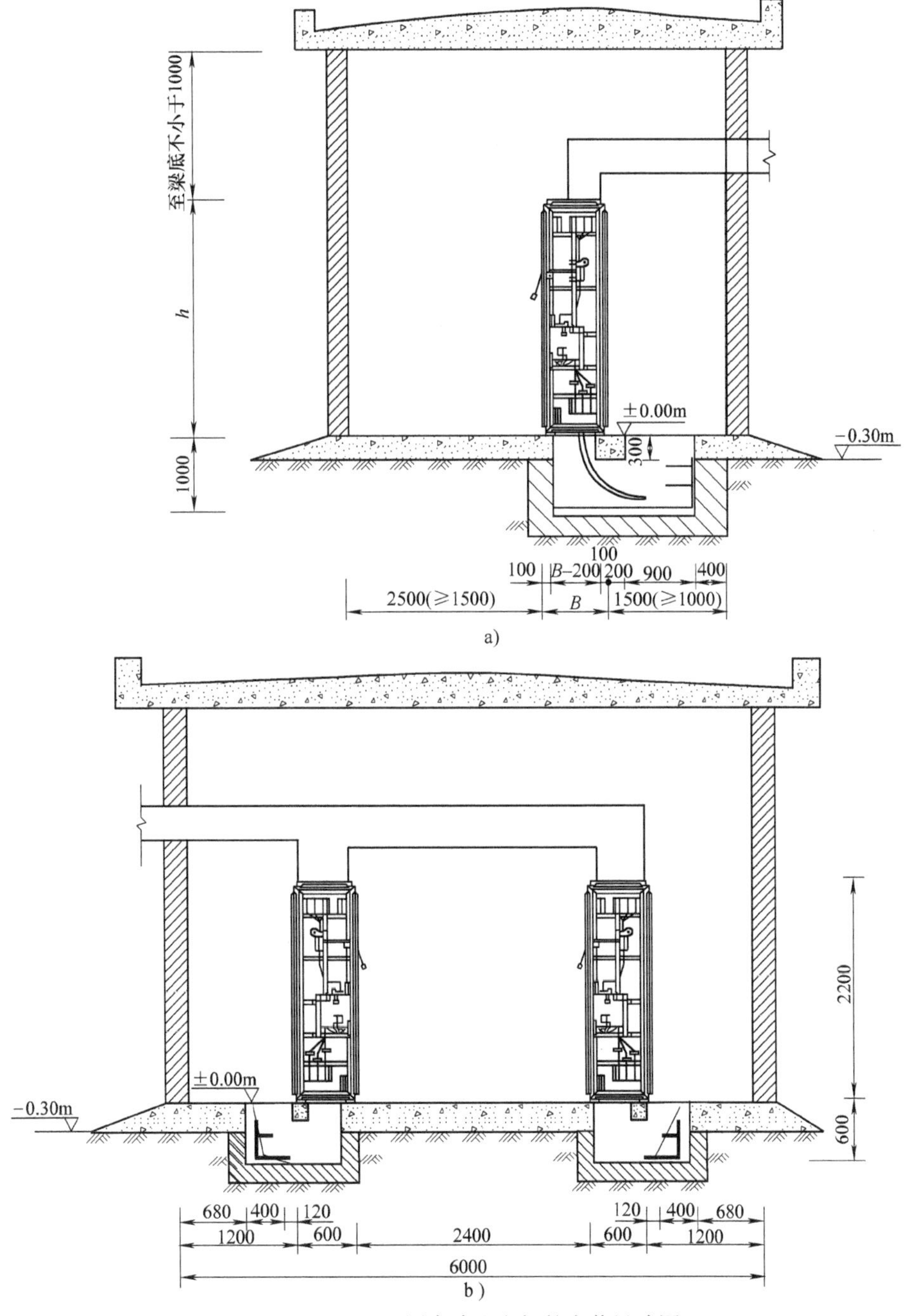

图 6-6　GGD2 型固定式配电柜的安装尺寸图

a）单列布置　b）双列布置

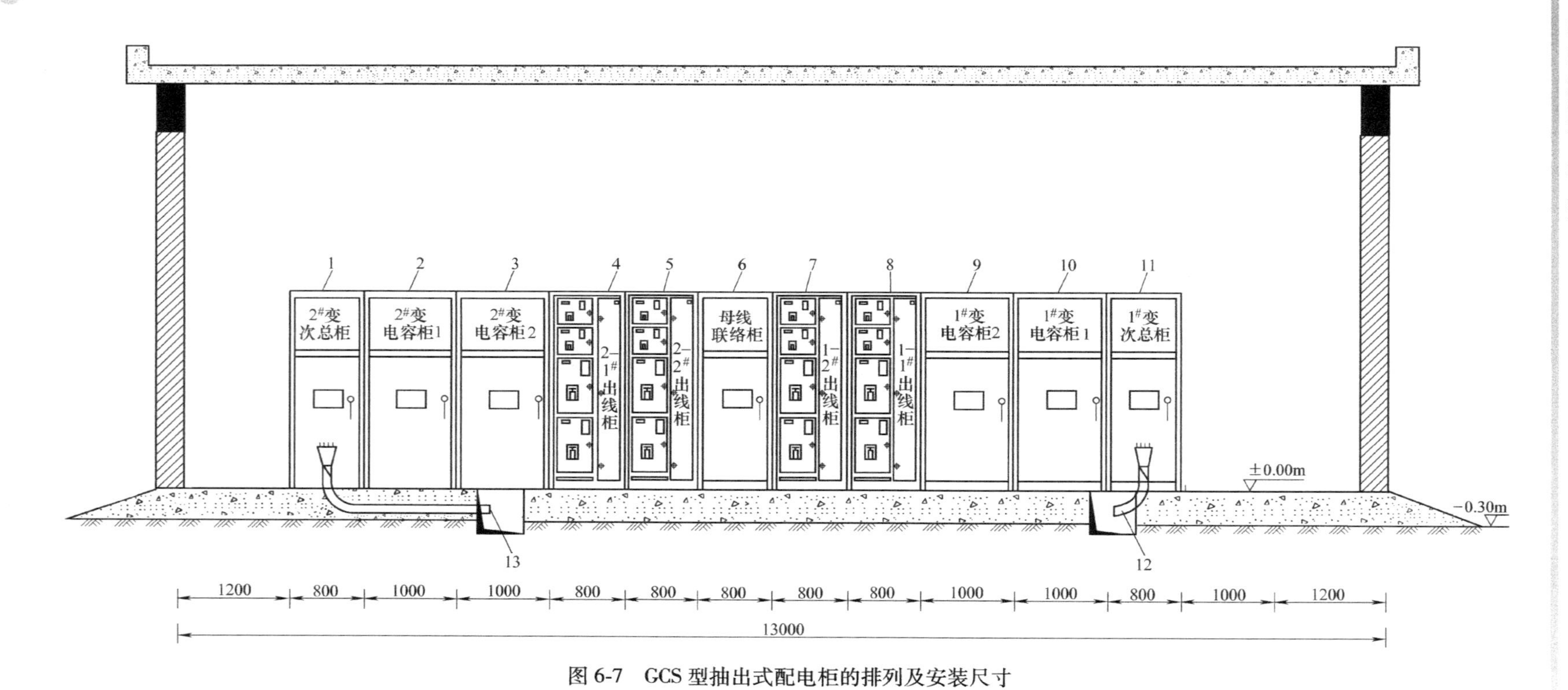

图 6-7　GCS 型抽出式配电柜的排列及安装尺寸

1—2#变次总柜　2—2#变电容柜 1　3—2#变电容柜 2　4—2#变出线柜 1　5—2#变出线柜 2　6—母线联络柜　7—1#变出线柜 2　8—1#变出线柜 1　9—1#变电容柜 2　10—1#变电容柜 1　11—1#变次总柜　12—1#变进线电缆　13—2#变进线电缆

GCS（MCC）型配电柜的安装示意如图 6-8 所示，安装尺寸见表 6-7。

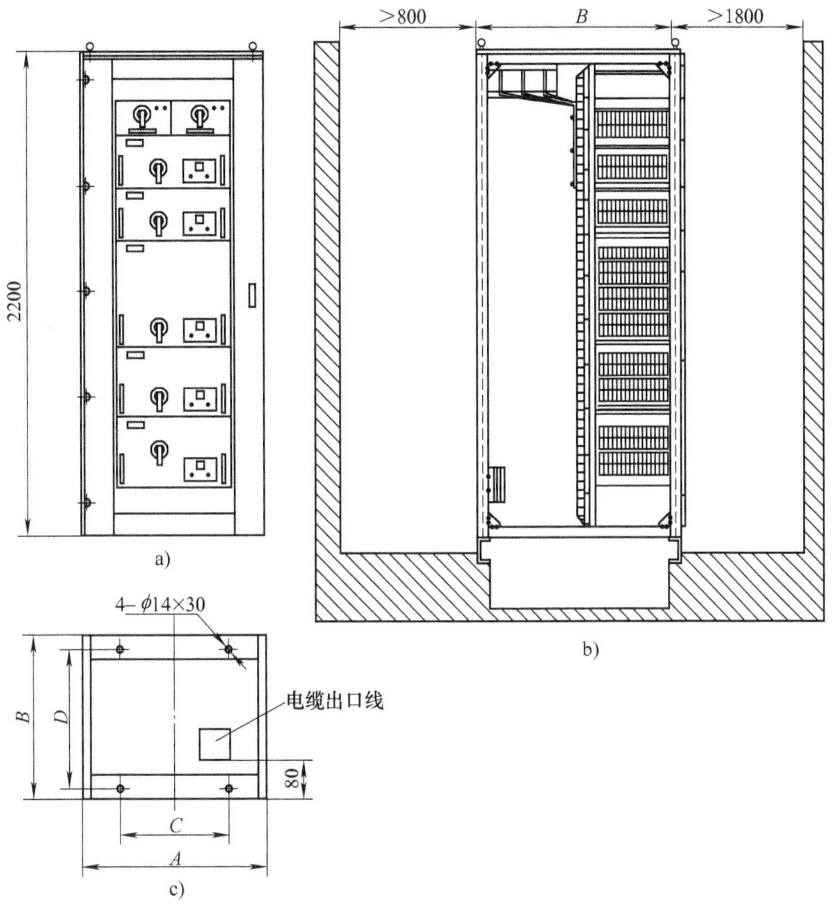

图 6-8　GCS（MCC）型配电柜的安装示意图

a）正视图　b）剖视图　c）底脚尺寸

表 6-7　GCS（MCC）型配电柜的安装尺寸

通用柜代号	A/mm	B/mm	C/mm	D/mm
GCS/D、K、L	1000	1000	900	900
GCS/D、K、L	800	600	700	500

注：封闭式结构宽度 A 和深度 B 各增加 100mm。

GCS（PC）型动力柜的安装示意如图 6-9 所示，安装尺寸见表 6-8。

表 6-8　GCS（PC）型动力柜的安装尺寸　　（单位：mm）

通用柜代号	A/mm	B/mm	C/mm	D/mm
GCS/D、K、L	1000	1000	900	900
GCS/D、K、L	800	1000	700	900
GCS/D、K、L	800	800	700	700
GCS/D、K、L	800	800	700	700

注：封闭式结构宽度 A 和深度 B 各增加 100mm。

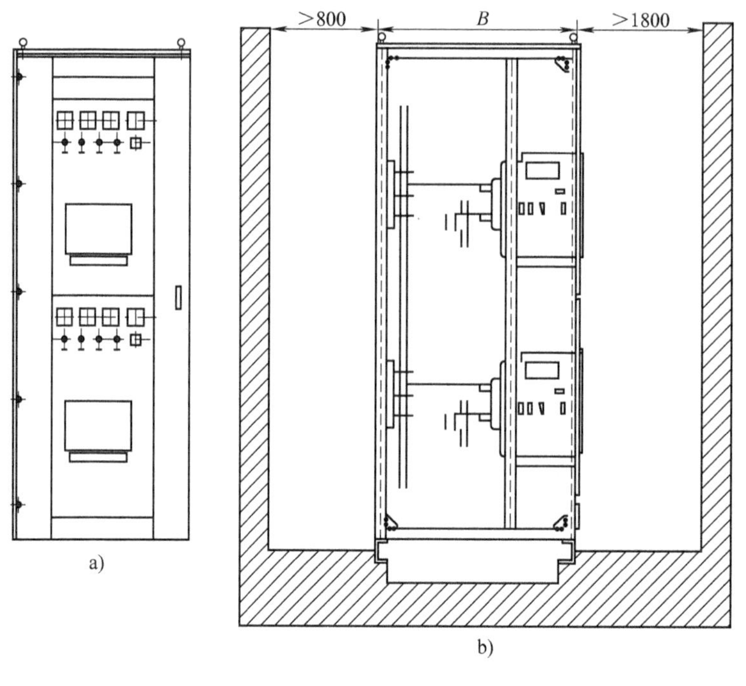

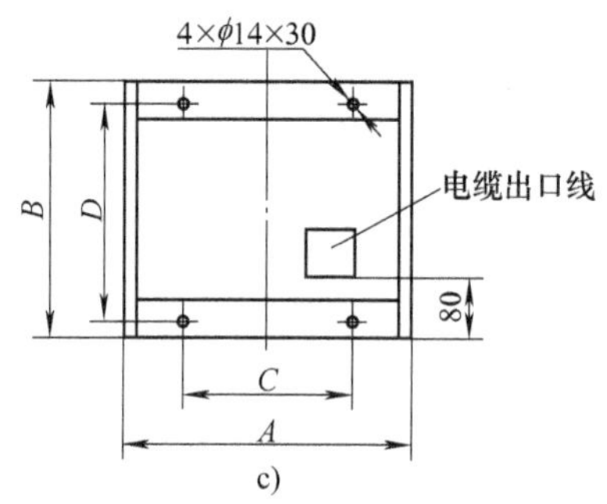

图6-9　GCS（PC）型动力柜的安装示意图

a）正视图　b）剖视图　c）底脚尺寸

二、安装前的准备工作

1）配电柜的安装工作应在土建工作结束后进行，屋内粉刷、油漆应在装柜前完成，土建和装柜不应同时进行。

2）配电柜等在搬运和安装时应采取防振、防潮、防止框架变形和漆面受损等安全措施，必要时可将装置性设备和易损元器件拆下单独包装运输。当产品有特殊要求时，应符合产品技术文件的规定。

3）配电柜应存放在室内或能避雨、雪、风、沙的干燥场所。对有特殊保管要求的装置性设备和电器元件，应按规定保管。

4）采用的设备和器材，必须符合国家现行技术标准的合格产品，并有合格证件。设备应有铭牌。

5）配电盘到货后应及时开箱检查。检查项目包括规格、型号、回路数等是否符合订货详图；盘上设备是否齐全，有无损坏、有无进水受潮现象。发现问题应及时处理，经妥善处理才能安装。

6）配电屏出厂时应附有如下详图和资料：

① 本屏一次系统概略图、仪表接线图、控制回路二次接线图、端子图。

② 本屏装设的电器元件表，其表内应注明生产厂家、型号规格，并应有生产许可证和产品合格证。

三、安装工艺要求

1. 配电柜安装的允许偏差

低压配电柜安装的允许偏差见表6-9。

表6-9　低压配电柜安装的允许偏差

名　　称		允许偏差/mm	名　　称		允许偏差/mm
垂直度(每米)		<1.5	盘面偏差	相邻两盘边	<1
水平偏差	相邻两盘顶部	<2		成列盘面	<5
	成列盘顶部	<5	盘间接缝		<2

2. 固定式配电柜的安装要求

1）机械闭锁、电气闭锁应动作准确、可靠。

2）动触头与静触头的中心线应一致，触头接触紧密。

3）二次回路辅助开关的切换触头应动作准确，接触可靠。

4）柜内照明齐全。

3. 抽出式配电柜的安装要求

1）抽屉推拉应灵活轻便，无卡阻、碰撞现象，抽屉应能互换。

2）抽屉的机械联锁或电气联锁装置应动作正确可靠，断路器分闸后，隔离触头才能分开。

3）抽屉与柜体间的二次回路连接插件应接触良好。

4）抽屉与柜体间的接触及柜体、框架的接地应良好。

4. 手车式柜的安装要求

1）检查防止电气误操作的“五防”装置齐全，并动作灵活可靠。

2）手车推拉应灵活轻便，无卡阻、碰撞现象，相同型号的手车应能互换。

3）手车推入工作位置后，动触头顶部与静触头底部的间隙应符合产品要求。

4）手车和柜体间的二次回路连接插件应接触良好。

5）安全隔离板应开启灵活，随手车的进出而相应动作。

6）柜内控制电缆的位置不应妨碍手车的进出，并应牢固。

7）手车与柜体间的接地触头应接触紧密，当手车推入柜内时，其接地触头应比主触头先接触，拉出时接地触头比主触头后断开。

5. 螺栓固定法

螺栓固定法安装一般适用于有搬迁可能的低压配电柜。采用M10或M12的螺栓固定。配电盘底座上有安装孔，安装时，应首先在底盘预埋好角钢或槽钢底座，然后按照安装孔钻眼后，用螺栓固定。配电盘的底座一般用立放的槽钢、角钢或者是平放的槽钢做成。立放的槽钢和角钢用螺栓固定时，底座上可打过孔（即大于螺栓直径的孔），平放时应攻螺纹。若用 M10 的螺栓固定时，过孔直径为 ϕ11～ϕ12mm，攻螺纹孔直径为 ϕ8.4mm；用 M12 的螺栓固定时，过孔直径为 ϕ14mm，攻螺纹孔直径为 ϕ10.1mm。

6. 焊接固定法

焊接固定法，适用于永久性安装的低压配电盘，即将配电盘直接焊接在预埋的槽钢或角钢底座上即可。

无论是螺栓固定法还是焊接固定法，安装低压配电柜时，都应校正柜面的水平和垂直。多块柜拼装时，可先装中间的柜体，然后分别向两侧拼装，也可以从某侧的第一柜体开始逐块拼装。每拼装完一柜体，即可初步固定，经反复调整至合乎要求后再固定牢靠。盘与盘之间也可用螺栓固定，使一列配电柜成为一个整体。同样，柜面也应达到“横平竖直”。

四、安装后的检查与验收

安装时，配电屏相互间及其与建筑物间的距离应符合设计和制造厂的要求，且应牢固、整齐美观。若有振动影响，应采取防振措施，并接地良好。两侧和顶部隔板完整，门应开闭灵活，回路名称及部件标号齐全，内外清洁无杂物。

低压配电屏在安装或检修后，投入运行前应进行下列各项检查试验：

1）检查柜体与基础型钢固定是否牢固，安装是否平直。屏面油漆应完好，屏内应清洁，无积垢。柜内所装电器元件应齐全完好，安装位置正确，固定牢固。

2）各开关操作灵活，无卡涩，各触头接触良好。

3）用塞尺检查母线连接处接触是否良好。

4）所有二次回路接线应准确，连接可靠，标志齐全清晰，绝缘符合要求。

5）二次回路接线应整齐牢固，线端编号符号设计要求。

6）检查接地应良好。

7）抽出式配电屏应检查推抽是否灵活轻便，动、静触头应接触良好，并有足够的接触压力。

8）手车或抽出式配电柜在推入或拉出时应灵活，机械闭锁可靠；照明装置齐全。

9）柜内一次设备的安装质量验收要求应符合国家现行有关标准规范的规定。

10）用于热带地区的盘、柜应具有防潮、抗霉和耐热性能，按现行标准 JB/T 4159—2013《热带电工产品通用技术要求》要求验收。

11）柜及电缆管道安装完后，应做好封堵。可能结冰的地区还应有防止管内积水结冰的措施。操作及联动试验正确，符合设计要求。

12）试验各表计是否准确，继电器动作是否正常。

13）用 1000V 绝缘电阻表测量绝缘电阻，应不小于 0.5MΩ，并按标准进行交流耐压试验。一回路的试验电压为工频 1kV，也可用 2500V 绝缘电阻表试验代替。

14）在验收时，应提交下列资料和文件：

① 工程竣工图。

② 变更设计的证明文件。

③ 制造厂提供的产品说明书、调试大纲、试验方法、试验记录、合格证件及安装详图等技术文件。

④ 根据合同提供的备品备件清单。

⑤ 安装技术记录。

⑥ 调整试验记录。

第三节　低压配电装置的运行维护

一、低压配电装置的送电及试运行

低压配电装置安装竣工后，经检查验收合格方可投运。

1. 送电前的检查

1）配电屏及屏上的电器元件的名称、标志、编号等是否清楚、正确，盘上所有的操作把手、按钮和按键等的位置与现场实际情况是否相符，固定是否牢靠，操作是否灵活。

2）配电屏上标有操作模拟板时，模拟板与现场电气设备的运行状态是否对应。

3）配电屏上表示“合”“分”等信号灯和其他信号指示是否正确。

4）隔离开关、断路器、熔断器和互感器等的触头是否牢靠。

5）仪表或表盘玻璃是否松动，仪表指示是否正确，并清扫仪表和其他电器上的灰尘。

6）配电室内的照明灯具是否完好，照度是否明亮均匀，观察仪表时有无眩光。

2. 低压母线的测量

将所有柜的送出回路上的刀开关断开，用500V绝缘电阻表测量母线的绝缘电阻不应低于100MΩ；断路器、刀开关、接触器、互感器、起动器的绝缘电阻不应低于10MΩ；二次线对地绝缘电阻不应低于2MΩ。

3. 低压送出电缆或导线的试验

1）低压电缆绝缘电阻的试验同高压电缆，但使用500V的绝缘电阻表，绝缘电阻应大于10MΩ。低压电缆一般不做直流耐压试验。

2）低压送出回路的导线应使用500V绝缘电阻表测量相与相、相与地的绝缘电阻，应大于5MΩ。

4. 系统耐压试验

将各个送出的低压回路终端的受电开关断开，并派人看守，并将各台柜的刀开关、断路器或接触器闭合，从母线上的电压表后接耐压试验的导线，无误后进行低压系统的耐压试验，试验电压1kV，时间1min，无击穿为合格。但各个回路和单台设备的绝缘电阻大于10MΩ，可用2500V绝缘电阻表测绝缘电阻以代替耐压试验，试验时间应为1min，绝缘电阻应大于5MΩ。系统耐压试验时，应将电气设备、电器元件和仪表与系统断开。

5. 送电和空负荷运行

低压试验和测量合格后可进行送电和空负荷运行。先将一次的开关合上，再将低压侧总断路器合上使低压母线有电，电压表正常后即可进行低压侧的送电和空负荷运行。送电前应在每个送出回路的终端受电开关处派专人看守，并把该开关断开。然后按顺序把每台柜的刀开关、断路器合上，并由各处的看守人反馈送电情况，一切正常后可空负荷运行2h，正常后再将各分路低压开关断开，再断开低压总断路器，最后断开负荷开关，使变压器断电。

低压系统试验前必须检查各设备的接地情况，并摇测接地电阻，合格后才能进行试验。

二、低压配电装置运行的一般要求

1）低压配电装置应统一编定配电柜的编号，并标明负荷名称及容量，同时应与低压系统操作模拟图板上的编号对应一致。

2）低压配电装置所控制的负荷，必须分路清楚，避免一闸多控和混淆，同时应将重要负荷与一般负荷分开，以利运行调度和维护检修工作。

3）低压控制电器的额定容量应与受控负荷实际需要相匹配，各级保护装置的选择和整定，均应符合动作选择性的要求。母线、导线或电缆的截流量必须满足系统负荷的需要。

4）低压配电装置上的仪表及信号指示灯、报警装置应完好齐全。仪表的精度和互感器的规格应与用电设备容量或实际负荷相匹配。

5）开关的操作手柄、按钮、锁键等操作部件所标志的“合”“分”“运行”“停止”等字样应与设备的实际运行状态相对应。

6）装有低压电源自投系统的配电装置，应定期做投切试验，检验其动作的可靠性。两个电源的联络装置处，应有明显的标志。当联锁条件不同时具备的时候，不能投切。

7）低压配电装置与自备发电设备的联锁装置应动作可靠。严禁自备发电设备与电力网私自并联运行。

8）断路器、交流接触器以及刀开关在通电运行以前，均应测校三相的同期性，并检查触头压力是否满足要求。

9）低压配电装置前后左右操作维护的通道上应铺设绝缘垫，同时严禁在通道上堆放其他物品。

10）低压配电装置前后应设置固定的照明装置且齐备完好，必要时或重要场所的配电装置应设事故照明。

11）低压配电室应设置与实际相符的操作模拟图板和系统接线图。其低压电器的备品、备件应齐全完好，并应分类存放于取用方便的地方。同时应配备安全用具和携带式检测仪表。

12）低压配电装置的安装和试验应符合电气装置安装工程施工及验收规范的要求，低压配电装置应按周期巡视、检查、清扫检修及试验。

三、低压配电装置的巡视检查

（1）低压配电装置的巡视检查周期：一般应每班一次；无人值班的至少应每周一次。

（2）巡视检查的项目内容如下：

1）总负荷及各分路负荷与仪表的指示值是否对应，三相负荷是否平衡，三相电压是否平衡，电路末端的电压降是否超过规定。

2）各部位连接点（包括母线连接点）有无过热、螺母有无松动或脱落、发黑现象；整个装置有无异常响动或异味、焦煳味；装置和电器的表面是否清洁完整，接地连接是否正常良好。

3）绝缘子有无损伤、歪斜或放电现象及痕迹，母线固定卡子有无松脱；易受外力振动和多尘场所，应检查电气设备的保护罩、灭弧罩有无松动、是否清洁。

4）低压配电室的门窗是否完整，通风和环境温度、湿度，是否满足电气设备的要求；

下雨时，屋顶是否渗漏雨水或有无渗漏痕迹。屋外电器的防护箱是否漏水；室内外的维护通道是否畅通，室外道路是否被雨水冲断等。

5）室内照明是否正常，备品、备件是否满足运行维修的需要，安全用具及携带式仪表是否符合使用要求。

6）断路器过电流脱扣器整定值、热元器件配置，与负荷是否匹配，能否满足保护要求；断路器、接触器的电磁线圈吸合是否正常，有无过大噪声或线圈过热。

7）负荷高峰、异常天气或发生事故及过负荷运行时应进行特殊巡视：

① 电气设备各连接点、接线点是否发热严重、有无焦煳味。

② 雨后应检查室内是否进水、漏水，电缆沟是否进水，瓷绝缘有无闪络或放电现象。

③ 设备发生事故后，重点检查熔断器及保护装置的动作情况以及事故范围内的设备有无烧伤或毁坏情况，有无其他异常情况等。

（3）低压配电装置的清扫检修每年不应少于两次。其内容除清扫和摇测绝缘外，还包括检查各部位连接点和接地点的紧固情况及电器元件有无破损或功能欠缺等，应一一妥善处理。

（4）变压器二次总控制采用断路器或低压配电装置的进线采用断路器时，检修时应做升流试验，并核定整定值，应与上一级保护装置匹配。

（5）对装有联锁的低压电器，应做传动试验，检查其动作的可靠性和正确性，并检查其接线是否牢固。

（6）巡视检查中发现的问题应及时处理，并记录。

四、低压配电系统异常运行和故障缺陷的处理方法

低压配电系统异常运行和缺陷的解决方法，首先是要按本节一和二中的要求执行，使故障的隐患在萌芽状态下被消除，此外还有以下方法：

1）低压母线和设备的连接点超过允许温度时，应先迅速停下次要负荷，以控制温度上升，然后再停下缺陷设备进行检修。遇异常现象时，除做紧急停电处置外，一般应报告电气主管上级。

2）各种电器触头和接点过热时，应检查触头压力及接触连接点的紧固程度，消除氧化层，打磨触头，调整压力，拧紧连接处。

3）电磁铁噪声过大，应检查铁心接触面是否平整、对齐，有无污垢、杂质和铁心锈蚀；检查短路环有无断裂，检查电压是否过低，并采取相应的修复措施。

4）低压电器内部发生放电声响，应立即停止运行并取下灭弧罩或外壳，检查触头接触情况，并摇测对地及相间绝缘电阻是否合格。

5）如灭弧罩损坏或掉落，无论几相，均应停止该设备运行，修复后再使用。灭弧罩内沉积的金属珠颗粒应及时清除，如金属隔栅烧毁较严重者应予以更换。

6）接地线损坏或掉落时，应先检查设备是否漏电，必要时应停电修理，否则应用带绝缘的工具进行修理。

7）三相电源电压发生断相时，或电流互感器二次开路时，应及时停电进行处理。

8）断路器或熔断器发生越级动作时，应校验整定值和熔丝规格，否则应重新整定。

9）低压配电支路送电时立即跳闸送不出去者，应先检查开关自身有无缺路或吸合线圈

吸不住、过电流整定太小、机械挂钩不灵及其他有碍合闸的故障，必要时可将负荷线临时拆掉，然后再检查负荷线有无短路或带负荷较大等。

10）送电或正常运行时，某个部位若发生打火，有碍于运行，则应停下修理，一般是由于虚接所致。

11）低压配电室必须保持良好的通风，特别是夏日用电高峰时间，必要时应设置机械通风装置，强迫通风，以减少事故的发生。

12）配电室有直接控制的大型电动机起动时，应密切注意电流、电压及各连接部位的变化情况，如有意外，应紧急停车，并检查故障点。如引起总保护动作时，应重新调整动作参数。

13）低压配电室与高压配电所一样，应该是一个井井有条、整洁卫生、保卫严密、通信方便、道路畅通的场所，并永远保持“六防二通”，即防火、防水、防漏、防雨、防盗、防小动物、通风良好、道路畅通。

第七章　高压成套配电装置

第一节　10kV 高压开关柜型号的选择

一、XGN15-12 型开关柜

1. 概述

XGN15-12 型单元式 SF_6 环网柜是新一代以 SF_6 开关作为主开关而整柜采用空气绝缘的、适用于配电自动化的、既紧凑又可扩充的金属封闭开关设备，具有结构简单、操作灵活、联锁可靠、安装方便等特点，对各种不同的应用场合、不同的用户要求均能提供令人满意的技术方案。传感技术和最新保护继电器的采用，加上先进的技术性能及轻便灵活的装配方案，可以完全满足市场不断变化的需求。

XGN15-12 型单元式 SF_6 环网柜根据不同用户需要可分别采用以下主开关元件：原装进口 ABB 产 SFL 型 SF_6 负荷开关；原装进口 ABB 产 SFG 型 SF_6 负荷开关；国产 FSN 型 SF_6 负荷开关；原装进口 ISM 系列永磁机构真空断路器。

操作方式有手动、电动两种。

XGN15-12 型单元式 SF_6 环网柜适用于交流 50Hz、10kV 的电力系统，广泛应用于城网中的电缆环网或工业及民用供电末端。

特别适用于以下场所：城市居民区配电、小型二次变电站、开闭所、工矿企业、商场、机场、地铁、医院、体育场、铁路、隧道等配电所。

2. 技术参数

XGN15-12 型开关柜的技术参数见表 7-1。

表 7-1　XGN15-12 型开关柜的技术参数

序号	名称		参数	序号	名称		参数
1	额定电压/kV		12	6	额定短时耐受电流/kA	主回路	20
2	额定雷电冲击耐受电压/kV	相间及相对地	75			接地回路	20
		断口间	85	7	额定短时持续时间/s		3
3	1min 工频耐受电压/kV	相间及相对地	42	8	额定峰值耐受电流/kA		50
		断口间	48	9	额定转移电流/A		1700
4	额定频率/Hz		50	10	防护等级		IP3X
5	额定电流/A	主母线	630/1250	11	负荷开关机械寿命/次		5000
		分支母线	630	12	接地开关机械寿命/次		1000

（续）

序号	名称		参数	序号	名称		参数
13	永磁机构真空断路器机械寿命/次		50000	15	低压室	高/mm	350，450
14	负荷开关柜	柜宽/mm	375，500，750	16	断路器柜	柜宽/mm	750
		柜深/mm	980，1000			柜深/mm	980，1000
		柜高/mm	1600，1850			柜高/mm	1850，2150

二、KYN28-12 型开关柜

1. 概述

KYN28-12 型户内铠装移开式交流金属封闭开关设备，是 12kV 三相交流 50Hz 单母线及单母线分段系统的成套配电装置。主要用于发电厂、中小型发电机送电、工矿企事业配电及电业系统的二次配电所的受电、送电及大型高压电动机起动等，实行控制保护、监测之用。本产品符合 IEC 298、GB 3906—2006 等标准要求，具有“五防”功能。既可配用 ABB 公司的 VD4 真空断路器，又可配用国内优良的 VS1（ZN63A）等真空断路器，是一种性能优越的配电装置。

该产品的外壳是选用进口敷铝锌钢板，经计算机数控（CNC）机床加工，并采取多重折边工艺，柜体为组装式结构，采用拉铆螺母和高强度的螺栓连接而成。产品具有完善的机械式防止误操作的联锁装置，可有效地防止电气误操作事故。

2. 技术参数

KYN28-12 型开关柜的技术参数见表 7-2。

表 7-2 KYN28-12 型开关柜的技术参数

名称		参数
额定电压/kV		3,6,10
最高工作电压/kV		3,6,7.2,12
额定绝缘水平	1min 工频耐压/kV	42
	雷电冲击耐压(全波)/kV	75
额定频率/Hz		50
主母线额定电流/A		630,1250,1600,2000,2500,3150
分支母线额定电流/A		630,1250,1600,2000,2500,3150
热稳定电流(3s)(有效值)/kA		16,20,25,31.5,40,50
额定动稳定电流(有效值)/kA		40,50,63,80,100,125
防护等级		外壳 IP4X,断路器室门打开时为 IP2X

三、HXGN1-12Z 型环网柜

1. 概述

HXGN1-12Z 型环网真空负荷开关柜，适用于工矿企业、住宅小区、高层建筑和学校公园等配电系统，作为户内交流三相 10kV、50Hz 的环网供电单元和终端配电设备。可开断或关合额定负荷电流及变压器空载电流，并能开断或关合一定距离的架空线路、电缆线路或电容器组的电容电流。负荷开关-熔断器组合电器柜可一次性开断额定短路电流。在电力系统中作为配电设备的保护、电能的分配和控制之用。

HXGN1-12Z 型环网柜，柜体结构由 8MF 型钢局部焊接后用螺栓连接组合而成，主要装配 FN11-12D 型二工位真空负荷开关，真空负荷开关与带有撞击器的熔断器配合使用为组合电器。

FN11-12D/630-20 型负荷开关，主要由隔离开关、真空灭弧室、接地开关等组成。

FN11-12RD/200-31.5 型组合电器，主要由充当隔离开关、真空灭弧室、接地开关、熔断器、脱扣传动装置组成。

操动机构主要由弹簧、传动机构、电动机、脱扣装置和限位装置，外配手动操作杆，可实现手动操作或电动操作。

隔离开关、接地开关、负荷开关、柜门之间采用强制性的机械联锁，以实现“五防”功能。

2. 技术参数

HXGN1-12Z 型环网柜的主要技术参数见表 7-3。

表 7-3　HXGN1-12Z 型环网柜的主要技术参数

序号	名　称		参数	序号	名　称		参数
1	额定电压/kV		12	13	组合电器额定开断交流电流/A		3150
2	主母线额定电流/A		630	14	1min 工频耐受电压/kV	相间、相对地真空断口	42
3	额定电流	进线柜/A	630			隔离断口	48
		出线柜/A	200(最大)	15	雷电冲击耐受电压/kV	相间相对地真空断口	75
4	额定短时耐受电流(4s)/kA		20			隔离断口	85
5	额定峰值耐受电流/kA		50	16	机械寿命/次	真空负荷开关	10000
6	额定短路关合电流峰值/kA		50			隔离开关、接地开关	2000
7	额定有功负载开断电流/A		630	17	负荷开关	平均合闸速度/(m/s)	0.6±0.2
8	额定闭环开断电流/A		630			平均分闸速度/(m/s)	1±0.2
9	额定电缆充电电流/A		10			三相不同期性/ms	≤2
10	接地开关额定短时间耐受电流(2s)/kA		20	18	组合电器配用熔断器	最大额定电流/A	200
11	接地开关额定峰值耐受电流/kA		50			额定短路开断电流/kA	31.5
12	接地开关额定短路关合电流峰值/kA		50	19	防护等级		IP2X

第二节　35kV 高压开关柜型号的选择

一、JGN2-40.5 型固定式开关柜

1. 概述

JGN2-40.5 系列交流固定式金属封闭关设备系三相交流 50Hz，单母线带旁路结构的户内成套装置，作为接受和分配 40.5kV 的网络电能之用。SF_6 断路器配一体化专用弹簧操动机构 ZN72-40.5 断路器又配用双稳态永磁机构，与真空灭弧室形成良好的配合，完成操作功

能，损耗小，无需维护保养。适用于1级使用条件的严酷等级，断路器采用挂式、可移开式或固定式安装；可实现单母线带旁路，因而进一步提高了产品的运行可靠性和节省检修停电的时间。

采用加强绝缘结构，柜内绝缘距离达到360mm，利用局部介质绝缘来增加它的绝缘性能，使用运行安全可靠。可配备SF_6、ZN72等多种型号的真空断路器，其开关结构型式可配置成后挂式、前装式、手车固定式，实现了多种结构的组合方式。

对组装结构采用品字型结构，既适用于现场组合安装，又便于装卸、运输、安装、调试。

采用机械传动与专用结构的门锁组合设计，达到“五防”功能，确保操作安全。

2. 技术参数

开关设备装配的一次元件包括断路器、操动机构、电流互感器、电压互感器、避雷器、电力变压器，在本产品的装置条件下应能满足产品的技术性能。

开关设备技术参数见表7-4，开关设备及其所装的元件的主要技术参数见表7-5和表7-6。

表7-4 开关设备技术参数

序号	名 称	参 数			
1	额定电压/kV	40.5			
2	额定电流/A	1600、2000、2500			
3	额定开断电流/kA	16	20	25	31.5
4	额定关合电流(峰值)/kA	40	50	63	80
5	动稳定电流(峰值)/kA	40	50	63	80
6	4s热稳定电流(有效值)/kA	16	25	25	31.5
7	防护等级	IP4X			

表7-5 SF_6断路器技术参数

序号	名 称	单位	参 数
1	额定电压	kV	40.5
2	额定电流	A	1600,2000,2500
3	额定短路开断电流	kA	16,20,25,31.5
4	额定峰值耐受电流	kA	63,80,100
5	额定短时耐受电流(4s)	kA	16,20,25,31.5
6	额定短路关合电流(峰值)	kA	63,80,100
7	额定短路电流开断次数	次	30
8	额定操作顺序		O—0.3s—CO—180s—CO
9	额定雷电冲击耐受电压(全波)	kV	185
10	额定短时工频耐受电压(1min)	kV	95
11	机械寿命	次	10000
12	额定单个电容器组合电流	A	1000、800
13	额定气体压力	MPa	0.65
14	闭锁压力	MPa	0.59
15	分闸时间	ms	≤60
16	合闸时间	ms	≤100

表 7-6　ZN72-40.5 真空断路器技术参数

序号	名　　称		单位	参　　数
1	额定电压		kV	40.5
2	额定电流		A	1600~2500
3	额定短路开断电流		kA	25,31.5
4	额定峰值耐受电流		kA	63,80
5	额定短时耐受电流(4s)		kA	25,31.5
6	额定短路关合电流(峰值)		kA	63,80
7	额定短路电流开断次数		次	30
8	额定操作顺序			O—0.3s—CO—180s—CO
9	额定绝缘水平	1min 工频耐受电压(开断前后)	kV	95
		雷电冲击耐受电压(开断前后峰值)	kV	185
10	机械寿命		次	30000
11	储能电动机额定电压(AC/DC)		V	100,220
12	储能电动机额定功率		W	275
13	储能电动机储能时间		s	≤15
14	合分闸线圈额定电压(AC/DC)		V	100,220
15	合分闸线圈额定电流		A	1.91,DC0.89
16	过电流脱扣器额定电流		A	5

二、KYN10-40.5 型移开式开关柜

1. 概述

KYN10-40.5 型开关柜适用于 40.5kV 三相交流 50Hz 单母线电力系统中，作为发电厂、变电所及工矿企业的配电室接受与分配电能之用；对电路具有控制、保护和监测等功能。除广泛用于一般电动系统外，还可使用于频繁操作的场所。

KYN10-40.5 交流铠装式金属封闭开关设备采用手车移开式结构设计，柜内配用真空断路器或 SF_6 断路器；柜体采用组装结构，提高了手车与柜体的配合精度。

开关柜结构按其组成可分为柜体、手车两大部分。柜体为冷轧薄钢板弯制，用螺栓和铆钉组装成型。典型方案按功能特征可分为继电器仪表室、手车室、电缆室和母线室四部分，各部分以接地的金属隔板分隔。其外壳防护等级为 IP3X；断路器手车可以处于断开试验两个位置。

该开关柜带电体部分均采用复合绝缘。主回路采用绝缘母线，相间及连接头配有用阻燃材料注塑而成的绝缘套，主母线为分段母线，相邻柜间用母线套隔开，能有效地防止事故蔓延，同时主母线起动辅助支撑作用。

触头盒前装有金属活门，上下活门在手车从断开/试验位置运动到工作位置过程中自动打开，当手车反方向运动时自动关闭，形成有效隔离。

主断路器、手车、接地开关及柜门之间的联锁均采用强制性机械闭锁、满足“五防”功能。

手车车架中采用丝杠螺母推进机构。丝杠螺母推进机构轻松地操作使手车在断开/试验

位置和工作位置之间移动，借助丝杠螺母的自锁性可使手车可靠地锁定在工作位置，防止因电动力的作用引起手车窜动而引发事故。

2. 技术参数

KYN10-40. 5 型移开式开关柜主要技术参数及主要电器元件技术参数见表 7-7、表 7-8。

表 7-7　开关柜主要技术参数

序号	名　　称	单位	参　　数
1	额定电压	kV	40. 5
2	额定电流	A	630,1250,1600,2000
3	额定短路开断电流	kA	25,31. 5
4	额定短路关合电流(峰值)	kA	63,80
5	额定动稳定电流(峰值)	kA	63,80
6	4s 额定热稳定电流	kA	25,31. 5
7	接地开关的关合电流	kA	63,80
8	1min 工频耐受电压	kV	95
9	雷电冲击耐受电压(峰值)	kV	185
10	外形尺寸(宽×深×高)	mm	1400×2800(3500)×2600

注：括号内尺寸为架空进出线尺寸。

表 7-8　ZN23-35C 型真空断路器技术参数

序号	名　　称	单位	参　　数
1	额定电压	kV	40. 5
2	1min 工频耐受电压	kV	95
3	雷电冲击耐受电压(峰值)	kV	185
4	额定频率	Hz	50
5	额定电流	A	1250,1600,2000
6	额定短时耐受电流	kA	25,31. 5
7	额定峰值耐受电流	kA	25,31. 5
8	额定短路持续时间	s	4
9	额定短路开断电流	kA	25,31. 5
10	额定短路关合电流(峰值)	kV	63,80
11	额定短路电流开断次数	次	20
12	机械寿命	次	10000
13	额定操作顺序		O—0. 3s—CO—180s—CO
14	合闸时间	ms	≤90
15	分闸时间	ms	≤75

第三节　10kV 开关柜的安装

一、室内、外配电装置的最小电气安全净距

室内、外配电装置的最小电气安全净距见表 7-9。

表 7-9　室内、外配电装置的最小电气安全净距　　（单位：mm）

序号	适用范围	场所	额定电压/kV	
			<0.5	10
1	无遮栏裸带电部分至地(楼)面之间	室内	屏前 2500 屏后 2300	2500
		室外	2500	2700
2	有 IP2X 防护等级遮栏的通道净高	室内	1900	1900
3	裸带电部分至接地部分和不同相的裸带电部分之间	室内	20	125
		室外	75	200
4	距地(楼)面 2500mm 以下裸带电部分的遮栏防护等级为 IP2X 时,裸带电部分与遮护物间水平净距	室内	100	225
		室外	175	300
5	不同时停电检修的无遮栏裸导体之间的水平距离	室内	1875	1925
		室外	2000	2200
6	裸带电部分至无孔固定遮栏	室内	50	155
7	裸带电部分至用钥匙或工具才能打开或拆卸的栅栏	室内	800	875
		室外	825	950
8	低压母排引出线或高压引出线的套管至屋外人行通道地面	室外	3650	4000

注：海拔超过 1000m 时，表中前 3 项数值应按每升高 100m 增大 1%进行修正。4~8 项数值应相应加上前 3 项的修正值。

10kV 高压配电室内各种通道的最小宽度见表 7-10。

表 7-10　10kV 高压配电室内各种通道的最小宽度　　（单位：mm）

开关柜布置方式	柜后维护通道	柜前操作通道	
		固定式	手车式
单排布置	800	1500	单车长度+1200
双排面对面布置	800	2000	双车长度+900
双排背对背布置	1000	1500	单车长度+1200

注：1. 固定式开关柜为靠墙布置时，柜后与墙净距应大于 50mm，侧面与墙净距应大于 200mm。
2. 通道宽度在建筑物的墙面遇有柱类局部凸出时，凸出部位的通道宽度可减少 200mm。

当电源从柜（屏）后进线且需在柜（屏）正背后墙上另设隔离开关及其手动操动机构时，柜（屏）后通道净宽不应小于 1.5m，当柜（屏）背面的防护等级为 IP2X 时，可减为 1.3m。

配电装置的长度大于 6m 时，其柜（屏）后通道应设两个出口，低压配电装置两个出口间的距离超过 15m 时，尚应增加出口。

二、10kV 开关柜的平面布置

10kV 开关柜的双列平面布置如图 7-1 所示。

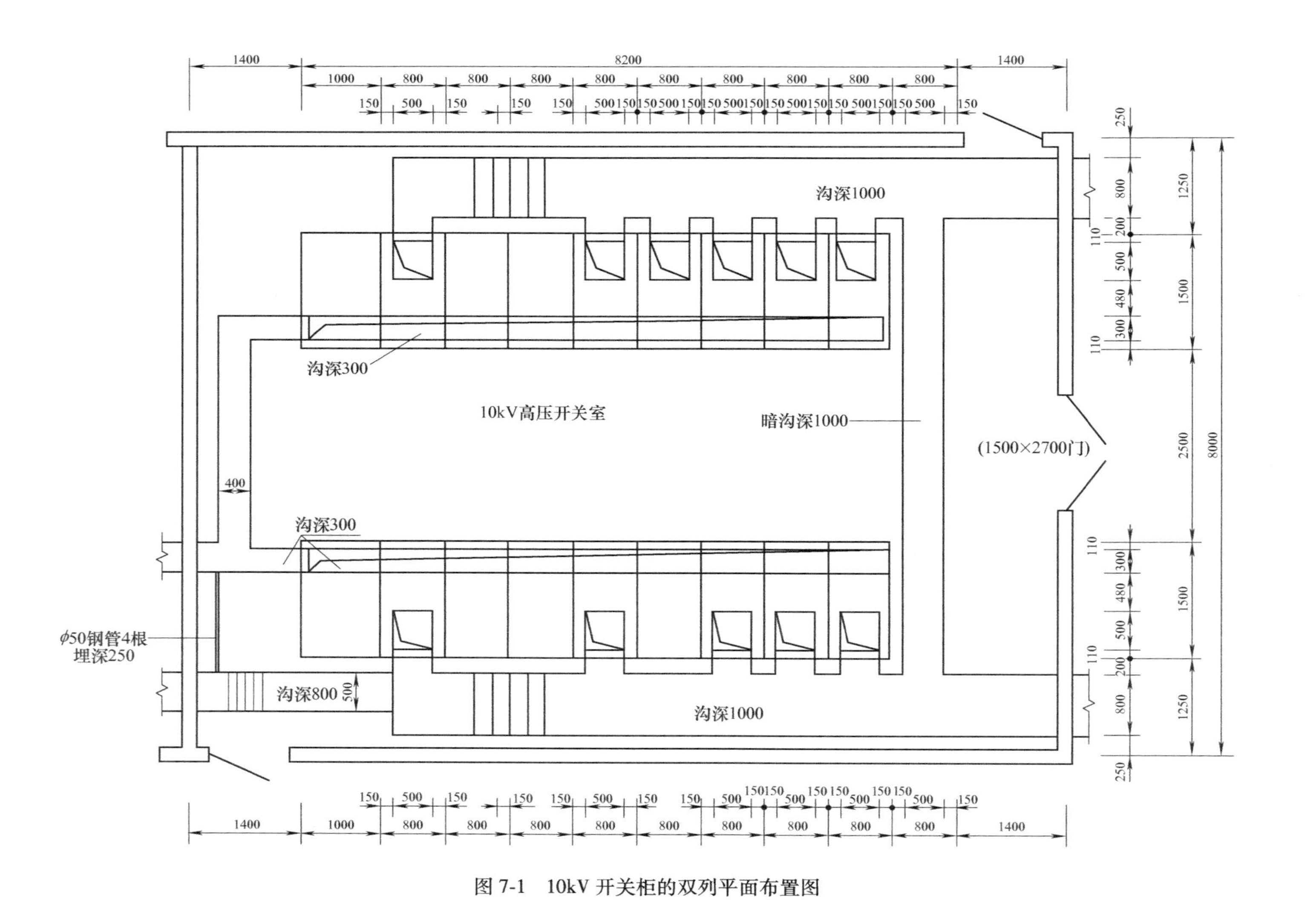

图 7-1　10kV 开关柜的双列平面布置图

三、10kV 开关柜的安装尺寸及设备材料

1. XGN2 型固定式开关柜的安装

XGN2 型固定式开关柜架空进线的安装如图 7-2 所示，主要设备材料见表 7-11。

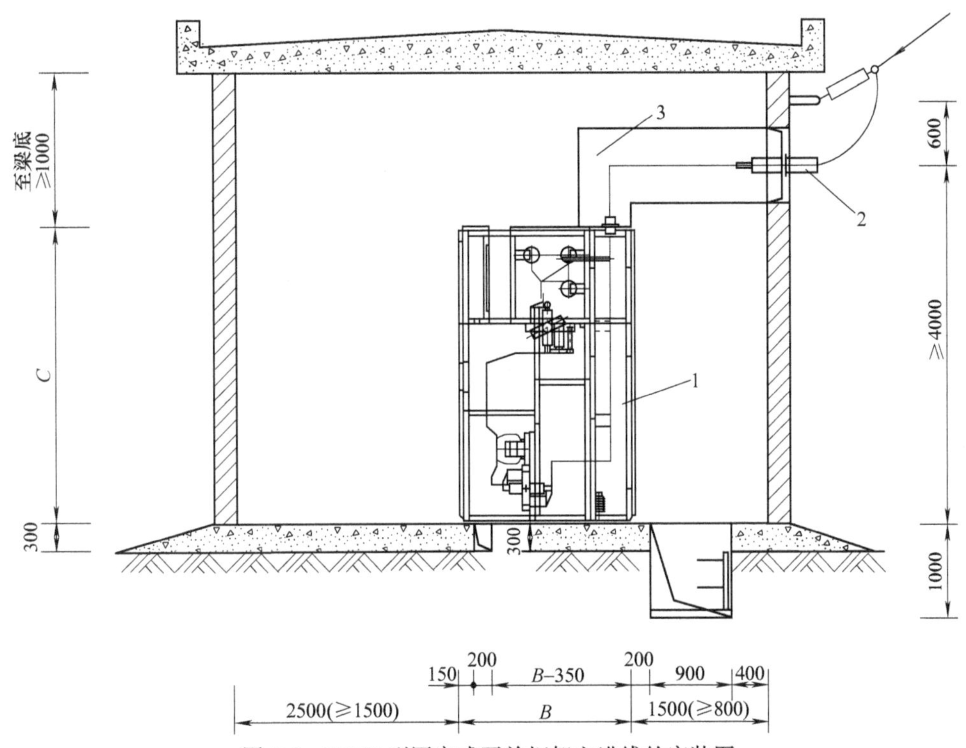

图 7-2　XGN2 型固定式开关柜架空进线的安装图

1—XGN2 型开关柜　2—GM-10 型母线桥　3—CWW-10 型 10kV 穿墙套管

表 7-11　XGN2 型固定式开关柜架空进线安装的主要设备材料

序号	名　称	型号及规格	单位	数量	备　注
1	10kV 固定式开关柜	XGN2	台	9	
2	10kV 封闭母线桥	GM-10	m	1.2	根据现场确定
3	10kV 穿墙套管	CWW-10	只	3	

10kV 穿墙套管的安装如图 7-3 所示，主要设备材料见表 7-12。

XGN2-10 型固定式开关柜电缆进线的安装如图 7-4 所示。

表 7-12　10kV 穿墙套管安装的主要设备材料

序号	名　称	型号及规格	单位	数量	备　注
1	钢板	1200×600,δ=10	块	1	
2	螺栓螺母全套	M14×50	套	12	附弹簧垫圈、垫片
3	10kV 穿墙套管	CWW-10/1000	只	3	

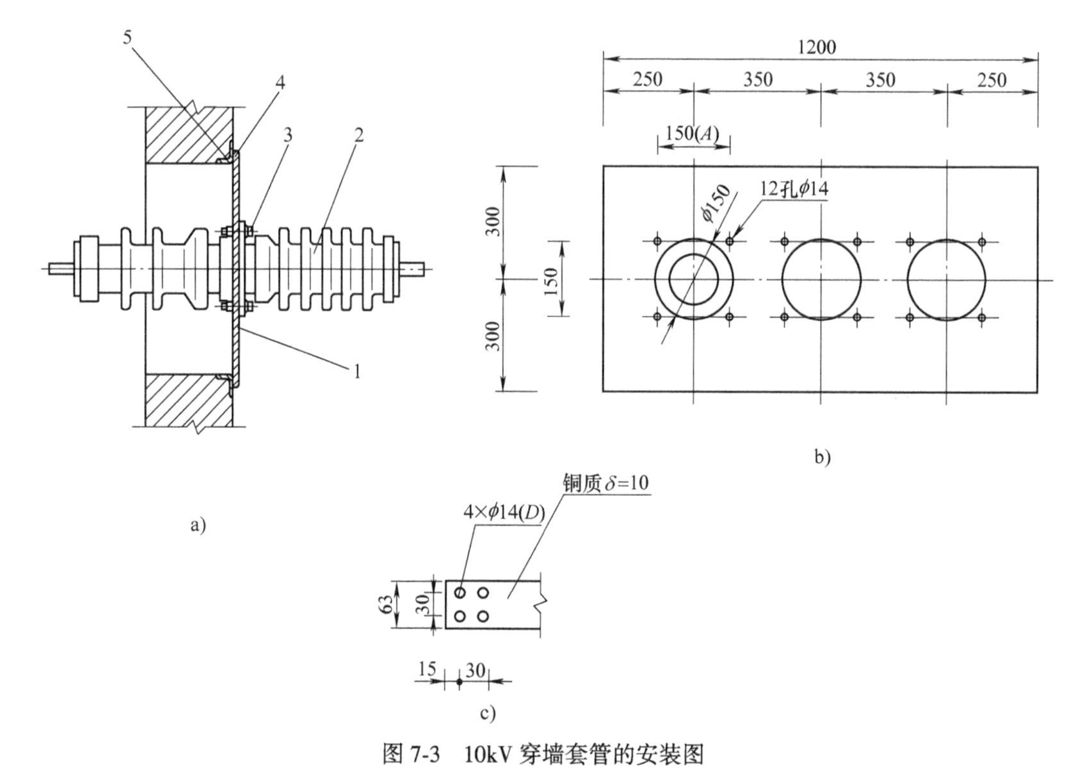

图 7-3 10kV 穿墙套管的安装图

a）安装图 b）钢板加工图 c）接线端子

1—钢板 2—穿墙套管 3—螺栓螺母 4—周边满焊 5—土建预埋角铁

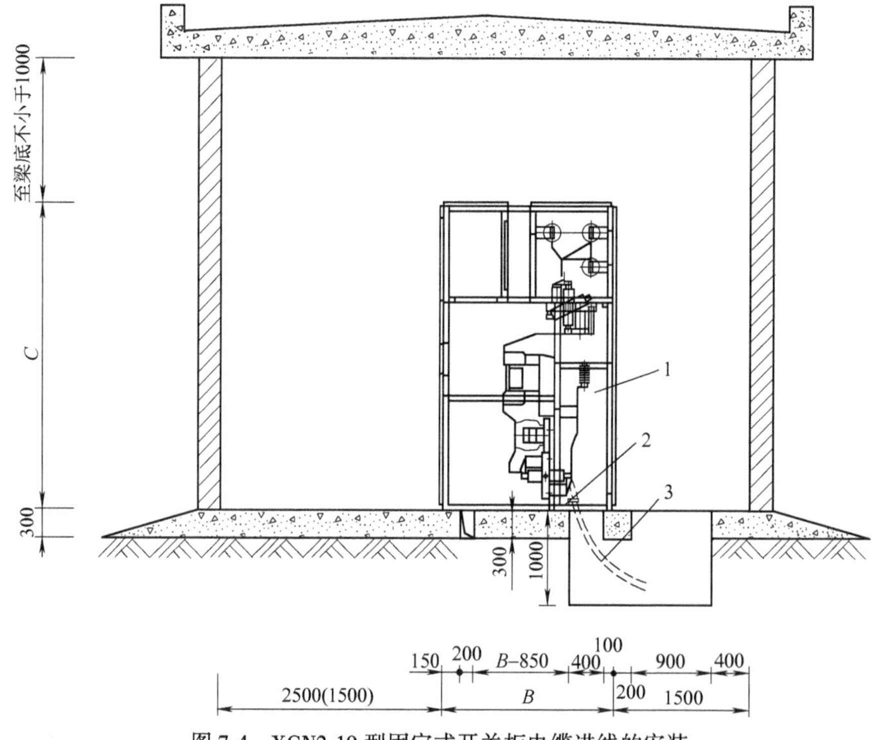

图 7-4 XGN2-10 型固定式开关柜电缆进线的安装

1—10kV 固定式开关柜 2—10kV 电缆终端 3—10kV 电力电缆

2. KYN28-12 型移开式开关柜的安装

KYN28-12 型移开式开关柜电缆进线的安装如图 7-5 所示。

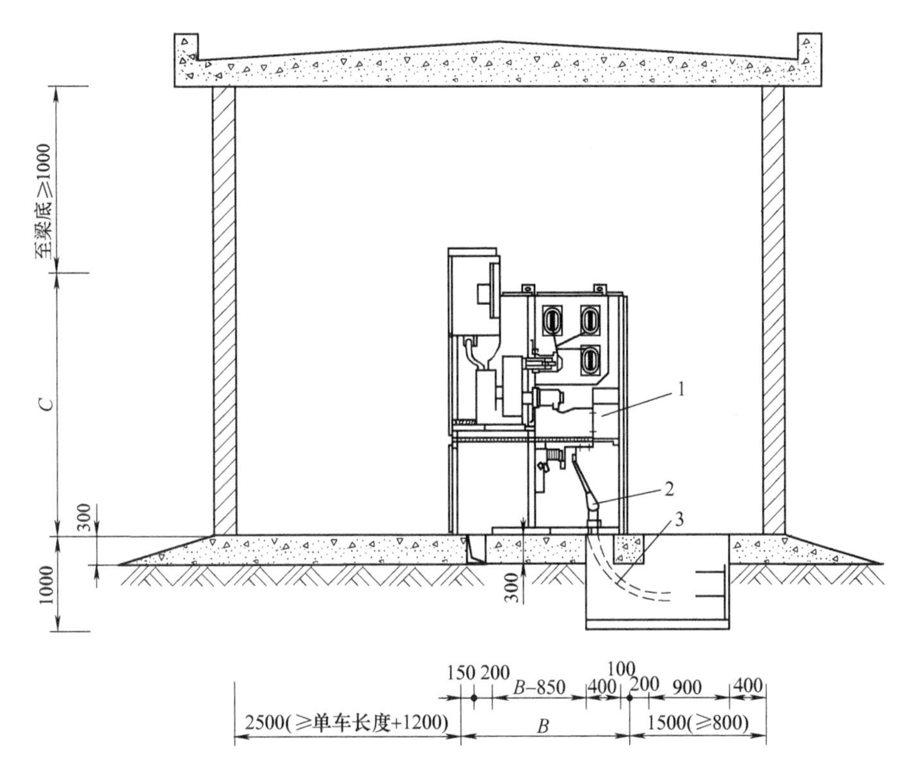

图 7-5　KYN28-12 型移开式开关柜电缆进线的安装

1—10kV 移开式开关柜　2—10kV 电缆终端　3—10kV 电力电缆

注：B—柜深，单位为 mm。

KYN28-12 型移开式开关柜的安装基础如图 7-6 所示，安装基础尺寸见表 7-13。

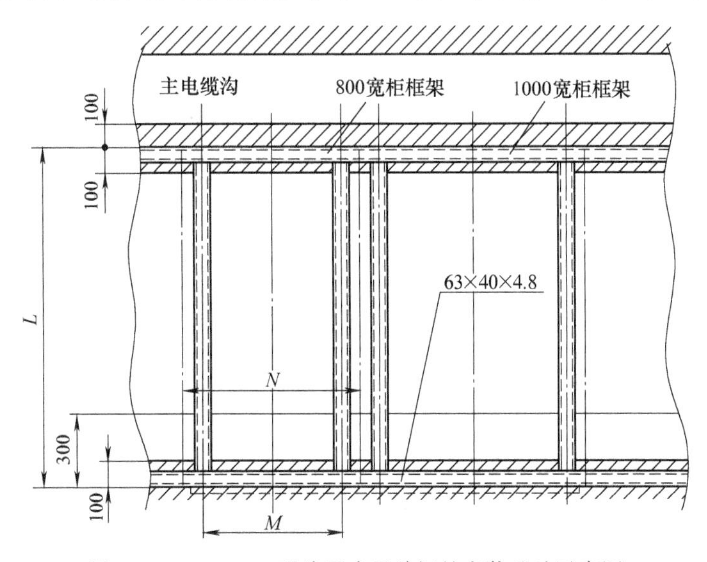

图 7-6　KYN28-12 型移开式开关柜的安装基础示意图

表 7-13　KYN28-12 型开关柜的安装基础尺寸　（单位：mm）

柜宽	柜深	M	N	L
800	1500 电缆	630	800	1450
	1660 架空			1610
1000	1500 电缆	830	1000	1450
	1660 架空			1610

KYN28-10 型开关柜的安装尺寸如图 7-7 所示，安装尺寸见表 7-14。

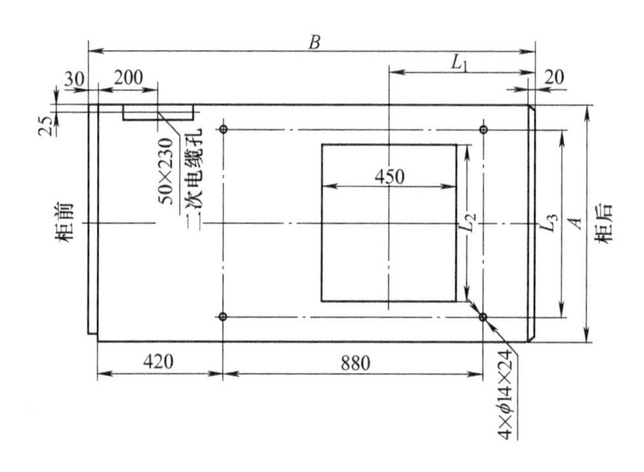

图 7-7　KYN28-10 型开关柜的安装尺寸示意图

表 7-14　KYN28-10 型开关柜的安装尺寸　（单位：mm）

柜宽	柜深	L_1	L_2	L_3
800	1500 电缆	490	530	630
	1660 架空	650		
1000	1500 电缆	490	730	830
	1660 架空	650		

四、开关柜的安装基础

10kV 开关室的土建工艺如图 7-8 所示。

开关柜地脚螺栓预埋示意如图 7-9 所示。

五、10kV 开关柜的安装注意事项

1）开关柜安装前，首先应检查安装基础是否合格、基础槽钢布置及开关柜一、二次电缆开孔。

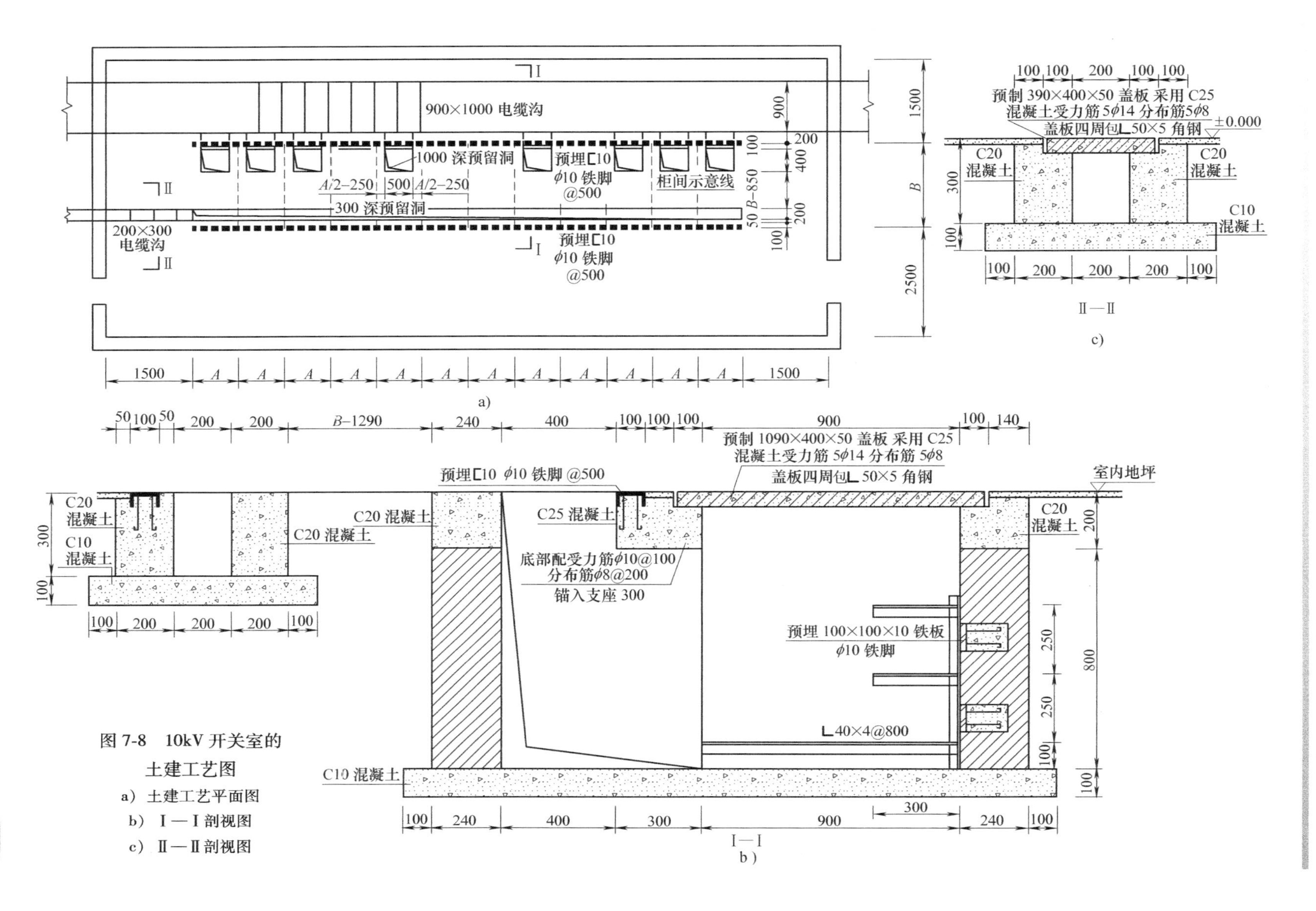

图 7-8　10kV 开关室的土建工艺图

a）土建工艺平面图

b）I—I 剖视图

c）II—II 剖视图

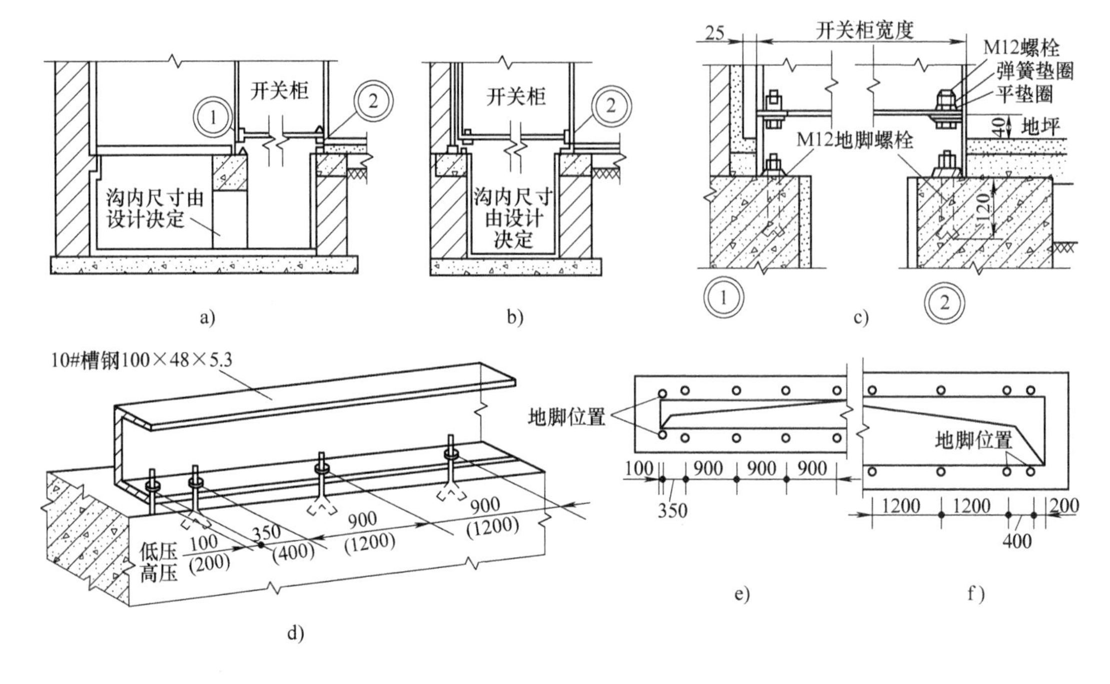

图 7-9　开关柜地脚螺栓预埋示意图

a）低压开关柜　b）高压开关柜　c）①、②视图　d）开关柜底座

e）低压开关柜地脚尺寸　f）高压开关柜地脚尺寸

2）拆箱后，应首先保管好随箱文件资料，并根据装箱单检查随柜备件、附件是否齐全，并做相关记录，然后检查开关设备有没有明显的损坏，如没有问题，可吊装就位进入安装。

3）彻底清扫开关柜内的灰尘和异物，对所有绝缘件的内外表面用工业酒精或丙酮仔细擦拭干净，对有裂纹或破损的绝缘件应及时更换。

4）将开关柜按排列顺序放置在基础上，调整好成组开关柜的直线度、垂直度、水平度，然后用 M12 螺栓或用点焊方法将开关柜紧固在基础的槽钢上。

5）用 M12×30 螺栓进行柜间连接。

6）安装主母线，打开母线室顶盖板进行安装，安装好后紧固顶盖板，连接母线时接触应平整、无污物，有污物时应除净，涂中性凡士林油。

7）安装一次电缆，电缆头制作完后，将电缆头固定在支架上，电缆与母线接触面应平整，接触面上涂中性凡士林油后即可连接，并紧固之，电缆施工完后应用隔板将电缆室与电缆沟封隔。

8）连接柜间接地母线，沿开关柜排列方向连成一体，检查工作接地和保护接地是否有漏，接地回路是否连续导通，工作接地电阻应不大于 0.1Ω，保护接地电阻不大于 4Ω。

9）安装二次回路电缆，电缆由机构左侧底穿入，顺侧壁进入继电器室，分接到相应的端子排上，施工时应注意电缆号，端子号不漏穿或穿错，二次电缆施工完后，注意勿忘封盖电缆孔。

六、验收试验项目

1）根据订货资料查对柜内安装的电器元件型号、规格是否相符。

2）检查紧固件是否有松动，发现有松动的应予拧紧。

3）检查母线连接处，接触是否严密，如有接触不良，应进行修理。

4）手动操动隔离开关、断路器、机械联锁程序等3~5次，应灵活无卡住现象，且应动作准确，程序无误。

5）检查断路器，隔离开关的机械特性，是否符合其本身规定的要求。

6）检查二次接线是否符合详图要求，在主电路不通电情况下对二次回路通电进行动作试验，应符合二次接线图的要求。

7）主电路电阻测量。因本开关柜方案多，各相电阻值尚待确定，暂定测量部位为断路器和电气连接端子，断路器不超过其标准规定值，电气连接端子应不大于1μΩ，测量方法采用直流电压降法，通以100A直流电流，测其电压降。

8）二次电路绝缘强度试验，在导体与外壳之间，施加交流50Hz、电压2000V，历时1min，应无击穿放电现象，二次回路中有电子器件部分，试验电压由制造厂与用户商定。

9）主电路工频绝缘电压试验，在相对地和相间。施加交流50Hz根据开关柜的额定电压，按GB 311.1—2012《绝缘配合　第1部分：定义、原则和规则》规定值的85%历时1min应无击穿闪络现象。

第四节　35kV开关柜的安装

一、35kV固定式开关柜的安装

35kV开关室电气平面布置如图7-10所示，35kV开关室土建工艺如图7-11所示，35kV电源进线柜电气断面如图7-12所示。

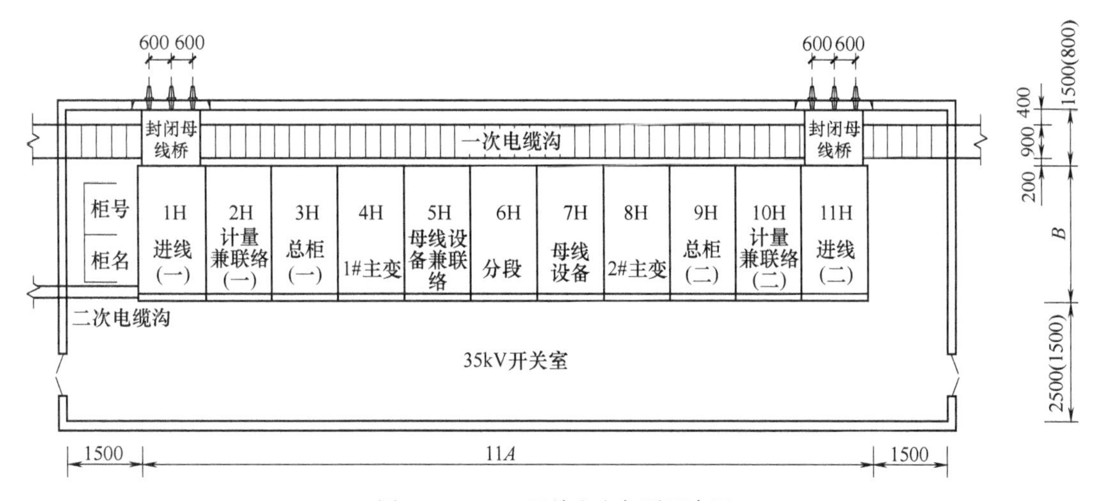

图7-10　35kV开关室电气平面布置

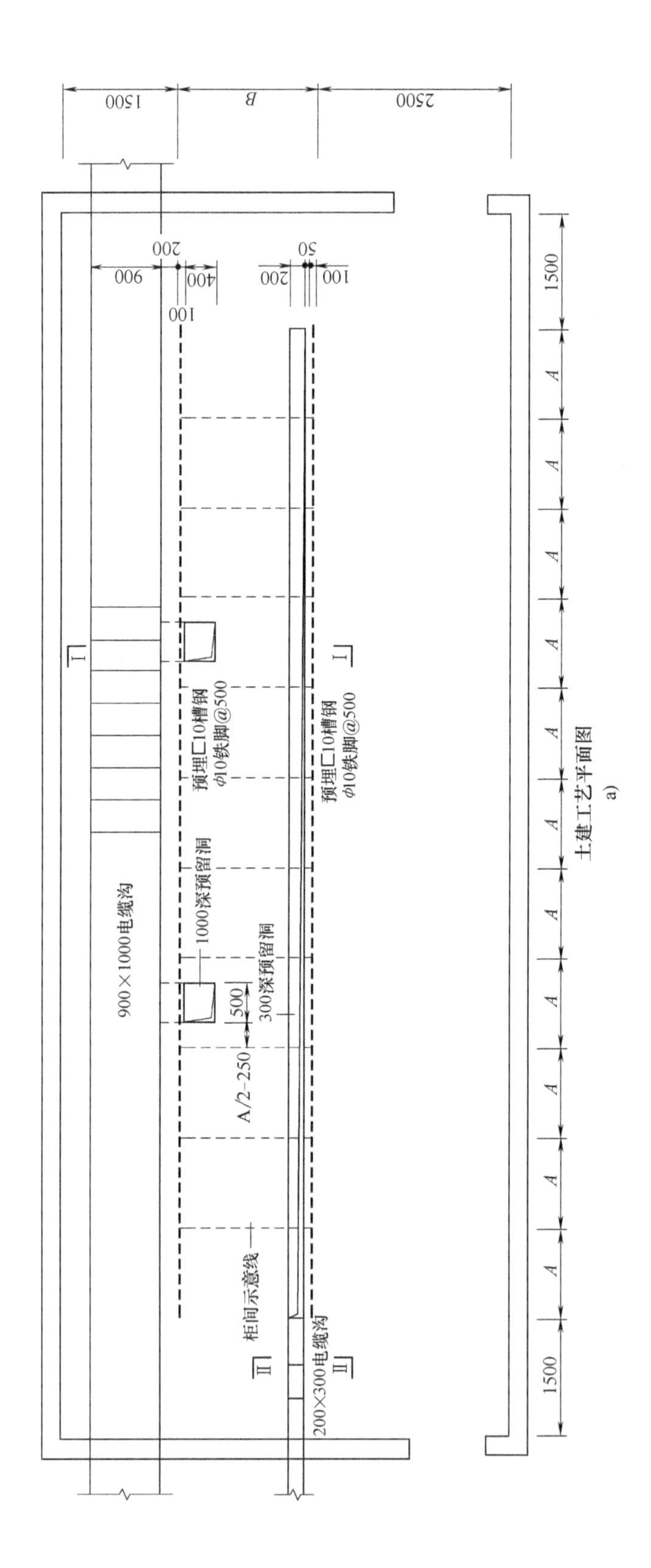
1500
B
2500
200
900
400
100
50
200
100
1500
A
预埋匚10槽钢
φ10铁脚@500
1000深预留洞
900×1000电缆沟
300深预留洞
500
A/2-250
柜间示意线
200×300电缆沟
I
II

土建工艺平面图
a)

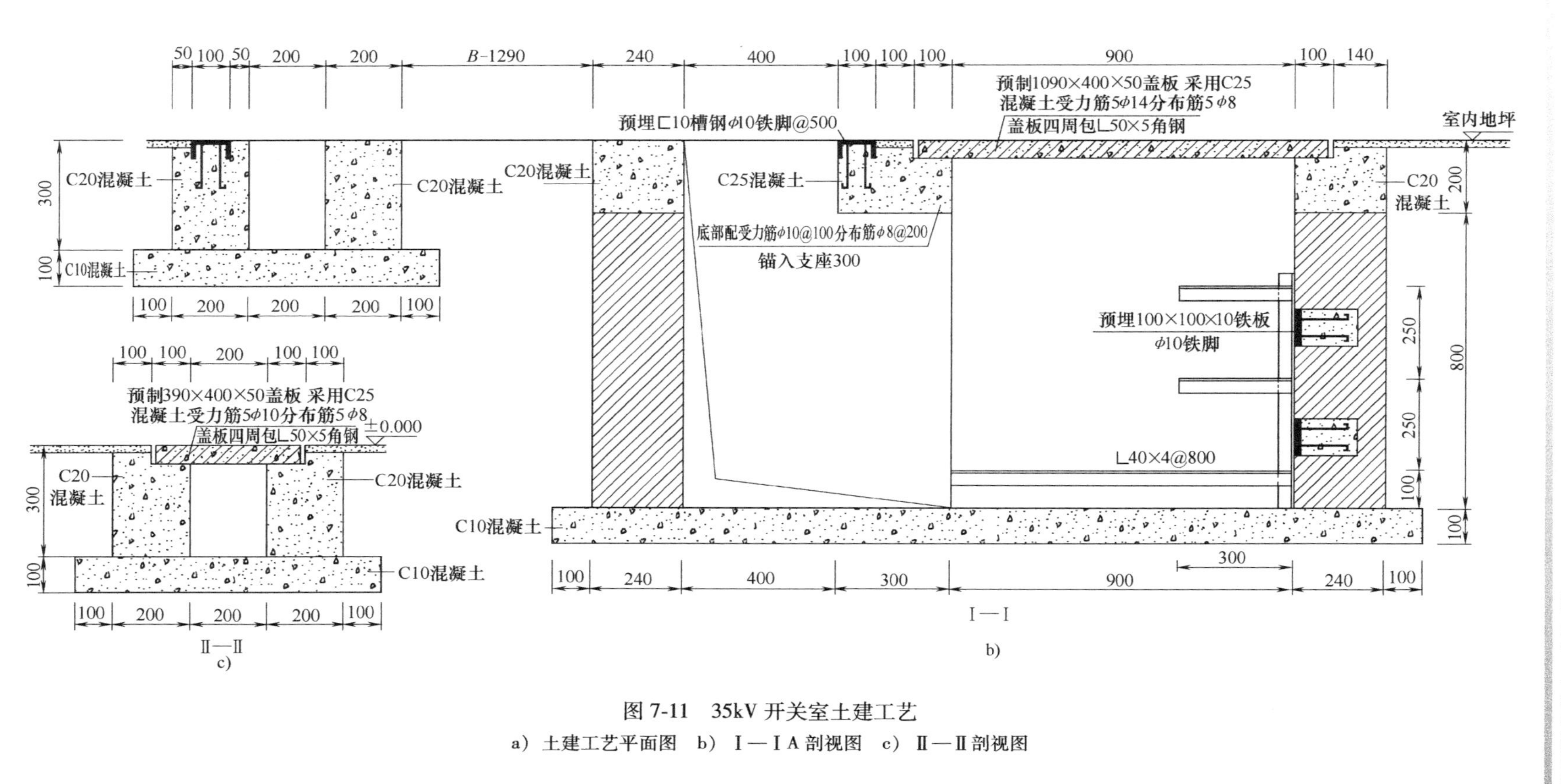

图 7-11　35kV 开关室土建工艺

a）土建工艺平面图　b）I—I A 剖视图　c）II—II 剖视图

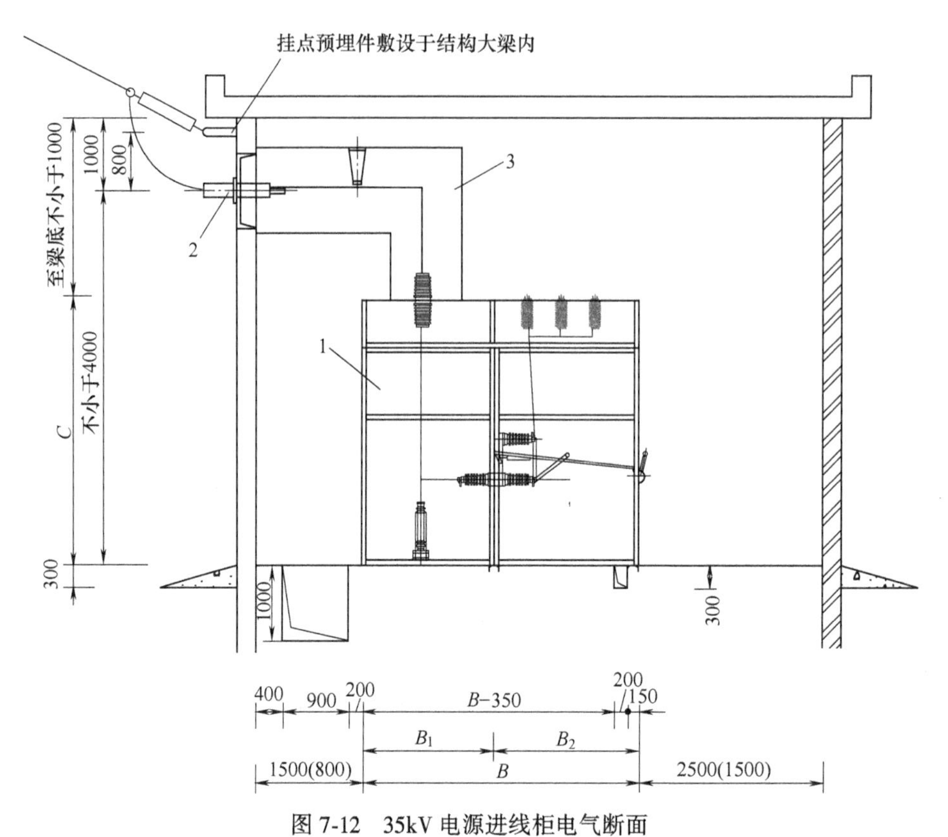

图 7-12　35kV 电源进线柜电气断面

1—XGN-40 型 35kV 固定式开关柜　2—CWW-35/□A 型 35kV 穿墙套管　3—35kV 封闭式母线桥

二、35kV 移开式开关柜的安装

35kV 开关室电气平面布置如图 7-13 所示，35kV 开关室土建工艺如图 7-14 所示，35kV 电源电缆进线柜电气断面如图 7-15 所示。

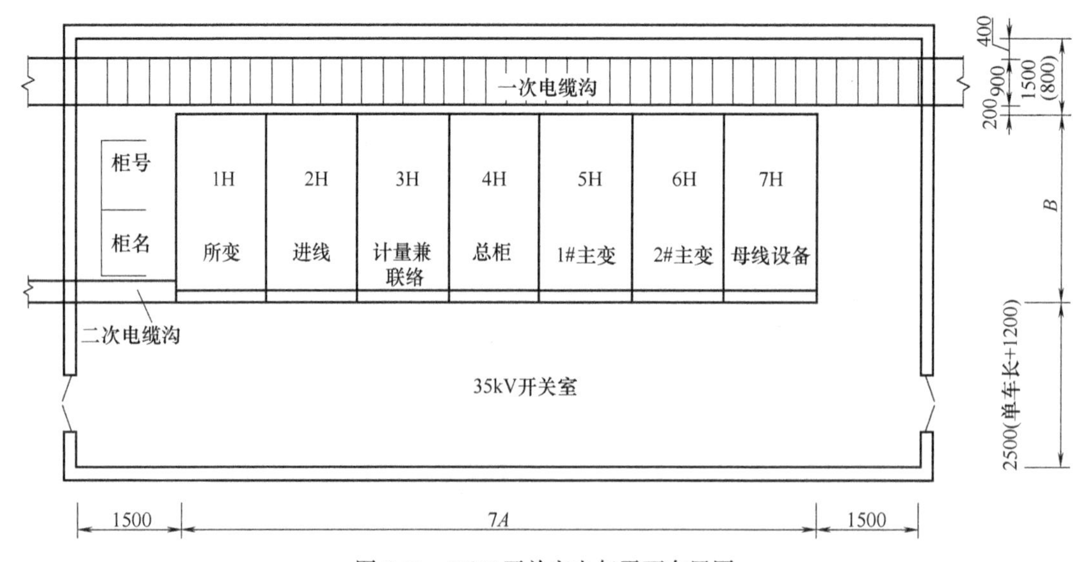

图 7-13　35kV 开关室电气平面布置图

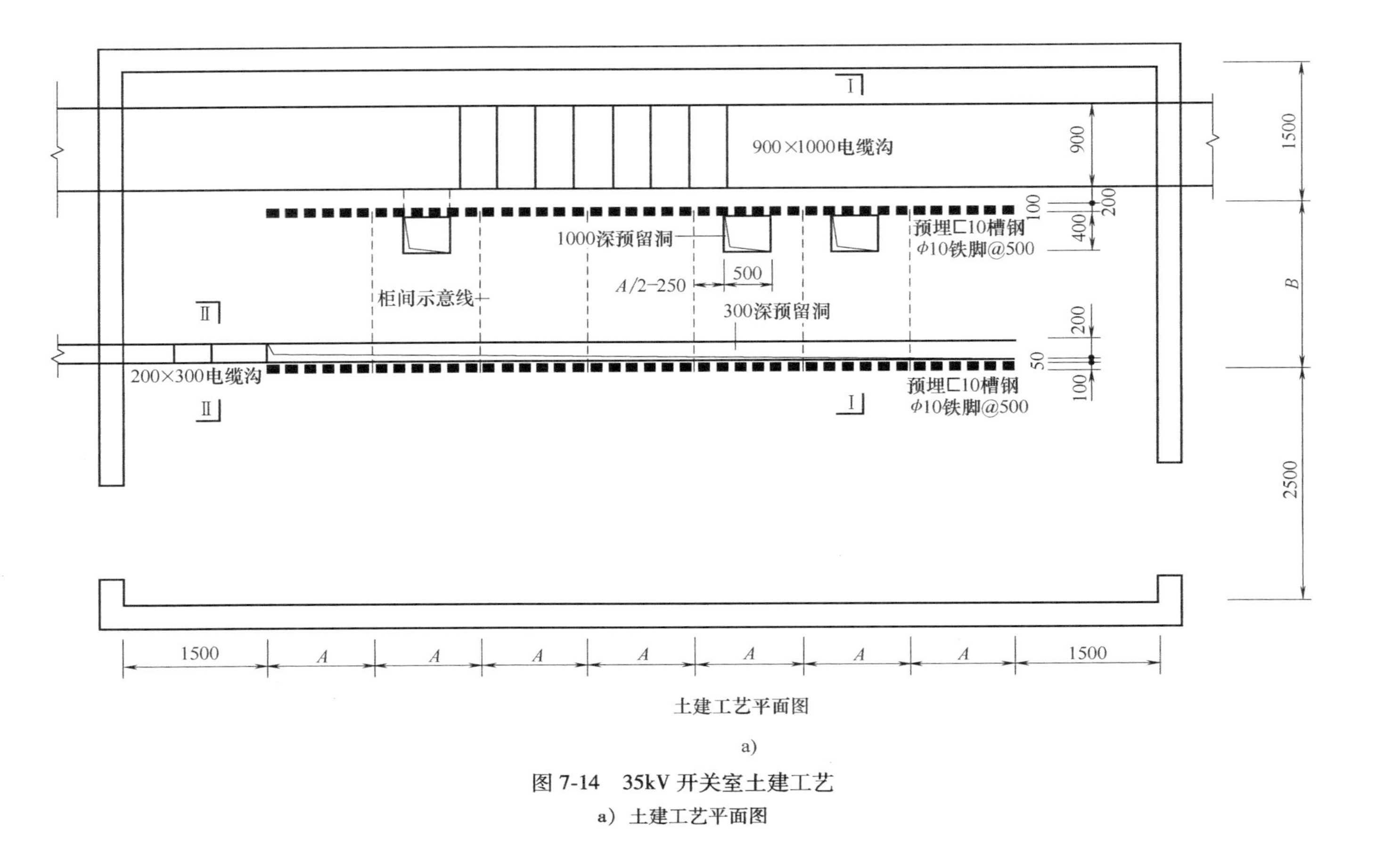

图 7-14　35kV 开关室土建工艺

a）土建工艺平面图

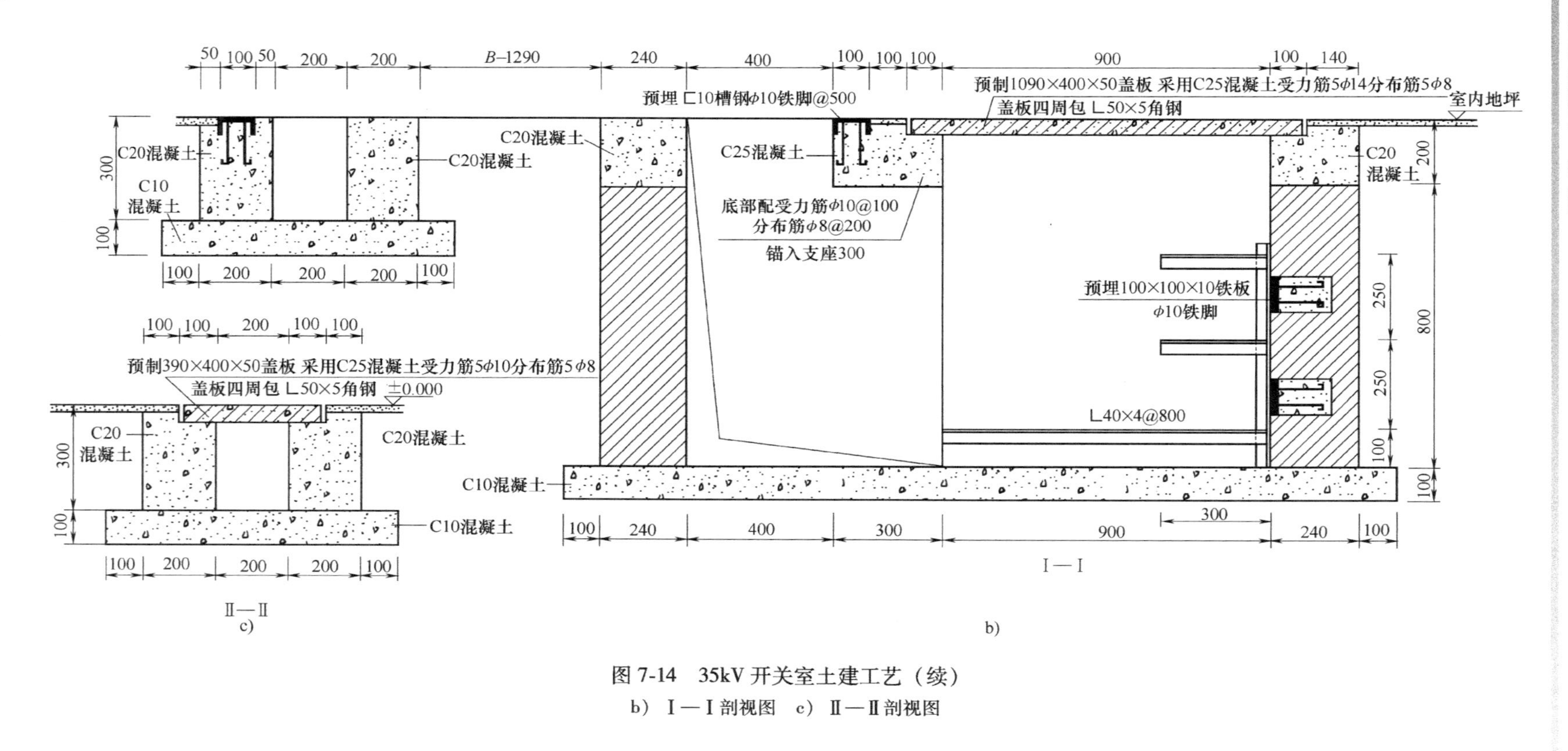

图 7-14　35kV 开关室土建工艺（续）

b）I — I 剖视图　c）Ⅱ — Ⅱ 剖视图

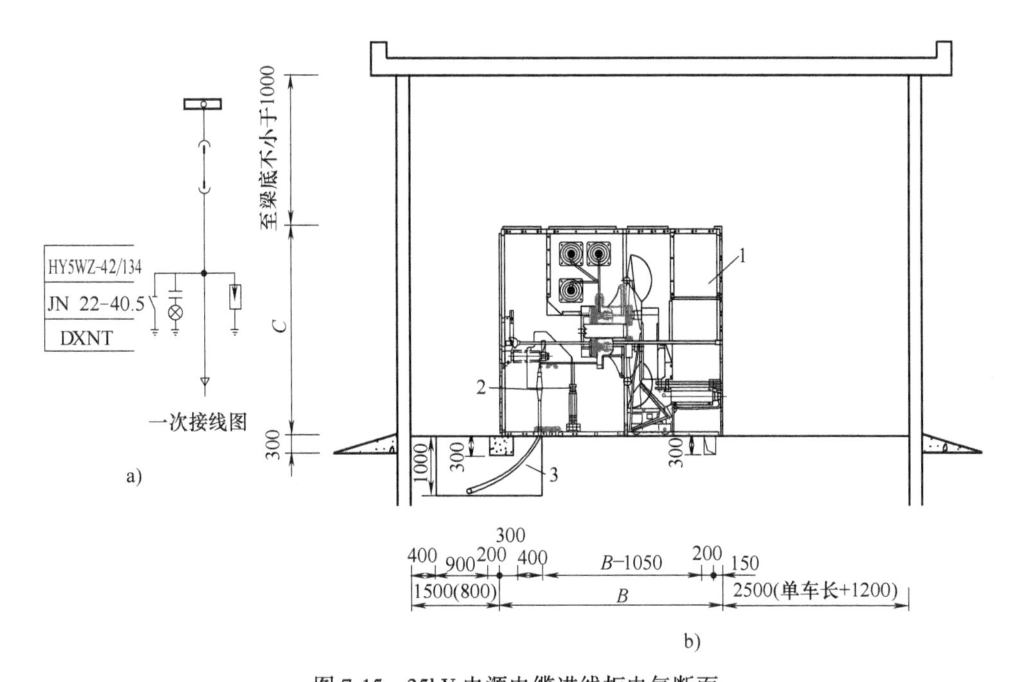

图 7-15　35kV 电源电缆进线柜电气断面

a）一次接线图　b）断面安装

1—KYN10～40.5 型 35kV 移开式开关柜　2—35kV 电缆终端　3—35kV 交联电力电缆

第五节　开关柜的运行操作

一、开关柜的操作原则

（1）送电操作如下：

1）关上柜后门；

2）关上柜面下小门；

3）关上柜面上门；

4）合上上隔离开关；

5）合上下隔离开关；

6）用相应钥匙，合上对应开关。

（2）停电操作，顺序与送电相反。

（3）只有当开关柜下隔离开关拉开后，方能合上该线路接地刀开关（挂接地线）。

（4）进入开关柜内工作。设备在冷备用状态，验电接地后，先开柜右上门，后开柜右下门，最后开柜背后门进入柜内。

二、开关柜的机械联锁操作

为了防止带负荷分合隔离开关；防止误分误合断路器；防止误入带电间隔；防止带电合接地开关；防止带接地开关合闸。开关柜采用相应的机械联锁，机械联锁的操作原理如下：

1. 运行转检修停电操作

开关柜处于工作位置，即上下隔离开关、断路器处于合闸状态，前后门关闭已锁好，并处于带电运行之中，这时的小手柄处于工作位置。

先将断路器分断。再将小手柄扳到“分断闭锁”位置，这时断路器不能合闸，将操作手柄插入下隔离开关的操作孔内，从上往下拉，拉到下隔离开关分闸位置，将操作手柄拿下，再插入上隔离开关操作孔内从上往下拉，拉到上隔离开关分闸位置，将操作手柄拿下，插入接地开关操作孔内从下往上推，使接地开关处于合闸位置，这时可将小手柄扳至“检修”位置，可先打开前门，从门后取出后门钥匙打开后门，停电操作完毕，检修人员可对断路器及电缆室进行维护和检修。

2. 检修转运行送电操作

若已检修完毕，需要送电时，首先将后门关好锁好，把钥匙取出放至前门后面锁孔内，然后关好前门，将小手柄从检修位置扳至分断闭锁位置，这时前门被锁定，断路器不能合闸，用操作手柄插入接地开关操作孔内，从上向下拉，使接地开关处于分闸位置，将操作手柄拿下再插入上隔离开关的操作孔内，从下往上推，使上隔离开关处于合闸位置，将操作手柄拿下，插入下隔离开关的操作孔内，从下向上推，使下隔离开关处于合闸位置，取出操作手柄，将小手柄扳至工作位置，这时可将断路器合闸。

3. 使用联锁的注意事项

1）开关柜的联锁功能是以机械联锁为主，辅之以电气联锁实现其功能的，功能上能实现开关柜“五防”闭锁的要求，但是操作人员不能因此而忽视操作规程的要求，只有规程制度与技术手段相结合才能有效发挥联锁装置的保障作用，防止误操作的发生。

2）开关柜的联锁功能的投入与解除，大部分是在正常操作过程中同时实现的，不需要额外的操作步骤。如发现操作受阻，如操作阻力增大，应首先检查是否有误操作，而不应强行操作以致损坏设备，甚至导致操作事故的发生。

3）开关柜有些联锁因特殊需要允许紧急解锁，如柜体下面板和接地开关的联锁，紧急解锁的使用必须慎重，不宜经常使用，使用时也要采取必要的防护措施，一经处理完毕，应立即恢复联锁原状。

三、开关柜的具体操作程序

1. 无接地开关的断路器柜的操作

(1) 将断路器可移开部件装入柜体：断路器小车准备由柜外推入柜内前，应认真检查断路器是否完好，有无漏装部件，有无工具杂物放在机构箱或开关内，确认无问题后将小车装在转运车上并锁定好。将转运车推到柜前，把小车升到合适位置，将转运车前部定位锁板插入柜体中隔板插口并将转运车与柜体锁定之后，打开断路器小车的锁定钩，将小车平稳推入柜体同时锁定，当确认已将小车与柜体锁定好之后，解除转运车与柜体的锁定，将转运车推开。

(2) 小车在柜内操作：小车从转运车装入柜体后，即处于柜内断开位置。若想将小车投入运行，首先使小车处于试验位置，然后应将辅助回路插头插好，若通电则仪表室面板上试验位置指示灯亮，此时可在主回路未接通的情况下对小车进行电气操作试验。若想继续进行操作，首先必须把所有柜门关好，然后用钥匙插入门锁孔，把门锁好，并确认断路器处于分闸状态，此时可将手车操作摇把插入中面板上操作孔内，顺时针转动摇把，直到摇把明显受阻并听到清脆的辅助开关切换声，同时仪表室面板上工作位置指示灯亮，最后取下摇把。此时，主回路接通，断路器处于工作位置，可通过控制回路对其进行合、分操作。

若准备将小车从工作位置退出，首先应确认断路器已处于分闸状态，然后插入手车操作摇把，逆时针转动直到摇把受阻并听到清脆的辅助开关切换声，小车便回到试验位置。此时，主回路已经完全断开，金属活门关闭。

(3) 从柜中取出小车：若准备从柜内取出小车，首先应确认断路器已处于试验位置，然后解除辅助回路插头，并将动插头扣锁在手车架上，此时将转运车推到柜前（与把小车装入柜内时相同），最后将手车解锁并向外拉出。当手车完全进入转运车并确认转运车锁定，解除转运车与柜体的锁定，把转运车向后拉出适当距离后，轻轻放下停稳。如小车要用转运车运输较长距离时，在推动转动小车过程中要格外小心避免运输过程中发生意外事故。

(4) 断路器在柜内的分、合闸指示灯两方判定：若透过柜体中面板观察玻璃窗看到手车面板上绿色的分闸指示牌判定断路器处于分闸状态，此时如果辅助回路插头接通电，则仪表面板上分闸指示灯亮。

2. 有接地开关的断路器柜的操作

将断路器手车推入柜内和从柜内取出手车的程序，与无接地开关的断路器柜的操作程序完全相同，仅当手车在柜内操作过程中和操作接地开关过程中要注意的事项如下：

(1) 手车在柜内操作：当准备手车推入工作位置时，除了要遵守 1. (2) 中提请注意的诸项要求外，还应确认接地开关处于分闸状态，否则下一步操作无法完成。

(2) 合、分接地开关操作：若要合接地开关，首先应确定手车已退到断开位置，并取下推进摇把，然后按下接地开关操作孔处联锁弯板，插入接地开关操作手柄，顺时针转动90°，接地开关处于合闸状态，若再逆时针转动 90°，便将接地开关分闸。

3. 一般隔离的操作

隔离手车不具备接通和断开负荷电流的能力，因此在带负荷的情况下不允许推拉手车，在进行隔离手车在柜内操作时，必须保证首先将与之相配合的断路器分闸，断路器分闸后，其辅助触头与配合的隔离手车上的电气联锁解除，只有这时才能操作隔离车，具体操作程序与操作断路手车相同。

第六节　开关柜的运行维护

一、开关柜投运前的检查

1) 检查漆膜有无剥落，柜内是否清洁。
2) 柜上装置的元器件、零部件均应完好无损。
3) 带电部分的相间距离、对地距离是否符合要求。
4) 各连接部分应紧固，螺纹连接部分应无脱牙及松动。
5) 母线连接是否良好，其支持绝缘子等是否安装牢固可靠。
6) 柜顶主、支母线装配完好，母线之间的连接紧密可靠，接触良好。

7）操动机构是否灵活，不应有卡住或操作力过大的现象。

8）断路器、隔离开关等设备通断是否可靠准确。

9）保护接地系统是否符合要求。

10）接地开关操作灵活，合、分位置正确无误。

11）“五防”装置是否齐全、可靠。

12）柜体可靠接地，门的开启与关闭应灵活。

13）仪表与互感器的接线、极性是否正确，计量是否准确。

14）二次回路选用的熔断器的熔丝规格是否正确。

15）控制开关、按钮及信号继电器等型号规格与有关详图相符，接线无松动脱落现象。

16）继电保护整定值是否符合要求，自动装置动作是否正确可靠，表针及继电器动作是否正确无误。

17）辅助触头的使用是否符合电气原理图的要求。

18）二次插头完好无损，插接可靠。

19）手车在柜外推动应灵活，无卡住现象。

20）手车处于工作位置时，主回路触头及二次插头能可靠接触。

21）手车在柜内能轻便地推入及推出，能可靠地定位于“工作位置”与“试验位置”。

22）机械联锁装置可靠灵活，无卡滞现象。

23）机械闭锁应准确，柜内照明装置应齐全、完好，以便于巡视检查设备运动状态。

24）注油设备有无渗漏现象。检查真空断路器真空度，检查 SF_6 断路器是否漏气。

25）活动部位需注油处，应注入润滑油，少油断路器应注油至油杯中位。

26）接通控制、信号、照明等电源。

27）在隔离开关、断路器等处于分闸状态时，给主母线送电，即合上进线断路器。

28）合上有电压互感器开关柜的隔离开关，检查电压表指示是否正确，若正确继续往下进行。

29）合上避雷器、站内用变压器隔离开关及有关辅助的电器使其投入运行。

30）依次合上馈线柜断路器，检查电流表是否正确。

二、开关柜运行巡视项目

1）每天定时巡视检查。

2）遇有恶劣天气或配电装置异常时，进行特殊巡视。

3）断路器跳闸后应立即检查柜内设备有无异常。

4）观察母线和金具颜色变化或观察示温蜡片有无受热融化，来判断母线和各种触头有无过热现象。

5）检查注油设备有无渗油，油位、油色是否正常。

6）仪表、信号、指示灯等指示是否正确。

7）接地装置的连接线有无松脱和断线。

8）继电器及直流设备运行是否正常。

9）开关室内有无异常气味和声响。

10）通风、照明及安全防火装置是否正确。

11）断路器操作次数或跳闸次数是否达到了应检修的次数。

12）防误装置、机械闭锁装置有无异常。

13）每天定期检查，听有无异常响声，看室内的温度、湿度变化情况。如果过高、过大要进行降温、降湿处理。

14）每隔一年对柜内的绝缘隔板、活门、手车绝缘件、母线要进行清洁处理，特种环境用户应根据具体情况而定。

15）下雨天或梅雨季节，要加强对开关室的观察，及时排清电缆沟的积水，严防柜内受潮引起事故。

16）一般情况下开关柜不会出现故障，如发现绝缘材料受潮，可用无水酒精进行擦洗，并进行干燥处理。

三、维护与检修

开关柜投入运行后，监视和维护工作，确保开关柜的安全运行，主要从以下方面进行：

1）观察主母线和电气连接母线，如发现母线过热变色应进行检修。

2）观察照明、控制、信号电源是否正常供电。

3）记录断路器的动作次数，按断路器规定进行预防性试验与检修。

4）清扫各部位尘土，特别是绝缘表面的尘土，擦净油烟。

5）检修程序锁和机械锁，动作保持灵活可靠，程序正确。

6）按断路器、隔离开关、操动机构等电器的规定进行检修、调试。

7）检查电器接触部位的接触情况是否良好，检测接地回路，保持连续导通。

8）紧固各螺钉、销钉。

开关柜在正常运行时，应对运行情况如实记录，如发现绝缘件表面凝露或局部放电、柜内温度明显偏高及闻到强烈的异常气味等，应及时找出原因加以排除，或通与造厂会同处理。

四、开关柜的常见故障及其排除方法

开关柜的常见故障及其排除方法见表 7-15。

表 7-15　开关柜的常见故障及其排除方法

故障现象	检查处理
各种类型的环网柜	
负荷开关合不上	查开关是否在分闸状态 查闭锁选择器是否处在操作位置 顺时针方向转动操作把手
负荷开关分不掉	查开关是否在合闸状态 查闭锁选择器是否处在操作位置 逆时针方向转动操作把手
负荷开关不能运动到接地位置	查开关是否在分闸状态 查闭锁选择器是否处在检查(试验)位置 顺时针方向转动操作把手

（续）

故障现象	检查处理
各种类型的环网柜	
负荷开关不能从分闸位置运行到接地位置	查开关是否在接地状态 查闭锁选择器是否处在检查（试验）位置 顺时针方向转动操作把手
电缆室门不能打开或关上	查开关是否在接地状态 查闭锁选择器是否处在门打开位置
电动操动的负荷开关柜	
负荷开关不能分、合	查开关是否在接地状态 查闭锁选择器是否处在操作位置 查辅助电源是否接通
负荷开关-熔断器组合柜	
负荷开关合不上	若开关在分闸状态说明熔丝已熔断，或电动操动机构在合闸操作之前转动轴槽口已向下。查看熔丝是否熔断
未经操作熔丝已断	查熔丝安装是否正确，其断开指示栓应在朝上位置
线路开关柜	
电缆室门打不开	查开关是否在接地状态 查闭锁选择器是否在门打开位置 在门打开或合上之前取下线路开关的钥匙
开关始终达不到合闸位置	赋予合闸弹簧全负荷，闭锁线圈不通电 查线路开关钥匙是否在合适的位置，将其转动到正确的工作位置 查线路开关辅助电源插头是否已插入专用的联结插座
仪用互感器	
互感器二次绕组不能测量	查所有二次绕组的短接端子是否已断开 核对二次电路接线

第八章　箱式变电站

第一节　ZGSBH11 系列箱式变电站

一、概述

ZGSBH11 系列箱式变电站采用非晶合金低损耗配电变压器。配电变压器采用全密封结构、绝缘油和绝缘介质不受大气污染，外壳按防腐要求特殊被覆处理。它广泛应用于户外配电系统，既可用于环网，又可用于终端。

二、技术参数

ZGSBH11 系列箱式变电站配电变压器的技术参数见表 8-1。

表 8-1　ZGSBH11 系列箱式变电站配电变压器的技术参数

容量/kV·A	电压组合			联结组标号	空负荷损耗/W	空负荷电流(%)	负荷损耗/W	阻抗电压(%)
	高压/kV	高压分接范围(%)	低压/kV					
160	6 6.3 6.6 10 10.5 11	±2×2.5 $^{+3}_{-1}\times 2.5$	0.4	Dyn11 或 Yyn0	100	0.70	2200	4
200					120	0.70	2600	
250					140	0.70	3050	
315					170	0.50	3650	
400					200	0.50	4300	
500					240	0.50	5150	
630					320	0.30	6200	4.5
800					380	0.30	7500	
1000					450	0.30	10300	

配置熔断器的熔体额定电流见表 8-2。

表 8-2　配置熔断器的熔体额定电流

变压器容量/kV·A	250	315	400	500	630	800	1000
熔断器熔体额定电流/A	25	30	40	50	63	40×2 并联	50×2 并联

配置负荷开关的性能参数见表 8-3。

表 8-3　配置负荷开关的性能参数

产　地	额定电压/kV	额定电流/A	绝缘试验电压/kV		短路试验电流/kA	
			工频耐压(有效值)	冲击耐压(峰值)	热稳定(2s)	动稳定(峰值)
国产	10	400	40	105	16(2s)	40
进口	25	300	40	125	12.5(10 周波)	—

三、电气主接线

ZGSBH11 系列箱式变电站的标准主接线方式如图 8-1 所示，常用电气主接线方案见表 8-4。

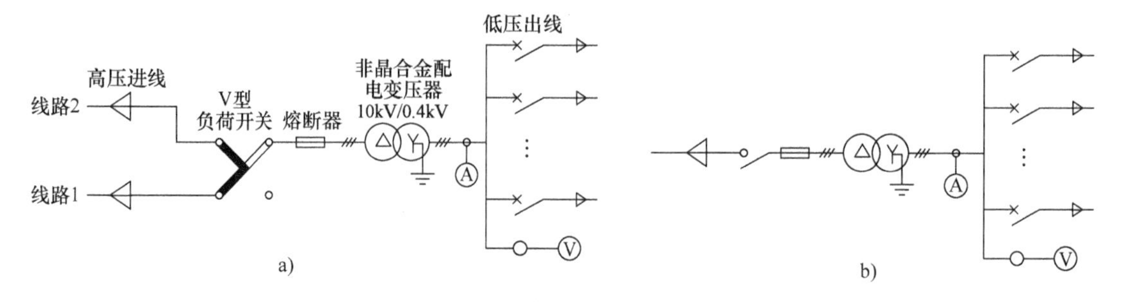

图 8-1 ZGSBH11 系列箱式变电站的标准主接线方式
a）环网型箱式变电站的主接线图 b）终端型箱式变电站的接线图

表 8-4 ZGSBH11 型箱式变电站的常用电气主接线方案

序号	10kV 一次方案				一次原理图
01	变压器容量	10kV、630kV · A 及以下			线路1线路2 接变压器
		6kV、400kV · A 及以下			
	功能	两路供电或环网供电			
	高压配置	全范围保护：限流熔断器、四位置负荷开关、35～120mm² 肘形电缆头			
	方案编号	011	V 型负荷开关		
		012	T 型负荷开关		
02	变压器容量	10kV、630～1000kV · A			线路1 线路2 接变压器
		6kV、500～800kV · A			
	功能	两路供电或环网供电			
	高压配置	全范围保护，限流熔断器，并联保护、四位置负荷开关、35～120mm² 肘形电缆头			
	方案编号	021	V 型负荷开关		
		022	V 型负荷开关		
序号	0.4kV 接线方案				单线图
1	配置	总计量（有功电能表、无功电能表、三相电流表、电压表）四路出线断路器			kWh kvarh
	变压器容量	250～1000kV · A	出线断路器电流	160～630A	
2	配置	总计量（有功电能表、无功电能表、三相电流表、电压表）四路出线断路器，一路照明装有功计量			kWh kvarh kWh
	变压器容量	250～1000kV · A	出线断路器电流	160～630A	

第二节　YB 型预装式变电站

一、概述

YB 型预装式变电站是近年来被广泛应用的一种成套配电变电站。它是将 10kV 及以下 SF_6 环网开关柜、配电变压器、低压电器元件、电容补偿元件、自动控制单元等开关设备，按照一定的接线方案组合在一个箱体内，形成一个组合灵活、功能齐全的成套配电装置，用来实现从 10kV 系统向低压系统输送和分配电能。预装式变电站组件采用国内外优质电器元件，具有性能可靠、结构紧凑等特点，既适用于环网运行，又适用于终端运行，特别适用于城市公用配电、高新技术开发区、工矿企业、居民小区等用电场所，作配电系统中接受和分配电能用。

二、技术参数

YB 型预装式变电站的技术参数见表 8-5。

表 8-5　YB 型预装式变电站的技术参数

单　　元	名　　称	参　　数
高压单元	额定电压/kV	10
	额定频率/Hz	50
	额定电流/A	630
	工频耐受电压(对地和相间/隔离断口)(1min)/kV	42/48
	雷电冲击耐压(对地和相间/隔离断口)/kV	75/85
	额定短时耐受电流(2s)/kA	20
	额定峰值耐受电流/kA	50
低压单元	额定电压/kV	0.4
	主回路额定电流/A	400~2000
	额定短时耐受电流(1s)/kA	30
	额定峰值耐受电流/kA	63
	支路电流/A	100~630
	分支回路数/路	0~8
	补偿容量/kvar	0~160
变压器单元	额定电压/kV	10
	额定容量/(kV·A)	315~1000
	工频耐受电压/kV	35
	雷电冲击耐压/kV	95
	联结组标号	Dyn11
	分接范围	5%、±2×2.5%、+3/-1×2.5%
	阻抗电压	4%、4.5%
箱体	防护等级	≥IP33
	声级水平	≤50dB(距变电站 1m 处)

三、电气主接线

YB 型预装式变电站的电气主接线如图 8-2 所示。

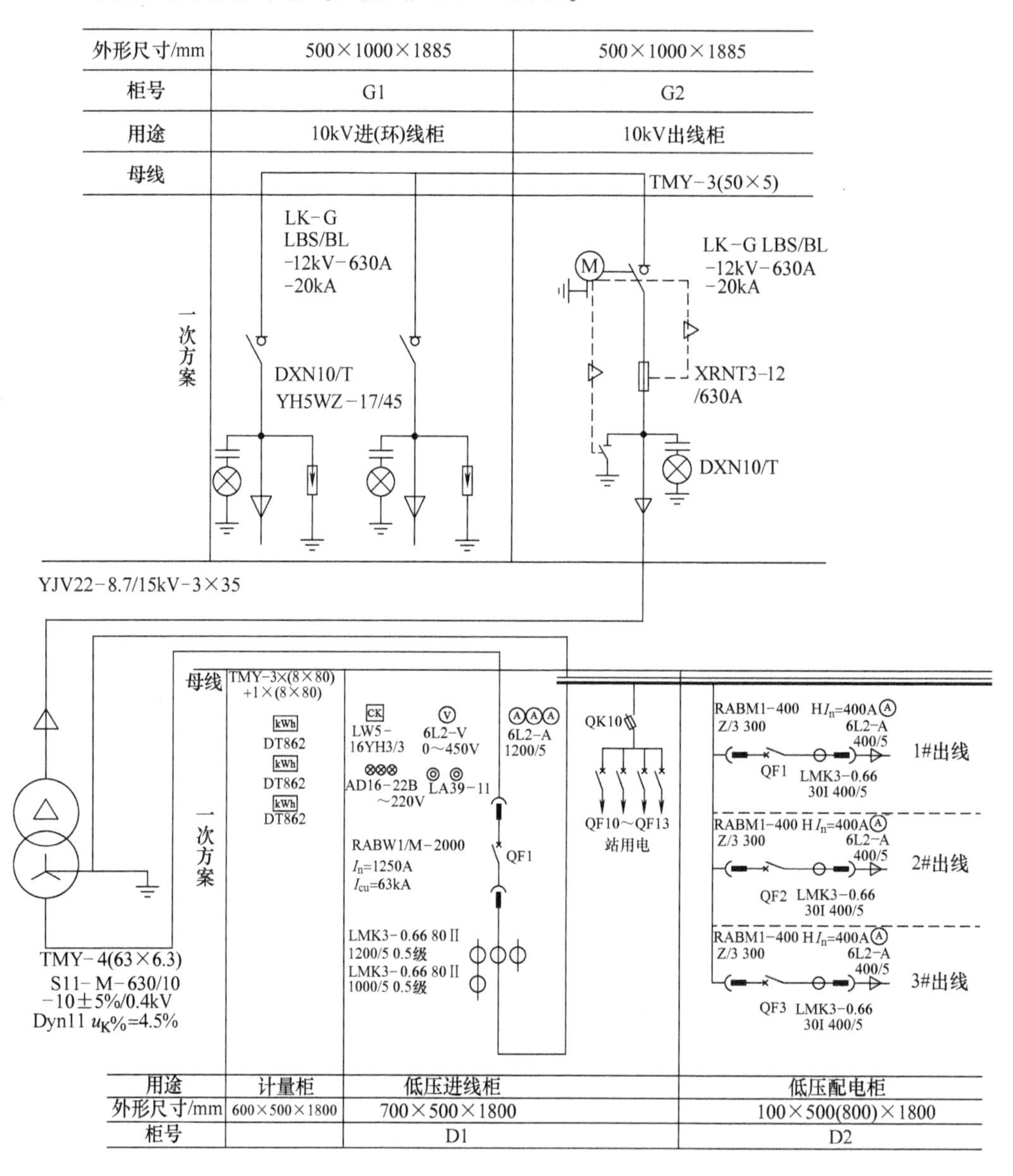

图 8-2　YB 型预装式变电站的电气主接线

第三节　箱式变电站的安装

一、美式箱式变电站的安装

箱式变电站的安装要根据高、低压柜外形尺寸、地脚孔尺寸和变压器固定孔尺寸进行。

箱式变电站通过运输抵达收货时，首先应检查包装是否完整无损，如发现问题，应及时通知有关部门查找原因，对于不马上安装的产品，应将成套装置根据正常使用条件规定存放于适当的场所。

安装时应根据订货方案按图选择相应的安装基础。

10kV 美式箱式变电站的安装基础如图 8-3 所示。

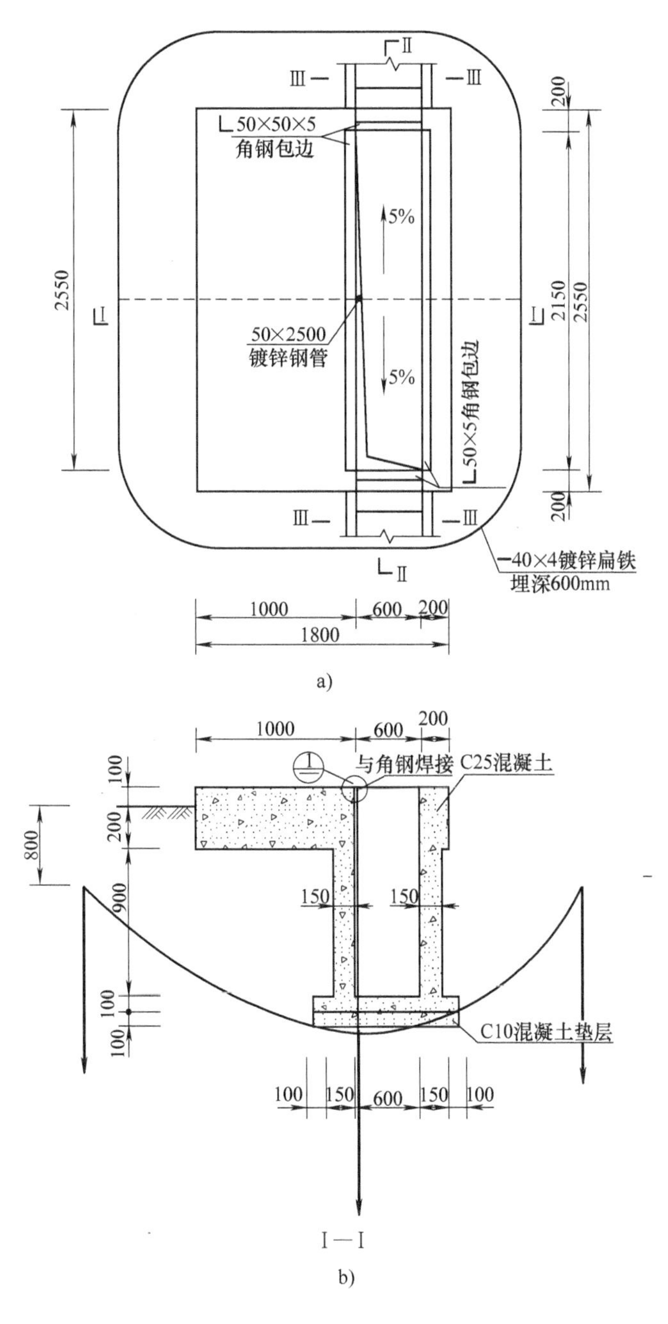

图 8-3　10kV 美式箱式变电站的安装基础图

a）平面图　b）I—I 断面图

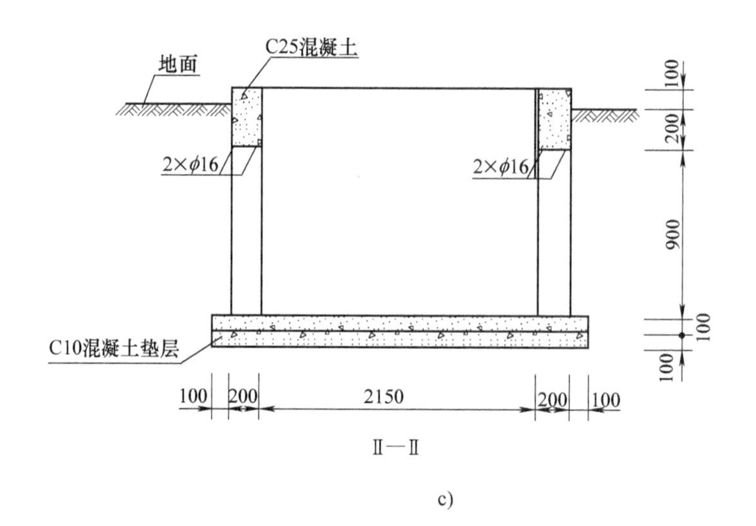

c)

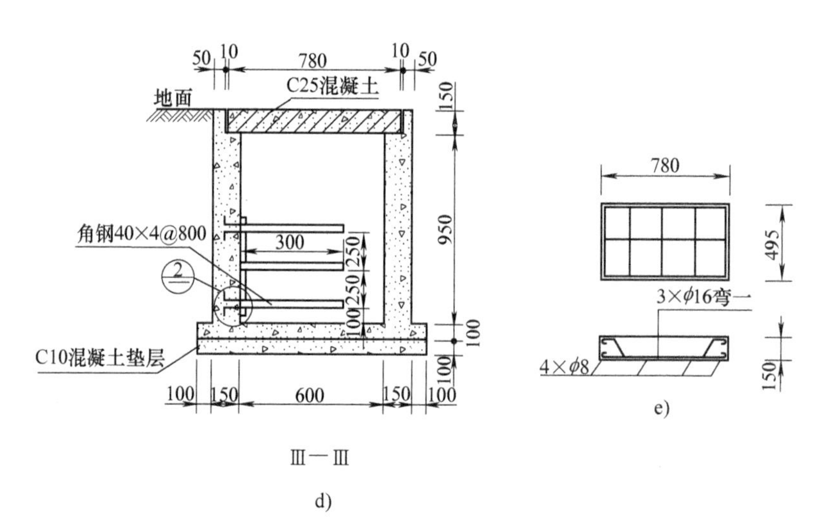

d)　　e)

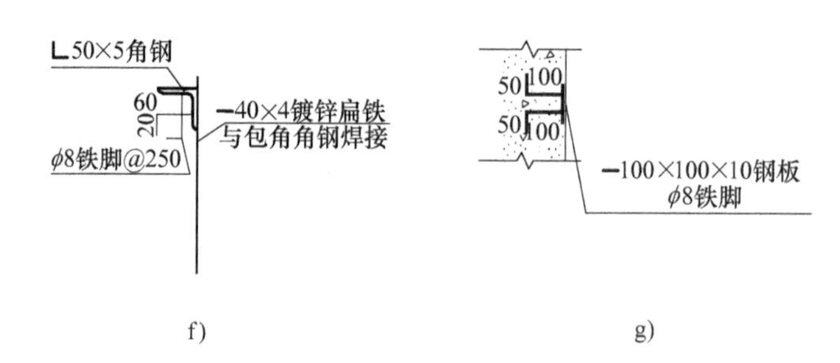

f)　　g)

图 8-3　10kV 美式箱式变电站的安装基础图（续）

c）Ⅱ—Ⅱ断面图　d）Ⅲ—Ⅲ断面图　e）C25 混凝土盖板　f）①详图　g）②详图

二、ZGS 型组合箱式变电站的安装

10kV ZGS 型组合箱式变电站的安装如图 8-4 所示，外形结构尺寸见表 8-6。

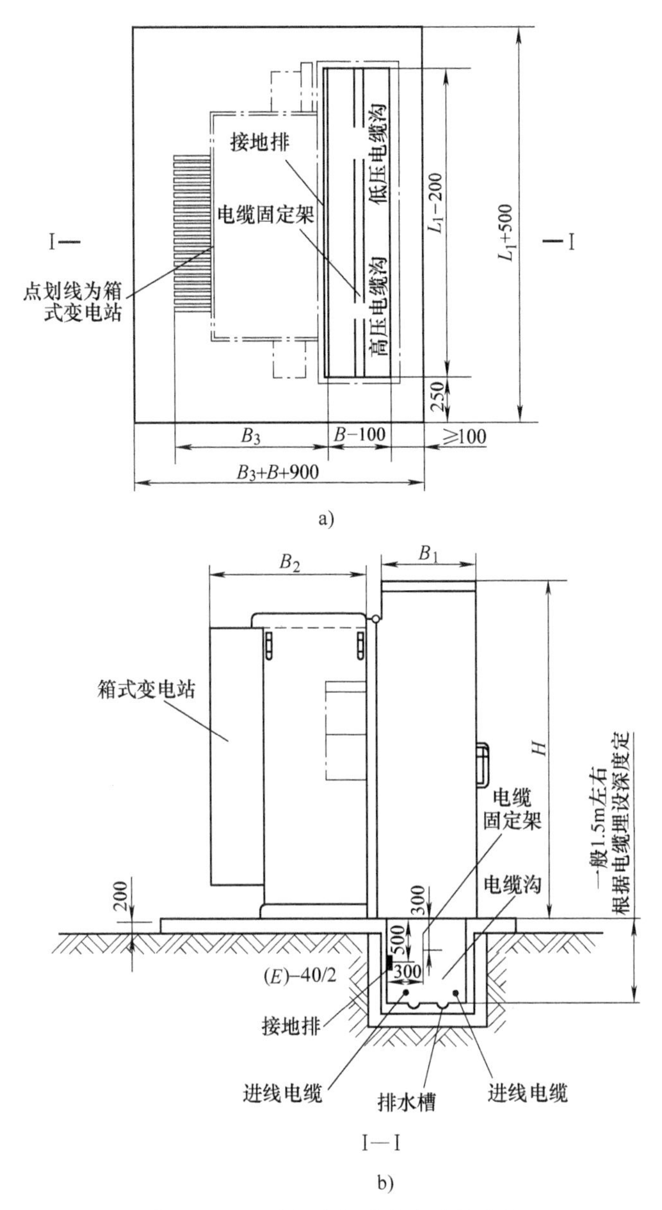

图 8-4 ZGS 型组合箱式变电站的安装

a）平面布置图 b）Ⅰ—Ⅰ断面图

表 8-6 ZGS 型组合箱式变电站的外形结构尺寸 （单位：mm）

额定容量/kV·A	B	B_1	B_2	B_3	H	ZGS10-H 型	ZGS10-Z 型
						L_1	L_1
50	500	400	650	700	1600	1850	1300
63	500	400	650	700	1600	1850	1300
80	500	400	650	700	1600	1850	1500
100	500	400	650	700	1600	1850	1500
125	500	400	650	700	1600	1850	1500
160	500	400	850	900	1700	1850	1500
200	700	600	850	900	1700	1850	1500

（续）

额定容量/kV·A	B	B_1	B_2	B_3	H	ZGS10-H 型	ZGS10-Z 型
						L_1	L_1
250	700	600	850	900	1800	1850	1500
315	700	600	850	900	1800	1850	1500
400	700	600	870	920	1900	1950	1600
500	700	600	880	930	1900	1950	1600
630	700	600	900	950	1900	1950	1600
800	700	600	940	990	2000	2050	1700
1000	700	600	970	1020	2000	2050	1700
1250	800	700	990	1040	2000	2050	1700
1600	800	700	1020	1070	2200	2050	1700

三、ZGSBH11-BM 型组合箱式变电站的安装

ZGSBH11-BM 型组合箱式变电站的外形结构如图 8-5 所示，安装尺寸见表 8-7。

表 8-7 ZGSBH11-BM 型组合箱式变电站的安装尺寸

容量/kV·A	额定电压/kV	总长 L/mm	总宽 W/mm	总高 H/mm	高压箱壳深 H_E/mm	低压箱壳深 L_E/mm	露出地面高度 H_1/mm	埋入地面高度 H_2/mm	基础平台 $B_L \times B_W$/mm	平台开沟 $M_1 \times M_2$/mm	地脚螺栓间距 $N_1 \times N_2$	地坑尺寸/mm				总重/kg
												D_1	D_2	D_3	D_4	
315	6 6.3	2200	1200	1720	500	500	1260	460	1400×1400	2900×2000	1070×1164	650	1600	200	1600	3260
400	6.6 10	2200	1200	1720	500	500	1260	460	1400×1400	2900×2000	1070×1164	650	1600	200	1600	3400
500	10.5	2200	1200	1720	500	500	1260	460	1400×1400	2900×2000	1070×1164	650	1600	200	1600	3550
630	11	2300	1200	1745	500	500	1450	295	1400×1400	3200×2000	1070×1164	800	1600	200	1600	4400

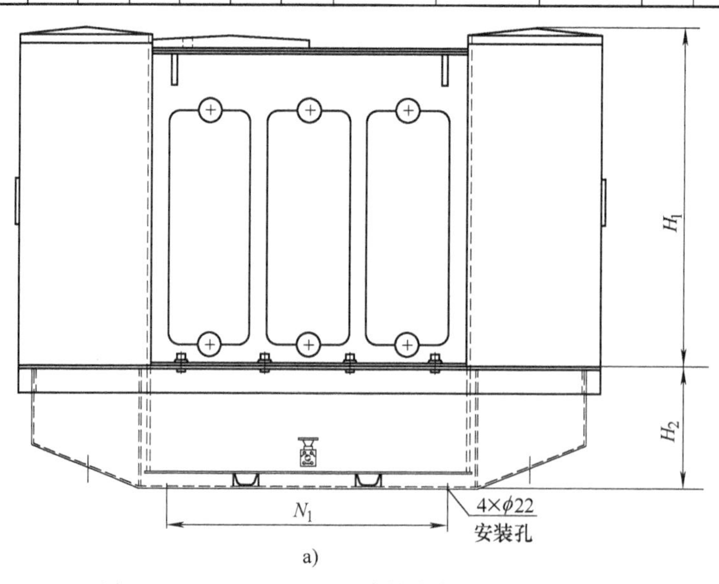

图 8-5 ZGSBH11-BM 型组合箱式变电站的外形结构

a）正视图

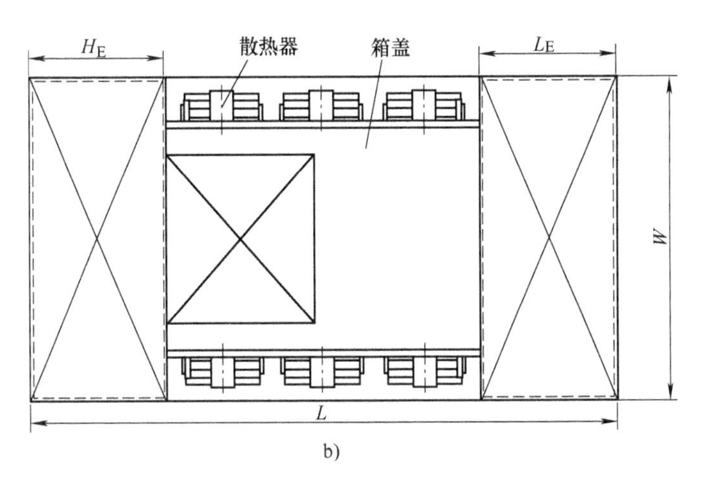

图 8-5　ZGSBH11-BM 型组合箱式变电站的外形结构（续）
b）俯视图

箱式变电站的地坑结构如图 8-6 所示，地坑尺寸见表 8-7。

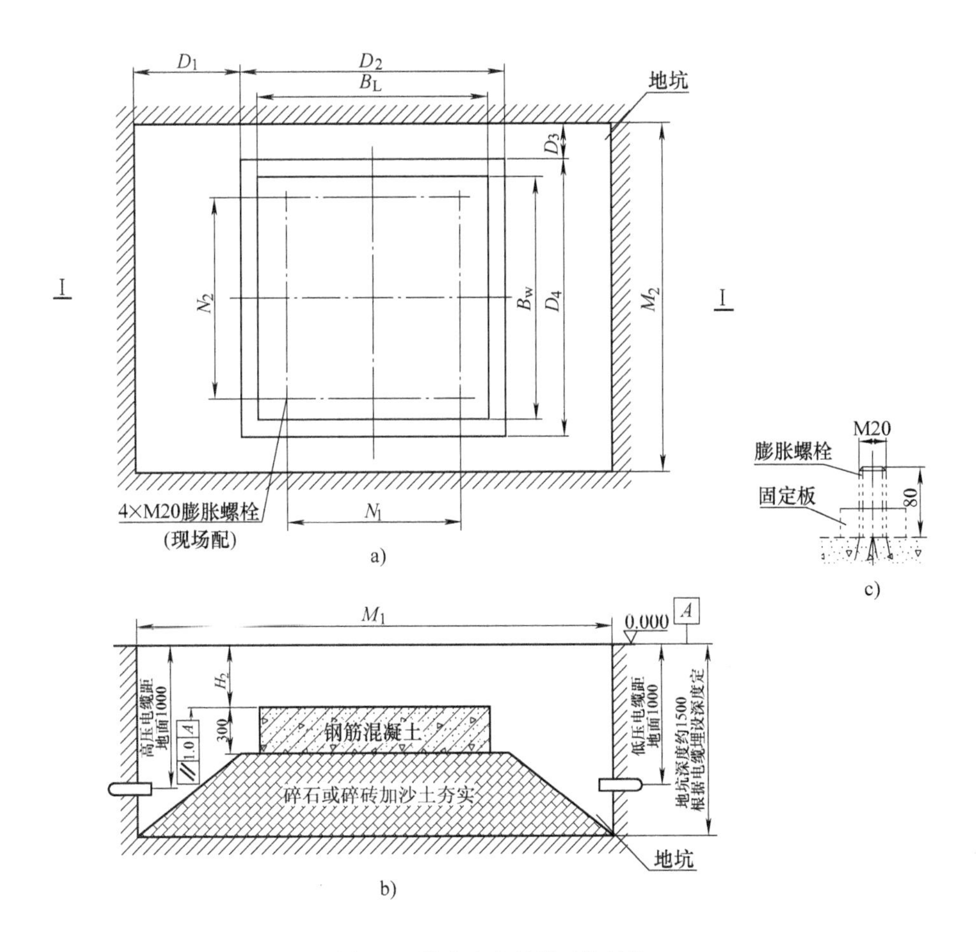

图 8-6　箱式变电站的地坑结构
a）俯视图　b）I—I 视图　c）地脚螺栓

第四节 箱式变电站的运行维护

一、投运前的检查

箱式变电站在安装完毕或维修后，在运行前应进行如下项目的检查和调试：

1）检查漆膜有无剥落，装置内是否清洁。

2）操动机构是否灵活，不应有卡住或操作力过大等现象。

3）主要电器的通断是否可靠准确。

4）电器的辅助触头的通断是否可靠准确。

5）仪表与互感器的变比及接线极性是否正确。

6）所有电器安装螺母是否旋紧。

7）母线连接是否良好，其支持绝缘子、夹件及附件是否安装牢固可靠。

8）电器的整定值是否符合要求，熔断器的熔体规格是否正确。

9）主电路及辅助电路的触头是否符合电气原理图的要求。

10）保护接地系统的电阻应小于0.1Ω，表计及继电器动作是否准确无误。

11）低压部分和二次回路用500V绝缘电阻表测量绝缘电阻，阻值不得小于2MΩ。

12）变压器的温控装置是否已调到规定的使用温度。

13）检查电容器外壳的接地是否良好，放电系统是否可靠。

二、投运操作步骤

1）箱式变电站投运前应对高低电压配电设备、变压器计量装置等进行必要的试验，试验合格后，方可投运。

2）将变压器网门及所有开关设备可以开启的门均关好，所有开关应处于分闸位置。

3）按操作程序合闸10kV电源，观察高压室指示仪表。若正常，变压器可投入运行。

4）闭合低压室开关，观察低压指示仪表。若正常，再分别合分路开关，箱式变电站投入正常运行。

三、箱式变电站的维护与检修

1）成套变电站是一种无人值班、监护的集受、变、馈电于一体的成套电气装置，因此应定期巡视、清扫、维护，以免发生事故。

2）箱体为金属结构，如巡视中发现锈蚀部分，应及时涂补。

3）维护中对可拆卸部分进行紧固，检查转动部分及门锁是否灵活，并加润滑油。注意箱内照明是否损坏，应保持照明良好。

4）注意检查箱体通风孔是否堵塞，自动排风扇是否工作正常，箱体内温升是否正常，发现问题应及时停运检修。

5）按DL/T 596—2005《电力设备预防性试验规程》进行定期试验。

6）若箱式变电站所选用的变压器为油浸式变压器，建议每年按规定对变压器油进行一次抽样分析检查。

7）运行中的高压负荷开关设备，经20次满负荷或2000次无负荷分、合闸操作后，应检查触头情况、灭弧装置的损耗程度以及力学性能，发现异常应及时检修或更换。

8）低压开关设备自动跳闸后，应检查、分析跳闸的原因，待排除故障后，方可重新投运。

9）避雷器应在每年雨季前进行一次预防性的试验。

10）检修高压负荷开关和避雷器时，必须先切断箱式变电站的进线电源。变压器巡视时，请勿打开内网门。

第九章　母线装置

第一节　母线的选择

一、母线材料的选择

在10kV及以下的配电装置中，一般选用矩形铝母线。铝母线的允许载流量较铜母线的小，但价格较便宜，安装、检修简单，连接方便。因此，在10kV及以下的配电装置中，首选矩形铝母线。

在室内配电装置中，持续工作电流较大时，可选用铜母线，但铜母线的价格较贵。

二、母线截面积的选择

1. 一般要求

母线应根据具体情况，按下列技术条件分别进行选择或校验：

1）工作电流。

2）经济电流密度。

3）动稳定或机械强度。

4）热稳定。

母线尚应按下列使用环境条件校验：

1）环境温度。

2）日照。

3）风速。

4）海拔。

2. 按回路持续工作电流选择母线截面积

$$I_{xu} \geqslant I_g \tag{9-1}$$

式中，I_g为导体回路持续工作电流，单位为A；I_{xu}为相应于导体在某一运行温度、环境条件及安装方式下长期允许的载流量，单位为A。

裸铝排、裸铜排立放时的允许电流值见表9-1、表9-2，周围环境温度分别为25℃、30℃、35℃、40℃，母线相间宽度为60mm。当母线平放、相间宽度大于60mm时，表9-1、表9-2中数据应乘以0.95；母线平放时，相间宽度小于60mm时，应乘以0.92。

表 9-1 单片母线立放的载流量

母线尺寸（宽×厚）/mm	铝/A				铜/A			
	25℃	30℃	35℃	40℃	25℃	30℃	35℃	40℃
15×3	165	155	145	134	210	197	185	170
20×3	215	202	189	174	275	258	242	223
25×3	265	249	233	215	340	320	299	276
40×4	480	451	422	389	625	587	550	506
40×5	540	507	475	438	700	659	615	567
50×5	665	625	585	539	860	809	756	697
50×6.3	740	695	651	600	955	898	840	774
63×6.3	870	818	765	705	1125	1056	990	912
80×6.3	1150	1080	1010	932	1480	1390	1300	1200
100×6.3	1425	1340	1255	1155	1810	1700	1590	1470
63×8	1025	965	902	831	1320	1240	1160	1070
80×8	1320	1240	1160	1070	1690	1590	1490	1370
100×8	1625	1530	1430	1315	2080	1955	1830	1685
120×8	1900	1785	1670	1540	2400	2255	2110	1945
63×10	1155	1085	1016	936	1475	1388	1300	1195
80×10	1480	1390	1300	1200	1900	1786	1670	1540
100×10	1820	1710	1600	1475	2310	2170	2030	1870
120×10	2070	1945	1820	1680	2650	2490	2330	2150

注：母线允许温升为 70℃，环境温度为 25℃。

表 9-2 2 片或 3 片组合涂漆母线立放时的载流量

母线尺寸（宽×厚）/mm	铝/A		铜/A	
	2 片	3 片	2 片	3 片
63×6.3	1350	1720	1740	2240
80×6.3	1630	2100	2110	2720
100×6.3	1935	2500	2470	3170
63×8	1680	2180	2160	2790
80×8	2040	2620	2620	3370
100×8	2390	3050	3060	3930
120×8	2650	3380	3400	4340
63×10	2010	2650	2560	3300
80×10	2410	3100	3100	3990
100×10	2860	3650	3610	4650
120×10	3200	4100	4100	5200

注：母线允许温升为 70℃，环境温度为 25℃。

当周围空气温度不是 25℃时，表 9-1、表 9-2 中的允许电流值应乘以表 9-3 中的温度校正系数 K。

表 9-3 温度校正系数 K 值

环境温度/℃	-5	0	5	10	15	20	25	30	35	40	45	50
校正系数 K	1.29	1.24	1.20	1.15	1.11	1.05	1.00	0.94	0.88	0.81	0.74	0.67

3. 按经济电流密度选择母线截面积

在 10kV 及以下的配电装置中，在负荷电流较大、母线较长时，综合考虑减少母线的电能损耗、减少投资和节约有色金属的情况下，应以经济电流密度选择母线截面积。

按经济电流密度选择母线截面积时，计算式为

$$S_j = \frac{I_P}{j} \tag{9-2}$$

式中，S_j 为母线经济截面积，单位为 mm^2；I_P 为回路持续工作电流，单位为 A；j 为经济电流密度，单位为 A/mm^2。

经济电流密度可按表 9-4 中所列数值选取。

表 9-4 经济电流密度

导体种类	最大负荷年利用小时数/h		
裸铝导线和母线电流密度/(A/mm^2)	3000 以下	3000~5000	5000 以上
	1.65	1.15	0.90

【例 9-1】 某工厂一台 SBH11-1000/10 型配电变压器，额定电压 $U_{N1}/U_{N2}=10/0.4kV$，额定容量 $S_N=1000kV \cdot A$，试选择该配电变压器高、低压侧母线的型号规格。

解：①配电变压器 10kV 侧母线型号规格的选择

配电变压器 10kV 侧额定电流为

$$I_{N1} = \frac{S_N}{\sqrt{3}U_{N1}} = \frac{1000}{\sqrt{3}\times 10}A = 57.8A$$

选用矩形铝母线，考虑机械强度因素，查表 9-1 得 80mm×6.3mm 铝母线在环境温度 40℃时，允许电流 $I_{xu}=932A$，该值大于该配电变压器 10kV 侧长期工作电流 $I_g=57.8A$，故满足要求。

② 配电变压器 0.4kV 侧母线型号规格的选择

配电变压器 0.4kV 侧额定电流为

$$I_{N2} = \frac{S_N}{\sqrt{3}U_{N2}} = \frac{1000}{\sqrt{3}\times 0.4}A = 1445A$$

选用矩形铜母线，查表 9-1 得 100mm×10mm 铜母线在环境温度为 40℃时，长期允许负荷电流 $I_{xu}=1870A$，该值大于配电变压器低压侧额定电流 $I_{N2}=1445A$。

当配电变压器过负荷为 30%时，配电变压器低压侧负荷电流为

$$I_2 = 1.3I_{N2} = 1.3\times 1445A = 1878.5A$$

该电流近于母线长期允许载流量 $I_{xu}=1870A$，故选择的母线截面积满足要求。

根据上述计算方法，考虑到变压器最大过负荷为 30%，常用的 10kV 配电变压器高、低压侧母线型号规格见表 9-5。35/10kV 变压器母线型号规格见表 9-6。

4. 低压配电柜母线的选择

为了提高低压配电柜母线动热稳定性和改善接触面的温升，装置全部采用 TMY-T2 系列硬铜，铜母线的连接部分必须搪锡，推荐采用全长搪锡。也可选用全长镀银铜母线。

水平母线置于柜后部母线隔室内，3150A 及以上为上下双层布置，2500A 及以下为单层布置，每相由 4 条或 2 条母线组成，大大提高了母线的短路强度。

表 9-5 常用的 10kV 配电变压器母线型号规格

配电变压器				10kV 侧母线				0.4kV 侧母线			
额定容量 S_N/kV·A	额定电流			LMY 型铝母线		TMY 型铜母线		LMY 型铝母线		TMY 型铜母线	
	I_{N1}/A	I_{N2}/A	$1.3I_{N2}$/A	截面尺寸 $A\times B$/mm	允许电流 I_{xu}/A	截面尺寸 $A\times B$/mm	允许电流 I_{xu}/A	截面尺寸 $A\times B$/mm	允许电流 I_{xu}/A	截面尺寸 $A\times B$/mm	允许电流 I_{xu}/A
125	7.2	180	234	80×6.3	932	63×6.3	912	63×6.3	705	50×5	697
160	9.2	231	300	80×6.3	932	63×6.3	912	63×6.3	705	50×5	697
200	11.6	289	375	80×6.3	932	63×6.3	912	63×6.3	705	50×5	697
250	14.5	361	469	80×6.3	932	63×6.3	912	63×6.3	705	50×5	697
315	18.2	455	592	80×6.3	932	63×6.3	912	63×6.3	705	50×5	697
400	23.1	578	751	80×6.3	932	63×6.3	912	80×6.3	932	50×5	697
500	28.9	722	938	80×6.3	932	63×6.3	912	80×8	1070	60×8	1070
630	36.4	910	1183	80×6.3	932	63×6.3	912	100×8	1315	80×6.3	1200
800	46.2	1156	1502	80×6.3	932	63×6.3	912	120×8	1540	100×8	1685
1000	57.8	1445	1878	80×6.3	932	63×6.3	912	2×100×10	2317	100×10	1870
1250	72.3	1806	2347	80×6.3	932	63×6.3	912	2×100×10	2317	120×10	2150
1600	92.5	2312	3005	80×6.3	932	63×6.3	912			2×100×10	2924
2000	115.6	2890	3757	80×6.3	932	63×6.3	912			3×100×10	3766
2500	144.5	3613	4696	80×6.3	932	63×6.3	912			3×120×10	4212

表 9-6　35/10kV 变压器母线型号规格

变压器				35kV 侧母线				10kV 侧母线			
额定容量 /kV·A	额定电流			LMY 型铝母线		TMY 型铜母线		LMY 型铝母线		TMY 型铜母线	
	I_{N1}/A	I_{N2}/A	$1.3I_{N2}$/A	截面尺寸 宽×厚/mm	允许电流 I_{xu}/A	截面尺寸 宽×厚/mm	允许电流 I_{xu}/A	截面尺寸 宽×厚/mm	允许电流 I_{xu}/A	截面尺寸 宽×厚/mm	允许电流 I_{xu}/A
1000	16.5	57.8	75.1	63×6.3	870	50×5	860	50×5	665	50×5	860
1250	20.6	72.3	94.0	63×6.3	870	50×5	860	50×5	665	50×5	860
1600	26.4	92.5	120.3	63×6.3	870	50×5	860	50×5	665	50×5	860
2000	33.0	115.6	150.3	63×6.3	870	50×5	860	50×5	665	50×5	860
2500	41.3	144.5	187.9	63×6.3	870	50×5	860	50×5	665	50×5	860
3150	52.0	182.1	236.7	63×6.3	870	50×5	860	50×5	665	50×5	860
4000	66.1	231.2	300.6	63×6.3	870	50×5	860	50×5	665	50×5	860
5000	82.6	289.0	375.7	63×6.3	870	50×5	860	50×5	665	50×5	860
6300	104.0	364.2	473.5	63×6.3	870	50×5	860	50×5	665	50×5	860
8000	132.1	462.4	601.1	63×6.3	870	50×5	860	50×5	665	50×5	860
10000	165.2	578.0	751.4	63×6.3	870	50×5	860	80×6.3	1150	63×6.3	1125
12500	206.4	722.5	939.3	63×6.3	870	50×5	860	80×6.3	1150	63×6.3	1125
16000	264.2	924.9	1202.4	80×6.3	1150	63×6.3	1125	80×10	1480	80×6.3	1480
20000	330.3	1156.1	1503.0	80×6.3	1150	63×6.3	1125	100×10	1820	100×6.3	1810

注：母线允许温升为 70℃，环境温度为 25℃。

在 0.4kV 配电柜中，水平安装时，选用铜母线的规格见表 9-7。

表 9-7　水平安装铜母线的规格

额定电流/A	规格/条数(mm)	额定电流/A	规格/条数(mm)
630　1250	2(50×5)	2500	2(80×10)
1600	2(60×6)	3150	2×2(60×6)
2000	2(60×10)	4000	2×2(60×10)

抽屉柜的垂直母线采用“L”形硬铜搪锡母线，L 形母线规格为（50×5+30×5）mm^2，额定电流为 1000A。

中性线接地母线采用硬铜母线，贯通水平中性接地线（PEN）或接地+中性线（PE+N）的规格见表 9-8。

表 9-8　中性线接地母线的规格

相导线截面积/mm^2	选用 PE(N)母线尺寸/mm
500~720	40×5
1200	60×6
>1200	60×10

注：装置内垂直 PEN 线或 PE+N 线的规格全部选用 40mm×5mm。

三、CPJ□系列母线槽

1. 概述

CPJ□系列母线槽额定电流为 30A、60A、100A、200A、400A、600A、800A、1000A、1200A、1350A、1600A、2000A、2500A、3000A、3200A。

CPJ□系列母线槽配断路器的插接箱可分为两种，分别是配梅兰日兰 NS 断路器的插接箱和配美商实快电力断路器的插接箱。

配梅兰日兰断路器的插接箱电流级别为 15~1000A，有通用型（NSD）、标准型及高断流容量型三种断路器可供选择；此外，标准型有配带漏电保护装置的方案可供选择。

配美商实快电力断路器的插接箱电流级别为 15~1600A，可带标准型、高断流容量型或超高断流容量型断路器。

2. 型号含义

CPJ□系列母线槽型号含义：

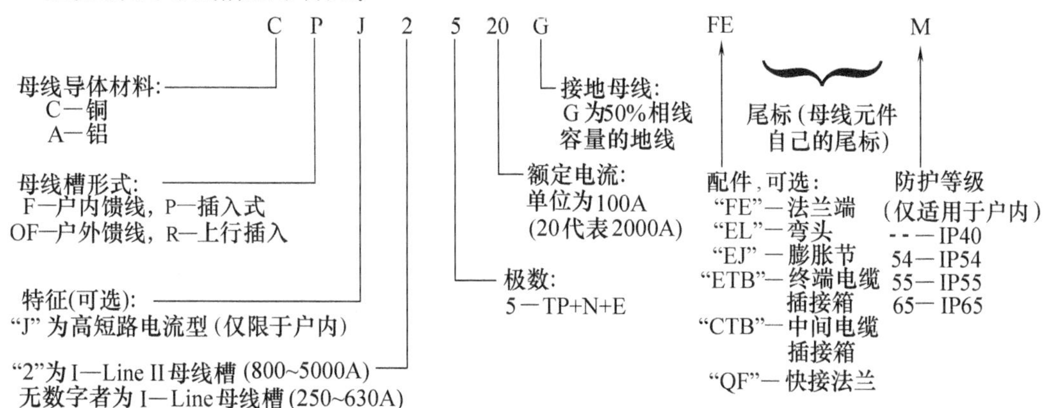

3. 型号选择

根据负荷密度、始末端设备、安装方式等确定所选用的母线槽选型见表 9-9。

表 9-9　母线槽选型

应用场合	容量范围/A	推荐型号
流水生产线	800~1200	CP2508G~CP2512G
车间工艺设备	1000~1600	CP2510G~CP2516G
负荷中心	800~1000	CF2508G~CF2510G
变配电设备连接	2000~5000	CF2520G~CF2550G
配电设备连接	1600~3200	CF2516G~CF2532G
高层楼宇楼层供电	800~1200	CR2508G~CR2512G

根据上级保护元件的容量以及负荷的性质、负荷数量，需要系数确定母线槽的额定电流，见表 9-10。

表 9-10　母线槽额定电流的选择

额定工作电流/A	馈线式	上升式	插入式
≤800	CF2508G	CR2508G	CP2508G
800~1000	CF2510G	CR2510G	CP2510G
1000~1200	CF2512G	CR2512G	CP2512G
1200~1350	CF2513G	CR2513G	CP2513G
1350~1600	CF2516G	CR2516G	CP2516G
1600~2000	CF2520G	CR2520G	CP2520G
2000~2500	CF2525G	CR2525G	CP2525G
2500~3000	CF2530G	CR2530G	CP2530G
3000~3200	CF2532G	CR2532G	CP2532G

第二节　矩形母线的安装

一、室内配电装置的安全净距

安装母线时，室内配电装置如图 9-1、图 9-2 所示的安全净距应符合表 9-11 的规定。

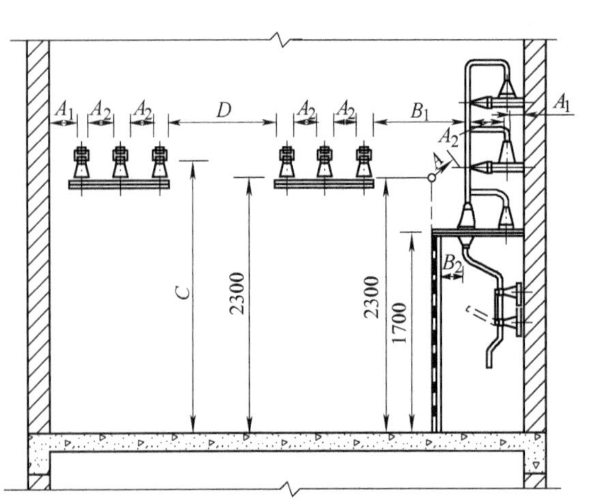

图 9-1　室内 A_1、A_2、B_1、B_2、C、D 值校验

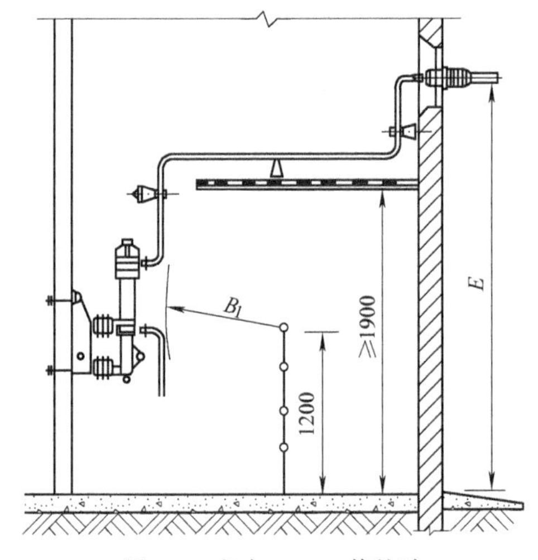

图 9-2　室内 B_1、E 值校验

表 9-11　室内配电装置的安全净距　　　　（单位：mm）

符号	适 用 范 围	额定电压/kV			
		0.4	1~3	6	10
A_1	1）带电部分至接地部分 2）网状和板状遮栏向上延伸线距地 2.3m 处与遮栏上方带电部分	20	75	100	125
A_2	1)不同相的带电部分 2)断路器和隔离开关的断口两侧带电部分	20	75	100	125
B_1	1）栅状遮栏至带电部分 2）交叉的不同时停电检修的无遮栏带电部分	800	825	850	875
B_2	网状遮栏至带电部分	100	175	200	225
C	无遮栏裸导体至地(楼)面	2300	2375	2400	2425
D	平行的不同时停电检修的无遮栏裸导体	1875	1875	1900	1925
E	通向室外的出线套管至室外通道的路面	3650	4000	4000	4000

二、母线颜色及相序排列

母线涂漆的目的是为了识别相序，防止母线的腐蚀，表示带电体，防止触电。相序的颜色应按以下的规定涂漆：

（1）三相交流电：U 相为黄色，V 相为绿色，W 相为红色，中性线、零线为淡蓝色，接地线为黄和绿双色。单条母线的所有面及多条母线的所有可见面均应涂相色漆，钢母线的所有表面应涂防腐相色漆。涂漆应均匀，无起层、皱皮等缺陷，并应整齐一致。

（2）单相交流电：单相交流电相线与引出相同色。如 U 相引出时涂黄色，零线引出时涂淡蓝色。

（3）直流母线：直流母线正极为褐色，负极为蓝色。凡是母线接头处或母线与其他电器有电气连接处，都不应涂漆，以免增大接触电阻，引起连接处过热。母线的螺栓连接及支持连接处、母线与电器的连接处以及距所有连接处 10mm 以内的地方不应涂相色漆。供携带式接地线连接用的接触面上，不涂漆部分的长度应为母线的宽度或直径，且不应小于 50mm，并在其两侧涂以宽度为 10mm 的黑色标志带。

（4）母线安装的相互位置：从柜正面看，上、中、下垂直布置的三相交流母线，由上至下排列为 U、V、W 相；从柜正面看，远、中、近水平布置的三相交流母线，由远到近排列为 U、V、W 相。

三相交流电母线颜色及相序排列见表 9-12。

表 9-12　三相交流电母线颜色及相序排列

相　　别	颜　　色	母线安装相互位置(从柜正面看)		
		垂直排列	水平排列	引下线
U	黄色	上	远	左
V	绿色	中	中	中
W	红色	下	近	右
中性线、零线	淡蓝色	最下	最近	最右
接地线	黄和绿双色			

三、母线的加工

在安装硬母线前，首先应对硬母线进行金属加工，将母线矫正平直和切断面平整是母线加工工艺的基本要求，也是保证安装后的母线达到横平竖直、整齐美观的必要条件。

1. 在现场制作时应使用母线平整机或手工锉处理接触面

母线平整机实际上是一个千斤顶和两块用磨床磨光的50mm厚的钢块，使用时将接触面夹于钢块之间，用千斤顶顶死，逐渐操作千斤顶，进而使接触面压平。压好后应用钢直尺检验，合格后再用金属刷清除表面的氧化膜。用平整机处理母线接触面如图9-3所示。

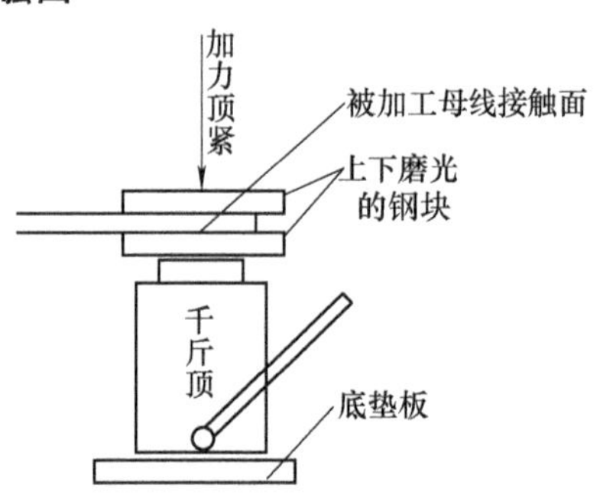

图9-3　用平整机处理母线接触面

用手工锉处理接触面，要求操作者有较高的钳工操作水平，并随时用钢直尺检验，合格后即停止锉动。有条件的情况下，处理接触面应用铣床或刨床，效率高、效果好。用手工锉和机床处理接触面，母线截面积都有所减小，电气工程中规定，铜材不得减少原截面积的3%，铝材不得减少原截面积的5%。

无论采用哪种方法，接触面处理之后，对于铝母线应随即涂上一层中性凡士林，因为铝极易氧化，如加工后不立即安装，接触面处应用牛皮纸包好；对于铜母线则应搪锡处理。

随成套开关柜配套供应的母线已由厂家将接触面加工好，如无设计变更，直接安装即可，不必再加工。

2. 母线的搭接

矩形母线的搭接连接，应符合表9-13的规定。在安装母线接头时，螺栓规格、数量和钻孔尺寸不得任意改动，以免造成接头连接不良而使接头温升过高。母线接头螺孔的直径宜大于螺栓直径1mm；钻孔应垂直、不歪斜，螺孔间中心距离的误差应为±0.5mm。

表9-13　矩形母线的搭接要求

搭接形式	类别	序号	连接尺寸/mm			钻孔要求		螺栓规格
			b_1	b_2	a	ϕ/mm	个数	
(图：$b_1/4$，b_1，b_2，a，ϕ)	直线连接	1	125	125	b_1 或 b_2	21	4	M20
		2	100	100	b_1 或 b_2	17	4	M16
		3	80	80	b_1 或 b_2	13	4	M12
		4	63	63	b_1 或 b_2	11	4	M10
		5	50	50	b_1 或 b_2	9	4	M8
		6	45	45	b_1 或 b_2	9	4	M8
(图：$b_1/2$，b_1，b_2，$a/2$，a，ϕ)		7	40	40	80	13	2	M12
		8	31.5	31.5	63	11	2	M10
		9	25	25	50	9	2	M8

（续）

搭接形式	类别	序号	连接尺寸/mm			钻孔要求		螺栓规格
			b_1	b_2	a	ϕ/mm	个数	
	垂直连接	10	125	125		21	4	M20
		11	125	100~80		17	4	M16
		12	125	63		13	4	M12
		13	100	100~80		17	4	M16
		14	80	80~63		13	4	M12
		15	63	63~50		11	4	M10
		16	50	50		9	4	M8
		17	45	45		9	4	M8
		18	125	50~40		17	2	M16
		19	100	63~40		17	2	M16
		20	80	63~40		15	2	M14
		21	63	50~40		13	2	M12
		22	50	45~40		11	2	M10
		23	63	31.5~25		11	2	M10
		24	50	31.5~25		9	2	M8
		25	125	31.5~25	60	11	2	M10
		26	100	31.5~25	50	9	2	M8
		27	80	31.5~25	50	9	2	M8
		28	40	40~31.5		13	1	M12
		29	40	25		11	1	M10
		30	31.5	31.5~25		11	1	M10
		31	25	22		9	1	M8

矩形母线采用螺栓固定搭接时，连接处距支持绝缘子的支持夹板边缘不应小于50mm；上片母线端头与下片母线平弯开始处的距离不应小于50mm，如图9-4所示。

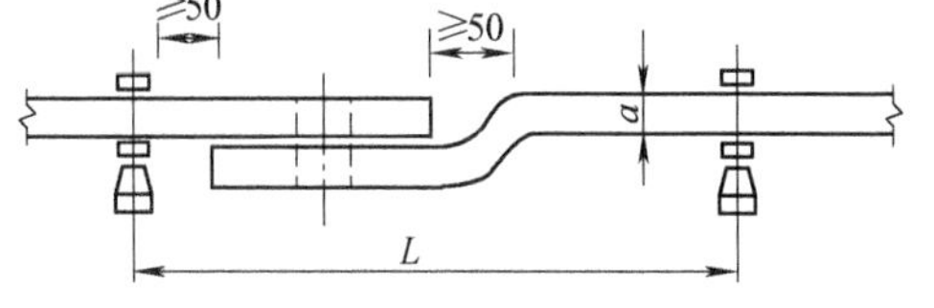

图9-4　矩形母线的搭接

L—母线两支持点之间的距离

引下线及螺栓连接接头的紧固力矩及接头压强应达到表9-14中所列数据。相同布置的主母线、分支母线、设备连接线应对称一致，横平竖直，整齐美观。

表9-14　矩形母线螺栓连接接头压强计算值

接头尺寸/mm	螺栓规格	螺栓紧固力矩/N·m	螺栓个数	母线接头压强/MPa
125×125	M20	156.91~196.13	4	11.01~13.96
125×100	M16	78.45~98.07	4	8.46~10.50
125×80	M16	78.45~98.07	4	10.79~13.47

（续）

接头尺寸/mm	螺栓规格	螺栓紧固力矩/N·m	螺栓个数	母线接头压强/MPa
125×63	M12	31.38~39.23	4	7.12~8.90
125×50	M16	78.45~98.07	2	8.46~10.50
125×45	M16	78.45~98.07	2	9.48~11.85
125×40	M16	78.45~98.07	2	10.79~13.47
100×100	M16	78.45~98.07	4	10.79~13.48
100×80	M16	78.45~98.07	4	13.83~17.28
100×63	M16	78.45~98.07	2	8.39~10.48
100×50	M16	78.45~98.07	2	10.79~13.48
100×45	M16	78.45~98.07	2	12.19~15.15
100×40	M16	78.45~98.07	2	13.83~17.28
80×80	M12	31.38~39.23	4	8.91~11.14
80×63	M12	31.38~39.23	4	11.60~14.50
80×63	M14	50.99~61.78	2	7.77~9.42
80×50	M14	50.99~61.78	2	9.99~12.10
80×45	M14	50.99~61.78	2	11.22~13.59
80×40	M14	50.99~61.78	2	12.80~15.50
63×63	M10	17.65~22.56	4	9.84~12.57
63×50	M10	17.65~22.56	4	12.74~16.28
63×50	M12	31.38~39.23	2	9.07~11.33
63×45	M12	31.38~39.23	2	10.17~12.72
63×40	M12	31.38~39.23	2	11.11~14.50
63×31.5	M10	17.65~22.56	2	9.84~12.57
50×50	M8	8.83~10.79	4	9.83~12.01
50×45	M10	17.65~22.56	2	8.57~10.95
50×40	M10	17.65~22.56	2	9.75~12.46
50×31.5	M8	8.83~10.79	2	7.62~9.31
50×25	M8	8.83~10.79	2	9.83~12.01
45×45	M8	8.83~10.79	4	12.46~15.23
40×40	M12	31.38~39.23	1	8.91~11.14
40×31.5	M12	31.38~39.23	1	11.60~14.50
40×25	M10	17.65~22.56	1	9.75~12.46
31.5×63	M10	17.65~22.56	2	10.38~13.27
31.5×31.5	M10	17.65~22.56	1	9.84~12.27
31.5×25	M10	17.65~22.56	1	12.74~16.28

（续）

接头尺寸/mm	螺栓规格	螺栓紧固力矩/N·m	螺栓个数	母线接头压强/MPa
25×25	M8	8.83~10.79	1	9.83~12.01
25×20	M8	8.83~10.79	1	12.64~15.45
20×20	M8	8.83~10.79	1	16.40

3. 母线弯形

对矩形母线，应进行冷弯，不得进行热弯。母线开始弯曲处距最近绝缘子的母线支持夹板边缘不应大于0.25L，但不得小于50mm；母线开始弯曲处距母线连接位置不应小于50mm。矩形母线应减少直角弯曲，弯曲处不得有裂纹及显著的褶皱，多条母线的弯曲应一致。硬母线的立弯与平弯如图9-5所示。

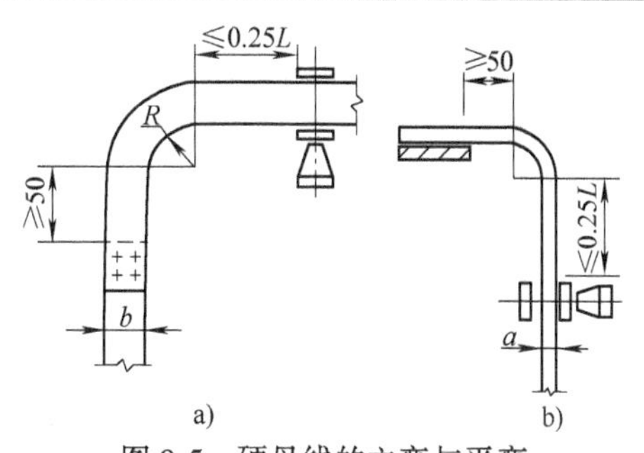

图9-5　硬母线的立弯与平弯

a）立弯　b）平弯

a—母线厚度　b—母线宽度　L—母线两支持点间的距离

母线最小弯曲半径见表9-15。表中a为母线厚度，b为母线宽度。

表9-15　母线最小弯曲半径（R）值

母线种类	弯曲方式	母线截面尺寸/mm	最小弯曲半径/mm		
			铜	铝	钢
矩形母线	平弯	50×5及以下 125×10及以下	2a 2a	2a 2.5a	2a 2a
	立弯	50×5及以下 125×10及以下	1b 1.5b	1.5b 2b	0.5b 1b
棒形母线		直径为16及以下	50	70	50
		直径为30及以下	150	150	150

母线扭转90°时，其扭转部分的长度应为母线宽度的2.5~5倍，如图9-6所示。

4. 母线搭接时的注意事项

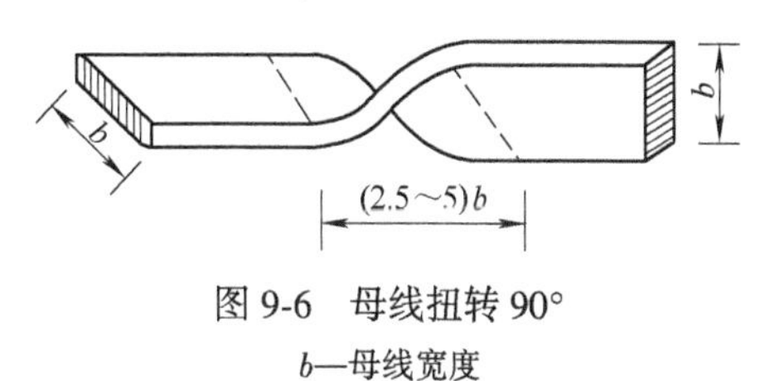

图9-6　母线扭转90°

b—母线宽度

1）母线连接用的机制紧固螺栓及辅件应符合国家标准，螺栓、螺母、锁紧螺母、弹簧垫圈、平垫圈必须全部镀锌，螺栓和螺母的螺纹配合应一致且紧密无松动现象。不得使用手工加工的螺栓。

2）加工好的接触面应保持洁净，严禁机械碰撞，安装时将包接触面的牛皮纸取下，用干净的棉丝将中性凡士林油擦净，和规定的母线搭接好立即紧固螺栓。

3）母线平置时，螺栓应由下向上穿过螺孔；立放时应由内向外穿过螺孔；其他情况下，螺栓的穿入应便于维护，螺栓的长度宜为紧固后露出螺母2~3扣，不宜太长。

4）螺栓的两侧均应有平垫圈，螺母侧还应有弹簧垫圈或使用锁紧螺母；相邻螺栓的垫圈间应有3mm以上的净距，因此开孔时要综合考虑。

5）螺栓受力应均匀适中，不应使电器端子受到额外的应力；对接触面上多只螺栓应轮流紧固或对角线紧固，即每只螺栓紧固一圈则换位紧固另一只螺栓，进而使每只螺栓逐渐紧固；对螺母不得拧得太紧，紧度应适中，通常应使用力矩扳手紧固；螺栓和力矩扳手的对应关系应符合表9-14的规定。紧固好后应用0.05mm×10mm的塞尺检查：母线宽度在63mm及以上者不得塞入6mm；宽度在56mm及以下者不得塞入4mm。

6）铜母线和铜母线在干燥场所可直接搭接，但一般情况下都应搪锡，在其他场所必须搪锡；铝母线和铝母线一般直接搭接，也可搪锡；钢母线和钢母线搭接必须搪锡或镀锌，不得直接连接；铜与铝母线，在干燥的室内，铜母线应搪锡，在室外或空气相对湿度接近100%的室内，应采用铜铝过渡板，铜端应搪锡；钢与铜或铝，钢搭接面必须搪锡；封闭母线螺栓固定搭接面应镀银。

四、矩形母线的安装

母线经过上面讲述的一系列加工制作后，要装设在支持绝缘子或母线夹上，这就是母线的安装。母线安装的部位一是要安装在柜体的顶部，再就是要安装在角钢支架或墙上，以至用绝缘子吊装在屋顶或支架上。目的是将母线从室外或变压器上引入柜内或设备上。

当低压母线穿过墙壁时，可参照图9-7进行加工安装。

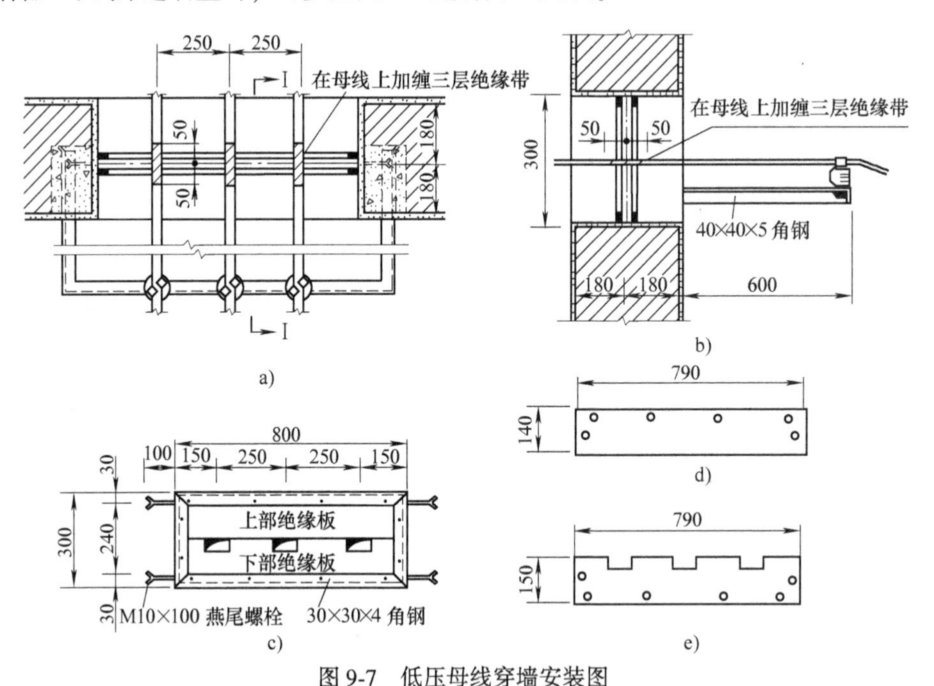

图9-7 低压母线穿墙安装图

a）平面图 b）Ⅰ—Ⅰ剖面图 c）低压母线穿墙隔板立面图 d）上部绝缘板 e）下部绝缘板

低压母线穿墙后的正面安装如图9-8a所示，其侧面安装如图9-8b所示。

把柜顶的盖拆掉，将制作加工好的母线抬到柜上，按原来测量的位置放在支持绝缘子或母线绝缘夹板上。先把每一段母线用塑料带捆扎在支持绝缘上加以固定，捆扎点不得少于两点，然后用红、蓝铅笔画出母线和绝缘子用螺栓固定的螺孔位置并画出母线和每一个回路连接的螺孔位置。螺孔的位置应和母线的中心轴线对称，和回路连接的螺孔必须三相同时画出，以取得一致性，螺孔的位置和孔径应符合表9-13的要求。画好后将母线抬下用钻床或台钻按前述的方法钻孔。

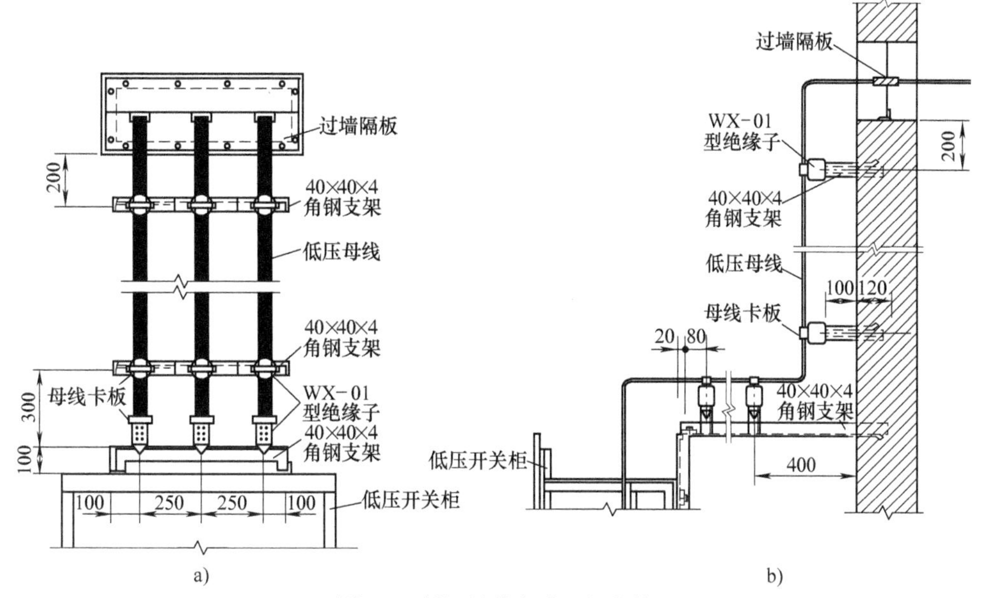

图 9-8　低压母线穿墙后的安装

a）正视图　b）侧面剖视图

同样应将母线抬到角钢支架上，将钻孔的位置画出。

母线和支持绝缘子固定处应开长孔，以便当母线温度变化时，使母线有伸缩的余地，不致拉坏绝缘子。长孔的孔径由柜上的支持绝缘子决定，一般是（ϕ10~ϕ12mm）×20mm。因此，有些柜子采用了夹板或卡板和绝缘子固定，有的则采用了母线绝缘支持夹板固定母线，这样则不必开孔，但与回路的连接仍应开孔。目前市场上开关柜的类型和新产品不断推出，则应按柜体本身来决定，有的产品和回路的连接采用了插接，省掉了开孔，如图 9-9 所示。

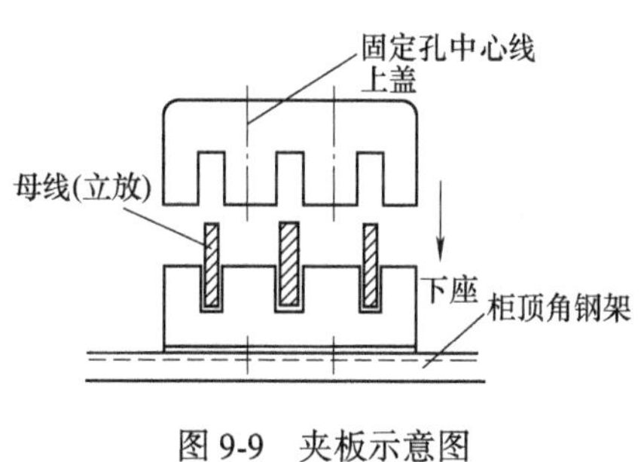

图 9-9　夹板示意图

五、低压成套开关柜母线的安装

在低压成套开关柜中，当水平母线系统额定电流小于 1600A 及以下采用单排母线时，可按图 9-10 所示安装，架空进线时，独立的 N 母线可装在柜顶。当水平母线系统额定电流大于 1600A 采用双排母线时的排列可按图 9-11 所示安装，柜宽尺寸大于 400mm 时，中间应加装母线支撑架。一组 U、V、W 母线和两组 DC 母线（即操作电源和能耗制动电源）并列时的排列，可按图 9-12 所示安装，分断能力为 50kA、柜宽大于 400mm 时中间必须加装母线支撑架。当单排或双排母线水平排列采用后进母线桥时，可按图 9-13 所示进行安装。当单排母线垂直排列采用后进线母线桥时，可按图 9-14 所示进行安装。当双排母线垂直排列采用后进线母线桥时，可按图 9-15 所示进行安装。对前后柜组间联络母线桥，可按图 9-16 所示进行安装。

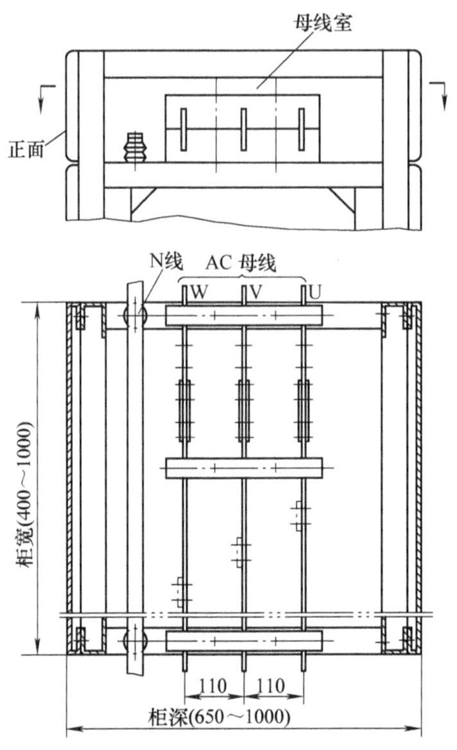

图 9-10　水平母线系统额定电流小于 1600A 及以下，采用单排母线时的安装

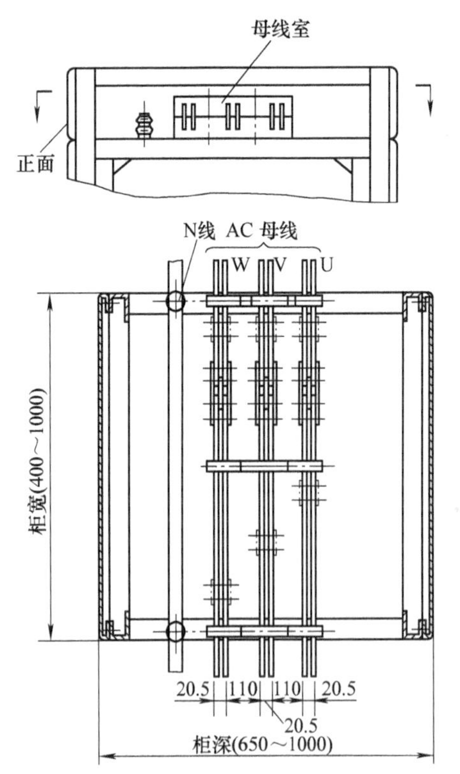

图 9-11　对水平母线系统额定电流大于 1600A 采用双排母线时的排列安装

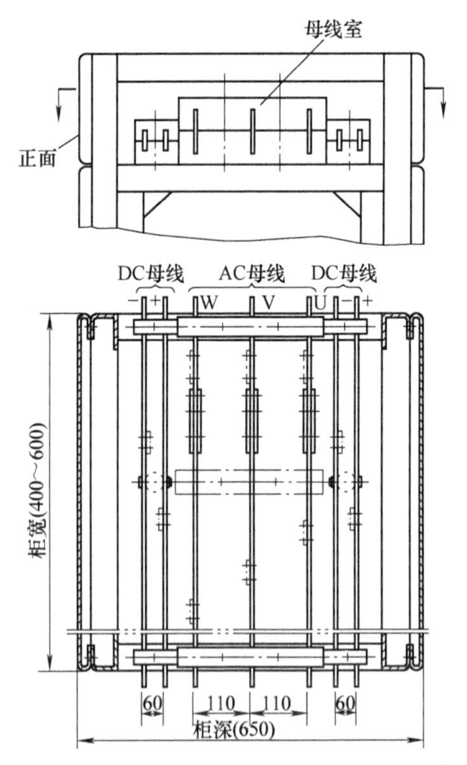

图 9-12　一组 U、V、W 母线和两组 DC 母线（操作电源和能耗制动电源）并列时的排列安装

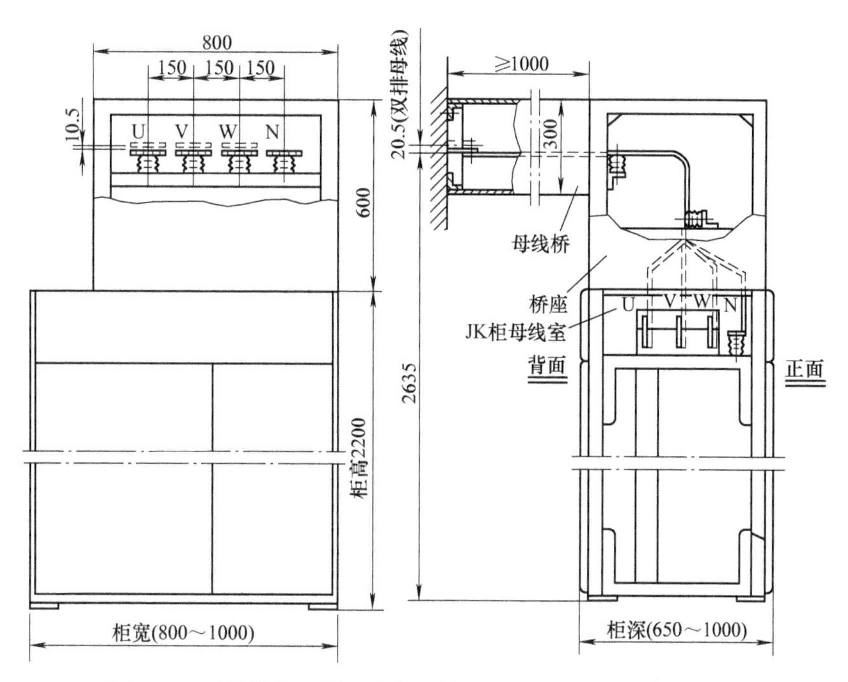

图 9-13 对单排或双排母线水平排列采用后进母线桥时的安装

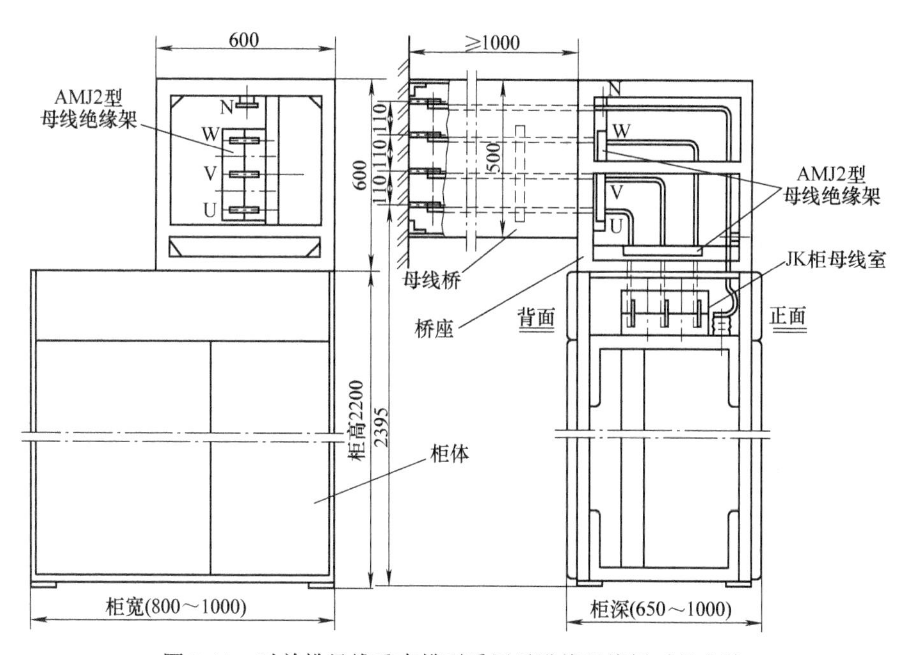

图 9-14 对单排母线垂直排列采用后进线母线桥时的安装

六、母线槽的安装

1. 插接母线的安装

插接母线常用于高层建筑，作为每层不同类别负荷的电源，一般都安装在电气竖井内，并沿井壁安装，用预埋的螺栓或膨胀螺栓固定。因此，螺栓的位置必须准确且螺栓的连线应

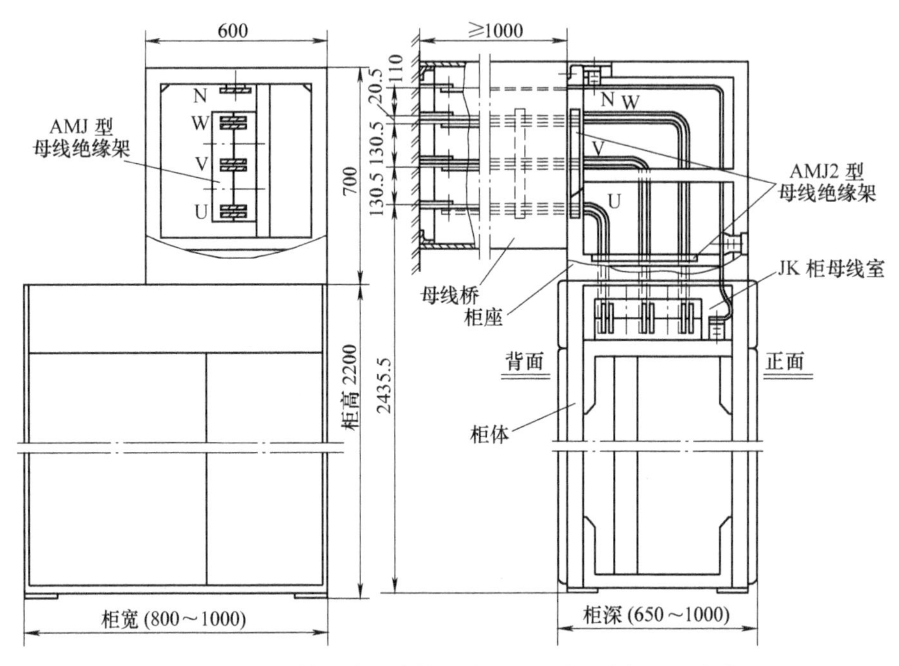

图 9-15 对双排母线垂直排列采用后进线母线桥时的安装

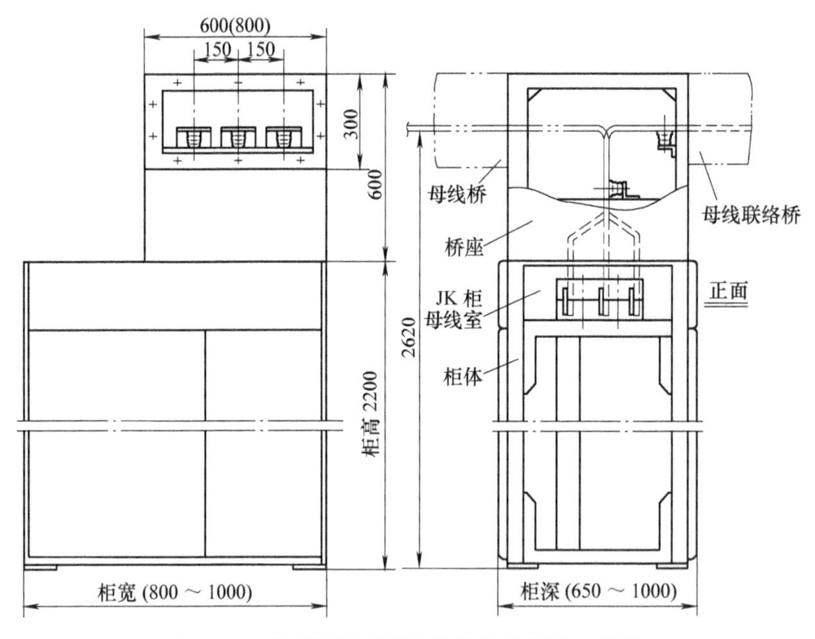

图 9-16 前后柜组间联络母线桥的安装示意图

垂直于地平线。每层均设置插接箱，作为本层的电源，然后再用管路分配到各个分配电箱中。在底层或地下层设置进线箱，可用导线或电缆接入。插接母线的容量可达 400~600A。

插接母线的安装应符合以下要求：

1）悬挂式母线槽的吊钩应有调整螺栓，固定点间距离不得大于 3m。

2）母线槽的端头应装封闭罩，引出线孔的盖子应完整。

3）各段母线槽的外壳的连接应是可拆的，外壳之间应有跨接线，并应可靠接地。

2. 封闭式母线的安装

封闭式母线常用于干式变压器的多层室内配电室，作为一次/二次母线用，有很高的安全性，并能节约很大的空间。一般用吊杆或卡具固定，穿越楼板或垂直安装时常用卡具，水平安装时常用吊杆。卡具及吊杆可预埋铁件后进行焊接，但必须保证焊接后的直线性。

封闭式母线的安装应符合以下要求：

1）支座必须安装牢固，母线应按分段图、相序、编号、方向和标志正确放置，每相外壳的纵向间隙应分配均匀。

2）母线与外壳间应同心，其误差不得超过5mm，段与段连接时，两相邻段母线及外壳应对准，连接后不应使母线及外壳受到机械应力。

3）封闭母线不得用裸钢丝绳起吊和绑扎，母线不得任意堆放或在地面上拖拉，外壳上不得进行其他作业，外壳内和绝缘子必须擦拭干净，外壳内不得有遗留物。

4）橡胶伸缩套的连接头、穿墙处的连接法兰、外壳与底座之间、外壳各连接部位的螺栓应采用力矩扳手紧固，各接合面应密封良好。

5）外壳的相间短路板应位置正确、连接良好，相间支撑板应安装牢固，分段绝缘的外壳应做好绝缘措施。

6）母线焊接应在封闭母线各段全部就位并调整误差合格，且绝缘子和电流互感器均经试验合格后进行。

7）呈微正压的封闭母线，在安装完毕后检查其密封性应良好。

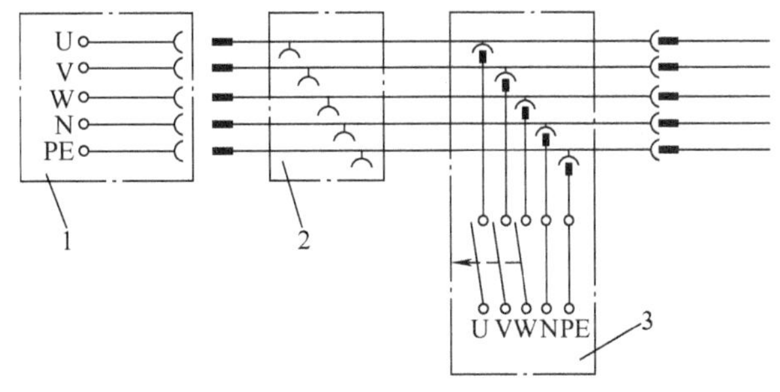

图9-17　母线总装电气线路示意
1—接线盒　2—出线口　3—出线盒

3. 安装工艺的要求

母线槽外壳采用冷轧钢板成形，表面经喷涂处理、外表美观、机械强度高，并且分段所接保护导体纯铜排应安全可靠。母线总装电气线路示意如图9-17所示。

插入口与插入部分装配示意如图9-18所示。

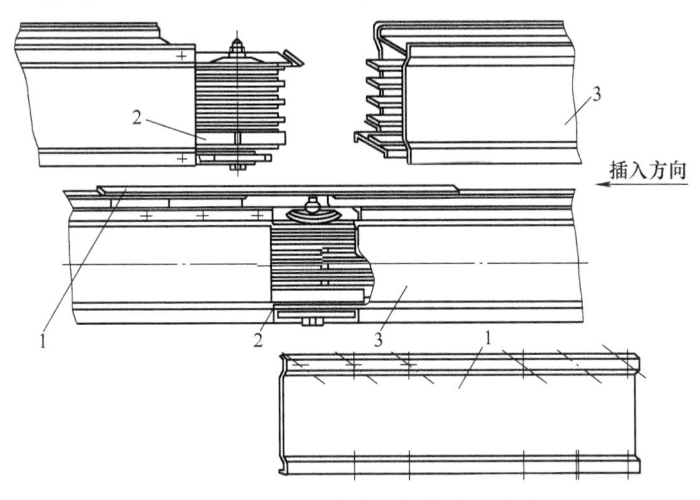

图9-18　插入口与插入部分装配示意
1—夹板　2—插入口　3—插入部分

垂直安装的母线槽预留孔尺寸见图 9-19 和表 9-16。

表 9-16　垂直安装的母线槽预留孔尺寸　　（单位：mm）

母线槽额定电流/A	*A*	*B*	母线槽额定电流/A	*A*	*B*
250~1000	≥160	200	2000	≥300	400
1600	≥250	350	2500	≥350	500

水平安装的母线槽预留孔尺寸见图 9-20 和表 9-17。

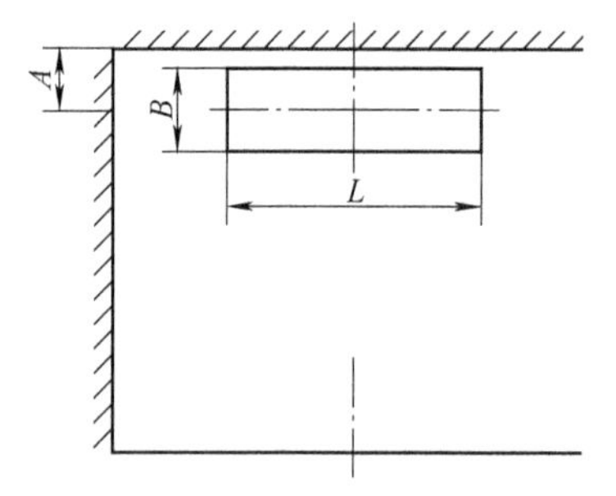

图 9-19　垂直安装的母线槽预留孔尺寸

L——一列母线槽：330mm；两列母线槽：660mm；两列以上，每增加一列，母线槽 *L* 增加 460mm

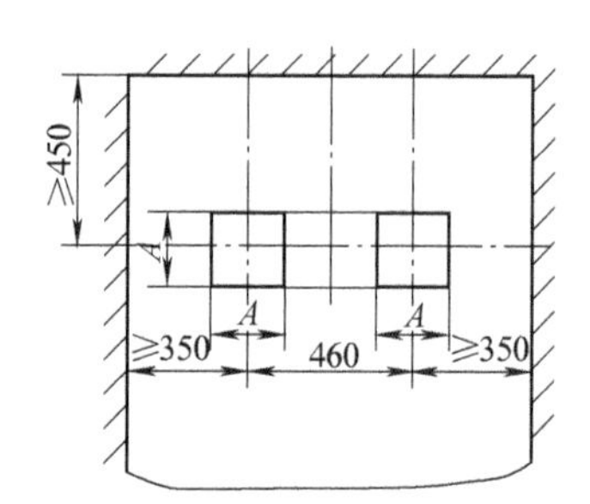

图 9-20　水平安装的母线槽预留孔尺寸

注：如带插接开关箱，母线槽上方不允许管道通过，否则应增加距离。

表 9-17　水平安装的母线槽预留孔尺寸

额定电流/A	250~1000	1600	2000	2500
A/mm	200	350	400	500

垂直安装的母线槽及预埋件尺寸见图 9-21 和表 9-18。

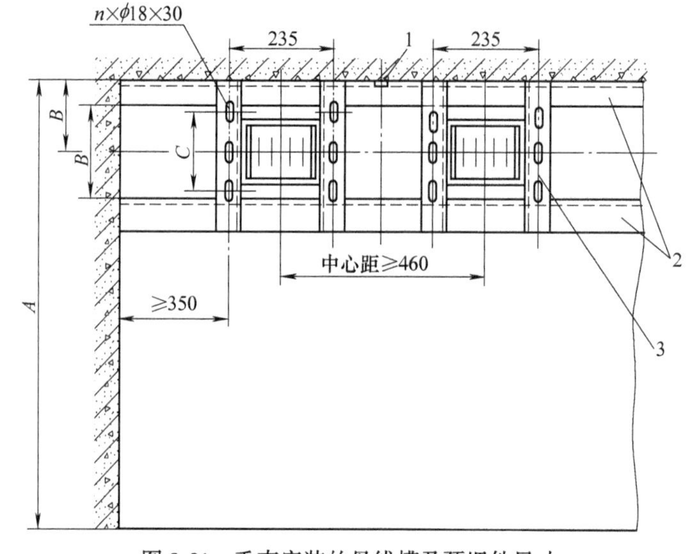

图 9-21　垂直安装的母线槽及预埋件尺寸

1—接地排　2—∠60×60×6 角钢（用户自理）　3—[100×48×5.3 槽钢

表 9-18　垂直安装的母线槽及预埋件尺寸

母线槽额定电流/A	尺寸/mm			n	母线槽额定电流/A	尺寸/mm			n
	A	B	C			A	B	C	
250~100	≥100	≥160	0	1	2000	≥1500	≥300	125	2
1600	≥1500	≥250	105	2	2500	≥1500	≥350	250	3

母线沿屋面吊装尺寸如图 9-22a 所示，沿墙面侧装如图 9-22b 所示，沿垂直竖井安装正面如图 9-22c 所示，沿垂直竖井安装侧面如图 9-22d 所示。

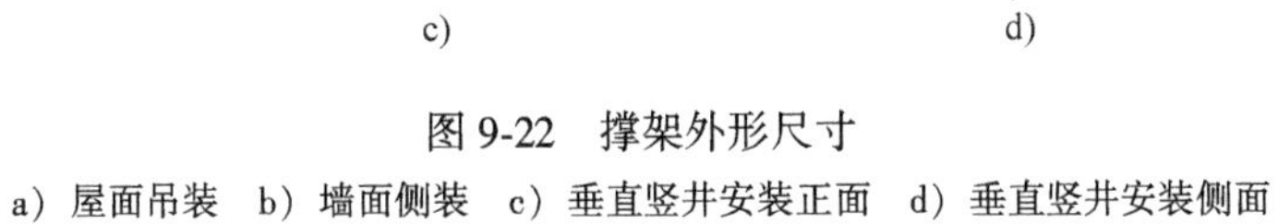

图 9-22　撑架外形尺寸

a）屋面吊装　b）墙面侧装　c）垂直竖井安装正面　d）垂直竖井安装侧面

250~2500A 的母线槽垂直安装示意如图 9-23 所示。

母线槽垂直安装始端及终端固定如图 9-24 所示。

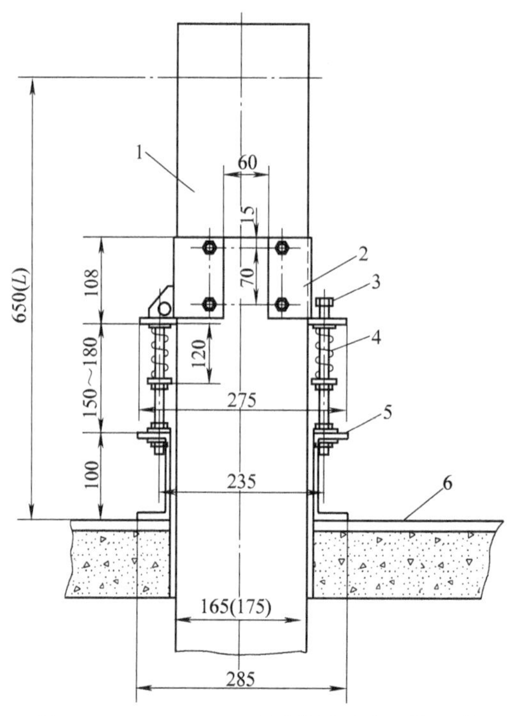

图 9-23　250~2500A 的母线槽垂直安装示意

1—母线槽　2—支件　3—M16×200、螺纹长 100 的螺栓

4—弹簧　5—100×48×5.3 槽钢（用户自备）　6—地面

注：1. 括号内数据是带插接孔母线槽。

2. L 为母线槽连接螺栓中心至地面距离。

母线槽平卧水平支架安装如图 9-25 所示，安装尺寸见表 9-19。

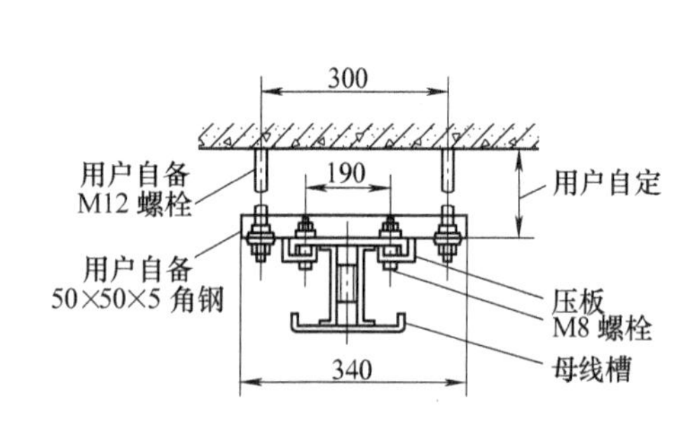

图 9-24　母线槽垂直安装始端及终端固定

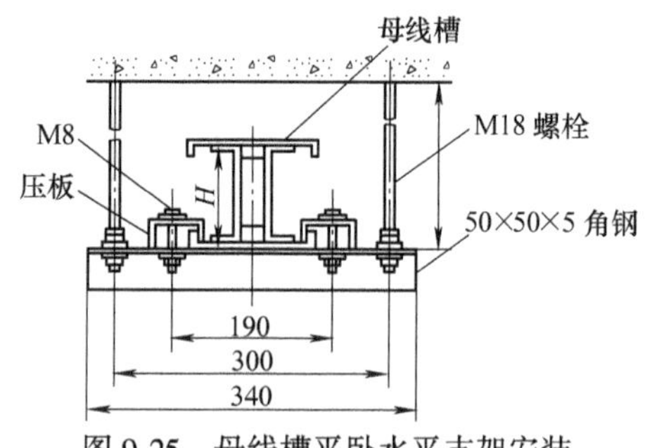

图 9-25　母线槽平卧水平支架安装

表 9-19　母线槽平卧水平支架安装尺寸

额定电流/A	250	400	630	800	1000	1600	2000	2500
H/mm	85	95	105	115	135	250	190	415

注：支架间距不大于 2500mm。

母线槽侧卧水平支架安装如图 9-26 所示，安装尺寸见表 9-20。

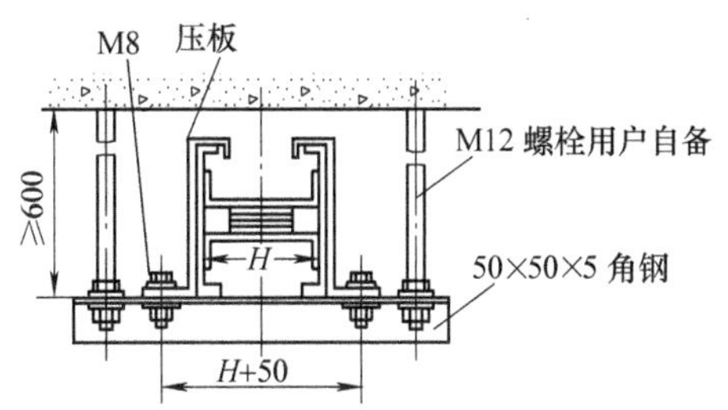

图 9-26　母线槽侧卧水平支架安装

表 9-20　母线槽侧卧水平支架安装尺寸

额定电流/A	250	400	630	800	1000	1600	2000	2500
H/mm	85	95	105	115	135	250	290	415

注：支架间距不大于 2000mm。

七、母线的验收和电气测试

母线安装好后应进行电气测试和验收，合格后才能按规定涂漆。

（1）母线的检查：金属构件的加工、配制、焊接或螺栓连接应符合规定，各部分螺栓、垫圈、开口销等零部件应齐全可靠；母线的弯曲、焊接、螺栓连接、安装架设应符合规定，连接正确，螺栓紧固、接触可靠；相间及对地电气安全距离应符合要求；瓷件、铁件及胶合处应完整，充油套管应无渗油漏气，油位正常；瓷件无裂纹、无歪斜，母线的伸缩接头配置合理正确，母线的吊点、吊具选择无误等。

1）各部位涂漆及相色标志应正确完好。

2）母线弯曲、扭转部分应完好无裂纹。

3）对硬母线应使用塞尺检查其接头，对软母线应测量其接头的电阻值，结果都要符合要求。

（2）电气参数的测试：母线的截面积、材质应符合设计规定；母线相与相、相与地的绝缘电阻应大于 1MΩ。绝缘电阻的测量应选用 500V 的绝缘电阻表或数字绝缘电阻测试仪进行。测试时应将柜体各个回路的隔离开关断开，从母线直接取得电压的线圈的接线临时断开，接地母线测试时应将与柜体接地螺栓的连接及与接地引线的连接临时断开。吊装的母线还应测量吊索、吊环、绝缘垫板、穿钉等附件与相、与地的绝缘电阻，应大于 1MΩ。凡有不符合规定的要找出故障点修复。

（3）测量母线绝缘电阻并做母线绝缘子等设备的耐压试验：应无放电闪络现象。

第三节　母线的运行维护

一、母线的正常运行

母线的正常运行状态是指母线在额定条件下，能够长期、连续地汇集、分配和传送额定电流的工作状态，裸母线及其接头通过额定电流时本身温度不应超过 70℃。当其接触面处有锡的可靠覆盖层时为 85℃；有银的可靠覆盖层时为 95℃；氩弧焊接时为 100℃。

母线的电压等级完全取决于支持绝缘子的绝缘水平。因此，母线在正常运行时，支持绝缘子和悬式绝缘子应完好无损，无放电现象。软母线弧垂应符合要求，相间距离应符合规程规定，无断股、散股现象。硬母线应平、直，不应弯曲，各种电气距离应满足规程要求，母排上的示温蜡片应无融化；连接处应无发热，伸缩应正常。

二、母线的巡视检查

母线是配电所最重要的电气设备之一，一旦发生故障将会中断全部出线供电。因此，加强对母线的运行维护和检查，对保证变电所安全生产至关重要。母线的巡视检查项目如下：

1）母线有无断股，伸缩是否正常，母线接头连接处有无发热变色现象。

2）设备线卡、金具是否紧固，有无松动严重锈蚀、脱落现象。

3）绝缘子是否清洁，有无裂纹损伤、放电现象。

4）所有构架的接地是否完好、牢固，有无断裂现象。

三、母线的故障处理

1. 母线过热

母线过热的原因如下：

1）母线容量偏小。

2）接头外连接螺钉松动或接触面氧化，使接触电阻增大。

母线是否过热，可用变色漆或示温蜡片判别。若变色漆变黄、变黑，则说明母线过热已经很严重。用红外线测温仪来测量母线的温度，能更准确地判断母线是否过热。

发现母线过热时，应尽快报告调度员，采取倒换母线或转移负荷，直至停电检修处理。

2. 母线绝缘子破损放电

绝缘子破损放电，多因其表面污秽严重引起。尤其化工厂附近的配电所，普遍存在这种现象。含有大量硅钙的氧化物粉尘落在绝缘子表面所形成的固体和不易被雨水冲走的薄膜，附着在绝缘子表面。阴雨天气，这些粉尘薄膜能够导电，使绝缘子表面耐压降低，泄漏电流增大，导致绝缘子对地放电。另外，系统短路冲击、气温骤变等使绝缘子上产生很大的应力，造成绝缘子断裂破损。

发现绝缘子破损放电等异常情况时，应尽快报告调度员，请求停电处理。在停电更换绝缘子前，应加强对破损绝缘子的监视，增加巡回检查次数。

3. 母线失电

母线失电是指母线本身无故障而失去电源，是由于电源线路跳闸母线失电，或出线故障，该跳断路器拒跳，引起越级跳闸，造成母线失电。判别母线失电的依据如下：

（1）事故现象：

1）该母线上的电压表指示为零。

2）该母线上各出线及变压器的负荷消失，负荷电流为零。

3）该母线上所用电失电。

（2）事故处理：

1）单电源供电终端变电所母线失电的处理：

① 母线失电后，值班人员应立即进行检查，并汇报调度，当确定失电原因非本所母线或主变压器故障所引起时，可保持本所设备原始状态不变。

② 若为配电变压器故障越级跳闸，则应拉开配电变压器各侧断路器，进行检查处理。

③ 10kV 电源侧断路器跳闸，造成母线失电后，值班人员应对该母线及各出线间隔电气设备进行详细检查，并汇报调度员，拉开该母线上的所有断路器。如非本所母线故障或配电变压器保护误动，则一般为线路故障，其断路器或保护拒动所致。在查出拒动断路器使其断开并拉开隔离开关后，可恢复对停电母线送电。

2）多电源供电母线失电，在确定母线失电原因不是本所母线故障所引起后，为防止各电源突然来电引起非同期，值班人员应按下述要求自行处理：

① 单母线应保留一电源断路器，其他所有断路器（包括配电变压器和馈线断路器）全部拉开。

② 检查本所有无拒动断路器，若有，应断开此断路器且将其隔离开关拉开，并汇报调度员。

4. 母线故障

当母线上发生故障时，引起配电所停电，或使设备遭到严重破坏。因此，值班人员在母线故障后应迅速判断故障情况，及时处理以便恢复供电。

（1）母线故障的原因：母线故障分为单相接地和多相短路故障。运行经验指出，母线故障多数为单相接地，而多相短路故障所占的比例很少。发生故障的原因：

1）线路绝缘子和开关套管的闪络。

2）连接在母线上的隔离开关、绝缘子或避雷器的损坏。

3）连接在母线上的电压互感器及装设在断路器和母线之间的电流互感器发生故障。

4）二次回路故障引起自动装置误动使母线停电。

5）由于人员误操作，如带负荷拉隔离开关产生电弧而引起的母线故障等。

（2）事故检查处理：当母线发生故障时，值班人员应根据现象判断故障性质，判明故障发生的范围和事故停电范围。立即汇报调度员，并可自行将故障母线上的未跳闸断路器拉开。然后按以下原则处理：

1）找到故障点，值班员可根据实际情况自行隔离后汇报调度员，按调度员命令对停电母线恢复送电。有条件时应考虑用外来电源对停电母线先受电，联络线要防止非同期合闸。

2）找到故障点但不能迅速隔离、经过检查找不到故障点时，应立即向调度汇报处理。

四、母线的检修项目

1）清扫母线，检查接头伸缩节及固定情况。

2）检查、清扫绝缘子，测量悬式绝缘子串的零值绝缘子。

3）检查软母线弧垂及电气距离。

4）绝缘子交流耐压试验。

第十章　无功功率补偿装置

第一节　无功功率补偿的计算

一、电容值的计算

电容器的电容值计算式为

$$C=\frac{Q_C\times10^3}{2\pi fU_C^2} \tag{10-1}$$

式中，C为电容值，单位为μF；Q_C为电容器容量，单位为kvar；U_C为电容器电压，单位为kV；f为电源频率，50Hz。

二、电容器额定电流的计算

1. 单相电容器额定电流的计算

单相电容器的接线原理如图10-1所示。

单相电容器的额定电流计算式为

$$I_{NC}=2\pi fCU_{NC}\times10^{-3} \tag{10-2}$$

式中，U_{NC}为电容器的额定电压。

2. 三相电容器星形联结额定电流的计算

三相电容器星形联结原理如图10-2所示。

三相电容器星形联结时的额定电流计算式如下：

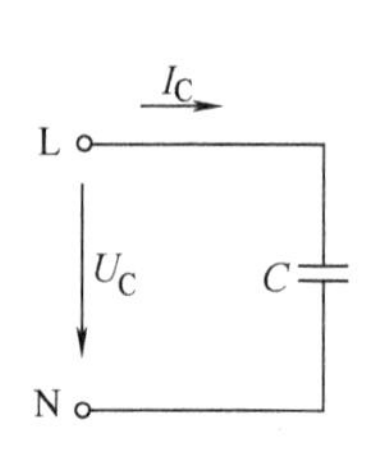

图10-1　单相电容器的接线原理图

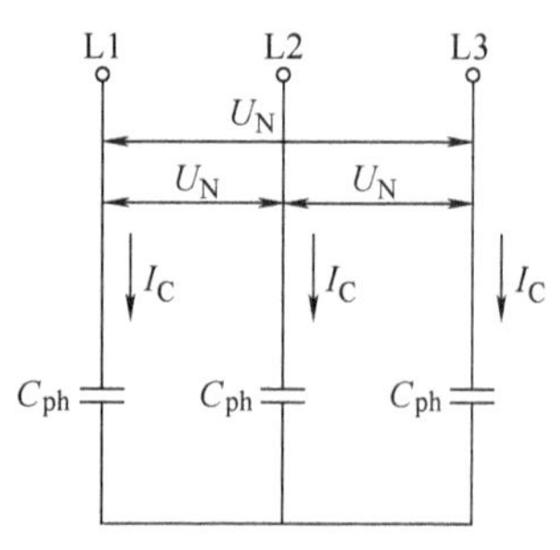

图10-2　三相电容器星形联结原理图

$$I_{NC}=\frac{Q_{NC}}{3U_{ph}} \tag{10-3}$$

式中，I_{NC} 为电容器的额定线电流，单位为 A；Q_{NC} 为三相电容器的额定容量，单位为 kvar；U_{ph} 为电容器的额定相电压，单位为 kV。

$$I_{NC}=2\pi fC_{ph}U_{ph}\times10^{-3} \tag{10-4}$$

式中，I_{NC} 为电容器的额定线电流，单位为 A；f 为电源频率，50Hz；C_{ph} 为三相电容器每相电容值，为三相电容值的 1/3，单位为 μF；U_{ph} 为相电压，单位为 kV。

【例 10-1】 三相电容器型号为 BZMJ0.69-50-3 型，额定电压 $U_{NC}=0.69\text{kV}$，额定容量 $Q_{NC}=50\text{kvar}$，电容值 $C=995\mu\text{F}$，星形联结，计算电容器的额定线电流。

解： 三相电容器的额定线电流按式（10-3）计算，得

$$I_{NC}=\frac{Q_{NC}}{\sqrt{3}U_{NC}}=\frac{50\sqrt{3}}{3\times0.69}\text{A}=41.83\text{A}$$

或按式（10-4）计算，得

$$I_{NC}=2\pi fC_{ph}U_{ph}\times10^{-3}=2\times3.14\times50\times\frac{995}{3}\times\frac{0.69}{\sqrt{3}}\times10^{-3}\text{A}=41.49\text{A}$$

或查表 10-1 得额定线电流 $I_{NC}=41.7\text{A}$。

3. 三相电容器三角形联结额定电流的计算

三相电容器三角形联结原理如图 10-3 所示。

三相电容器三角形联结时的额定电流计算式为

$$I_{NC}=\frac{Q_{NC}}{\sqrt{3}U_{NC}} \tag{10-5}$$

或

$$I_{NC}=\frac{2\pi fCU_{NC}\times10^{-3}}{\sqrt{3}} \tag{10-6}$$

三相电容器三角形联结时的相电流计算式为

$$I_{Ncph}=\frac{I_{NC}}{\sqrt{3}}=\frac{2\pi fCU_{NC}\times10^{-3}}{3} \tag{10-7}$$

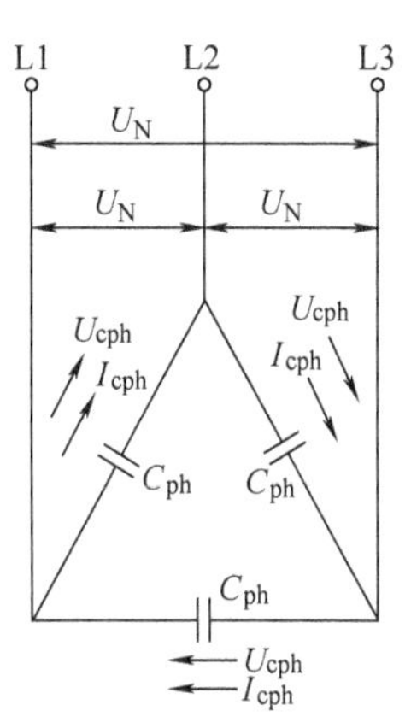

图 10-3　三相电容器三角形联结原理图

三、电容器额定容量的计算

1. 单相电容器额定容量的计算

单相电容器的额定容量计算式为

$$Q_{NC}=U_{NC}I_{NC}=2\pi fCU_{NC}^2\times10^{-3} \tag{10-8}$$

式中，Q_{NC} 为电容器的额定容量，单位为 kvar；U_{NC} 为电容器的额定电压，单位为 kV；I_{NC} 为电容器的额定电流，单位为 A；f 为电源频率，50Hz；C 为电容值，单位为 μF。

2. 三相电容器星形联结额定容量的计算

三相电容器星形联结时的额定容量计算式为

$$Q_{NC}=\sqrt{3}U_{NC}I_{NC} \tag{10-9}$$

或

$$Q_{NC}=\sqrt{3}U_{NC}\frac{2\pi fCU_{NC}\times10^{-3}}{\sqrt{3}}=2\pi fCU_{NC}^{2}\times10^{-3} \tag{10-10}$$

3. 三相电容器三角形联结额定容量的计算

三相电容器三角形联结时的额定容量计算式为

$$Q_{NC}=\sqrt{3}U_{NC}I_{NC} \tag{10-11}$$

或

$$Q_{NC}=\sqrt{3}U_{NC}I_{NC}=\sqrt{3}U_{NC}\frac{2\pi fCU_{NC}\times10^{-3}}{\sqrt{3}}$$

$$=2\pi fCU_{NC}^{2}\times10^{-3} \tag{10-12}$$

【例 10-2】 一台三相 BZMJ0.4-50-3 型的电容器，额定电压 $U_{NC}=0.4\text{kV}$，额定容量 $Q_{NC}=50\text{kvar}$，电容器三角形联结，试计算该电容器的电容值及电容器的额定电流。

解：电容器的电容值按式（10-1）计算，得

$$C=\frac{Q_{NC}\times10^{3}}{2\pi fCU_{NC}^{2}}=\frac{50\times10^{3}}{2\times3.14\times50\times0.4^{2}}\mu\text{F}=995\mu\text{F}$$

或查电容器铭牌电容值 $C=995\mu\text{F}$，频率 $f=50\text{Hz}$。

电容器的额定电流按式（10-5）或式（10-6）计算，得

$$I_{C}=\frac{Q_{NC}}{\sqrt{3}U_{NC}}=\frac{50}{\sqrt{3}\times0.4}\text{A}=72.17\text{A}$$

$$I_{C}=\frac{2\pi fCU_{NC}\times10^{-3}}{\sqrt{3}}=\frac{2\times3.14\times50\times995\times0.4\times10^{-3}}{\sqrt{3}}\text{A}=72.15\text{A}$$

BZMJ 系列电容器的技术参数见表 10-1。

表 10-1 BZMJ 系列电容器的技术参数

型号规格	额定电压 /kV	额定输出 /kvar	相数(联结)	额定线电流 /A	额定电容量 /μF
BZMJ0.4-5-1	0.4	5	单相(全并)	12.5	100
BZMJ0.4-5-3	0.4		三相(△)	7.2	
BZMJ0.69-5-3	0.69		三相(Y)	4.2	
BZMJ0.4-7.5-1	0.4	7.5	单相(全并)	18.8	149
BZMJ0.4-7.5-3	0.4		三相(△)	10.8	
BZMJ0.69-7.5-3	0.69		三相(Y)	6.3	
BZMJ0.4-10-1	0.4	10	单相(全并)	25.0	199
BZMJ0.4-10-3	0.4		三相(△)	14.4	
BZMJ0.69-10-3	0.69		三相(Y)	8.3	

（续）

型号规格	额定电压/kV	额定输出/kvar	相数(联结)	额定线电流/A	额定电容量/μF
BZMJ0. 4-12-1	0. 4	12	单相(全并)	30. 0	239
BZMJ0. 4-12-3	0. 4		三相(△)	17. 3	
BZMJ0. 69-12-3	0. 69		三相(Y)	10. 0	
BZMJ0. 4-14-1	0. 4	14	单相(全并)	35. 0	279
BZMJ0. 4-14-3	0. 4		三相(△)	20. 2	
BZMJ0. 69-14-3	0. 69		三相(Y)	11. 7	
BZMJ0. 4-15-1	0. 4	15	单相(全并)	37. 5	299
BZMJ0. 4-15-3	0. 4		三相(△)	21. 7	
BZMJ0. 69-15-3	0. 69		三相(Y)	12. 5	
BZMJ0. 4-16-1	0. 4	16	单相(全并)	40. 0	318
BZMJ0. 4-16-3	0. 4		三相(△)	23. 1	
BZMJ0. 69-16-3	0. 69		三相(Y)	13. 3	
BZMJ0. 4-20-1	0. 4	20	单相(全并)	50. 0	398
BZMJ0. 4-20-3	0. 4		三相(△)	28. 9	
BZMJ0. 69-20-3	0. 69		三相(Y)	16. 7	
BZMJ0. 4-25-1	0. 4	25	单相(全并)	62. 5	498
BZMJ0. 4-25-3	0. 4		三相(△)	36. 1	
BZMJ0. 69-25-3	0. 69		三相(Y)	20. 8	
BZMJ0. 4-30-1	0. 4	30	单相(全并)	75. 0	597
BZMJ0. 4-30-3	0. 4		三相(△)	43. 3	
BZMJ0. 69-30-3	0. 69		三相(Y)	25. 0	
BZMJ0. 4-40-1	0. 4	40	单相(全并)	100. 0	796
BZMJ0. 4-40-3	0. 4		三相(△)	57. 7	
BZMJ0. 69-40-3	0. 69		三相(Y)	33. 3	
BZMJ0. 4-50-1	0. 4	50	单相(全并)	125. 0	995
BZMJ0. 4-50-3	0. 4		三相(△)	72. 2	
BZMJ0. 69-50-3	0. 69		三相(Y)	41. 7	

四、按配电变压器的额定容量计算无功功率补偿容量

配电变压器无功功率补偿前的功率因数 $\cos\varphi_1=0.78$，补偿到 $\cos\varphi_2=0.90$ 时，无功功率补偿容量可近似计算式为

$$Q_C=(30\%\sim40\%)S_N \tag{10-13}$$

式中，Q_C 为无功补偿容量，单位为 kvar；S_N 为配电变压器容量，单位为 kV · A。

配电变压器的无功功率补偿容量可按表 10-2 选择。

表 10-2　配电变压器的无功功率补偿容量

序号	变压器容量/kV・A	无功功率补偿容量/kvar	序号	变压器容量/kV・A	无功功率补偿容量/kvar
1	315	100	6	1250	400
2	400	128	7	1600	512
3	500	160	8	2000	640
4	630	210	9	2500	800
5	800	256			

五、按提高功率因数计算无功功率补偿容量

用户为了提高用电负荷的功率因数，增加配电变压器的有功功率，降低损耗，提高运行电压，进行无功补偿。

如果电力用户的最大负荷月的平均有功功率为 P_{av}，补偿前的功率因数为 $\cos\varphi_1$，补偿后欲将功率因数提高到 $\cos\varphi_2$，则补偿容量计算式为

$$Q_C = P_{av}(\tan\varphi_1 - \tan\varphi_2) \tag{10-14}$$

或

$$Q_C = P_{av}\left(\sqrt{\frac{1}{\cos^2\varphi_1} - 1} - \sqrt{\frac{1}{\cos^2\varphi_2} - 1}\right) \tag{10-15}$$

式中，Q_C 为所需要补偿容量，单位为 kvar；P_{av} 为最大负荷月平均有功功率，单位为 kW；$\tan\varphi_1$ 为补偿前的功率因数角正切值；$\tan\varphi_2$ 为补偿后的功率因数角正切值；$\cos\varphi_1$ 为补偿前的功率因数；$\cos\varphi_2$ 为补偿后的功率因数。

在考虑补偿容量时，$\cos\varphi_1$ 应采用最大负荷月平均功率因数，$\cos\varphi_2$ 的选取要适当。通常，将功率因数从 0.9 提高到 1 所需的补偿容量，与将功率因数从 0.72 提高到 0.90 所需的补偿容量相当，因此，在高功率因数下进行补偿其效果将显著下降。

六、按每千瓦有功负荷计算无功功率补偿容量

为了简化计算，根据各类用户经济功率因数值见表 10-3，再根据补偿前、后的功率因数值，可直接查表 10-4 得每千瓦有功负荷所需无功功率补偿容量。无功功率补偿容量计算式为

$$Q_C = Q_0 P_{av} \tag{10-16}$$

式中，Q_C 为无功功率补偿容量，单位为 kvar；Q_0 为每千瓦有功负荷所需无功功率补偿容量，单位为 kvar/kW；P_{av} 为最大负荷月平均负荷，单位为 kW。

表 10-3　各类用户经济功率因数值

负荷类型	Ⅰ	Ⅱ	Ⅲ
经济功率因数	0.85～0.90	0.90～0.95	0.90～0.95

表 10-4 每千瓦有功负荷所需无功功率补偿容量 （单位：kvar/kW）

补偿前 $\cos\varphi_1$	补偿后 $\cos\varphi_2$												
	0.80	0.86	0.90	0.91	0.92	0.93	0.94	0.95	0.96	0.97	0.98	0.99	1
0.60	0.584	0.733	0.849	0.878	0.905	0.939	0.971	1.005	1.043	1.083	1.131	1.192	1.334
0.61	0.549	0.699	0.815	0.843	0.870	0.904	0.936	0.970	1.008	1.048	1.096	1.157	1.299
0.62	0.515	0.665	0.781	0.809	0.836	0.870	0.902	0.936	0.974	1.014	1.062	1.123	1.265
0.63	0.483	0.633	0.749	0.777	0.804	0.838	0.870	0.904	0.942	0.982	1.030	1.091	1.233
0.64	0.450	0.601	0.716	0.744	0.771	0.805	0.837	0.871	0.909	0.949	0.997	1.058	1.200
0.65	0.419	0.569	0.685	0.713	0.740	0.774	0.806	0.840	0.878	0.918	0.966	1.007	1.169
0.66	0.388	0.538	0.654	0.682	0.709	0.743	0.775	0.809	0.847	0.887	0.935	0.996	1.138
0.67	0.358	0.508	0.624	0.652	0.679	0.713	0.745	0.779	0.817	0.857	0.905	0.966	1.108
0.68	0.329	0.478	0.595	0.623	0.650	0.684	0.716	0.750	0.788	0.828	0.876	0.937	1.079
0.69	0.299	0.449	0.565	0.593	0.620	0.654	0.686	0.720	0.758	0.798	0.840	0.907	1.049
0.70	0.270	0.420	0.536	0.536	0.563	0.597	0.629	0.663	0.701	0.741	0.783	0.850	0.992
0.72	0.213	0.364	0.479	0.507	0.534	0.568	0.600	0.634	0.672	0.712	0.754	0.821	0.963
0.73	0.186	0.336	0.452	0.480	0.507	0.541	0.573	0.607	0.645	0.685	0.727	0.794	0.936
0.74	0.159	0.309	0.425	0.453	0.480	0.514	0.546	0.580	0.618	0.658	0.700	0.767	0.909
0.75	0.132	0.282	0.398	0.426	0.453	0.487	0.519	0.553	0.591	0.631	0.673	0.740	0.882
0.76	0.105	0.255	0.371	0.399	0.426	0.460	0.492	0.526	0.564	0.604	0.652	0.713	0.855
0.77	0.079	0.229	0.345	0.373	0.400	0.434	0.466	0.500	0.538	0.578	0.620	0.687	0.829
0.78	0.053	0.202	0.319	0.347	0.374	0.408	0.440	0.474	0.512	0.552	0.594	0.661	0.803
0.79	0.026	0.176	0.292	0.320	0.347	0.381	0.413	0.447	0.485	0.525	0.567	0.634	0.776
0.80		0.150	0.266	0.294	0.321	0.355	0.387	0.421	0.459	0.499	0.541	0.608	0.750
0.81		0.124	0.240	0.268	0.295	0.329	0.361	0.395	0.433	0.473	0.515	0.582	0.724
0.82		0.098	0.214	0.242	0.269	0.303	0.335	0.369	0.407	0.447	0.489	0.556	0.698
0.83		0.072	0.188	0.216	0.243	0.277	0.309	0.343	0.381	0.421	0.463	0.530	0.672
0.84		0.046	0.162	0.190	0.217	0.251	0.283	0.317	0.355	0.395	0.437	0.504	0.645
0.85		0.020	0.136	0.164	0.191	0.225	0.257	0.291	0.329	0.369	0.417	0.478	0.620
0.86			0.109	0.140	0.167	0.198	0.230	0.264	0.301	0.343	0.390	0.450	0.593
0.87			0.083	0.114	0.141	0.172	0.204	0.238	0.275	0.317	0.364	0.424	0.567
0.88			0.054	0.085	0.112	0.143	0.175	0.209	0.246	0.288	0.335	0.395	0.538
0.89			0.028	0.059	0.086	0.117	0.149	0.183	0.230	0.262	0.309	0.369	0.512
0.90				0.031	0.058	0.089	0.121	0.155	0.192	0.234	0.281	0.341	0.484

七、补偿电容器台数的计算

补偿电容器台数计算式为

$$n=\frac{Q_C}{Q_{CO}} \tag{10-17}$$

式中，n 为补偿电容器台数；Q_C 为补偿电容器容量，单位为 kvar；Q_{CO} 为单台电容器的额定容量，单位为 kvar，一般取 30kvar 及以下。

八、补偿后增加的有功功率计算

配电变压器无功功率补偿后增加的有功功率计算式为

$$\Delta P=P_2-P_1=S\cos\varphi_2-S\cos\varphi_1=\frac{P_1}{\cos\varphi_1}\cos\varphi_2-P_1=P_1\left(\frac{\cos\varphi_2}{\cos\varphi_1}-1\right) \tag{10-18}$$

式中，P_1 为补偿前的有功功率，单位为 kW；$\cos\varphi_1$ 为补偿前的功率因数；$\cos\varphi_2$ 为补偿后的功率因数。

【例 10-3】 某工厂安装一台 S11-1000/10 型配电变压器，额定容量 $S_N=1000\text{kV}\cdot\text{A}$，月平均最大负荷 $P_{av}=950\text{kW}$，由自然功率因数 $\cos\varphi_1=0.8$ 提高到 $\cos\varphi_2=0.95$，计算无功功率补偿容量。

解： 无功功率补偿容量按式（10-15）计算，得

$$Q_C=P_{av}\left(\sqrt{\frac{1}{\cos\varphi_1^2}-1}-\sqrt{\frac{1}{\cos\varphi_2^2}-1}\right)$$

$$=950\times\left(\sqrt{\frac{1}{0.8^2}-1}-\sqrt{\frac{1}{0.95^2}-1}\right)\text{kvar}$$

$$=950\times0.4213\text{kvar}=400\text{kvar}$$

或查表 10-4 得功率因数 $\cos\varphi_1=0.80$ 提高到功率因数 $\cos\varphi_2=0.95$ 时，每千瓦有功负荷所需补偿的无功功率 $Q_0=0.421\text{kvar/kW}$，按式（10-16）计算所需无功功率补偿容量，得

$$Q_C=Q_0P_{av}=0.421\times950\text{kvar}=400\text{kvar}$$

选择无功功率补偿总容量 $Q_C=400\text{kvar}$。

选择每台电容器的额定容量 $Q_N=20\text{kvar}$，选用电容器台数按式（10-17）估算，得

$$n=\frac{Q_C}{Q_N}=\frac{400}{20}台=20\ 台$$

查表 10-1，选择 BZMJ0.4-20-3 型电容器 20 台。

配电变压器增加的有功功率按式（10-18）计算，得

$$\Delta P=P_2-P_1=S\cos\varphi_2-S\cos\varphi_1=1000\times0.95\text{kW}-1000\times0.8\text{kW}=950\text{kW}-800\text{kW}=150\text{kW}$$

第二节　WGK-31 系列无功功率补偿装置的安装

一、电容器安装的基本要求

（1）在设计、选型及安装并联电容器装置时，首先应符合 GB 50227—2017《并联电容

器装置设计规范》的规定，并符合 DL/T 842—2015《低压并联电容器装置使用技术条件》的规定。海拔 1000m 以下的热带地区，应采用符合 GB/T 6916—2008《湿热带电力电容器》规定的定型产品。

（2）周围环境不含有对金属和绝缘有害的侵蚀性气体和蒸汽，以及大量的尘埃。

（3）周围环境无易燃、易爆危险，无剧烈的冲击和振动。

1. 对电容器室的要求

1）电容器室最好为单独建筑物，其耐火等级不低于二级，并就近设置消防设施。

2）电容器室的通风应良好，使电容器因热损耗产生的热量能以对流和辐射方式散出。

3）电容器室屋顶应采取隔热措施，进、出风口应有防雨雪和小动物进入的措施。

4）电容器室不应有窗户，门宜设在北侧或东侧，应能向左右外开 90°以上。

2. 对安装电容器的要求

1）电容器分层安装时，一般不超过三层，层间不应加隔板。电容器母线对上层构架的垂直距离不应小于 20cm，下层电容器的底部距地面应大于 30cm。

2）电容器构架间的水平距离不应小于 0.5m，每台电容器之间的距离不应小于 50mm，电容器的铭牌应面向通道。

3）电容器的额定电压与低压电力网的额定电压相同时，应将电容器的外壳和支架接地。当电容器的额定电压低于电力网的额定电压时，应将每相电容器的支架绝缘，且绝缘等级应和电力网的额定电压相匹配。

4）电容器应在适当位置设置温度计或贴示温蜡片，以便监视运行温度。

5）电容器应装设相间及电容器内部元件故障的保护装置或熔断器。低压电容器组的容量超过 100kvar 及以上者，可装设低压断路器进行保护。

6）电容器应有合格的放电装置并按需要加装串联电抗器。

7）总油量在 300kg 以下的低压电容器可装设在厂房内，但应有单独间隔，通风良好。20 台以下的电容器可装在配电室的单独间隔内，成套的电容器柜应靠在一侧安装。

8）总容量在 30kvar 及以上的低压电容器组，每组应加装电流表。总容量在 60kvar 及以上的低压电容器组应加装电压表。

二、安装接线

为了防止因过补偿造成向电网倒送无功功率和产生自励过电压或者因欠补偿造成功率因数偏低，要求并联电容器组补偿能够随负荷的变化而自动进行投切。

WGK-31 系列无功功率补偿装置主要安装于 0.4kV 低压电容器柜上，对电网功率因数及无功功率进行监测，以无功功率和功率因数为控制物理量，对电容器进行自动投切。装置具有欠电流闭锁，过电压全切功能，先投先切，保护及延长电容器使用寿命。装置响应及时迅速，补偿效果好，工作可靠，杜绝了危害电网的过补偿现象，可以有效地提高功率因数、稳定电压、提高供电质量、改善电网的供电不平衡。装置具有数字微处理器，可自动调节功率因数、8 步和 12 步输出、最后两步可编程序为报警或风扇控制功能。

WGK-31-302 型无功功率补偿自动控制装置安装接线原理如图 10-4 所示。

WGK-31-100 型无功功率补偿控制装置安装接线原理如图 10-5 所示。

WGK-31-001 型无功功率补偿控制装置安装接线原理如图 10-6 所示。

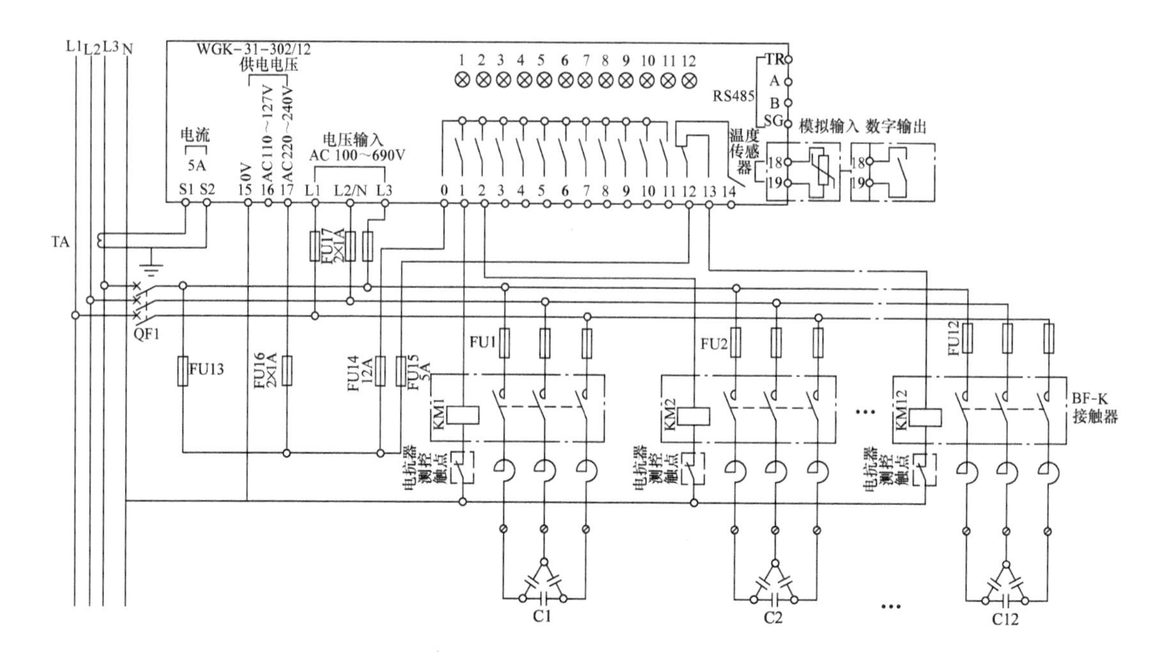

图 10-4 WGK-31-302 型无功功率补偿自动控制装置安装接线原理

注：1. 电源端子 17、0、12 必须取自同一相线。

2. 继电器输出端的负荷能力只能带一个接触器线圈，如需带 2 个以上接触器线圈，需使用中间继电器扩展。

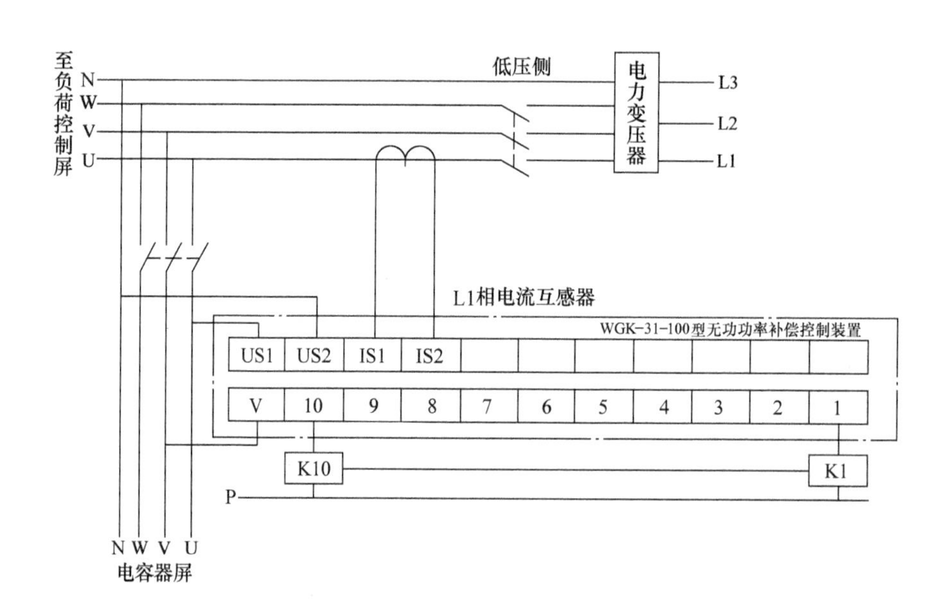

图 10-5 WGK-31-100 型无功功率补偿控制装置安装接线原理图

注：1. 接触器为 380V，P 点接 L3 相。

2. 接触器为 220V，P 点接 N。

3. 取样电压为 220V。

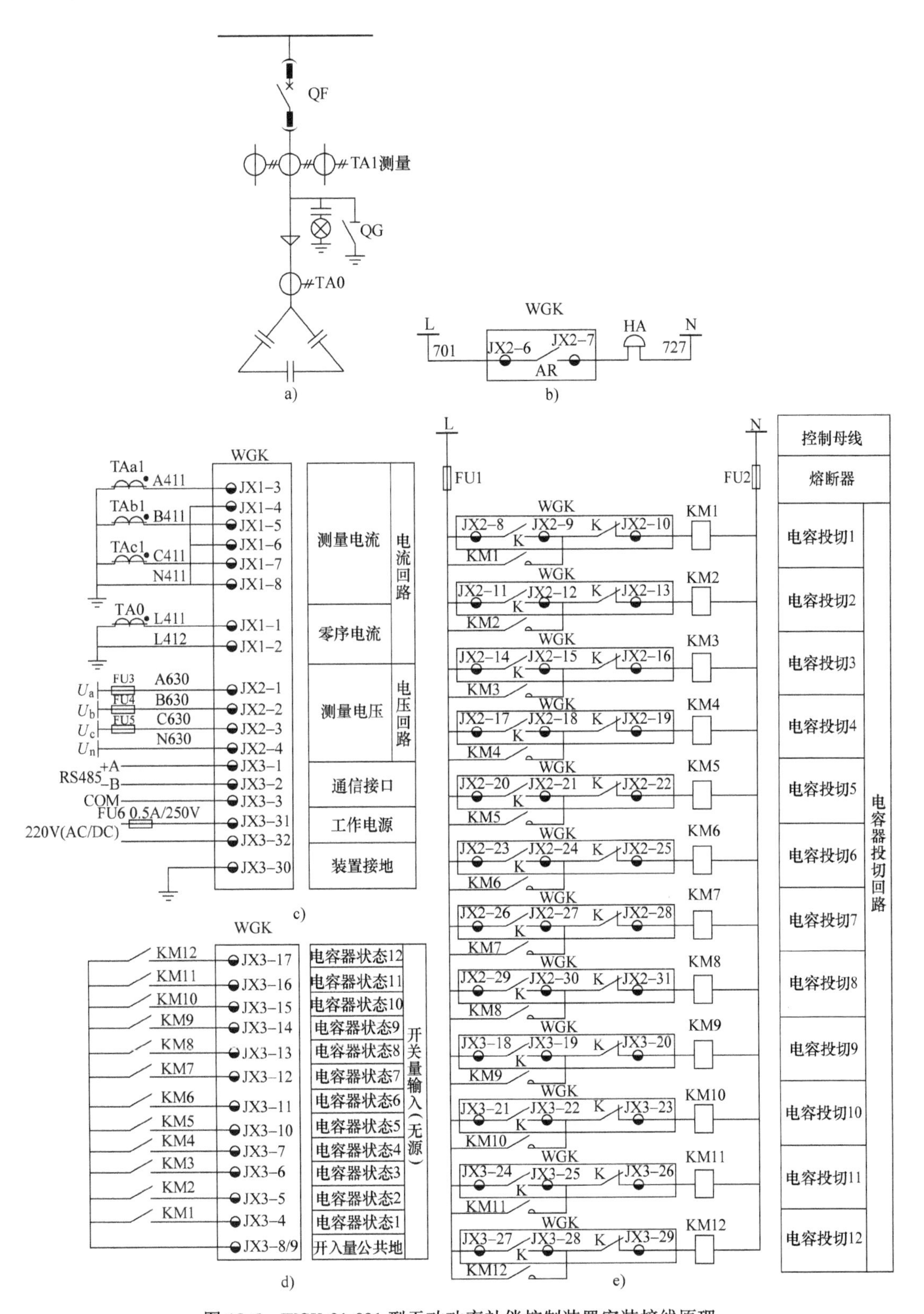

图 10-6　WGK-31-001 型无功功率补偿控制装置安装接线原理

a）一次主接线方案　b）报警装置　c）电流、电压回路　d）开关量输入回路　e）电容器投切回路

WGK—无功功率补偿单元　FU—熔断器　KM—接触器　HA—电铃

第三节　10kV 无功功率补偿装置的安装

某 35kV 变电所，安装 S11-4000/35 型油浸式变压器 2 台，总容量为 8000kV · A。10kV 并联电容器布置在独立的电容器室内，电容器室内布置两组 600kvar 电容器成套装置。电容器组与 10kV 开关柜之间，以 ZR-YJV-8. 7/15-3×70 型电缆连接。

10kV 无功补偿电气原理接线如图 10-7 所示。

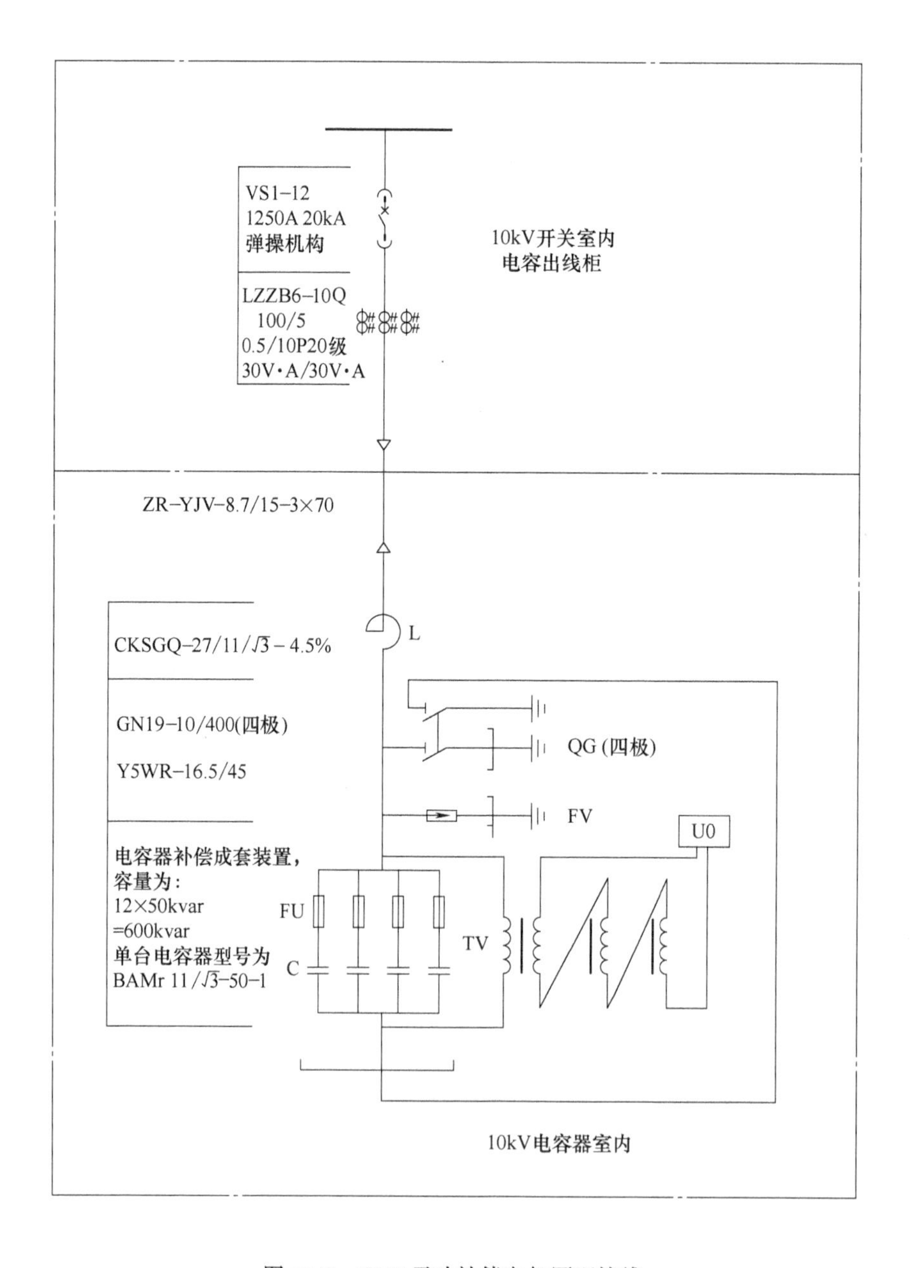

图 10-7　10kV 无功补偿电气原理接线

10kV 无功补偿电容器柜安装如图 10-8 所示。

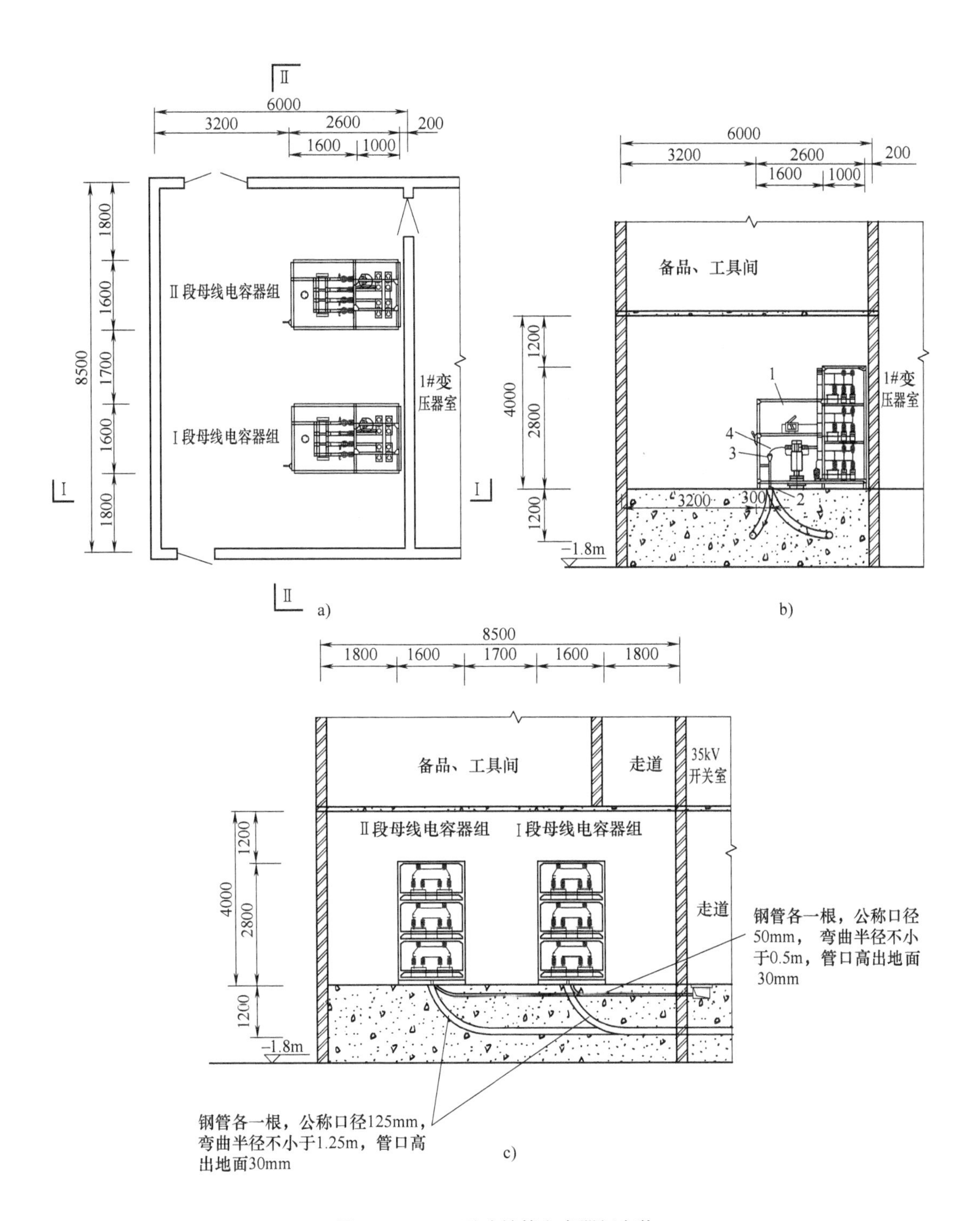

图 10-8　10kV 无功补偿电容器柜安装

a）平面布置图　b）Ⅰ—Ⅰ剖面视图　c）Ⅱ—Ⅱ剖面视图

1—电容器柜　2—电缆　3—冷缩型电缆头　4—铜接线端子 DT-70

第四节　RVT 功率因数控制器

一、主要特点

1）ABB 公司生产的 RVT 功率因数控制器，采用大屏幕图表显示屏，使无功功率补偿的信息、提示和定位非常明确。

2）具有极易浏览编排有序的菜单和项目。

3）具有参数的设定和测量的遥控监视功能。

4）帮助键（Help）提供 RVT 性能和功能的全面介绍。

5）RVT 可计算和显示电网和电容器组的参数，如电压、电流、谐波频谱图以及其他参数。

6）引导浏览菜单和编程的资料和告警信息全过程。

7）C/K、激活的输出回路、顺序切换和移相均可全自动设定。

8）RVT 的全自动设定使调试快捷方便。

9）可编程序的阈值，使得电容器组不受诸如过电压和欠电压、过热和过长的谐波畸变影响。

10）RVT 适用于 70℃的高温环境。

11）RVT 可以连接的交流电压范围为 100~440V，频率为 50Hz。

12）RVT 可连接 5A 或 1A 的电流互感器。

13）RVT 可选取自定义的测量数据，并显示在屏幕上。

14）RVT 允许设定两个日、夜不同的功率因数 $\cos\varphi$ 目标值。

15）RVT 的背面设置闭锁开关，可防止未经授权的操作。

16）记录有最后 5 次的报警信息日志，并能在任何时间进行查询。

17）事件日志：针对所选的测量参数和根据所设阈值，RTU 记录在两次复位之间最大值和测量值超过阈值的总持续时间。

二、主要功能

1. 监视功能

1）监视：视在功率（kW·A）、有功功率（kW）、无功功率（kvar）、电压（V）、电流（A）、温度（℃）和频率（Hz）；

2）达到目标功率因数 $\cos\varphi$ 所需的无功功率；

3）总电压谐波畸变百分数（THDV%），总电流谐波畸变百分数（THDI%）。

2. 测量功能

1）功率因数 $\cos\varphi$（日/夜）；

2）电压谐波频谱图：$U_2 \sim U_{49}$（%频谱）；

3）电流谐波频谱图：$I_2 \sim I_{49}$（%频谱）；

4）达到目标功率因数所需的程序；

5）每个输出回路的切换数。

3. 可编程序参数

1）目标功率因数 cosφ（日/夜）；
2）再生模式中的目标功率因数 cosφ；
3）移相（用于特殊电流互感器的接线方式）；
4）C/K（起动电流）；
5）顺序切换（自定义）；
6）激活的输出回路数；
7）切换的延时（开/关/复位）；
8）切换模式（线性或循环—正常或积分—直线或累进）；
9）报警阈值；
10）单相或三相连接。

4. 保护功能

RVT 功率因数控制器具有过电压、欠电压保护和电压谐波畸变（THDV）保护功能。

5. 通信功能

新的 RVT-Modbus 可通过 Modbus 转换器（RS485）连接到遥控系统，对电气设备所有的参数监控和测量参数均可遥距监控和遥距测量。打印机连接，输入日/夜 cosφ、输入外置报警；输出报警继电器，输出风扇继电器。

6. 报警功能

当发生以下情况时，会接通报警：
1）所有输出回路，均在被接通后 6min 内，而功率因数 cosφ 还没有达到目标值；
2）RVT 的内部温度高达 85℃以上；
3）达到过电压、欠电压的门限值；
4）电源消失；
5）谐波畸变（THDV）超过门限值。

三、菜单浏览

编排有序的菜单和项目，易于浏览菜单。
1）按△键进入测量；
2）按▽键进入设定，C/K、激活的输出Ⓓ路、顺序切换和移相均可自动设定；
3）按OK键，设定确定；
4）按ESC键，返回前项选择。

四、RVT 的调试

1）按OK键，在调试菜单上选择自动；
2）按OK键，激活自动设定过程；
3）按▽键，输入电流互感器电流比；
4）按OK键，电流互感器电流比确定；
5）参数正在自动设定，可能要数分钟，期间电容器会切换数次；
6）按▽键，输入目标功率因数 cosφ；

7）按㉾键，即完成自动设定操作全部步骤。

五、安装接线

RVT 无功功率补偿装置的安装接线如图 10-9 所示。

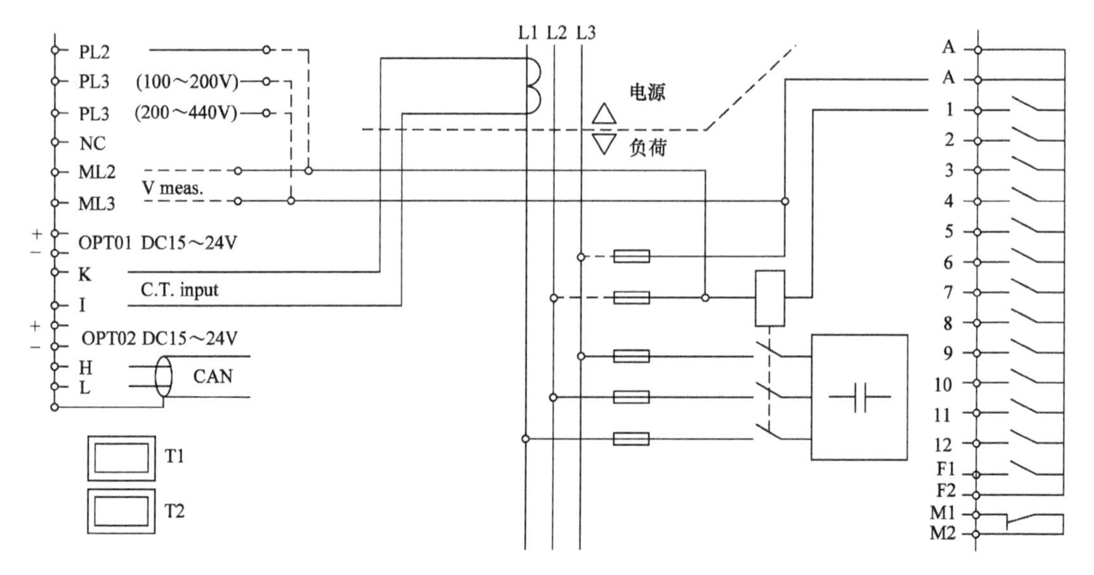

图 10-9　RVT 无功功率补偿装置安装接线

PL2，PL3—电源　ML2，ML3—测量　OPT01—日/夜输入　K，I—电流互感器　OPT02—外部报警输入
T1，T2—温度探针的输入　H，L—CAN：扩展模块　A，A—输出继电器的公共接点　1～12—输出回路
F1，F2—风扇输出继电器　M1，M2—报警输出继电器

第五节　电容器的运行维护

一、新装电容器组投入运行前的检查

1）新装电容器组投入运行前应经过交接试验，并达到合格。

2）布置合理，各部分连接牢靠，接地符合要求。

3）接线正确，电压应与电网额定电压相符。

4）放电装置符合规程要求，并经试验合格。

5）电容器组的控制、保护和监视回路均应完善，温度计齐全，并试验合格，整正值正确。

6）与电容器组连接的电缆、断路器、熔断器等电气设备应试验合格。

7）三相间的容量保持平衡，误差值不应超过一相总容量的 5%。

8）外观检查应良好，无渗漏油现象。

9）电容器室的建筑结构和通风措施均应符合规程要求。

二、电容器组的运行操作

1）为了延长电容器的寿命，电容器应在额定电流下运行，最高不应超过额定电流的

1.3 倍。

2）电容器应在额定电压下运行，一般不超过额定值的 1.05 倍，但亦允许在额定电压的 1.1 倍下运行 4h。如电容器使用电压超过母线额定电压 1.1 倍时应将电容器停用。

3）电容器周围空气温度为 40℃时，电容器外壳温度不得超过 55℃（每台电容器应贴示温片）。

4）三相指示灯（即放电电压互感器二次信号灯）应亮。如信号灯不亮应查明原因，必要时应向调度汇报并停用电容器，并对电压互感器进行检查。电容器停用后，应进行人工多次放电，才可验电后装设接地线。

5）正常运行情况下，电容器组的操作原则：电容器断路器的投切操作，由变（配）电所内自行掌握（按现场规定）。当变电所电容器组的母线全停电时，应先拉开电容器组分断路器，后拉开该母线上各出线断路器；当该母线送电时，则应先合上各出线断路器，后台上电容器组分断路器，且值班员可按电压曲线及异常情况（如超限运行时）拉、合电容器分路断路器，并及时汇报调度。

6）电容器总断路器若带电容器组拉开后，一般应间隔 15min 后才允许再次合闸，分断路器拉开后则应间隔 5min 后才能再次合闸操作。

7）电容器停用后应经充分放电后才能验电，装设接地线。其放电时间不得少于 5min，若有单台熔丝熔断的电容器，应进行个别放电。

8）当系统发生单相接地时，不准带电检查该系统上的电容器组。

9）电容器在运行时，三相不平衡电流不宜超过额定电流的 5%。

10）运行中的电容器如发现熔丝熔断，应查明原因，经鉴定试验合格（如介质损耗、测绝缘电阻、测电容量或者热稳定试验）。更换熔丝后，才能继续送电。

三、电容器的巡视检查

1）检查电容器应在额定电压和额定电流下运行，三相电流表指示值应平衡。

2）检查电容器套管及本体无渗漏油现象，内部应无异声。

3）套管及支持绝缘子应无裂纹及放电痕迹。

4）各连接头及母线应无松动和过热变色现象；示温片应无熔化脱落；电容器室内应通风良好，环境温度不超过 40℃。

5）电容器外壳应无变形及膨胀现象。

6）单台保护熔丝应为完好，无熔断现象。

7）放电电压互感器及其三相指示灯应亮。

8）电容器的保护装置应全部投入运行。

9）电容器外壳接地应完好。

10）检查电容器的断路器、互感器、电抗器等应无异常。

四、电容器的故障处理

1. 电容器的断路器自动跳闸

电容器的断路器跳闸故障一般为速断、过电流、过电压、失电压保护动作。断路器跳闸后不得强送，此时首先应检查保护动作的情况及有关一次回路，如检查电容器有无爆炸、鼓肚、喷油。并对电容器的断路器，电压互感器，电力电缆等进行检查，判断故障性质。如无上述情况，而是由于外部故障造成母线电压波动而使断路器跳闸，经 15min 后允许进行试合闸。

2. 电容器外壳膨胀

电容器油箱随温度变化膨胀和收缩是正常现象。但是，当内部发生局部放电，绝缘油将产生大量气体，而使箱壁塑性变形明显，造成电容器的局部放电，主要是运行电压过高或断路器重燃引起的操作过电压以及电容器本身质量低。另外，造成电容器膨胀是因为周围温度过 40℃，特别是在夏季或负荷重时，应采用强力通风以降低电容器温度，如果电容器发生群体变形应及时停用检查。

3. 电容器渗漏油

电容器是全密封装置，密封不严，则空气、水分和杂质都可能侵入油箱内部，其危害极大。因此，电容器是不允许渗漏油的。

当电容器发生渗漏油时，应减轻负荷或降低周围环境温度，但不宜长期运行。若运行时间过长，如外界空气和潮气将渗入电容器内部使绝缘性能降低，将使电容器绝缘击穿。值班人员发现电容器严重漏油时，应汇报上级并停用、检查处理。

4. 电容器的电压过高

电容器在正常运行中，由于电网负荷的变化会受到电压过低或过高的作用，当负荷大时，则电网电压会降低，此时应投入电容器，以补偿无功的不足。当电网负荷小时，则电网时电压升高，如电压超过电容器额定电压 1.1 倍时，应将电容器退出运行。另外，电容器操作也可能会引起操作过电压，此时如发现过电压信号报警，应将电容器拉开，查明原因。

5. 电容器过电流

电容器运行中，应维持在额定电流下工作，但由于运行电压的升高和电流电压波形的畸变，会引起电容器的电流过大。当电流增大到额定电流的 1.3 倍时，应将电容器退出运行，因为电流过大，将造成电容器的烧坏事故。

6. 配电所全所停电时电容器的处理

配电所发生全所停电的事故时，或接有电容器的母线失电压时，应先拉开该母线上的电容器断路器，再拉开线路断路器，否则电容器接在母线上，当配电所恢复供电后，母线成为空负荷运行，故有较高的电压向电容器充电，电容器充电后，向电网输出大量的无功功率，致使母线电压更高。此时，即使将各线路断路器合闸送电，母线电压在一段时间内，仍会很高。另外，当空负荷变压器投入运行时，其充电电流的三次谐波电流可能达到电容器额定电流的 2~5 倍，持续时间约 1~30s，可能引起过电流保护动作。因此，当配电所停电或停用主变压器前应拉开电容器的断路器，以防损坏电容器事故。

当配电所或空负荷母线恢复送电时，应先合上各线路断路器，再根据母线电压的高低决定是否投入电容器。

7. 电容器停用处理

遇有下列故障之一者，应停用电容器组，并报告有关领导。

1）电容器发生爆炸。

2）接头严重过热或电容器外壳示温片熔化。

3）电容器套管发生破裂并有闪络放电。

4）电容器严重喷油或起火。

5）电容器外壳有明显膨胀，有油质流出或三相电流不平衡超过5%以上，以及电容器或电抗器内部有异常声响。

6）当电容器外壳温度超过55℃，或室温超过40℃时。

第十一章　配电设备继电保护

第一节　配电所电气设备继电保护的配置

一、继电保护配置的原则

（1）配电所继电保护装置的配置原则：

1）采用数字式微机保护装置，不设后台。数字式保护装置分散布置在开关柜上，并设有中央信号装置。

2）采用数字式微机综合自动化系统，设置后台。数字式微机保护测控装置分散布置在开关柜上。

（2）配电所控制装置的设置原则：

1）配电所宜采用在开关柜就地控制。当采用数字式综合自动化系统时，在就地及后台控制。断路器宜采用开关柜就地控制。

2）配电所采用数字式综合自动化系统时，宜将监控系统引至中央控制室或生产调度室。

3）断路器采用集中控制方式时，应在开关柜上设分、合闸控制及指示装置。

二、双电源单母线不分段继电保护的配置

配电所 10kV 双电源电缆进线，高压供电高压侧计量，单母线不分段，两台油浸式配电变压器供电，单台配电变压器额定容量 $S_N=1250kV \cdot A$，Dyn11 联结，其继电保护配置原则如图 11-1 所示。

配电所 10kV 电缆进线选用移开式手车柜。直流控制电压为 40A · h/DC220V，断路器储能电压取 AC220V。进线和主变压器柜选用数字保护装置和数字多功能仪表；母线设备柜选用数字测控装置。进线、主变压器零序电流保护为 $3I_0$ 取样，也可以设置电缆型零序穿心电流互感器取样。

三、双电源单母线分段继电保护的配置

配电所由 10kV 双电源架空线进线、高供高计，单母线分段、两台干式配电变压器供电，单台配电变压器额定容量 $S_N=1250kV \cdot A$，Dyn11 联结，其继电保护配置原则如图 11-2 所示。

配电所 10kV 架空上进线手车柜。直流控制电压为 60A · h/DC220V，断路器储能电压取

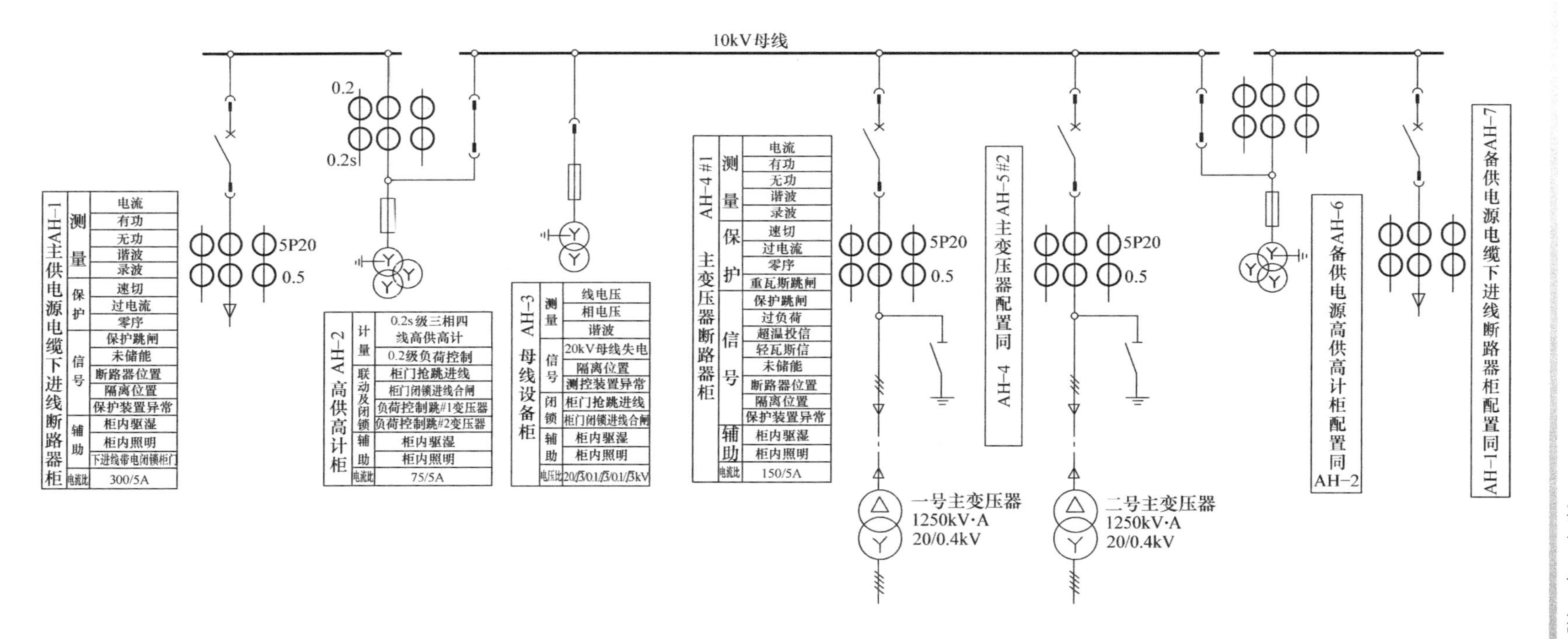

图 11-1 双电源高供高计单母线不分段继电保护配置原则

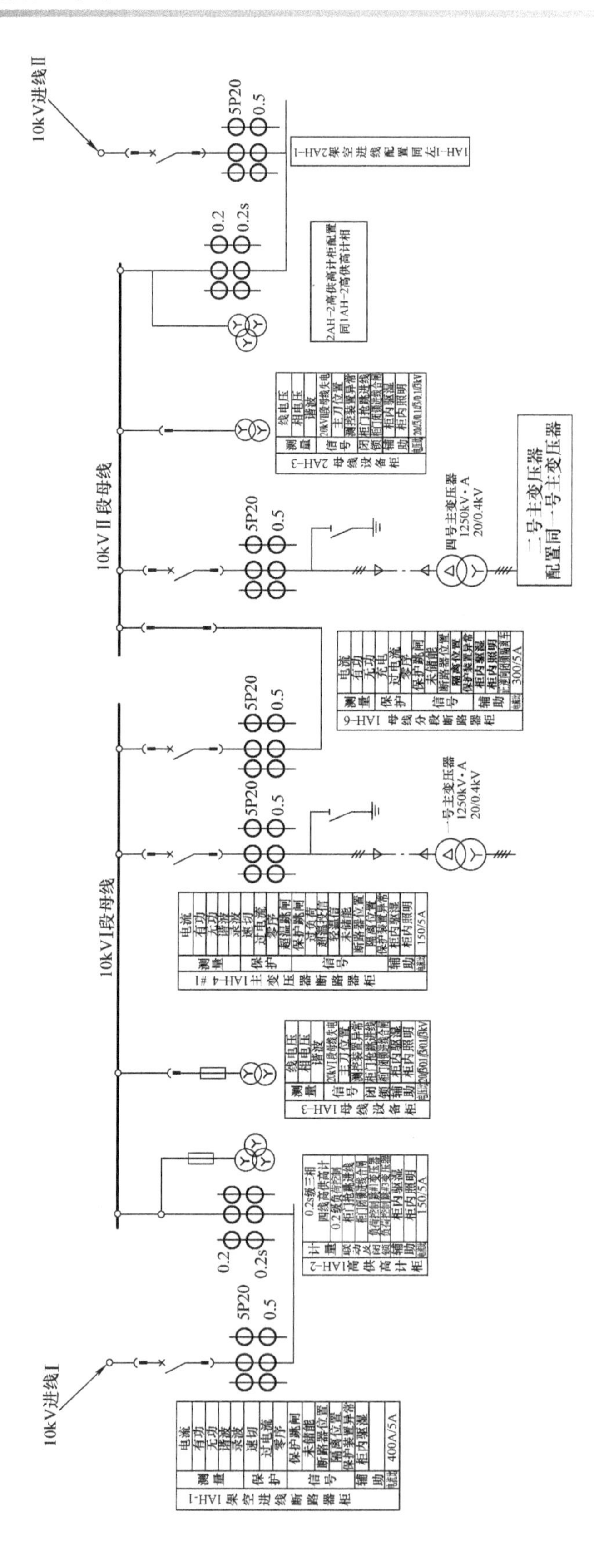

图 11-2 双电源高供高计单母线分段继电保护配置原则

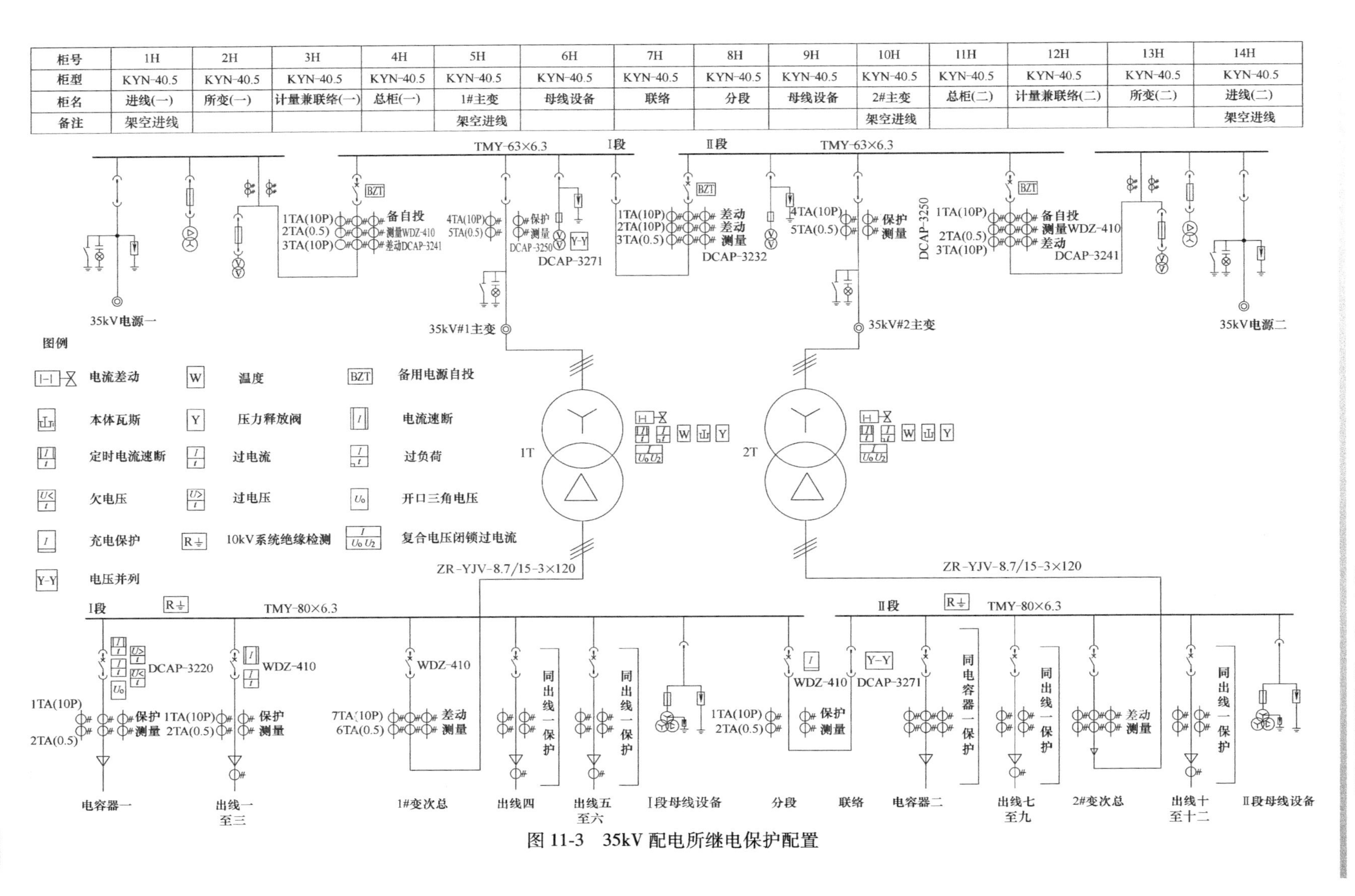

图 11-3　35kV 配电所继电保护配置

AC220V。两进线和主变压器柜选用数字保护装置和数字多功能仪表；母线设备柜选用数字测控装置。两路10kV电源同时供电单母线分段；两路进线和分段断路器设置三锁两钥匙机械闭锁。10kV进线、主变压器零序电流保护为$3I_0$取样，也可以设置电缆型零序穿心电流互感器取样。

四、35kV配电所继电保护的配置

1. 主变压器继电保护的配置

（1）变压器差动保护动作后，跳主变压器各侧断路器。

（2）变压器本体重瓦斯保护、有载调压重瓦斯保护，跳各侧断路器并发信号；变压器本体轻瓦斯、变压器压力释放保护、变压器过温发信号。非电量保护要求采用独立的出口中间继电器，即不能通过差动保护或后备保护出口。

（3）主变压器高压侧装设复合电压过电流和限时电流速断保护，跳主变压器两侧断路器。

（4）主变压器过负荷发信号。

（5）主变压器后备保护动作后跳主变压器各侧断路器，应具有故障录波功能。

（6）主变压器差动、非电量保护及各侧后备保护动作电源应各自独立。

（7）主变压器差动、非电量保护、后备保护应分别留有两副常开接点备用。

2. 35kV、10kV出线保护配置

（1）两相式电流速断保护、过电流保护、后加速保护。

（2）三相一次自动重合闸：位置不对应启动和保护启动重合闸；手动跳闸、低周跳闸闭锁重合闸，并具备远方投、退重合闸功能。

（3）低周减载：低电压及频率滑差闭锁低周减载。

（4）应具备故障录波及单相接地选线功能。

3. 10kV电容器保护配置

（1）三相式限时电流速断、过电流保护。

（2）过电压、低电压保护。

（3）开口三角电压保护。

4. 分段保护配置：装设充电保护

35kV配电所继电保护配置如图11-3所示。

第二节　配电变压器的瓦斯保护

一、配电变压器瓦斯保护的基本原则

在配电变压器油箱内常见的故障有绕组匝间或层间绝缘破坏造成的短路和高压绕组对地（铁心）绝缘破坏引起的单相接地。对于上述故障，若短路匝数很少或经电弧电阻短路时，反映到变压器纵差保护或接地保护装置中的电流很小，可能不会使保护装置动作。但变压器油箱内发生的任何一种故障（包括轻微的匝间短路），在短路电流和短路点电弧的作用下，都会使变压器油及其他绝缘材料因受热而分解产生气体，因气体比较轻，它们就要从油箱流

向储油柜的上部。当故障严重时，油会迅速膨胀并有大量气体产生，此时会有剧烈的油流和气流冲向储油柜的上部。用油箱内部故障时的这一特点，可以构成反映气体变化来实现的保护装置，称为瓦斯保护。配电变压器的额定容量在400kV·A及以上时，油浸式配电变压器应配置瓦斯保护装置。

二、配电变压器瓦斯保护的原理接线

瓦斯保护的接线比较简单，如图11-4所示。为了防止变压器内严重故障时，由于油流的不稳定，引起气体继电器重瓦斯触头时通时断而造成不能可靠跳闸，必须选用具有自保持电流线圈的出口中间继电器KCO，在保护装置动作后，同时将变压器两侧断路器QF1和QF2跳闸，并借助断路器的辅助触头QF1-2、QF2-2来解除出口回路的自保持。

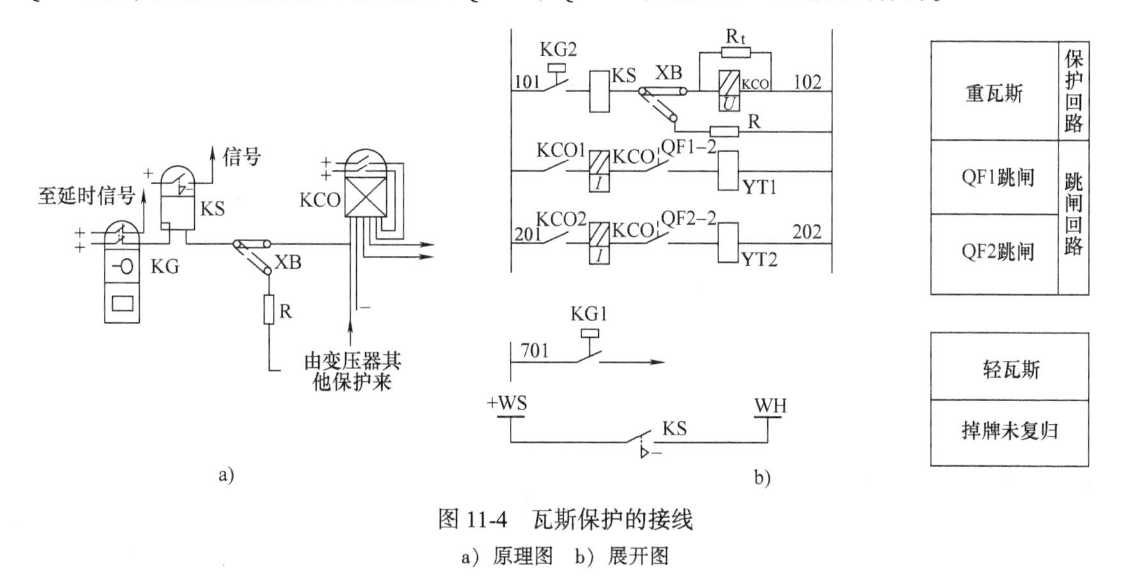

图11-4　瓦斯保护的接线
a）原理图　b）展开图

为了防止瓦斯保护在变压器换油或气体继电器试验时误动作，在出口回路中装设了切换片XB。切换回路中电阻R的阻值应选择得使串联信号继电器KS能可靠动作。气体继电器KG的上触头为轻瓦斯，动作后发出延时信号。

瓦斯保护装置动作后，应立即通过继电器上的透明玻璃（其上有气体容积刻度）观察气体的数量和颜色，收集气体，检查其化学成分和可燃性，并根据气体分析的结果，做出变压器故障性质的有关结论。

第三节　配电变压器差动保护

一、差动保护的基本原理

防止变压器绕组和引出线多相短路、大接地电流系统侧绕组和引出线的单相接地短路及绕组匝间短路的（纵联）差动保护或电流速断保护。

变压器的差动保护是利用比较变压器各侧电流的差值构成的一种保护，其原理如图11-5所示。

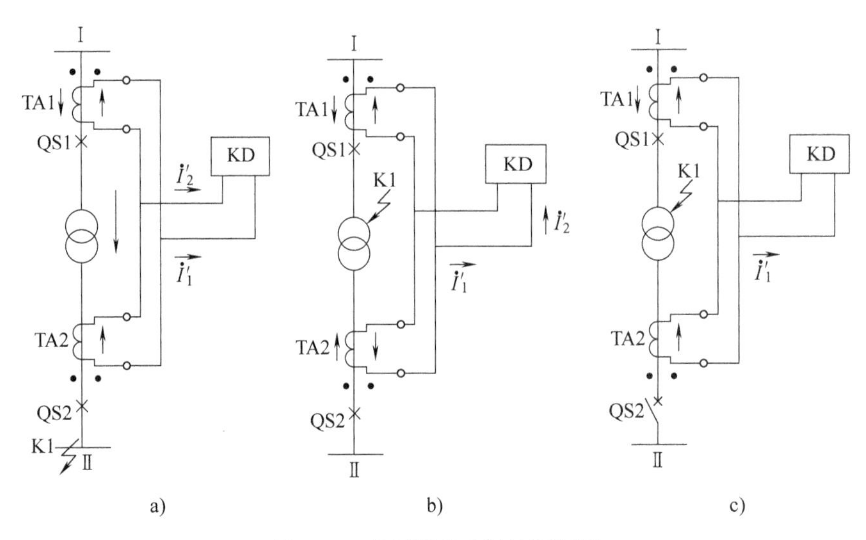

图 11-5　变压器差动保护原理图

a）正常运行及外部故障　b）内部故障（双侧电源）　c）内部故障（单侧电源）

变压器装设有电流互感器 TA1 和 TA2，其二次绕组按环流原则串联，差动继电器 KD 并接在差回路中。

变压器在正常运行或外部故障时，电流由电源侧 I 流向负荷侧 Ⅱ，在图 11-5（a）所示的接线中，TA1、TA2 的二次电流 $\dot{I}_1'$、$\dot{I}_2'$会以反方向流过继电器 KD 的线圈，KD 中的电流等于二次电流 $\dot{I}_1'$和 $\dot{I}_2'$之差，故该回路称为差回路，整个保护装置称为差动保护。若电流互感器 TA1 和 TA2 变比选得理想且在忽略励磁电流的情况下，则$\dot{I}_1'=\dot{I}_2'$，继电器 DK 中电流 $\dot{I}=0$，亦即在正常运行或外部短路时，两侧的二次电流大小相等、方向相反，在继电器中电流等于零，因此差动保护不动作。

如果故障发生在 TA1 和 TA2 之间的任一部分（如 K1 点），且母线 I 和 Ⅱ 均接有电源，则流过 TA1 和 TA2 一、二次侧电流方向如图 11-5b 所示。于是 $\dot{I}_1'$和 $\dot{I}_2'$按同一方向流过继电器 KD 线圈，即 $\dot{I}=\dot{I}_1'+\dot{I}_2'$使 KD 动作，瞬时跳开 QS1 和 QS2。如果只有母线 I 有电源，当保护范围内部有故障（如 K1 点）时，$\dot{I}_2'=0$，故 $\dot{I}'=\dot{I}_1'$如图 11-5c 所示，此时继电器 KD 仍能可靠动作。

1. 变压器差动保护装设的一般原则

1）并列运行的容量为 6300kV · A 及以上的变压器，需装设变压器差动保护。

2）单独运行的容量为 7500kV · A 及以上的变压器，需装设变压器差动保护。

3）并列运行的容量为 1000kV · A 及以上、5600kV · A 以下的降压变压器，如果电流速断保护的灵敏度不够（小于 2），且过电流保护的时限在 0.5s 以上时，也需装设变压器差动保护。

4）差动保护的保护范围为主变压器各侧差动电流互感器之间的一次电气部分：

① 变压器引出线及变压器绕组发生多相短路。

② 单相严重的匝间短路。

③ 在大电流接地系统中保护线圈及引出线上的接地故障。

2. 电流速断保护

差动速断保护实际上是纵差保护的高定值差动保护。因此，差动速断保护反映的也是差流。与差动保护不同的是，它反映差流的有效值。不管差流的波形如何，以及含有谐波分量的大小，只要差流的有效值超过了整定值，它将迅速动作而切除变压器。

差动速断保护装设在变压器的电源侧，由瞬动的电流继电器构成。当电源侧为中性点不直接接地系统时，电流速断保护为两相式，在中性点直接接地系统中为三相式，为了提高保护对变压器高压侧引出线接地故障的灵敏系数，可采用两相三继电器式接线。

二、变压器差动保护整定计算

1. 变压器各侧一次额定电流

变压器各侧一次额定电流按式（11-1）计算，即

$$I_N = \frac{S_N}{\sqrt{3}U_N} \tag{11-1}$$

式中，I_N 为变压器各侧一次额定电流，单位为 A；S_N 为变压器额定容量，单位为 kV · A；U_N 为变压器各侧额定电压，单位为 kV。

2. 变压器各侧电流互感器二次额定电流

变压器各侧电流互感器二次额定电流按式（11-2）计算：

$$I_n = \frac{I_N}{n_{TA}} \tag{11-2}$$

式中，I_n 为变压器各侧电流互感器二次额定电流，单位为 A；I_N 为变压器各侧一次额定电流，单位为 A；n_{TA} 为电流互感器电流比。

3. 电流互感器接线方式

变压器差动保护电流互感器，一般均为Y联结方式。

4. 电流互感器二次额定计算电流

电流互感器二次额定电流按式（11-3）计算：

$$I_e = K_{jx} I_n \tag{11-3}$$

式中，I_e 为电流互感器二次额定计算电流，单位为 A；K_{jx} 为变压器接线系数，变压器绕组Y形侧取$\sqrt{3}$，变压器绕组△形侧取 1；I_n 为电流互感器二次额定电流，单位为 A。

5. 起动电流

变压器差动保护起动电流 $I_{op \cdot 0}$ 的整定原则，应可靠地躲过变压器正常运行时出现最大的不平衡电流。变压器正常运行时，在差动元件中产生不平衡电流，主要因为两侧差动 TA 变比有误差、带负荷调压、变压器的励磁电流及保护通道传输和调整误差等。

起动电流 $I_{op \cdot 0}$ 可按式（11-4）计算：

$$I_{op \cdot 0} = K_{rel}(K_{er} + K_3 + \Delta u + K_4) I_e \tag{11-4}$$

式中，$I_{op \cdot 0}$ 为差动保护最小起动电流，单位为 A；K_{rel} 为可靠系数，取 1.3~2；K_{er} 为电流互感器 TA 的变比误差，差动保护 TA 一般选用 10P 型，取 0.03×2；K_3 为变压器的励磁电流等其他误差，取 0.05；Δu 为变压器改变分接头或带负荷调压造成的误差，取 0.05；K_4 为通道变换及调试误差，取 0.05×2=0.1；I_e 为电流互感器二次额定计算电流，单位为 A。

将以上各值代入式（11-4）可得 $I_{op\cdot0}=(0.34\sim0.52)I_e$，通常取 $I_{op\cdot0}=(0.4\sim0.5)I_e$。

运行实践证明：当变压器两侧流入差动保护装置的电流值相差不大（即为同一个数量级）时，$I_{op\cdot0}$ 可取 $0.4I_e$；而当差动两侧电流值相差很大（相差 10 倍以上）时，$I_{op\cdot0}$ 取 $0.5I_e$ 比较合理。

变压器差动保护，一般按高压侧为基本整定侧。

6. 拐点电流

运行实践表明，在系统故障被切除后的暂态过程中，虽然变压器的负荷电流不超过期额定电流，但是由于差动元件两侧 TA 的暂态特性不一致，使其二次电流之间相位发生偏移，可能在差动回路中产生较大的差流，致使差动保护误动作。

为躲过区外故障被切除后的暂态过程对变压器差动保护的影响，应使保护的制动作用提早产生。因此，$I_{res\cdot0}$ 取（$0.8\sim1.0)I_e$ 比较合理，$I_{res\cdot2}$ 取 $3I_e$。

7. 比率制动系数

比率制动系数 S 按躲过变压器出口三相短路时产生的最大不平衡差流来整定。变压器出口区外故障时的最大不平衡电流为

$$I_{unb\cdot max}=(K_{er}+\Delta u+K_3+K_4+K_5)I_{k\cdot max} \tag{11-5}$$

式中，$I_{unb\cdot max}$ 为变压器出口区外故障时的最大不平衡电流，单位为 A；K_{er} 为电流互感器的变比误差，差动保护 TA 一般选用 10P 型，取 0.03×2；Δu 为变压器改变分接头或带负荷调压造成的误差，取 0.05；K_3 为其他误差，取 0.05；K_4 为通道变换及调试误差，取 $0.05\times2=0.1$；K_5 为两侧 TA 暂态特性不一致造成不平衡电流的系数，取 0.1；$I_{k\cdot max}$ 为变压器出口三相短路时最大短路电流（TA 二次值）。

忽略拐点电流不计，计算得特性曲线的斜率 $S\approx0.4$。

长期运行实践表明，比率制动系数取 $S=0.4\sim0.5$ 比较合理。

8. 二次谐波制动比的整定

具有二次谐波制动的差动保护的二次谐波制动比，是表征单位二次谐波电流制动作用大小的一个物理量，通常整定为 15%～20%。对于容量较大的变压器，取 16%～18%，对于容量较小且空载投入次数可能较多的变压器，取 15%～16%。二次谐波制动比越大，保护的谐波制动作用越弱，反之亦反。

9. 差动速断的整定

变压器差动速断保护，是纵差保护的辅助保护。当变压器内部故障电流很大时，防止由于电流互感器饱和引起差动保护振动或延缓动作。差动速断元件只反映差流的有效值，不受差流中的谐波及波形畸变的影响。

差动速断保护的整定值应按躲过变压器励磁涌流来确定，即

$$I_{op}=KI_N \tag{11-6}$$

式中，I_{op} 为差动速断保护的动作电流，单位为 A；K 为整定倍数，一般取 4～8 倍；I_N 为变压器一次额定电流，单位为 A。

10. 校验灵敏度

差动保护的灵敏度应按最小运行方式下，差动保护区内变压器引出线上两相金属性短路计算。根据计算最小短路电流 $I_{k\cdot min}$ 和相应的制动电流 I_{res}，在动作特性曲线上查得或计算的动作电流值 I_{op}，则灵敏度 K_{sen} 为

$$K_{sen}=\frac{I_{k\cdot min}^{(2)}}{I_{op}K_T}\tag{11-7}$$

式中，K_{sen} 为灵敏度，差动保护要求≥2.0，差动速断要求≥1.2；$I_{k\cdot min}^{(2)}$ 为两相短路电流，单位为 A；I_{op} 为差动保护或差动速断保护整定电流，单位为 A；K_T 为变压器电压比。

第四节　复合电压闭锁过电流保护

一、复合电压闭锁过电流保护动作原理

为了提高变配电系统短路保护元件动作的灵敏度，可采用复合电压起动的过电流保护，其原理接线如图 11-6 所示。

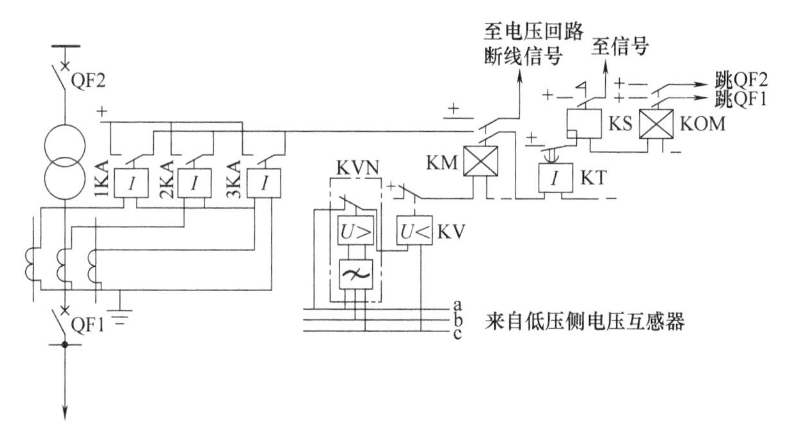

图 11-6　复合电压起动的过电流保护原理接线图

当保护系统发生短路故障时，故障相电流继电器 KA 动作，同时负序电压继电器 KVN 动作，其动断触点断开，致使低电压继电器 KV 失电，动断触点闭合，起动闭锁中间继电器 KM。电流继电器 KA 通过 KM 动合触点起动时间继电器 KT，经过整定延时起动信号继电器 KS 发信，出口继电器 KOM 动作，将主变压器两侧断路器 QF1、QF2 断开。

二、低电压及负序电压的整定

1. 复合电压低电压定值整定

低电压动作电压按躲过无故障运行时保护安装处或 TV 安装处出现的最低电压来整定，即

$$U_{op}=\frac{U_{min}}{K_{rel}K_r}\tag{11-8}$$

式中，U_{op} 为动作电压整定值；U_{min} 为正常运行时出现的最低电压值；K_{rel} 为可靠系数，取 1.2；K_r 为返回系数，取 1.05。

当低电压继电器由变压器高压侧电压互感器供电时，其整定值按式（11-9）计算：

$$U_{op}=(0.6\sim0.7)U_n\tag{11-9}$$

式中，U_{op} 为复合电压低电压定值，单位为 V；U_n 为电压互感器二次额定电压，一般

为 100V。

复合电压低电压定值整定一般取 $U_{op}=70V$。

2. 复合电压负序电压的整定

负序电压继电器应按躲过正常运行时出现的不平衡电压整定，不平衡电压通过实测确定，当无实测时，根据现行规程的规定取值：

$$U_{op\cdot 2}=(0.06\sim0.08)U_{ph} \tag{11-10}$$

式中，$U_{op\cdot 2}$ 为复合电压负序电压的整定值，单位为 V；U_{ph} 为电压互感器额定相间电压，$100/\sqrt{3}=57.74V$。

则

$$U_{op\cdot 2}=(0.06\sim0.08)U_{ph}=(0.06\sim0.08)\times57.74=(3.46\sim4.62)V$$

故复合电压负序电压一般整定为 $U_{op\cdot 2}=4V$。

三、保护动作电流整定计算

1. 10kV 侧复合电压闭锁过电流保护动作电流的整定计算

(1) 动作电流整定计算

复合电压闭锁过电流保护的动作电流按躲过变压器运行时的最大负荷电流来整定，即

$$I_{op}=\frac{K_{rel}}{K_r}I_N \tag{11-11}$$

式中，I_{op} 为动作电流整定值，单位为 A；K_{rel} 为可靠系数，取 1.2～1.4；K_r 为返回系数，取 0.95～0.98；I_N 为变压器额定电流，单位为 A。

把取值代入式（11-12）可得

$$I_{op}=(1.3\sim1.5)I_N \tag{11-12}$$

(2) 校验灵敏度

校验灵敏度按式（11-13）计算：

$$K_{sen}=\frac{I_{k\cdot min}^{(2)}}{I_{op}} \tag{11-13}$$

式中，K_{sen} 为灵敏度，要求≥1.5；$I_{k\cdot min}^{(2)}$ 为 10kV 侧两相短路电流，单位为 A；I_{op} 为动作电流整定值，单位为 A。

2. 35kV 侧复合电压闭锁过电流保护动作电流的整定计算

(1) 动作电流整定计算。

复合电压闭锁过电流应按躲过最大负荷电流，并与主变压器 10kV 侧复压过电流保护相配合，动作电流整定值按式（11-14）计算：

$$I_{op}=K_{rel}\frac{I_{op\cdot 10}}{K_1 n_{TA}} \tag{11-14}$$

式中，I_{op} 为动作电流整定值，单位为 A；K_{rel} 为可靠系数，取 1.1；$I_{op\cdot 10}$ 为 10kV 侧复压过电流整定值，单位为 A；K_1 为变压器电流比，取 1.82；n_{TA} 为 35kV 侧电流互感器电流比。

(2) 校验灵敏度。

灵敏度按式（11-15）校验：

$$K_{sen}=\frac{I_{k\cdot min}^{(2)}}{I_{op}K_2}\geqslant 1.5 \tag{11-15}$$

式中，K_{sen} 为灵敏度；$I_{k\cdot min}^{(2)}$ 为10kV母线侧两相短路电流，单位为A；I_{op} 为动作电流整定值，单位为A；K_2 为变压器电流比。

第五节　复合电压闭锁方向过电流保护

一、方向过电流保护的含义

一般定时限过电流保护和电流速断保护只能用在单电源供电的线路上，如果出现双侧电源供电或环网供电时，为了使过电流保护能获得正确的选择性，必须采用方向保护。双侧电源供电的网络如图11-7所示。

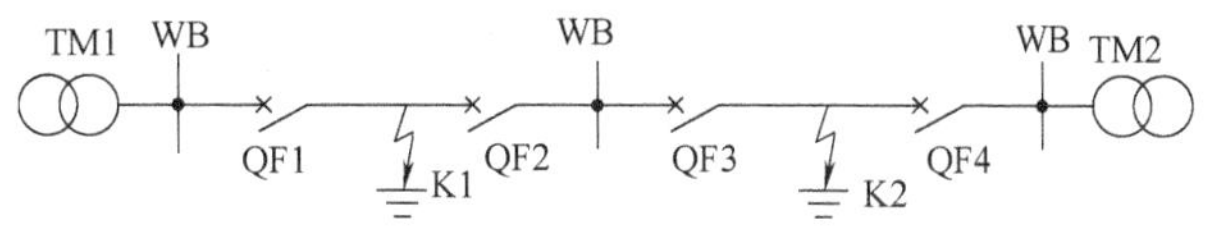

图11-7　双侧电源共电的网络

方向过电流保护的构成原则是，只有当电流从母线流向线路时，继电保护才动作，如果电流从线路流向母线，则保护不动作。在图6-27供电网络中，当K1点故障时，电源TM2一侧只有QF2和QF4动作，因此，只要求QF4的动作时间大于QF2就可以了。当K2点短路时，电源TM1一侧只有QF1和QF3动作，只要求QF1的动作时间大于QF3就可以了。

二、10kV侧复合电压闭锁方向过电流Ⅰ段保护整定计算

（1）动作电流整定计算。

10kV侧复合电压闭锁方向过电流Ⅰ段保护，作为10kV母线故障的近后备保护，与10kV馈供线路距离保护Ⅰ段、Ⅱ段相配合，一般能作为10kV母线及10kV出线的全线后备保护。动作电流整定值按式（11-16）计算：

$$I_{op}=K_{rel}I_{k}^{(3)} \tag{11-16}$$

式中，K_{rel} 为可靠系数，取1.2；$I_{k}^{(3)}$ 为10kV出线末端三相短路电流，单位为A。

（2）校验灵敏度。

检验灵敏度按式（11-17）计算：

$$K_{sen}=\frac{I_{k\cdot min}^{(2)}}{I_{op}} \tag{11-17}$$

式中，K_{sen} 为灵敏度，应≥1.5；$I_{k\cdot min}^{(2)}$ 为10kV线路两相短路电流，单位为A；I_{op} 为保护动作整定电流，单位为A。

三、35kV侧复合电压闭锁方向过电流Ⅰ段保护整定计算

（1）动作电流整定计算。

复合电压方向过电流Ⅰ段保护，应与主变压器10kV侧复合电压方向过流Ⅰ段保护相配合，动作电流整定按式（11-18）计算：

$$I_{op} = K_{rel}\frac{I_{op\cdot10\cdot\text{I}}}{K_T n_{TA}} \tag{11-18}$$

式中，I_{op} 为动作整定电流，单位为 A；K_{rel} 为可靠系数，取 1.1；$I_{op\cdot10\cdot\text{I}}$ 为 10kV 侧复合电压方向过电流Ⅰ段保护整定值，A；K_T 为变压器电压比；n_{TA} 为电流互感器电流比。

（2）校验灵敏度。

灵敏度按式（11-19）校验，即

$$K_{sen} = \frac{I_{k\cdot\min}^{(2)}}{I_{op}K_{TA}} \geqslant 1.5 \tag{11-19}$$

式中，K_{sen} 为灵敏度；$I_{k\cdot\min}^{(2)}$ 为 10kV 侧两相短路电流，单位为 A；I_{op} 为动作电流整定值，单位为 A；K_{TA} 为变压器电流比。

第六节　配电变压器电流速断保护

一、电流速断保护的基本原理

配电变压器瓦斯保护虽然是反映变压器油箱内部故障最灵敏且快速的保护，但它不能反映油箱外部的故障。因此，在 10kV 配电变压器的电源侧，应装设电流速断保护。它与瓦斯保护互相配合，就可以保护配电变压器内部和电源侧套管及引出线上的全部故障。

配电变压器电流速断保护设置在 10kV 电源侧，其原理接线如图 11-8 所示。

配电变压器高压侧发生故障时，过电流继电器 KA1、KA2 动作，其动合触点 KA1、KA2 闭合，时间继电器 KS 动作，发出电流速断保护信号，同时出口继电器 KCO 动作，使断路器 QF1、QF2 的跳闸线圈 YT1、YT2 吸合，断路器跳闸，将配电变压器从电源上切除。

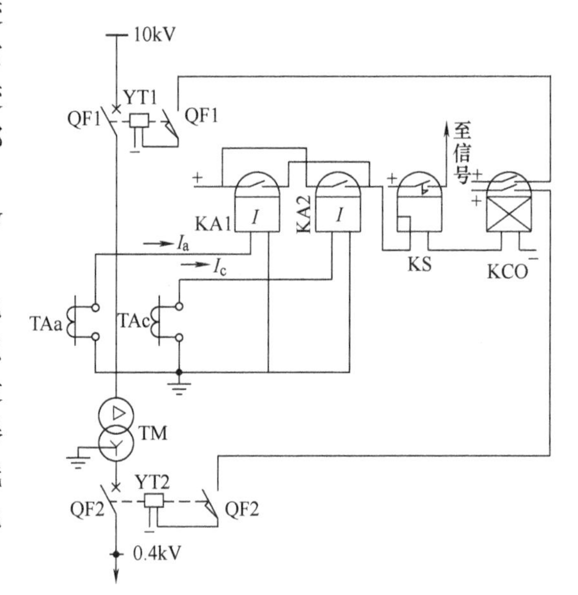

图 11-8　配电变压器电流速断保护原理接线

二、电流速断保护的整定计算

1. 动作电流的整定

配电变压器电流速断保护的动作电流整定值计算式为

$$\left.\begin{aligned} I_{op\cdot1} &= K_{rel}I_K^{(3)} \\ I_{op\cdot2} &= \frac{I_{op\cdot1}}{n_{TA}} = \frac{K_{rel}}{n_{TA}}I_K^{(3)} \end{aligned}\right\} \tag{11-20}$$

式中，$I_{op\cdot1}$、$I_{op\cdot2}$ 分别为保护动作电流一次、二次整定值，单位为 A；K_{rel} 为可靠系数，一般取 1.4~1.5；$I_{K}^{(3)}$ 为配电变压器二次侧母线处折算到 10kV 侧三相短路电流有效值，单位为 A；n_{TA} 为电流互感器电流比。

2. 校验保护动作灵敏度

配电变压器电流速断保护动作灵敏度校验式为

$$K_{sen}=\frac{I_{K \cdot min}^{(2)}}{I_{op \cdot 1}}\geqslant 2 \tag{11-21}$$

式中，K_{sen} 为保护动作灵敏度；$I_{K \cdot min}^{(2)}$ 为最小运行方式下，保护安装处两相短路时的最小短路电流，单位为 A；$I_{op \cdot 1}$ 为保护动作电流一次整定值，单位为 A。

3. 动作时间整定

保护动作时间整定 $t=0s$。

第七节　配电变压器过电流保护

一、过电流保护的基本原理

为了防止配电变压器外部短路，并作为其内部故障的后备保护，一般配电变压应装设过电流保护。对单侧电源的变压器，保护装置的电流互感器安装在变压器的电源侧，以便在变压器内部发生故障，而瓦斯保护或差动保护启动时，由过电流保护经整定时限动作后，作用于配电变压器两侧断路器跳闸。

配电变压器过电流保护原理接线如图 11-9 所示。

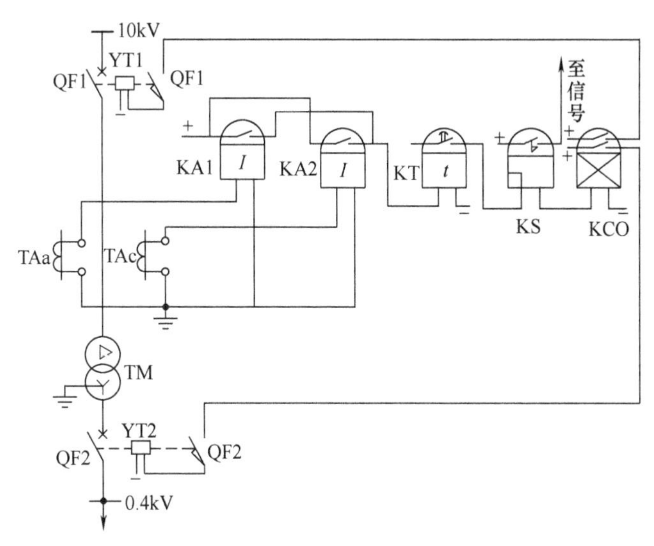

图 11-9　配电变压器过电流保护原理接线

二、过电流保护的整定计算

1. 动作电流的整定

配电变压器过电流保护的动作电流的整定值计算式为

$$
\left.\begin{aligned}
I_{op\cdot 1} &= \frac{K_{rel}}{K_r} I_{p\cdot max} \\
I_{op\cdot 2} &= \frac{I_{op\cdot 1}}{n_{TA}} = \frac{K_{rel}}{K_r n_{TA}} I_{p\cdot max}
\end{aligned}\right\} \tag{11-22}
$$

式中，$I_{op\cdot 1}$、$I_{op\cdot 2}$ 分别为过电流保护动作一次、二次整定电流，单位为 A；K_{rel} 为可靠系数，一般取 1.2～1.3；K_r 为返回系数，一般取 0.95～0.98；n_{TA} 为电流互感器电流比；$I_{P\cdot max}$ 为配电变压器一次侧最大负荷电流，单位为 A。

2. 校验保护动作灵敏度

过电流保护动作灵敏度校验式为

$$
K_{sen} = \frac{I_{K\cdot min}^{(2)}}{I_{op\cdot 1}} \geqslant 1.5 \tag{11-23}
$$

式中，K_{sen} 为保护动作灵敏度；$I_{K\cdot min}^{(2)}$ 为在灵敏度校验点发生两相短路时，流过保护装置的最小短路电流，单位为 A；$I_{op\cdot 1}$ 为保护动作一次整定电流，单位为 A。

3. 动作时间的整定

过电流保护动作时间整定式为

$$
t = t_1 + \Delta t \tag{11-24}
$$

式中，t 为动作时间整定值，单位为 s；t_1 为配电变压器低压侧选用 PR121/P 型保护装置时，由表 4-20 可知过负荷保护最小脱扣时间为 1s；Δt 为本级保护动作时限，比下级保护动作时限大一时间级差，$\Delta t=0.5$s。

第八节　配电变压器过负荷保护

一、过负荷保护的基本原理

配电变压器过负荷保护主要是为了防止配电变压器异常运行时，由于过负荷而引起的过电流。过负荷保护装设在配电变压器 10kV 电源侧。配电变压器的过负荷电流，在大多情况下都是三相对称的，因此过负荷保护只需接入一相电流，用一个电流继电器来实现，经过延时作用于跳闸或信号。

二次电压为 400V 的电力变压器低压侧装设低压断路器时，可利用低压断路器长延时脱扣器达到过负荷保护延时的目的。

在经常有人值班的情况下，保护装置动作后，经过一定的延时发送信号。在无人值班变电所中，过负荷保护可动作于跳闸或断开部分负荷。

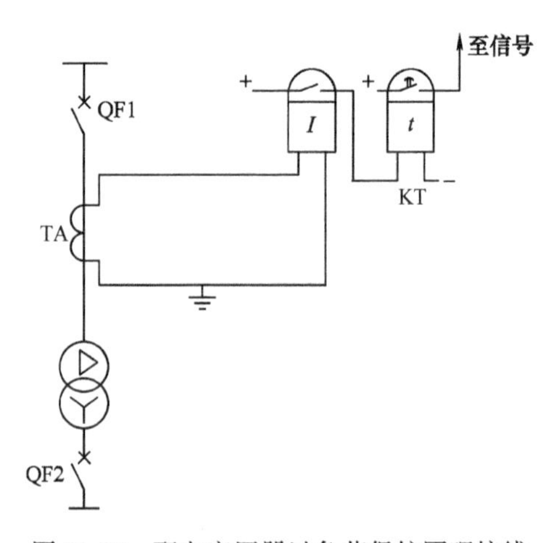

图 11-10　配电变压器过负荷保护原理接线

配电变压器过负荷保护的原理接线如图 11-10

所示。

二、过负荷保护的整定计算

1. 动作电流的整定

变压器过负荷保护的动作电流，按变压器额定电流来整定，即

$$\left.\begin{aligned}I_{op\cdot1}&=\frac{K_{rel}}{K_r}I_N\\I_{op\cdot2}&=\frac{I_{op\cdot1}}{n_{TA}}\end{aligned}\right\}\tag{11-25}$$

式中，K_{rel} 为可靠系数，取 $K_{rel}=1.05$；K_r 为返回系数，取 $K_r=0.95\sim0.98$；$I_{op\cdot1}$ 为变压器过负荷保护一次动作电流；$I_{op\cdot2}$ 为变压器过负荷保护二次动作电流；I_N 为保护安装侧绕组的额定电流；n_{TA} 为电流互感器电流比。

2. 动作时限的整定

为了防止保护装置在外部短路及短时过负荷时也作用于信号，其动作时限一般整定为9~10s。

第九节　配电变压器零序电流保护

一、中性点不接地零序电流保护

1. 简介

在中性点不接地的系统中，电缆引出线的单相接地零序电流保护如图11-11所示。当线路发生单相接地故障时，零序电流互感器二次电流大于整定值时，继电器KA动作，发出10kV电缆线路单相接地信号。

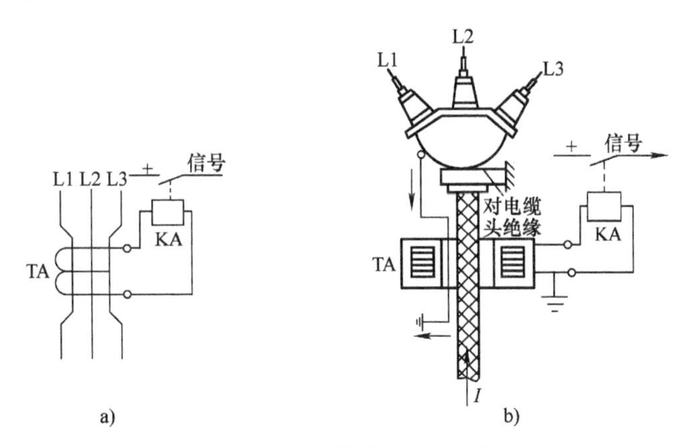

图11-11　电缆零序电流保护

a）接线原理图　b）安装示意图

2. 零序电流互感器

（1）简介：TY-LJ系列零序电流互感器有两种型式：一种是用于小接地电流系统的；另

一种是用于大接地电流系统（中性点接地系统）的。两种均为电缆安装型（但也可以装于PE主母线上）。零序电流互感器的环形铁心上绕有二次绕组，采用ABS工程塑料外壳，由树脂浇注而成。其具有全封闭、绝缘性能好、外形美观、灵敏度高、线性度好、运行可靠、安装方便等优点。

（2）技术参数：TY-LJ系列零序电流互感器技术参数见表11-1和表11-2。

表11-1 TY-LJ系列零序电流互感器技术参数

外形尺寸

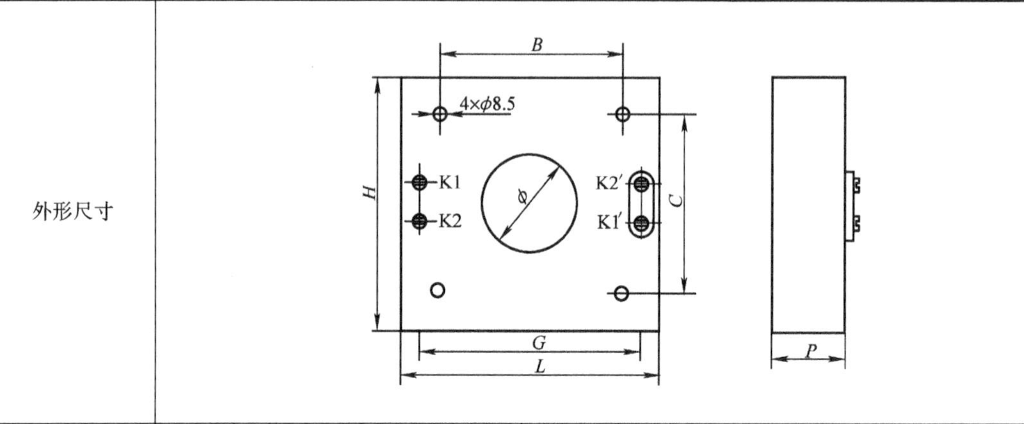

型号	一次零序电流/A	二次		外形尺寸/mm								配套使用的继电器
		电流/A	负荷/Ω	ϕ	L	P	H	B	C	G	M	
TY-LJ80 TY-LJK80	1~10 10~40	0.02~0.25 0.25~1	2.5	80	195	47	168	144	121	175	M8	小电流接地选线装置
TY-LJ100 TY-LJK100	1~10 10~40	0.02~0.25 0.25~1	2.5	100	215	53	190	158	136	195	M8	小电流接地选线装置

注：G为地脚中心距；M为地脚内螺孔。

表11-2 TY-LJ系列零序电流互感器技术参数

型　　号	电流比	额定输出/V·A（$\cos\varphi=0.8$）	准备限值系数	1s热稳定电流/kA	外形尺寸/mm							
					ϕ	L	H	P	G	M	B	C
TY-LJ100J TY-LJK100J	50/1	5	5,8	5	100	235	210	75	215	M8	175	155
	50/5	10	4									
	75/1	10	10	5	100	235	210	140	215	M8	175	155
	75/5											
	100/1	5	5,10	6.5	100	215	190	53	195	M8	158	136
	100/5	10	5									
	150/1	10	10	10	100	235	210	75	215	M8	175	155
	150/5	20	5									
	200/1	5	5,10	13	100	215	190	53	195	M8	158	136
	200/5	10	5,10									
	250/1											
	250/5	20	5,10	20	100	235	210	75	215	M8	175	155
	300/1											
	300/5及以上	30	5									

（续）

<table>
<tr><th rowspan="2">型　号</th><th rowspan="2">电流比</th><th rowspan="2">额定输出/V·A
(cosφ=0.8)</th><th rowspan="2">准备限
值系数</th><th rowspan="2">1s 热稳定
电流/kA</th><th colspan="8">外形尺寸/mm</th></tr>
<tr><th>φ</th><th>L</th><th>H</th><th>P</th><th>G</th><th>M</th><th>B</th><th>C</th></tr>
<tr><td rowspan="15">TY-LJ120J
TY-LJK120J</td><td>50/1</td><td>5</td><td>5,10</td><td rowspan="2">5</td><td rowspan="2">120</td><td rowspan="2">275</td><td rowspan="2">250</td><td rowspan="2">75</td><td rowspan="2">255</td><td rowspan="2">M10</td><td rowspan="2">202</td><td rowspan="2">180</td></tr>
<tr><td>50/5</td><td>10</td><td>5</td></tr>
<tr><td>75/1</td><td rowspan="2">10</td><td rowspan="2">10</td><td rowspan="2">5</td><td rowspan="2">120</td><td rowspan="2">275</td><td rowspan="2">250</td><td rowspan="2">140</td><td rowspan="2">255</td><td rowspan="2">M10</td><td rowspan="2">202</td><td rowspan="2">180</td></tr>
<tr><td>75/5</td></tr>
<tr><td>100/1</td><td>5</td><td>5,10</td><td rowspan="2">6.5</td><td rowspan="2">120</td><td rowspan="2">235</td><td rowspan="2">210</td><td rowspan="2">60</td><td rowspan="2">215</td><td rowspan="2">M8</td><td rowspan="2">175</td><td rowspan="2">155</td></tr>
<tr><td>100/5</td><td>10</td><td>5</td></tr>
<tr><td>150/1</td><td>10</td><td>10</td><td rowspan="2">10</td><td rowspan="4">120</td><td rowspan="4">275</td><td rowspan="4">250</td><td rowspan="4">75</td><td rowspan="4">255</td><td rowspan="4">M10</td><td rowspan="4">202</td><td rowspan="4">180</td></tr>
<tr><td>150/5</td><td>20</td><td>5</td></tr>
<tr><td>150/1</td><td rowspan="2">30</td><td rowspan="2">5</td><td rowspan="2">10</td></tr>
<tr><td>150/5</td></tr>
<tr><td>200/1</td><td>5,10</td><td>5,10</td><td rowspan="3">13</td><td rowspan="3">120</td><td rowspan="3">235</td><td rowspan="3">210</td><td rowspan="3">60</td><td rowspan="3">215</td><td rowspan="3">M8</td><td rowspan="3">175</td><td rowspan="3">155</td></tr>
<tr><td>200/5</td><td rowspan="2">20</td><td rowspan="2">5</td></tr>
<tr><td>250/1</td></tr>
<tr><td>250/5</td><td rowspan="2">20</td><td rowspan="2">10</td><td rowspan="3">20</td><td rowspan="3">120</td><td rowspan="3">275</td><td rowspan="3">250</td><td rowspan="3">75</td><td rowspan="3">255</td><td rowspan="3">M10</td><td rowspan="3">202</td><td rowspan="3">180</td></tr>
<tr><td>300/1</td></tr>
<tr><td></td><td>300/5
及以上</td><td>30</td><td>5</td></tr>
</table>

(3) 使用条件：环境温度最高为+40℃；月平均气温为-5～+30℃；海拔不超过 1000m；相对湿度不大于 85%；线路交流电压为 0.4～66kV；电网频率为 50Hz。

(4) 安装注意事项：

1) 整体式零序电流互感器安装要在做电缆头前进行，电缆敷设时穿过零序电流互感器。

2) 开口式零序电流互感器不受电缆敷设与否的限制，具体安装方法如下：

① 拆下零序互感器端子 K1′和 K2′的连接片。

② 将互感器顶部两条内六角螺栓松开拆下，互感器便成为两部分。

③ 互感器套在电缆上，把两个接触面擦干净，涂上薄薄一层防锈油，对好互感器两部分后，拧上内六角螺栓，零序电流互感器两部分要对齐以免影响性能。

3. 单相接地电流的计算

在 10kV 配电系统中，变压器中性点不接地时，线路 L3 相发生单相接地故障如图 11-12 所示。根据图 11-12b 相量分析，可得

$$I_e=\sqrt{3}\dot{I}'_{C\cdot L1}=\sqrt{3}\dot{I}'_{C\cdot L2}$$

因为 $I'_{C\cdot L1}=I'_{C\cdot L2}=\sqrt{3}I_C$

所以
$$\dot{I}_e=3\dot{I}_C \tag{11-26}$$

由式 (11-26) 可知，单相接地零序电流等于正常时相对地电容电流的 3 倍。

单相接地零序电流计算式为

$$I_e=3I_C=3U_{ph}\omega C \tag{11-27}$$

式中，I_e 为单相接地电流，单位为 A；I_C 为一相对地电容电流，单位为 A；U_{ph} 为正常运行时的相电压，单位为 V；ω 为角频率，$\omega=2\pi f$，单位为 rad/s；C 为相对地的电容，单位

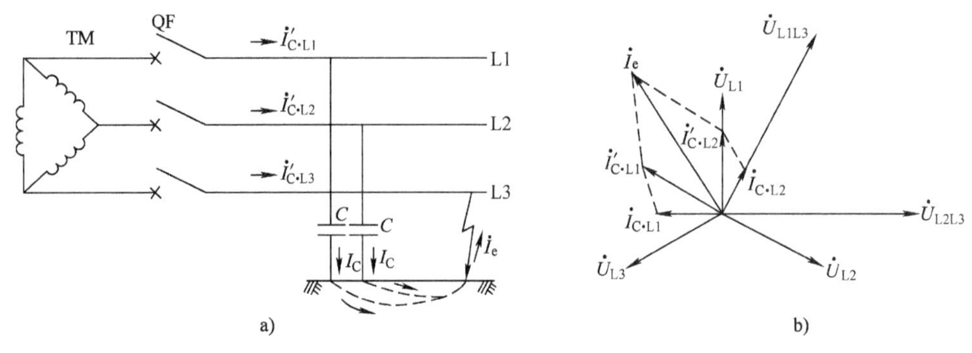

图 11-12　线路 L3 相接地故障

a）电路图　b）相量图

为 F。

在实用中，接地电流计算式为

$$\left.\begin{aligned}&\text{架空线路}\qquad I_e=\frac{UL}{350}\\&\text{电缆线路}\qquad I_e=\frac{UL}{10}\end{aligned}\right\}\qquad(11\text{-}28)$$

式中，I_e 为单相接地电流，单位为 A；U 为线路线电压，单位为 kV；L 为带电线路长度，单位为 km。

架空线路及电缆线路每千米单相接地电容电流的平均值见表 11-3。

表 11-3　架空线路及电缆线路单相接地电容电流平均值　　（单位：A/km）

电压/kV	架空线路	电缆线路，当截面积为下列诸值时										
		$10mm^2$	$16mm^2$	$25mm^2$	$35mm^2$	$50mm^2$	$70mm^2$	$95mm^2$	$120mm^2$	$150mm^2$	$185mm^2$	$240mm^2$
6	0.013	0.33	0.37	0.46	0.52	0.59	0.71	0.82	0.89	1.10	1.20	1.30
10	0.0256	0.46	0.52	0.62	0.69	0.77	0.90	1.00	1.10	1.30	1.40	1.60

4. 动作电流整定值计算

保护的一次动作电流的整定值应躲过与被保护线路同一网络的其他线路发生单相接地故障时，由被保护线路流出的（被保护线路本线的）接地电容电流值 $I_{e\cdot C}$，即

$$I_{op}\geqslant K_{rel}I_{e\cdot C}\qquad(11\text{-}29)$$

式中，K_{rel} 为可靠系数，当保护作用于瞬时信号时，选 $K_{rel}=4\sim5$，当保护作用于延时信号时，选 $K_{rel}=1.5\sim2$；$I_{e\cdot C}$ 为被保护线路本线的接地电容电流。

【例 11-1】 1 条 10kV 架空线路，长度 $L=10$km，配置零序电流保护装置，当某相发生单相接地故障时，试计算线路单相接地零序电流，及保护动作电流整定值。

解：架空线路发生单相接地电流按式（11-28）计算，得

$$I_{e\cdot C}=\frac{UL}{350}=\frac{10\times10}{350}\text{A}=0.2857\text{A}$$

零序保护动作电流按式（11-29）计算，得

$$I_{op\cdot1}=K_{rel}I_{e\cdot C}=4\times0.2857\text{A}=1.14\text{A}$$

查表 11-1 可知，选择 TY-LJ100 型零序电流互感器，电流比 $K_A = 50/5 = 10$，一次零序电流 1~10A，二次电流 0.02~0.25A。

该保护中，零序电流互感器二次动作电流为

$$I_{op \cdot 2} = \frac{I_{op \cdot 1}}{K_A} = \frac{1.14}{10}A = 0.114A，取 I_{op \cdot 2} = 0.1A$$

查第 14 章表 14-5 选用 RCS-9612AⅡ型线路保护测控装置时，零序过电流保护动作电流整定值范围为 0.02~15A，故满足保护动作整定要求。

二、中性点接地零序电流保护

1. 单相接地短路保护

（1）简介：对于电力用户常用的低压侧电压为 400V 的双绕组降压变压器，除利用相间短路的过电流保护（或熔断器保护）作为低压侧单相接地保护外，还在变压器低压中性线上装设零序电流保护装置，作为变压器低压侧的单相接地保护。

零序过电流保护接线示意图如图 11-13 所示。当二次侧发生单相接地时，中性线上流过零序电流。图 11-13a 为高压侧装有断路器，保护动作后跳开断路器；图 11-13b 为高压侧装设负荷开关，低压侧装设断路器，保护动作后跳开低压断路器，将故障切除。35kV 变压器

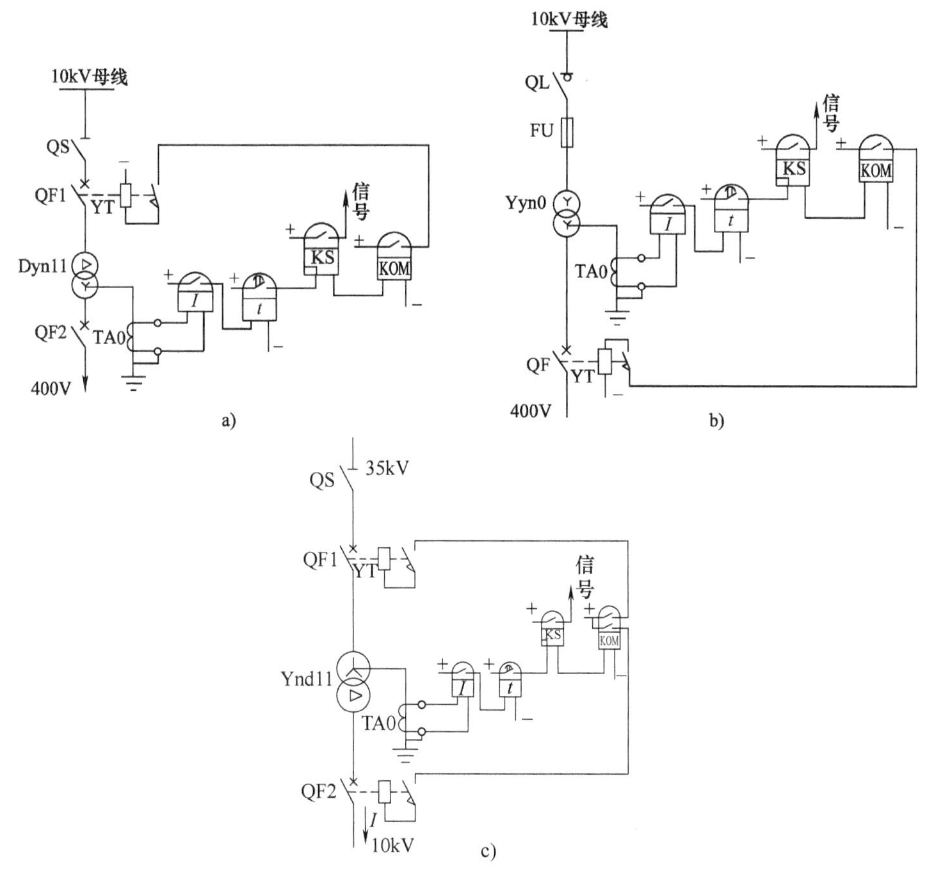

图 11-13　双绕组变压器零序过电流保护的原理接线

a）动作于高压侧断路器跳闸　b）动作于低压侧断路器跳闸　c）35kV 变压器 Ynd11 型联结零序电流保护断路器跳闸

Ynd11 型联结零序电流保护断路器跳闸如图 11-13c 所示。

单相接地短路如图 11-14 所示。

（2）单相接地短路电流的计算：以 L3 相接地，根据对称分量法原理，yn 侧各相电流为

$$\left.\begin{aligned}\dot{I}_{L1}&=a^2\dot{I}_{L31}+a\dot{I}_{L32}+\dot{I}_{L30}=0\\\dot{I}_{L2}&=a\dot{I}_{L31}+a^2\dot{I}_{L32}+\dot{I}_{L30}=0\\\dot{I}_{L3}&=\dot{I}_{L31}+\dot{I}_{L32}+\dot{I}_{L30}=\dot{I}_{K\cdot L3}^{(1)}\end{aligned}\right\}\tag{11-30}$$

式中，$\dot{I}_{L1}$、$\dot{I}_{L2}$、$\dot{I}_{L3}$ 为配电变压器低压侧电流，单位为 A；$\dot{I}_{L31}$、$\dot{I}_{L32}$、$\dot{I}_{L30}$ 为 L3 相单相接地短路时，正序、负序、零序电流，单位为 A；$\dot{I}_{K\cdot L3}^{(1)}$ 为 L3 相单相接地短路电流，单位为 A；a 为 $e^{\frac{2}{3}\pi}=-0.5+j0.866$；$a^2$ 为 $e^{\frac{4}{3}\pi}=-0.5-j0.866$。

解式（11-30）得

$$\left.\begin{aligned}\dot{I}_{L31}&=\frac{1}{3}\dot{I}_{K\cdot L3}^{(1)}\\\dot{I}_{L32}&=\frac{1}{3}\dot{I}_{K\cdot L3}^{(1)}\\\dot{I}_{L30}&=\frac{1}{3}\dot{I}_{K\cdot L3}^{(1)}\end{aligned}\right\}\tag{11-31}$$

单相接地短路时，复合序网如图 11-15 所示。

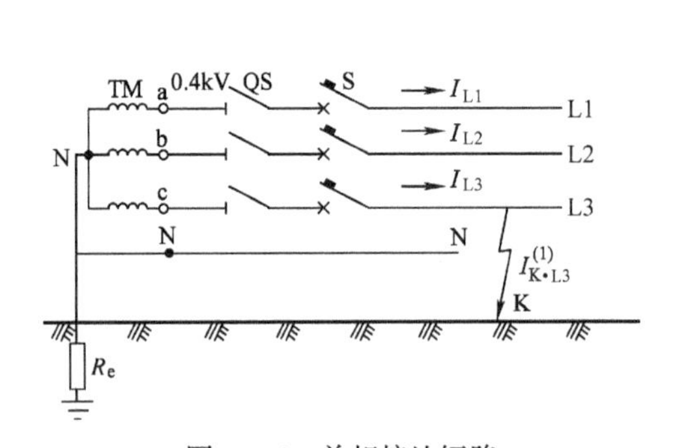

图 11-14 单相接地短路

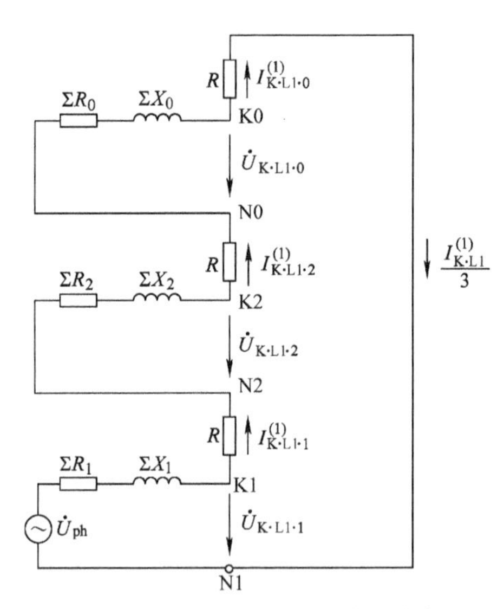

图 11-15 L3 相单相接地短路复合序网

从图 11-15 中可知：

$$I_{K\cdot L3}^{(1)}=\frac{3U_{ph}}{\Sigma Z}=\frac{3U_{ph}}{3R+\Sigma R_0+\Sigma R_1+\Sigma R_2+\Sigma X_0+\Sigma X_1+\Sigma X_2}\tag{11-32}$$

式中，$I_{K\cdot L3}^{(1)}$ 为 L3 相单相接地短路电流，单位为 A；U_{ph} 为相电压，230V；ΣZ 为短路回路阻抗，单位为 Ω；R 为配电变压器低压侧中性点接地电阻，一般为 4Ω；ΣR_0、ΣR_1、ΣR_2 为

配电变压器低压侧单相接地短路回路的零序、正序、负序电阻，单位为Ω；ΣX_0、ΣX_1、ΣX_2为配电变压器低压侧单相接地短路回路的零序、正序、负序电抗，单位为Ω。

通常情况下，有$|\Sigma X_0+\Sigma X_1+\Sigma X_2| \ll R$。所以在工程实际应用中，单相接地短路电流计算式为

$$I_{K}^{(1)}=\frac{U_{ph}}{R} \tag{11-33}$$

式中，$I_{K}^{(1)}$为单相接地短路电流，单位为A；U_{ph}为接地相电源相电压，230V；R为配电变压器低压侧中性点接地电阻，单位为Ω。

（3）保护动作电流整定：单相接地短路保护动作电流整定值计算式为

$$I_{op}=KI_{K}^{(1)} \tag{11-34}$$

式中，I_{op}为保护动作电流整定值，单位为A；K为可靠系数，取1.2；$I_{K}^{(1)}$为单相接地短路电流，单位为A。

（4）校验灵敏度：单相接地短路保护动作灵敏度校验式为

$$K_{sen}=\frac{I_{K}^{(1)}}{I_{op}}\geqslant 1.25 \tag{11-35}$$

式中，K_{sen}为保护动作灵敏度；$I_{K}^{(1)}$为单相接地短路电流，单位为A；I_{op}为保护动作电流整定值，单位为A。

2. 单相短路短保护

（1）简介：在低压配电网络中，容易发生相线与零线的短路，如图11-16所示。

（2）单相短路电流的计算：单相短路电流计算式为

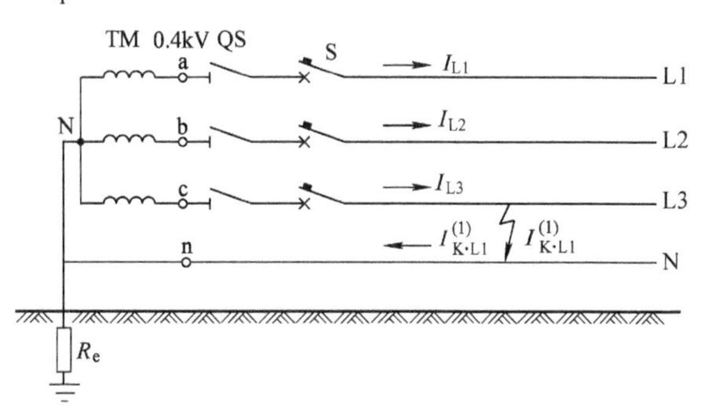

图11-16　低压单相短路

$$I_{K\cdot L3}^{(1)}=\frac{3U_{ph}}{\Sigma Z}=\frac{3U_{ph}}{\sqrt{(\Sigma R_0+\Sigma R_1+\Sigma R_2)^2+(\Sigma X_0+\Sigma X_1+\Sigma X_2)^2}} \tag{11-36}$$

式中，$I_{K\cdot L3}^{(1)}$为单相短路电流，单位为A；U_{ph}为相电压，230V；ΣZ为短路回路阻抗，单位为Ω；ΣR_0、ΣR_1、ΣR_2分别为短路回路零序、正序、负序电阻，单位为Ω；ΣX_0、ΣX_1、ΣX_2分别为短路回路零序、正序、负序电抗，单位为Ω。

（3）保护动作电流整定：应躲开正常运行时可能流过变压器中性线上的最大不平衡负荷电流，为

$$\left.\begin{aligned} I_{op\cdot 1}&=K_{rel}\times 0.25I_N \\ I_{op\cdot 2}&=\frac{I_{op\cdot 1}}{n_{TA}}=\frac{K_{rel}\times 0.25I_N}{n_{TA}} \end{aligned}\right\} \tag{11-37}$$

式中，K_{rel}为可靠系数，一般取$K_{rel}=1.2\sim1.3$；I_N为变压器二次额定电流；n_{TA}为电流互感器电流比。

（4）校验灵敏度：低压相间短路保护动作灵敏度校验式为

$$K_{sen}=\frac{I_{K}^{(1)}}{I_{op}}\geqslant 1.5 \tag{11-38}$$

式中，K_{sen} 为保护动作灵敏度；$I_{K}^{(1)}$ 为单相短路电流，单位为A；I_{op} 为保护动作电流，单位为A。

（5）动作时间的整定

零序电流保护动作时间一般整定为 $t=0.1\sim0.2s$。

【例 11-2】 某 10kV 配电所，安装 1 台 SBH11-M-1000/10 型配电变压器，额定电压 $U_{N1}/U_{N2}=10/0.4kV$，额定容量 $S_N=1000kV\cdot A$，0.4kV 低压侧额定电流 $I_{N2}=1443.42A$，绕组联结 Yyn0；低压侧选用 LMY-100×10 型铝母线，长度 $L_m=10m$；隔离开关额定电流 $I_N=2000A$，空气断路器额定电流 $I_N=400A$；低压线路选用 YJLV22-3×95+1×50 型四芯铝电缆，长度 50m 试计算 0.4kV 低压线路单相接地及单相短路保护的相关参数。

解：1. 单相接地短路电流保护

（1）短路电流的计算：低压单相接地短路如图 11-14 所示。查表 1-2 得 SBH11-M-1000/10 型配电变压器的电阻 $R_T=1.47m\Omega$，电抗 $X_T=7.05m\Omega$。查表 1-4 得该配电变压的零序电抗 $X_{T0}=110.2m\Omega$，则该配电变压器的正序、负序、零序电抗分别为

$$R_{T1}=R_{T2}=R_T=1.47m\Omega$$

$$X_{T1}=X_{T2}=X_T=7.05m\Omega$$

$$X_{T0}=110.2m\Omega$$

查表 1-10 得 LMY-100×10 型铝母线单位长度电阻为 $R_{m\cdot0}=0.041m\Omega/m$，取 $D=250mm$ 单位长度电抗为 $X_{m\cdot0}=0.156m\Omega/m$，则母线正序、负序电阻、电抗分别为

$$R_{m1}=R_{m2}=R_{m\cdot0}L_m=0.041\times10m\Omega=0.41m\Omega$$

$$X_{m1}=X_{m2}=X_{m\cdot0}L_m=0.156\times10m\Omega=1.56m\Omega$$

查表 1-11 得 2000A 的隔离开关接触电阻 $R_{QS}=0.03m\Omega$。

查表 1-11 得 400A 的低压断路器接触电阻 $R_s=0.40m\Omega$，查表 1-12 得其过电流线圈电阻 $R_s=0.15m\Omega$，电抗 $X_s=0.10m\Omega$。

查表 1-7 得 YJLV22-3×95+1×50 型电缆相线单位长度电阻 $R_{L\cdot0}=0.385m\Omega/m$，查表 1-9 得电缆相线单位长度电抗 $X_{L\cdot0}=0.066m\Omega/m$，单位长度零序电抗 $X_{L0\cdot0}=0.17m\Omega/m$。则电缆的正序、负序、零序电抗分别为

$$R_{L1}=R_{L2}=R_{L0}L=0.385\times50m\Omega=19.25m\Omega$$

$$X_{L1}=X_{L2}=X_{L0}L=0.066\times50m\Omega=3.3m\Omega$$

$$X_{L0}=X_{L0\cdot0}L=0.17\times50m\Omega=8.5m\Omega$$

零线 $50mm^2$ 电缆查表 1-7 得单位长度电阻 $R_{N0}=0.732m\Omega/m$，查表 1-9 得单位长度电抗 $X_{N0}=0.066m\Omega/m$，零序电抗 $X_{N0\cdot0}=0.17m\Omega/m$。则电缆零线正序、负序、零序的电阻、电抗分别为

$$R_{N1}=R_{N2}=R_{N0}L=0.732\times50m\Omega=36.6m\Omega$$

$$X_{N1}=X_{N2}=X_{N0}L=0.066\times50m\Omega=3.3m\Omega$$

$$X_{N0}=X_{N0\cdot0}L=0.17\times50m\Omega=8.5m\Omega$$

配电变压器低压侧中性点接地电阻 $R_e=4\times10^3m\Omega$。

单相接地短路电阻、电抗等效电路如图 11-17 所示。

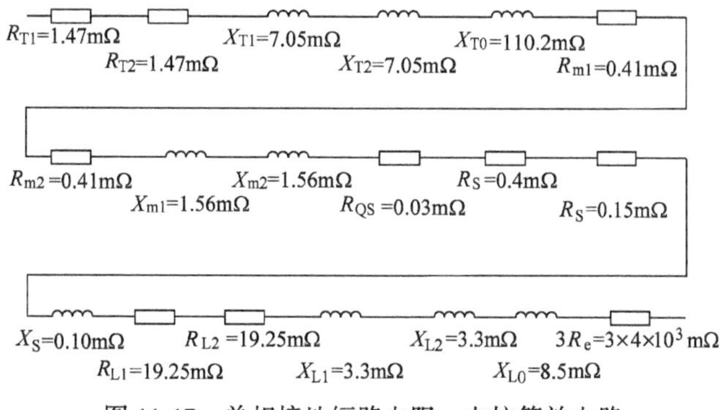

图 11-17　单相接地短路电阻、电抗等效电路

短路回路电阻值为

$$\begin{aligned}\Sigma R &= R_{T1}+R_{T2}+R_{m1}+R_{m2}+R_{QS}+R_S+R_S+R_{L1}+R_{L2}+3R_e\\ &=(1.47+1.47+0.41+0.41+0.03+0.4+0.15+19.25+19.25+3\times4\times10^3)\text{m}\Omega\\ &=12042.84\text{m}\Omega\end{aligned}$$

短路回路电抗值为

$$\begin{aligned}\Sigma X &= X_{T1}+X_{T2}+X_{T0}+X_{m1}+X_{m2}+X_S+X_{L1}+X_{L2}+X_{L0}\\ &=(7.05+7.05+110.2+1.56+1.56+0.10+3.3+3.3+8.5)\text{m}\Omega\\ &=142.62\text{m}\Omega\end{aligned}$$

短路回路阻抗值为

$$\Sigma Z=\sqrt{\Sigma R^2+\Sigma X^2}=\sqrt{12042.84^2+142.62^2}\text{m}\Omega=12043.68\text{m}\Omega$$

单相接地短路电流按式（11-32）计算，得

$$I_{KW}^{(1)}=\frac{3U_{ph}}{\Sigma Z}=\frac{3\times230}{12043.68\times10^{-3}}\text{A}=57.29\text{A}$$

或按式（11-33）计算，得

$$I_{KW}^{(1)}=\frac{U_{ph}}{R}=\frac{230}{4}\text{A}=57.5\text{A}$$

（2）保护动作电流整定值计算：单相接地保护动作电流整定值按式（11-34）计算，得

$$I_{op\cdot1}=KI_K^{(1)}=1.2\times57.29\text{A}=68.75\text{A}$$

查表 11-2 选择 TY-LJ100J 型零序电流互感器，电流比 $K=50/5=10$，零序电流保护二次动作电流为

$$I_{op\cdot2}=\frac{I_{op\cdot1}}{K_{TA}}=\frac{68.75}{10}\text{A}=6.875\text{A}$$

考虑到保护动作灵敏度的要求，故取整定值 $I_{op\cdot1}=40\text{A}$，$I_{op\cdot2}=4\text{A}$。

（3）校验灵敏度：保护动作灵敏度按式（11-35）校验，得

$$K_{sen}=\frac{I_K^{(1)}}{I_{op\cdot1}}=\frac{57.29}{40}=1.43>1.25$$

故灵敏度满足要求。

2. 单相短路电流保护

(1) 短路电流的计算：低压相线与零线之间的单相短路如图 11-16 所示。单相短路电阻、电抗等效电路如图 11-18 所示。

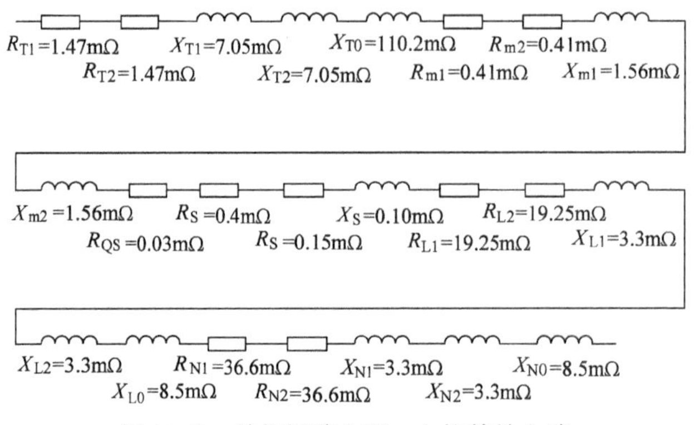

图 11-18 单相短路电阻、电抗等效电路

短路回路电阻值为

$$\begin{aligned}\Sigma R &= R_{T1}+R_{T2}+R_{m1}+R_{m2}+R_{QS}+R_S+R_S+R_{L1}+R_{L2}+R_{N1}+R_{N2}\\ &=(1.47+1.47+0.41+0.41+0.03+0.4+0.15+19.25+19.25+36.6+36.6)\text{m}\Omega\\ &=116.04\text{m}\Omega\end{aligned}$$

短路回路电抗值为

$$\begin{aligned}\Sigma X &= X_{T1}+X_{T2}+X_{T0}+X_{m1}+X_{m2}+X_S+X_{L1}+X_{L2}+X_{L0}+X_{N1}+X_{N2}+X_{N0}\\ &=(7.05+7.05+110.2+1.56+1.56+0.10+3.3+3.3\\ &\quad+8.5+3.3+3.3+8.5)\text{m}\Omega\\ &=157.72\text{m}\Omega\end{aligned}$$

短路回路阻抗为

$$\Sigma Z_1=\sqrt{\Sigma R^2+\Sigma X^2}=\sqrt{116.04^2+157.72^2}\text{m}\Omega=195.81\text{m}\Omega$$

单相短路电流按式（12-13）计算，得

$$I_{K\cdot W}^{(1)}=\frac{3U_{ph}}{\Sigma Z_1}=\frac{3\times 230}{195.81\times 10^{-3}}\text{A}=3524\text{A}$$

(2) 保护动作电流整定值计算：单相短路保护动作电流按式（11-37）计算，得

$$I_{op\cdot 1}=K_{rel}\times 0.25I_{N2}=1.3\times 0.25\times 1443.42\text{A}=469.11\text{A}$$

查表 11-2 选择 TY-LJ100J 型零序电流互感器，电流比 $K_{TA}=300/5=60$，则电流互感器二次动作电流为

$$I_{op\cdot 2}=\frac{I_{op\cdot 1}}{K_{TA}}=\frac{469.11}{60}\text{A}=7.82\text{A}$$

故保护动作电流整定值取 $I_{op\cdot 1}=480\text{A}$，$I_{op\cdot 2}=8\text{A}$。

(3) 校验灵敏度：保护动作灵敏度按式（11-38）校验，即

$$K_{sen}=\frac{I_{K\cdot W}^{(1)}}{I_{op\cdot 1}}=\frac{3524}{480}=7.34>1.5$$

故灵敏度满足要求。

第十节　配电变压器温度控制

一、配电变压器温度控制的原则

DL/T 572—2010《电力变压器运行规程》规定，油浸式自然循环自冷、风冷电力变压器在正常运行情况下允许温度按顶层油温检查，顶层油温最高不得超过95℃（制造厂商有规定时按制造厂商规定执行）。为防止变压器油迅速劣化，顶层油温一般不宜经常超过85℃。根据规定，凡容量在1000kV·A及以上的油浸式变压器均应有温度信号计，当顶层油温超过85℃时，温度计动作发出超温信号。

干式配电变压器，155（F）级环氧树脂绝缘，其极限耐热温度为155℃，满负荷运行时，最高温度为140℃。

配电所油浸式或干式配电变压器设置了温度控制器。运行中的配电变压器温度超过规定值时，发出报警信号，运行人员采取减负荷运行或相关的降温措施。

二、油浸式变压器的温度控制

1. 简介

油浸式变压器绕组平均温升值是65℃，顶部油温升是55℃，铁心和油箱的温升是80℃。

BWY（WTYK）-802G、803G型变压器温度控制器用于容量为1000kV·A及以上变压器，测量变压器顶层油温，当温度超过设定值时，起动冷却装置和报警装置。

BWY（WTYK）系列温度控制器的外形及安装尺寸如图11-19所示。

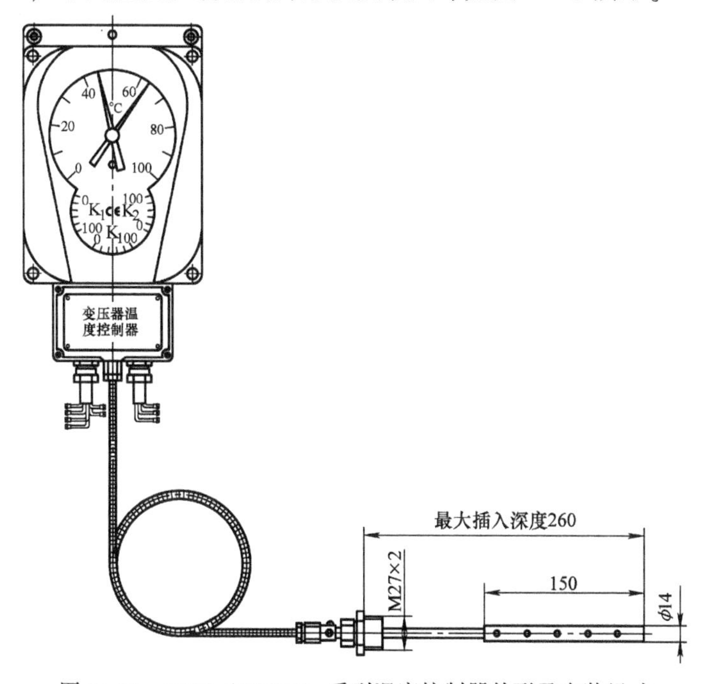

图11-19　BWY（WTYK）系列温度控制器外形及安装尺寸

2. 技术参数

1）正常工作条件：-40~55℃。

2）测量范围：-20~80℃、0~100℃、0~120℃、0~150℃。

3）指示准确度：1.5级。

4）控制性能：①设定范围：全量程可调。②设定准确度：±3℃。③开关差：6℃±2℃。④额定功率：AC250V/3A。⑤标准设定值：802：$K_1=55℃$、$K_2=80℃$；803：$K_1=55℃$、$K_2=65℃$、$K_3=80℃$。

3. 注意事项

1）温控器检验时温包必须全部浸入在恒温槽内，表头必须垂直安装。若在常温空气中，就不能严格按1.5级准确度来考核。

2）温控器接线和安装过程中均应小心轻放，请严格按说明书要求进行。

3）打开表盖时，应使用梅花扳手。合盖时四点均匀对称拧紧，以免影响仪表密封性。

4）安装时，多余毛细管应盘为直径150mm以上环状。每隔300mm应对护套毛细管做适当的固定（如用细铜丝扎结等）。

5）数显仪的检验可根据Pt100分度值采用标准电阻箱作为信号输入也可与温控器连接后在恒温槽内进行。

6）现场安装时，必须注意温包应插入有油的套管内，温包进入有油的套管内深度至少不应小于150mm。

7）有油的套管不能混入水，这是因为当套管中如果有水，当环境温度低于0℃时，这时变压器如果不工作，套管中水结冰膨胀，压迫温包，致使温控器指示不准确。因此，安装温包时要注意做好密封，以防雨水进入。

三、干式变压器的温度控制

1. 简介

干式变压器的绝缘耐热等级（热寿命等级）取决于线圈所用的绝缘材料。现在国内树脂浇注干式变压器绝缘材料多采用F级环氧树脂，所以其产品的极限耐热温度为155℃，满负荷最高安全运行温度为140℃（环境温度最高允许为40℃，海拔1000m以下）。在某些特殊场合，变压器因经常长期过负荷运行或环境温度偏高等原因，可能发生变压器运行温升偏高，这种情况势必导致变压器预期寿命急速下降。

干式变压器采用H级环氧树脂，其极限耐热温度为180℃，满负荷最高安全运行温度为165℃，同样在设计温升100K的条件下，留有更多的裕度。显然，采用H级绝缘材料生产的干式变压器（温升按F级考核）更可靠、更安全。

2. 温度控制系统

1）温控器采用传感器（Pt100）采集变压器温度信号，监控变压器线圈温度，提高了系统的可靠性。

2）抗干扰性能安全满足JB/T 7631—2016《变压器用电子温控器》要求。

3）可按用户需要提供带计算机接口等其他功能的温控器。

4）嵌入式安装，简洁实用方便。带外壳（IP20）产品：直接装在外壳板上。不带外壳（IP00）产品：可装在变压器本体上或安全护栏上。

干式变压器温度控制系统原理如图 11-20 所示。

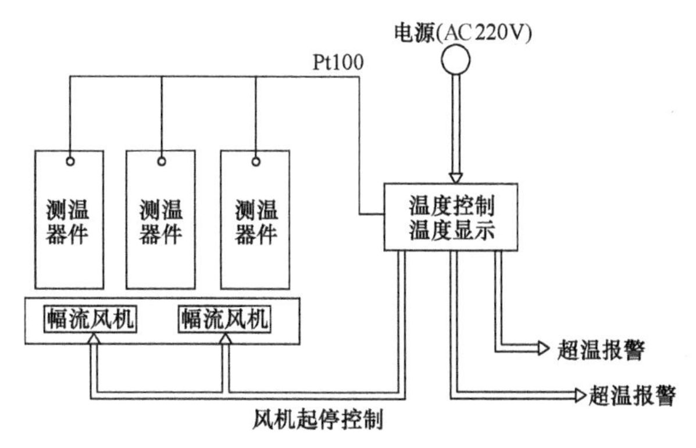

图 11-20　干式变压器温度控制系统原理

3. 强迫风冷系统

1）干式变压器冷却方式分为自然空气冷却（AN）和强迫空气冷却（AF）。

2）自然空气冷却（AN）时，正常使用条件下，变压器可连续输出 100%的额定容量。

3）强迫空气冷却（AF）时，正常使用条件下，变压器可输出 150%的额定容量。适用于各种急救过负荷或断续过负荷运行。由于负荷损耗和阻抗电压增幅较大，不推荐强迫空气冷却（AF）长时间连续过负荷运行。

4）对自然空气冷却（AN）和强迫空气冷却（AF）的变压器，均需保证变压器室具有良好的通风能力。当变压器安装在地下室或其他通风能力较差的环境中时，必须增设散热通风装置，通风量按每 1kW 损耗（P_o+P_k）需 3～4m^3/min 风量选取。

5）常规容量变压器风机数量，功率及电源配置见表 11-4。

表 11-4　干式变压器风机数量及功率配置

变压器容量/kV·A	250～500	630～800	1000～1250	1600～2500	≥3150
风机数量/功率/台/W	2/55	6/50	6/75	6/90	8～12/90
风机电源	～220V	～220V	～220V	～220V	～220V

4. 变压器过负荷

干式变压器 F 级绝缘过负荷曲线如图 11-21 所示，H 级绝缘过负荷曲线如图 11-22 所示。

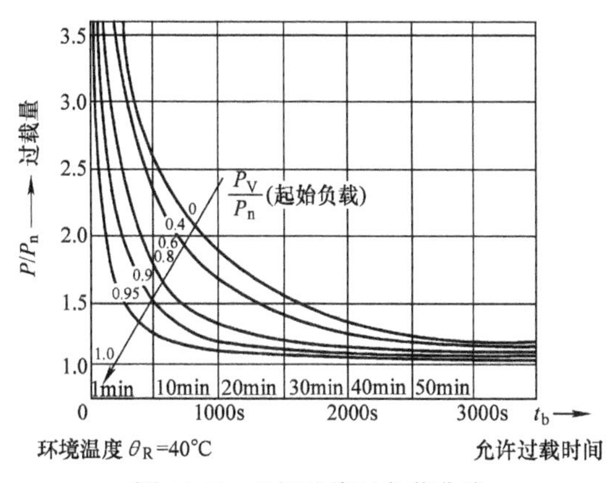

图 11-21　F 级绝缘过负荷曲线

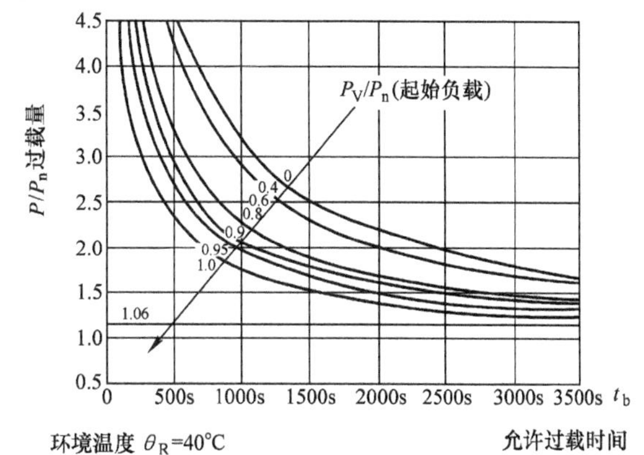

图 11-22　H 级绝缘过负荷曲线

第十一节 分段母线保护

一、分段母线保护的基本原理

配电所分段母线的保护，宜在分段断路器装设电流速断保护和带时限过电流保护。

分段断路器电流速断保护仅在合闸瞬间投入，合闸后自动解除。分段断路器过电流保护应比出线回路的过电流保护大一级时限。

当该段母线发生故障时，该段的继电保护动作，母线分段断路器 QF 跳闸，将故障段与非故障段脱离，使非故障段母线仍保持运行。

10kV、35kV 分段母线保护原理接线如图 11-23 所示。

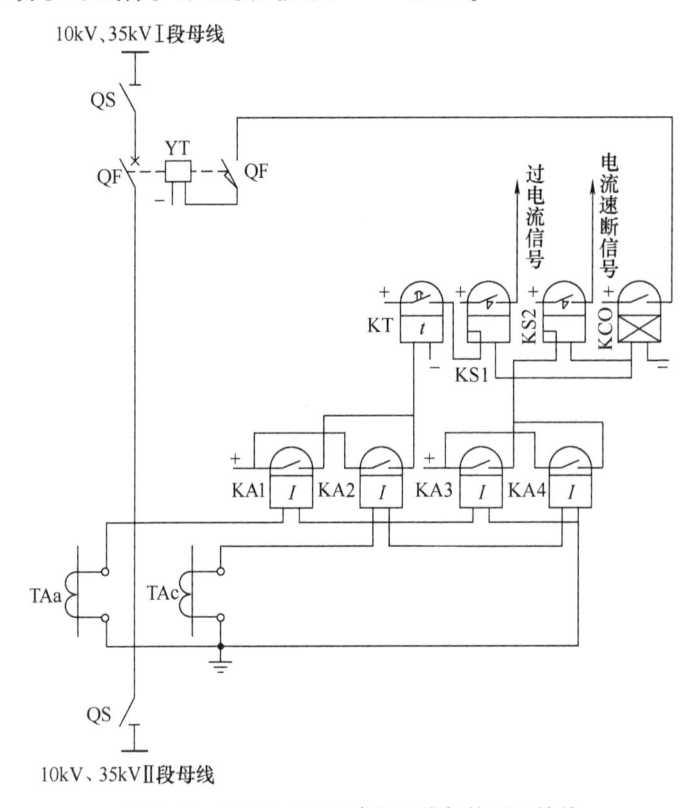

图 11-23 10kV、35kV 分段母线保护原理接线

二、分段母线保护的整定计算

1. 电流速断保护

（1）动作电流整定计算：电流速断保护动作电流整定计算式为

$$\left.\begin{aligned} I_{op\cdot 1} &= K_{rel}K_{p}I_{p\cdot max} \\ I_{op\cdot 2} &= \frac{I_{op\cdot 1}}{n_{TA}} = \frac{K_{rel}K_{p}I_{p\cdot max}}{n_{TA}} \end{aligned}\right\} \quad (11\text{-}39)$$

式中，$I_{op\cdot1}$、$I_{op\cdot2}$为电流速断保护一次、二次动作电流整定值，单位为A；K_{rel}为可靠系数，取1.3；K_p为过负荷系数，取4~5；$I_{p\cdot max}$为最大负荷电流，单位为A；n_{TA}为电流互感器电流比。

（2）校验动作灵敏度：保护动作灵敏度校验式为

$$K_{sen}=\frac{I_K^{(2)}}{I_{op\cdot1}}>1.5 \tag{11-40}$$

式中，K_{sen}为灵敏度，应大于1.5；$I_K^{(2)}$为两相短路电流的有效值，单位为A；$I_{op\cdot1}$为保护动作一次整定值，单位为A。

（3）动作时限整定：$t=0s$。

2. 带时限过电流保护

（1）动作电流整定计算：带时限过电流保护动作电流整定计算式为

$$\left.\begin{aligned}I_{op\cdot1}&=\frac{K_{rel}I_{p\cdot max}}{K_r}\\I_{op\cdot2}&=\frac{I_{op\cdot1}}{n_{TA}}=\frac{K_{rel}I_{p\cdot max}}{K_r n_{TA}}\end{aligned}\right\} \tag{11-41}$$

式中，$I_{op\cdot1}$、$I_{op\cdot2}$为动作电流一次、二次整定值，单位为A；K_{rel}为可靠系数，取1.3；K_r为返回系数，取0.95~0.98；$I_{p\cdot max}$为最大负荷电流，单位为A；n_{TA}为电流互感器电流比。

（2）校验保护动作灵敏度：保护动作灵敏度校验式为

$$K_{sen}=\frac{I_K^{(2)}}{I_{op\cdot1}}>1.5 \tag{11-42}$$

式中，K_{sen}为保护动作灵敏度；$I_K^{(2)}$为两相短路电流有效值，单位为A；$I_{op\cdot1}$为保护动作一次整定电流，单位为A。

（3）动作时限整定：过电流保护动作时限整定值，一般取0.5~1s。

【例11-3】 某配电所10kV母线由断路器分段，母联断路器合闸运行，两台10kV配电变压器由10kV 1号电源供电，10kV 2号电源热备用。已知分段母线最大负荷电流$I_{p\cdot max}$=180A，分段母线电流互感器电流比$n_{TA}=200/5=40$，Ⅱ段母线处两相短路电流有效值$I_K^{(2)}$=2182A。试计算分段母线保护的相关保护整定值。

解：1. 电流速断保护

（1）动作电流的整定计算：电流速断保护动作电流整定值按式（11-39）计算，得

$$I_{op\cdot1}=K_{rel}K_pI_{p\cdot max}=1.3\times4\times180A=936A$$

$$I_{op\cdot2}=\frac{I_{op\cdot1}}{n_{TA}}=\frac{936A}{40}=23.4A$$

（2）校验保护动作灵敏度：保护动作灵敏度按式（11-40）校验，得

$$K_{sen}=\frac{I_K^{(2)}}{I_{op\cdot1}}=\frac{2182}{936}=2.33>1.5$$

故灵敏度满足要求。

（3）动作时限的整定：$t=0s$。

2. 带时限过电流保护

（1）动作电流的整定计算：动作电流按式（11-41）整定计算，得

$$I_{op\cdot1}=\frac{K_{rel}}{K_r}I_{p\cdot max}=\frac{1.3}{0.95}\times180A=246.3A$$

$$I_{op\cdot2}=\frac{I_{op\cdot1}}{n_{TA}}=\frac{246.3A}{40}=6.2A$$

（2）校验保护动作灵敏度：保护动作灵敏度按式（11-42）校验，得

$$K_{sen}=\frac{I_K^{(2)}}{I_{op\cdot1}}=\frac{2182}{246.3}=8.9>1.5$$

故灵敏度满足要求。

（3）动作时限整定：保护动作时限整定 $t=0.7s$。

10kV 分断母线保护整定值见表 11-5。

表 11-5　10kV 分断母线保护整定值

名　称	一次动作电流整定值/A	二次动作电流整定值/A	灵　敏　度	
			校验值	要求值
电流速断保护	936	23.4	2.33	1.5
带时限过电流保护	246.3	6.2	8.9	1.5

第十二节　10kV 配电变压器继电保护整定值计算实例

【例 11-4】 某配电所，安装 1 台 SBH11-M-2500/10 型配电变压器，额定电压 $U_{N1}/U_{N2}=10/0.4kV$，电压比 $K=10/0.4=25$，额定容量 $S_N=2500kV\cdot A$，10kV 侧额定电流 $I_{N1}=137.5A$。0.4kV 侧额定电流 $I_{N2}=3608.55A$，10kV 侧电流互感器电流比 $n_{TA}=300/5=60$。配电变压器 10kV 侧两相短路电流有效值 $I_{K1}^{(2)}=4.42kA$，0.4kV 侧母线处三相短路电流有效值 $I_{K2}^{(3)}=31.46kA$。试计算该配电变压器 10kV 侧继电保护相关整定值。

解：

1. 电流速断保护

（1）动作电流整定计算：配电变压器 0.4kV 侧三相短路电流有效值折算到 10kV 侧为

$$I_{K2}^{(3)\prime}=\frac{I_{K2}^{(3)}}{K}=\frac{31.46}{25}kA=1.2584kA\approx1258A$$

电流速断保护动作电流整定值按式（11-20）计算，得

$$I_{op\cdot1}=K_{rel}I_{K2}^{(3)\prime}=1.4\times1258A=1761A$$

$$I_{op\cdot2}=\frac{I_{op\cdot1}}{n_{TA}}=\frac{1761}{60}A=29.35A$$

整定值取 $I_{op\cdot1}=1740A$，$I_{op\cdot2}=29A$。

（2）校验保护动作灵敏度：速断保护动作灵敏度按式（11-21）校验，得

$$K_{sen}=\frac{I_{K1\cdot\min}^{(2)}}{I_{op\cdot1}}=\frac{4420}{1740}=2.54>2$$

故满足要求。

查表 12-9 得 RCS-9621A 型配电变压器保护测控装置，过电流保护Ⅰ段整定值为 $0.1I_n\sim20I_n$，10kV 侧电流互感器二次侧额定电流为 $I_n=I_{N1}/n_{TA}=137.5/60A=2.29A$，则整定值范围为 $I_{op\cdot2}=0.1I_n\sim20I_n=0.1\times2.29\sim20\times2.29A=0.229\sim45.8A$，故整定值 $I_{op\cdot2}=29A$，满足要求。

（3）动作时间整定：保护动作时间整定 $t=0s$。

2. 过电流保护

（1）动作电流的整定：配电变压器 10kV 侧额定电流 $I_{N1}=137.5A$，按 20%过负荷计算，则配电变压器的最大负荷电流 $I_{P\cdot\max}=1.2I_{N1}=1.2\times137.5A=165A$。

配电变压器过电流保护动作电流整定值按式（11-22）计算，得

$$I_{op\cdot1}=\frac{K_{rel}}{K_r}I_{P\cdot\max}=\frac{1.2}{0.95}\times165A=208.42A$$

$$I_{op\cdot2}=\frac{I_{op\cdot1}}{n_{TA}}=\frac{208.42}{60}A=3.47A$$

故整定值取 $I_{op\cdot1}=204A$，$I_{op\cdot2}=3.4A$。

（2）校验保护动作灵敏度：保护动作灵敏度按式（11-23）校验，得

$$K_{sen}=\frac{I_{K1\cdot\min}^{(2)}}{I_{op\cdot1}}=\frac{4420}{204}=21.7>1.5$$

故满足要求。

查表 12-9 得 RCS-9621A 型配电变压器保护测控装置，过电流保护Ⅱ段整定值为 $0.1I_n\sim20I_n=0.1\times2.29\sim20\times2.29A=0.229\sim45.8A$，故整定值 $I_{op\cdot2}=3.4A$ 满足要求。

（3）动作时间整定：设下级过载保护动作时间 $t_1=1s$，则本级动作时间按式（11-24）整定，得

$$t=t_1+\Delta t=(1+0.5)s=1.5s$$

3. 过负荷保护

配电变压器过负荷保护动作电流整定值按式（11-25）计算，得

$$I_{op\cdot1}=\frac{K_{rel}}{K_r}I_{N1}=\frac{1.05}{0.95}\times137.5A=152A$$

$$I_{op\cdot2}=\frac{I_{op\cdot1}}{n_{TA}}=\frac{152}{60}=2.5A$$

故整定值取 $I_{op\cdot1}=150A$，$I_{op\cdot2}=2.5A$。

动作时间整定 $t=10s$，保护动作发出过负荷信号。

4. 零序电流保护

配电变压器低压侧相零短路零序电流保护动作电流整定值按式（11-37）计算，得

$$I_{op\cdot1}=K_{rel}\times0.25I_{N2}=1.2\times0.25\times3608.55A=1082.57A$$

查表 11-2，选择 Y-LJ120J 型零序电流互感器，额定电流 $I_{N0}/I_{n0}=1000/5A$，零序电流互感器电流比 $n_{TA0}=1000/5=200$，则配电变压器零序电流保护动作电流整定值为 $I_{op\cdot1}=1000A$，$I_{op\cdot2}=5A$。

零序电流保护动作时间整定 $t=0.2s$。

零序电流保护动作跳配电变压器 10kV 侧断路器。

5. 配电变压器温度保护

油浸式配电变压器顶层油温控制在 85℃，超过 85℃时，温度保护装置发出超温信号。运行人员应适当减轻配电变压器的负荷，或采取开启风扇等其他降温措施。

10kV 配电变压器保护动作相关整定值见表 11-6。

表 11-6　10kV 配电变压器保护动作相关整定值

名　　称	保护动作电流一次整定值/A	保护动作电流二次整定值/A	保护动作灵敏度		动作时间/s
			规定值	计算值	
	$I_{op\cdot1}$	$I_{op\cdot2}$	K_{sen}		t
电流速断保护	1740	29	2	2.54	0
过电流保护	204	3.4	1.5	21.7	1.5
过负荷保护	150	2.5			10
零度电流保护	1000	5			0.2
温度保护	85℃				

第十三节　35kV 配电变压器继电保护整定值计算实例

【例 11-5】 某县集镇 35kV 配电站，安装 S11-8000/35 型配电变压器 1 台，额定容量 $S_n=8000kV\cdot A$，额定电压 $U_{n1}/U_{n2}=35\pm2\times0.5\%/10.5kV$，联结组标号 Ynd11，阻抗电压 $u_K\%=7.5\%$。该配电变压器配置 PST-1260A 型差动保护装置，配置 PST-1261A 型 35kV 侧及 10kV 侧后备保护。试计算该配电变压器继电保护整定值。

解：1. 差动保护整定值计算

配电变压器各侧计算数值见表 11-7。

表 11-7　配电变压器各侧计算数值

名　称	各　侧　数　值	
额定电压/kV	35	10
额定容量/kV·A	8000	8000
额定电流/A	$I_{N1}=\frac{S_n}{\sqrt{3}U_{n1}}=\frac{8000}{\sqrt{3}\times35}=132$	$I_{N2}=\frac{S_n}{\sqrt{3}U_{n2}}=\frac{8000}{\sqrt{3}\times10.5}=440$
选用 TA 电流比	$n_{TA\cdot1}=400/5=80$	$n_{TA\cdot2}=600/5=120$
TA 二次接线	Y	Y
TA 二次额定电流/A	$I_{n2}=\frac{I_{N1}}{K_1}=\frac{132}{80}=1.65$	$I_{n2}=\frac{I_{N2}}{K_2}=\frac{440}{120}=3.67$
额定计算电流/A	$I_{e2}=\sqrt{3}I_{n2}=\sqrt{3}\times1.65=2.9$	$I_{e2}=3.67$

该配电变压器继电保护以 35kV 为基本侧。

（1）起动电流 $I_{op\cdot0}$。

比率差动保护起动电流 $I_{op\cdot0}$ 按式（11-4）计算：

$$I_{op\cdot0}=0.4I_{e2}=0.4\times2.9A=1.16A$$

电流互感器电流比 $n_{TA\cdot1}=400/5=80$，则电流互感器一次侧起动电流为

$$I_{op\cdot2}=n_{TA\cdot1}I_{e2}=80\times1.16A=92.8A$$

故差动保护起动电流整定值为 $I_{op\cdot0\cdot1}=92.8A$，$I_{op\cdot0\cdot2}=1.16A$，差动保护动作后，跳主变压器各侧断路器。

配电变压器 10kV 母线侧两相短路电流查表 1-19，$I_{K2}^{(2)}=4.2kA$，变压器电压比 $K_T=35/10.5=3.3$，则按式（11-7）校验保护动作灵敏度：

$$K_{sen}=\frac{I_{K2}^{(2)}}{I_{op}K_T}=\frac{4200}{92.8\times3.3}=13.7>2$$

故灵敏度满足要求。

（2）差动速断保护动作电流 I_{op}。

差动速断保护整定电流按式（11-6）计算：

$$I_{op\cdot1}=kI_{N1}=6\times132A=792A$$

$$I_{op\cdot2}=\frac{I_{op\cdot1}}{n_{TA\cdot1}}=\frac{792}{80}A=10A$$

差动速断保护动作时，跳主变压器各侧断路器。

配电变压器 10kV 母线侧两相短路电流 $I_{K2}^{(2)}=4200A$，变压器电压比 $K=35/10.5=3.3$。则按式（11-7）校验速断保护动作灵敏度，即

$$K_{sen}=\frac{I_{K2}^{(2)}}{I_{op\cdot1}K_T}=\frac{4200}{792\times3.3}=1.6>1.2$$

故灵敏度满足要求。

（3）二次谐波制动比的整定。

二次谐波制动比的整定值取 0.15。

（4）高压侧额定电流：$I_{N1}/I_{n\cdot2}=132/1.65A$。

（5）高压侧额定电压：35kV。

（6）高压侧 TA 电流比：$n_{TA\cdot1}=400/5=80$。

（7）低压侧额定电压：10.5kV。

（8）低压侧 TA 电流比：600/5=120。

2. 高压侧过负荷定值的整定

高压侧过负荷定值按式（11-25）计算：

$$I_{op\cdot1}=\frac{K_{rel}}{K_r}I_{N\cdot1}=\frac{1.05}{0.98}\times132A=141A$$

$$I_{op\cdot2}=\frac{I_{op\cdot1}}{n_{TA\cdot1}}=\frac{141}{80}A=1.76A$$

3. 低压侧过负荷定值的整定

低压侧过负荷定值按式（11-25）计算：

$$I_{op\cdot1}=\frac{K_{rel}}{K_r}I_{N\cdot2}=\frac{1.05}{0.98}\times440A=471A$$

$$I_{op\cdot2}=\frac{I_{op\cdot1}}{n_{TA\cdot2}}=\frac{471}{120}A=3.9A$$

双圈变压器可以不计算低压侧过负荷。

4. 启动通风定值，一般可按变压器 70%额定负荷时，启动通风设备，即

$$I=\frac{KI_{N\cdot1}}{n_{TA\cdot1}}=\frac{0.7\times132}{80}A=1.155=1.2A$$

5. 闭锁调压定值

$$I=\frac{KI_{N\cdot1}}{n_{TA\cdot1}}=\frac{1.1\times132}{80}A=1.82A$$

S11-8000/35 型配电变压器差动保护整定值见表 11-8。

表 11-8 S11-8000/35 型配电变压器差动保护整定值

序号	定值名称	定 值	序号	定值名称	定 值
1	差动动作电流/A	92.8/1.16	7	低压侧额定电压/kV	10.5
2	差动速断电流/A	792/10	8	低压侧 TA 电流比	120
3	二次谐波制动系数	0.15	9	高压侧过负荷定值/A	141/1.76
4	高压侧额定电流/A	132/1.65	10	低压侧过负荷定值/A	471/3.9
5	高压侧额定电压/kV	35	11	启动通风定值/A	96/1.2
6	高压侧 TA 电流比	80	12	闭锁调压定值/A	145.6/1.82

6. 复合电压闭锁过电流保护

（1）10kV 侧复合电压闭锁过电流保护。

1）动作电流整定计算。

动作电流整定值按式（11-12）计算：

$$I_{op\cdot1}=1.5I_N=1.5\times440A=660A$$

$$I_{op\cdot2}=\frac{I_{op\cdot1}}{n_{TA}}=\frac{660}{120}A=5.5A$$

动作电流整定值为 660/5.5A。

2）校验灵敏度。

校验灵敏度按式（11-13）计算：

$$K_{sen}=\frac{I_{K\cdot3}^{(2)}}{I_{op\cdot1}}=\frac{1400}{660}=2.1>1.5$$

故灵敏度满足要求。

3）动作时间整定。

10kV 侧保护动作时限 $t_1=1.3s$，跳主变压器低压侧断路器，并闭锁低压侧自投装置。

（2）35kV 侧复合电压闭锁过电流保护。

1）动作电流整定值计算。

动作电流整定值按式（11-12）计算：

$$I_{op\cdot1}=1.5I_N=1.5\times132A=198A$$

$$I_{op\cdot2}=\frac{I_{op\cdot1}}{n_{TA}}=\frac{198}{60}A=3.3A$$

动作电流整定值为 198/3.3A。

2）校验灵敏度。

校验灵敏度按式（11-13）计算：

$$K_{sen}=\frac{I_{K\cdot3}^{(2)}}{I_{op}}=\frac{1400}{198}=7>1.5$$

故灵敏度满足要求。

3）动作时限的整定。

保护动作时限整定值：

$$t_2=t_1+\Delta t=1.3s+0.3s=1.6s$$

保护动作后，经延时 1.6s 后，跳主变压器两侧断路器，并闭锁高压侧内桥自投装置。

7. 复合电压闭锁方向过电流Ⅰ段保护

（1）10kV 侧复合电压闭锁方向过电流Ⅰ段保护。

1）动作电流整定值计算。

10kV 侧复合电压闭锁方向过电流Ⅰ段保护，作为 10kV 侧母线故障的近后备保护，应与 10kV 线路末端短路保护相配合，查表 1-19 得线路末端三相短路电流 $I_{K\cdot3}^{(3)}=1600A$，电流互感器电流比 $K_{TA}=600/5=120$，选用 PST-1261A 型主变压器 10kV 侧后备保护装置。则保护动作电流整定值按式（11-16）计算，即

$$I_{op\cdot1}=K_{rel}I_{K\cdot3}^{(3)}=1.2\times1600A=1920A$$

$$I_{op\cdot2}=\frac{I_{op\cdot1}}{n_{TA}}=\frac{1920}{120}A=16A$$

2）校验灵敏度。

查表 1-19 10kV 线路末端两相短路电流 $I_{K\cdot3}^{(2)}=1400A$，保护动作灵敏度按式（11-17）校验，即

$$K_{sen}=\frac{I_{K\cdot3}^{(2)}}{I_{op\cdot1}}=\frac{1400}{1920}=0.73<1.5$$

故灵敏度不满足要求，仅作为 10kV 侧的后备保护。

3）保护动作时限设定。

10kV 侧复合电压闭锁方向过电流保护 1 时限，设定延时 $t_1=20s$，保护动作后跳 10kV 本侧断路器，并闭锁低压自投装置。

（2）35kV 侧复合电压闭锁方向过电流Ⅰ段保护。

1）保护动作电流整定值计算。

35kV 侧复合电压闭锁方向过电流Ⅰ段保护，应与主变压器 10kV 侧复合电压闭锁方向过

电流Ⅰ段保护相配合，变压器电压比为 $K_T=35/10.5=3.3$，电流互感器电流比为 $n_{TA}=300/5=60$，选用 PST-1261A 型主变压器 35kV 侧后备保护装置。保护动作电流整定值按式（11-18）计算，即

$$I_{op\cdot1}=K_{rel}\frac{I_{op\cdot10\cdot I}}{K_T}=1.1\times\frac{1920}{3.3}=640A$$

$$I_{op\cdot2}=\frac{I_{op\cdot1}}{n_{TA}}=\frac{640}{60}=10.67A$$

2）校验灵敏度。

保护动作灵敏度按式（11-19）校验，即

$$K_{sen}=\frac{I_{K\cdot2}^{(2)}}{K_T I_{op\cdot1}}=\frac{4200}{3.3\times640}=2>1.5$$

故灵敏度满足要求。

3）保护动作时限设定。

35kV 侧复合电压闭锁方向过电流保护 1 时限，设定延时 $t_1=20s$，保护动作后跳主变压器各侧断路器，并闭锁高压侧内桥自投装置。

35kV 变压器 10kV 侧后备保护整定值见表 11-9。

表 11-9 变压器 10kV 侧后备保护整定值

序号	名　　称	定　　值
1	复合电压元件低电压定值/V	70
2	复合电压元件负序电压定值/V	4
3	复合电压闭锁过电流保护电流定值/A	660/5.5
4	复合电压过流保护 1 时限/s	1.3 跳主变低压侧断路器并闭锁低压自投装置
5	复合电压闭锁方向过电流保护电流定值/A	1920/16
6	复合电压方向过电流保护 1 时限/s	20 跳主变低压侧断路器并闭锁低压自投装置

变压器 35kV 侧后备保护整定值见表 11-10。

表 11-10 变压器 35kV 侧后备保护整定值

序号	名　　称	整　定　值
1	复合电压元件低电压定值/V	70
2	复合电压元件负序电压定值/V	4
3	复合电压闭锁过电流保电流定值/A	198/3.3
4	复合电压闭锁过电流保护 1 时限/s	1.6 跳主变压器各侧断路器并闭锁高压侧内桥自投
5	复合电压闭锁方向过电流保护电流定值/A	582/10
6	复合电压闭锁方向过电流保护 1 时限/s	20 跳主变压器两侧断路器并闭锁高压侧内桥自投装置

8. 零序电流保护整定值

（1）35kV 侧零序电流保护。

电源进线电抗计算为

$$X_{L1\cdot 1}=X_0L_1=(0.4\times 3)\Omega=1.2\Omega$$

$$X_{L1\cdot 0}=X_0'L_1=3.5\times X_0L_1=(3.5\times 0.4\times 3)\Omega=1.4\times 3=4.2\Omega$$

配电变压器电抗计算为

$$X_{T1}=X_{T2}=\frac{u_K\%U_N^2}{100S_N}\times 10^3=\frac{7.5\times 37^2}{100\times 8000}\times 10^3\Omega=12.83\Omega$$

$$X_{T0}=0.8X_{T1}=0.8\times 12.83\Omega=10.27\Omega$$

变压器 Yn 高压侧中性点接地电阻 $R_e=4\Omega$。

变压器 35kV 线路单相接地系统电抗等值电路如图 11-24 所示。

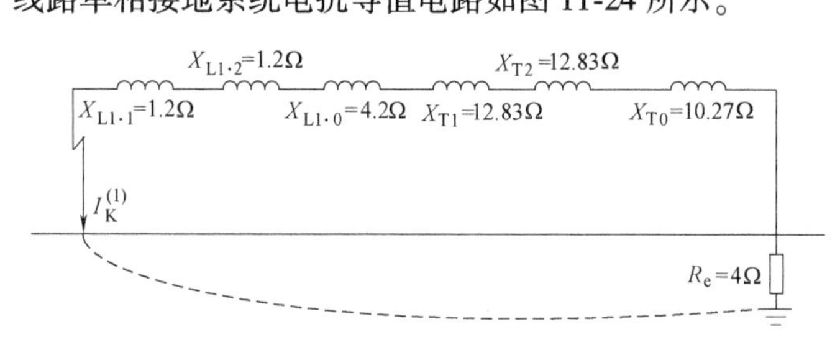

图 11-24　35kV 线路单相接地系统电抗等值图

$$\begin{aligned}\sum Z&=\sqrt{(3R)^2+(X_{L1\cdot 1}+X_{L1\cdot 2}+X_{L1\cdot 0}+X_{T1}+X_{T2}+X_{T0})^2}\\&=\sqrt{(3\times 4)^2+(1.2\times 2+4.2+12.83\times 2+10.3)^2}\Omega\\&=13.66\Omega\end{aligned}$$

设变压器 10kV 为电源侧，则 35kV 线路单相接地电流为

$$I_{K\cdot 35}^{(1)}=\frac{3U_{ph}}{\sqrt{3}\sum Z}\times 10^3=\frac{3\times 37\times 10^3}{\sqrt{3}\times 13.66}A=4697A$$

35kV 线路单相接地零序电流为

$$I_{K\cdot 35\cdot 0}=\frac{1}{3}I_{K\cdot 35}^{(1)}=\frac{1}{3}\times 4697=1566A$$

选择 TY-LJKL120J-1500/5 型零序电流互感器，电流互感器电流比为 $n_{TA\cdot 0}=1500/5=300$。则 35kV 侧零序电流保护动作值为

$$I_{op\cdot 1}=1500A$$

$$I_{op\cdot 2}=\frac{I_{op\cdot 1}}{n_{TA\cdot 0}}=\frac{1500}{300}A=5A$$

零序保护动作时限取 $t=20s$，跳 35kV 侧断路器。

（2）10kV 侧零电流保护

变压器 10kV 侧架空线路接地电流按式（11-28）计算，得

$$I_{op\cdot 1}=\frac{UL}{350}=\frac{10.5\times 5}{350}A=0.15A$$

查表 11-2，选择 TY-LJ100J 型零序电流互感器，电流比 $K_{TA \cdot 0}=50/5=10$。则

$$I_{op \cdot 2}=\frac{I_{op \cdot 1}}{n_{TA \cdot 0}}=\frac{0.15}{10}=0.015A$$

动作时限取 $t=20s$，发 10kV 线路单相接地信号。

35/10kV 变压器零序电流保护整定值见表 11-11。

表 11-11 35/10kV 变压器零序电流保护整定值

序号	名 称	定值	备 注
1	35kV 侧零序电流保护/A	1500/5	
2	35kV 侧零序电流保护动作时限/s	20	跳 35kV 侧断路器
3	10kV 侧零序电流保护/A	0.15/0.02	
4	10kV 侧零序电流保护动作时限/s	20	10kV 线路接地发信号

第十二章　配电设备微机保护装置

第一节　PST-1200 系列数字式变压器保护装置

一、概述

PST-1200 系列数字式变压器保护装置，是以差动保护、后备保护和瓦斯保护为基本配置的成套变压器保护装置，其中 PST-1260A 型为变压器差动保护装置，PST-1261A 型为变压器后备保护装置。变压器保护装置有两种不同原理的差动保护，保护装置基本配置设有完全相同的 CPU 插件，分别完成差动保护功能，高压侧后备保护功能，低压侧后备保护功能，各种保护功能均由软件实现。

二、技术参数

PST-1260A 型、1261A 型数字式变压器保护装置主要技术参数见表 12-1。

表 12-1　PST-1200 系列变压器保护装置主要技术参数

序号	名　称	参数
1	额定直流电压/V	220 或 110
2	额定交流数据	
	相电压/V	$100/\sqrt{3}$
	开口三角电压/V	100 或 300
	交流电流/A	5 或 1
	额定频率/Hz	50
3	采样回路相电压/V	1~100
4	采样回路开口三角电压/V	1~300
5	采样电流/A	$0.04I_n$~$20I_n$
6	断路器跳闸电流/A	0.5、1、2、4 及以上
	断路器合闸电流/A	0.5、1、2、4 及以上

三、变压器保护整定值

变压器差动保护整定值见表 12-2。

表 12-2　变压器差动保护整定值

序号	定值名称	代码	范围
1	控制字	KG	0000~FFFF
2	差动动作电流/A	ICD	0.01~99.99
3	速断动作电流/A	ISD	0.01~99.99
4	二次谐波制动系数	XBB2	0.10~0.500
5	高压侧额定电流/A	In	0.0~99.9
6	高压侧额定电压/kV	HDY	0.0~999.9

（续）

序号	定值名称	代码	范围
7	高压侧 TA 变比	HCT	0.0~9999
8	低压侧额定电流/A	In	0.0~99.9
9	低压侧额定电压/kV	LDY	0.0~99.9
10	低压侧 TA 变比	LCT	0.0~9999
11	高压侧过负荷定值/A	HGF	0.0~99.99
12	低压侧过负荷定值/A	LGF	0.0~99.99
13	启动通风定值/A	ITF	0.0~99.99
14	闭锁调压定值/A	ITY	0.0~99.99

变压器后备保护整定值见表 12-3。

表 12-3 变压器后备保护整定值

序号	定值名称	定　值	整定范围	步　长
1	控制字 1	KG1	0000~FFFF	1
2	控制字 2	KG2	0000~FFFF	1
3	复压低电压定值/V	UL	0.00~99.99	0.01
4	复压负序电压定值/V	U2	0.00~99.99	0.01
5	方向复流 I 段定值/A	FXFL1	0.00~99.99	0.01
6	方向 I 段 1 时限/s	TFXFL11	0.00~99.99	0.01
7	方向 I 段 2 时限/s	TFXFL12	0.00~99.99	0.01
8	复压过电流电流定值/A	FYGL	0.00~99.99	0.01
9	复压过电流 1 时限/s	TFYGL1	0.00~99.99	0.01
10	复压过电流 2 时限/s	TFYGL2	0.00~99.99	0.01
11	过电流速断电流定值/A	GLSD	0.00~99.99	0.01
12	过电流速断时间/s	TGLSD	0.00~99.99	0.01
13	零序过电流电流定值/A	LXGL	0.00~99.99	0.01
14	零序过电流 1 时限/s	TLXGL1	0.00~99.99	0.01
15	间隙过电流电流定值/A	JXGL	0.00~99.99	0.01
16	间隙过电压电压定值/V	JXGY	0.0~999.9	0.1
17	间隙保护时间/s	TJX	0.00~99.99	0.01
18	过负荷电流定值/A	GFH	0.00~99.99	0.01
19	过负荷时间定值/s	TGFH	0.00~99.99	0.01
20	风扇起动电流定值/A	FS	0.00~99.99	0.01
21	风扇起动时间定值/s	TFS	0.00~99.99	0.01
22	闭锁调压电流定值/A	BSTY	0.00~99.99	0.01
23	闭锁调压时间定值/s	TBSTY	0.00~99.99	0.01
24	额定电流/A	In	1 或 5	

第二节　SNP-2316 型配电变压器微机保护装置

一、概述

10kV 配电变压器电源进线选用 KYN28-12 型移开式开关柜、VS1-12 型断路器、SNP-2316 型微机保护监控设备。电源进线见表 12-4。

表 12-4　KYN28-12 型电源进线

序号	标　号	名　称	型号规格	数量
1	EL1、EL2	照明灯	CM-1　15W　AC 220V	1
2	CG	传感器	QE 传感器	1
3	GSN	带电显示器	DXN6-10Q/T　配传感器	1
4	XB1、XB2	连接片	JY1-2	2
5	HLW1、HLW2,HLR,HLY HLG	信号灯	AD11-22/21	4
6	SB	按钮	LA38-22/202	1
7	SC,SC1	旋钮	LA38-11X/K	2
8	EH1	加热器	JDR-75W　AC 220V	1
9	EH2	加热器	JDR-75W　AC 220V	1
10	QF1~QF4	断路器	C65N-2P	4
11	TAa~TAc	电流互感器	LZZBJ9-10A1	3
12	In	变压器保护测控装置	SNP-2316	1
13	QG	接地开关	JN15-12/210-31.5	1
14	QF	真空断路器	VS1-12 1250-31.5KA	1
15	SA1	选位开关	LW12-16/C	1
16	SA2	控制开关	LW12-16 Z4.0331.2	1
17	WSK	温湿度控制器	WSK-SG	1
18	PA	电流表	42L6-A	1

二、安装接线

SNP-2316 型配电变压器微机保护测控二次回路原理接线如图 12-1 所示。

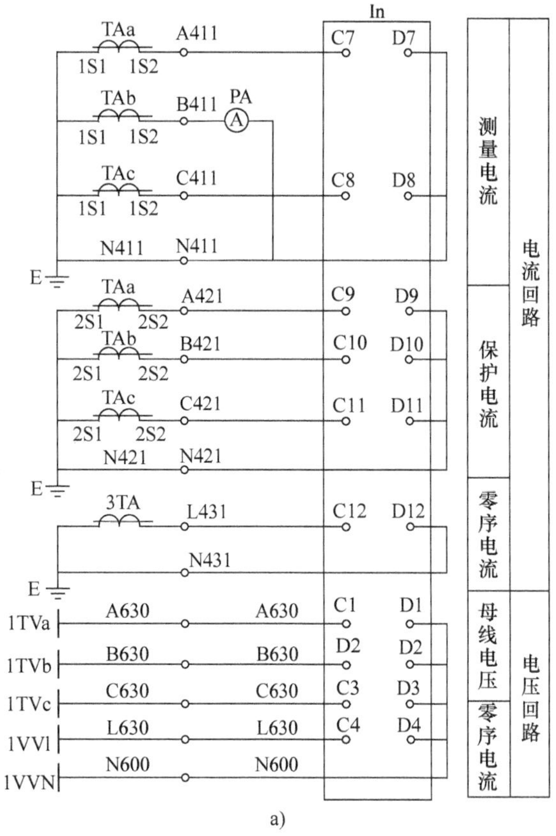

图 12-1　SNP-2316 型配电变压器微机保护测控二次回路原理接线

a）电流、电压回路

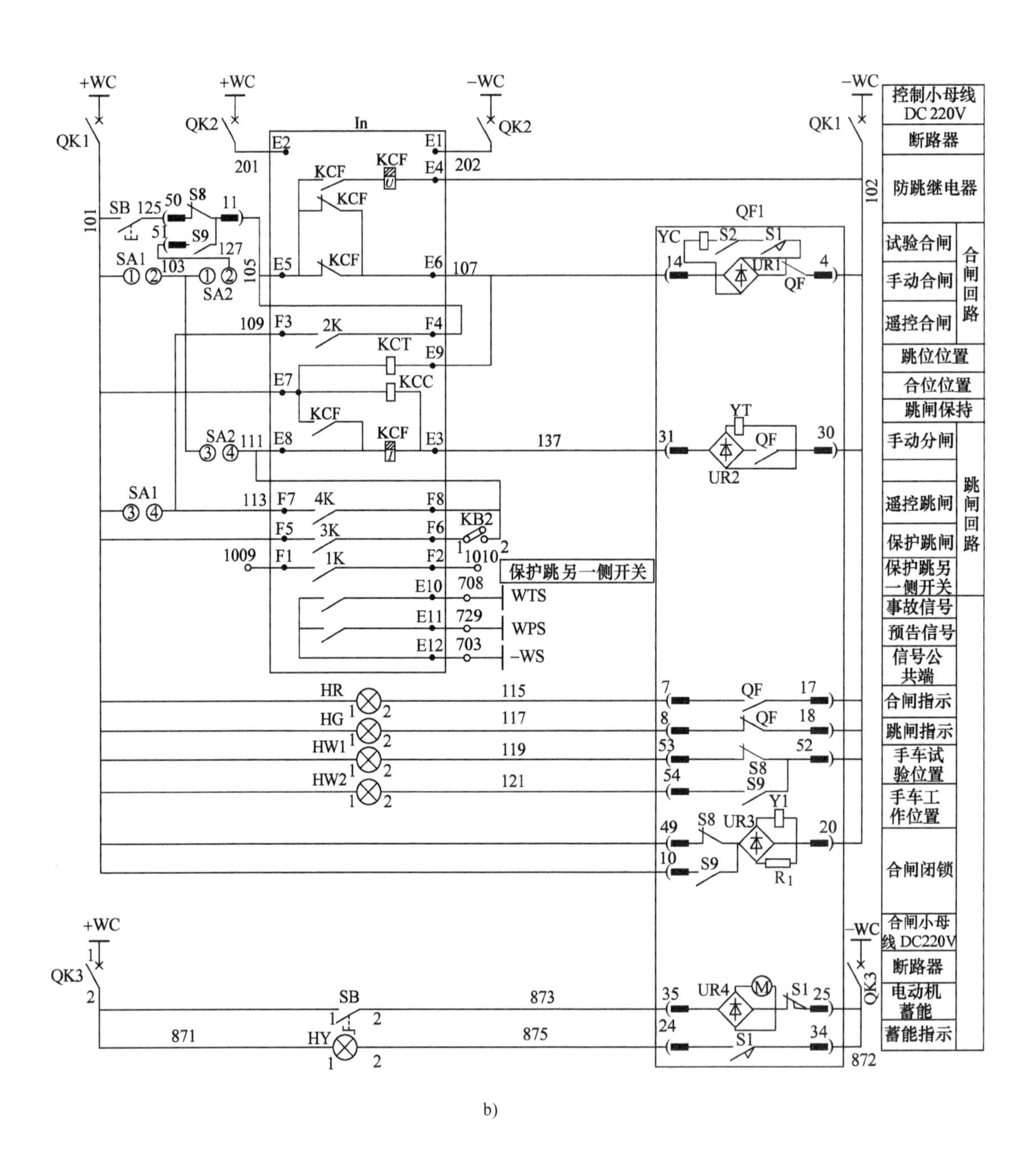

b)

图 12-1　SNP-2316 型配电变压器微机保护测控二次回路原理接线（续）

b）控制回路展开图

TA—电流互感器　PA—电流表　In—测控保护装置　QF—真空断路器

SB—按钮　SA1—选位开关　SA2—控制开关　XB2—连接片　HR—合闸指示灯

HG—跳闸指示灯　HW1—手车试验位置指示灯　HW2—手车工作位置指示灯

HY—储能指示灯

二次回路的安装接线如图 12-2 所示。

SNP-2316 型配电变压器保护测控装置背板端子的接线如图 12-3 所示。

I			
TAa:1S2	1	A411	In:C7
TAb:1S2	2	B411	PA:1
TAc:1S2	3	C411	In:C8
TAa:1S1	4	N411	In:D7
	5	N411	
	6		
TAa:2S2	7	A421	In:C9
TAb:2S2	8	B421	In:C10
TAc:2S2	9	C421	In:C11
TAa:2S1	10	N421	In:C12
	11	N421	E
	12		
In:C2	13	L431	备用
In:D12	14	N431	备用
E	15	N431	
	16		
WVa	17	A630	In:C1
WVb	18	B630	In:C2
WVc	19	C630	In:C3
WV1	20	L630	In:C4
WVn	21	N630	In:D1
	22		
QK1:2	23	101	1SA:2
QF:49	24	101	
QF:10	25	101	
	26		
QK1:1	27	102	In:E4
QF:4	28	102	
QF:17	29	102	QF:18
QF:20	30	102	QF:30
QF:52	31	102	
	32		
	33		
QF:11	34	105	In:E5
QF:14	35	107	In:E6
QF:7	36	115	HR:2
QF:8	37	117	HG:2
QF:53	38	119	BD1:2
QF:54	39	121	BD2:2
QF:31	40	137	In:E3
QF:50	41	125	ST:2
QF:51	42	127	2SA:2
QK2:2	43	201	In:E2
QK2:4	44	202	In:E1
-XM	45	703	In:E12
SYM	46	708	In:E10
YBM	47	729	In:E11
	48		
	49		
	50		
QF:26	51	802	In:B16
QF:55	52	802	
QF:57	53	802	
QF:1	54	802	
QF:36	55	805	In:B3
QF:58	56	807	In:B4
QF:56	57	809	In:B5
In:B6	58	811	
In:B7	59	813	
In:B8	60	815	
QE:2	61	817	In:B9
In:B13	62	825	
In:B14	63	827	
	64		
	65		
	66		
QK3:2	67	871	SA:9
QF:25	68	872	QK3:4
QF:34	69	872	

上接 I70			
QF:35	70	873	SB:2
QF:24	71	875	HY:2
	72		
	73		
QK4:2	74	L101	SB1
EL:2	75	L102	
QK4:4	76	L102	WSK:10
EH1:1	77	L103	WSK:3
EH1:2	78	L105	WSK:4
EH2:1	79	L107	WSK:8
EH2:2	80	L109	WSK:9
SB1	81	L111	EL1:1
	82		
	83		
L	84	L	QK4:1
N	85	N	QK4:3
CG:A	86	a	GSN:a
CG:B	87	b	GSN:b
CG:C	88	c	GSN:c
+WC	89	+WC	QK1:1
+WOM	90	+WOM	QK3:1
-WC	91	-WC	QK1:3
-WOM	92	-WOM	QK3:3
	93		
	94		
	95		
In:F1	96	1009	
In:F2	97	1010	
In:A1	98	485A	**
In:A2	99	485B	**
QF:3	100	1011	
QF:13	101	1012	
QF:5	102	1013	
QF:15	103	1014	
QF:46	104	1015	
QF:12	105	1016	
QF:23	106	1017	
QF:33	107	1018	

a)

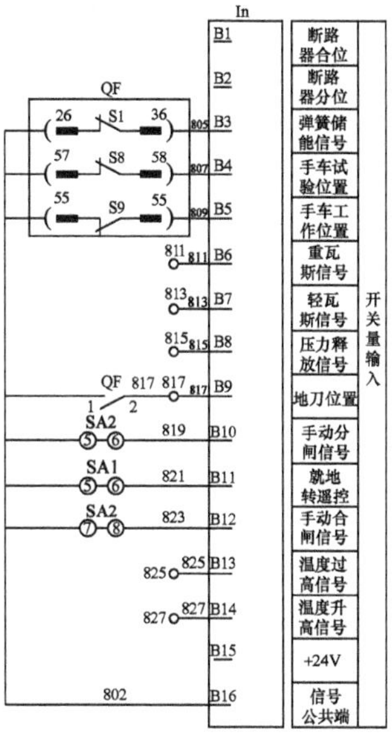

b)

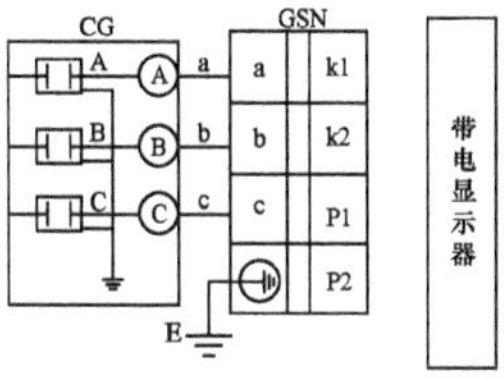

c)

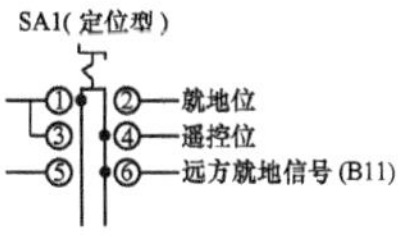

d)

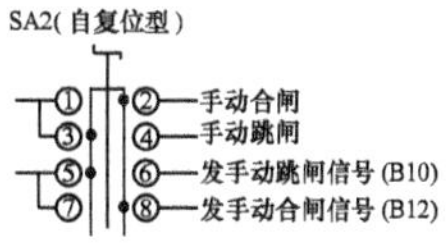

e)

图 12-2　二次回路的安装接线

a）接线端子　b）开关量输入　c）带电显示器　d）SA1 定位型选位开关　e）SA2 自复位型控制开关

LW12-16/C(SA1)

QK	就地位	遥控位
就地 遥控		
触头		
1–2	通	断
3–4	断	通
5–6	断	通

f)

LW12-16 Z4.0331.2(SA2)

SA	手动跳闸	公共位置	手动合闸
分合			
触头			
1–2	断	断	通
3–4	通	断	断
5–6	通	断	断
7–8	断	断	通

g)

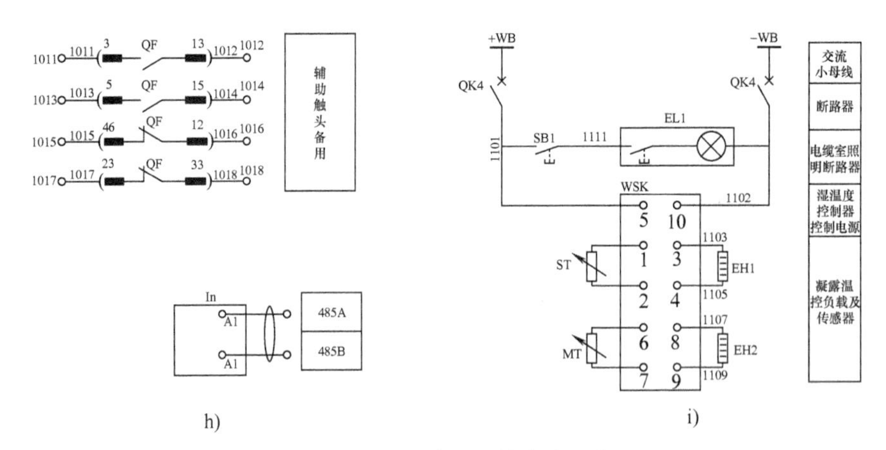

h)　　i)

图 12-2　二次回路的安装接线（续）

f）SA1 控制开关位置　g）SA2 控制开关位置　h）备用辅助触头　i）通信接口

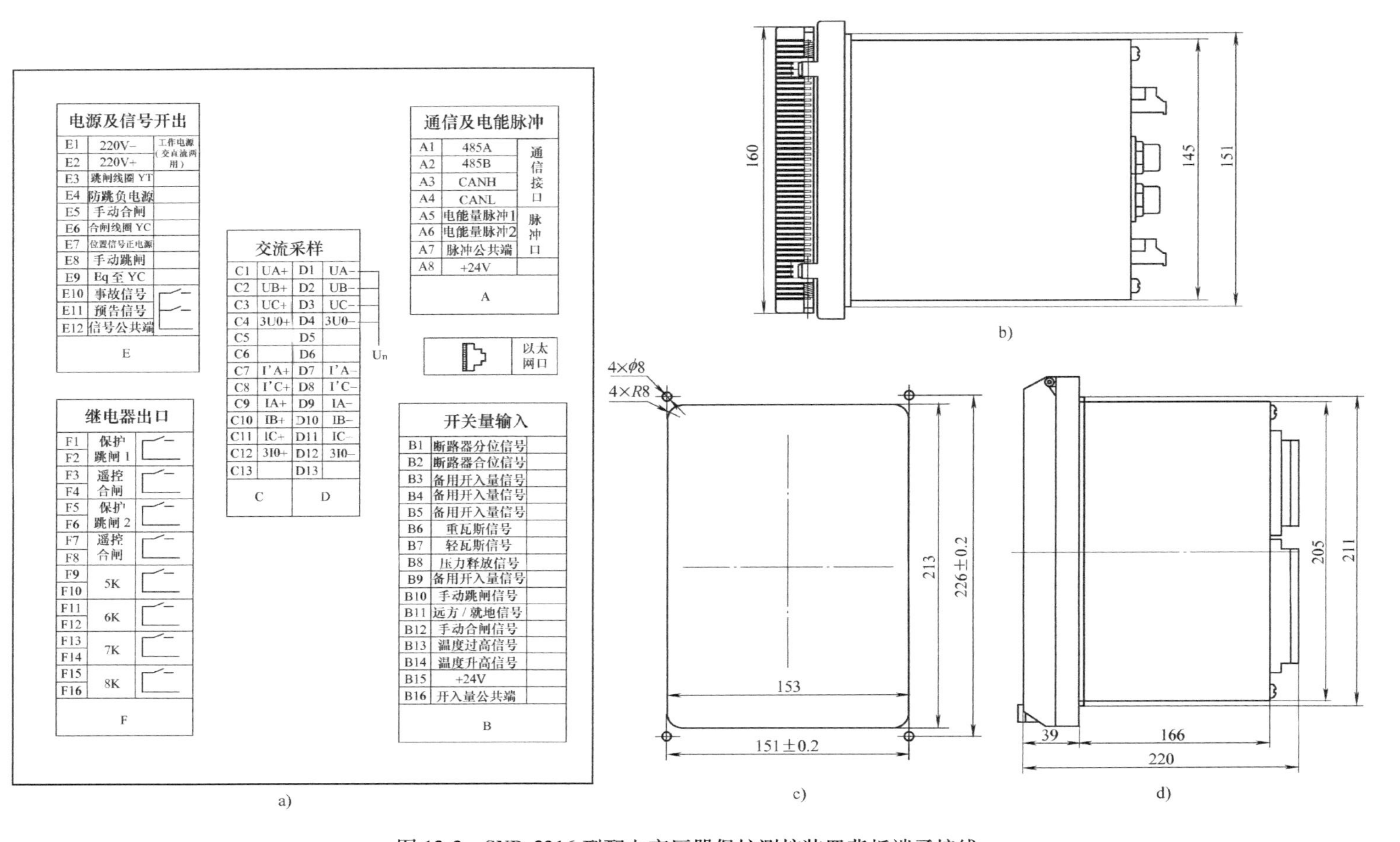

图 12-3　SNP-2316 型配电变压器保护测控装置背板端子接线

a）SNP-2316 变压器保护测控装置背板端子　b）SNP-2300 系列保护测控装置顶视图

c）SNP-2300 系列保护测控装置屏柜开孔　d）SNP-2300 系列保护测控装置侧面图

第三节　RCS-9621A 型配电变压器保护测控装置

一、概述

RCS-9621A 为用于 3～10kV 电压等级小电流接地系统或小电阻接地系统中所用变压器或接地变压器的保护测控装置。也可用作不配置差动保护的 35kV 变压器保护测控装置。

二、主要保护功能

1）三段复合电压闭锁过电流保护。

2）高压侧正序反时限保护。

3）过负荷报警。

4）两段定时限负序过电流保护，其中Ⅰ段用作断相保护，Ⅱ段用作不平衡保护。

5）高压侧接地保护：三段定时限零序过电流保护（其中零序Ⅰ段两时限，零序Ⅲ段可整定为报警或跳闸）；零序过电压保护；支持网络小电流接地选线。

6）低压侧接地保护：三段定时限零序过电流保护，零序反时限保护。

7）低电压保护。

8）非电量保护：重瓦斯跳闸，轻瓦斯报警，超温报警或跳闸，压力释放跳闸，一路备用非电量报警或跳闸。

9）独立的操作回路及故障录波。

由于本装置应用范围比较广，故交流输入、保护出口、报警出口、反时限特性与非电量继电器参数等均可灵活组态与设定。

三、主要测控功能

1）开关位置、弹簧未储能接点、重瓦斯、轻瓦斯、油温高、压力释放等非电量遥信开入，4 路备用遥信开入采集，装置遥信变位以及事故遥信。

2）变压器高压侧断路器正常遥控分合、小电流接地探测遥控分合。

3）I_A、I_C、I_0、U_{AB}、U_{BC}、U_{CA}、P、Q、$\cos\varphi$、f 等模拟量的遥测。

4）开关事故分合次数统计及 SOE（Sequence of Events，事件顺序）记录等。

5）4 路脉冲输入。

四、技术参数

RCS-9621A 型配电变压器保护测控装置的技术参数见表 12-5。

表 12-5　RCS-9621A 型配电变压器保护测控装置技术参数

序号	名　　称	技　术　参　数
1	额定直流电源/V	220,110(允许偏差+15%,-20%)
2	额定交流电压/V	$100/\sqrt{3}$
3	额定交流电流/A	5,1

（续）

序号	名　称	技 术 参 数
4	额定频率/Hz	50
5	过电流保护电流定值/A	$0.1I_n \sim 20I_n$
6	高压侧零序保护电流定值/A	0.02~15
7	低压侧零序保护电流定值/A	$0.1I_n \sim 20I_n$
8	低电压保护电压定值/V	2~100
9	时间定值/s	0~100
10	电流电压定值误差(%)	<5
11	时间定值误差	<0.1%整定值+35ms
12	遥测量计量等级	电流　0.2级
		其他　0.5级
13	遥信分辨率/ms	<1
14	信号输入方式	无源接点

五、保护测控功能的原理

1. 模拟量输入

外部电流及电压输入经隔离互感器隔离变换后由低通滤波器输入至模-数转换器，CPU经采样数字处理后，构成各种保护继电器，并计算各种遥测量。

I_a、I_b、I_c 为过电流保护用模拟量输入，建议采用三相三元件方式，I_A、I_C 为测量用专用TA输入。

I_{os} 为高压侧零序电流输入，在用于小电阻接地系统中时，零序电流输入构成零序保护的Ⅰ段、Ⅱ段、Ⅲ段（Ⅲ段可整定为报警），当用于小电流接地系统中时，零序输入除可用作零序过电流报警外，也同时兼作小电流接地选线用输入，零序电流的接入最好用套管零序电流互感器，若无套管零序电流互感器，在保证零序电流能满足小电流接地系统保护选择性要求前提下，采用三相电流之和（即TA的中性线电流）作为零序电流。

I_{oL} 为低压侧零序电流输入，可取自所用变低压侧CT中性线电流或套管零序CT电流以构成低压侧零序保护的Ⅰ段、Ⅱ段、Ⅲ段。

U_a、U_b、U_c 输入在本装置中作为低电压保护用与小电流接地选线用，同时也与 I_A、I_C 一起计算形成本变压器的 P、Q、$\cos\varphi$、kW·h、kvar·h。在 U_A、U_B、U_C 不接入本装置时，应将低电压保护投入与PT断线检测控制字退出。

对所用变低压侧测量由所用变测量装置测量（RCS-9602测控装置）完成。

2. 定时限过电流保护

本装置设三段定时限过电流保护，各段电流及时间定值可独立整定，分别设置三个整定控制字控制这三段保护的投退。三段可分别通过控制字选择经过或不经过复合电压闭锁。复合电压闭锁的负序电压与低电压闭锁定值均可独立整定。

3. 高压侧正序反时限保护

本装置将高压侧A、B、C三相电流或A、C相电流经正序电流滤过器滤出正序电流，作为反时限保护的动作量。本装置共集成了4种特性的正序反时限保护，用户可根据需要选择任何一种特性的正序反时限保护。正序反时限保护特性在“装置组态-继电器参数”菜单中整定。

由于正序电流的计算方法与电流互感器配置方式有关，故对于只装A、C相电流互感器的情况，在“装置组态-交流输入组态”菜单中两相式保护TA必须整定为“1”。

4. 过负荷报警

5. 两段定时限负序过电流保护

其中Ⅰ段用作断相保护，Ⅱ段用作不平衡保护。

由于负序电流的计算方法与电流互感器有关，故对于只装A、C相电流互感器的情况，在“装置组态—交流输入组态”菜单中两相式保护TA必须整定为“1”。

6. 高压侧接地保护

本装置应用于不接地或小电流接地系统中，在系统中发生接地故障时，其接地故障点零序电流基本为电容电流，且幅值很小，用零序过电流继电器来检测接地故障很难保证其选择性。由于各装置通过网络互联，信息可以共享，故RCS-9000综合自动化系统采用网络小电流接地选线的方法来获得接地间隔，并通过网络下达接地试跳命令来进一步确定接地间隔。

零序过电压保护可通过控制字选择投报警或跳闸，零序过电压跳闸经TWJ位置闭锁。本装置由于交流输入路数的限制，零序过电压保护用电压由装置内部对三相电压矢量相加得到。

如果使用网络接地选线功能，则必须投入零序过电压报警以发出接地报警信号，并整定零序过电压保护的相应定值。

在经小电阻接地系统中，接地零序电流相对较大，故采用直接跳闸方法，装置中设置三段零序过电流保护来作为母线接地故障的后备保护，其中零序过电流Ⅰ段设置两段时限，零序过电流Ⅲ段可整定为报警或跳闸。

7. 低压侧接地保护

装置中设置三段零序过电流保护与零序反时限保护来作为低压侧接地保护。

本装置共集成了4种特性的零序反时限保护，用户可以根据需要选择任何一种特性的零序反时限保护。零序反时限保护特性在“装置组态-继电器参数”菜单中整定。

8. 低电压保护

三个相间电压均小于低电压保护定值，时间超过整定时间时，低电压保护动作。低电压保护经TWJ位置闭锁。装置能自动识别三相PT断线，并及时闭锁低电压保护。

9. 非电量保护

本装置设置了重瓦斯跳闸、轻瓦斯报警、超温报警或跳闸、压力释放跳闸、一路备用非电量报警或跳闸。其中重瓦斯跳闸、压力释放跳闸分别通过控制字ZWS、YLSF选择投退；轻瓦斯报警功能固定投入；超温报警或跳闸可通过控制字CWTZ来选择；一路备用非电量经延时报警或跳闸也可通过控制字FDL来选择。备用非电量报警或跳闸的最长延时可达5000s。

10. 装置告警

当CPU检测到本身硬件故障时，发出装置报警信号（同时端子412~413输出接点信号），同时闭锁整套保护。硬件故障包括：RAM 出错，EPROM 出错，定值出错，电源故障等。

当装置检测出如下问题，将发出运行异常报警信号（用户可灵活组态，一般情况下端子 412~413 同时输出接点信号）：

1）弹簧未储能；

2）PT 断线报警；

3）控制回路断线（同时端子 412~415 输出接点信号）；

4）TWJ 异常；

5）频率异常；

6）零序过电流报警；

7）过负荷报警；

8）接地报警（零序过电压报警）；

9）轻瓦斯报警；

10）超温报警；

11）备用非电量报警。

11. 遥信、遥测、遥控功能

遥控功能主要有三种：正常遥控跳闸操作，正常遥控合闸操作，接地选线遥控跳闸操作。

遥测量主要有 I_A、I_C、I_0、U_{AB}、U_{BC}、U_{CA}、P、Q、$\cos\varphi$、f 和有功电能、无功电能及脉冲总电能。所有这些量都在当地实时计算，实时累加，且计算完全不依赖于网络，准确度达到 0.5 级。

遥信量主要有开关位置、弹簧未储能接点、重瓦斯、轻瓦斯、油温、压力释放等非电量遥信开入，4 路备用遥信开入采集，装置遥信变位以及事故遥信，并作事件顺序记录，遥信分辨率小于 1ms。

12. 对时功能

本装置具备软件或硬件脉冲对时功能。

六、安装接线

10kV 配电变压器出线开关柜上的设备见表 12-6。

表 12-6　10kV 配电变压器出线开关柜上的设备

序号	代　号	名　称	型 号 规 格	数量
1	In	微机变压器出线保护测控装置	RCS-9621AⅡ	1
2	QK1、QK2	断路器	5SX5　3A/2P	2
3	QK	断路器	5SX2　3A/2P	1
4	PA	电流表	42L6A　400/5	1
5	1XB1~1XB5	连接片	YY1-D1-4	5
6	QK	切换开关	LW12-16D/49，4021，3	1
7	KA	中间继电器	DZY-204 220V	1

配电所10kV配电变压器出线选用RCS-9621AⅡ型微机保护及控制信号回路如图12-4所示。QK触头位置见表12-7。

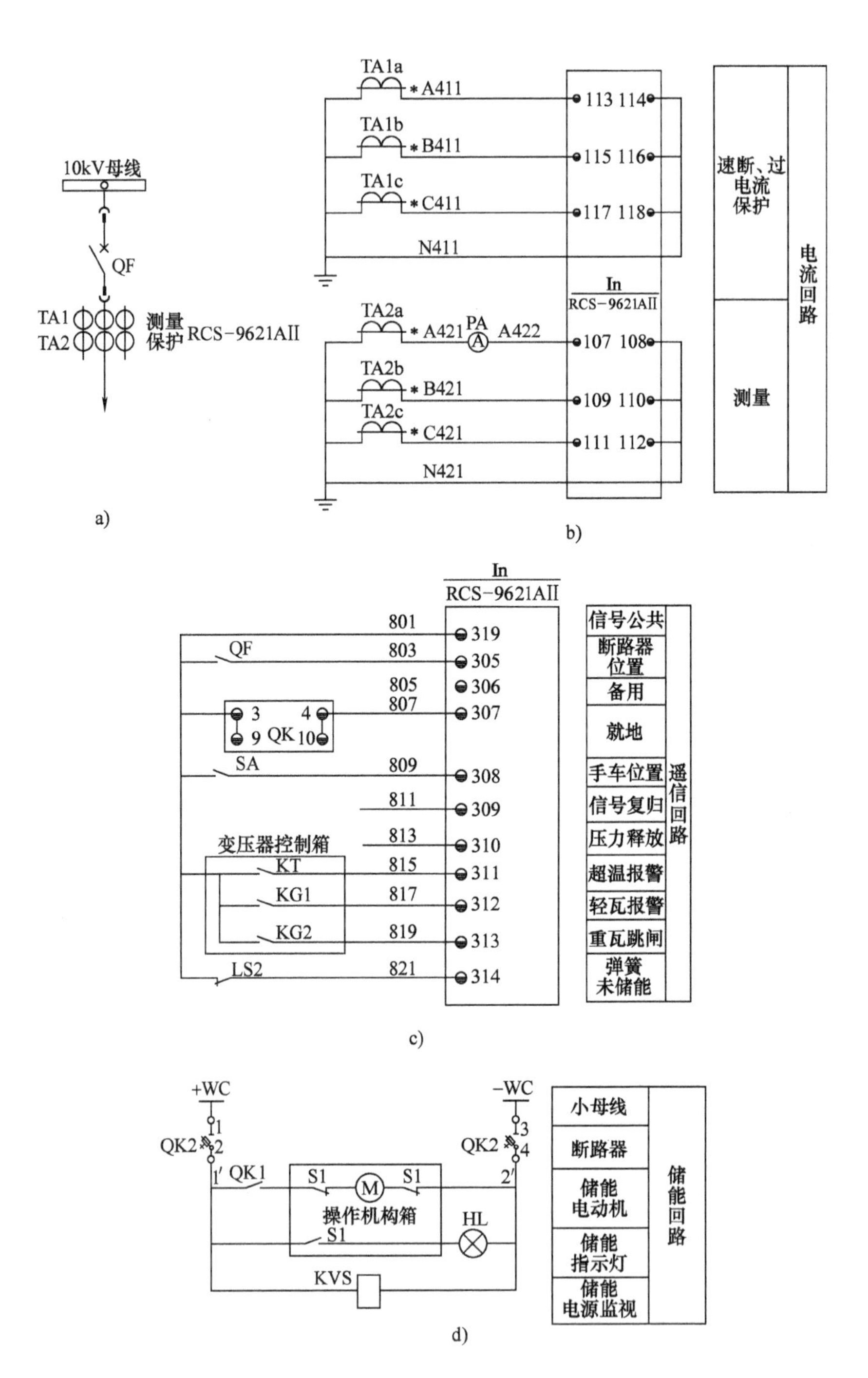

图12-4　配电所10kV配电变压器出线保护及控制信号回路

a）电气主接线　b）电流回路　c）遥信回路　d）储能回路

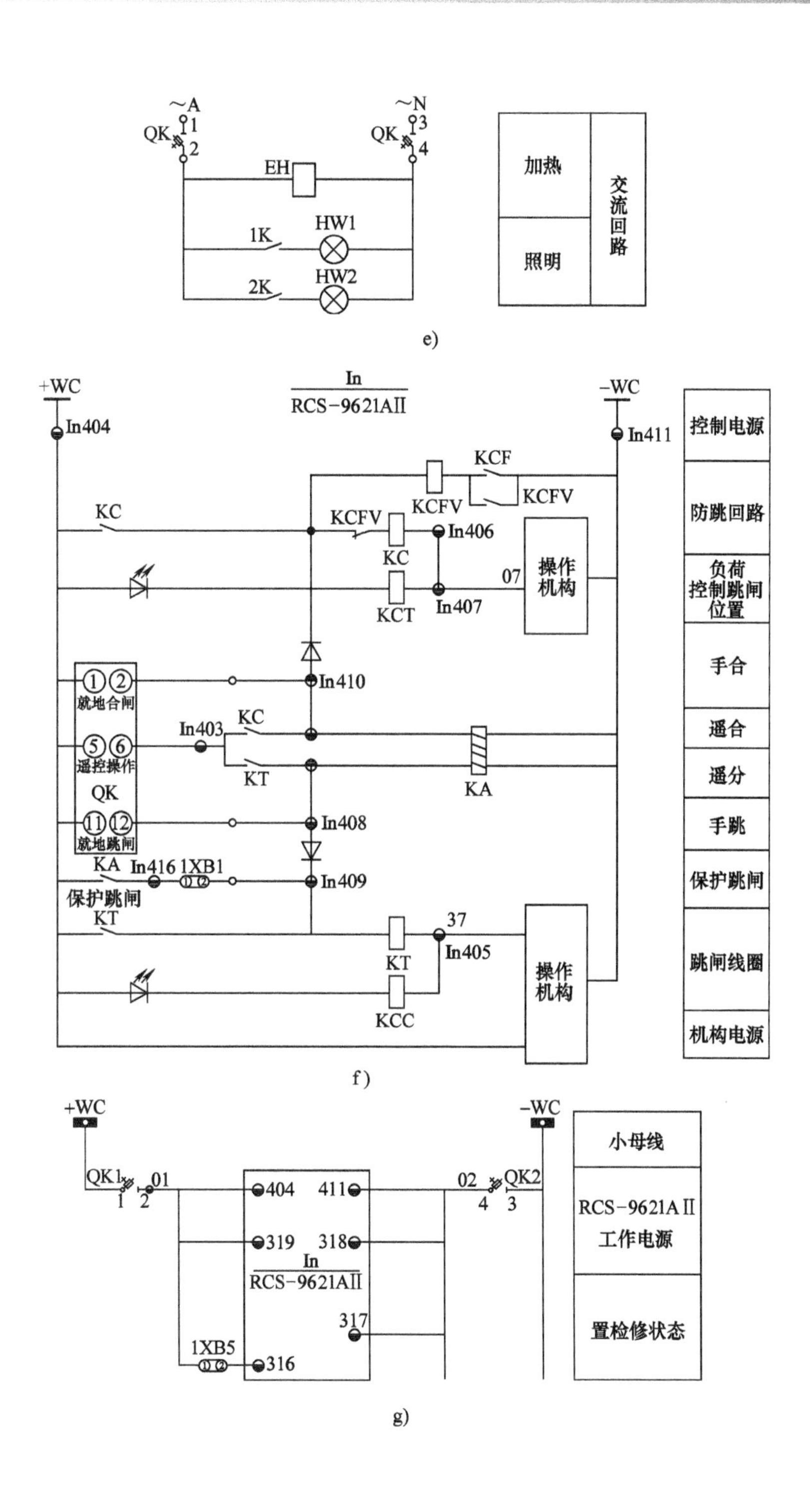

图 12-4　配电所 10kV 配电变压器出线保护及控制信号回路（续）

e）交流回路　f）RCS-9621AⅡ型微机保护控制回路　g）工作电源

表 12-7 **QK 触头位置表**（LW12-16D/49. 4021. 3）

运行方式 \ 触头		1-2	3-4	5-6 7-8	9-10	11-12
跳闸	←	—	—	—	—	×
就地	↖	—	—	—	×	—
远控	↑	—	—	×	—	—
就地	↗	—	×	—	—	—
合闸	→	×	—	—	—	—

注：“×”表示触头接通，“—”表示触头断开。

RCS-9621A 的背板端子接线如图 12-5 所示。

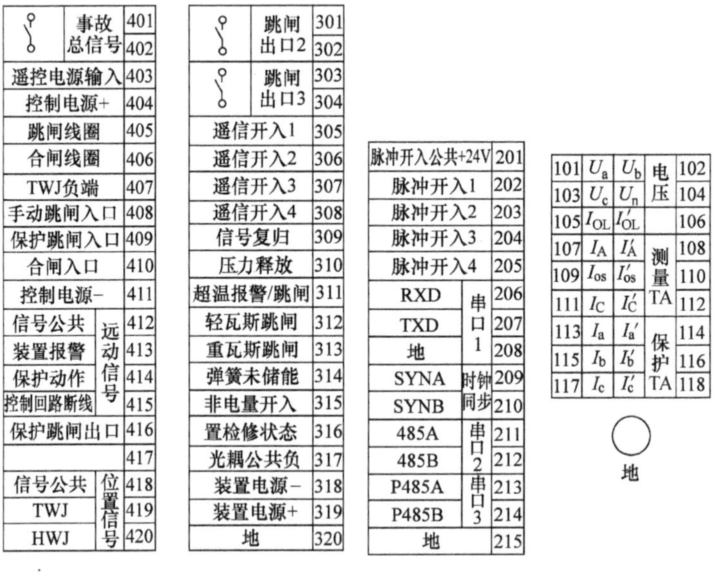

a)

名称		端子
事故总信号		401
		402
遥控电源输入		403
控制电源+		404
跳闸线圈		405
合闸线圈		406
TWJ负端		407
手动跳闸入口		408
保护跳闸入口		409
合闸入口		410
控制电源-		411
信号公共	远动信号	412
装置报警		413
保护动作		414
控制回路断线		415
保护跳闸出口		416
		417
信号公共	位置信号	418
TWJ		419
HWJ		420

b)

名称	端子
跳闸出口2	301
	302
跳闸出口3	303
	304
遥信开入1	305
遥信开入2	306
遥信开入3	307
遥信开入4	308
信号复归	309
压力释放	310
超温报警/跳闸	311
轻瓦斯跳闸	312
重瓦斯跳闸	313
弹簧未储能	314
非电量开入	315
置检修状态	316
光耦公共负	317
装置电源-	318
装置电源+	319
地	320

c)

名称		端子
脉冲开入公共+24V		201
脉冲开入1		202
脉冲开入2		203
脉冲开入3		204
脉冲开入4		205
RXD	串口1	206
TXD		207
地		208
SYNA	时钟同步	209
SYNB		210
485A	串口2	211
485B		212
P485A	串口3	213
P485B		214
地		215

d)

端子				端子
101	U_a	U_b	电压	102
103	U_c	U_n		104
105	I_{OL}	I_{OL}'		106
107	I_A	I_A'	测量TA	108
109	I_{os}	I_{os}'		110
111	I_C	I_C'		112
113	I_a	I_a'	保护TA	114
115	I_b	I_b'		116
117	I_c	I_c'		118

地

图 12-5 RCS-9621A 背板端子接线

a）输出（OUT）接线 b）直流（DC）接线 c）管理软件（CPU）接线 d）交流（AC）接线

七、装置定值整定

1. 装置参数整定（见表 12-8）

注意：装置参数菜单中的各项必须全部整定，整定完毕后必须复位装置或退到装置主画面让装置自动复位。

2. 装置保护定值整定（见表 12-9）

3. 控制字含义

装置控制字的含义见表 12-10。控制字位无特殊说明时，置“1”表示相应功能投入，置“0”表示相应功能退出。

表 12-8　装置参数整定

序号	名　　称	范　　围	备　　注
1	保护定值区号	0~13	
2	装置地址	0~240	
3	规约	1:LFP 规约,0:DL/T667—1999(IEC60870-5-103)规约	
4	串口 A 波特率	0:4800,1:9600 2:19200,3:38400	
5	串口 B 波特率		
6	打印波特率		
7	打印方式	0 为就地打印;1 为网络打印	
8	口令	00~999	
9	遥信确认时间 1	开入 1、2 遥信确认时间(ms)	出厂设置:20ms
10	遥信确认时间 2	其余开入量遥信确认时间(ms)	出厂设置:20ms
11	CT 额定一次值	单位:A	
12	CT 额定二次值	单位:A	
13	零序 CT 额定一次值	单位:A	
14	零序 CT 额定二次值	单位:A	
15	PT 额定一次值	单位:kV	
16	PT 额定二次值	单位:V	
17	低压侧零流额定一次值	单位:A	
18	低压侧零流额定二次值	单位:A	
19	主画面显示一次值	0:主画面显示二次值;1:主画面显示一次值	

表 12-9　装置保护定值整定

序号	定　值　名　称	符号	整定范围	整定	备　　注
1	负序电压闭锁定值	U2zd	0~57V	0.01V	
2	低电压闭锁定值	ULzd	2~120V	0.01V	线电压（100V）
3	过电流Ⅰ段定值	Izd1	$0.1I_n \sim 20I_n$	0.01A	
4	过电流Ⅱ段定值	Izd2	$0.1I_n \sim 20I_n$	0.01A	
5	过电流Ⅲ段定值	Izd3	$0.1I_n \sim 20I_n$	0.01A	
6	正序反时限保护基准值	Ifzd	$0.1I_n \sim 3I_n$	0.01A	
7	过负荷报警定值	Igfh	$0.1I_n \sim 3I_n$	0.01A	
8	负序过电流Ⅰ段定值	I2zd1	$0.1I_n \sim 20I_n$	0.01A	
9	负序过电流Ⅱ段定值	I2zd2	$0.1I_n \sim 20I_n$	0.01A	
10	零序过电流Ⅰ段定值	I0zd1	0.02~15A	0.01A	
11	零序过电流Ⅱ段定值	I0zd2	0.02~15A	0.01A	
12	零序过电流Ⅲ段定值	I0zd3	0.02~15A	0.01A	
13	零序过电压定值	U0zd	2~160V	0.01V	
14	低压侧零序过电流Ⅰ段定值	I0Lzd1	$0.1I_n \sim 20I_n$	0.01A	
15	低压侧零序过电流Ⅱ段定值	I0Lzd2	$0.1I_n \sim 20I_n$	0.01A	
16	低压侧零序过电流Ⅲ段定值	I0Lzd3	$0.1I_n \sim 20I_n$	0.01A	
17	低压侧零序反时限保护基准值	I0Lfzd	$0.1I_n \sim 2I_n$	0.01A	
18	低电压保护定值	Udyzd	2~100V	0.01V	

（续）

序号	定 值 名 称	符号	整定范围	整定	备　　注
19	过电流Ⅰ段时间	Tzd1	0~100s	0.01s	
20	过电流Ⅱ段时间	Tzd2	0~100s	0.01s	
21	过电流Ⅲ段时间	Tzd3	0~100s	0.01s	
22	正序反时限保护时间常数	TFzd	0~3000s	0.1s	特性2,3,4范围为0~1
23	过负荷报警时间	Tgfh	0~100s	0.01s	
24	负序过电流Ⅰ段时间	T2zd1	0.05~100s	0.01s	
25	负序过电流Ⅱ段时间	T2zd2	0.05~100s	0.01s	
26	零序过电流Ⅰ段第一时限	T0zd11	0~100s	0.01s	
27	零序过电流Ⅰ段第二时限	T0zd12	0~100s	0.01s	
28	零序过电流Ⅱ段时间	T0zd2	0~100s	0.01s	
29	零序过电流Ⅲ段时间	T0zd3	0~100s	0.01s	
30	零序过电压保护时间	TU0zd	0~100s	0.01s	
31	低压侧零序过电流Ⅰ段时间	T0Lzd1	0~100s	0.01s	
32	低压侧零序过电流Ⅱ段时间	T0Lzd2	0~100s	0.01s	
33	低压侧零序过电流Ⅲ段时间	T0Lzd3	0~100s	0.01s	
34	低压侧零序反时限保护时间常数	T0LFzd	0~100s	0.01s	特性2,3,4范围为0~1
35	低电压保护时间	Tdyzd	0~100s	0.01s	
36	非电量备用报警/跳闸时间	Tfd1	0~5000s	0.1s	

表12-10　装置控制字含义

序号	名　　称	符号	控制字	备　　注
1	过电流Ⅰ段投入	GL1	0/1	
2	过电流Ⅱ段投入	GL2	0/1	
3	过电流Ⅲ段投入	GL3	0/1	
4	过电流Ⅰ段经复压闭锁	UBL1	0/1	
5	过电流Ⅱ段经复压闭锁	UBL2	0/1	
6	过电流Ⅲ段经复压闭锁	UBL3	0/1	
7	正序反时限保护	I1FSX	0/1	
8	过负荷报警	GFH	0/1	
9	负序过电流Ⅰ段投入	FGL1	0/1	
10	负序过电流Ⅱ段投入	FGL2	0/1	
11	零序过电流Ⅰ段第一时限投入	I011	0/1	
12	零序过电流Ⅰ段第二时限投入	I012	0/1	
13	零序过电流Ⅱ段投入	I02	0/1	
14	零序过电流Ⅲ段跳闸投入	I03	0/1	0:报警,1:跳闸
15	零序过电压跳闸投入	U0	0/1	0:报警,1:跳闸
16	低压侧零序过电流Ⅰ段投入	I0L1	0/1	
17	低压侧零序过电流Ⅱ段投入	I0L2	0/1	
18	低压侧零序过电流Ⅲ段投入	I0L3	0/1	
19	低压侧零序反时限保护投入	I0LFSX	0/1	

（续）

序号	名　　称	符号	控制字	备　　注
20	低电压保护投入	DY	0/1	
21	投重瓦斯跳闸	ZWS	0/1	
22	投超温跳闸	CWTZ	0/1	0:报警,1:跳闸
23	投压力释放跳闸	YLSF	0/1	
24	投非电量跳闸	FDL	0/1	0:报警,1:跳闸
25	PT 断线检测	PTDX	0/1	
26	PT 断线时退出与电压有关保护	PTDXBS	0/1	

第四节　DMR201P/DMR301P 型微机保护测控装置

一、主要特点

1）该装置集保护、测量、监视、控制、人机接口、通信等多种功能于一体；专门针对开关柜进行单元化设计，一台装置即可完成开关柜内所有的自动化功能，简化了开关柜二次设计和施工，代替了各种常规继电器和测量仪表，节省了大量的安装空间和控制电流。

2）配备保护和控制可编程功能，采用电气工作人员熟悉的梯形图（LAD）编程，符合IEC1131-3 标准；通用性强，内置保护库，用户可根据运行需要选配相应保护，减少装置类型和备品备件。

3）以 DSP 数字信号处理器为核心，具有先进内核结构、高速运算能力和实时信号处理等优良特性，过去由于 CPU 性能等因素而无法实现的保护算法可轻松实现。

4）DeviceNet（CAN）现场总线，具有出错帧自动重发和故障节点自动脱离等纠错机制，保证信息传输的实时性和可靠性。最高速率为 1Mbit/s，最长距离为 10km，一条总线最多允许挂接 110 个设备。

5）开关量输入支持直接跳闸或告警，用于瓦斯、温度等重要保护或联锁跳闸。采用可设置变位确认时间窗技术，有效消除开关触头抖动和电磁干扰，保证遥信正确率达 100%。

6）人机接口符合人机工程设计要求，超大屏幕图形液晶，菜单化设计，全中文显示。显示内容包括主接线图、测量数据、开关量状态、实时波形、事件记录、保护定值、梯形图程序和系统参数等。

7）具有事件记录功能，可记录与电力系统安全运行相关的所有事件。时间分辨率小于1ms，可在线记录事件 100 条，且掉电不丢失，便于分析故障原因和设备缺陷诊断。

8）具有故障录波功能，可真实记录故障前后的电流、电压、开关状态等信息，记录密度为每周波 24 点，记录长度可达 100 个周波。

9）具有多套保护定值手动和自动切换功能。装置能自动识别电气运行方式的变化，并自动切换保护定值，特别适合于无人值班和电气运行方式经常变化的场合。

二、主要功能

1）保护功能：电流速断保护（带方向闭锁和低压闭锁）、定时限过电流保护（带方向闭锁和低压闭锁)、过负荷保护、零序电流保护、过热保护、非电量保护等。与事件记录、故障录波、通信网络功能紧密配合，使继电保护技术的应用达到一个新的水平。

2）测量功能电流（I_a、I_b、I_c），测量准确度为0.2级；电压（U_a、U_b、U_c、U_{ab}、U_{bc}、U_{ca}），测量准确度为0.2级；频率f，分辨率0.02Hz；有功功率（P）、无功功率（Q）、功率因数（$\cos\varphi$），测量准确度0.5级；有功电量（P_h）、无功电量（Q_h），测量准确度0.5级；及保护相关数据等。

3）监视功能：具有断路器位置等14路外部无源触头信号输入，并可直接动作于跳闸或告警；采用硬件电路滤波和软件时间窗技术，清除开关节点抖动和电磁干扰等引起的遥信误变位，保证遥信正确率达100%。

4）人机接口功能：超大屏幕图形液晶（分辨率为320×240），菜单化设计，全中文显示。可显示主接线图、测量数据、开关量状态、实时波形、事件记录、保护定值，梯形图程序和系统参数等信息。高亮度指示灯分别表示运行、通信、自检、跳位、遥控、接地、故障、告警；6个备用双色指示灯可由用户指定显示其他信息，如保护投退和动作指示、重合闸充电指示、备自投充电指示、变压器温度信号、瓦斯信号等。

5）通信功能：采用DeviceNet（CAN）现场总线，保证信息传输的实时性和可靠性，最高速度达1Mbit/s，最长距离达10km，一条总线最多允许挂接110个设备；所有运行信息实时发送到上一级SCADA系统，包括遥测、遥信、保护定值、系统参数等；能接受上一级SCADA系统下发的各种遥控、遥调和保护定值整定、保护投退、系统参数修改等命令，实现变电站无人值守方案。

三、技术参数

DMR201P/DMR301P型微机保护测控装置的技术参数见表12-11。

表12-11　DMR201P/DMR301P型微机保护测控装置的技术参数

项目	参数
工作环境	
正常温度	-10~55℃
极限温度	-30~70℃
储存温度	-40~85℃
相对湿度	≤95%
大气压力	80~110kPa
工作电源	
电压范围	85~264V（AC或DC）
频率范围	40~70Hz
正常功耗	10W
最大功耗	20W
电源跌落	200ms
输入保险	4A
隔离耐压	3kV
交流电流回路	
额定电流	5A
功率消耗	<0.5V·A
过载能力	2倍额定电流，连续工作 10倍额定电流，允许10s 40倍额定电流，允许1s
隔离耐压	4kV
交流电压回路	
额定电压	100V
功率消耗	<0.5V·A
过载能力	2倍额定电压，连续工作
隔离耐压	4kV
控制电源回路	
额定电压	220V（AC或DC）
功率消耗	<4mA

（续）

过负荷能力	60%~120%额定电压，连续工作
隔离耐压	4kV
开关量输入回路	
额定电压	DC48V（由装置内部电源提供）
分辨率	<1ms
隔离耐压	4kV
继电器输出回路	
分断电压	AC250V、DC220V
分断功率	1250V·A 交流或 120W 直流（电阻性负载） 500V·A 交流或 75W 直流（电感性负载）
工作电流	5A，连续工作
隔离耐压	4kV
触点材料	银上镶金
电气寿命	2000000 次
机械寿命	20000000 次
高压试验	
绝缘电阻	各电气回路之间　>500MΩ（500V 绝缘电阻表） 各电气回路与地　>500MΩ（500V 绝缘电阻表）
工频耐压	各电气回路之间　2.5kV/50Hz，1min 各电气回路与地　2.5kV/50Hz，1min

冲击电压	各电气回路之间　±5.0kV/0.5J，1.2/50μs 各电气回路与地　±5.0kV/0.5J，1.2/50μs
高频耐压	各电气回路之间　2.5kV/2s 各电气回路与地　2.5kV/2s
电气干扰试验	
高频干扰	电源回路（共模）　2.5kV/100kHz，1MHz 电源回路（差模）　1.0kV/100kHz，1MHz 交流电流回路（共模）　2.5kV/100kHz，1MHz 交流电流回路（差模）　1.0kV/100kHz，1MHz
快速瞬变	电源回路　±2.0kV/5kHz，1min 交流电流回路　±4.0kV/5kHz，1min
静电放电	空气放电　8.0kV 接触放电　6.0kV
高频电磁场	严酷等级Ⅲ级　10V/m
振动试验	
振动试验	符合 GB/T 7261—2016，严酷等级Ⅰ级
冲击试验	
碰撞试验	

四、安装接线

10kV 厂用配电变压器 DMR201P/DMR301P 型微机保护测控装置的安装接线如图 12-6 所示。

10kV 配电变压器 DMR201P/DMR301P 型微机后备保护测控装置的安装接线如图 12-7 所示。

微机综合保护测控装置在 10kV 开关柜上的安装示意如图 12-8 所示。

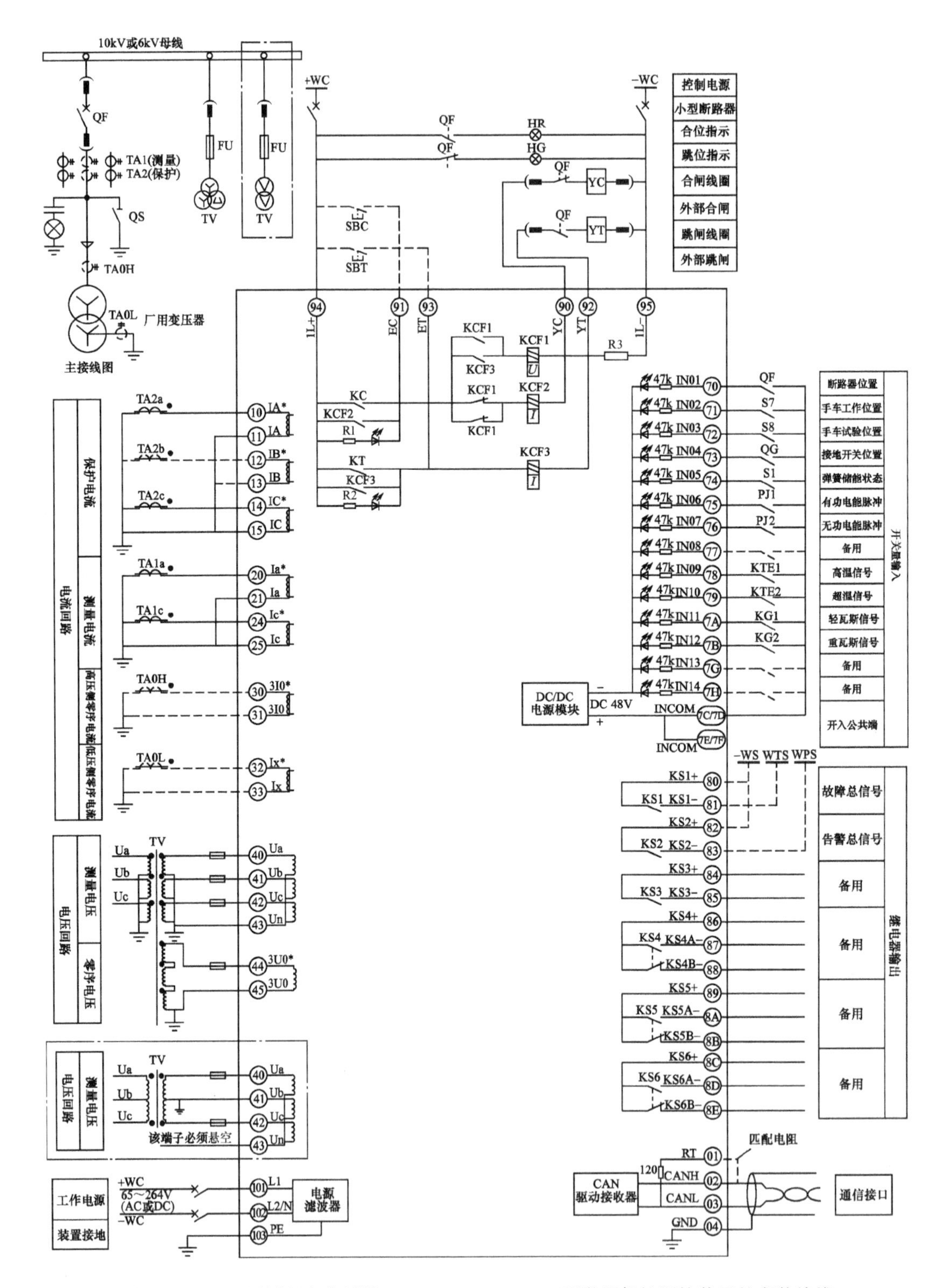

图 12-6　10kV 厂用配电变压器 DMR201P/DMR301P 型微机保护测控装置的安装接线

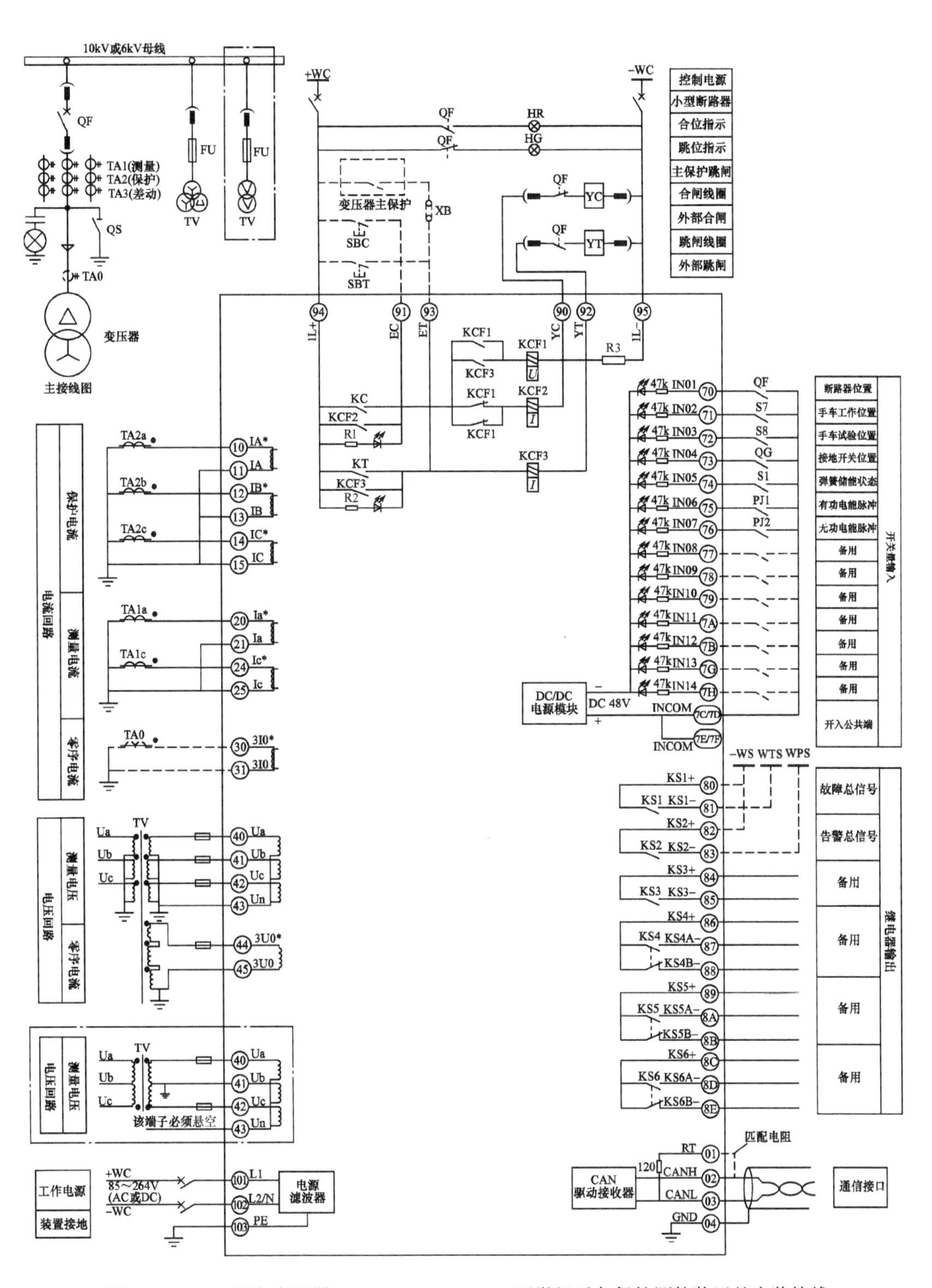

图 12-7 10kV 配电变压器 DMR201P/DMR301P 型微机后备保护测控装置的安装接线

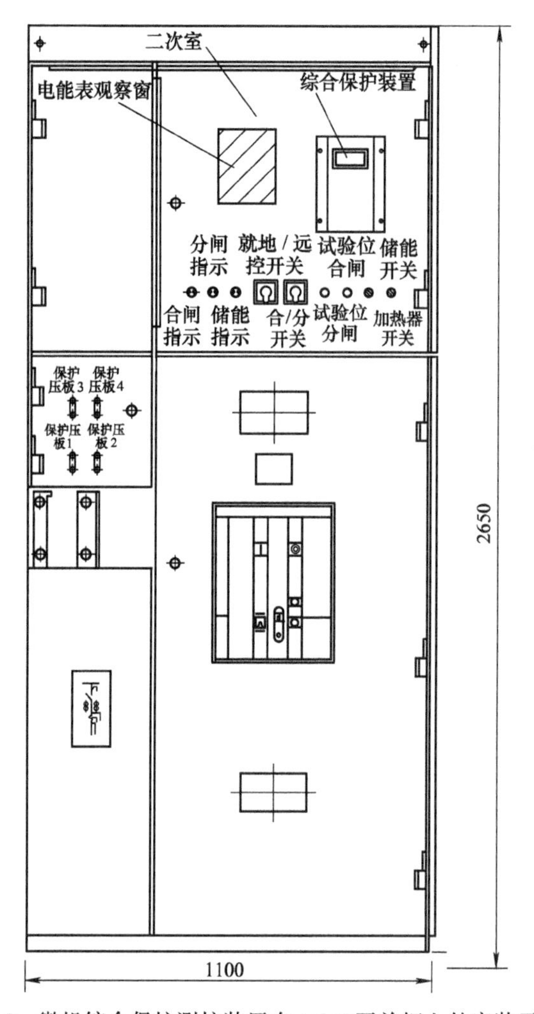

图 12-8　微机综合保护测控装置在 10kV 开关柜上的安装示意图

第五节　SNP-2361 型分段母线微机保护装置

一、概述

KYN28-12 型单分段母线联络柜，电气一次主接线方式如图 12-9 所示。选用 VS1-12 型

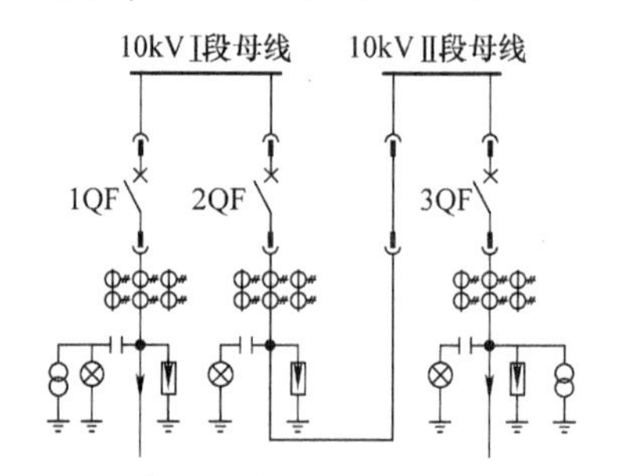

图12-9　单母线分段电气一次主接线方式

真空断路器，选用 SNP-2361 型微机控制保护。联络柜主要电气设备见表 12-12。

表 12-12　主要电气设备

序　号	标　号	名　称	型号规格	数　量
1	MD	照明灯	CM-1 15W AC220V	1
2	CG	传感器	QE 传感器	1
3	GSN	带电显示器	DXN6-10Q/QDC220V 配传感器	1
4	1XB~6XB	连接片	JY1-2	2
5	BD1~BD2,HR,HY	信号灯	AD11-22/21	4
6	HG	信号灯	AD11-22/21	1
7	HK,1HK	旋钮	LA38-11X/K	2
8	Eh1	加热器	JDR-75W AC220V	1
9	Eh2	加热器	JDR-75W AC220V	1
10	1QA~4QA	断路器	C65N-2P	4
11	TAa~TAc	电流互感器	LZZBJ9-10A1 口/5	3
12	In	备自投测控单元	SNP-2361	1
13	DSN	电磁锁	DSN-MY DC220V	1
14	1QF	VS1 真空断路器	VS1-12 DC220V	1
15	1SA	选位开关	LW12-16/C	1
16	2SA	控制开关	LW12-16 Z4.0331.2	1
17	WSK	温湿度控制器	WSK-SG	1
18	ST	按钮	LA38-22/202	1

二、安装接线

SNP-2361 型分段母线微机保护测控二次回路原理接线如图 12-10（见插页）所示，二次回路安装接线如图 12-11（见插页）所示。

SPN-2361 型分段母线微机保护测控装置背板端子接线如图 12-12 所示。

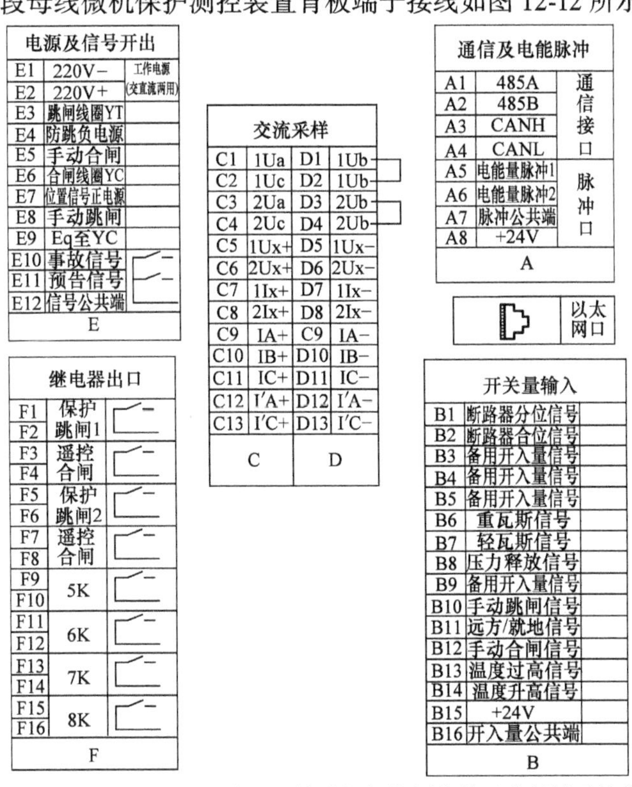

图 12-12　SPN-2361 型分段母线微机保护测控装置背板端子接线

第六节 SNP-2305型电压互感器微机保护装置

一、电压互感器（PT）柜装置

1. 概述

KYN28-12型电压互感器（PT）柜电气主接线如图12-13所示。PT柜主要电气设备见表12-13。

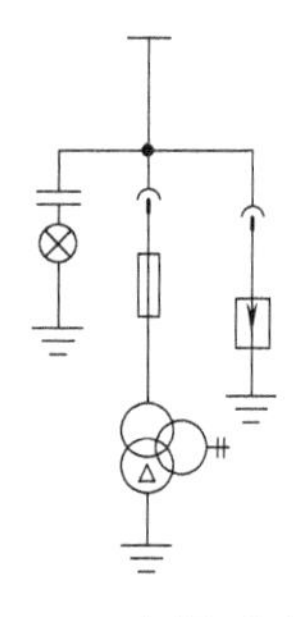

图12-13 10kV电压互感器（PT）柜电气主接线

表12-13 电压互感器（PT）柜主要电气设备

序号	标 号	名 称	型号规格	数量
1	TV	电压互感器	JDZX8-10/3/0.1/3/0.1/3	3
2	WSK	温湿度控制器	WSK-SG AC220V	1
3	1-20A	交流断路器	DZ47-32/2P C6A	1
4	1HK	旋钮	LA38-11X/K	1
5	MD	照明灯	CM-1 15W AC220V	1
6	EH1 EH2	加热器	JDR-150W AC220V	2
7	IN	综保单元(PT)	SNP-2305	1

2. 安装接线

10kV电压互感器PT二次安装接线如图12-14所示。

二、需要切换电压互感器（PT）柜装置

1. 概述

KYN28-12型需切换电压互感器（PT）柜电气主接线如图12-15所示，Ⅰ段母线PT柜主要电气设备见表12-14，Ⅱ段母线PT柜主要电气设备见表12-15。

表12-14 Ⅰ段母线PT柜主要电气设备

序 号	标 号	名 称	型号规格	数 量
1	TV	电压互感器	JDZX8-10/3/0.1/3/0.1/3	3
2	SA	转换开关	LW12-6/C	1
3	WSK	温湿度控制器	WSK-SG AC220V	1
4	1-2QA	交流断路器	DZ47-32/2P C6A	1
5	1HK	旋钮	LA38-11X/K	1
6	MD	照明灯	CM-1 15W AC220V	2
7	EH1 EH2	加热器	JDR-150W AC220V	1
8	IN	综保单元(PT)	SNP-2305	

表12-15 Ⅱ段母线PT柜主要电气设备

序 号	标 号	名 称	型号规格	数 量
1	TV	电压互感器	JDZX8-10/3/0.1/3/0.1/3	3
2	WSK	温湿度控制器	WSK-SG	1
3	1QA	交流断路器	DZ47-32/2P C6A	1
4	1HK,HR	旋钮	LA38-11X/K	1
5	MD	照明灯	CM-1 15W AC220V	1
6	EH1 EH2	加热器	JDR-150W AC220V	2

2. 安装接线

Ⅰ段母线PT安装接线如图12-16所示。Ⅱ段母线PT二次安装接线如图12-17所示。

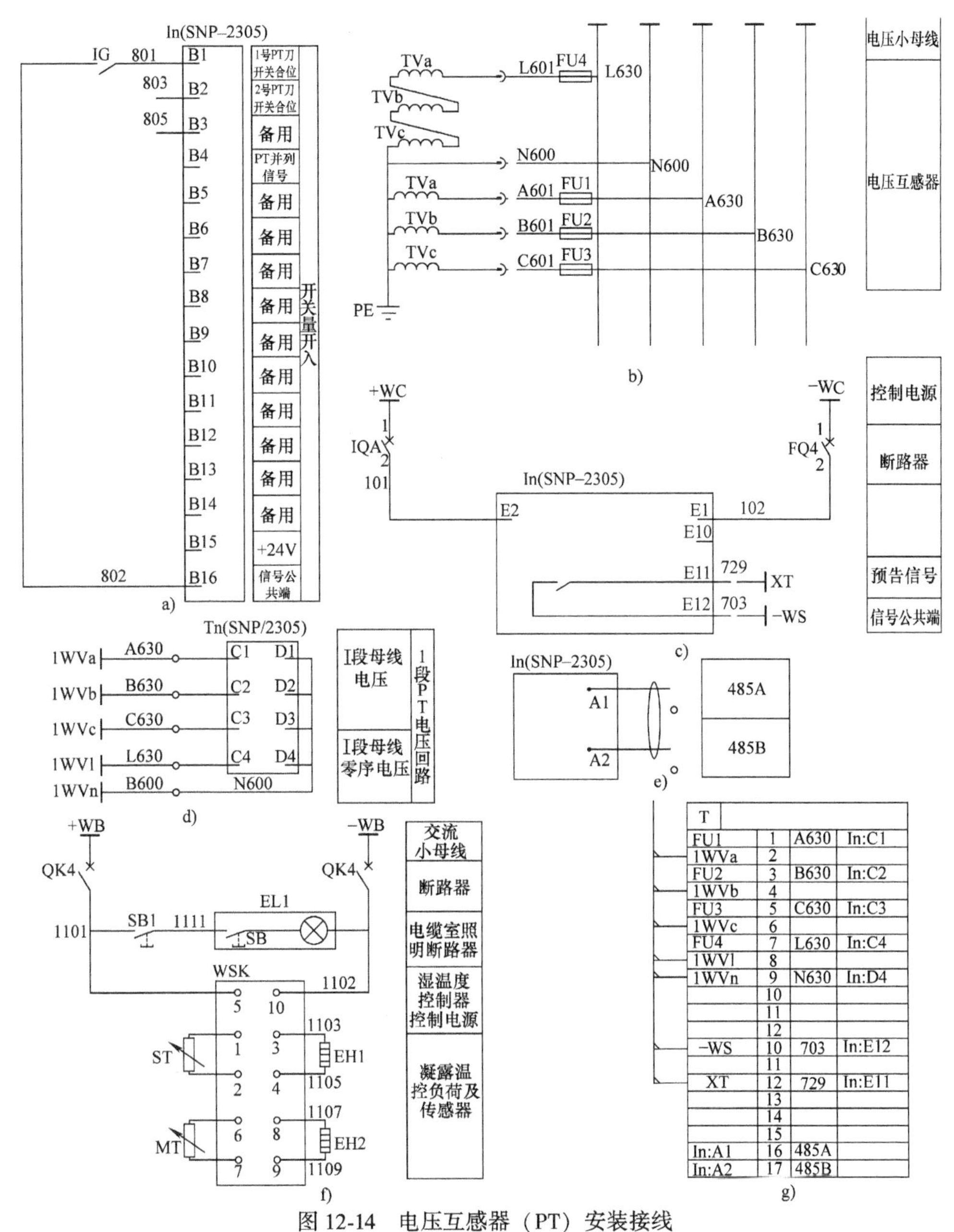

图 12-14　电压互感器（PT）安装接线

a）开关量开入　b）电压互感器　c）信号回路　d）Ⅰ段 PT 电压回路　e）信号回路　f）温湿度控制　g）安装端子接线

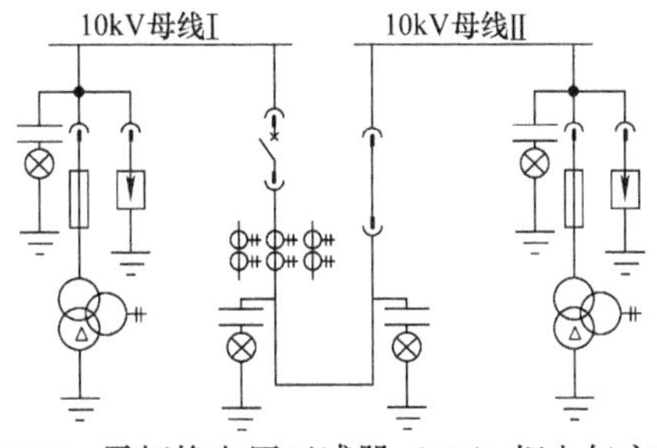

图 12-15　需切换电压互感器（PT）柜电气主接线

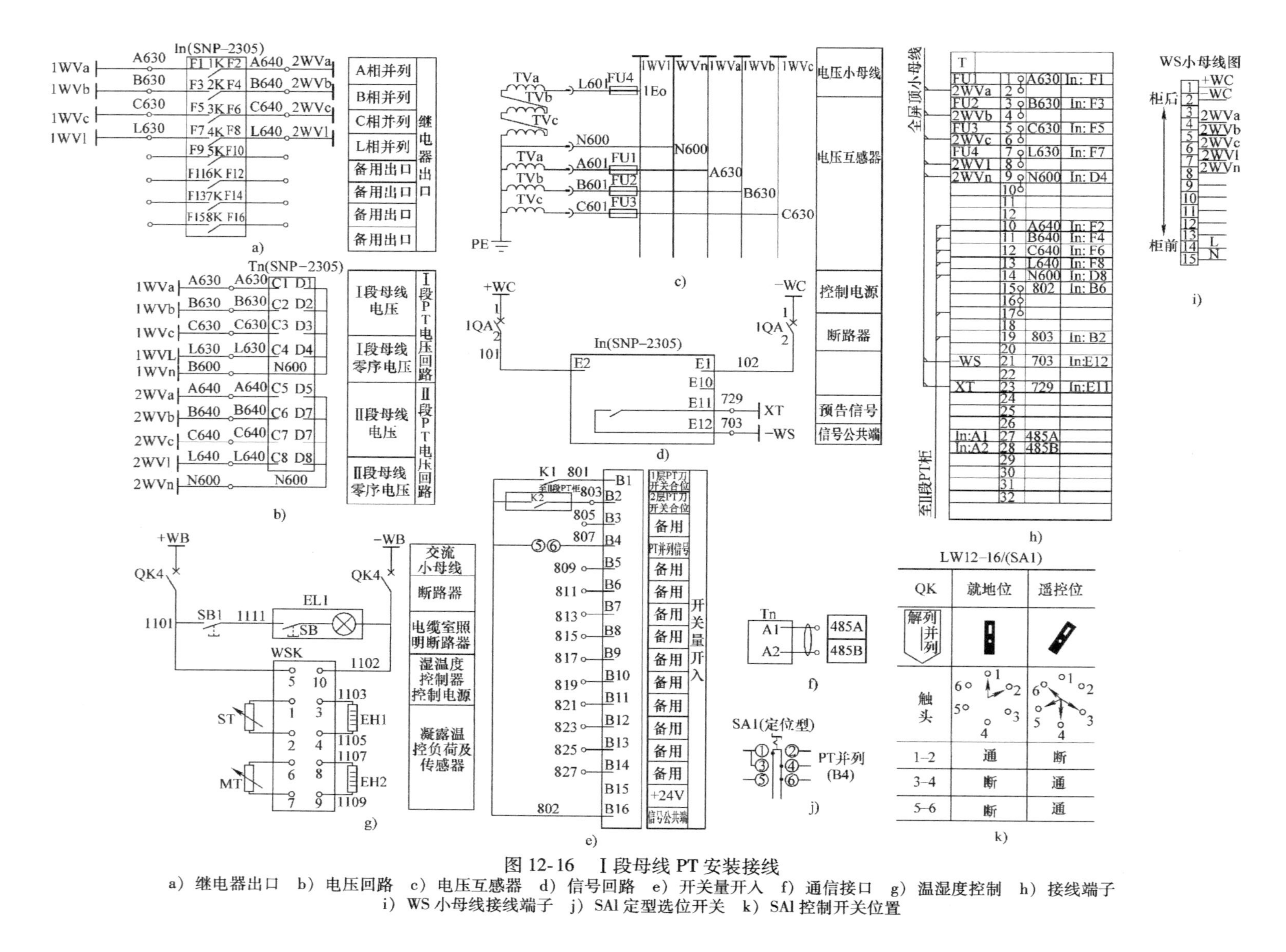

图 12-16　Ⅰ段母线 PT 安装接线

a）继电器出口　b）电压回路　c）电压互感器　d）信号回路　e）开关量开入　f）通信接口　g）温湿度控制　h）接线端子　i）WS 小母线接线端子　j）SAl 定型选位开关　k）SAl 控制开关位置

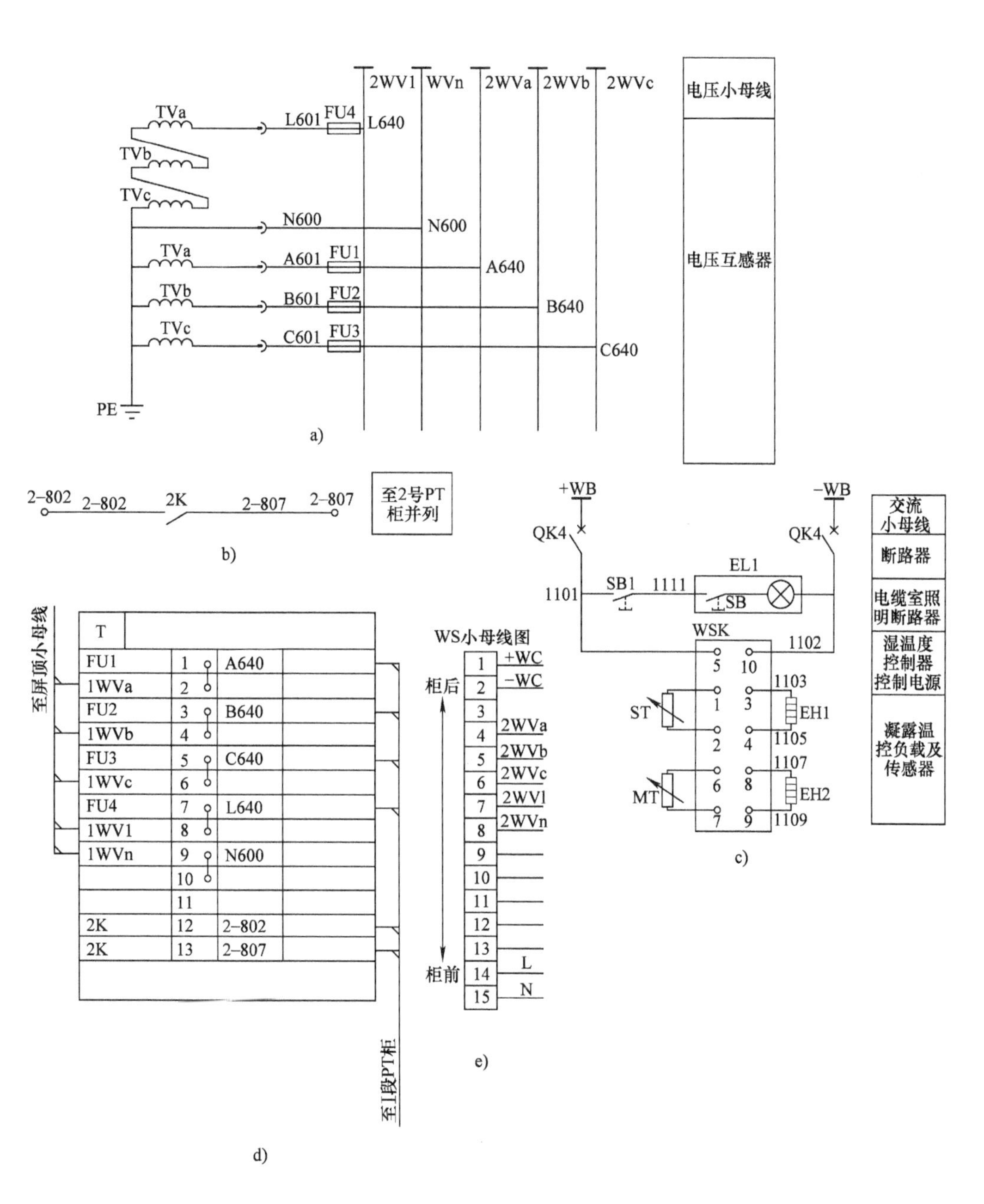

图 12-17　Ⅱ段母线 PT 二次安装接线

a）电压互感器　b）至 2AH 柜并列　c）温湿度控制　d）接线端子　e）WS 信号小母线接线

SNP-2305 型母线绝缘监测装置端子接线如图 12-18 所示。

电源及信号开出		
E1	220V−	工作电源（交直流两用）
E2	220V+	
E3		
E4		
E5		
E6		
E7		
E8		
E9		
E10	事故信号	
E11	预告信号	
E12	信号公共端	
E		

继电器出口	
F1 / F2	Ua并列
F3 / F4	Ub并列
F5 / F6	Uc并列
F7 / F8	Ul并列
F9 / F10	5K
F11 / F12	6K
F13 / F14	7K
F15 / F16	8K
F	

交流采样			
C1	Ua1+	D1	Ua1−
C2	Ub1+	D2	Ub1−
C3	Uc1+	D3	Uc1−
C4	3U01+	D4	3U01−
C5	Ua2+	D5	Ua2−
C6	Ub2+	D6	Ub2−
C7	Uc2+	D7	Uc2−
C8	3U02+	D8	3U02−
C9		C9	
C10		D10	
C11		D11	
C12		D12	
C13		D13	
C		D	

通信及电能脉冲		
A1	485A	通信接口
A2	485B	
A3	CANH	
A4	CANL	
A5	电能量脉冲1	脉冲口
A6	电能量脉冲2	
A7	脉冲公共端	
A8	+24V	
A		

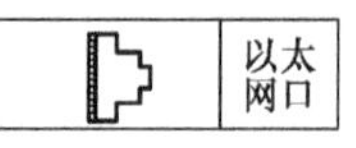

开关量输入	
B1	Ⅰ段PT合位信号
B2	Ⅱ段PT合位信号
B3	母联合位信号
B4	PT并列信号
B5	备用开入量信号
B6	备用开入量信号
B7	闭锁备自投信号
B8	备用开入量信号
B9	备用开入量信号
B10	备用开入量信号
B11	备用开入量信号
B12	备用开入量信号
B13	备用开入量信号
B14	备用开入量信号
B15	+24V
B16	开入量公共端
B	

图 12-18 SNP-2305 型母线绝缘监测装置端子接线

第七节 继电保护及自动装置的运行维护

一、投运前的注意事项

1）检查装置背后插件插入可靠，插件固定螺钉及端子固定螺钉应拧紧，背部接线、端子排接线正确牢固。

2）液晶显示窗口显示正常，显示画面与实际相符。

3）时间显示与北京时间相符。

4）检查保护投退、整定值输入是否正确，显示的运行定值应与定值单一致。

5）检查保护压板是否投入，装置液晶框显示保护压板的投退状态应正常。

6）装置工作是否正常。

7）保护、远动、运行人员口令投入。

8）将装置校时，可在本单元“时钟”菜单中进行校时，或通过通信管理单元时钟校时，或通过主站或当地监控校时，以便准确记录事件发生时间。

9）用“系统复归”清除试验时的各种记录。

二、继电保护及自动装置的巡视检查

值班员每班应对继电保护和自动装置进行巡视检查：

1）外观完整，无破损、无过热现象；

2）有无信号掉牌；

3）保护及自动装置压板、切换开关及其他部件通断位置与运行方式相符；

4）事故音响、警铃、灯光信号设备是否完好，动作是否正常；

5）各种户外端子箱是否关闭紧扣，是否漏雨。

应定期对继电保护及自动装置进行清扫，清扫时用绝缘工具，不允许振动或碰撞继电器外壳，不允许开启保护装置罩壳。

值班员应熟悉本所继电保护及自动装置情况，清楚运行状态，弄清二次展开图。

当保护动作引起开关跳闸时，应对动作的继电保护装置进行检查，查看元件是否返回，信号是否掉牌，值班员除汇报调度外，还应及时做好记录，复归掉牌信号。

继电保护出现不正常现象，有引起保护误动作的可能，又不能及时消除时，应立即汇报调度，申请将该保护退出运行。若发现保护装置冒烟或燃烧时，可立即断开相应熔断器，并汇报调度。

二次端子箱内装置除湿装置，正常运行时应将端子箱关闭严密，在雨季或大雾时应及时将除湿器投入运行，并可在天气晴朗时打开端子箱门进行除湿，以保证端子箱的绝缘水平。

三、继电保护及自动装置的运行及投切规定

继电保护及自动装置的投入退出必须经调度命令同意后方可进行，凡有电压闭锁过电流保护的装置，其电压继电器接入的二次电压应和一次运行方式相符。事故处理时，值班员要按有关规定自行处理，事后报告调度。

设备正常运行时，保护装置应全部投入（调度不允许投入者除外）。特殊情况下，必须取得调度同意后，才能短时停用部分保护运行，但停用时间不得超过1h。若超过或必须全部退出，须经总工程师批准。变压器的瓦斯保护与纵差保护不能同时停用，线路不得同时停用过电流和速切保护。

主变压器新装或大修后进行合闸充电时，重瓦斯、纵差保护及其他保护必须投跳，过电流时限的更改应按调度命令执行。若纵差保护电流相位尚未测定，应待主变充电后，带负荷前，切出纵差保护出口压板，测试相位正确后，根据调度命令再投入纵差保护出口压板，过电流保护改为原定值。

任何保护在停用或检修后（包括瓦斯保护由信号改为投跳）投用于运行设备上，必须用高内阻万能表直流挡测量压板两端确无电压后，才能将该保护出口压板放上，严禁用低内阻电压表在两端子间进行测量。投放保护功能压板时无须测量电压；当开关在冷备用时投切保护出口压板无须测量电压。

一次设备在运行状态需切换CT二次回路时，应明确试验端子CT侧，必须执行先短接后切出的原则，防止CT二次开路，对切换可能引起保护误动的要申请停用保护。

继电保护回路上工作或更改定值时，应先切出该保护出口压板，完毕后检查接点无闭

合，才能将保护压板投入。

在改变一次系统运行方式时，应同时考虑到二次设备及继电保护装置的配合，并在操作过程中注意不得使设备无保护运行或不正确动作。

户外端子箱在雨季期间，应常用防潮灯去湿，使用温控湿控加热器的应经常投入。

保护回路、控制回路、PT回路、合闸回路应注意熔丝的匹配，备用熔丝应有专人保管。

继电保护及自动装置加、停用的一般原则如下：

设备正常运行时，应按有关规定加用其保护及自动装置。在倒闸操作时，一次设备运行方式的改变对继电保护动作特性、保护范围有影响的，应将其继电保护运行方式、定值作相应调整。继电保护、二次回路故障影响保护装置正确动作时，应将继电保护停用。

加用继电保护时，先投保护装置电源，后加保护出口连接片；停用与此相反。其目的是防止投、退保护时保护误动。

电气设备送电前，应将所有保护投入运行（受一次设备运行方式影响的除外）。电气设备停电后，应将有关保护停用，特别是在进行保护的维护和校验时，其失灵保护一定要停用。

新投入或大修后的变压器一般将其重瓦斯保护投入信号48~72h后，再投跳闸。

四、装置操作

1. 操作键

1）方向键：由向上、向下、向左、向右4个键组成，用于移动液晶显示窗口上的光标。

2）ENT键：调用主菜单及确认。

3）ESC键：放弃式返回上级菜单。

4）“+”、“-”：用于数据的增加、减小。

5）液晶显示框：采用中文菜单式对话方式。

2. 液晶显示主菜单内容

1）采样：显示电流、电压的有效值、测量值、电量值。

2）事件：报告显示、录波打印。

3）定值：定值显示、修改、切换、打印。

4）系统设置：压板设置、时间调整、测能设置。

5）系统测试：开出传动、开入检查、综自功能。

6）其他：版本信息、逻辑信息、装置标识。

3. 在主菜单允许值班员操作的项目

1）保护切换定值区，定值的显示。

2）报告管理的动作记录、告警记录、录波记录、操作记录显示。

3）采样信息的显示。

4）时间设置。

4. 不允许值班员操作的项目

1）系统测试中的开出传动、开入检查、综自功能。

2）定值操作中的定值修改、定值删除。

3）系统设置中压板设置、测能设置。

五、监控机上进行有载调压操作时应注意的事项

1）检查调压允许连接片是否确已投入。

2）主变压器有载调压系统由“升”、“降”、“停”三个操作命令按钮组成：“升”可调高系统电压；“降”可调低系统电压；“停”为中断调压操作。“停”按钮只是在进行调压操作而发现调压装置有故障时，作为调压装置的紧急停机用。

3）在进行有载调压操作时，应同时对各相、各侧电压值进行监视，并监视各母线电压变化情况及分接开关位置变化情况，确保调压操作的顺利进行。

4）进行有载调压操作时，每调节一个分接头后，至少应间隔60s后才能再次调节下一个分接头，且每天调节次数（分接头数）不能超10次。

5）有载调压完毕后应到现场核对主变压器分接关的实际位置。

六、投运后的注意事项

1）投入运行后注意检查电流、电压、有功、无功、功率因数显示与实际情况是否一致。

2）检查电压、电流相位是否正确。

3）检查断路器、隔离开关状态与实际状态是否一致。

4）检查装置指示灯是否正常。

5）检查远动功能是否完善正确。

6）投入运行后，任何人不得再触碰装置的带电部位或拔插设备及其插件，不允许随意按动面板上的键盘。

七、运行维护时的注意事项

1）注意检查运行灯、跳闸指示灯、合闸指示灯、电源灯、通信指示灯是否正常。

2）当运行灯变为红色时，检查事件类型，一方面在液晶菜单上显示了时间类型，另一方面可进入事件记录中查看记录。

3）检查液晶显示量值是否正确。

4）就地操作后，将“远方/就地”切换开关切换到远方（无人值班或在当地监控上操作时）。

5）不要随意更改有关口令设置。

6）严禁随意修改有关设置。

7）严禁带电插拔CPU板。

8）严禁进行“系统复归”，以便调出有关事件记录，便于故障分析。

9）技术人员一般应在厂家指导下更换备件。

第八节　微机保护监控异常的故障处理

一、新安装的保护装置竣工后的验收项目

1）电气设备及线路有关实测参数完整正确。

2）全部保护装置竣工图样符合实际。

3）装置定值符合整定通知单要求。

4）检验项目及结果符合检验条例和有关规程的规定。

5）核对电流互感器电流比、伏安特性及二次负荷是否满足误差要求，并检查电流互感器一次升流实验报告。

6）检查屏前、后的设备应完好，回路绝缘良好，标志齐全正确。

7）检查二次电缆绝缘良好，标号齐全、正确。

8）整组试验合格，信号正确，连接片功能清晰，编号正确合理，屏面各小开关、把手功能作用明确，中央信号正确。

9）用一次负荷电流和工作电压进行验收实验，判断互感器极性、变比及其回路的正确性，判断方向、差动、距离、高频等保护装置有关元件及结构的正确性。

10）在验收时，应提交下列资料和文件：①工程竣工图；②变更设计的证明文件；③制造厂提供的产品说明书、调试大纲、实验方法、实验记录、合格证件及安装图样等技术文件；④根据合同提供的备品备件清单；⑤安装技术记录；⑥调整实验记录。

11）对于新竣工的微机保护装置还应验收：①继电保护校验人员在移交前要打印出各CPU所有定值区的定值，并签字；②如果调度已明确该设备即将投运时的定值区，则由当值运行人员向继电保护人员提供此定值区号，由继电保护人员可靠设置；如果当值运行人员未提出要求，则继电保护人员将各CPU的定值区均可靠设置于“1”区；③由运行人员打印出该微机保护装置在移交前最终状态下的各CPU当前区定值，并负责核对，保证这些定值区均设置可靠，继电保护与运行双方人员在打印报告上签字；④制造厂提供的软件框图和有效软件版本说明。

二、新安装的计算机监控系统现场的验收项目

1. UPS、站控层和间隔层硬件检查

1）机柜、计算机设备的外观检查。

2）监控系统所有设备的铭牌检查。

3）现场与机柜的接口检查：①检查电缆屏蔽线接地良好；②检查接线正确；③检查端子编号正确；④检查TV端子熔丝接通良好；⑤检查各小开关、电源小刀闸电气接触良好。

4）遥信正确性检查：①检查断路器、隔离开关变位正确；②检查设备内部状态变位正确。

5）遥测正确性检查：①测量TV二次回路压降和相位差的测量；②电压100%、50%、0%量程和准确度检查；③电流100%、50%、0%的量程和准确度检查；④有功功率100%、50%、0%量程和准确度的检查；⑤无功功率100%、50%、0%量程和准确度的检查；⑥频率100%、50%、0%量程和准确度的检查；⑦功角100%、50%、0%量程和准确度的检查；⑧非电量变送器100%、50%、0%量程和准确度的检查。

6）UPS装置功能检查：①交流电源失电压，UPS电源自动切换至直流功能检查；②切换时间测量；③故障告警信号检查。

7）I/O监控单元电源冗余功能检查：①I/O监控单元任一路进线电源故障，监控单元仍能正常运行；②I/O监控单元电源恢复正常，对I/O监控单元无干扰功能检查。

2. 间隔层功能验收

1）数据采集和处理：①开关量和模拟量的扫描周期检查；②开关量防抖动功能检查；③模拟量的滤波功能检查；④模拟量和越死区上报功能检查；⑤脉冲量的计数功能检查；⑥BCD 解码功能检查。

2）与站控层通信应正常。

3）开关同期功能检查：①电压差、相位差、频率差均在设定范围内，断路器同期功能检查；②相位差、频率差均在设定范围内，但电压差超出设定范围同期功能检查；③电压差、频率差均在设定范围内，但相位差超出设定范围同期功能检查；④相位差、电压差均在设定范围内，但频率差超出设定范围同期功能检查；⑤断路器同期解锁功能检查。

4）I/O 监控单元面板功能检查：①断路器或隔离开关就地控制功能检查；②监控面板开关及隔离开关状态监视功能检查；③监控面板遥测正确性检查。

5）I/O 监控单元自诊断功能检查：①输入/输出单元故障诊断功能检查；②处理单元故障诊断功能检查；③电源故障诊断功能检查；④通信单元故障诊断功能检查。

3. 站控层功能验收

1）操作控制权切换功能：①控制权切换到远方，站控层的操作员工作站控制无效，并告警提示；②控制权切换到站控层，远方控制无效；③控制权切换到就地，站控层的操作员工作站控制无效，并告警提示。

2）远方调度通信：①遥信正确性和传输时间检查；②遥测正确性和传输时间检查；③断路器遥控功能检查；④主变压器分头升降检查（针对有载调压变压器）；⑤通信故障，站控层设备工作状态检查。

3）电压无功控制功能：①电压无功控制投入和切除功能检查；②变压器分接头调节检查；③电压无功控制对象操作时间、次数、间隔等统计检查。

4）遥控及断路器、隔离开关、接地开关控制和联闭锁：①遥控断路器，测量从开始操作到状态变位在 CRT 正确显示所需要的时间；②合上断路器，相关的隔离开关和接地开关闭锁功能检查；③合上隔离开关，相关接地开关闭锁功能检查；④合上接地开关，相关的隔离开关闭锁功能检查；⑤合上母线接地开关，相关的母线隔离开关闭锁功能检查；⑥模拟线路电压，相关的线路接地开关闭锁功能检查；⑦设置虚拟检修挂牌，相关的隔离开关闭锁功能检查；⑧配电变压器二侧联闭锁功能检查；⑨联闭锁解锁功能检查。

5）画面生成和管理：①在线检修和生成静态画面功能检查；②在线增加和删除动态数据功能检查；③站控层工作站画面一致性管理功能检查；④画面调用方式和调用时间检查。

6）报警管理：①断路器保护动作，报警声、光报警和事故画面功能检查；②报警确认前和确认后，报警闪烁和闪烁停止功能检查；③设备事故告警和预告及自动化系统告警分类功能检查；④告警解除功能检查。

7）事故追忆：①事故追忆不同触发信号功能检查；②故障前 1min 和故障后 5min 时间段，模拟量追忆功能检查。

8）在线计算和记录：①检查电压合格率、变压器负荷率、全站负荷率、站用电率、电量平衡率；②检查变电站主要设备动作次数统计记录；③电量分时统计记录功能检查；④电压、有功、无功年月日最大、最小值记录功能检查。

9）历史数据记录管理：①历史数据库内容和时间记录顺序功能检查；②历史事件库内

容和时间记录顺序功能检查。

10）打印管理：①事故打印和 SOE 打印功能检查；②操作打印功能检查；③定时打印功能检查；④召唤打印功能检查。

11）时钟同步：①站控层操作员工作站 CRT 时间同步功能检查；②监控系统 GPS 和标准 GPS 间误差测量；③I/O 间隔层单元间事件分辨率顺序和时间误差测量。

12）与第三方面的通信：①与数据通信交换网数据通信功能检查；②与保护管理机数据交换功能检查；③与 UPS、直流电源监控系统数据传送功能检查。

13）系统自诊断和自恢复：①主用操作员工作站故障，备用的工作站自动诊断告警和切换功能检查，切换时间测量；②前置机主备切换功能检查，切换时间测量；③冗余的通信网络或 HUB 故障，监控系统自动诊断告警和切换功能检查；④站控层和间隔层通信中断，监控系统自动诊断和告警功能检查。

4. 性能指标验收

①准确度为 0.1 级的三相交流电压电流源；②准确度合格的秒表；③标准 GPS 时钟和精度位 1ms 的时间分辨装置；④网络和 CPU 负载率测量装置。

5. 验收报告

①验收报告主要包括上述所列出的功能；②性能指标验收报告应包括要求的性能参数和测量设备精度；③验收报告至少有测量单位和用户签字认可。

6. 其他

1）检查打印机各种是否正常。当有事故或预告信号时，能否即时打印等。

2）检查五防装置与后台机监控系统接口是否正常，能否正常操作。

3）设备投运后，应检查模拟量显示是否正常。

三、继电保护及二次回路检验、测试及缺陷处理后的验收项目

1）工作符合要求，接线完整，端子连接可靠，元件安装牢固。继电器的外罩已装好，所有接线端子应恢复到工作开始前的完好状态，标志清晰。有关二次回路工作记录应完整详细，并有明确可否运行的结论。

2）检验、测试结果合格，记录完整，结论清楚。

3）整组试验合格，信号正确，端子和连接片投退正确（调度命令除外），各小开关位置符合要求，所有保护装置应恢复到开工前调度规定的加用或停用的状态，保护定值正确。保护和通道测试正常。

4）装置外观检查完整、无异物，各部件无异常，接点无明显振动、装置无异常声响等现象。

5）保护装置应无中央告警信号，直流屏内相应的保护装置无掉牌。

6）装置有关的计数器与专用记录簿中的记载一致。

7）装置的运行监视灯、电源指示灯应点亮，装置无告警信号。

8）装置的连接片或插件位置以及屏内的跨线连接与运行要求相符。

9）装置的整定通知单齐全，整定值与调度部门下达的通知单或调度命令相符。

10）装置的检验项目齐全。新投入的装置或装置的交流回路有异动时，需在带负荷检验极性正确后，才能验收合格。

11）缺陷处理工作应根据缺陷内容进行验收。

12）继电器、端子牌清洁完好，接线牢固，屏柜密封，电缆进出洞要堵好，屏柜、端子箱的门关好。

13）新加和变动的电缆、接线必须有号牌，标明电缆号、电缆芯号、端子号，并核对正确。电缆标牌应标明走向，端子号和连接片标签清晰。

14）现场清扫整洁，借用的图样、资料等如数归还。

15）对于更改了的或新投产的保护及二次回路，在投运前须移交运行规程和竣工红线图，运行后一个月内移交正式的竣工图。

16）对于已投运的微机保护装置应检查：①继电保护校验人员对于更改整定通知书和软件版本的微机保护装置，在移交前要打印出各 CPU 中所有定值区的定值，并签字；②继电保护校验人员必须将各 CPU 中的定值区均可靠设置于停电校验前的状态；③由运行人员打印出该微机保护装置在移交前最终状态下的各 CPU 中的当前运行区定值，并负责核对，保证这些定值区均设置可靠。最后，继电保护与运行方人员在打印报告上签字。

17）由于运行方式需要改变定值区后，运行人员必须将定值打印出并与整定通知书核对。

四、液晶显示异常故障的处理

1. 液晶显示错位和乱码的处理

液晶显示错位和乱码的现象是：汉字在上电时明显错位且复位后不能恢复正常，或者开始时显示正常，一段时间之后出现莫名的符号，息屏之后出现满屏乱码。

这是由于 CPU 总线频率和液晶总线频率相差太大引起的，一般是 CPU 频率高于液晶造成。解决方法是更换更高频率的液晶，同时尽量减短液晶和主板间的扁平电缆长度。

2. 液晶完全没有显示（非液晶本身问题）的处理

这种情况又分为程序运行正常和程序运行不正常两种情况。

程序运行正常还是不正常，可以通过控制回路断线时是否正常报警来区别（事先给上处于运行状态的并且存好定值的 E^2PROM，如 2864 芯片），或者做保护试验定性判断。

（1）程序运行正常：

1）扁平电缆的问题。

2）主板的问题：①问题（有一脚点亮液晶）；②电阻焊错或者断路；③对应的驱动液晶的晶体管损坏或者型号焊错（如 NPN 型焊成 PNP 型）；④调整液晶亮度的电位器损坏。

（2）程序不正常运行：可能是主板原因，CPU 系统未正常工作，具体如下：

1）CPU 系统的主要芯片损坏。

2）晶振坏或旁边的小电容损坏。

3）看门狗电路，如 MAX813 损坏。

4）数据地址线短路或者开路，除了芯片的内部损坏外，一般是印制电路板的制造、焊接原因引起。通过示波器和万用表，结合单片机的知识可以判断。

五、配电所综合自动化监控系统故障的处理原则

1）因配电所微机监控程序出错、死机及其他异常情况产生的软件故障的一般处理方法

是“重新启动”。

① 若监控系统某一应用功能出现软件故障，可重新启动该应用程序。例如，五防服务出错，完全关闭五防服务程序后。重新启动五防服务应用程序即可（不必重新启动计算机）。

② 若监控系统某台计算机完全死机（操作系统软件故障等情况），必须重新启动计算机并重新执行监控应用程序。

③ 配电所监控网络在传输数据时由于数据阻塞造成通信死机，必须重新启动传输数据的集线器（Hub）或交换机。

④ 任何情况下发现监控应用程序异常，都可在满足必需的监视、控制能力的前提下，重新启动异常计算机。

2）两台监控后台正常运行时以主/备机方式互为热备用，“当地监控 1”作为主机运行时，应在切换柜中将操作开关置在“当地监控 1”，这样遥控操作定义在“当地监控 1”上，“当地监控 2”（备用机）上就不能进行遥控操作。当“当地监控 1”发生故障时，“当地监控 2”自动升为主机，同时应在切换柜中将操作开关置在“当地监控 2”。

3）某测控单元通信网络发生故障时，监控后台不能对其进行操作，此时如有操作命令，值班人员应到保护小室进行就地手动操作。同时立即汇报调度通知专业人员进行检查处理。

4）微机监控系统中发生设备故障不能恢复时应将该设备从监控网络中退出，并汇调度部门。

六、微机保护监控系统死机的原因及处理方法

1. 由硬件引起的死机原因

1）散热不良：显示器、电源和 CPU 在工作时发热量非常大，因此保持良好的通风状况非常重要。如果显示器过热将会导致色彩、图像失真甚至缩短显示器的寿命。工作时间太长也会导致电源或显示器散热不畅而造成计算机死机。CPU 的散热是关系到计算机运行稳定性的重要问题，也是散热故障发生的“重灾区”。

2）移动不当：在监控系统设备运输过程中受到很大振动常常会使微机内部元件松动，从而导致计算机死机。

3）灰尘：积尘会导致系统的不稳定。因为过多的灰尘附在 CPU、主板和风扇的表面会导致这些元件的散热不良，电路印刷板上的灰尘在潮湿的环境中容易造成短路。

4）设备不匹配：如主板主频和 CPU 主频不匹配，主板超频时将外频定得太高，可能无法保证运行的稳定性，因而导致频繁死机。

5）软硬件不兼容：第三方软件和一些特殊软件，可能在有计算机上就不能正常启动甚至安装，其中可能就有软硬件兼容方面的问题。

6）内存条故障：内存条松动、虚焊或内存芯片本身质量所致。

7）硬盘故障：硬盘老化或由于使用不当造成坏道、坏扇区，这样机器在运行时就很容易发生死机。

8）CPU 超频：超频是为了提高 CPU 的工作频率，同时，也可能使其性能变得不稳定。CPU 在内存中存取数据的速度本来就快于内存与硬盘交换数据的速度，超频使这种

矛盾更加突出，加剧了在内存或虚拟内存中找不到所需数据的情况，这样就会出现“异常错误”。

9）硬件资源冲突：由于声卡或显卡的设置冲突，引起异常错误。此外，其他设备的中断，DMA 或端口出现冲突的话，也可能导致少数驱动程序产生异常，以致死机。

10）内存容量不够：内存容量越大越好，应不小于硬盘容量的 0.5%~1%，如出现这方面的问题，应该换上容量大的内存条。

11）劣质零部件：使用低质量的板卡、内存等，使机器在运行时发生死机。

2. 由软件引起的死机原因

1）病毒感染：病毒可使计算机工作效率急剧下降，造成频繁死机。

2）设置不当：如硬盘参数设置、模式设置、内存参数设置不当从而导致计算机无法启动。

3）系统文件的误删除：如果系统相关文件遭破坏或被误删除，会引起计算机无法正常启动。

4）动态链接库文件（DLL）丢失：如果在删除一个应用文件时，该软件的反安装程序会记录它曾经安装过的文件并准备将其逐一删去，这时候就容易出现被删掉的动态键接库文件同时还会被其他软件用到的情形，如果丢失的链接库文件是比较重要的核心链接文件的话，系统就会死机，甚至崩溃。

5）硬盘剩余空间太少或碎片太多：如果硬盘的剩余空间太少，一些应用程序需要有大量的内存、操作系统自动开设虚拟内存，而虚拟内存则是由硬盘提供的，因此需要有足够的剩余空间以满足虚拟内存的需求。同时用户还要养成定期整理硬盘、清除硬盘中垃圾文件的良好习惯。

6）软件升级不当：大多数人可能认为软件升级是不会有问题的，事实上，在升级过程中都会对其中共享的一些组件也进行升级，但是其他程序可能不支持升级后的组件从而导致各种问题，也会引起死机，甚至系统崩溃。

7）滥用测试版软件：系统安装了一些处于测试阶段的应用程序（Bata 版程序），因为这些测试版应用软件通常带有一些 BUG 或者在某方面不够稳定，使用后会出现数据丢失的程序错误、死机或者是系统无法启动。

8）非法卸载软件：不要把软件安装所在的目录直接删掉，如果直接删掉的话，久而久之，系统也会变得不稳定而引起死机。

9）使用盗版软件：因为这些软件可能隐藏着病毒，一旦执行，会自动修改系统使系统在运行中出现死机。

10）应用软件的缺陷：应用软件出现缺陷，会使系统死机或不能正常启动。遇到这种用情况应该找到外设的新版驱动。

11）启动的程序太多：这使系统资源消耗殆尽，使个别程序需要的数据在内存或虚拟内存中找不到，也会出现异常错误。

12）非法操作：用非法格式或参数非法打开或释放有关程序，也会导致计算机死机。

13）非正常关闭计算机：不要直接使用机箱上的电源关机，否则会造成系统文件损坏或丢失，引起自动启动或者运行中死机。

14）内存冲突：有时候运行各种软件都正常，但是却忽然间莫名其妙地死机，重新启动后运行这些应用程序又十分正常，这是一种假死机现象。出现的原因多是操作系统的内存资源冲突。大家知道，应用软件是在内存中运行的，而关闭应用软件后即可释放内存空间。但是有些应用软件由于设计的原因，即使在关闭后也无法彻底释放内存，当下一软件需要使用这一块内存地址时，就会出现冲突。

15）驱动程序冲突：在安装一些硬件设备驱动程序时，由于安装不当，造成底层驱动程序的冲突，比如中断冲突、端口冲突等，这些都会造成操作系统的死锁。

16）编制的软件是否合理：在操作系统稳定的情况下，监控应用软件的开发技术是监控系统稳定的关键。软件的开发要考虑许多细节、许多技巧来避免程序运行与操作系统的不兼容，比如指针误指、数组越界、对于所采集或接收的数据缺乏合理性校验，运行进入死循环、单个进程在短时间内过分占用 CPU 时间、对共享资源（如硬盘数据库资源等）访问冲突，误用不完备的底层机制。

17）通信死锁：通信死锁主要与所用通信媒介的处理机制有关，经常发生于需要冲突侦听检测机制的总线型通信网络上。例如，一路 RS485 总线上在某一瞬间同时出现多个主设备，或由于干扰等原因使得总线上瞬间出现类似电气特性的情况下，总线上某些通信芯片可能会发生“电平卡死”现象。当然，这也与通信芯片能否在此种情况下具备自恢复机制有关。对于以太网，当出现“广播风暴”的情况时，网络有可能发生瘫痪。此外，如果一个局域以太网建立了过多的流连接，也会大大降低网络效率，甚至造成网络瘫痪。

3. 根据死机发生的现象和特点，建立相应的解决办法和采取相应的措施

1）完善软件开发编程能力，建立合理的软件运行机制。软件是监控自动化系统的核心，软件的稳定性主要取决于软件编制的水平和软件运行的机制。

2）选择与软件稳定运行相适应的硬件平台。在选择硬件平台时，应注意对一些关键部件的选择，比如是否可以用低功耗产品取消风扇和硬盘等转动设备、是否可以采用性能更可靠的风扇，比如磁悬浮风扇等。

3）选择合适的、稳定的、成熟的操作系统。

4）为了增加系统的稳定性，在硬件的设计时采用冗余机制。

5）采用“看门狗”监视、恢复机制。

七、保护测控装置异常故障的处理

1）RAM 出错：保护板 RAM 出错，运行灯熄灭，闭锁保护，需通知厂方处理。

2）ROM 出错：保护板 ROM 出错，运行灯熄灭，闭锁保护，需通知厂方处理。

3）定值出错：保护板定值出错，运行灯熄灭，闭锁保护，将定值重新整定后再按复位键就可消除。

4）PT 断线：当 PT 断线投入为“1”时，①正序电压小于 30V，而任一相电流大于 0.3A；②负序电压大于 8V。满足两个条件之一，延时 10s 发出报警信号，报警灯亮。

5）频率异常：当系统频率不在 49.5～50.0Hz 范围内超过 10s 将发报警信号，报警灯亮。

6）CT 断线：A-D 采样通道故障或当两相电流值相差大于 25%延时 10s 发报警信号，报警灯亮。

7）TWJ 异常：当 TWJ 为 1，而任一相电流大于 0.1A 延时 10s 发报警信号，报警灯亮。

8）控制回路断线：当 TWJ 为 0，HWJ 为 0 延时 3s 发报警信号，报警灯亮。

9）弹簧未储能：当弹簧未储能触头输入时发报警信号，报警灯亮同时闭锁重合闸。

10）线路电压异常：重合闸检同期无压投入，线路电压小于 50% 额定，TWJ 为 0，任一相电流大于 0.3A 报线路电压异常，发报警信号，报警灯亮，不闭锁保护。

11）事故总信号：当 HWJ 为 1 时，发生保护动作或开关偷跳将发事故总信号，报警灯亮 3s，同时一个触头动作 3s，电站中启动事故音响回路。

12）接地报警：当装置不平衡电压大于 30V 时，装置将发接地报警信号，如果通过网络分析小电流接地数据，实现小电流接地选线功能。

八、配电所防误操作

1. 配电所防误操作的“五防”功能

1）防止误分合断路器。

2）防止带负荷拉隔离开关。

3）防止带电挂接地线或带电合接地开关。

4）防止带接地线或未拉开接地开关时合断路器。

5）防止误入带电设备间隔。

2. 微机“五防”系统的组成

微机“五防”系统由“五防”主机、电脑钥匙、编码锁具三大部分组成。其适用范围包括断路器、隔离开关、接地开关及各电气网门。“五防”主机宜独立设置，与后台监控采用以太网实现信息共享和互相联系。

3. 微机“五防”系统的要求

1）应能设置“五防”主机数据库、口令权限。

2）对自动化系统的防误闭锁功能：应具有所有设备的防误操作规则，并充分应用自动化系统中电气设备的闭锁功能，实现防误闭锁。

3）实时在线自动对位：实现在线遥信量自动对位显示及设备虚遥信共享；确保“五防”主机与现场一次设备自动实时在线对位。同时具有远方操作后或事故动作后自动刷屏的功能。

4）程序的编制力求可靠、实用、简单，必须有效防止“走空程”，并应考虑当自动化系统控制失灵时，具备解除闭锁的应急措施。

5）编制操作票：可根据运行要求完成操作票的生成、预演、打印、执行、记录。

6）实现模拟操作：应能提供电气一次系统及二次系统有关接线、运行状态及电气操作前的预演，并能通过相应的操作画面对运行人员进行操作培训。

第十三章　配电线路继电保护

第一节　无时限电流速断保护

一、无时限电流速断保护的基本原理

无时限电流速断保护（又称电流Ⅰ段保护）反映电流升高，而不带动时限动作，即电流大于动作值时，继电器立即动作，跳开线路断路器。

10kV 线路短路无时限电流速断保护原理如图 13-1 所示。其表示在一定系统运行方式下，短路电流与故障点远近的关系。在图 13-1 中，短路电流曲线 1 对应最大运行方式时的三相短路电流情况，曲线 2 对应最小运行方式时的两相短路电流情况。

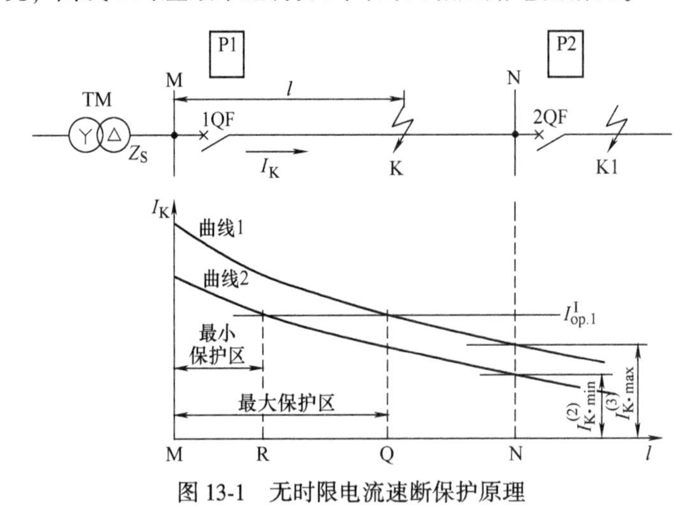

图 13-1　无时限电流速断保护原理

无时限电流速断保护动作电流的整定必须保证继电保护动作的选择性。如在图 13-1 中，K1 处故障时，对于保护 P1 是外部故障，应当由保护 P2 跳开 2QF 断路器。当 K1 处故障时，短路电流也会流过保护 P1，需要保证此时保护 P1 不动作，即 P1 的动作电流必须大于外部故障时的短路电流。

由图 13-1 可看出，动作电流大于最大的外部短路电流，最大运行方式时，线路 MQ 段发生三相短路时，短路电流 $I_K^{(3)}$ 大于动作稳定电流 $I_{op.1}^{I}$ 时保护动作，这个区域称为保护动作区。电流保护的保护区是变化的，短路电流水平降低时保护区缩小。如最小运行方式时，发生两相短路时，保护区变为 MR 段。

当运方式为如图 13-2 所示的线路变压器组方式时，电流 I 段保护可将保护区伸入变压器内，保护本线路全长。

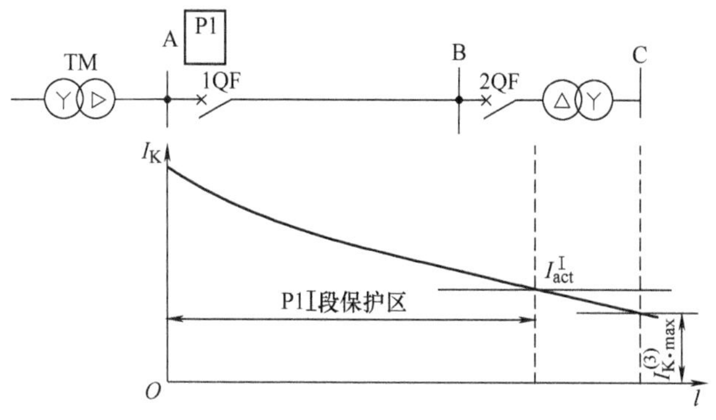

图 13-2　线路变压器组保护原则

二、无时限电流速断保护动作值的整定

1. 动作电流的整定

无时限电流速断保护的动作电流整定值计算式为

$$\left.\begin{aligned} I_{op\cdot 1} &= K_{rel} I_K^{(3)} \\ I_{op\cdot 2} &= \frac{I_{op\cdot 1}}{n_{TA}} = \frac{K_{rel} I_K^{(3)}}{n_{TA}} \end{aligned}\right\} \tag{13-1}$$

式中，$I_{op\cdot 1}$、$I_{op\cdot 2}$ 分别为无时限电流速断保护动作电流一次、二次整定值，单位为 A；K_{rel} 为可靠系数，取 1.2~1.3；$I_K^{(3)}$ 为被保护的线路末端三相短路电流有效值，单位为 A；n_{TA} 为电流互感器电流比。

2. 校验保护动作灵敏度

无时限电流速断保护动作灵敏度校验式为

$$K_{sen} = \frac{I_{K\cdot min}^{(2)}}{I_{op\cdot 1}} \geqslant 1.5 \tag{13-2}$$

式中，K_{sen} 为保护动作灵敏度；$I_{K\cdot min}^{(2)}$ 为被保护线路末端两相短路电流最小有效值，单位为 A；$I_{op\cdot 1}$ 为保护动作电流一次整定值，单位为 A。

3. 动作时限整定

无时限电流速断保护动作时间整定值 $t=0$s。

三、无时限电流速断保护的原理接线

无时限电流速断保护原理接线如图 13-3 所示。保护装置由电流互感器 TAa、TAc，电流继电器 KA，中间继电器 KM，信号继电器 KS，及断路器 QF 的跳闸线圈 YT 组成。

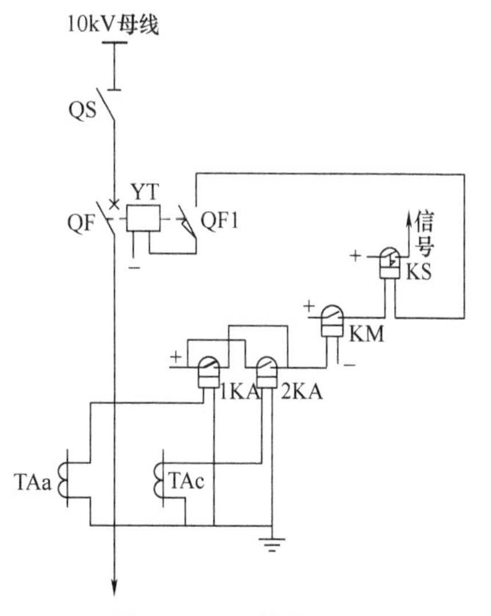

图 13-3　无时限电流速断保护原理接线

当被保护的线路发生三相短路故障时，短路电流使

电流继电器 KA 动作，其触点 1KA、2KA 闭合，使中间继电器 KM 动作，接通信号继电器，便于运行人员处理和分析故障，同时经断路器辅助触点 QF 接通跳闸线圈 YT，使断路器跳闸。

第二节　限时电流速断保护

一、限时电流速断保护的基本原理

由于无时限电流速断保护不能保护本线路全长，因此必须增加一段电流保护，用以保护本线路全长，这就是限时电流速断保护，又称电流Ⅱ段保护。

P1Ⅱ段保护与 P2Ⅰ段保护配合如图 13-4 所示。由图 13-4 可以看出，设置电流Ⅱ段保护的目的是保护本线路全长，Ⅱ段保护的保护区必然会伸入下一线路（相邻线路）。在图 13-4 中阴影区域发生故障时，P1Ⅱ段保护存在与下一线路保护（P2）“抢动”的问题。

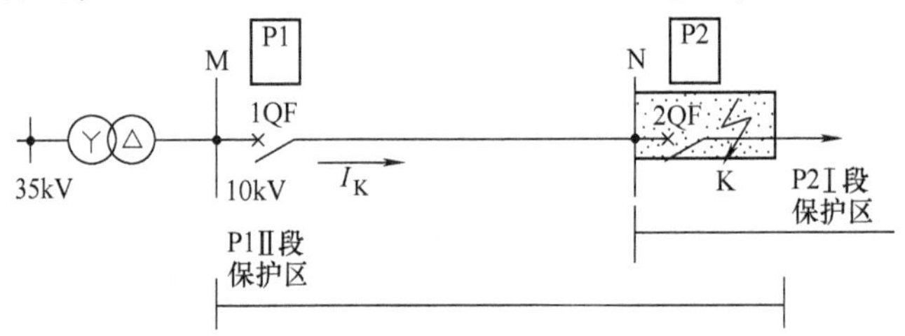

图 13-4　Ⅱ段保护与下一线路Ⅰ段保护配合

当发生如图 13-4 所示故障时，P1Ⅱ段、P2Ⅰ段电流继电器均动作，而按照保护选择性的要求，希望 P2Ⅰ段保护动作跳开 2QF，P1Ⅱ段不跳开 1QF。为了保证选择性，Ⅱ段保护动作带有一个延时，动作慢于Ⅰ段保护。这样下一线路始端发生故障时Ⅱ段保护与下一线路Ⅰ段保护同时起动但不立即跳闸，下一线路Ⅰ段保护动作跳闸后短路电流消失，Ⅱ段保护返回。本线路末端短路时，下一线路Ⅰ段保护不动作，本线路Ⅱ段保护经延时动作跳闸。

P1Ⅱ段保护区与相邻下一段线路 P2Ⅰ段保护的配合如图 13-5 所示。

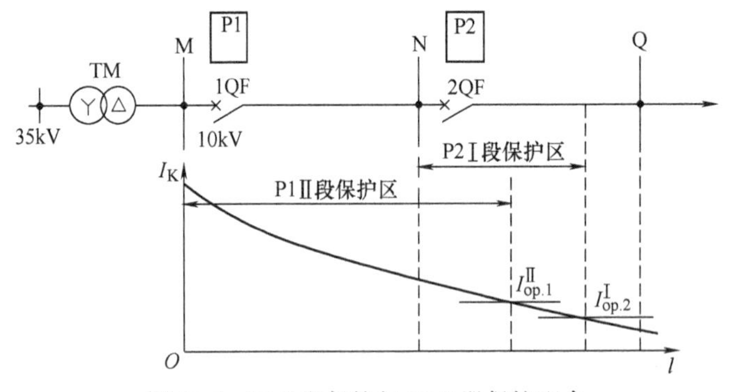

图 13-5　P1Ⅱ段保护与 P2Ⅰ段保护配合

二、限时电流速断保护动作值的整定

1. 动作电流的整定

限时电流速断保护动作电流整定值计算式为

$$\left.\begin{aligned}I_{op\cdot1}&=K_{rel}I_K^{(3)}\\I_{op\cdot2}&=\frac{I_{op\cdot1}}{n_{TA}}=\frac{K_{rel}I_K^{(3)}}{n_{TA}}\end{aligned}\right\}\tag{13-3}$$

式中，$I_{op\cdot1}$、$I_{op\cdot2}$ 分别为限时电流速断保护动作电流一次、二次整定值，单位为 A；K_{rel} 为可靠系数，取 1.1~1.15；n_{TA} 为电流互感器电流比。

2. 校验保护动作灵敏度

限时电流速断保护动作灵敏度校验式为

$$K_{sen}=\frac{I_{K\cdot min}^{(2)}}{I_{op\cdot1}}\geqslant1.5\tag{13-4}$$

式中，K_{sen} 为保护动作灵敏度；$I_{K\cdot min}^{(2)}$ 为在线路末端短路时，流电过保护装置的两相短路电流，单位为 A；$I_{op\cdot1}$ 为保护动作电流一次整定值，单位为 A。

K_{sen}>1.3~1.5，灵敏度合格，说明Ⅱ段保护有能力保护本线路全长。当灵敏度系数不能满足要求时，限时电流速断保护可与相邻线路限时电流速断保护配合整定，即动作时限为 $t_1^{\text{Ⅱ}}=t_2^{\text{Ⅱ}}+\Delta t=2\Delta t$，$\text{I}_{op.1}^{\text{Ⅱ}}=K_{rel}I_{op.2}^{\text{Ⅱ}}$；或使用其他性能更好的保护。

3. 动作时限整定

限时电流速断保护动作时限整定式为

$$t^{\text{Ⅱ}}=t^{\text{Ⅰ}}+\Delta t\tag{13-5}$$

式中，$t^{\text{Ⅱ}}$ 为限时电流速断保护动作时限，单位为 s；$t^{\text{Ⅰ}}$ 为电流速断保护动作时限 $t^{\text{Ⅰ}}=0$s；Δt 为动作时间级差，一般取 0.5s。

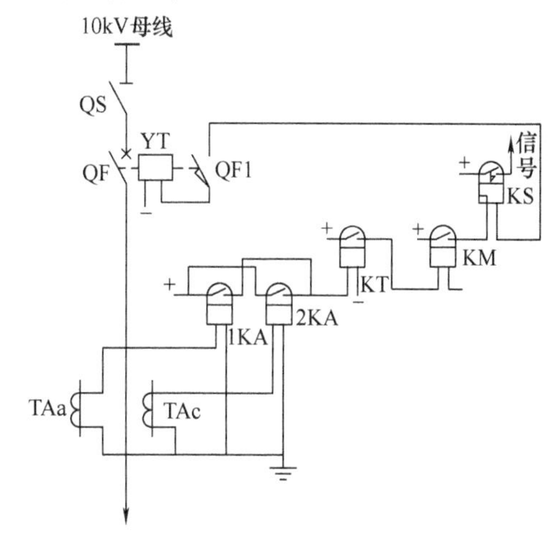

图 13-6　限时电流速断保护原理接线

三、限时电流速断保护的原理接线

限时电流速断保护原理接线如图 13-6 所示。

当被保护的线路发生短路故障时，电流继电器 1KA、2KA 动作，起动时间继电器 KT，使中间继电器 KM、信号继电器 KS 动作，发出故障信号，同时使跳闸线圈 YT 动作，使断路器 QF 分闸。

第三节　过电流保护

一、过电流保护的基本原理

10kV 配电线路的过电流保护是在电流增加到超过事先按最大负荷电流而整定的数值时，引起保护动作的保护装置。定时限过电流保护是指不管故障电流超过整定值的多少，其动作时间总是一定的。若动作时间与故障电流值成反比变化，即故障电流超过整定值越多，动作时间越短，则称为反时限过电流保护。

二、过电流保护动作值的整定

1. 动作电流整定

过电流保护动作电流整定值计算式为

$$\left.\begin{aligned} I_{op\cdot 1}&=\frac{K_{rel}I_{N1\cdot max}}{K_r}\\ I_{op\cdot 2}&=\frac{I_{op\cdot 1}}{n_{TA}}=\frac{K_{rel}I_{N1\cdot max}}{K_r n_{TA}}\end{aligned}\right\}\tag{13-6}$$

式中，$I_{op\cdot 1}$、$I_{op\cdot 2}$ 分别为过电流保护动作电流一次、二次整定值，单位为 A；K_{rel} 为可靠系数，取 1.15~1.2；K_r 为返回系数，取 0.95~0.98；n_{TA} 为电流互感器电流比；$I_{N1\cdot max}$ 为配电变压器一次额定电流，单位为 A。

2. 校验保护动作灵敏度

过电流保护动作灵敏度校验式为

$$K_{sen}=\frac{I_{K\cdot min}^{(2)}}{I_{op\cdot 1}}\geqslant 1.5\tag{13-7}$$

式中，K_{sen} 为保护动作灵敏度；$I_{K\cdot min}^{(2)}$ 为被保护的线路末端两相短路电流，单位为 A；$I_{op\cdot 1}$ 为保护动作电流一次整定值，单位为 A。

3. 动作时间整定

动作时间整定计算式为

$$t_1=t_2+\Delta t=t_3+2\Delta t\tag{13-8}$$

式中，t_1 为本级过电流保护动作时限，单位为 s；t_2 为下一级限时过电流保护动作时限，单位为 s；t_3 为配电变压器低压侧动作时限，最小值取 1s；Δt 为保护动作时限级差，取 $\Delta t=0.5$s。

三、过电流保护的原理接线

10kV 配电线路过电流保护原理接线，与限时过电流保护原理接线相同，仅是时间继电器保护动作时限不同。下一级过电流保护动作时限一般整定为 $t=1.5$s 时，本级过负荷保护动作时限一般整定为 2s。

【例 13-1】 某 35kV 电源变电所，10kV 母线短路容量 $S_{KS}=250$MV·A。10kV 架空线路采用 LGJ-95 型钢芯铝绞线，长度 $L_1=2$km，10kV 电缆采用 ZR-YJLV22-8.7/12 型三芯铝电缆，长度 $L_2=0.1$km。10kV 用户配电所安装 2×SBH11-M-2500/10 型配电变压器，额定电压 $U_{N1}/U_{N2}=10/0.4$kV，电压比 $K=25$，阻抗电压 $u_K\%=5\%$，额定电流 $I_N=2I_{N1}=2\times137.5=275$A，电流互感器电流比 $n_{TA}=400/5=80$，二次电流 $I_{N2}=2I_{N1}/n_{TA}=2\times137.5/80\text{A}=3.44$A。10kV 配电系统如图 13-7 所示，试计算该配电所 10kV 电源进线继电保护的相关参数。

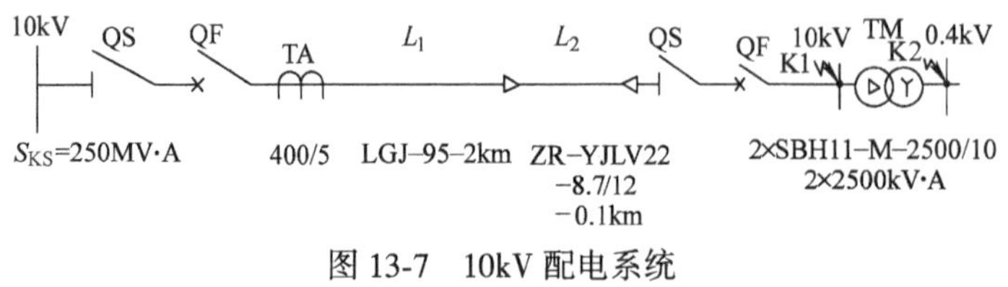

图 13-7　10kV 配电系统

解：

1. 10kV 线路短路电流计算

（1）架空线路的电抗：查表 1-9 得 10kV 架空线路单位长度电抗 $X_{L1 \cdot 0}=0.4\Omega/\text{km}$，线路电抗按式（1-21）计算，得

$$X_{L1}=X_{L1 \cdot 0}L_1=(0.4\times 2)\Omega=0.8\Omega$$

（2）电缆线路的电抗：查表 1-9 得 10kV 电缆单位长度电抗 $X_{L2 \cdot 0}=0.08\Omega/\text{km}$，电缆的电抗按式（1-21）计算，得

$$X_{L2}=X_{L2 \cdot \triangle}L_2=0.08\times 0.1=0.008\Omega$$

（3）系统的标幺值：采用标幺值计算短路电流时，取基准容量 $S_j=100\text{MV}\cdot\text{A}$，基准电压 $U_j=10.5\text{kV}$，$U_j=0.4\text{kV}$，基准电流 $I_j=5.5\text{kA}$，$I_j=144.5\text{kA}$。

系统标幺值按式（1-29）计算，得

$$X_{S*}=\frac{S_j}{S_{KS}}=\frac{100}{250}=0.4$$

（4）架空线路的电抗标幺值：架空线路的电抗标幺值按式（1-35）计算，得

$$X_{L1*}=X_{L1}\frac{S_j}{U_{av}^2}=0.8\times\frac{100}{10.5^2}=0.7256$$

（5）电缆的电抗标幺值：电缆的电抗标幺值按式（1-35）计算，得

$$X_{L2*}=X_{L2}\frac{S_j}{U_{av}^2}=0.008\times\frac{100}{10.5^2}=0.007256$$

（6）配电变压器的电抗标幺值：配电变压器的电抗标幺值按式（1-33）计算，得

$$X_{T*}=\frac{u_K\%}{100}\times\frac{S_j}{S_N}=\frac{5}{100}\times\frac{100}{2.5}=2$$

10kV 配电系统电抗标幺值等效电路如图 13-8 所示。

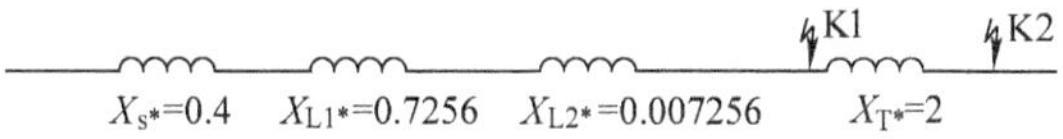

图 13-8　10kV 配电系统电抗标幺值等效电路

（7）K1 处短路电流的计算：短路系统电抗标幺值为

$$\begin{aligned}\sum X_{K1*}&=X_{s*}+X_{L1*}+X_{L2*}\\&=0.4+0.7256+0.007256\\&=1.133\end{aligned}$$

K1 处三相短路电流有效值按式（1-36）计算，得

$$I_{K1}^{(3)}=\frac{I_j}{\sum X_{K1*}}=\frac{5.5}{1.133}\text{kA}=4.85\text{kA}=4850\text{A}$$

K1 处两相短路电流有效值按式（1-37）计算，得

$$I_{K1 \cdot \min}^{(2)}=\frac{\sqrt{3}}{2}I_{K1}^{(3)}=\frac{\sqrt{3}}{2}\times 4850\text{A}=4200\text{A}$$

（8）K2 处短路电流的计算：短路系统电抗标幺值为

$$\begin{aligned}\sum X_{K2*}&=X_{S*}+X_{L1*}+X_{L2*}+X_{T*}\\&=0.4+0.7256+0.007256+2\end{aligned}$$

$$=3.133$$

K2处三相短路电流有效值按式（1-36）计算，得

$$I_{K2}^{(3)}=\frac{I_j}{\sum X_{K2*}}=\frac{144.5}{3.133}\text{kA}=46.12\text{kA}=46120\text{A}$$

K2处三相短路电流有效值折算到10kV侧时为

$$I_{K2}^{(3)\prime}=\frac{I_{K2}^{(3)}}{K}=\frac{46120}{25}\text{A}=1844.8\text{A}$$

2. 无时限电流速断保护动作电流整定计算

（1）动作电流的整定：电流速断保护动作电流整定值按式（13-1）计算，得

$$I_{op\cdot 1}=K_{rel}I_{K1}^{(3)}=1.3\times 4850\text{A}=6305\text{A}$$

$$I_{op\cdot 2}=\frac{I_{op\cdot 1}}{n_{TA}}=\frac{6305}{80}\text{A}=78.81\text{A}$$

查表14-5，选用RCS-9612AⅡ型微机线路保护测控装置，其Ⅰ段电流保护动作电流整定范围为$0.1I_n\sim 20I_n=0.1\times 3.44\sim 20\times 3.44\text{A}=0.344\sim 68.8\text{A}$。

故电流速断保护动作电流整定值取$I_{op\cdot 1}=4800\text{A}$，$I_{op\cdot 2}=60\text{A}$。

（2）校验保护动作灵敏度：无时限电流速断保护动作灵敏度按式（13-2）校验，得

$$K_{sen}=\frac{I_{K1\cdot min}^{(2)}}{I_{op\cdot 1}}=\frac{4200}{4800}=0.88<1.5$$

可知无时限电流速断保护灵敏度不能满足要求，故应装设带时限电流速断保护装置。

（3）动作时间的整定：动作时间整定$t=0\text{s}$。

3. 限时电流速断保护

（1）动作电流的整定：带时限电流速断保护动作电流整定值按式（13-3）计算，得

$$I_{op\cdot 1}=K_{rel}I_{K2}^{(3)}=1.15\times 1844.8\text{A}=2122\text{A}$$

$$I_{op\cdot 2}=\frac{I_{op\cdot 1}}{n_{TA}}=\frac{2122}{80}\text{A}=26.5\text{A}$$

查表14-5，选用RCS-9612AⅡ型微机线路保护测控装置，其Ⅱ段电流保护动作电流整定范围为$0.1I_n\sim 20I_n=(0.1\times 3.44\sim 20\times 3.44)\text{A}=0.344\sim 68.8\text{A}$故限时电流速断保护动作电流整定值取$I_{op\cdot 1}=2000\text{A}$，$I_{op\cdot 2}=25\text{A}$。

（2）校验保护动作灵敏度：保护动作灵敏度按式（13-4）校验，得

$$K_{sen}=\frac{I_{K1\cdot min}^{(2)}}{I_{op\cdot 1}}=\frac{4200}{2000}=2.1>1.5$$

故灵敏度满足要求。

（3）动作时间的整定：动作时间整定$t=0.5\text{s}$。

4. 过电流保护的整定计算

（1）概述：该10kV配电所，安装2台2500kV·A的配电变压器，正常情况下，由两回10kV电源线路单独供电，配电变压器分列运行。当其中一回10kV线路停役时，将由运行的一回10kV电源线路供电，则最大负荷电流为$I_{N\cdot max}=2I_{N1}=2\times 137.5\text{A}=275\text{A}$。

（2）过电流保护动作电流的整定：10kV线路过电流保护动作电流整定值按式（13-6）计算，得

$$I_{op \cdot 1}=\frac{K_{rel}I_{N \cdot max}}{K_r}=\frac{1.2\times275}{0.95}A=347.4A$$

$$I_{op \cdot 2}=\frac{I_{op \cdot 1}}{n_{TA}}=\frac{347.4}{80}A=4.34A$$

整定值取 $I_{op \cdot 1}=344A$，$I_{op \cdot 2}=4.3A$。

查表14-5，RCS-9612AⅡ型线路微机保护装置，Ⅲ段过电流保护整定值范围为 $0.1I_n \sim 20I_n=(0.1\times3.44\sim20\times3.44)A=0.344\sim68.8A$，故保护装置过电流保护，二次动作电流整定值 $I_{op \cdot 2}=4.3A$，满足保护要求。

（3）校验保护动作灵敏度：过电流保护动作灵敏度按式（13-7）校验，得

$$K_{sen}=\frac{I_{K1}^{(2)}}{I_{op \cdot 1}}=\frac{4200}{347.4}=12.1>1.5$$

故灵敏度满足要求。

（4）动作时间的整定：配电变压器低压侧选用Emax型断路器，PR121/P-L型电子脱扣器过负荷保护，查表4-4，过负荷保护选择脱扣时间 $t=1s$ 时，变压器高压侧过负荷保护动作时间应比下一级大一个时间级差 $\Delta t=0.5s$，故 $t_2=t+\Delta t=(1+0.5)s=1.5s$。

本级过电流保护时间 t_1，应大于下一级保护时间 t_2 一个时间级差 $\Delta t=0.5s$，则按式（13-8）计算本级保护动作时限，得

$$t_1=t_3+2\Delta t=(1+2\times0.5)s=2s$$

10kV线路保护动作相关整定值见表13-1。

表13-1　10kV线路保护动作相关整定值

名　称	动作电流一次整定值/A	动作电流二次整定值/A	保护动作灵敏度		动作时间/s
			规定值	计算值	
	$I_{op \cdot 1}$	$I_{op \cdot 2}$	K_{sen}		t
无时限电流速断保护	4800	60	1.5	0.88	0
限时电流速断保护	2000	25	1.5	2.1	0.5
过电流保护	344	4.3	1.5	12.1	2

第四节　三段式定时限过电流保护

一、三段式定时限过电流保护的基本原理

三段式电流保护由电流Ⅰ段、电流Ⅱ段、电流Ⅲ段组成，三段保护构成或逻辑出口跳闸。电流Ⅰ段、电流Ⅱ段为线路的主保护，本线路故障时切除时间为数十毫秒（电流Ⅰ段固有动作时间）至0.5s。电流Ⅲ段保护为后备保护，为本线路提供近后备作用，同时也为相邻线路提供远后备作用。电流保护一般采用不完全星形联结。

电流Ⅰ段保护按躲过本线路末端最大运行方式下三相短路电流整定以保证选择性，快速性好，但灵敏性差，不能保护本线路全长。

电流Ⅱ段保护整定时与下一线路电流Ⅰ段保护配合，由动作电流、动作时限保证选择

性，动作时限为0.5s，动作电流躲过下一线路Ⅰ段保护动作电流，快速性较Ⅰ段保护差，但灵敏性较好，能保护本线路全长。

电流Ⅲ段保护按阶梯特性整定动作时限以保证选择性，动作电流按正常运行时不起动、外部故障切除后可靠返回的原则整定，快速性差，但灵敏性好，能保护下一线路全长。

图13-9所示为三段式电流保护的保护区，当线路NQ上出现故障，保护P2或断路器2QF拒动时，需要由保护P1提供远后备作用，跳开1QF以切除故障。

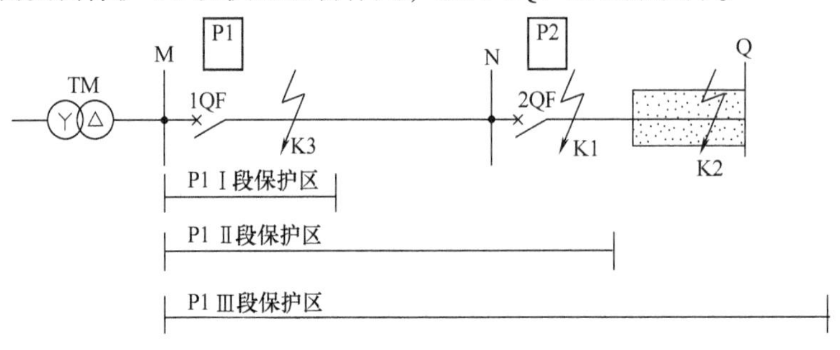

图13-9　远后备保护方式

后备保护分为远后备、近后备两种方式。近后备是当主保护拒动时，由本电力设备或线路的另一套保护实现的后备保护，如K3处故障，P1Ⅰ段拒动，由Ⅱ段跳动1QF；远后备是当主保护或断路器拒动时，由相邻电力设备或线路的保护来实现的后备，如K1处故障，P2或2QF拒动，P1Ⅱ段跳开1QF。

不难看出，Ⅰ段保护不能保护本线路全长，无后备保护作用；Ⅱ段保护具有对本线路Ⅰ段保护的近后备作用以及对下一线路保护部分的远后备作用。对于图13-9中K2处故障，若P2或2QF拒动，保护P1Ⅱ段无法反应，故障将不能被切除，这是不允许的，因此，必须设立Ⅲ段保护提供完整的远后备作用，显然Ⅲ段应能保护下一线路全长。

综上所述，Ⅲ段保护与后备保护，既是本线路主保护的近后备保护又是下一线路的远后备保护，Ⅲ段保护区应伸出下一线路范围。

二、三段式定时限过电流保护动作值的整定

1. Ⅰ段无时限过电流保护

（1）动作电流整定计算：Ⅰ段无时限过电流保护动作电流整定计算式为

$$I_{op\cdot1}^{\mathrm{I}}=K_{rel}^{\mathrm{I}}I_{K}^{(3)}$$

$$I_{op\cdot2}^{\mathrm{I}}=\frac{I_{op\cdot1}^{\mathrm{I}}}{n_{TA}} \tag{13-9}$$

式中，$I_{op\cdot1}^{\mathrm{I}}$为Ⅰ段保护动作电流整定值，单位为A；$K_{rel}^{\mathrm{I}}$为Ⅰ段保护可靠系数，取1.2~1.3；$I_{K}^{(3)}$为最大运行方式时，被保护的本线路末端三相短路电流有效值，单位为A；n_{TA}为电流互感器电流比。

（2）校验保护动作灵敏度：保护动作灵敏度，求出最大、最小保护范围。

在最大运行方式时，三相短路时的保护线长度及其百分比计算式为

$$\left.\begin{aligned} L_{\max} &= \frac{1}{X_0}\left(\frac{U_{\mathrm{ph}}}{I_{\mathrm{op}}^{\mathrm{I}}} - Z_{\mathrm{S}\cdot\min}\right) \\ L_{\max}\% &= \frac{L_{\max}}{L}\times 100\% > 50\% \end{aligned}\right\} \tag{13-10}$$

式中，$L_{\max}$ 为被保护线路最大长度，单位为 km；$L_{\max}\%$为被保护线路最大长度百分比；L 为被保护本线路长度，单位为 km；X_0 为线路单位长度电抗，单位为 Ω/km；U_{ph} 为线路额定相电压，单位为 kV；$I_{\mathrm{op}}^{\mathrm{I}}$ 为本线路Ⅰ段无时限过电流保护整定值，单位为 A；$Z_{\mathrm{S}\cdot\min}$ 为最大运行方式时，系统最小电抗，单位为 Ω。

10kV 系统最大运行方式时，三相短路电流一般为 $I_{\mathrm{K}\cdot\max}^{(3)}=30\mathrm{kA}$，三相短路容量为 $S_{\mathrm{K}}=\sqrt{3}U_{\mathrm{N}}I_{\mathrm{K}}^{(3)}=\sqrt{3}\times10.5\times30\mathrm{MV\cdot A}=545.58\mathrm{MV\cdot A}$，系统最小阻抗为 $Z_{\mathrm{S}\cdot\min}=U_{\mathrm{N}}^2/S_{\mathrm{K}}=10.5^2/545.58\Omega=0.2\Omega$。

在最小运行方式下，两相短路时保护线路长度及其百分比计算式为

$$\left.\begin{aligned} L_{\min} &= \frac{1}{X_0}\left(\frac{U_{\mathrm{ph}}}{I_{\mathrm{op}}^{\mathrm{I}}}\times\frac{\sqrt{3}}{2} - Z_{\mathrm{S}\cdot\max}\right) \\ L_{\min}\% &= \frac{L_{\min}}{L}\times 100\% > 15\% \end{aligned}\right\} \tag{13-11}$$

式中，$L_{\min}$ 为被保护线路最小长度，单位为 km；$L_{\min}\%$ 为被保护线路最小长度百分比；$Z_{\mathrm{S}\cdot\max}$ 为 10kV 系统最小运行方式时，系统最大阻抗，一般为 0.3Ω。

式中其他符号含义与式（13-10）中的符号含义相同。

10kV 系统最小运行方式时，三相短路电流一般为 $I_{\mathrm{K}\cdot\min}^{(3)}=20\mathrm{kA}$，三相短路容量为 $S_{\mathrm{K}}=\sqrt{3}U_{\mathrm{N}}I_{\mathrm{K}}^{(3)}=\sqrt{3}\times10.5\times20\mathrm{MV\cdot A}=363.72\mathrm{MV\cdot A}$，系统最大阻抗为 $Z_{\mathrm{S}\cdot\max}=U_{\mathrm{N}}^2/S_{\mathrm{K}}=10.5^2/363.72\Omega=0.3\Omega$。

（3）动作时限：保护动作为保护固加动作时间，整定值 $t=0\mathrm{s}$。

2. Ⅱ段带时限过电流保护

（1）动作电流整定计算：保护动作电流整定计算式为

$$\left.\begin{aligned} I_{\mathrm{op}\cdot1}^{\mathrm{II}} &= K_{\mathrm{rel}}^{\mathrm{II}}I_{\mathrm{op}\cdot2}^{\mathrm{I}} = K_{\mathrm{rel}}^{\mathrm{II}}K_{\mathrm{rel}}^{\mathrm{I}}I_{\mathrm{K}}^{(3)} \\ I_{\mathrm{op}\cdot2}^{\mathrm{II}} &= \frac{I_{\mathrm{op}\cdot1}^{\mathrm{II}}}{n_{\mathrm{TA}}} \end{aligned}\right\} \tag{13-12}$$

式中，$I_{\mathrm{op}\cdot1}^{\mathrm{II}}$ 为本线路Ⅱ段保护一次动作电流，单位为 A；$I_{\mathrm{op}\cdot2}^{\mathrm{II}}$ 为本线路Ⅱ段保护二次动作电流，单位为 A；$K_{\mathrm{rel}}^{\mathrm{I}}$ 为Ⅰ段过电流保护可靠系数，取 1.25；$K_{\mathrm{rel}}^{\mathrm{II}}$ 为Ⅱ段过电流保护可靠系数，取 1.1；$I_{\mathrm{op.2}}^{\mathrm{I}}$ 为相邻线路Ⅰ段保护动作电流整定值，单位为 A；$I_{\mathrm{K}}^{(3)}$ 为相邻线路末端三相短路电流有效值，单位为 A；n_{TA} 为电流互感器电流比。

（2）动作灵敏度的校验：动作灵敏度校验式为

$$K_{\mathrm{sen}} = \frac{I_{\mathrm{K}}^{(2)}}{I_{\mathrm{op}\cdot1}^{\mathrm{II}}} > 1.3 \tag{13-13}$$

式中，K_{sen} 为Ⅱ段保护动作灵敏度，应大于 1.3；$I_{\mathrm{K}}^{(2)}$ 为最小运行方式下，本线路末端母线处发生两相短路电流，单位为 A；$I_{\mathrm{op}\cdot1}^{\mathrm{II}}$ 为本线路Ⅱ段过电流保护一次动作电流整定值，单

位为 A。

（3）动作时限的整定：动作时限应比相邻线路保护的Ⅰ段动作时限高一个时限级差 Δt，即

$$t_1^{\mathrm{II}} = t_2^{\mathrm{I}} + \Delta t \tag{13-14}$$

式中，t_1^{II} 为本线路Ⅱ段保护动作时限，单位为 s；t_2^{I} 为相邻线路Ⅰ段保护动作时限，为 0s；Δt 为时限级差，取 0.5s。

3. Ⅲ段定时限过电流保护

（1）动作电流整定计算：动作电流按躲过本线路可能流过的最大负荷电流来整定，即

$$\left.\begin{aligned} I_{\mathrm{op.1}}^{\mathrm{III}} &= \frac{K_{\mathrm{rel}}^{\mathrm{III}} K_{\mathrm{Me}}}{K_{\mathrm{r}}} I_{\mathrm{L\cdot max}} \\ I_{\mathrm{op\cdot 2}}^{\mathrm{III}} &= \frac{I_{\mathrm{op\cdot 1}}^{\mathrm{III}}}{n_{\mathrm{TA}}} \end{aligned}\right\} \tag{13-15}$$

式中，$I_{\mathrm{op\cdot 1}}^{\mathrm{III}}$ 为本线路Ⅲ段保护一次动作电流，单位为 A；$I_{\mathrm{op\cdot 2}}^{\mathrm{III}}$ 为本线路Ⅲ段保护二次动作电流，单位为 A；$K_{\mathrm{rel}}^{\mathrm{III}}$ 为Ⅲ段保护可靠系数，取 1.15～1.25；K_{r} 为返回系数，取 0.95～0.98；K_{M} 为电动机自起动系数，它决定于网络接线和负荷性质，一般取 1.5～3；n_{TA} 为电流互感器电流比；$I_{\mathrm{L\cdot max}}$ 为线路最大负荷电流，单位为 A。

（2）动作灵敏度的校验：

1）作近后备保护：利用最小运行方式下本线路末端母线处两相金属性短路时流过保护的电流校验灵敏度，即

$$K_{\mathrm{sen}}^{\mathrm{III}} = \frac{I_{\mathrm{K}}^{(2)}}{I_{\mathrm{op\cdot 1}}^{\mathrm{III}}} > 1.5 \tag{13-16}$$

式中，$K_{\mathrm{sen}}^{\mathrm{III}}$ 为Ⅲ段保护动作灵敏度；$I_{\mathrm{K}}^{(2)}$ 为本线路末端母线处两相短路电流，单位为 A；$I_{\mathrm{op\cdot 1}}^{\mathrm{III}}$ 为本线路Ⅲ段保护一次动作电流整定值，单位为 A。

2）作远后备保护：利用处于最小运行方式时，下一相邻线路末端发生两相金属性短路时，流过保护的电流校验灵敏度为

$$K_{\mathrm{sen}}^{\mathrm{III}} = \frac{I_{\mathrm{K}}^{(2)}}{I_{\mathrm{op\cdot 1}}^{\mathrm{III}}} > 1.2 \tag{13-17}$$

式中，$K_{\mathrm{sen}}^{\mathrm{III}}$ 为Ⅲ段保护动作灵敏度；$I_{\mathrm{K}}^{(2)}$ 为相邻线路末端两相短路电流，单位为 A；$I_{\mathrm{op\cdot 1}}^{\mathrm{III}}$ 为本线路Ⅲ段保护一次动作电流，单位为 A。

（3）过电流保护动作时限整定：无时限电流速断保护和限时电流速断的保护动作电流都是按某点的短路电流整定的。定时限过电流保护要求保护区较长，其动作电流按躲过最大负荷电流整定，一般动作电流较小，其保护范围伸出相邻线路末端。

电流Ⅰ段的动作选择性由动作电流保证，电流Ⅱ段的选择性由动作电流与动作时限共同保证，而电流Ⅲ段是依靠动作时限的所谓“阶梯特性”来保证的。

阶梯特性如图 13-10 所示，实际上就是实现指定的跳闸顺序，距离故障点最近的（也是距离电源最远的）保护先跳闸。阶梯的起点是电网末端，每个“台阶”是 Δt，一般为 0.5s，Δt 的考虑与Ⅱ段保护动作时限一样。

图 13-10 中Ⅲ段保护动作时限整定满足以下关系：$t_1^{\mathrm{III}} > t_2^{\mathrm{III}} > t_3^{\mathrm{III}}$，$t_3^{\mathrm{III}}$ 最短，可取 0.5s 级，

Δt 一般为 0.5s。图 13-10 中 K 点出现故障时，由于Ⅲ段保护起动电流较小，可能保护 P1、P2、P3Ⅲ段保护均起动，P3 经 t_3^{III} 跳开 3QF 后，故障切除，而保护 P1、P2 均未达到动作时而返回。

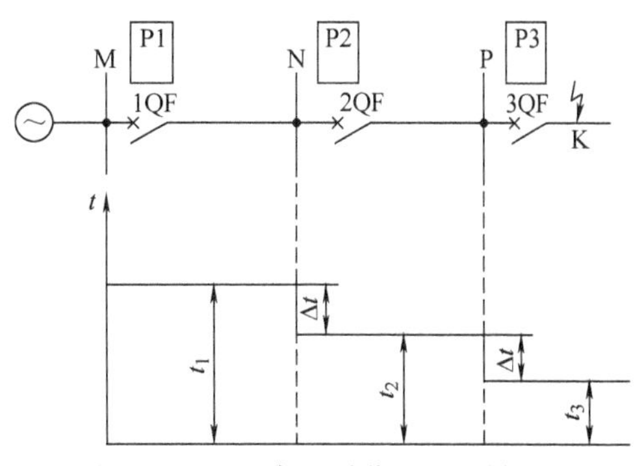

图 13-10 Ⅲ段保护动作时限阶梯特性

Ⅲ段过电流保护动作时限整定式为

$$t_1^{\mathrm{III}}=t_2^{\mathrm{III}}+\Delta t=t_3^{\mathrm{III}}+2\Delta t \tag{13-18}$$

式中，t_1^{III} 为本线路Ⅲ段保护动作时限，单位为 s；t_2^{III} 为相邻线路Ⅲ段保护动作时限，单位为 s；t_3^{III} 为下一相邻线路Ⅲ段保护动作时限，单位为 s；Δt 为时限级差，取 0.5s。

三、电流保护归总式原理图与展开图

1. 概述

三段式电流保护归总式原理如图 13-11a 所示，归总式原理展开如图 13-11b 所示。

归总式原理图绘出了设备之间的连接方式，将继电器等元件绘制为一个整体，便于说明保护装置的基本工作原理。展开式原理图中各元件不画在一个整体内，以回路为单元说明信号流向，便于施工接线及检修。

2. 归总式原理图

由图 13-11a 可见，三段式电流保护构成如下：

1）Ⅰ段保护测量元件由 1KA、2KA 组成，电流继电器动作后起动 1KS 发Ⅰ段保护动作信号并由出口继电器 KCO 接通 QF 跳闸回路。

2）Ⅱ段保护测量元件由 3KA、4KA 组成，电流继电器动作后起动时间继电器 1KT、1KT 经延时起动 2KS 发Ⅱ段保护动作信号并由出口继电器 KCO 接通 QF 跳闸回路，1KT 延时整定值为电流Ⅱ段动作时限。Ⅰ、Ⅱ段保护共同构成主保护。

3）Ⅲ段保护测量元件由 5KA、6KA、7KA 组成，电流继电器动作后起动时间继电器 2KT，2KT 经延时起动 3KS 发Ⅲ段保护动作信号，并由出口继电器 KCO 接通 QF 跳闸回路，2KT 延时整定值为电流Ⅲ段动作时限，Ⅲ段保护为后备保护。

3. 展开式原理图

图 13-11b 中，按交流电流（电压）、直流逻辑、信号、出口（控制）回路分别绘制。

1）交流回路：由于没有使用交流电压，这里只有电流回路。由图可以清楚地看到，1KA、3KA、5KA 测量 A 相电流，而 2KA、4KA、6KA 测量 C 相电流。

2）直流逻辑回路：由 1KA、2KA 以或逻辑构成Ⅰ段保护，无延时起动信号继电器 1KS、中间出口继电器 KCO。3KA、4KA 构成Ⅱ段保护，起动时间元件 1KT，1KT 延时起动 2KS、KCO。5KA、6KA、7KA 构成Ⅲ段保护，起动时间元件 2KT，2KT 延时起动 3KS、KCO。

3）信号回路：1KS、2KS、3KS 触头闭合发出相应的保护动作信号，根据中央信号回路不同，具体的接线也不同（例如信号继电器触头可以启动灯光信号、音响信号等），图 13-11 中未画出具体回路。

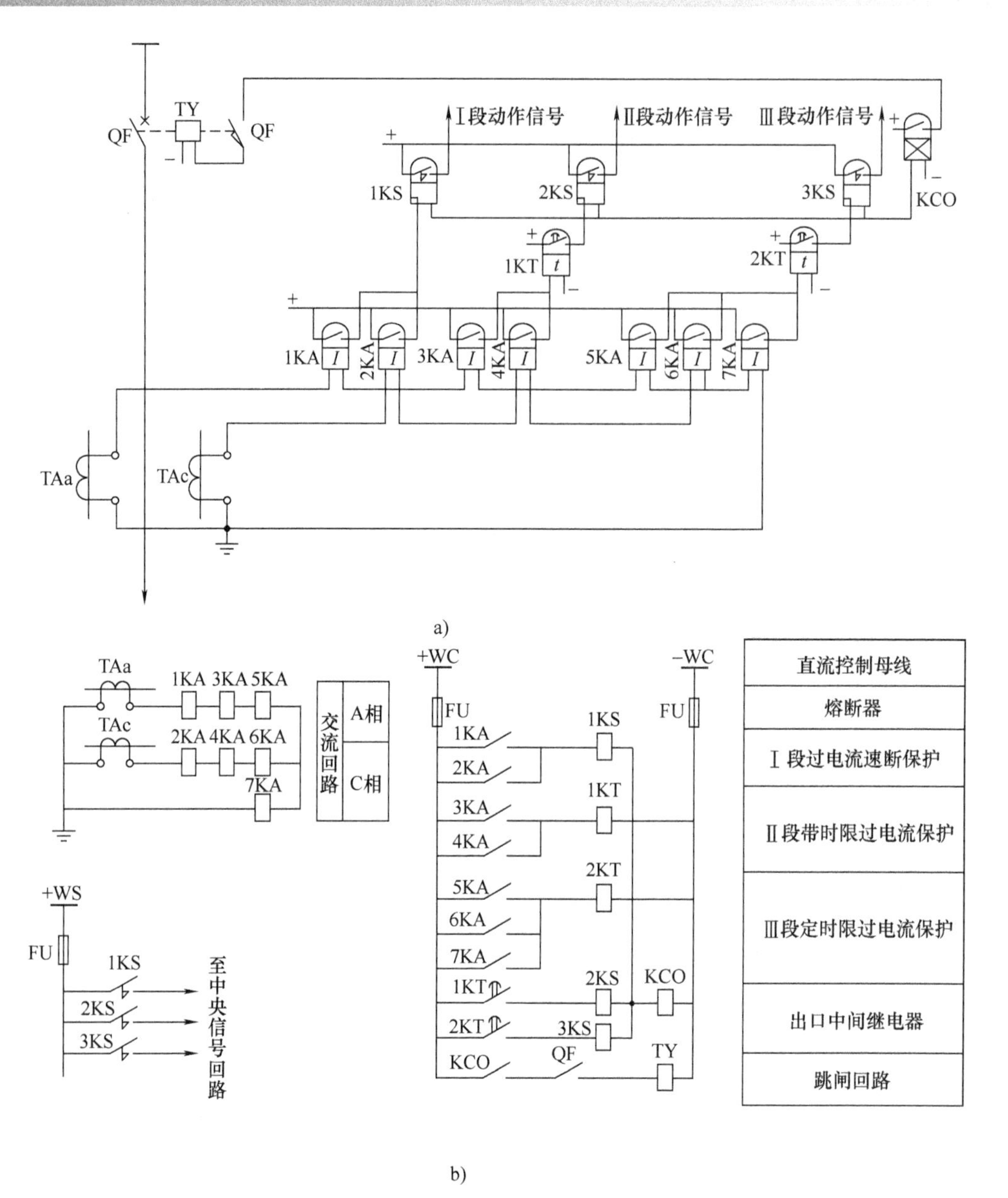

图 13-11　三段式电流保护原理接线

a）归总式原理图　b）展开式原理图

4）出口回路：出口中间继电器触头接通断路器跳闸回路，完整的出口回路应与实际的断路器控制电路相适应，图 13-11 中为出口回路示意图。

第五节　三段式过电流保护的整定计算实例

【例 13-2】 某变电所 10kV 配电系统三段式过电流保护配置如图 13-12 所示，断路器 1QF、2QF、3QF 均装设三段式电流保护 P1、P2、P3。等效电源的系统阻抗为：最大运行方式时，最小系统阻抗 $Z_{S\cdot\min}=0.2\Omega$，最小运行方式时，最大系统阻抗 $Z_{S\cdot\max}=0.3\Omega$；AB 线

路长度 $L_1=10\text{km}$，BC 线路长度 $L_2=15\text{km}$，线路单位长度电抗为 $X_0=0.4\Omega/\text{km}$。断路器 1QF 流过的最大负荷电流 $I_{L\cdot max}=150\text{A}$，电流互感器电流比 $K_{TA}=200\text{A}/5\text{A}=40$，保护 P3Ⅲ段过电流保护动作时限为 $t_3^{Ⅲ}=0.5\text{s}$，各段可靠系数取 $K_{rel}^{Ⅰ}=1.25$，$K_{rel}^{Ⅱ}=1.1$，$K_{rel}^{Ⅲ}=1.2$，自起动系数 $K_{MS}=1.5$，继电器返回系数 $K_r=0.95$。试计算三段式过电流保护相关整定值。

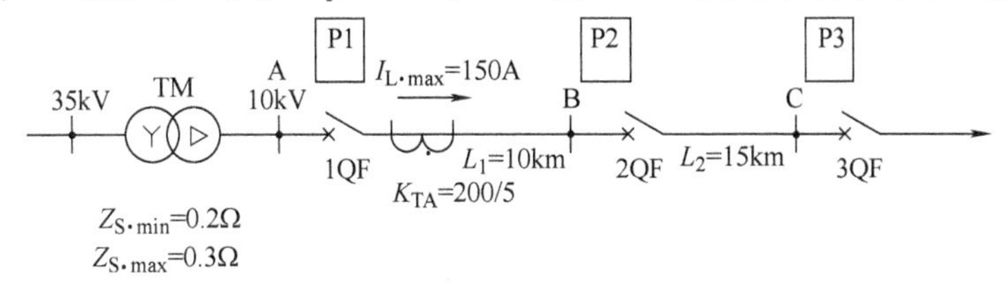

图 13-12　10kV 配电系统三段式过电流保护配置

1. 短路电流计算

（1）等效电抗的计算：

1）10kV 线路 L_1 电抗按式（1-21）计算，得

$$X_{L1}=X_0L_1=0.4\times10\Omega=4\Omega$$

2）10kV 线路 L_2 电抗按式（1-21）计算，得

$$X_{L2}=X_0L_2=0.4\times15\Omega=6\Omega$$

10kV 短路系统电抗等效电路如图 13-13 所示。

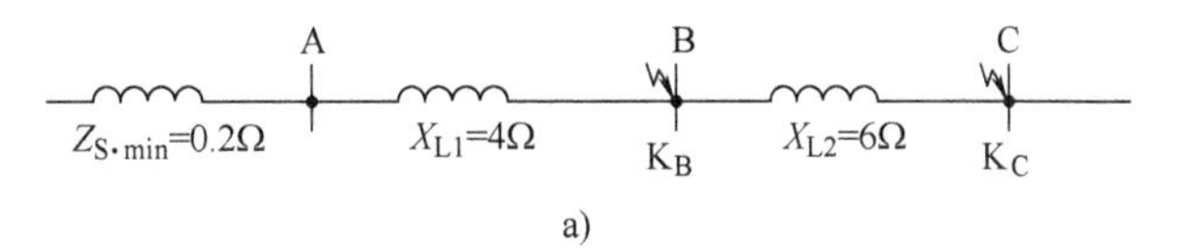

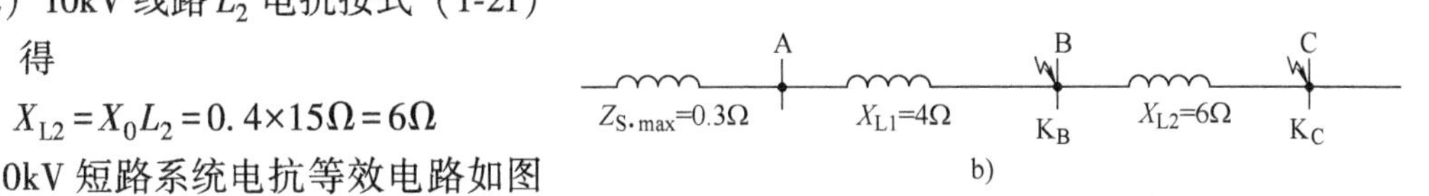

图 13-13　10kV 短路系统电抗等效电路
a）最大运行方式　b）最小运行方式

（2）最大运行方式时短路电流的计算：

1）母线 B 处三相短路电流按式（1-54）计算，得

$$I_{K\cdot B}^{(3)}=\frac{U_{ph}}{\Sigma X}=\frac{U_N}{\sqrt{3}(X_{S\cdot min}+X_{L1})}=\frac{10.5}{\sqrt{3}\times(0.2+4)}\text{kA}$$
$$=1.44\text{kA}$$

2）母线 B 处两相短路电流按式（1-55）计算，得

$$I_{K\cdot B}^{(2)}=\frac{\sqrt{3}}{2}I_{K\cdot B}^{(3)}=\frac{\sqrt{3}}{2}\times1.44\text{kA}=1.25\text{kA}$$

3）母线 C 处短路电流计算，即

$$I_{K\cdot C}^{(3)}=\frac{U_{ph}}{\Sigma X}=\frac{U_N}{\sqrt{3}\times(X_{S\cdot min}+X_{L1}+X_{L2})}$$
$$=\frac{10.5}{\sqrt{3}\times(0.2+4+6)}\text{kA}$$
$$=0.6\text{kA}$$

$$I_{K\cdot C}^{(2)}=\frac{\sqrt{3}}{2}\times I_{K\cdot C}^{(3)}=\frac{\sqrt{3}}{2}\times0.6\text{kA}=0.52\text{kA}$$

（3）最小运行方式时短路电流的计算：按同样的计算方法，最小运行方式时，短路电流为 $I_{K\cdot B}^{(3)}=1.41\text{kA}$，$I_{K\cdot B}^{(2)}=1.22\text{kA}$，$I_{K\cdot C}^{(3)}=0.59\text{kA}$，$I_{K\cdot C}^{(2)}=0.51\text{kA}$。

10kV 系统短路电流计算值见表 13-2。

表 13-2 10kV 系统短路电流计算值

最大运行方式 $X_{S\cdot min}=0.2\Omega$	$I_{K\cdot B}^{(3)}$	$I_{K\cdot B}^{(2)}$	$I_{K\cdot C}^{(3)}$	$I_{K\cdot C}^{(2)}$
	1.44	1.25	0.6	0.52
最小运行方式 $X_{S\cdot max}=0.3\Omega$	1.41	1.22	0.59	0.51

2. 保护 P1 电流Ⅰ段整定计算

（1）动作电流整定计算：保护动作电流整定按式（13-9）计算，为

$$I_{op\cdot 1}^{I}=K_{rel}^{I}I_{K\cdot B}^{(3)}=1.25\times 1.44\text{kA}=1.8\text{kA}$$

$$I_{op\cdot 2}^{I}=\frac{I_{op\cdot 1}^{I}}{n_{TA}}=\frac{1.8\times 10^{3}}{40}\text{A}=45\text{A}$$

（2）校验灵敏度：在最大运行方式时，按式（13-10）校验保护线路的长度及保护长度百分比，即

$$\begin{aligned}L_{max}&=\frac{1}{X_0}\left(\frac{U_{ph}}{I_{op\cdot 1}^{I}}-Z_{S\cdot min}\right)\\&=\frac{1}{0.4}\times\left(\frac{10.5}{\sqrt{3}\times 1.8}-0.2\right)\text{km}\\&=7.92\text{km}\end{aligned}$$

$$\begin{aligned}L_{max}\%&=\frac{L_{max}}{L_1}\times 100\%\\&=\frac{7.92}{10}\times 100\%\\&=79.2\%>50\%\end{aligned}$$

故保护长度满足要求。

在最小运行方式时，按式（13-11）校验保护线路的长度及保护长度百分比，得

$$\begin{aligned}L_{min}&=\frac{1}{X_0}\left(\frac{U_{ph}}{I_{op\cdot 1}^{I}}\times\frac{\sqrt{3}}{2}-Z_{S\cdot max}\right)\\&=\frac{1}{0.4}\times\left(\frac{10.5}{\sqrt{3}\times 1.8}\times\frac{\sqrt{3}}{2}-0.3\right)\text{km}\\&=6.54\text{km}\end{aligned}$$

$$\begin{aligned}L_{min}\%&=\frac{L_{min}}{L_1}\times 100\%\\&=\frac{6.54}{10}\times 100\%\end{aligned}$$

$$=65.4\%>15\%$$

故保护长度满足要求。

（3）动作时限：保护 P1 电流Ⅰ段保护动作时限为保护设备固有动作时间，整定值 $t_1^{\mathrm{I}}=0\mathrm{s}$。

3. 保护 P1 电流Ⅱ段整定计算

（1）动作电流整定计算：保护动作电流按式（13-12）整定计算，得

$$\begin{aligned} I_{\mathrm{op}\cdot 1}^{\mathrm{II}} &= K_{\mathrm{rel}}^{\mathrm{II}} K_{\mathrm{rel}}^{\mathrm{I}} I_{\mathrm{K}\cdot\mathrm{C}}^{(3)} \\ &= 1.1\times 1.25\times 0.6\mathrm{kA} \\ &= 0.83\mathrm{kA} \end{aligned}$$

$$I_{\mathrm{op}\cdot 2}^{\mathrm{II}}=\frac{I_{\mathrm{op}\cdot 1}^{\mathrm{II}}}{n_{\mathrm{TA}}}=\frac{0.83\times 10^3}{40}\mathrm{A}=20.75\mathrm{A}$$

整定值取 $I_{\mathrm{op.1}}=830\mathrm{A}$，$I_{\mathrm{op}\cdot 2}^{\mathrm{II}}=21\mathrm{A}$

（2）校验灵敏度：灵敏度按式（13-13）校验，得

$$K_{\mathrm{sen}}=\frac{I_{\mathrm{K}\cdot\mathrm{B}}^{(2)}}{I_{\mathrm{op}\cdot 1}^{\mathrm{II}}}=\frac{1.25}{0.83}=1.5>1.3$$

（3）动作时限的整定：动作时限按式（13-14）整定计算，得

$$t_1^{\mathrm{II}}=t_2^{\mathrm{I}}+\Delta t=(0+0.5)\mathrm{s}=0.5\mathrm{s}$$

4. 保护 P1 电流Ⅲ段整定计算

（1）动作电流整定计算：保护 P1 电流Ⅲ段动作电流按式（13-15）整定计算，得

$$\begin{aligned} I_{\mathrm{op}\cdot 1}^{\mathrm{III}} &= \frac{K_{\mathrm{rel}}^{\mathrm{III}} K_{\mathrm{MS}}}{K_{\mathrm{r}}} I_{\mathrm{L}\cdot\max} \\ &= \frac{1.2\times 1.5}{0.95}\times 0.15\mathrm{kA} \\ &= 0.28\mathrm{kA} \end{aligned}$$

$$I_{\mathrm{op}\cdot 2}^{\mathrm{III}}=\frac{I_{\mathrm{op}\cdot 1}^{\mathrm{III}}}{n_{\mathrm{TA}}}=\frac{0.28\times 10^3}{40}\mathrm{A}=7\mathrm{A}$$

（2）校验灵敏度：

1）作近后备保护时，按式（13-16）校验，得

$$K_{\mathrm{sen}}=\frac{I_{\mathrm{K}\cdot\mathrm{B}}^{(2)}}{I_{\mathrm{op}\cdot 1}^{\mathrm{III}}}=\frac{1.22}{0.28}=4.36>1.5$$

故灵敏度满足要求。

2）作远后备保护时，按式（13-17）校验，得

$$K_{\mathrm{sen}}=\frac{I_{\mathrm{K}\cdot\mathrm{C}}^{(2)}}{I_{\mathrm{op}\cdot 1}^{\mathrm{III}}}=\frac{0.51}{0.28}=1.82>1.2$$

故灵敏度满足要求。

（3）动作时限的整定：动作时限按式（13-18）整定，得

$$t_1^{\mathrm{III}}=t_3^{\mathrm{III}}+2\Delta t=(0.5+2\times 0.5)\mathrm{s}=1.5\mathrm{s}$$

保护 P1 处三段保护整定值见表 13-3。

表 13-3　保护 P1 处三段保护整定值

<table>
<tr><th rowspan="2">保　护　段</th><th colspan="2">动作电流/A</th><th rowspan="2">动作时限
/s</th><th rowspan="2">灵敏度
K_{sen}</th><th colspan="4">线路保护长度及百分比</th></tr>
<tr><th>$I_{op \cdot 1}$</th><th>$I_{op \cdot 2}$</th><th>L_{max}
/km</th><th>L_{max}
(%)</th><th>L_{min}
/km</th><th>L_{min}
(%)</th></tr>
<tr><td>Ⅰ段保护</td><td>1800</td><td>45</td><td>0</td><td></td><td>7. 92</td><td>79. 2%>
50%</td><td>6. 54</td><td>65. 4%>
15%</td></tr>
<tr><td>Ⅱ段保护</td><td>830</td><td>21</td><td>0. 5</td><td colspan="5">1. 5>1. 3</td></tr>
<tr><td rowspan="2">Ⅲ段保护</td><td rowspan="2">280</td><td rowspan="2">7</td><td rowspan="2">1. 5</td><td colspan="5">4. 36>1. 5 近后备保护</td></tr>
<tr><td colspan="5">1. 82>1. 2 远后备保护</td></tr>
</table>

第十四章　配电线路微机保护装置

第一节　RCS-9612AⅡ型微机线路保护测控装置

一、概述

RCS-9612AⅡ微机线路保护测控装置，可作为35kV及10kV线路保护测控，具有电流速断、过电流保护及负荷监控、遥测、遥控等功能。

二、主要保护功能

1）三段式可经低电压闭锁的定时限方向过电流保护，其中第三段可整定为反时限段。

2）三段零序过电流保护（可选择经方向闭锁）/小电流接地选线。

3）三相一次/二次重合闸（检无压、检同期、不检）。

4）过负荷保护。

5）过电流/零序合闸加速保护（前加速或后加速）。

6）低周减负荷保护。

7）独立的操作回路及故障录波。

三、主要测控功能

1）7路遥信开入采集、装置遥信变位、事故遥信。

2）正常断路器遥控分合、小电流接地探测遥控分合。

3）U_A、U_B、U_C、U_0、U_{AB}、U_{BC}、U_{CA}、I_A、I_C、I_0、P、Q、$\cos\varphi$、f等14个模拟量的遥测。

4）开关事故分合次数统计及SOE（Sequence of Events，事件顺序）记录等。

5）4路脉冲输入。

四、技术参数

RCS-9612AⅡ型微机线路保护测控装置技术参数见表14-1。

表14-1　RCS-9612AⅡ型微机线路保护测控装置技术参数

序　号	名　称	技术参数
1	额定直流电源/V	220,110(允许偏差±15%,-20%)

（续）

序 号	名 称		技术参数
2	额定交流电压/V		$100/\sqrt{3}$,100
3	额定交流电流/A		5,1
4	额定频率/Hz		50
5	定时限过电流定值		$0.1I_n \sim 20I_n$
6	定时限过电流时间定值/s		0~100
7	定时限过电流定值误差(%)		<5
8	重合闸时间/s		0.1~9.9
9	重合闸定值误差(%)		<5
10	低周减载	1)低周定值/Hz	45~50
		2)低压闭锁/V	10~90
		3)df/dt 闭锁 Hz/s	0.3~10
		4)定值误差(%)	<5
		其中频率误差/Hz	<0.01
11	遥测量计量等级		电流0.2级,其他0.5级
12	遥信分辨率/ms		<2,信号输入无源接点

五、保护测控功能的原理

1. 模拟输入

外部电流及电压输入经隔离互感器隔离变换后，由低通滤波器输入至模-数变换器，CPU 经采样数字处理后，组成各种继电器并判断计算各种遥信遥测量。

I_a、I_b、I_c、I_{os} 输入为保护用模拟量输入，I_A、I_C 为测量用专用测量 CT 输入，保证遥测量有足够的准确度。I_{os} 零序电流输入除可用作零序过电流保护用之外（报警或跳闸），也同时兼作小电流接地选线用输入，零序电流的接入最好用专用零序电流互感器接入，若无专用零序电流互感器，在保证零序电流能满足小接地系统保护选择性要求前提下用三相电流之和即 CT 的中性线电流。U_A、U_B、U_C 电压输入在本装置中除作为测量用输入，与 I_A、I_C 一起计算形成线路的 P、Q、$\cos\varphi$、kWh、kvarh 外，还作为低电压闭锁用电压输入。

U_x 主要用于重合闸检无压或同期时所用线路电压输入。

RCS-9612AⅡ型微机线路保护测控装置所用模-数转换器为高准确度 14 位模-数转换器，结合软件每周 24 点采样，保证了装置遥测精度。另外，本装置具备操作回路，设手跳及保护跳闸两种跳闸端子输入，而手动合闸及保护合闸则不加区分，合为一种合闸端子输入。

2. 定时限过电流保护

RCS-9612AⅡ型微机线路保护测控装置设三段定时限过电流保护，每段均可通过控制字选择经方向或经低电压闭锁，各段电流及时间定值可独立整定，分别设置整定控制字控制这三段保护的投退。专门设置一段加速段电流保护，在手合或重合闸后投入 3s，而不是选择加速Ⅰ段、Ⅱ段、Ⅲ段。加速段的电流及时间可独立整定，并可通过控制字选择是前加速或是后加速。方向元件采用正序电压极化，方向元件和电流元件接成按相起动方式。方向元件带有记忆功能以消除近处三相短路时方向元件的死区。

3. TV 断线检查

该装置具有 TV 断线检查功能，可通过控制字投退。装置检测母线电压异常时报 PT 断线，待电压恢复正常后保护也自动恢复正常。

如果重合闸选择检同期或检无压方式，则线路电压异常时发出告警信号，并闭锁自动重合闸，待线路电压恢复正常时保护也自动恢复正常。

4. 重合闸

重合闸起动方式有两种：不对应起动和保护起动。当重合闸不投时可选择整定控制字退出，通过整定控制字选择是检同期，检无压，还是不检。检同期、检无压用的线路电压可以是额定 100V 或 57.7V，可通过整定控制字选择。线路电压的相位由装置正常运行时自动识别，无特殊要求不需整定，只需将线路电压接入即可。重合闸必须在充电完成后投入，线路在正常运行状态（KKJ=1，TWJ=0），无外部闭锁重合信号，经 15s 充电完成。重合闭锁信号有：①手跳（KKJ=0）；②低周动作；③外部端子闭锁输入；④遥控跳闸；⑤控制回路断线；⑥弹簧未储能接点输入。

5. 低周减负荷

该装置配有低电压闭锁及滑差闭锁功能。当装置投入工作时频率必须在（50±0.5）Hz 范围内，低周保护才允许投入。当系统发生故障，频率下降过快超过滑差闭锁定值时瞬时，闭锁低周保护。另外线路如果不在运行状态，则低周保护自动退出。

低周保护动作同时闭锁线路重合闸。

6. 接地保护

由于装置应用于不接地或小电流接地系统，在系统中发生接地故障时，其接地故障点零序电流基本为电容电流，且幅值很小，用零序过电流继电器来保护接地故障很难保证其选择性。在该装置中接地保护实现时，由于各装置通过网络互联，信息可以共享，故采用上位机比较同一母线上各线路零序电流基波或五次谐波幅值和方向的方法来判断接地线路，并通过网络下达接地试跳命令来进一步确定接地线路。

在经小电阻接地系统中，接地零序电流相对较大，故采用直接跳闸方法，装置中设一段零序过电流继电器（“零序过电流投入”整定控制字整定“0”时只报警，整定为“1”时跳闸）。

当然在某些不接地系统中，电缆出线较多，电容电流较大，也可采用零序电流继电器直接跳闸方式。

7. 装置闭锁和运行异常告警

当装置检测到本身硬件故障时，发出装置故障闭锁信号（BSJ 继电器返回），同时闭锁整套保护。硬件故障包括 RAM 出错、EPROM 出错、定值出错、电源故障。

当装置检测到下列件状况时，发出运行异常信号（BJJ 继电器动作）：①线路电压报警；②PT 断线；③频率异常；④CT 断线；⑤TWJ 异常；⑥控制回路断线；⑦弹簧未储能；⑧零序电流报警；⑨接地报警。

8. 遥信、遥测、遥控功能

遥控功能主要有三种：正常遥控跳闸操作，正常遥控合闸操作，接地选线遥控跳闸操作。

遥测量主要有：I、U、$\cos\varphi$、f、P、Q 和有功电能、无功电能及脉冲总电能。所有这些量都在当地实时计算，实时累加，三相有功、无功的计算消除了由于系统电压不对称而产生的误差，且计算完全不依赖于网络，准确度达到 0.5 级。

遥信量主要有：9 路遥信开入、装置变位遥信及事故遥信，并作事件顺序记录，遥信分辨率小于 2ms。

9. 对时功能

装置具备软件或硬件脉冲对时功能。

六、安装接线

10kV 进线开关柜上的设备见表 14-2。

表 14-2　10kV 进线开关柜上的设备

序号	代　号	名　称	型号规格	数量
1	In	微机线路保护测控装置	RCS-9612AⅡ	1
2	QK1、QK2	断路器	5SX5　3A/2P	2
3	QK	断路器	5SX2　3A/2P	1
4	PA	电流表	42L6A　400/5	1
5	1XB1~1XB5	连接片	YY1-D1-4	5
6	QK	切换开关	LW12-16D/49，4021，3	1
7	KA	中间继电器	DZY-204 220V	1

配电所 10kV 电源进线选用 RCS-9612Ⅱ型微机线路保护测控装置时，安装接线原理如图 14-1 所示，QK 触头位置见表 14-3。

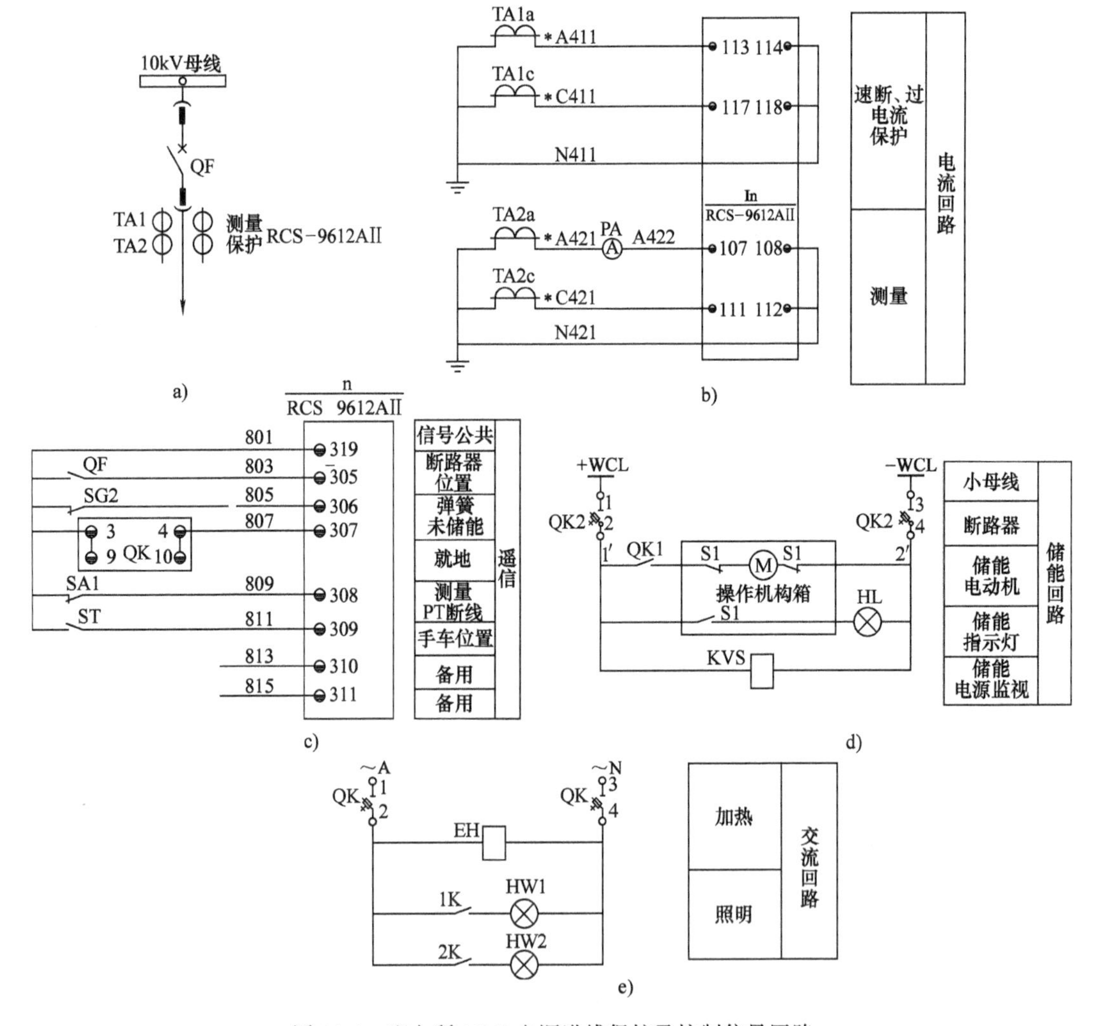

图 14-1　配电所 10kV 电源进线保护及控制信号回路

a）电气主接线　b）电流回路　c）遥信回路　d）储能回路　e）交流回路

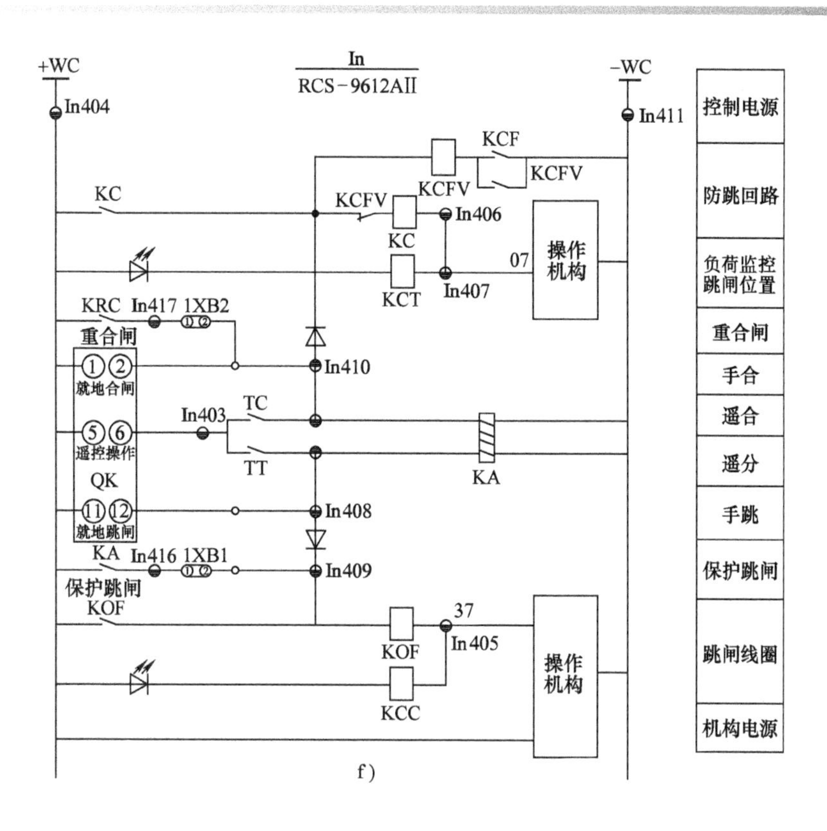

f）

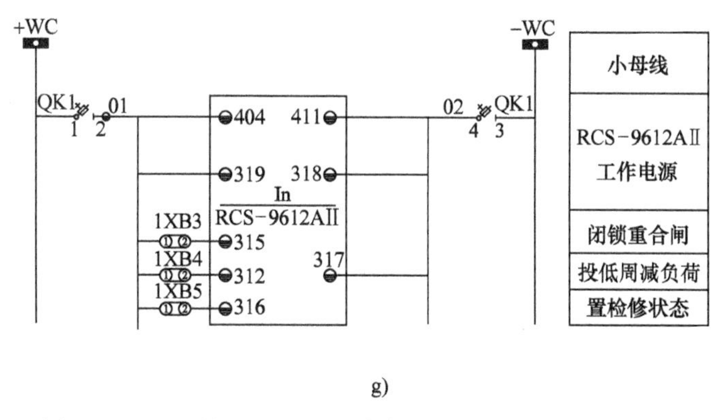

g）

图 14-1　配电所 10kV 电源进线保护及控制信号回路（续）

f）RCS-9612AⅡ微机线路保护测控装置控制回路　g）工作电源

表 14-3　QK 触头位置表（LW12-16D/49.4021.3）

运行方式＼触头		1-2	3-4	5-6 7-8	9-10	11-12
跳闸	←	—	—	—	—	×
就地	↖	—	—	—	×	—
远控	↑	—	—	×	—	—
就地	↗	—	×	—	—	—
合闸	→	×	—	—	—	—

注：表中“×”表示触头接通，“—”表示触头断开。

RCS-9612AⅡ型微机线路保护测控装置背板接线端子如图 14-2 所示。

七、装置定值整定

1. 装置参数整定（见表 14-4）

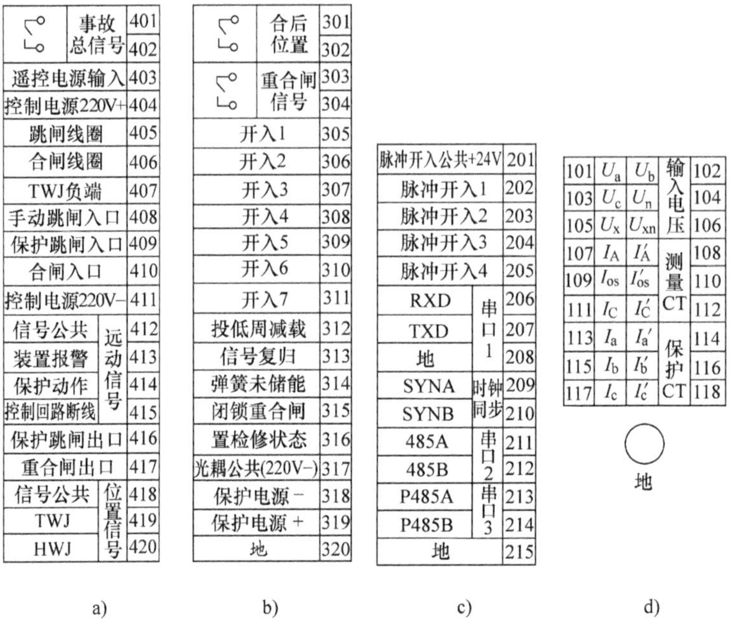

名称		端子
事故总信号		401
		402
遥控电源输入		403
控制电源220V+		404
跳闸线圈		405
合闸线圈		406
TWJ负端		407
手动跳闸入口		408
保护跳闸入口		409
合闸入口		410
控制电源220V−		411
信号公共	远动信号	412
装置报警		413
保护动作		414
控制回路断线		415
保护跳闸出口		416
重合闸出口		417
信号公共	位置信号	418
TWJ		419
HWJ		420

a)

名称	端子
合后位置	301
	302
重合闸信号	303
	304
开入1	305
开入2	306
开入3	307
开入4	308
开入5	309
开入6	310
开入7	311
投低周减载	312
信号复归	313
弹簧未储能	314
闭锁重合闸	315
置检修状态	316
光耦公共(220V−)	317
保护电源−	318
保护电源+	319
地	320

b)

名称		端子
脉冲开入公共+24V		201
脉冲开入1		202
脉冲开入2		203
脉冲开入3		204
脉冲开入4		205
RXD	串口1	206
TXD		207
地		208
SYNA	时钟同步	209
SYNB		210
485A	串口2	211
485B		212
P485A	串口3	213
P485B		214
地		215

c)

端子				端子
101	U_a	U_b	输入电压	102
103	U_c	U_n		104
105	U_x	U_{xn}		106
107	I_A	I_A'	测量CT	108
109	I_{0s}	I_{0s}'		110
111	I_C	I_C'		112
113	I_a	I_a'	保护CT	114
115	I_b	I_b'		116
117	I_c	I_c'		118

地

d)

图 14-2　RCS-9612AⅡ型背板接线端子

a）输出（OUT）接线　b）直流（DC）接线　c）管理软件（CPU）接线　d）交流（AC）接线

表 14-4　装置参数整定

序号	名　　称	范　　围	备注
1	保护定值区号	0～13	
2	装置地址	0～240	
3	规约	1:LPF 规约,0:DL/T 667—1999(IEC 60870-5-103)规约	
4	串行接口 A 波特率	0:4800,1:9600 2:19200,3:38400	
5	串行接口 B 波特率		
6	打印波特率		
7	打印方式	0 为就地打印;1 为网络打印	
8	口令	00～99	
9	遥信确认时间 1	开入 1、2 遥信确认时间(ms)	
10	遥信确认时间 2	其余开入量遥信确认时间(ms)	
11	电流额定一次值		
12	电流额定二次值		
13	零序电流额定一次		
14	零序电流额定二次		
15	电压额定一次值		
16	电压额定二次值		
17	零序跳闸电流自产	“0”为外加,“1”为自产	
18	中性点接地方式	“0”为中性点不接地系统,“1”为小电阻接地系统	

2. 装置定值整定（见表 14-5）

表 14-5　装置定值整定

序号	定值名称	定值	整定范围	整定步长	
1	Ⅰ段过电流	I1zd	$0.1I_n \sim 20I_n$	0.01A	
2	Ⅱ段过电流	I2zd	$0.1I_n \sim 20I_n$	0.01A	
3	Ⅲ段过电流	I3zd	$0.1I_n \sim 20I_n$	0.01A	投反时限时范围为 $0.1 \sim 3I_n$
4	过电流保护低压闭锁定值	U1zd	2~100V	0.1V	
5	过电流加速段定值	Ijszd	$0.1I_n \sim 20I_n$	0.01A	
6	过负荷保护定值	Igfhzd	$0.1I_n \sim 3I_n$	0.01A	
7	零序Ⅰ段过电流段	I01zd	$0.1I_n \sim 20I_n$	0.01A	用外加零序电流时为 0.02~15A
8	零序Ⅱ段过电流段	I02zd	$0.1I_n \sim 20I_n$	0.01A	用外加零序电流时为 0.02~15A
9	零序Ⅲ段过电流段	I03zd	$0.1I_n \sim 20I_n$	0.01A	用外加零序电流时为 0.02~15A
10	零序过电流加速段	I0jszd	$0.1I_n \sim 20I_n$	0.01A	用外加零序电流时为 0.02~15A
11	低周保护低频整定	Flzd	45~50Hz	0.01Hz	
12	低周保护低压闭锁	Ulfzd	10~90V	0.01V	
13	df/dt 闭锁整定	DFzd	0.3~10Hz/s	0.01Hz/s	
14	重合闸同期角	DGch	0~90°	1°	
15	过电流Ⅰ段时间	T1	0~100s	0.01s	
16	过电流Ⅱ段时间	T2	0~100s	0.01s	
17	过电流Ⅲ段时间	T3	0~100s	0.01s	投反时限时范围为 0~1s
18	过电流加速段时间	Tjs	0~100s	0.01s	
19	过负荷保护时间	Tgfh	0~100s	0.01s	
20	零序过电流Ⅰ段时间	T01	0~100s	0.01s	
21	零序过电流Ⅱ段时间	T02	0~100s	0.01s	
22	零序过电流Ⅲ段时间	T03	0~100s	0.01s	
23	零序过电流加速时间	T0js	0~100s	0.01s	
24	低频保护时间	Tf	0~100s	0.01s	
25	重合闸时间	Tch	0~9.9s	0.01s	
26	二次重合闸时间	Tch2	0~9.9s	0.01s	
27	反时限特性	FSXTX	1~3	1	

控制字含义见表 14-6。控制字位置“1”相应功能投入，置“0”相应功能退出。

表 14-6　控制字含义

序号	名　称	符号	控制字	备　注
1	过电流Ⅰ段投入	GL1	0/1	
2	过电流Ⅱ段投入	GL2	0/1	
3	过电流Ⅲ段投入	GL3	0/1	
4	反时限投入	FSX	0/1	
5	过电流Ⅰ段经低压闭锁	UBL1	0/1	

（续）

序号	名　　称	符号	控制字	备　　注
6	过电流Ⅱ段经低压闭锁	UBL2	0/1	
7	过电流Ⅲ段经低压闭锁	UBL3	0/1	
8	过电流Ⅰ段经方向闭锁	FBL1	0/1	
9	过电流Ⅱ段经方向闭锁	FBL2	0/1	
10	过电流Ⅲ段经方向闭锁	FBL3	0/1	
11	过电流加速段投入	GLjs	0/1	
12	零序过电流加速段投入	L0js	0/1	
13	投前加速	QJS	0/1	
14	过负荷保护投入	GFH	0/1	“1”跳闸“0”报警
15	零序过电流Ⅰ段投入	L01	0/1	
16	零序过电流Ⅱ段投入	L02	0/1	
17	零序过电流Ⅲ段投入	L03	0/1	“1”跳闸“0”报警
18	零序过电流Ⅰ段经方向闭锁	FBL01	0/1	
19	零序过电流Ⅱ段经方向闭锁	FBL02	0/1	
20	零序过电流Ⅲ段经方向闭锁	FBL03	0/1	
21	低周保护投入	LF	0/1	
22	df/dt 闭锁投入	DF	0/1	
23	重合闸投入	CH	0/1	
24	重合闸不检	BJ	0/1	
25	重合闸检同期	JTQ	0/1	
26	重合闸检无压	JWY	0/1	
27	二次重合闸投入	CH2	0/1	
28	线路电压额定 100V	UXE	0/1	
29	PT 断线检查	PTDX	0/1	
30	PT 断线时退出与电压有关的电流保护	TUL	0/1	

第二节　NSL-640 型数字式线路保护测控装置

一、概述

NSL-640 型数字式线路保护测控装置是以电流电压保护及三相重合闸为基本配置的成套线路保护测控装置，适用于 66kV 及以下电压等级的配电线路。

二、主要功能

1. 保护功能

（1）三段定时限过流保护。

(2) 三段零序过流保护，小电流接地选线。
(3) 三相一次重合闸。
(4) 过负荷保护。
(5) 独立的操作回路及故障录波。
(6) 合闸加速保护。
(7) 低周、低压减载保护。

2. 测控功能

(1) 开关量变位遥信、开关量输入。
(2) 开关电流、电压、有功功率、无功功率、电度计算、功率因数等模拟量的输入。
(3) 正常断路器遥控分合、小电流接地探测遥控分合。
(4) 遥控事件记录及 SOE 记录等。

三、继电保护整定

1. 整定值范围

NSL-640 数字式线路保护装置的整定值范围见表 14-7。

表 14-7　NSL-640 数字式线路保护装置的整定值范围

序号	定值名称	定值范围	单位	备注
1	控制字一	0000~FFFF	无	参见控制字说明
2	控制字二	0000~FFFF	无	参见控制字说明
3	电流Ⅰ段	0.20~100.0	A	
4	电流Ⅱ段	0.20~100.0	A	
5	电流Ⅲ段	0.20~100.0	A	
6	电流Ⅰ段时间	0.00~20.00	s	
7	电流Ⅱ段时间	0.10~20.00	s	
8	电流Ⅲ段时间	0.10~20.00	s	
9	零序Ⅰ段电流	0.10~20.00	A	
10	零序Ⅱ段电流	0.10~20.00	A	
11	零序Ⅲ段电流	0.10~20.00	A	
12	零序Ⅰ段时间	0.00~20.00	s	
13	零序Ⅱ段时间	0.10~20.00	s	
14	零序Ⅲ段时间	0.10~20.00	s	
15	电流加速段	0.20~100.0	A	
16	电流加速段时间	0.00~5.00	s	
17	零序加速段电流	0.10~20.00	A	
18	零序加速段时间	0.00~5.00	s	
19	电流保护闭锁电压	1.00~120.0	V	线电压
20	电流反时限基准电流	0.20~100.0	A	
21	电流反时限时间	0.005~250.00	s	
22	零序反时限基准电流	0.10~20.0	A	

（续）

序号	定值名称	定值范围	单位	备注
23	零序反时限时间	0.005～250	s	
24	反时限指数	0.01～10.00	无	置0.02、1、2
25	过负荷电流	0.20～100.0	A	
26	过负荷告警时间	6.0～9000	s	
27	过负荷跳闸时间	6.0～9000	s	
28	重合闸检同期定值	10.00～50.00	度	
29	重合闸时间	0.20～20.00	s	
30	低周减载频率	45.00～49.50	Hz	
31	低周减载时间	0.10～20.00	s	
32	低周减载闭锁电压	10.00～120.0	V	线电压
33	低周减载闭锁滑差	0.50～20.00	Hz/s	
34	低压解列电压	20.00～60.00	V	相电压
35	低压解列时间	0.10～20.00	s	
36	闭锁电压变化率	1.00～60.00	V/s	
37	TA变比(kA/A)	0.001～10.00	无	一次保护TA变比/1000
38	TV变比(kV/V)	0.01～10.00	无	一次TV变比/1000
39	开入位置定义	0000～0FFF		

2. 控制字含义

KG1控制字含义见表14-8。

表14-8 KG1控制字含义

位	置“1”含义	置“0”含义
15	模拟量求和自检投入	模拟量求和自检退出
14	TA额定电流为1A	TA额定电流为5A
13	TV断线时带方向或电压闭锁的保护段退出运行	TV断线时带方向或电压闭锁的保护段仅退出方向及电压
12	备用	备用
11	零序反时限带方向	零序反时限不带方向
10	电流反时限带方向	电流反时限不带方向
9	零序Ⅲ段带方向	零序Ⅲ段不带方向
8	零序Ⅱ段带方向	零序Ⅱ段不带方向
7	零序Ⅰ段带方向	零序Ⅰ段不带方向
6	电流加速段经电压闭锁	电流加速段不经电压闭锁
5	电流Ⅲ段经电压闭锁	电流Ⅲ段不经电压闭锁
4	电流Ⅱ段经电压闭锁	电流Ⅱ段不经电压闭锁
3	电流Ⅰ段经电压闭锁	电流Ⅰ段不经电压闭锁
2	电流Ⅲ段带方向	电流Ⅲ段不带方向
1	电流Ⅱ段带方向	电流Ⅱ段不带方向
0	电流Ⅰ段带方向	电流Ⅰ段不带方向

KG2 控制字含义见表 14-9。

表 14-9 KG2 控制字含义

位	置“1”含义	置“0”含义
15	保护选择反时限方式	保护选择定时限方式
14	选择前加速方式	选择后加速方式
13	过负荷跳闸	过负荷不跳闸(仅发告警信号)
12	准同期合闸投入	准同期合闸退出
11	二次重合闸投入	二次重合闸退出
10	备用	备用
9	重合无压检任一侧	备用
8	低压解列投入	低压解列退出
7	断路器偷跳不重合	断路器偷跳重合
6	$U_x = 100V$	$U_x = 57V$
5	检同期选线压	检同期选相压

3. 软连接片功能

NSL-640 数字式线路保护装置的软连接片功能见表 14-10。

表 14-10 软连接片功能

连接片名称	对应功能
电流Ⅰ段	电流Ⅰ段保护功能投退
电流Ⅱ段	电流Ⅱ段保护功能投退
电流Ⅲ段	电流Ⅲ段保护功能投退
零序Ⅰ段	零序Ⅰ段保护功能投退
零序Ⅱ段	零序Ⅱ段保护功能投退
零序Ⅲ段	零序Ⅲ段保护功能投退
加速	加速保护功能投退
过负荷	过负荷保护功能投退
低周减载	低周减载功能投退
重合投入	重合闸功能投退

第三节 SPAJ 140C 型馈线保护装置

一、概述

SPAJ 140C 型馈线保护装置，简称组合保护继电器。可用于 IT、TT、TN-C、TN-S 供配电系统中，作为馈线短路和接地故障保护用。综合保护继电器包括过电流元件和接地保护故障元件两部分，馈线保护可根据使用要求，采用单相、两相或三相过电流保护以及无方向接地故障保护，还包含有断路器失灵保护。

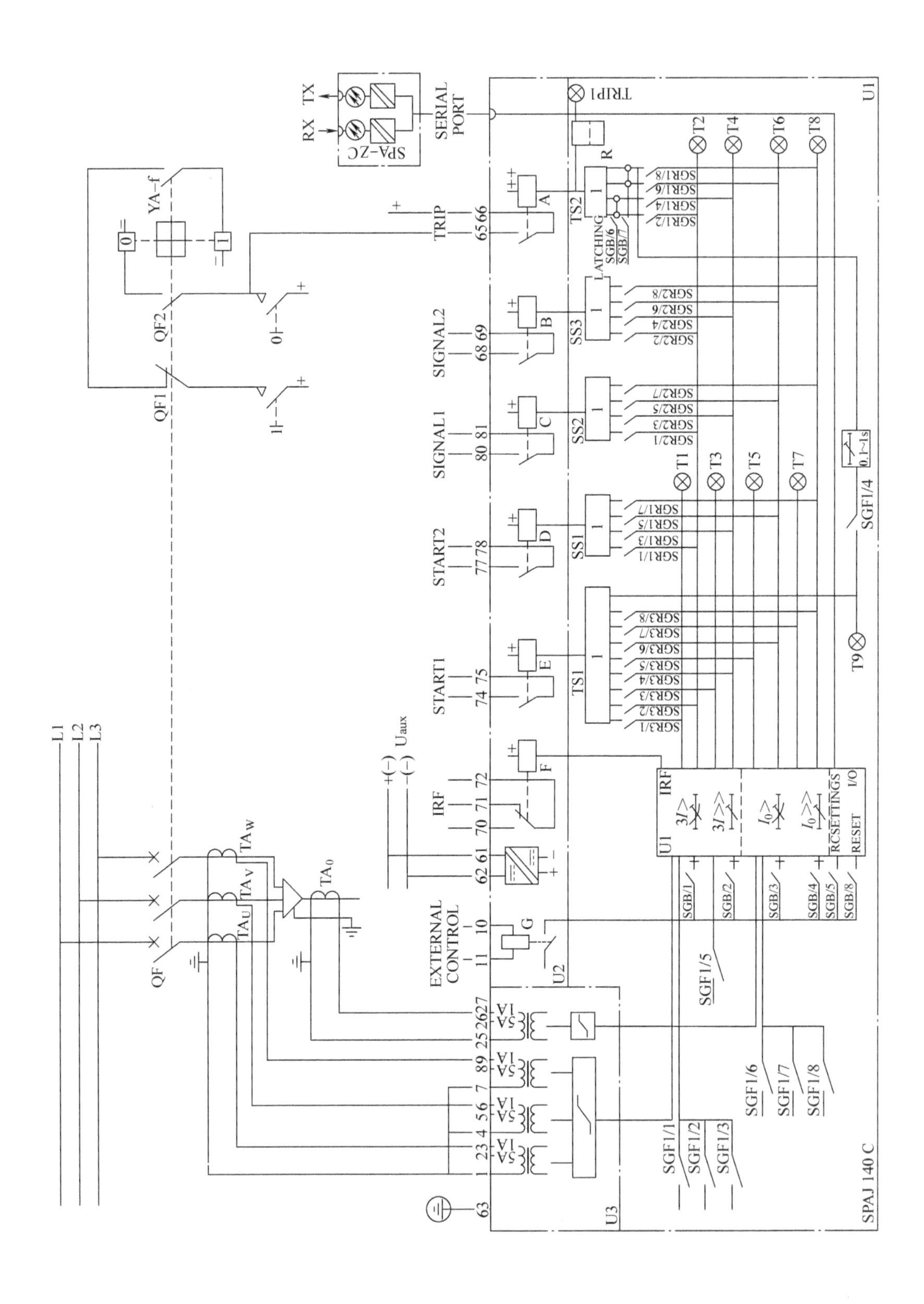
L1
L2
L3
QF
QF1
QF2
YA-f
RX
TX
SPA-ZC
SERIAL PORT
TRIP
SIGNAL2
SIGNAL1
START2
START1
IRF
EXTERNAL CONTROL
TRIP1
TS1
TS2
SS1
SS2
SS3
LATCHING
U1
U2
U3
SPAJ 140 C

图 14-3 SPAJ 140C 组合式过电流与接地故障继电器的接线原理图

EXTERNAL CONTROL—外部控制
IRF—继电器内部故障信号（自检装置）
START1—由 SGR3 开关组选择的保护起动信号或辅助跳闸信号
START2—低定值过电流段 I>的保护（过负荷保护）的起动信号
SIGNAL1—过电流跳闸信号
SIGNAL2—接地故障跳闸信号
TRIP—接地故障元件高定值段，I_0≫的跳闸信号
SERIAL PORT—串行通信接口
RC SETTINGS—远方设定
RESET—复位
A、B、C、D、E、F、G—中间继电器（输出继电器）
TS1—跳闸信号 1
TS2—跳闸信号 2
SS1—起动信号 1
SS2—起动信号 2
SS3—起动信号 3
TRIP1—跳闸指示
I/O—输入/输出

T1～T9—起动与跳闸指示器
U_{aux}—辅助电流（输入电源）
RX—总线连接模块的光纤接收端
TX—总线连接模块的光纤发送端
U1—三相过电流和无方向性接地故障模块（SPCJ 4D29 型）
U2—输入模块（SPTE 4E 型）
U3—电源与输出继电器模块（SPTU 240R1 或 SPTU 48R1 型）
SPA-ZC—总线连接模块
SGR—设定出口继电器的开关组
SGB—设定闭锁或控制信号的开关组
SGF—功能开关组
L1、L2、L3—主回路三相电源
QF—断路器
QF1—断路器辅助开关动断触头
QF2—断路器辅助开关动合触头
TA_U、TA_V、TA_W—U、V、W 相电流互感器
TA_0—零序电流互感器
YA-f—电磁分闸机构

二、主要保护功能

1）带定时限或反时限（IDMT）特性的三相低定值过电流（过负荷）保护。

2）带瞬时或定时限功能的三相高定值过电流（短路）保护。

3）带定时限或反时限（IDMT）特性的低定值无方向接地故障保护。

4）带瞬时或定时限功能的高定值无方向接地故障保护。

5）具有固有的断路器失灵保护电路。

6）具有两个重负荷（发出跳闸信号）和四个轻负荷（发出警报信号）输出继电器，可供实际中选择设置使用。

7）通过串行通道的大范围的数据通信装置。

8）具有高度的设计灵活性，可根据不同的应用条件方便地选择相应的工作方式。

9）整定值、电流测量值、存储的故障值等均采取数字显示。

10）具有内部故障自动诊断的连续自检装置。

11）具有强大的软件支持，可实现继电器的参数设置和整定，并可使用便携式计算机录取电气参数。

三、保护动作的原理

SPAJ 140C 型组合式过电流与接地故障继电器的原理接线如图 14-3 所示。

当一次系统的电流 I_{L1}、I_{L2}、I_{L3}（负载电流、过载电流或短路电流）均通过电流互感器 TA_U、TA_V、TA_W 传递给 SPAJ 140C 组合式保护继电器；一次系统电缆线路的接地故障电流，通过装在电缆头下端的零序电流互感器 TA_0 传递给 SPAJ 140C 组合式保护继电器。

在系统正常运行的情况下，SPAJ 140C 组合式保护继电器内的三相过电流元件和无方向接地故障元件，连续地测量被保护一次系统馈线的电流 I_{L1}、I_{L2}、I_{L3} 和零序电流 I_0。故障情况下，这些元件可根据所选择的保护方式，选择性地起动输出继电器 A、B、C、D、E、F、G，使断路器 QF 动作跳闸，切断故障电源，使另一系统的重合闸继电器动作，断路器自动合闸，保证了系统不间断供电。

当一次系统电流 I_{L1}、I_{L2} 或 I_{L3} 超出过电流元件的低定值段 $I>$ 整定值（过负荷保护整定）该元件在预置的约 60ms 延时后，发出起动信号，当达到整定动作时间后，发出过电流保护低定值动作跳闸指令。同样，当起动值超出过电流元件的高定值段 $I\gg$ 整定值时（短路保护），该元件在预置 40ms 延时后，发出起动信号。当达到整定动作时间后，发出过电流保护高定值（短路保护）动作跳闸指令。

当零序电流超出低定值段 $I_0>$ 整定值时，接地故障元件将在预置的约 60ms 延时后，发出起动信号。当定时限或反时限整定时间达到后，发出接地保护低定值跳闸命令。同样，当起动电流超出接地故障元件的高定值段 $I_0\gg$ 整定值时，该元件将在预置的约 40ms 延时后，发出起动信号。当达到整定时间后，发出接地故障元件高定值动作跳闸指令。

四、保护动作指示器

SPAJ 140C 型组合式过电流与接地故障继电器外形结构如图 14-4 所示。在该图中，动作显示器（OPER，IND）显示码的含义见表 14-11。寄存显示器（REGISTERS）显示码含义见表 14-12。

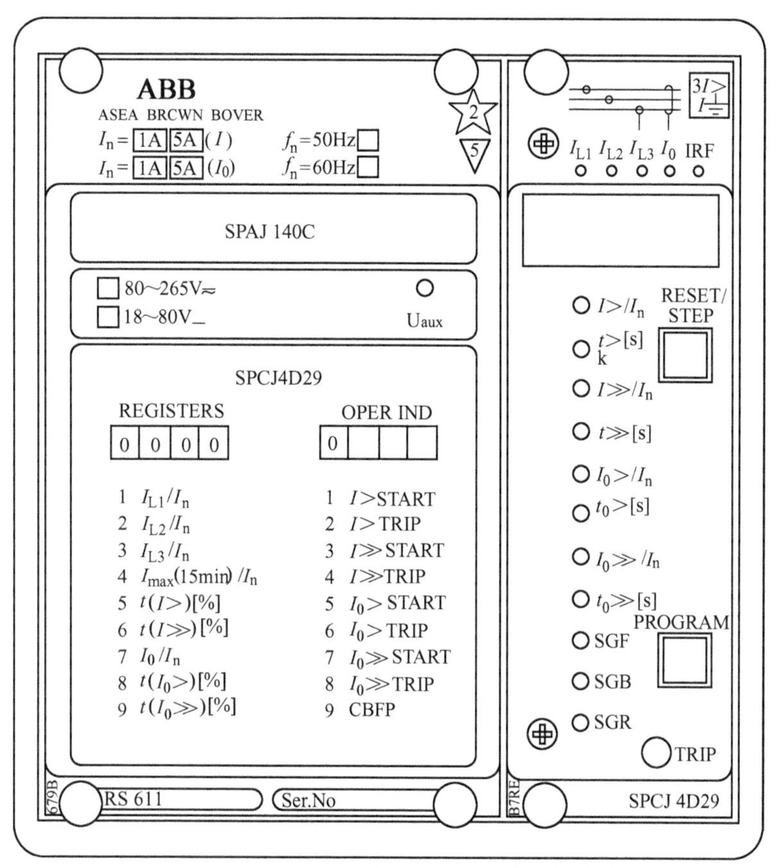

图 14-4　SPAJ 140C 型组合式过电流与接地故障继电器

RESET/STEP—复归/步进显示按钮　PROGRAM—编程按钮　TRIP—跳闸指示器　IRF—继电器内部故障信号　U_{aux}—辅助电源指示输入电源　OPER IND—动作显示器　SPCJ 4D29—插入式模块的型号　REGISTERS—寄存器显示　$I>/I_n$—$I>$段（过负荷保护）起动整定值指示器　$t>$[s]—$I>$段动作时间整定值$t>$或时间倍率K指示器　$I\gg/I_n$—$I\gg$（短路保护）起动整定值指示器　$t\gg$[s]—$I\gg$段动作时间整定值指示器　$I_0>/I_n$—$I_0>$段起动整定值指示器　$t_0>$[s]—$I_0>$段动作时间整定值$t_0>$或时间倍率K指示器　$I_0\gg/I_n$—$I_0\gg$段起动整定值指示器　$t_0\gg$[s]—$I_0\gg$段动作时间整定值指示器　SGF—开关组 SGF1、2 检验和指示器　SGB—开关组 SGB 检验和指示器　SGR—开关组 SGR1~3 检验和指示器　I_{L1}、I_{L2}、I_{L3}、I_0—L1、L2、L3 相和零序电流测量指示器

表 14-11　SPAJ 140C 动作显示器（OPER IND）显示码含义

显 示 码	符　　号	说　　明
1	$I>$START	过电流元件的低定值段$I>$已起动
2	$I>$TRIP	过电流元件的低定值段$I>$已跳闸
3	$I\gg$START	过电流元件的高定值段$I\gg$已起动
4	$I\gg$TRIP	过电流元件的高定值段$I\gg$已跳闸
5	$I_0>$START	接地故障元件低定值段$I_0>$已起动
6	$I_0>$TRIP	接地故障元件低定值段$I_0>$已跳闸
7	$I_0\gg$START	接地故障元件高定值段$I_0\gg$已起动
8	$I_0\gg$TRIP	接地故障元件高定值段$I_0\gg$已跳闸
9	CBFP	断路器失灵保护已动作

表 14-12　SPAJ 140C 寄存显示器（REGISTERS）显示码含义

寄存器/步进	记录数据含义
1,2,3	分别为 I_{L1}、I_{L2}、I_{L3} 相电流测量值。以过电流保护额定电流为倍率表示。如果过电流段起动或随之跳闸，则跳闸瞬间的电流值被储存在存储器的堆栈里。每一次新的跳闸都把堆栈里的老数据移动一个位置，再把新的数据加到堆栈上。最多可存储 5 个数据。如果出现第 6 次动作则最早的一个数据将丢失
4	持续 15min 的最大需量电流值。以继电器的额定电流为倍率表示，取最高相的电流。//最高的、最大的负荷电流值是指从继电器最后一次全部复归时算起所出现的最高值
5	$I>$段的最后一次起动状态持续时间。以整定动作时间的百分数表示。或在反时限（I. D. M. T.）动作方式下以计算动作时间的百分数表示。每次新的起动都把计时数清除，然后从零开始计数，同时把原来的计数值压入存储器堆栈。最多可储存 5 个数据，若出现第 6 次起动，则最早的一个数据会丢失。如果该段已跳闸，则计数器读数为 100。//低定值过电流段起动次数 $n(I\gg)=0\sim255$
6	$I\gg$段的最后一次起动状态持续时间。以整定动作时间的百分数表示。每次新的起动把计时数清除，然后从零开始计数，同时把原来的计数值压入堆栈。最多可储存 5 个数据，若出现第 6 次起动则最早的一个数据会丢失。如果该段已跳闸，则计数器读数为 100。//低定值过电流段起动次数 $n(I\gg)=0\sim255$
7	零序过电流 I_0 的测量值。以接地故障保护的额定电流为倍率表示。如果接地故障段起动或动作跳闸，则跳闸瞬间的电流值就被储存到存储器中。每一次新的跳闸都把堆栈里的老数据移动一个位置，再把新的数据加到堆栈上。最多可储存 5 个数据，如果出现第 6 次动作，则最早的一个数据将丢失
8	$I_0>$段的最后一次起动状态持续时间。以整定动作时间的百分数表示，或反时限（I. D. M. T.）动作方式下以计算动作时间的百分数表示。每次新的起动都把计时数清除，然后从零开始计数，同时把原来的计数值压入存储器堆栈。最多可储存 5 个数据，若出现第 6 次起动则最早的一个数据会丢失。如果该段已跳闸，则计数器读数为 100。//低定值过电流段起动次数 $n(I_0>)=0\sim255$
9	$I_0\gg$段的最后一次起动状态持续时间。以整定动作时间的百分数表示。每次新的起动都把计时数清除，然后从零开始计数，同时把原来的计数值压入存储器堆栈。最多可储存 5 个数据，若出现第 6 次起动则最早的一个数据将会丢失。如果该段已跳闸，则计数器读数为 100。//高定值过电流起动次数为 $n(I_0\gg)=0\sim255$
0	闭锁信号和其他外部控制信号的显示 最右面的数字表示元件闭锁输入信号的状态。状态表示如下： 0=无闭锁信号 1=闭锁或控制信号 BS 有效 控制信号对元件的作用取决于开关组 SGB 的整定 从寄存器“0”可进入“试验”方式，这时可以使模块的起动信号和跳闸信号逐个动作。其细节可参见“D 型 SPC 继电器单元的一般特性”说明书
A	串行通信系统要求测量继电器模块的地址码。除非使用串行通信系统，否则地址码均设定为零。寄存器中子菜单包括下列整定和功能： —第 1 子菜单。数据传输率在通信系统中的可供选择 4800bit/s 或 9600bit/s —第 2 子菜单。数据总线通信监视。如继电器连接到总线通信单元，例如 SRIO 1000M，而且通信系统正常工作时，监视器指示零值。否则，监视器中的指示不停地在 0~255 间滚动 —第 3 子菜单。远方修改整定值的密码。此密码必须在串行口上给出 —第 4 子菜单。主设定值和第二设定值的选择 —第 5 子菜单。断路器失灵保护动作时间的整定 显示器关闭时，按“STEP”按钮进入显示程序的起始处

注：1. 同时按“RESET”和“PROGRAM”按钮，将寄存器 1~9 置零。如果元件的辅助电源中断，也可清除寄存器的内容。插入式模块的地址码、串行通信系统的数据传输率和密码等在电源故障时不会被抹除。设定地址和数据传输率的说明参见“D 型 SPC 继电器元件的一般特性”文件。

2. 最左面显示的红色数字表示寄存器地址，号“//”表示以下项目可在子菜单中找到，而其他三个数字为记录数据。

SPAJ 140C 型组合式过电流与接地故障继电器信号框图如图 14-5 所示。

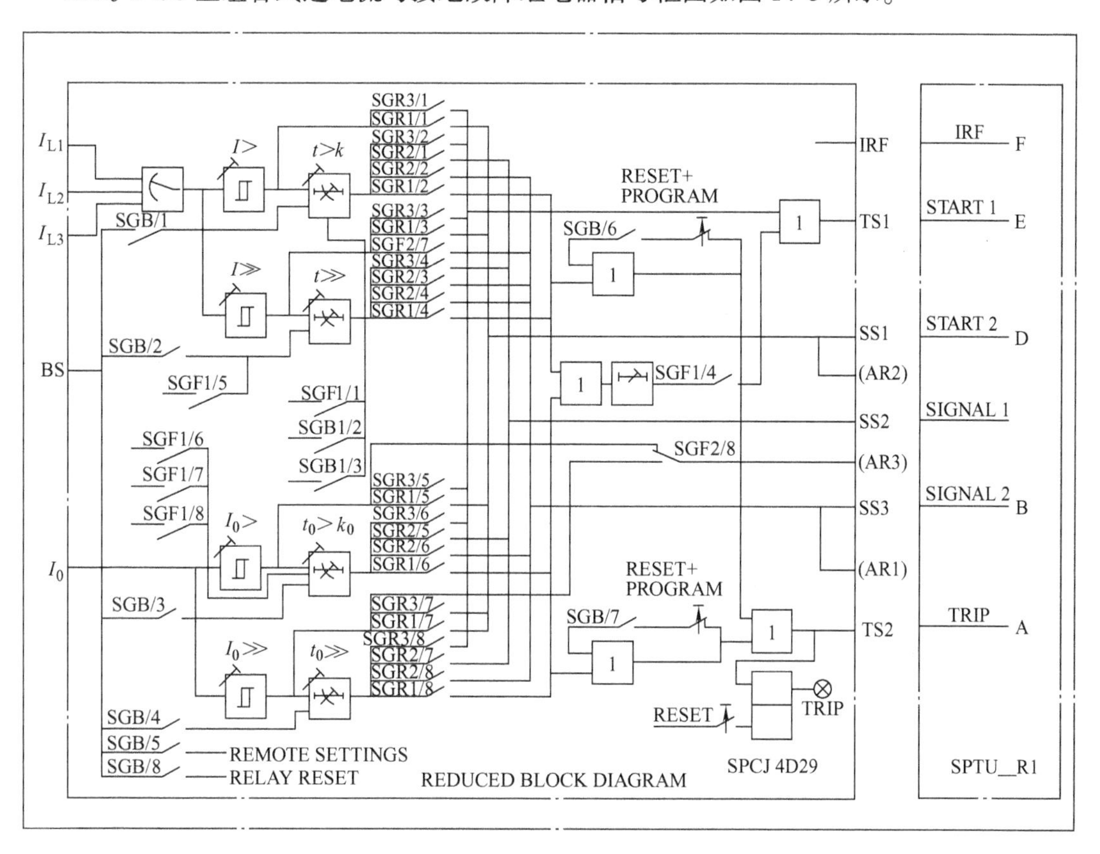

图 14-5　SPAJ 140C 型组合式过电流与接地故障继电器信号框图

I_{L1}、I_{L2}、I_{L3}—被测相电流互感器 TA_U、TA_V、TA_W 的二次电流　I_0—零序电流互感器 TA_0 的二次电流
SS1—起动信号 1　SS2—起动信号 2（低定值、高定值）　SS3—起动信号 3（接地故障）　TS1—跳闸信号 1
TS2—跳闸信号 2　BS—闭锁信号（外部闭锁或复归）　AR1、AR2、AR3—自动重合闸起动信号
（在 SPAJ 140C 中没用）　IRF—继电器内部故障信号　SGF1、SGF2—面板编程开关组
SGB—闭锁开关组　SGR—出口继电器设置的开关组　RESET PROGRAM—复位程序
REMOTE SETTINGS—远方设定　RELAY RESET—继电器复位　RESET—复位

五、低定值与高定值动作方式的选择

1. 开关组 SGF1/1~3 的功能

低定值（$I>$）过电流段，即为通常所说的线路或设备过负荷电流保护；高定值（$I\gg$）过电流段，即通常所说的速断过电流保护。

过电流的保护方式，选择定时限动作方式，还是选择反时限动作方式，可以根据“开关组 SGF 的功能表”的编程开关 SGF1/1、SGF1/2…SGF1/8 来选择确定，在表 14-13 开关组 SGF1 的功能表中，把编程开关 SGF1/1、SGF1/2、SGF1/3 均置为“0”状态，（编程开关“断开”状态为“0”状态；“接通”状态为“1”状态）则该继电器过电流动作方式为定时限，反之为反时限。

表 14-13 开关组 SGF1/1~3 的功能表

SGF1/1	SGF1/2	SGF1/3	动作方式	特性
0	0	0	定时限	0.05~300s
1	0	0	反时限(I.D.M.T.)	超强反时限
0	1	0	反时限(I.D.M.T.)	强反时限
1	1	0	反时限(I.D.M.T.)	正常反时限
0	0	1	反时限(I.D.M.T.)	长反时限
1	0	1	反时限(I.D.M.T.)	RI—特性
0	1	1	反时限(I.D.M.T.)	RXIDG—特性
1	1	1	反时限(I.D.M.T.)	无用

开关 SGF1/1~3 用来选择低定值过电流段动作特性，即定时限动作方式或反时限动作方式（I.D.M.T.）。在反时限动作方式时，此开关还可用来选择模块的电流/时间特性。

定时限过电流保护的动作时间“$t>$”是一个常数，其动作时间“$t>$”可在 0.05~300s 的整定值范围内直接以秒为单位整定，定时限动作特性，则继电保护的动作时间“$t>$”与过负荷或短路电流大小无关。反时限动作方式（I.D.M.T.）的过电流保护的动作时间是一个变数，随过负荷或短路电流大小而变，短路电流大，动作时间快，短路电流小，动作时间慢，表现为反时限特性。

2. 开关组 SGF1/6~8 的功能

零序过电流低定值段 $I_0>$的动作，可根据定时限或反时限特性，用开关 SGF1/6~8 设定动作方式，见表 14-14。$I_0>$在定时限动作方式时，其动作时间可在 0.05~300s 整定范围内整定。当使用反时限（IDMT）动作方式时，有四种国际标准和两种特殊型式的时间/电流动作特性供选择。

表 14-14 开关组 SGF1/6~8 的功能表

SGF1/6	SGF1/7	SGF1/8	动作方式	特性
0	0	0	定时限	0.05~300s
1	0	0	反时限(I.D.M.T.)	超强反时限
0	1	0	反时限(I.D.M.T.)	强反时限
1	1	0	反时限(I.D.M.T.)	正常反时限
0	0	1	反时限(I.D.M.T.)	长反时限
1	0	1	反时限(I.D.M.T.)	RI—特性
0	1	1	反时限(I.D.M.T.)	RXIDG—特性
1	1	1	反时限(I.D.M.T.)	无用

六、设置定值的注意事项

1）高定值段 $I\gg$(短路保护）的起动，可闭锁设定于反时限低定值 $I>$(过电流保护）的动作。过电流元件的动作时间 $t>$，是由短路故障电流起动的高定值段（速断）的整定时间$t\gg$决定。为了得到跳闸信号，高定值段 $I\gg$的动作必须接到跳闸输出继电器 A，如图 14-3 所示。

2）低定值 $I>$(过电流)、高定值 $I\gg$(短路)、零序高定值 $I_0\gg$，如整定起动电流超出 $2.5I_N$（I_N 为电流互感器二次额定电流），必须注意输入端的连续最大负荷值。

3）虽然继电器允许，但切勿选用起动电流设定值高于 2.5I_N 的反时限动作方式。

4）新值储存后，自动地从设定方式返回到正常子菜单。如果不需要储存，在任何时候都可按编程（PROGRAM）按钮，约 5min，直到绿色显示数字停止闪烁，使其离开设定值。

5）全部设定完成后，如果需要设定值永久有效，则按“复归/步进（RESET/STEP）”按钮，使全部显示消失，信号灯熄灭，设定值进入主菜单储存起来。

6）运行中，如需检查某一设定值，则反复按“复归/步进（RESET/STEP）”按钮，发光二极管依次亮，如 I>发光二极管亮，显示器件所显示的数值，即是 I>的设定值。

设定时的操作步骤见表 14-15。

表 14-15　SPAJ 140C 型组合式过电流与接地故障继电器整定值设定步骤

按　键	显示器显示的数值						说　明
	I>	t>	I≫	t≫(s)	I_0>	t_0>(s)	
↓↓RESET/STEP，5×1s	0.80	0.50	4.00	0.04	0.10	0.05	反复按“RESET/STEP”按钮，直至靠近符号：I>、t>(s)、I≫、t≫(s)、I_0>、t_0>(s)的发光二极管亮，而显示器上出现电流起动值的倍数
↓PROGRAM，1s	1 0.80	1 0.50	1 4.00	1 0.04	1 0.10	1 0.05	按住“PROGRAM”按钮 1s 以上再放开，进入子菜单取得主整定值。红色码“1”显示并闪烁，表示第 1 子菜单位置，绿色数字表示整定值
↓PROGRAM，5s	1 0.80	1 0.50	1 4.00	1 0.04	1 0.10	1 0.05	按住“PROGRAM”按钮 5s，直至显示器上所有数值开始闪烁，进入整定方式
↕RESET/STEP PROGRAM	1———	1———	1———	1———	1———	1———	设定好后，可同时按下“STEP”和“PROGRAM”按钮，将其储存到继电器模块的储存器中。在信息输入储存器的瞬间，显示器绿色破折号闪一下，即 1———
↓STEP	0.80	0.50	4.00	0.04	0.10	0.05	把有效的整定值放置主菜单内

注：↓↓—表示连续按下；↕—表示同时按下。

第四节　WKH系列微机保护装置

一、概述

WKH系列微机馈线保护装置主要安装于0.4kV电力系统的进线柜和出线柜上，对电网运行的相关参数进行监测，并对电流、电压、频率等电量进行分析，故障时根据用户设置条件，自动作用于断路器的电动操作机构，切除故障线路，保证正常线路正常运行或自动接通事故音响等，提醒值班人员及时处理。

二、主要功能

WKH系列馈线保护装置主要功能见表14-16。

表14-16　WKH系列馈线保护装置主要功能

主要功能		WKH-32-001（进线）	WKH-31-001（出线）
测　量		3U,3I,I_0,3P,3Q,3PF,F, P_{Σ},Q_{Σ},总功率因数,DI等	3I,I_0,F,DI等
测量准确度		三相电压：0.5级 三相测量电流：0.5级 三相保护电流：1级 有功功率：1级 无功功率：2级 功率因数角：1° 频率：0.02Hz	三相测量电流：0.5级 三相保护电流：1级 频率：0.02Hz
保护配置	过电流Ⅰ段	✓	✓
	过电流Ⅱ段	✓	✓
	过电流Ⅲ段	✓	✓
	接地保护	✓	✓
	过电压保护	✓	—
	欠电压保护	✓	—
	过频保护	✓	—
	欠频保护	✓	—
	后加速	✓	✓
一次重合闸		✓	✓
输出继电器		负载容量220V/5A(阻性),220V/3A(感性)方式;脉冲或电平可设	
SOE(事件顺序)记录		100条,含故障/保护动作的时间、类型以及相关测量值,掉电不丢失	
时钟		RTC	
RS485/Modbus-RTU		波特率2400、4800、9600可设	
显示方式		中文LCD,LED指示	
辅助电源		AC、DC 80~270V	

三、安装接线

1. WKH-32-001型进线保护控制装置

WKH-32-001型0.4kV进线保护控制装置安装在开关柜上，其保护控制接线原理如图14-6所示，安装在0.4kV进线开关柜上的设备见表14-17。

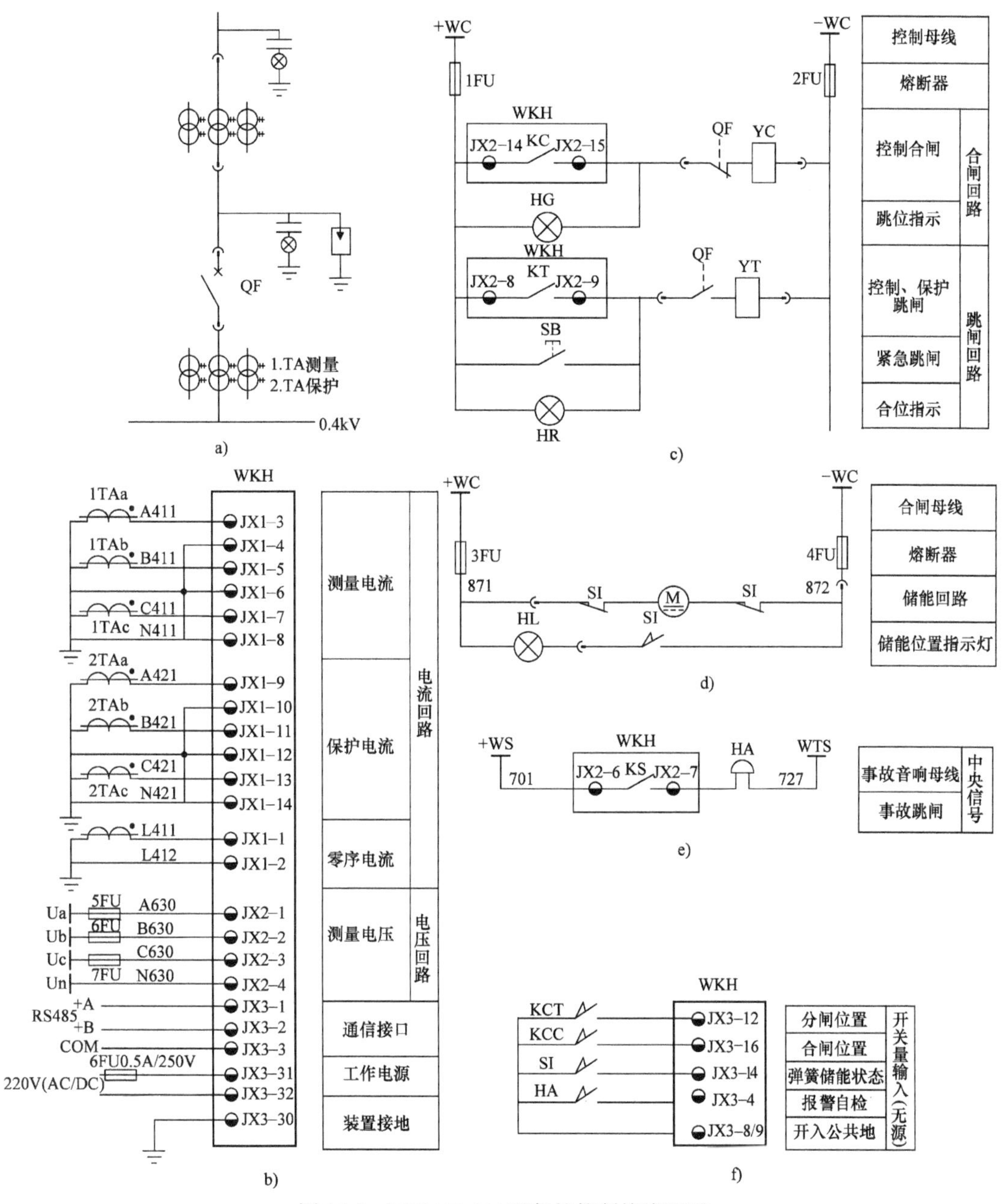

图 14-6　WKH-32-001 型保护控制接线原理

a）一次主接线　b）电流电压回路　c）控制回路　d）储能回路　e）中央信号　f）开关量输入

表 14-17　0.4kV 进线开关柜上的设备

序　　号	符　　号	设 备 名 称	型 号 规 格	数　　量	备　　注
1	WKH	进线保护单元	WKH-32-001	1	180mm×208mm
2	SB	按钮	LA38-22	1	
3	FU	熔断器	RL1	8	
4	HR、HG	指示灯	AD11	2	红、绿各 1 个
5	HL	指示灯	AD11	1	红
6	HA	电铃		1	

2. WKH-31-001 型出线保护控制装置

WKH-31-001 型 0.4kV 出线保护控制装置安装在开关柜上，其保护控制接线原理如图 14-7 所示。安装在 0.4kV 出线开关柜上的设备见表 14-18。

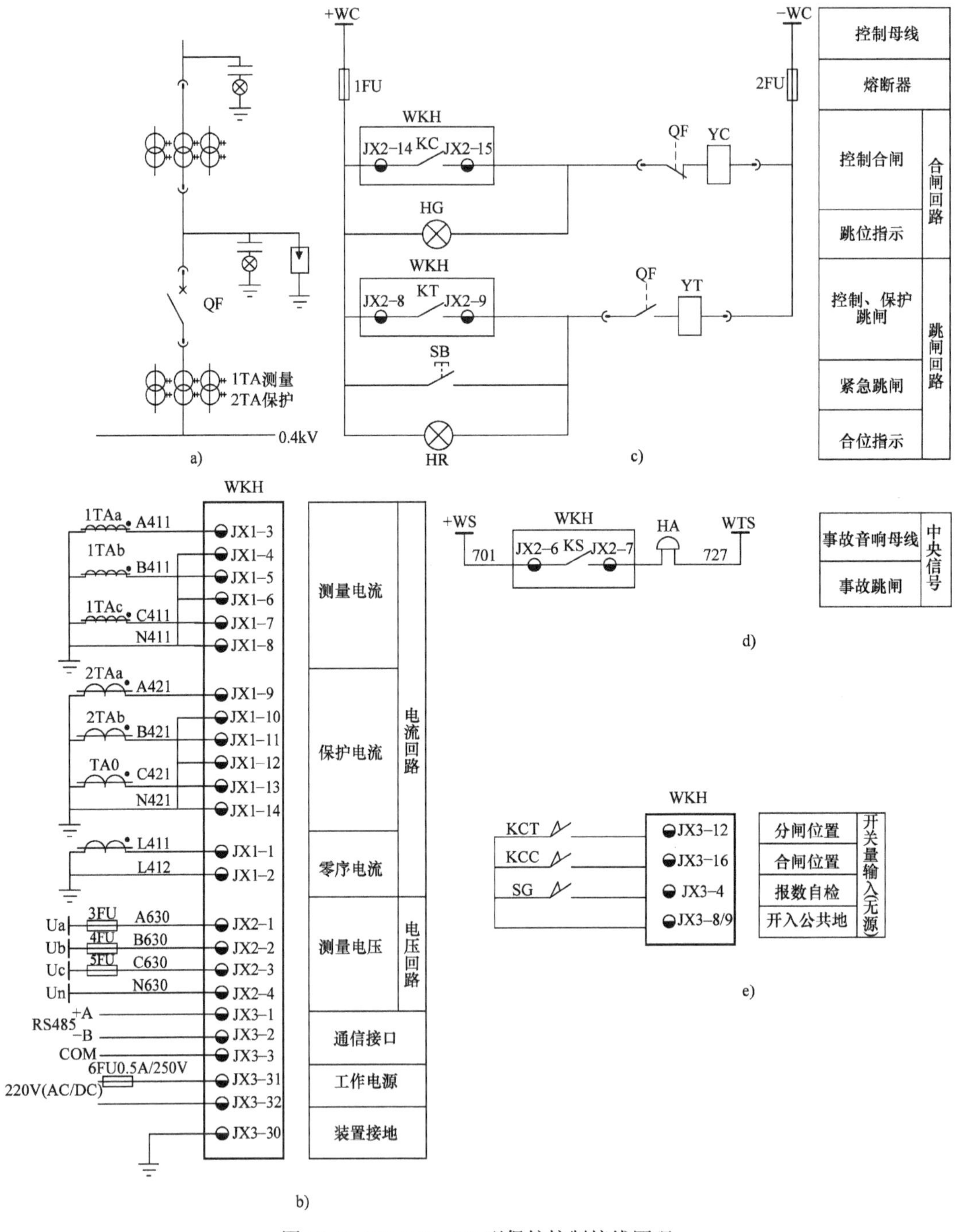

图 14-7 WKH-31-001 型保护控制接线原理

a) 一次主接线 b) 电流电压回路 c) 控制回路 d) 中央信号 e) 开关量输入

表 14-18　0.4kV 出线开关柜上的设备

序　号	符　号	设备名称	型号规格	数　量	备　注
1	WKH	出线保护单元	WKH-31-001	1	180mm×208mm
2	SB	按钮	LA38—22	1	
3	FU	熔断器	RL1	6	
4	HR、HG	指示灯	AD11	2	红、绿各1个
5	HA	电铃		1	

第五节　线路过电流保护的运行维护

保护整定值与压板投入或退出的情况，应符合运行方式要求。

巡视检查继电器线圈应无过热、焦味、异常声音。观察继电器触头状态应正常，无抖动。

1）感应型反时限电流继电器的动合触头应断开，当负荷电流达到整定值的 30%以上时，铝盘应转动。

2）电流继电器的触头应断开，若采用电压闭锁，则低压继电器的触头也应断开。

3）感应型功率继电器用于电流方向保护，当保护指向线路、在送出功率时，触头应闭合；接受功率时，触头应断开（送受功率的方向可参照控制屏上的有功和无功功率表的指示来判断）。

为防止过负荷跳闸，应根据各出线定时过电流（第Ⅲ段）的整定值算出各出线所允许流过的最大负荷电流，并将允许的最大负荷电流值用红线标在该出线的电流表上（可按保护整定值的 70%计算）。对重要负荷线路应加强监视，当接近允许的最大负荷电流时，应向调度员汇报，请求采取限负荷措施。

改变电流继电器的整定值时，应特别注意电流线圈的串、并联关系，以防止错误地将整定值减小或增大一倍。

在运行中改变电流继电器线圈的串、并联以前，应先将该保护的二次电流端子短路，以防造成电流互感器开路。

改变 GL 型过电流继电器的整定值，应先将备用插头插到新定值的插孔上，然后将原定值的插头取出，再插到备用插孔上，防止变流器开路。

事故跳闸后，运行人员可根据三段式过电流保护的保护范围迅速判断出故障发生的大致范围。各种信号（掉牌、光字、闪光、声响）应记录完全准确。速断动作，故障多发生在出线的近端。限时速断动作，故障一般发生在本线路或远端。定时过电流动作，则有以下两种情况：

1）本线路范围内故障，速断及限时速段拒动。

2）相邻线路故障，相邻线路主保护拒动或相邻线路断路器拒动。

应配合停电进行保护模拟动作试验。

进行本路保护试验时，应注意对其他保护或开关的影响，例如本保护联跳其他开关或进行保护一次大电流试验时，对母线差动保护等的影响。

继电保护人员工作后，应注意复核定值，了解变动、编号等情况，是否与“保护记录簿”相符。

第六节 线路和断路器事故的处理

一、线路保护动作跳闸事故的处理

1）线路保护动作跳闸时，运行值班人员应认真检查保护及自动装置动作情况，检查故障录波动作情况，分析保护及自动装置的动作行为。

2）及时向调度汇报，便于调度及时、全面地掌握情况，进行分析判断。

3）线路保护动作跳闸，无论重合闸装置是否动作或重合成功与否，均应对断路器进行外部检查。

4）凡线路保护动作跳闸，应检查断路器所连接设备、出线部分有无故障现象。

5）充电运行的输电线路，跳闸后一律不试送电。

6）全电缆线路（或电缆较长的线路）保护动作跳闸以后，未查明原因不能试送电。

7）断路器遮断容量不够、事故跳闸次数累计超过规定，重合闸装置退出运行，保护动作跳闸后，一般不能试送电。

8）断路器在合闸送电过程中，如因保护动作跳闸，应立即停止操作向调度汇报，并应检查保护及断路器及有关设备，严禁未查清原因再次合闸送电。

9）10kV 线路断路器跳闸后，不论重合闸动作与否，值班员不得对故障线路进行试送或强送。必须立即汇报有关当值调度，由有关调度员决定是否强送或试送。

10）线路事故跳闸，重合成功后，值班员仍应对出线所内设备进行巡视，将保护动作情况、巡查结果等汇报有关当值调度员。

二、10kV 系统单相接地故障的处理

1. 10kV 系统单相接地故障的判断

1）一相电压低或为零，其他两相电压升高或等于线电压为系统单相接地。

2）一相电压升高，其他两电压变化不大为系统有断线。

3）一相或两相电压降低但不为零，其他一相或两相电压并不升高并伴有接地信号为站用变压器变一次熔丝熔断。发生上述现象但无接地信号则为二次熔丝熔断。

4）空母线送电时，有两相电压升高，一相正常或降低为谐振引起，有时谐振过电压现象与单相接地现象相似应仔细检查和区分（压变装消谐装置后一般不会出现此现象）。

2. 10kV 系统单相接地故障的检查处理

1）当 10kV 系统发生单相接地时，值班员应立即拉开 10kV 电容器断路器，然后进行判断把接地相别、接地电压、电流向调度汇报并做好记录，然后穿绝缘靴对变电所内设备进行检查，检查范围是发生单相接地的系统上所有设备，若发现接地故障后，应对周围设置安全遮栏，并派专人监护，以警告他人不得靠近。

2）10kV 系统接地时用试拉断路器的方法进行寻找故障的线路（或按调度规定的顺序试拉断路器找接地故障的线路）：

① 试拉断路器后，观察后台机上告警窗口是否有接地消失信号，则该线路为接地故障线路。

② 在寻找接地故障时，断路器拉开后，重合闸未动作应立即合上所拉断路器。

3）接地故障持续运行时间的规定：10kV 单相接地允许长期运行，但应尽快处理。

三、断路器拒跳而造成越级跳闸的处理

1. 断路器拒动而造成越级跳闸的原因

10kV 线路故障断路器拒跳，将造成主变二次断路器的越级跳闸，越级的原因可分为断路器拒跳和保护拒动两种情况。

1）断路器拒跳引起越级跳闸时，应根据主变设备保护、线路保护动作信号，断路器状态作出判断，然后对拒跳断路器进行隔离，恢复送电。

2）保护拒动引起越级跳闸时只有主变压器后备保护动作信号，无法判明哪一条故障线路断路器拒动，处理时必须严格按照先母线再各路开关依次送电的顺序进行，查出拒动断路器后将该断路器退出运行，恢复其他线路送电。必要时应对主变压器及出线保护进行二次回路检查。

2. 断路器拒绝分闸的处理

（1）断路器拒绝分闸的原因：

1）分闸电源消失。

2）就地控制箱内分闸电源小开关未合上。

3）断路器分闸闭锁。

4）断路器操作控制箱内“远方-就地”选择开关在就地位置。

5）控制回路断线。

6）同期回路断线。

7）分闸线圈及合闸回路继电器烧坏。

8）操作继电器故障。

9）控制把手失灵。

（2）断路器拒绝分闸的检查和处理：

1）若是分闸电源消失，运行人员可更换分闸回路保险或试投小开关。

2）试合就地控制箱内分闸电源（一般有两套跳闸电源）小开关。

3）将断路器操作控制箱内“远方-就地”选择开关放至远方的位置。

4）若属上述 5）、6）、7）、8）、9）的情况应通知专业人员进行处理。

5）当故障造成断路器不能投运时，应按断路器分闸闭锁的方法进行处理。

四、断路器拒绝合闸的处理

1. 断路器拒绝合闸的原因

1）合闸电源消失。

2）就地控制箱内合闸电源小开关未合上。

3）断路器合闸闭锁。

4）断路器操作控制箱内“远方-就地”选择开关在就地位置。

5）控制回路断线。

6）同期回路断线。

7）合闸线圈及合闸回路继电器烧坏。

8）操作继电器故障。

9）控制把手失灵。

2. 断路器拒绝合闸的检查和处理

1）若是合闸电源消失，运行人员可更换合闸回路保险或试投小开关。

2）试合就地控制箱内合闸电源小开关。

3）将断路器操作控制箱内“远方-就地”选择开关放至远方的位置。

4）若属上述5）、6）、7）、8）、9）的情况应通知专业人员进行处理。

5）当故障造成断路器不能投运时，应按断路器合闸闭锁的方法进行处理。

第十五章　配电设备二次回路

第一节　断路器控制回路

一、LW2 控制开关

断路器的操作过程是由控制开关发出跳、合闸命令进行的，该命令经过控制电缆传送到断路器的操动机构上，操动机构上装有跳、合闸线圈，使断路器跳、合闸。当断路器在跳闸位置时，合闸线圈得电，断路器合闸；当断路器在合闸位置时，跳闸线圈得电，断路器跳闸。控制开关正面为一个把手，安装于屏前，和把手同在一个转轴上装有数个触头盒，触头盒装于屏后。LW2-Z-1a、4、6a、40、20、20/F8 触头见表 15-1。控制开关手柄有六个位置，即“跳闸后”、“预备合闸”、“合闸”、“合闸后”、“预备跳闸”、“跳闸”。对应这六个位置，可以分别从表 15-1 中查出哪些触头是接通的，哪些触头是断开的。在表中“×”号表示触头接通，“—”号表示触头断开。

表 15-1　LW2-Z-1a、4、6a、40、20、20/F8 触头

在“跳闸”后位置的手柄（正面）的样式和触头盒（背面）接线图	合 闸	1 2 4 3		5 6 8 7		9 10 12 11			13 14 16 15			17 18 19 20		21 22 23 24		
手柄和触头盒的型式	F8	1a		4		6a			40			20		20		
触头号 / 位置		1-3	2-4	5-8	6-7	9-10	9-12	10-11	13-14	14-15	13-16	17-19	18-20	21-23	21-22	22-24
跳闸后		—	×	—	—	—	—	×	—	×	—	—	×	—	—	×
预备合闸		×	—	—	—	×	—	—	×	—	—	—	—	—	×	—
合闸		—	—	×	—	—	×	—	—	—	×	×	—	×	—	—
合闸后		×	—	—	—	×	—	—	—	—	×	×	—	×	—	—
预备跳闸		—	×	—	—	—	—	×	×	—	—	—	—	—	×	—
跳闸		—	—	—	×	—	—	×	—	×	—	—	×	—	—	×

除用表 15-1 表示控制开关通断外，一般在断路器的控制回路图 15-1 上用六根虚线表示控制开关的动作位置。左侧的三根虚线自右至左分别表示“预备跳闸”、“跳闸”、“跳闸后”三个位置；右侧的三根虚线自左至右分别表示“预备合闸”、“合闸”、“合闸后”三个位置。这六根虚线称为示位线，在示位线上画有黑点的，表示与控制开关相对应位置时，触头是接通的；在示位线上没有黑点的，表示与控制开关相对应的位置时，触头是断开的。

二、电磁操动机构断路器的控制回路

1. 控制回路的动作原理

电磁操动机构断路器控制回路如图 15-1 所示。控制开关在不同位置时接通的回路如图 15-2 所示。

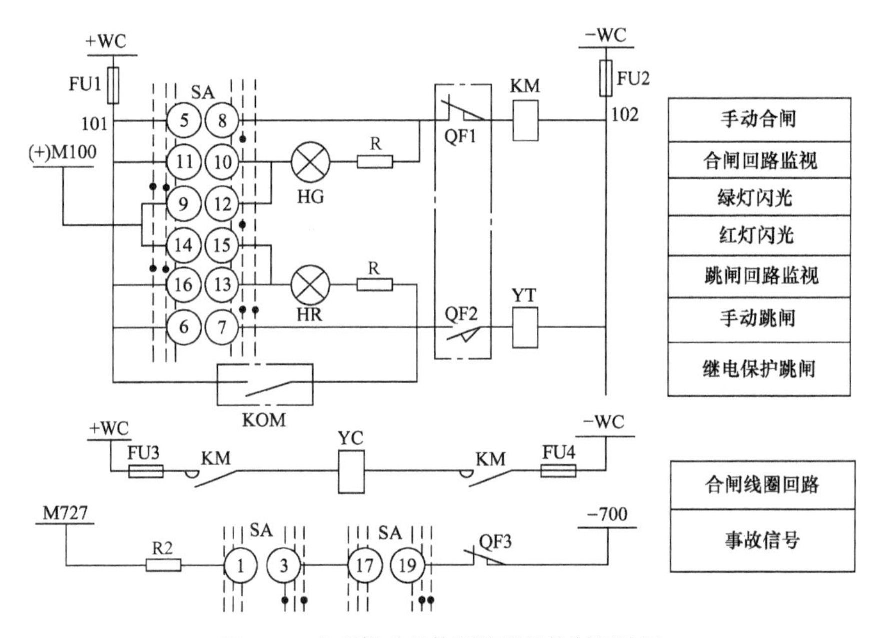

图 15-1 电磁操动机构断路器的控制回路图

（1）“跳闸后”位置：当 SA 的手柄在“跳闸后”位置，且断路器也在跳闸后位置时，QF1 动断触头闭合，其通路如图 15-2a 所示。查表 15-1 可知，此时 SA 的触头 10-11 接通，即为+WC→FU1→101→SA_{10-11}→HG→R→QF1→KM→102→FU2→-WC。此时，绿色指示灯 HG 亮，指示出断路器在“跳闸后”位置。图中合闸用直流接触器 KM 也有电流通过，但因回路中串联绿色指示灯 HG 及电阻 R，则控制电流的大部分电压都降落在电阻 R 上，而 KM 上的电压很小，所以 KM 不会动作。绿色指示灯 HG 亮，除指示断路器在“跳闸后”位置外，还可监视接触器 KM 和熔断器 FU1、FU2 回路的完好性。

（2）“预备合闸”位置：SA 在“预备合闸”位置时，SA_{9-10} 触头接通，QF1 未打开，图 15-2b 的回路接通，即为（+）M100→SA_{9-10}→HG→R→QF1→KM→102→FU2→-WC。此时，接通了闪光电源，绿色指示灯闪亮，发出预备合闸信号，但 KM 仍不能起动，因回路中还有绿色指示灯 HG 和电阻 R。

（3）“合闸位置”：当 SA 的手柄再顺时针转 45°到“合闸位置”时，SA_{5-8} 触头接通，

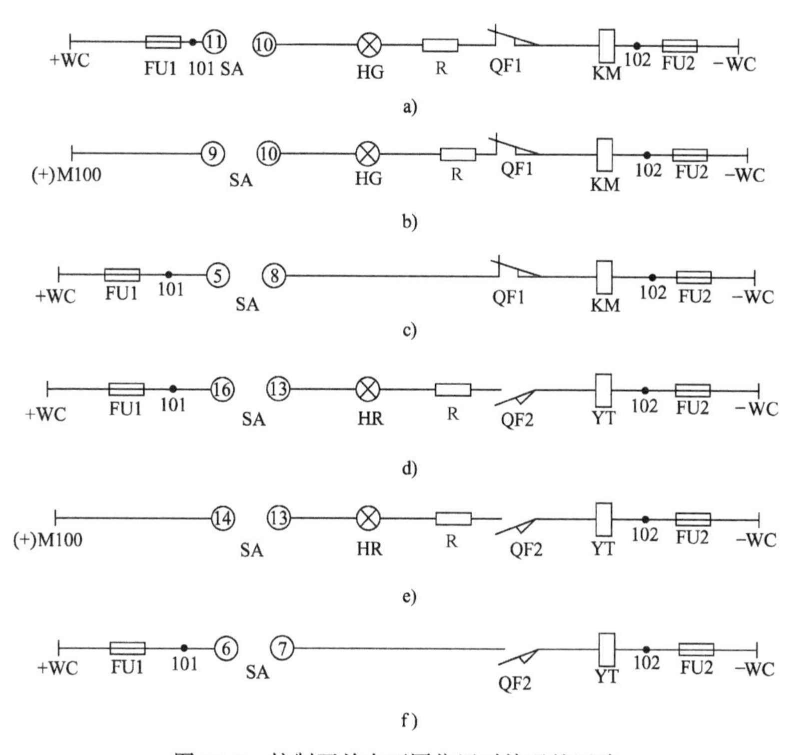

图 15-2　控制开关在不同位置时接通的回路

a）跳闸后位置　b）预备合闸位置　c）合闸位置　d）合闸后位置

e）预备合闸位置　f）跳闸位置

绿色指示灯 HG 和电阻 R 被短路，KM 起动，其回路如图 15-2c 所示，即为+WC→FU1→101→SA_{5-8}→QF1→KM→102→FU2→-WC。

KM 动作后，两对带灭弧的动合触头闭合，起动合闸线圈 YC，使断路器合闸。断路器合闸后，辅助触头 QF1 断开，QF2 闭合。

（4）“合闸后”位置：松手后，SA 的手柄自动弹回至垂直位置，即“合闸后”位置时，SA_{16-13} 触头接通，其回路如图 15-2d 所示，即为+WC→FU1→101→SA_{16-13}→HR→R→QF2→YT→102→FU2→-WC。此时，红色指示灯 HR 亮，指示出断路器已在合闸位置，同时监视着跳闸线圈 YT 和熔断器 FU1、FU2 回路的完好性。

（5）“预备跳闸”位置：SA 手柄在“预备跳闸”位置时，SA_{13-14} 触头接通，其通路如图 15-2e 所示，即为（+）M100→SA_{13-14}→HR→R→QF2→YT→102→FU2→-WC。此时，接通了闪光电源，红灯 HR 闪光，发出预备跳闸信号。

（6）“跳闸”位置：将手柄 SA 逆时针转 45°到“跳闸”位置，SA_{6-7} 触头接通 ，红色指示灯 HR 及电阻 R 被短接，直流控制电压全部加到跳闸线圈 YT 上，其回路如图 15-2f 所示，即为+WC→FU1→101→SA_{6-7}→QF2→YT→102→FU2→-WC。此时，跳闸线圈 YT 励磁，使断路器跳闸，其辅助触头 QF2 断开，QF1 闭合。松开 SA 手柄，SA 回复到“跳闸后”位置，绿色指示灯亮。

（7）保护跳闸：保护跳闸，参考图 15-1。当系统发生故障时，继电保护动作，其出口继电器动合触头 KOM 闭合，跳闸线圈 YT 得电，断路器跳闸。由于控制开关手柄在事故跳闸前处于“合闸后”位置，其触头 SA9-10、SA1-3、SA17-19 处于接通位置。断路器跳闸后，其动断辅助触头 QF1 闭合，接通绿色指示灯闪光回路，绿色指示灯闪光；其另一对动断触头 QF3 闭合，将事故音响小母线 M727 和-700 接通，起动事故音响装置，发出事故声响。

2. 具有电气防跳装置断路器的控制回路

具有电气防跳装置断路器的控制回路如图 15-3 所示。图中，KCF 为防跳闭锁继电器，俗称“防跳”继电器，它具有电流起动线圈和电压自保持线圈。电流线圈串联于跳闸回路中，电压线圈经过自身的动合触头 KCF1 与合闸接触器 KM 线圈并联，此外还将动断触头 KCF2 串联在合闸回路中。

断路器合在故障线路上时，保护动作，跳闸线圈得电，断路器跳闸。跳闸线圈中的跳闸脉冲电流经过 KCF 的电流线圈，则 KCF 动作，其动合触头 KCF1 闭合，由于控制开关手柄未松开，SA5-8 接通，则 KCF 的电压线圈得电，使 KCF 自保持，其动断触头 KCF2 打开，断开合闸接触器 KM 的回路，使断路器不能再次合闸。只有当控制开关手柄松开后，KCF 的电压线圈才失电，使 KCF 返回，控制回路恢复到原来的状态。

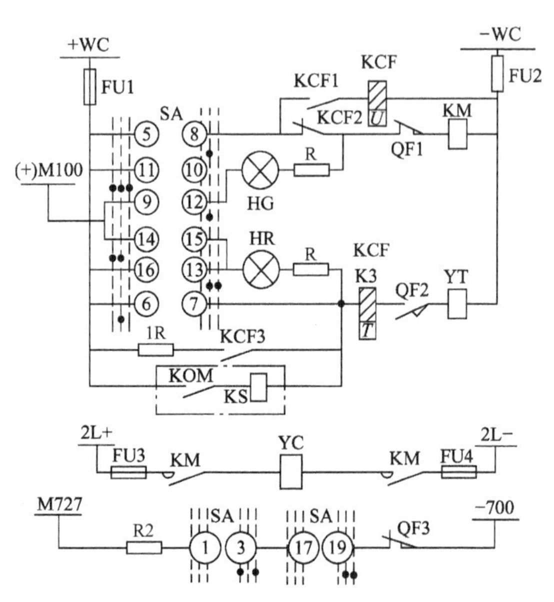

图 15-3 具有电气防跳装置断路器的控制回路图

图 15-3 中的防跳继电器动合触头 KCF3 的作用是：当保护出口继电器 KOM 动作跳闸时，断路器的主触头可能比其辅助触头 QF2 断开快，而主触头一旦断开，出口继电器就要返回，此时其动合触头 KOM 就要因切断跳闸线圈 YT 的电流而被烧坏。而有了 KCF3 触头，当保护动作跳闸时，KCF 中流过跳闸电流，KCF 动作，KCF3 闭合，只有 QF2 断开 KCF 才返回，KCF3 才打开，从而保护了 KOM 触头。KCF3 的另一个作用是：只要有跳闸脉冲流过 KCF，KCF3 均闭合，使 KCF 自保持，保证了断路器可靠跳闸。

电阻 1R 的作用是保证信号继电器 KS 能可靠起动，其阻值很小，一般为 1Ω，当保护出口继电器触头 KOM 没有串接信号继电器时，此电阻可以取消。

三、弹簧操动机构断路器的控制回路

弹簧操动机构断路器的控制回路如图 15-4 所示。与电磁操动机构控制回路的不同点，主要是在断路器的合闸回路

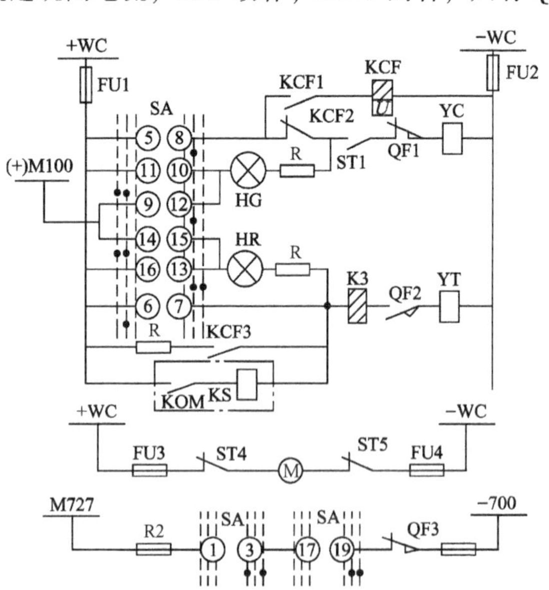

图 15-4 弹簧操动机构断路器的控制回路图

中串入了弹簧闭锁触头 ST1。只有在弹簧储能拉紧后，ST1 才闭合，允许断路器合闸。

弹簧未拉紧时，操动机构内弹簧辅助动断触头 ST4 和 ST5 在闭合位置，只要投入熔断器 FU3 和 FU4，则储能电动机即起动储能，使合闸弹簧拉紧，拉紧后 ST4 和 ST5 打开，电动机停电。当断路器合闸时，合闸弹簧能量释放，ST4 和 ST5 闭合，电动机又重新将弹簧拉紧，准备断路器下次合闸。

第二节 信号回路

一、断路器位置及状态指示信号

1. 断路器位置信号接线原理

断路器的位置信号能指示断路器的工作状态，即断路器是在合闸位置还是在跳闸位置。有时也作为直流电源消失或控制回路断线的辅助判据。断路器的位置指示信号接线原理如图 15-5 所示。

2. 断路器位置指示信号动作原理

断路器在跳闸位置时，控制开关 SA 触头⑪⑩导通，动断触头 QF1 导通。控制回路的正电源，经控制开关触头⑩⑪、绿灯 HG、断路器辅助触头 QF 及断路器合闸线圈 YC、负电源构成回路，HG 亮。而当断路器在合闸位置时，控制开关触头⑨⑫及⑯⑬闭合。从正电源、控制开关辅助触头⑯⑬、KCF 电流线圈、断路器动合辅助触头 QF2、跳闸线圈 YT 至负电源构成回路，HR 亮。

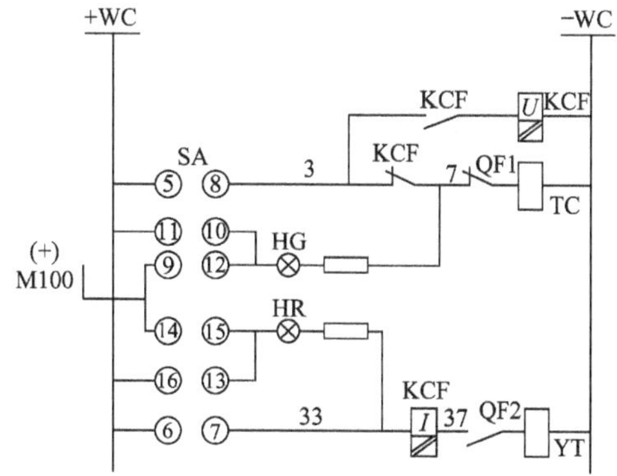

图 15-5 断路器位置指示信号图

SA—控制开关 KCF—跳闸闭锁继电器 TC—断路器跳闸线圈 HG—绿色指示灯 HR—红色指示灯 YT—断路器合闸线圈 QF—断路器位置辅助触头

当控制开关在合闸位置，而断路器在跳闸位置时，闪光母线带电。由闪光母线经控制开关触头⑨⑫、HG、QF1 动断触头、断路器合闸线圈、负电源构成回路，则绿色指示灯 HG 闪光；另外，当断路器在合闸位置，而操作开关在预跳位置时，则红色指示灯 HR 闪光；而当断路器在跳闸位置，操作开关在预合位置时，绿色指示灯闪光。

二、事故信号

1. 事故信号的功能

事故信号是紧急报警信号，只有当配电所内的电气主设备发生故障或系统异常危及主设备安全造成断路器自动跳闸时发出。

另外，继电保护误动作或控制回路异常引起的断路器跳闸，以及自动装置动作跳闸，也发出事故报警信号。

若将断路器操作开关在“合闸位置”而断路器却已跳闸的情况称之为“不对应状态”，当该状态发生时要发出事故报警信号。

事故信号的特点是电笛鸣，相应断路器位置指示灯闪光。事故信号装置设置在控制室，又称中央信号装置，它应具有以下功能：

1）发生事故时应无延时发出信号。

2）事故时应立即起动远动装置，发出遥信信号（有遥信装置时）。

3）能手动或自动复归音响信号，能手动试验声光信号，但试验时不发遥信。

4）应有能表示继电保护和自动装置动作情况的光字牌。

5）能重复动作，当某一断路器事故跳闸之后，在运行人员没来得及确认事故及复位之前，其他断路器又出现事故跳闸，事故信号装置能再次发出音响及灯光信号。

2. 事故音响信号的动作原理

由 CJ-2 型冲击继电器构成的典型事故音响信号回路的原理接线如图 15-6 所示。

断路器在合闸位置时，控制开关触头①③及⑲⑰闭合，但由于断路器在合闸位置，其辅助动断触头 QF 在断开位置；又由于试验按钮 1SB 在断开位置，故冲击继电器 1KI 不会动作，也不会发出音响信号。

当断路器因故跳闸后，其辅助动断触头 QF 闭合，由信号正电源 701 经冲击继电器 1KI 线圈、728 小母线电阻 1R、控制开关触头①③和⑲⑰，QF 触头至信号负电源构成回路，1KI 冲击后动作，1KI 动合触合①③闭合，起动中间继电器 1KM。

1KM 起动后，其三对动合触头闭合。一对动合触头闭合起动电笛 HAU，使 HAU 发出音响；第二对动合触头经复归按钮 2SB 接通 1KM 的动作自保持回路；第三对动合触头闭合后，复归冲击继电器 1KI。

事故音响信号的复归，靠按下复归按钮 2SB 完成（断开 1KM 的自保持回路）。

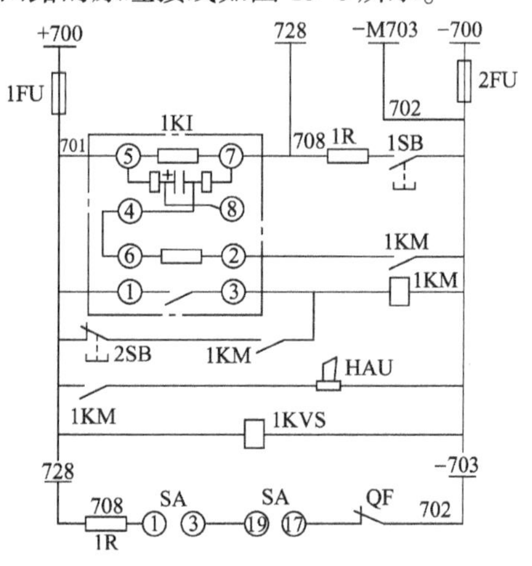

图 15-6 中央信号装置的事故音响信号回路
1KI—冲击继电器 HAU—电笛 1KM—中间继电器 1SB—试验按钮 1KVS—电源监视继电器 2SB—复归按钮 QF—断路器辅助触头 SA—控制开关 1FU、2FU—熔断器 +700、-700—直流电源的正、负母线

另外，可通过试验按钮 1SB 起动冲击继电器 1KI，来定期校验事故音响回路的良好性。

1KVS 为一直流继电器，用来监视直流电源。当直流电源消失时，1KVS 动作返回，其动断触头闭合，发出报警信号。

三、预告信号

1. 预告信号的分类

预告信号装置是当设备发生故障或某种不正常情况时自动发出声响，并同时发出光学信号的警报装置。配电所常见的预告信号如下：

1）配电变压器过负荷。

2）配电变压器轻瓦斯保护动作。

3）配电变压器油温过高。

4）电压互感器二次回路断线。

5）直流电源消失，直流回路接地。

6）控制回路断线、熔断器熔丝熔断等（当为音响监视接线时）。

7）事故音响回路熔断器熔丝熔断。

8）配电变压器冷却回路故障等。

2. 预告信号装置的要求

1）预告信号出现时，应有与事故信号有区别的音响信号（一般电铃响），灯光信号应指示出预告信号的内容（对应的光字牌亮）而不闪光。

2）音响及光字信号能手动及自动复归，在预告信号未消除之前，相应的光字牌应保持亮。

3）能重复动作，即在一个预告信号未消失之前，再出现新的预告信号时，仍能发出声响和灯光信号。

4）运行人员可对预告信号装置进行手动试验。

3. 预告信号动作原理

由冲击继电器构成的典型预告信号回路的原理接线如图 15-7 所示。

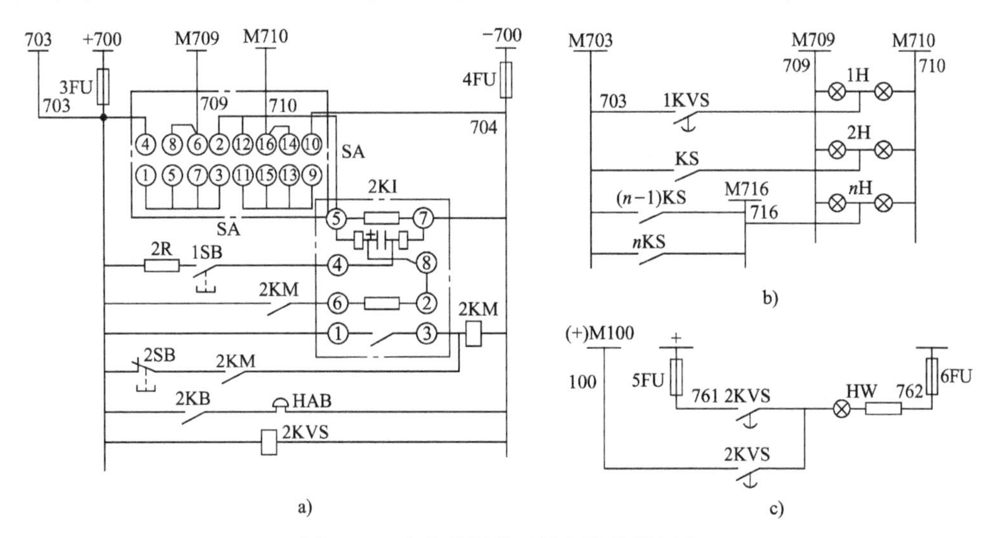

图 15-7　中央信号装置的预告信号回路

a）预告信号原理图　b）光字牌起动回路　c）为直流电源监视回路

SA—切换开关　2KI—冲击继电器　2KM—中间继电器　2KVS—直流电源监视继电器　1SB—试验按钮

2SB—复归按钮　HAB—警铃　HW—信号灯　1H~nH—光字牌　3~6FU—熔断器　KS—信号继电器

在无异常工况下，试验按钮 1SB 断开；切换开关①④断开，信号继电器不动作。小母线 M709 及 M710 为负电位，冲击继电器 2KI 不动作，警铃不响。

正常运行时切换开关 SA 的触头③②、⑥、⑦、⑪⑫、⑮⑯导通。当异常工况发生时，信号继电器 KS 触头闭合，除使相应的光字牌 H 亮之外，还使小母线 M709 和 M710 呈现正电位，冲击继电器 2KI 动作。2KI 动作后，其动合触头①③闭合，起动中间继电器 2KM。中间继电器 2KM 的三对动合触头闭合，分别去起动警铃 HAB、使 2KM 动作自保持及复归冲击继电器 2KI。

按试验探钮 2SB 也可起动 2KI，对预告信号系统的良好性进行检查。

由图 15-7a 和图 15-7c 可以看出，当回路的直流电源消失时，继电器在 2KVS 返回，其动合触头打开，而动断触头闭合，使灯 HW 由显平光转换成闪光（因为 M100 为闪光母线）。

四、闪光信号装置

1. 闪光信号装置接线原理

SGJ 型闪光信号装置接线原理如图 15-8 所示。

2. 闪光装置动作原理

(1) 闪光装置的检验：正常情况下，试验按钮的动合触头打开，而动断触头闭合，信号灯 HW 两端的电压为控制回路的电源电压，故信号灯 HW 亮（为平光）。又由于闪光小母线同控制回路的负电流小母线-WC 之间的回路不通，继电器不动作。

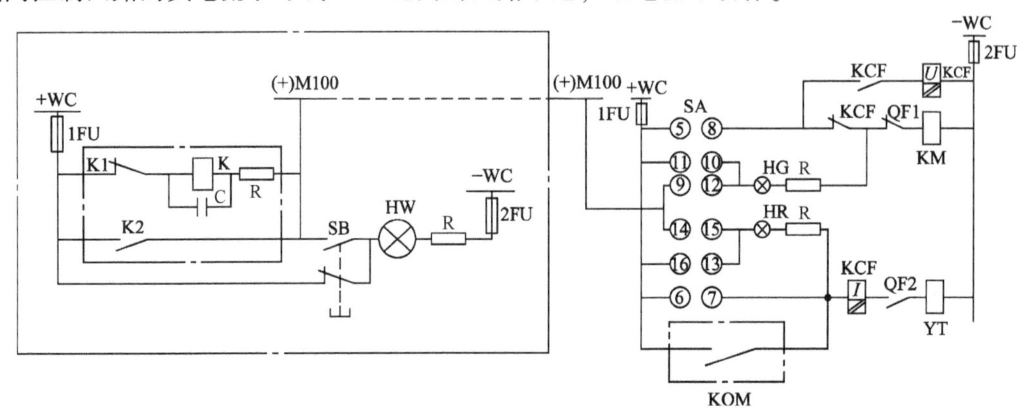

图 15-8 SGJ 型闪光信号装置接线原理

当按下试验按钮 SB 后，电源回路为+WC→1FU→K1→C→R→(+) M100→SB→HW→R→2FU→-WC。电源向电容器充电，当电压上升到继电器 K 的动作电压时，该继电器起动，使动断触头 K1 断开，切断继电器供电回路。同时动合触头 K2 闭合，使闪光小母线（+）M100 的电位与控制母线+WC 相同。电容器 C 向继电器 K 的线圈开始放电，继电器保持在动作状态，继电器 K 线圈上的电压随着电容器放电而逐渐下降，当电压降至继电器 K 的返回电压时，继电器复归，其动合触头 K2 断开，动断触头 K1 闭合，直流正电源+W 经电阻 R 及信号灯 HW 向电容器 C 充电，继电器 K 线圈上的电压随着电容器 C 充电而升高到继电器的动作电压时，继电器再次动作，重复上述过程，于是信号灯 HW 发出连续的闪光。

(2) 控制开关 SA 在预备合闸位置：断路器控制开关 SA 在预备合闸位置时，其触头 $SA_{9\text{-}10}$ 接通，电源回路-WC→2FU→KM→QF1→R→HG→$SA_{9\text{-}10}$→(+) M100，起动闪光继电器 K，发出断路器预备合闸的提示闪光信号。断路器合闸后闪光停止，证明合闸过程已完成。

(3) 控制开关 SA 在预备跳闸位置：控制开关 SA 在预备跳闸位置时，其触点 $SA_{13\text{-}14}$ 接通，电源回路为-WC→2FU→YT→QF2→KCF→R→HR→$SA_{13\text{-}14}$→（+）M100，起动闪光继电器 K，发出断路器预备跳闸的提示信号。断路器跳闸后，闪光停止，证明跳闸过程已完成。

(4) 控制开关 SA 与断路器位置不对应：在运行中的断路器，由于继电保护装置动中，出口中间继电器 KOM 动合触头接通跳闸后，此时断路器处于“跳闸后”位置，其电源回路为-WC→2FU→KM→QF1→R→HG→$SA_{9\text{-}10}$→(+) M100，起动闪光继电器 K，发出断路器已跳闸的闪光提示信号。此时，将控制开关 SA 把手柄投到“跳闸后”位置，$SA_{10\text{-}11}$ 触头接通，SA_{9-10} 断开，闪光停止，绿色信号灯 HG 发出平光。

五、微机监控保护装置的信号功能

1. 简介

在配电所的微机监控保护装置中，采集全所主设备、母线及线路的电流、电压、温度、压力及断路器、隔离开关位置信号、保护动作等信息，可以随时发出及传输各种事故、异常报警信号及设备状态指示信号。

2. 实时数据采集

配电所信息的采集与处理设备，一种是集中式 RTU 装置，另一种是分散式测控单位元装置。实时数据采集分遥测量与遥信量。遥测量主要是配电所的设备运行状态监视实时数据，如交、直流母线电压、线路及配电变压器各侧电流、变压器的温度、功率、频率、气体压力值等；通信量主要是各种设备的位置、状态信号，如断路器、隔离开关、变压器分接头、保护动作、装置异常、断路器弹簧储能、气体压力等。

3. 监视与报警

微机监控系统通过设备多种限值，多种报警级别，多种报警方式，为运行值班人员提供各种监视手段。

4. 运行设备的控制

运行设备的控制主要是指如对断路器、电动隔离开关的分合控制，配电变压器分接头调节，信号远方复归等。

5. 运行管理

微机监控保护的计算机功能，可以辅助运行人员进行大量的管理工作。如保存各类参数的历史记录信息，自动编制各类运行报表，系统运行参数的曲线等。

第三节　二次回路的安装接线

一、安装接线的基本要求

1）按图施工，正确接线。

2）导线与电气元件间采用螺栓连接、插接、焊接或压接等，均应牢固可靠。

3）盘、柜内的导线不应有接头，导线芯线应无损伤。

4）电缆芯线和所配导线的端部均应标明其回路编号，编号应正确，字迹清晰且不易脱色。

5）配线应整齐、清晰、美观，导线绝缘应良好，无损伤。

6）每个接线端子的每侧接线宜为 1 根，不得超过 2 根。对于插接式端子，不同截面的两根导线不得接在同一端子上；对于螺栓连接端子，当接两根导线时，中间应加平垫片。

7）二次回路接地应设专用螺栓。

8）盘、柜内的配线电流回路应采用电压不低于 500V 的铜芯绝缘导线，其截面积不应小于 $2.5mm^2$；其他回路截面积不应小于 $1.5mm^2$；对电子元件回路、弱电回路采用锡焊连接时，在满足载流量和电压降及有足够机械强度的情况下，可采用截面积不小于 $0.5mm^2$ 的绝缘导线。

9）用于连接门上的电器、控制台板等可动部位的导线尚应符合下列要求：

① 应采用多股软导线，敷设长度应有适当裕度。

② 线束应有外套塑料管等加强绝缘层。

③ 与电器连接时，端部应绞紧，并应加终端附件或搪锡，不得松散、断股。

④ 在可动部位两端应用卡子固定。

10）引入盘、柜内的电缆及其芯线应符合下列要求：

① 引入盘、柜的电缆应排列整齐，编号清晰，避免交叉，并应固定牢固，不得使所接的端子排受到机械应力。

② 铠装电缆在进入盘、柜后，应将钢带切断，切断处的端部应扎紧，并应将钢带接地。

③ 使用于静态保护、控制等逻辑回路的控制电缆，应采用屏蔽电缆。其屏蔽层应按设计要求的接地方式予以接地。

④ 橡胶绝缘的芯线应外套绝缘管保护。

⑤ 盘、柜内的电缆芯线，应按垂直或水平有规律地配置，不得任意歪斜交叉连接。备用芯长度应留有适当余量。

⑥ 强、弱电回路不应使用同一根电缆，并应分别成束分开排列。

11）直流回路中具有水银触头的电器，电源正极应接到水银侧触头的一端。

12）在油污环境，应采用耐油的绝缘导线。在日光直射环境，橡胶或塑料绝缘导线应采取防护措施。

二、屏背面的展开图

屏的结构在安装接线图上是以展开平面图表示的。即从屏的后面将它的立体结构同上和左右展开为屏背面、屏左侧、屏右侧、屏顶四部分，图 15-9 所示为屏背面的展开图。

(1) 屏背部分：装置各种控制和保护设备的，如仪表、控制开关、信号设备及继电器等。

(2) 屏侧部分：装设端子排的，分右侧端子排和左侧端子排。在设备拥挤的情况下，屏两侧亦可安装部分设备，但以不影响端子排的安设为原则。

(3) 屏顶部分：装设各种小母线、熔断器、附加电阻、小刀开关、警铃、蜂鸣器等于屏的侧面或背面的上部，以便于操作调整。小母线按表 15-2 的规定涂色，以判别小母线的性质和用途。表 15-2 以外的小母线不涂色。

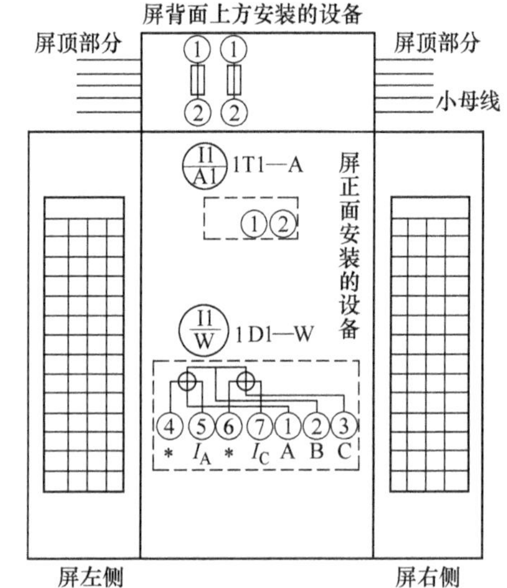

图 15-9　屏背面的展开图

表 15-2　小母线涂色规定表

符号	名　称	涂　色	符号	名　称	涂　色
+WC	正极控制小母线	红	WV_a	电压小母线 A 相	黄
-WC	负极控制小母线	蓝	WV_b	电压小母线 B 相	绿
+WS	正极信号小母线	红	WV_c	电压小母线 C 相	红
-WS	负极信号小母线	蓝	WV_o	电压小母线 0 线	黑
(+)WFS	闪光小母线	红、绿间色			

三、二次设备在安装接线图上的表示方法

1）安装接线图上设备的相对位置应与实际的安装位置相符合，因设备本身及设备间的距离尺寸已在屏面布置图上标明，故不再按比例画出。另外，由于二次设备都安装在屏的正面，而其接线在屏后进行，所以安装接线图为屏的背视图。

2）安装接线图上设备的外形应尽量与实际形状相符。若设备的内部接线简单（如电流表、电压表），可不必画出；若复杂（如各种继电器），则要画出。在安装接线图中，背视看得见的设备轮廓线用实线表示；看不见的设备轮廓线用虚线表示。

对于内部接线复杂的晶体管继电器，可只画出与引出端子有关的线圈及触头，并标出正负电流的极性。

四、安装接线图中的标号

绘制安装接线图的依据是展开图和屏面布置图。因此，安装接线图上的设备符号和编号，必须和展开图及屏面布置图上的一致。图 15-10 所示为安装接线图上的设备符号。

1. 设备安装单位编号

为了区分同一屏上属于不同一次回路的二次设备，设备上必须标以安装单位的编号，安装单位的编号以罗马数字Ⅰ、Ⅱ、Ⅲ、Ⅳ…来表示。

2. 同型号设备的顺序

在同一安装单位的设备中若有几只相同类型的设备，这种同型号的设备应以阿拉伯数字的次序来区别，如在同一安装单位中有 3 只电流继电器，则可分别以 KA1、KA2、KA3 来表示。

3. 设备的顺序号

在同一安装单位中所有设备的顺序号是以阿拉伯数字来表示的，即根据设备在屏上的位置，从左到右、从上到下的顺序给每一个设备编号。

在安装接线图上，设备标号以圆圈表示在设备图形的左上角，设备的型号则写在设备图形的上方与设备标号平行，如图 15-10 所示。

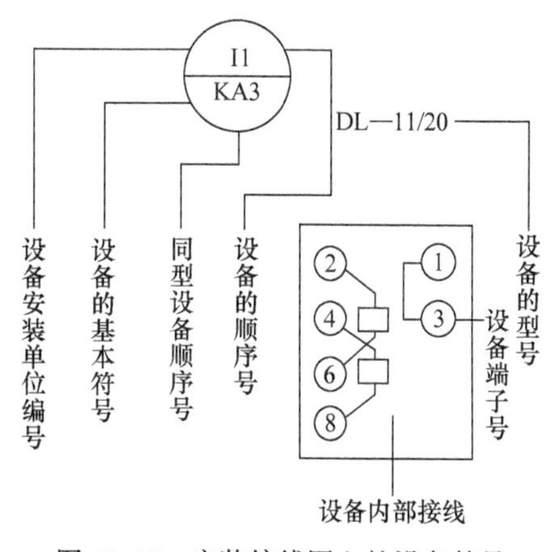

图 15-10　安装接线图上的设备符号

五、接线端子

1. 接线端子的用途

接线端子是二次回路接线不可缺少的部件，除了屏内与屏外二次回路的连接、以及同一屏上各安装单位之间的连接必须通过接线端子外，为了走线方便，屏面设备与屏顶设备的连接也要经过端子排。各种型式的端子还可以帮助我们在端子排上进行并头或测量、校验及检修二次回路中的仪表和继电器。许多端子组合在一起构成端子排。

2. 接线端子的基本结构与分类

（1）接线端子的结构：接线端子主要是由绝缘座和导电片组成。绝缘座一般是由胶木粉压制而成的，其作用是隔绝导电片与接线端子的固定槽板，另外也可避免端子接线时误碰

到邻近端子上的导电部分；在绝缘座的下部有一锁扣弹簧，是供接线端子固定在槽板内用的。

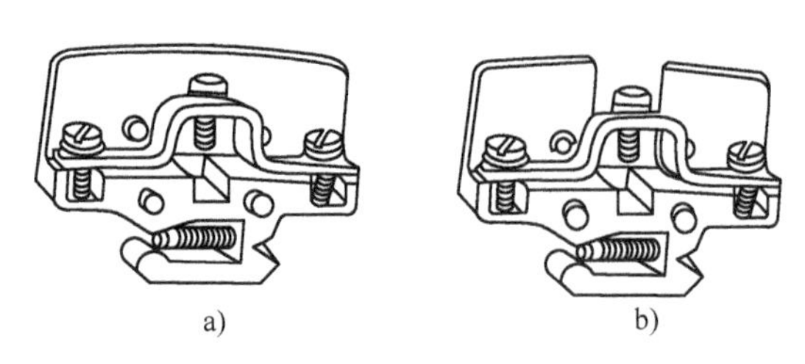

图 15-11 一般端子和连接端子
a）一般端子 b）连接端子

（2）接线端子的类型：

1）一般端子（B1-1 型或 D1-10 型）：如图 15-11a 所示。它适用于屏内、外导线或电缆的连接，即供一个回路的两端导线连接之用。

2）连接端子（B1-4 型或 D1-10L1 和 D1-10L2 型）：B1-4 与 B1-1 的外形基本一样，所不同的是 B1-4 型端子在绝缘座的上部中间有一缺口，如图 15-11b 所示，此缺口用于连接两个端子的导电片。通过导电片，连接端子与一般端子相配合，可使各种回路并头或分头。

3）试验端子（B1-2 型或 D1-10S 型）：用于需要接入试验仪器的电流回路中。图 15-12 所示为试验端子的外形及接线方法，利用它来校验电流回路中的仪表和继电器的准确度。图 15-12b 所示为试验端子的接线方法。试验时，可按图先接好试验用电流表，并旋出中间有把手的试验铜螺钉 2，将其接入电流回路，这样即可测量需校验电流表的准确度。测量完毕后，旋进中间有把手的铜螺钉 2，再拆除试验表计，从而保证了电流互感器的二次侧在工作过程中不会开路而又不必松动原来的接线。

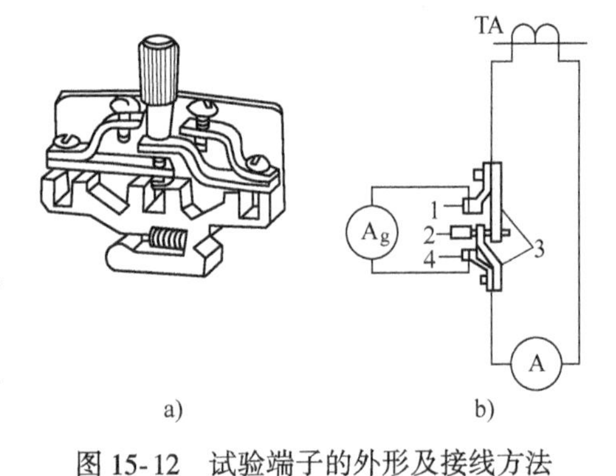

图 15-12 试验端子的外形及接线方法
a）外形 b）接线方法
1、4—接线螺钉 2—有把手的试验螺钉 3—导电片

4）连接型试验端子（B1-3 型或 D1-10SL 型）：它同时具备试验端子和连接端子的作用，因此被广泛地应用在彼此连接的电流试验回路中。其外形与 B1-2 型相似，所不同的是绝缘座上部的中间有一缺口，该缺口和 B1-4 型一样，是供连接导电片用的。

5）终端端子（B1-5 型或 D1-B 型）：用于固定或分离不同安装单位的端子排。

6）标准端子（B1-6 型）：是直接连接屏内、外导线用的。其导电片如图 15-13a 所示。

7）特殊端子（B1-7 型）：用于开断需要很方便的回路中，其导电片如图 15-13c 所示。

图 15-13 所示为不同类型端子的导电片。D1 系列的端子为全国统一设计的产品，而 B1 系列的端子是目前配电所中所常用的。上述系列中的端子，绝缘座只有两种，一种是有缺口的，另一种是无缺口的；导电片有 4 种类型如图 15-13 所示。

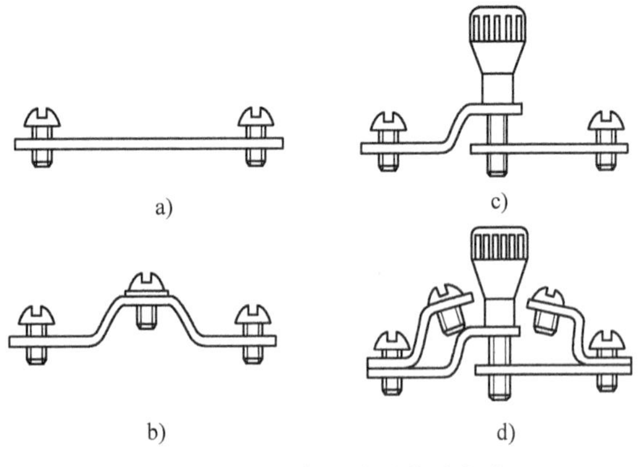

图 15-13 不同类型端子的导电片
a）B1-6 型 b）B1-1 型和 B1-4 型
c）B1-7 型 d）B1-2 型和 B1-3 型

在 D1 系列中，“10”表示额定电流为 10A；还有额定电流为 20A 的。

3. 端子排的表示方法

在安装接线图上，为了简化制图，端子排一般采用四格的表示方法，除其中一格写入端子序号及表示型式以外，其余的需要表明设备符号及回路编号。图 15-14 所示为屏右侧端子排的表示方法（如为左侧的端子排，可将图 15-14 翻转 180°表示）。

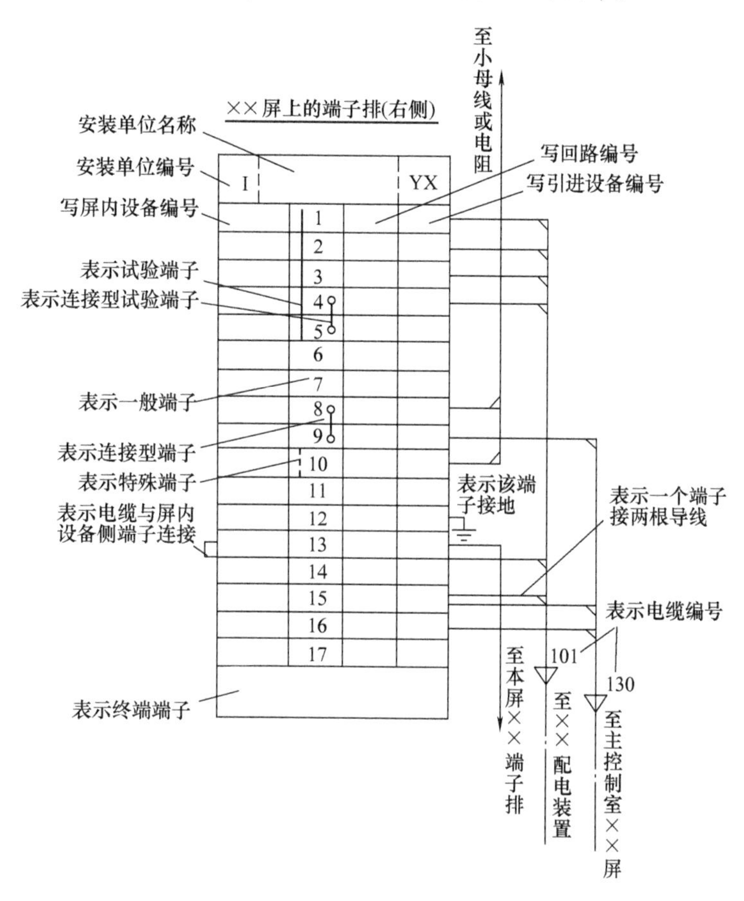

图 15-14　端子排的表示方法

从左至右每格的含义如下：

第一格：表示屏内设备的文字符号及设备的接线螺钉号。

第二格：表示接线端子的序号和型式。

第三格：表示安装单位的回路编号。

第四格：表示屏外或屏顶引入设备的符号及螺钉号。

为了简化表示方法，也有将第三格和第四格的内容合写在一格中的，即为三格的表示方法。

4. 端子排的排列原则

为满足运行、检修、调试的方便，一般端子排的排列是遵照以下原则来布置和排列的：

1）当同一块屏上只有一个安装单位时，则端子排的放置应与屏内设备的位置相对应，如设备的大部分靠近屏的右侧，则端子排应放在屏的右侧，这样既省料、又省力。

2）当同一块屏上有几个安装单位时，则每一安装单位应有独立的端子排，它们的排列应与屏面布置相配合。最后留 2~5 个端子作为备用端子，在端子排的两端应装终端端子。

3）端子形式的选用，需根据具体情况决定。一般来说，交流电流回路应经试验端子；预告和信号回路及其他需要断开的回路，则应经特殊端子或试验端子。

4）每一安装单位的端子排上，必须预留一定数量的备用端子；否则，增加接线将造成很大的麻烦。同时，必须在端子的两端装设终端端子。

5）当一个安装单位的端子过多（按《电力工程设计手册》规定，屏每侧装设端子的数目最多不得超过 135 个）或一块屏上只有一个安装单位时，可将端子布置在屏的两侧。但此时应按交流电流、交流电压、信号、控制等回路所属的各个组别成组地分开。

6）正、负电源之间，经常带正电的正电源，合闸和跳闸回路之间的端子排应不相毗邻，一般需用一个空端子隔开。特别是户外的端子箱中更应该如此，以免端子排因受潮短路，而使断路器误动作。

7）一个端子的每一个接线螺钉，一般只接一根导线；特殊情况下，最多可接两根导线，并要求两根导线的线径相同。接于端子的导线截面积，一般不应超过 $6mm^2$。

8）端子排上的回路安装顺序应与屏面设备相符，以避免接线迂回曲折。端子排垂直布置时，应按自上而下的顺序，依照下列回路分组排列：

① 交流电流回路：按每组电流互感器分组，对同一保护方式的电流回路一般排在一起，按数字大小从上至下，并按相序 A、B、C、N 排列，如 A411、B411、C411、N411；A421、B421、C421、N421。

② 交流电压回路：按每组电压互感器分组，对同一保护方式的电压回路一般排在一起，按数字大小从上至下并按相序 A、B、C、N 排列，如 A611、B611、C611；A613、B613、C613 等。

③ 信号回路：按事故、位置、预告及指挥信号分组。每组按数字大小排列，先是信号正电源 701；其次是 901、903…和 951、953；再次是 730、732…；再其次是 94、194、294…；最后是负电源 702。

④ 控制回路：按每组熔断器分组。其中每组先按正极性回路（编号为奇数）由小到大排列；然后，再按负极性回路（编号为偶数）由大到小排列。例如，101、103、133、142、140、102；201、203、233、242、240、202；…。

⑤ 其他回路：其中又按励磁保护回路，自动调整励磁装置的电流、电压回路，远方调整及联锁回路等分组。每一回路又按极性、编号、相序等顺序地排列。

六、“相对编号法”在安装接线图上的应用

在安装接线图上，二次接线通常都采用“相对编号法”。所谓“相对编号法”就是甲、乙两个设备需要互相连接时，我们在接至甲设备的导线端编写上乙设备的标号，而在接至乙设备的导线端编写上甲设备的标号，因为编号是相互对应的，所以叫“相对编号法”。如果在某个端子旁边没有标号，就说明该端子不连接，是空着的。

例如，屏内设备间的实际线条连接，如图 15-15a 所示。这种表示方法可用在连接线少时，若线多时则会画不清，既费时间又容易出差错。

图 15-15b 是采用相对编号法画出导线连接的，由编写的标号可以清楚地找到需连接的

接线端子。

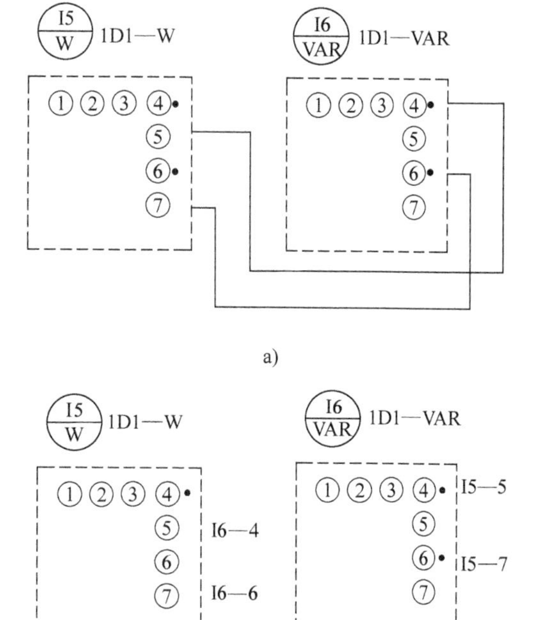

图 15-15　屏内设备间的接线方法

a）实际线条连接　b）相对标号法连接

在屏上实际安装配线时，相对编号的数字写于特制的胶木套箍或塑料套箍上，然后套在导线的两端，以便在运行和检修时帮助查找设备。

相对编号法在实际应用中应掌握如下原则：

1）为了走线方便，屏内设备与屏顶设备及小母线连接时，需要经过端子排，而屏内设备和屏外设备连接时，则必须通过端子排、并用电缆与屏外设备连接。

2）对于放置在一起的电阻和熔断器、光字牌以及同一设备的两个接线螺钉，采用线条连接比相对编号法来得清晰、方便，因此一般可采用线条直接连接。

3）对于不经过端子排的二次设备（如装于屏顶的熔断器、电铃、蜂鸣器、附加电阻等）与屏顶操作信号小母线直接连接时，也应采用相对编号法表示。如图 15-16 所示，可在该设备的端子上直接写上小母线的符号，而从小母线上画出引下线，并在其旁注明所连接设备的符号。

4）屏内设备间通过端子排的连接法：屏内设备间的接线一般都是直接连接，但有时由于某种原因（例如，屏板后接线的电能表穿线孔）只允许穿过一根导线时，可经过端子排进行并头。图 15-17 所示为电流表和功率表的接线螺钉在端子排 6 和 7 上并头，因为不向外接线，所以端子的右面两格空着不填。

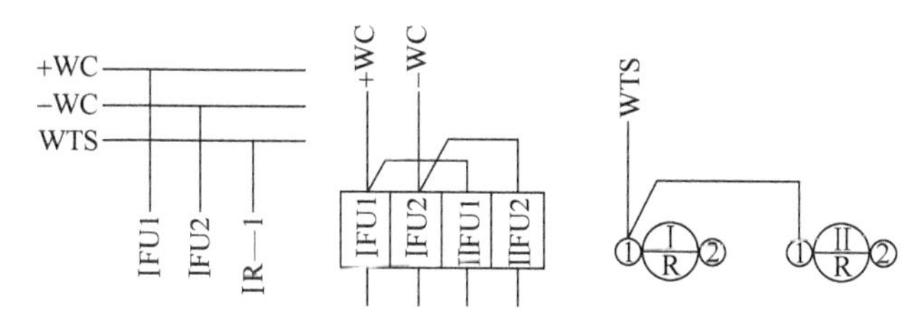

图 15-16　不经端子排直接与小母线连接的标注法

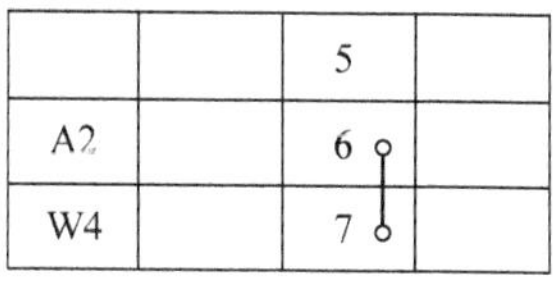

		5	
A2		6	
W4		7	

图 15-17　屏内设备间通过端子排的连接法

第四节　KYN28-12 型开关柜二次回路

一、KYN28-12 型开关柜的二次回路原理

KYN28-12 型中置式手车高压开关柜的二次回路中，元器件的技术参数见表 15-3。

表 15-3 KYN28-12 型二次回路元件表（变压器柜）

符号(GB 4728)	名称	型　号	数量	备　注
S8、S9	行程开关(位置开关)	FK-5 3 动合触头、2 动断触头	2	
SET	接地开关行程开关	FK-5 3 动合触头、3 动断触头	1	
E1、E2	电加热器	JRD2-3 100W AC220V	2	
1、2、3QS	钮子开关	LA39-11X/K	3	
1~5FU	熔断器	RT14-20/6A	5	
1K	中间继电器	ZJ3-5A DC110V 0.5A	1	
HLT、HLQ、HLE	位置指示器	AD15-22W/G28 DC110V	3	
HL-R、HL-G、HL-Y	信号灯	AD15-22B/26	3	红、绿、黄各一
SA	转换开关	LW12-16D/49・6780・5	1	
2K	中间继电器	DZB-12B DC110 V0.5A	1	
FA	组合继电器	SPAJ-140C DC110V	1	
EL	照明灯	CKS1 AC220V	1	
1KS	信号继电器	DX-17/0.5A	1	
2KS	信号继电器	DX-17/0.075A	1	
1、2XB	连接片	JL1-2.5/2	2	
1*R*	电阻	ZG11-50 1kΩ	1	
2*R*	电阻	ZG11-50 2kΩ	1	
R	电阻	ZG11-25 1kΩ	1	
3K	直流中间继电器	JZC3-31/Z DC110V	1	
1、2、3PA	电流表	6L2-A 150/5A	3	
3KS	信号继电器	DX-17/DC110V	1	

注：参见图 15-19。

KYN28-18 型中置式手车高压开关柜的二次线路如下：

1）图 15-18a 为配电变压器一次系统图，根据此图可以了解二次回路所控制的对象。

2）图 15-18b 为电流互感器、零序电流互感器的二次回路。电流互感器为在一个铁心上具有两个二次绕组（即 $1TA_U$、$1TA_V$、$1TA_W$；$2TA_U$、$2TA_V$、$2TA_W$）的电流互感器。$1TA_U$、$1TA_V$、$1TA_W$ 绕组组成互感器的准确度等级为 0.5 级，主要接测量回路；$2TA_U$、$2TA_V$、$2TA_W$ 绕组则为 1 级或 3 级，主要用于接继电保护回路。

TA_0 为小电流接地系统的零序电流互感器，一次侧接地电流一般为 1~3A。

3）图 15-18c 为断路器、电缆室电加热器及工作室照明电路，AC 220V 电源。电加热器 E1、E2 由手动开关 3QS 控制通、断，也可装设湿度传感器自动控制通、断。

4）图 15-18d 所示的断路器二次回路接地插头为 A 型 24 线插头二次回路保护接地线的接地连接点。

5）图 15-18e 为二次控制原理图，其中包括：

① 二次控制回路的电源+WB-C、-WB-C，电压为 DC 220V。

② 断路器 QF 的合闸控制、防跳跃装置、合闸指示。

③ 断路器 QF 的分闸控制、防跳跃装置、合闸指示。

④ 线路、变压器速断保护、过电流保护、零序保护。干式变压器超温跳闸保护或油浸变压器瓦斯保护及油温超温保护。

⑤ 信号回路有断路器合闸指示、分闸指示、手车处于试验位置指示、手车处于工作位置指示、接地刀开关合闸状态指示以及分闸状态指示。

⑥ 图 15-18f 为弹簧储能电路。储能电动机 MD 为直流串励电动机，可使用 DC 220V 电源，也可使用 AC 220V 电源。直流中间继电器 3K 为 MD 的电源控制继电器，用两个 3K 的动合触头串联在 MD 的两侧，目的是在 MD 断开电源时灭弧迅速。SM 为弹簧储能限位微动开关。当弹簧处于已储能状态时，SM 动合触头为闭合状态，此时黄信号灯 HL-Y 点亮，表示“已储能”，SM 的动断触头为断开状态 3K 失电，电动机 MD 不转；弹簧在释放状态时则反之。1QS 为储能电路的电源开关。因为 MD、3K、SM 均装在手车上，所以电源线+WB-n、-WB-f-h、HL-Y 需通过 A-26 插头、座接入。

⑦ 图 15-18g 为事故音响信号电路。+XPM（701）来自中央信号屏的控制电源，2WB-AI 去往中央信号屏事故音响信号公用中间继电器。当断路器 QF 为合闸状态时，动断触头 QF（93，727）为断开状态，合、分闸转换开关 SA 手柄放置在“合闸后”的垂直位置，此时①与②、⑰与⑱为接通状态。当断路器 QF 事故跳闸后，动断辅助触头 QF（93，727）闭合，由于 SA 的手柄还处在“合闸后”的位置，则使事故音响信号电路接通了中央信号屏的事故音响信号公用中间继电器，公用中间继电器得电后，使中央信号屏的冲击继电器得电，发出跳闸音响报警信号。

⑧ 图 15-18h 为事故信号输出接点电路。FA 为 SPAJ-140C 组合式过电流和接地故障继电器。FA 的 70，72 为过电流的动合输出触头；FA 的 68，69 为电缆接地故障信号输出动合触头；FA 的 80，81 为速断（短路）的输出动合触头，3 对动合触头并联送至声光信号母线 WB-P，当其中任一故障发生后，都会发出声光报警，如需进一步确认是哪一种故障，应观察 SPAJ-140C 组合继电器 FA 的信号指示。

信号继电器动合触头 1KS（703，901）点亮“断路器跳闸”显示光字牌。

信号继电器动合触头 2KS（703，902）点亮“变压器超温”显示光字牌。

信号继电器动合触头 3KS（703，903）点亮“变压器高温”显示光字牌。

二、KYN28-12 型开关柜的二次回路安装接线

接线图是设备安装布线、试验、维修必不可少的图样。一般来讲，接线图是依据原理图制定的最佳接线方案。一份好的接线图，必须是在完全读懂原理图的情况下才能完成，而且设计者须对使用的元器件的技术性能、结构特点有充分的了解，还要有安装、维修、布线的经验。

接线图既直观又美观整齐，元器件的布置和现场基本一致，便于安装和维修查找故障。但不了解控制回路原理的人，很难从接线图中去了解各元器件的作用。

有经验的设备维护者可能只使用一种图，即接线图或原理图，甚至不用图就可以对设备进行很好的维修。

KYN28-12 型变压器电源进线柜二次回路安装接线如图 15-19 所示。

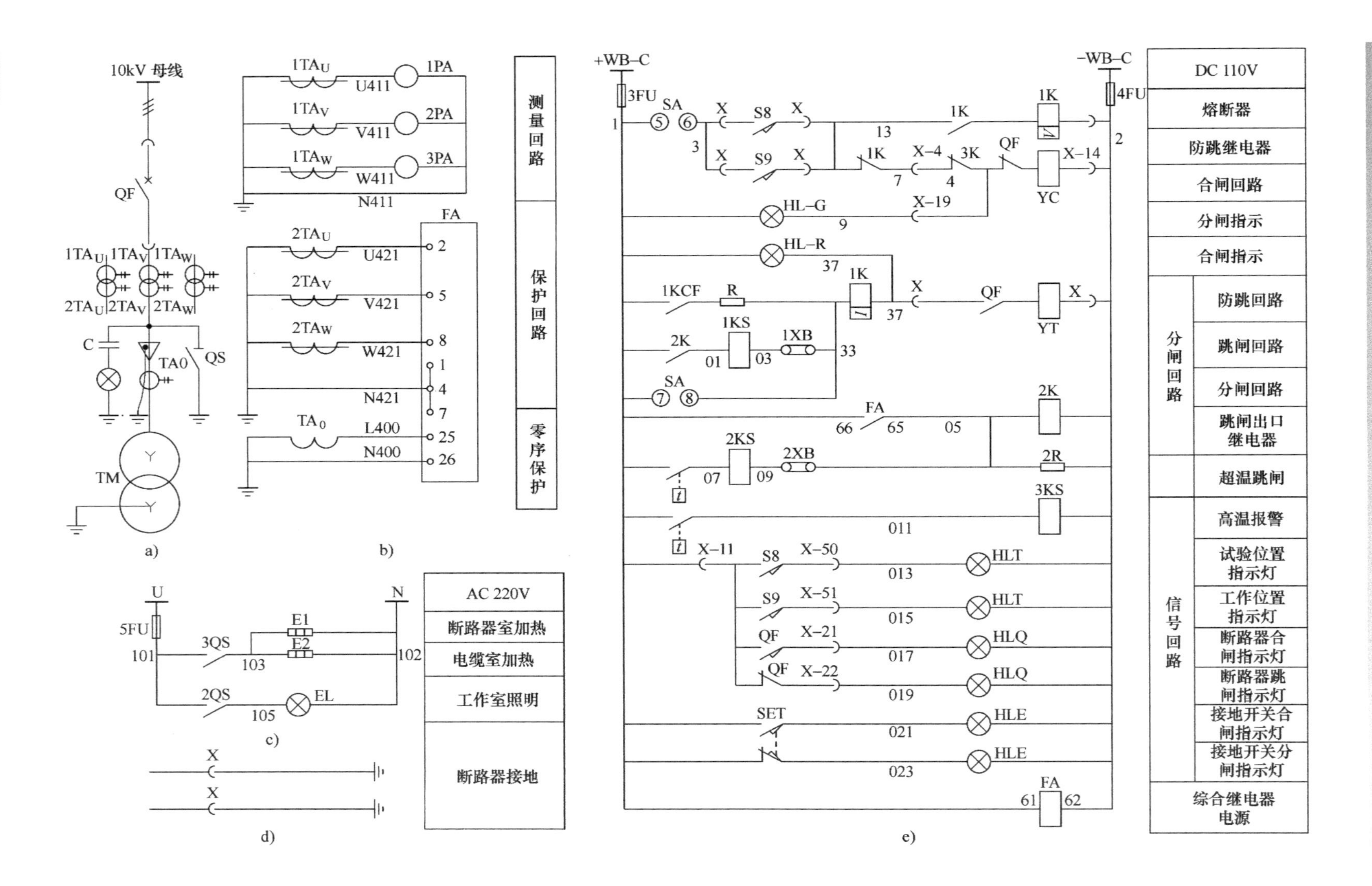
10kV 母线
QF
QS
TA0
C
TM
a)
1PA
2PA
3PA
U411
V411
W411
N411
FA
U421
V421
W421
N421
L400
N400
b)
测量回路
保护回路
零序保护
N
U
5FU
101
102
103
105
3QS
2QS
E1
E2
EL
c)
d)
AC 220V
断路器室加热
电缆室加热
工作室照明
断路器接地
+WB–C
–WB–C
3FU
4FU
SA
HL–G
HL–R
YC
YT
1KCF
HLT
HLQ
HLE
SET
e)
DC 110V
熔断器
防跳继电器
合闸回路
分闸指示
合闸指示
防跳回路
跳闸回路
分闸回路
跳闸出口继电器
分闸回路
超温跳闸
高温报警
试验位置指示灯
工作位置指示灯
断路器合闸指示灯
断路器跳闸指示灯
接地开关合闸指示灯
接地开关分闸指示灯
信号回路
综合继电器电源

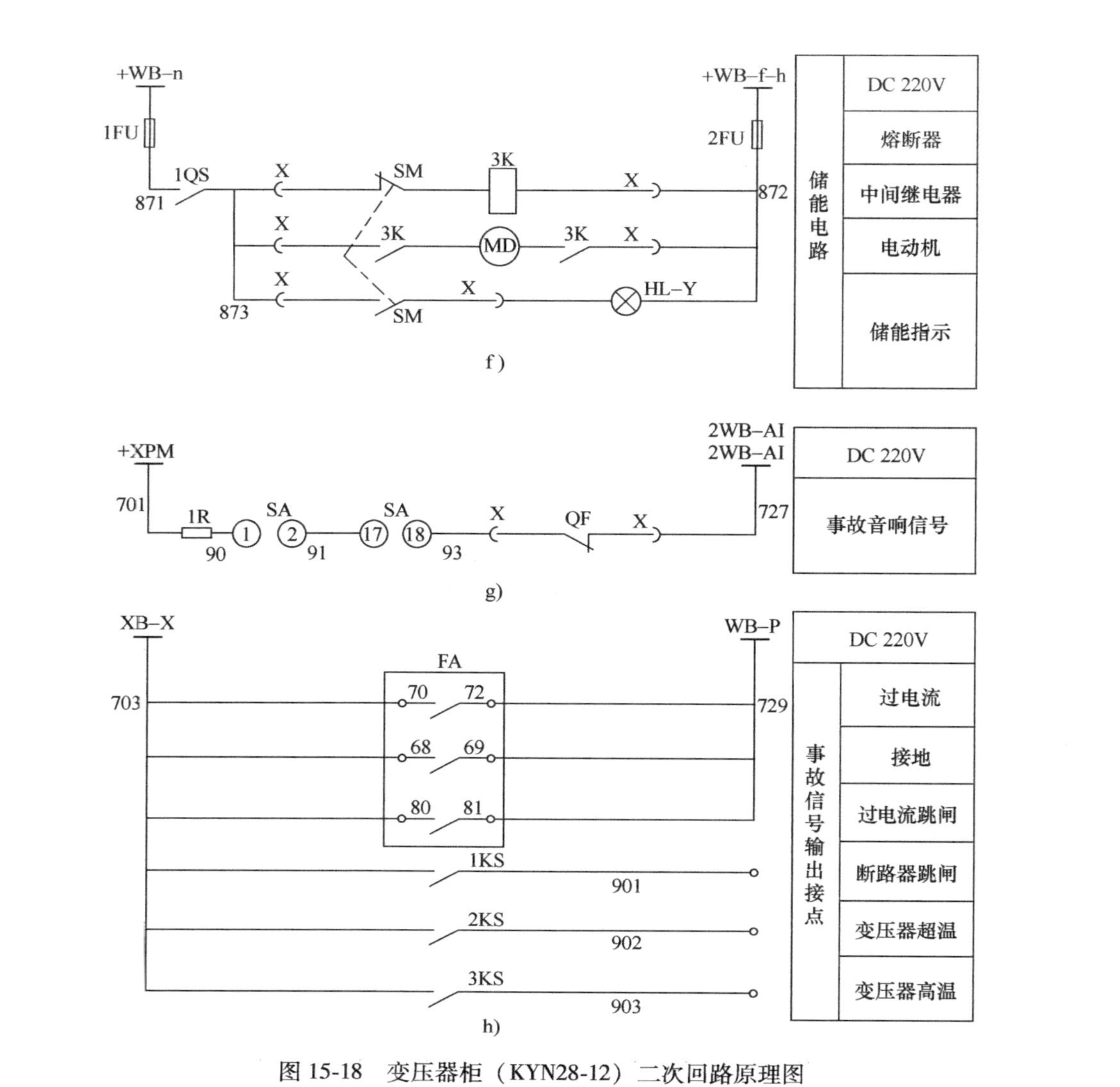

图 15-18 变压器柜（KYN28-12）二次回路原理图

a）一次系统图 b）电流回路 c）电加热器回路 d）断路器二次回路接地插头 e）二次原理图 f）储能电路 g）事故音响信号电路 h）事故信号输出接点

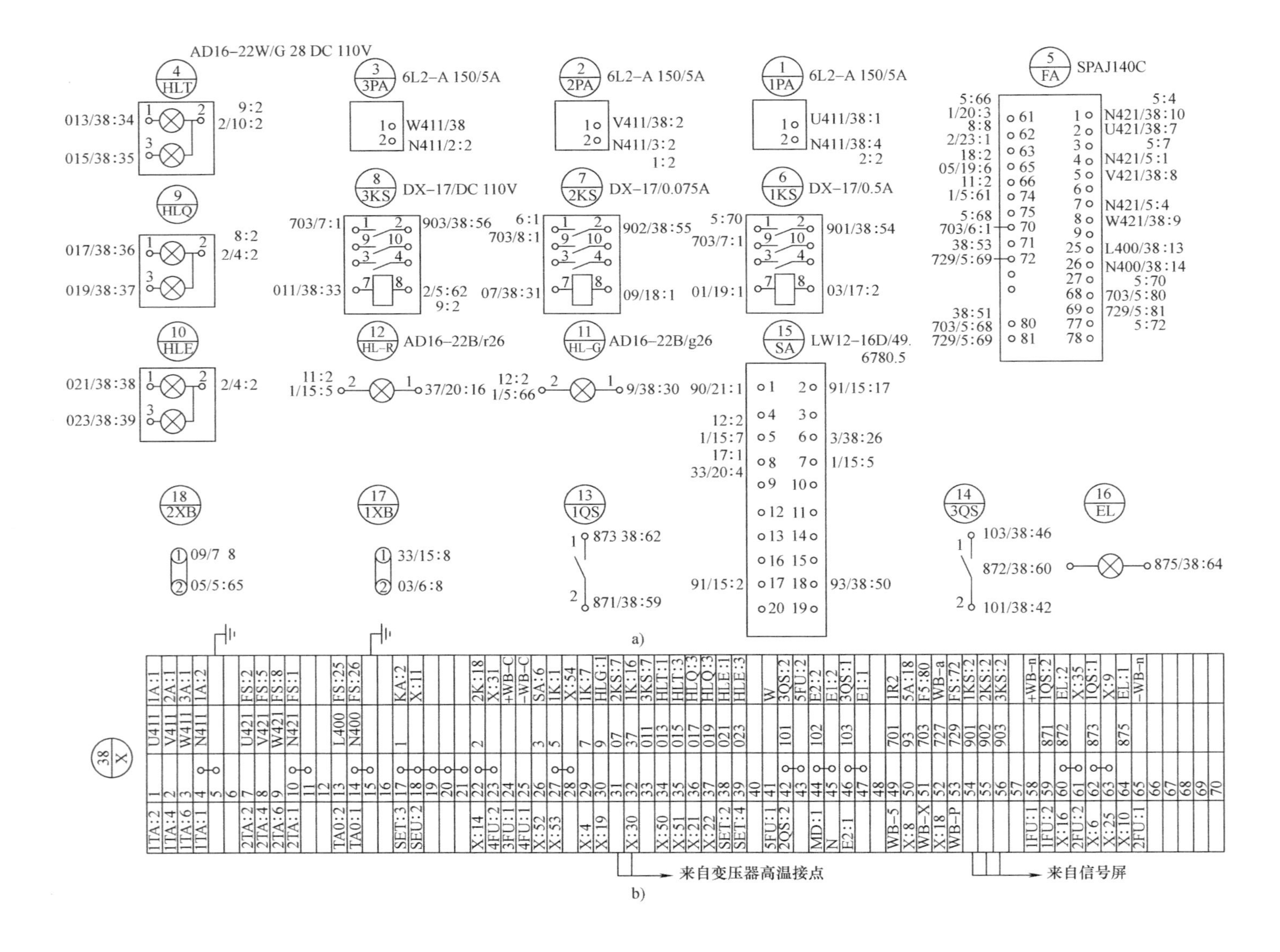
AD16–22W/G 28 DC 110V
4 HLT
9 HLQ
10 HLE
3 3PA 6L2–A 150/5A
2 2PA 6L2–A 150/5A
1 1PA 6L2–A 150/5A
5 FA SPAJ140C
8 3KS DX–17/DC 110V
7 2KS DX–17/0.075A
6 1KS DX–17/0.5A
12 HL–R AD16–22B/r26
11 HL–G AD16–22B/g26
15 SA LW12–16D/49.6780.5
18 2XB
17 1XB
13 1QS
14 3QS
16 EL
38 X
来自变压器高温接点
来自信号屏
a)
b)

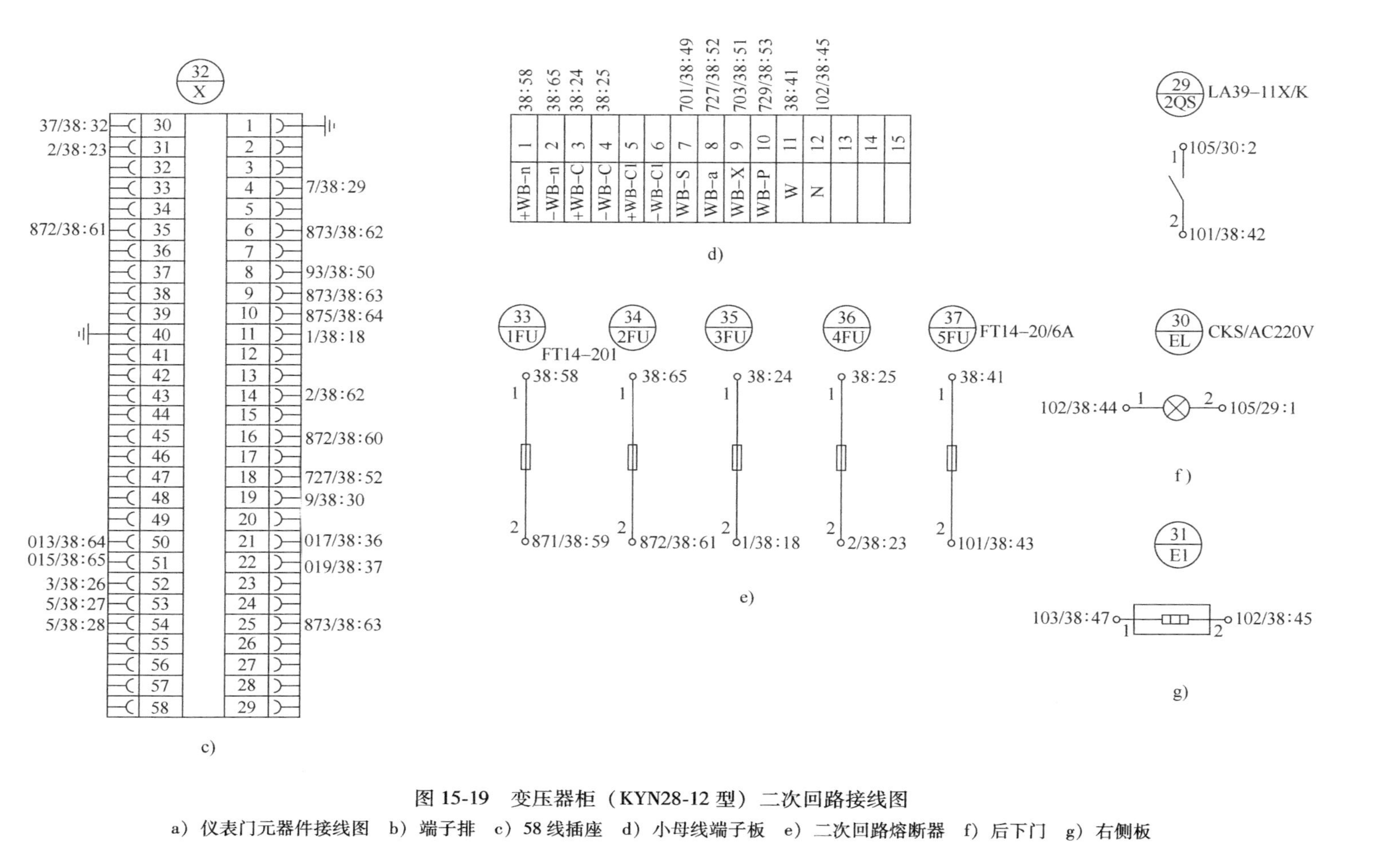

图 15-19　变压器柜（KYN28-12 型）二次回路接线图

a）仪表门元器件接线图　b）端子排　c）58 线插座　d）小母线端子板　e）二次回路熔断器　f）后下门　g）右侧板

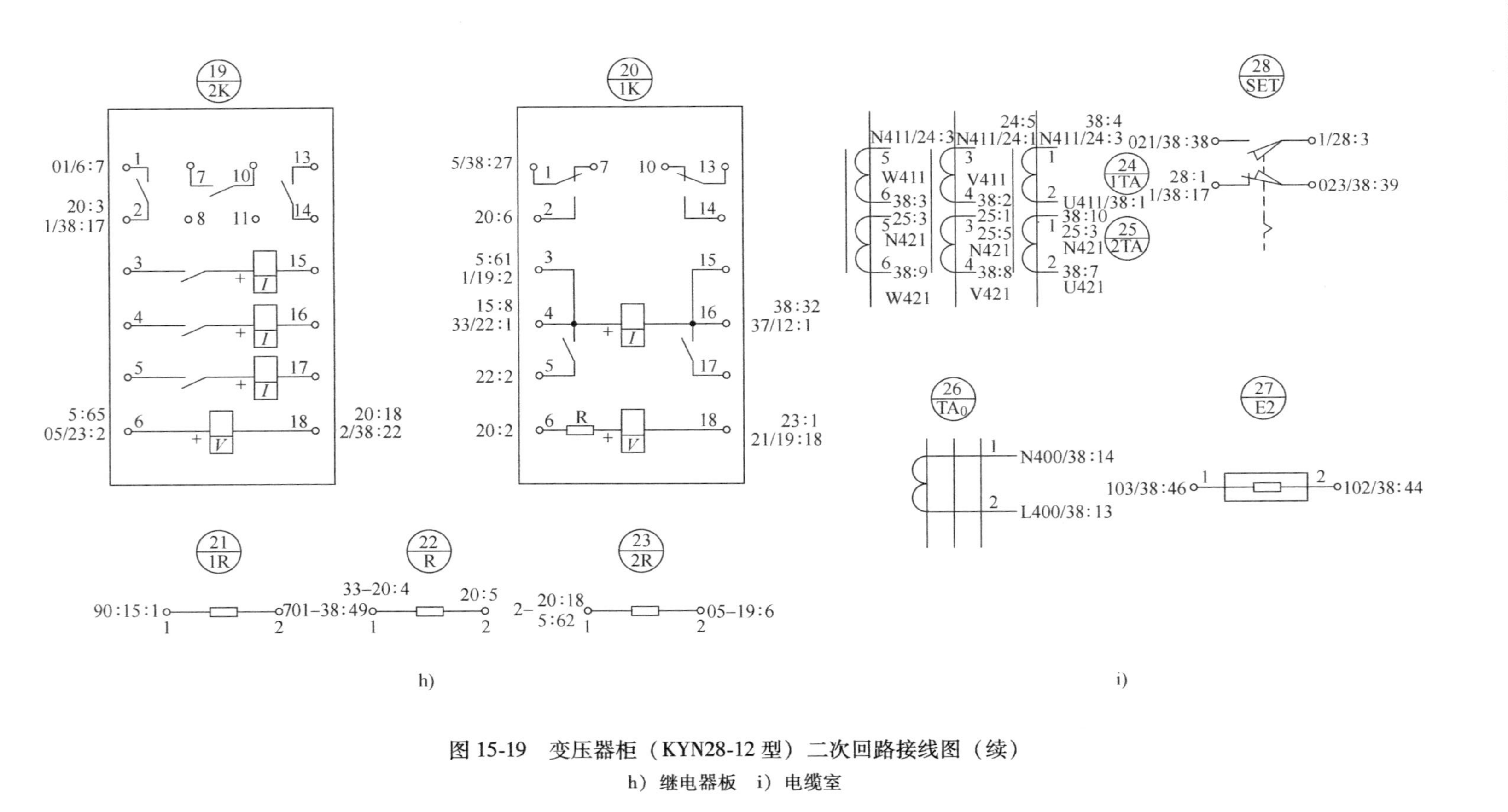

图15-19　变压器柜（KYN28-12型）二次回路接线图（续）

h）继电器板　i）电缆室

变压器柜二次回路安装接线图15-19与其二次回路原理图15-18相对应，根据“相对编号法”进行设计安装接线。

接线图中的元器件符号及线路的编号应和原理图中对应的编号一致。除此之外，在接线图中元器件还应有自己的位置编号和接线编号。在元器件的接线端都套有塑料套管标号，标号中写有线路号（和原理图一致）、元器件位置编号和接线编号。

图15-19a中为布置在继电器室仪表门上的元器件，其中：

$\frac{1}{1PA}$——U相交流电流表，0~150A，位置编号为“1”，代号为1PA，接线端子号为1和2。

$\frac{2}{2PA}$——V相交流电流表，0~150A，代号为2PA，位置编号为“2”，接线端子号为1和2。

$\frac{3}{3PA}$——W相交流电流表，0~150A，代号为3PA，位置编号为“3”，接线端子号为1和2。

$\frac{4}{HLT}$——手车处在试验位置、工作位置指示灯HLT（AD15-22W/G28 DC110V），位置编号为“4”，接线端子号：试验位置灯为“1”；工作位置灯为3；公共线为2。

$\frac{5}{FA}$——SPAJ140C组合式过电流和接地故障继电器。代号为FA，位置编号为“5”，接线端子号为1~9、25~27、61~63、65、66、68、69、70~72、74、75、77、78、80、81。

1）FA的2、5和8端子分别接向电流互感器$2TA_U$、$2TA_V$、$2TA_W$的正极性端子（二次电流保护回路），1、4、7端子接二次电流保护回路的公共线N421，N421应接地。

2）FA的25和26分别接向零序电流互感器TA0二次端子，线号分别为L400、N400。

3）FA的68和69为电缆接地故障信号接线点（动合触头）的输出端子。

4）FA的61和62为FA组合继电器的电源接线点（DC110V）。

5）FA的66和65为速断（短路）跳闸出口接线点（动合触头）。

6）FA的70和72为事故过电流信号输出接线点（动合触头）。

7）FA的80和81为速断（短路）跳闸信号输出接线点（动合触头）。

$\frac{6}{1KS}$——跳闸回路信号继电器1KS。位置编号为“6”，接线编号为：1、2；3、4；9、10。均为动合触头。7和8为1KS线圈接线点。

$\frac{7}{2KS}$——变压器超温跳闸回路信号继电器2KS。位置编号为“7”，接线编号为：1、2；3、4；9、10。均为动合触头。7和8为2KS线圈接线点。

$\frac{8}{3KS}$——变压器高温报警回路信号继电器3KS。位置编号为“8”，接线编号为：1、2；3、4；9、10。均为动合触头。7和8为3KS线圈接线点。

$\frac{9}{\text{HLQ}}$——断路器 QF 合、分闸指示灯 HLQ。位置编号为“9”，接线编号 1 为合闸指示灯，3 为分闸指示灯，接线编号 2 为合、分闸指示灯公共接线点。

$\frac{10}{\text{HLE}}$——接地刀开关合、分闸指示灯 HLE。位置编号为“10”，接线编号 1 为合闸指示灯，接线编号 3 为分闸指示灯，接线编号 2 为合、分闸指示灯公共接线。

$\frac{11}{\text{HL-G}}$——断路器 QF 分闸指示灯 HL-G。位置编号为“11”，接线编号为 1 和 2。

$\frac{12}{\text{HL-R}}$——断路器 QF 合闸指示灯 HL-R。位置编号为“12”，接线编号为 1 和 2。

$\frac{13}{\text{1QS}}$——储能回路电源开关 1QS。位置编号为“13”，接线编号为 1 和 2。

$\frac{14}{\text{3QS}}$——断路器室、电缆室电加热器电源开关。位置编号为“14”，接线编号为 1 和 2。

$\frac{15}{\text{SA}}$——断路器 QF 合、分闸转换（组合）开关 SA。位置编号为“15”，接线编号：①5 和 6 为断路器 QF 合闸回路动合触头；②7 和 8 为断路器 QF 分闸回路动合触头；③1、2、17、18 为 SA 手柄放置在“合闸后”的垂直位置时闭合的动合触头。其中：

$\frac{16}{\text{EL}}$——工作室照明灯 EL。位置编号为“16”，接线编号为 1 和 2。

$\frac{17}{\text{1XB}}$——跳闸回路出口连接片 1XB。位置编号为“17”，接线编号为 1 和 2。

$\frac{18}{\text{2XB}}$——变压器超温跳闸出口连接片 2XB。位置编号为“18”，接线编号为 1 和 2。

在图 15-19b 中的元器件为设置在继电器室内二次回路的接线端子排 $\frac{38}{\text{X}}$ 。位置编号为“38”。接线编号为 1~70。其中 4、5、14、15 为保护接地点。

图 15-19c 为 A-58 型插座 $\frac{32}{\text{X}}$，装于断路器手车上。位置编号为“32”，接线编号为 1~58 和 A-58 型插头的编号对应，插头装于继电器小室，接线引自接线端子排 38。

图 15-19d 为小母线端子排。一般装于高压柜继电器小室的顶部。

图 15-19e 为二次回路熔断器。一般装于继电器小室内。其中：

$\frac{33}{\text{1FU}}$——储能回路，+WB-n 电源熔断器 1FU。位置编号为“33”，接线编号为 1 和 2。

$\frac{34}{\text{2FU}}$——储能回路，-WB-f-n 电源熔断器 2FU。位置编号为“34”，接线编号为 1 和 2。

$\frac{35}{\text{3FU}}$——二次控制回路+WB-C 电源熔断器 3FU。位置编号为“35”，接线编号为 1 和 2。

$\frac{36}{4FU}$——二次控制回路-WB-C 电源熔断器 4FU。位置编号为“36”，接线编号为 1 和 2。

$\frac{37}{5FU}$——断路器室、电缆室电加热器、工作室照明 AC 220V 电源熔断器 5FU。位置编号为“37”，接线编号为 1 和 2。

图 15-19f 为工作室（继电器小室）照明接线，其中：

$\frac{29}{2QS}$——工作室照明电源（AC 220V）开关 2QS。位置编号为“29”，接线编号为 1 和 2。

$\frac{30}{EL}$——工作室照明灯 EL。位置编号为“30”，接线编号为 1 和 2。

图 15-19g 为断路器室电加热器接线。

$\frac{31}{E1}$——电加热器 E1。位置编号为“31”。接线编号为 1 和 2。

图 15-19h 为装于继电器室内的中间继电器和电阻。其中：

$\frac{19}{2K}$——过电流跳闸出口中间继电器 2K。位置编号为“19”。该继电器（DZB-12B DC 110V 0.5A）为电压起动、电流保持的中间继电器。接线编号为：1、2；7、10；8、11；13、14。均为动合触头。3、15；4、16；5、17 分别为串联电流保持线圈的动合触头。6 和 18 为电压起动线圈。

$\frac{20}{1K}$——合闸防跳闸回路中快速（ZJ3-5A DC 110V）动作的中间继电器，具有保持作用的电压线圈或电流线圈。

位置编号为“20”，接线编号为：1、7、13、10。均为动断触头。1、2、13、10、3、5、15、17 为动合触头。4 和 16 为电流线圈。6 和 18 为电压线圈。

$\frac{21}{1R}$——断路器 QF 跳闸事故音响信号回路的串联电阻 1R。位置编号为“21”，接线编号为 1 和 2。

$\frac{22}{R}$——跳闸回路防跳跃电流起动回路串联的电阻 R。位置编号为“22”，接线编号为 1 和 2。

$\frac{23}{2R}$——变压器超温跳闸信号继电器 2KS 串联的电阻 2R。位置编号为“23”，接线编号为 1 和 2。

图 15-19i 为电缆室的电流互感器、零序电流互感器、接地刀开关的合、分闸限位开关和电加热器。

$\frac{24}{1TA}$——电流互感器 1TA 的测量回路。位置编号为“24”，接线编号 U、V、W 相分别为：1、2；3、4；5、6。

$\frac{25}{2TA}$——电流互感器 2TA 的过电流、速断继电保护回路。位置编号为“25”，接线编号 U、V、W 相分别为：1、2；3、4；5、6。

$\frac{26}{TA_0}$——零序电流互感器 TA_0。位置编号为“26”，接线编号为 1 和 2。

$\frac{27}{E2}$——电缆室电加热器 E2。位置编号为“27”，接线编号为 1 和 2。

第五节　35kV 断路器操作控制信号二次回路

1. WDZ-400 系列装置操作回路原理

WDZ-400 系列装置操作回路原理如图 15-20 所示。

2. DCAP-3200 系列装置操作回路原理

DCAP-3200 系列装置操作回路原理如图 15-21 所示。

1SA 把手节点通断见表 15-4。

表　15-4

	1SA 把手节点通断图				
	跳闸	就地	远方	就地	合闸
	−120°	← −90°	0°	90° →	120°
1—2				×	×
3—4					×
5—6			×		
7—8			×		
9—10	×				
11—12	×				
13—14	×	×			
15—16					×

3. 35kV 进线断路器控制信号回路

35kV 进线断路器控制信号回路如图 15-22 所示。

4. 35kV 分段断路器控制信号回路

35kV 分段断路器控制信号回路如图 15-23 所示。

5. 主变压器 10kV 次总断路器控制信号回路

主变压器 10kV 次总断路器控制信号回路如图 15-24 所示。

6. 主变压器 10kV 母线出线断路器控制信号回路

主变压器 10kV 母线出线断路器控制信号回路如图 15-25 所示。

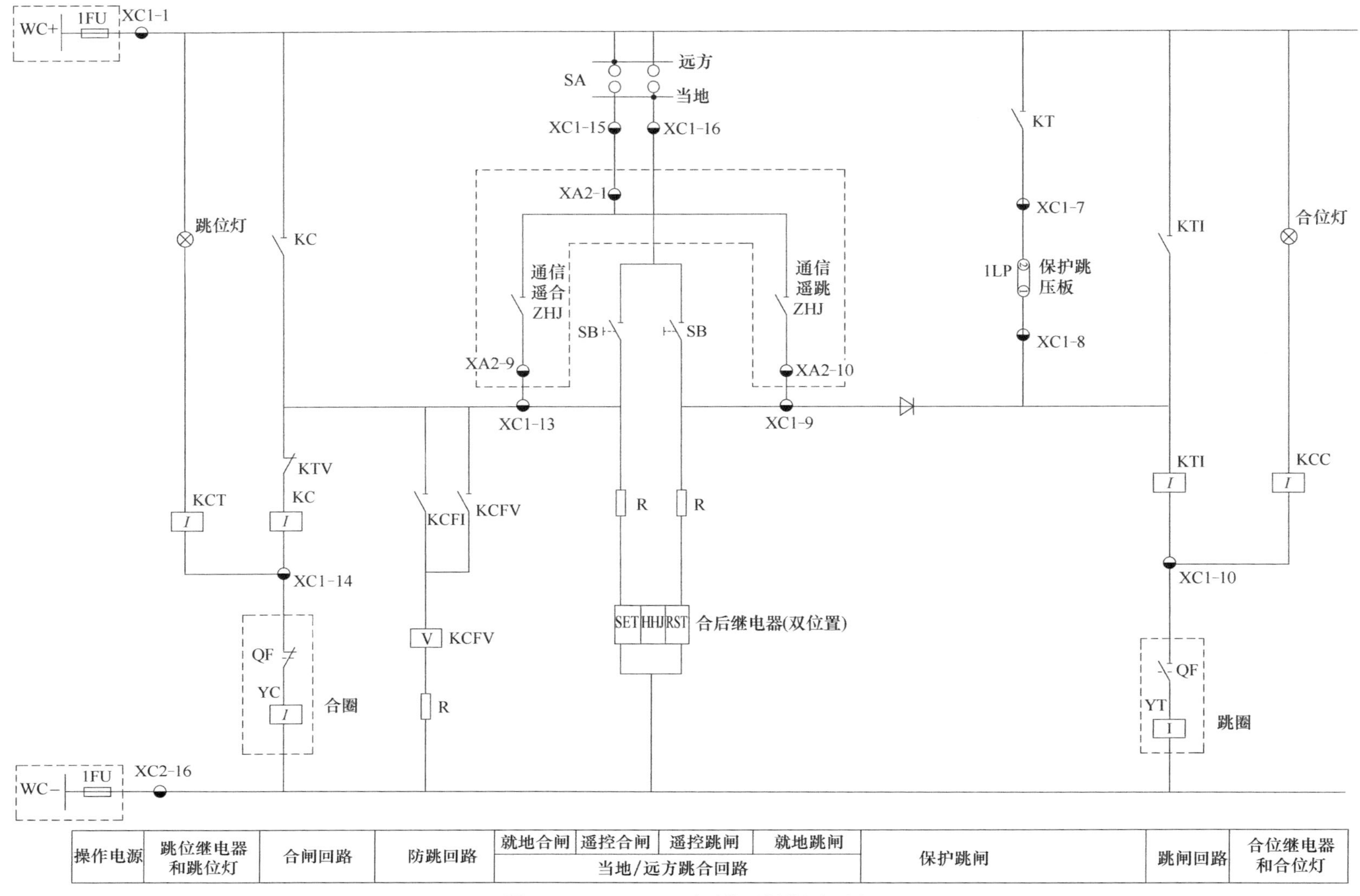

图 15-20　WDZ-400 系列装置操作原理图

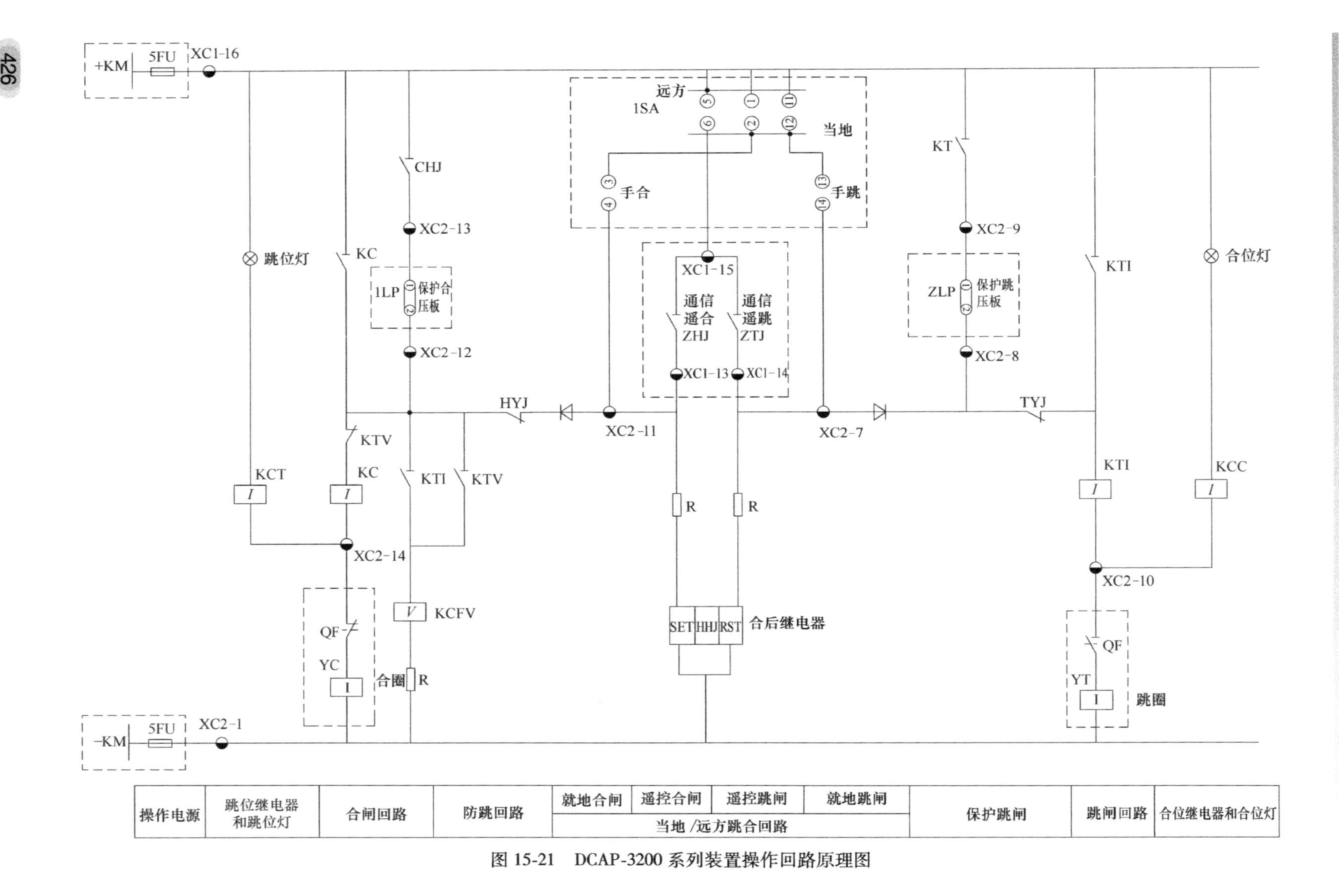

操作电源	跳位继电器和跳位灯	合闸回路	防跳回路	就地合闸	遥控合闸	遥控跳闸	就地跳闸	保护跳闸	跳闸回路	合位继电器和合位灯
				当地/远方跳合回路						

图 15-21　DCAP-3200 系列装置操作回路原理图

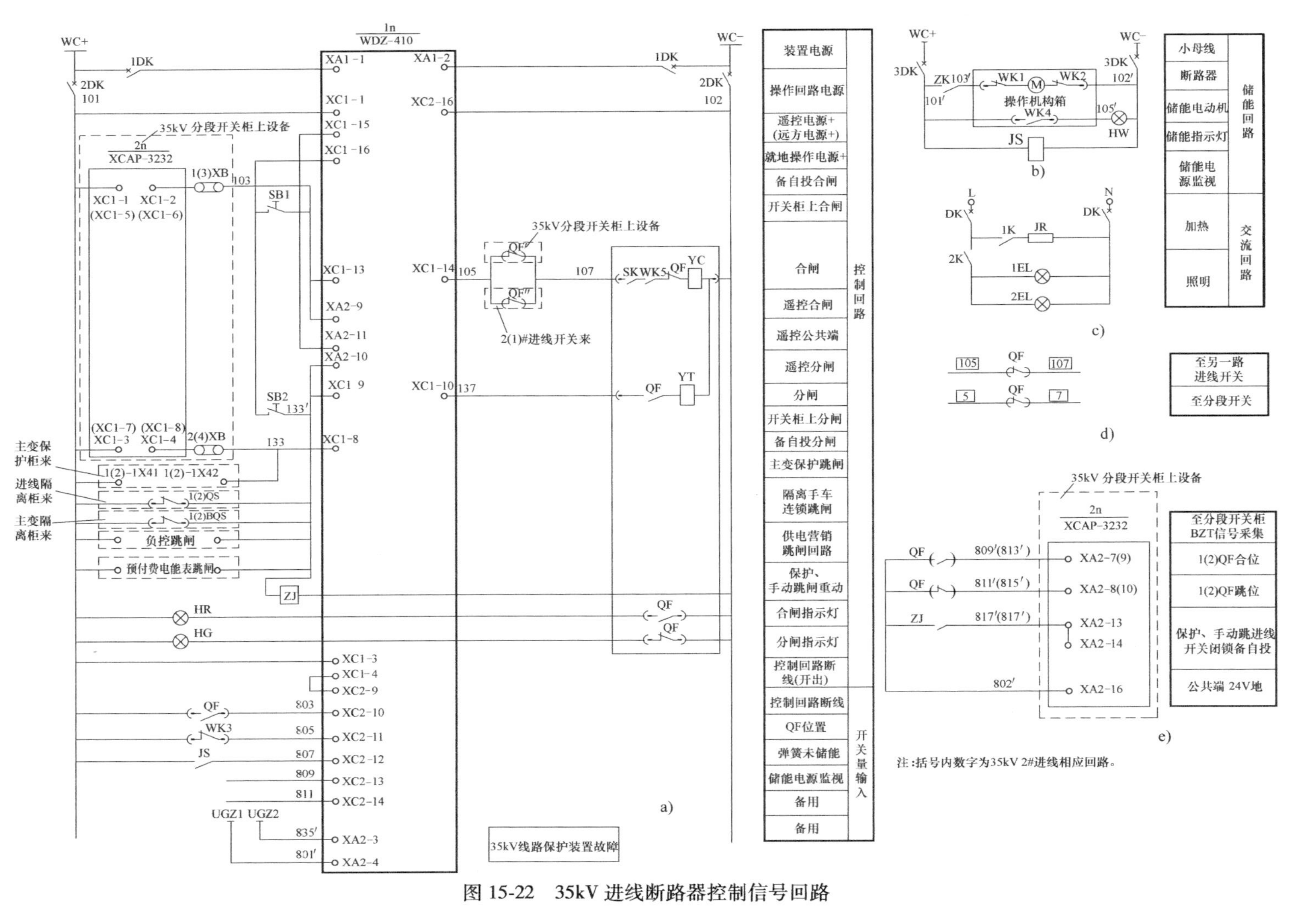

图 15-22　35kV 进线断路器控制信号回路

a）控制回路　b）储能回路　c）交流回路　d）断路器辅助接点　e）35kV 分断开关柜设备

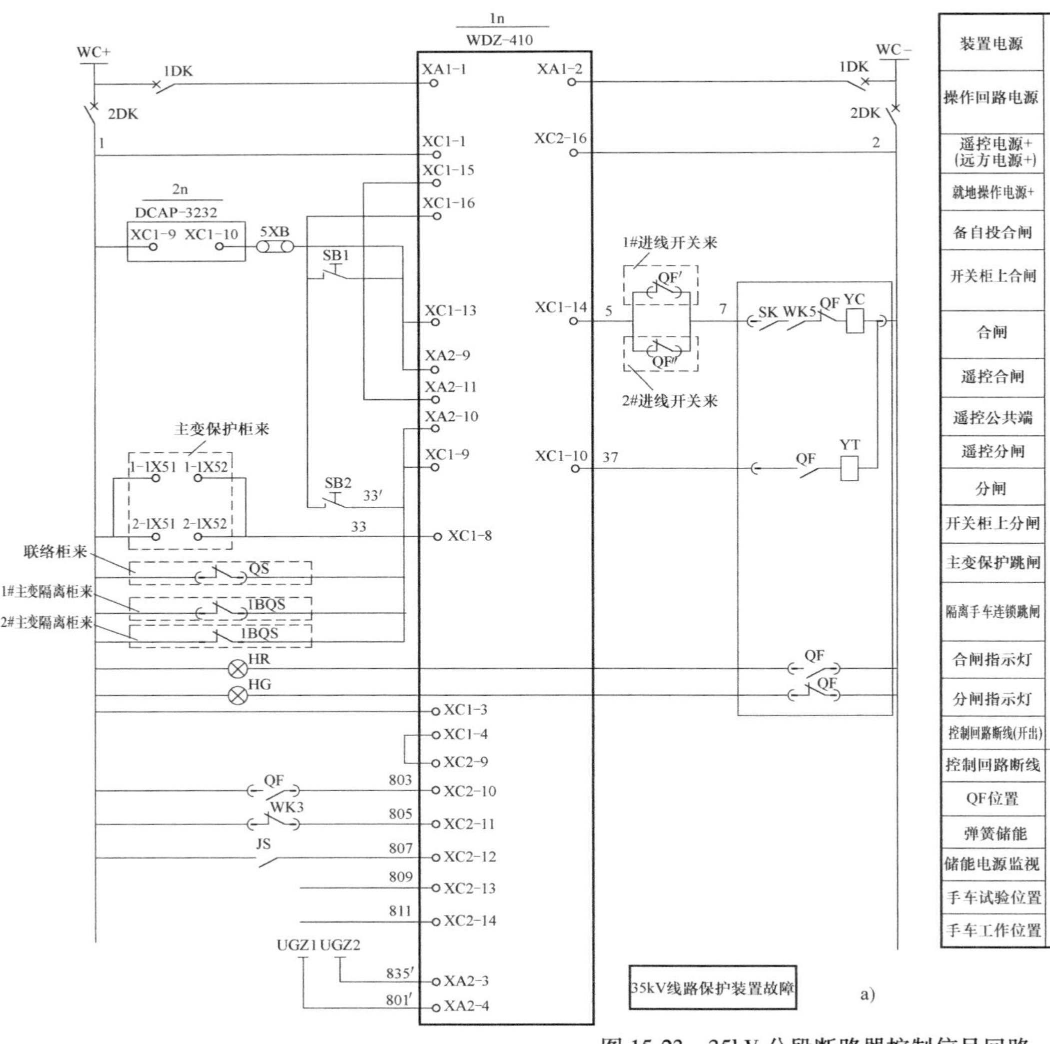

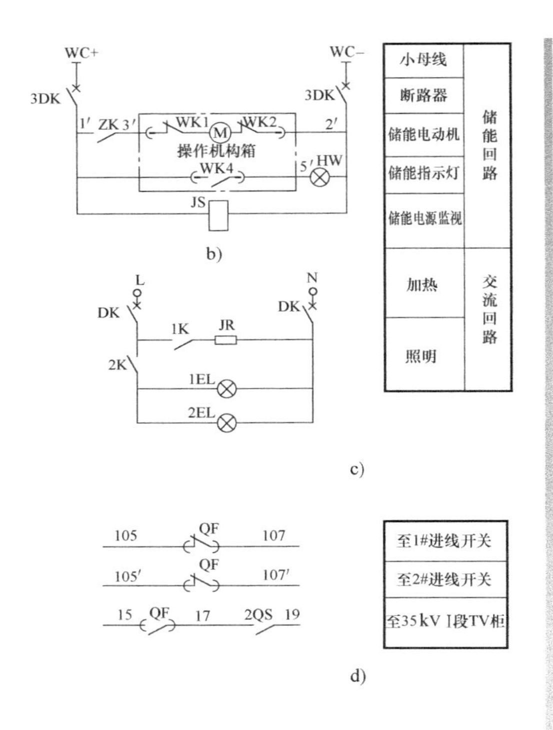

图 15-23 35kV 分段断路器控制信号回路

a）控制回路 b）储能回路 c）交流回路 d）断路器辅助接点

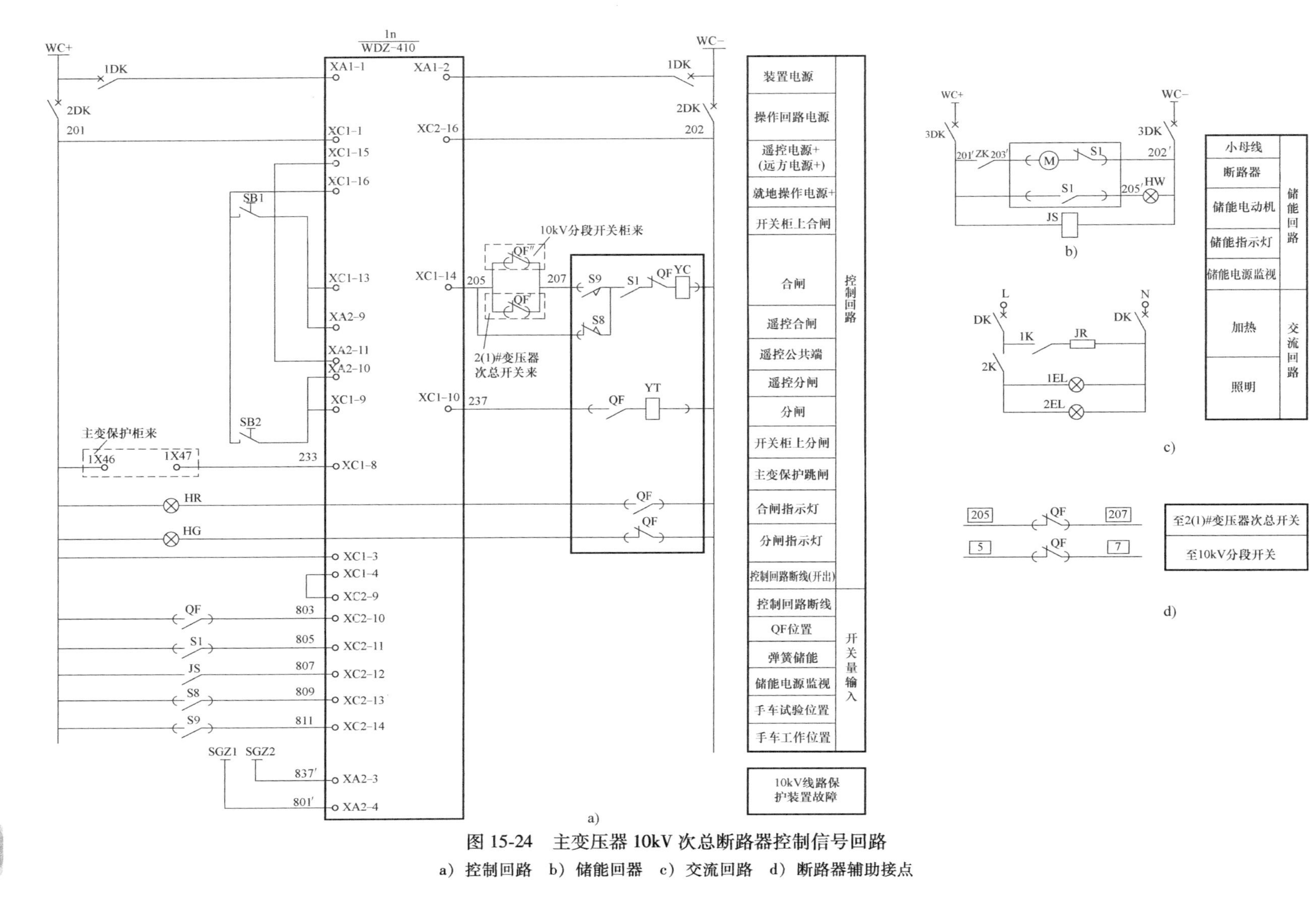

图 15-24 主变压器 10kV 次总断路器控制信号回路

a) 控制回路 b) 储能回路 c) 交流回路 d) 断路器辅助接点

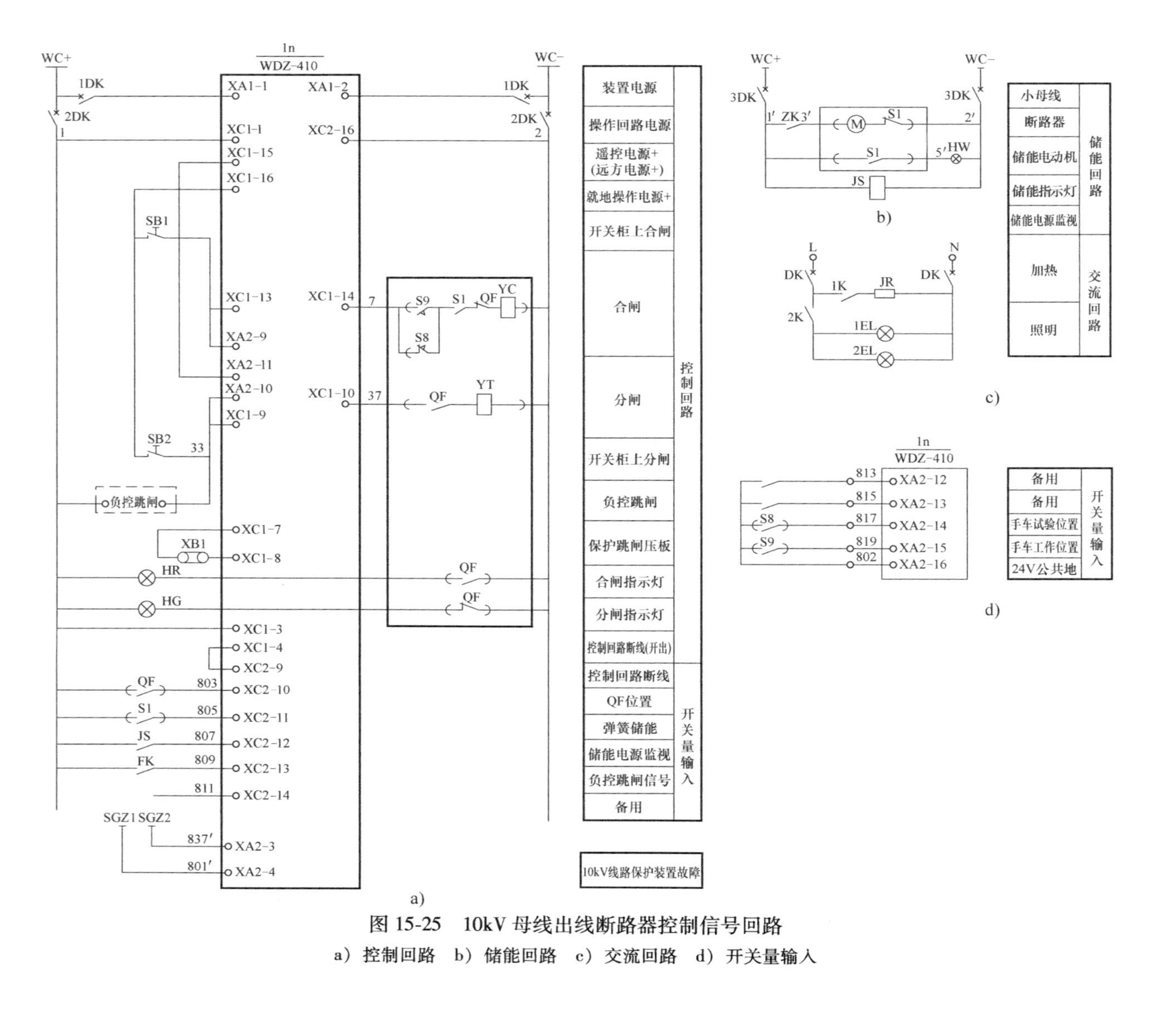

图 15-25　10kV 母线出线断路器控制信号回路

a）控制回路　b）储能回路　c）交流回路　d）开关量输入

第六节　二次回路的故障处理

一、二次设备的常见故障

1）直流系统异常、故障，如直流接地、直流电压低或高等。

2）二次接线异常、故障，如接线错误，回路断线等。

3）电流互感器、电压互感器等异常、故障，如电流互感器二次回路开路、电压互感器二次短路等。

4）继电保护及安全自动装置异常、故障，如保护装置故障等。

二、二次回路的一般故障处理原则

1）必须按符合实际的图样进行工作。

2）停用保护和自动装置，必须经调度同意。

3）在电压互感器二次回路上查找故障时，必须考虑对保护及自动装置的影响，防止因失去交流电压而误动或拒动。

4）进行传动试验时，应事先查明是否与其他设备有关。应先断开联跳其他设备的连接片，然后才允许进行试验。

5）取直流电源熔断器时，应将正、负熔断器都取下，以便于分析查找故障。同时，其操作顺序应为先取正极，后取负极；装熔断器时，顺序与此相反。这样做的目的是为了防止因寄生回路而误动跳闸，也为了在直流接地故障时，不至于因只取一个熔断器造成接地点发生“转移”而不易查找。

6）装、取直流熔断器时，应注意考虑对保护的影响，防止保护误动作。

7）带电用表计测量时，必须使用高内阻电压表，防止误动跳闸。

8）防止电流互感器二次开路，电压互感器二次短路、接地。

9）使用的工具应合格并绝缘良好，尽量使必须外露的金属部分减少，防止发生接地短路或人身触电。

10）拆动二次接线端子，应先核对图样及端子标号，做好记录和明显的标记。及时恢复所拆接线，并应核对无误，检查接触是否良好。

11）继电保护和自动装置在运行中，发生下列情况之一者，应退出有关装置，汇报调度和有关上级，通知专业人员处理：①继电器有明显故障；②触头振动很大或位置不正确，潜伏有误动作的可能；③装置出现异常可能误动，或已经发生误动；④电压回路断线，失去交流电压；⑤其他专用规程规定的情况。

12）凡因查找故障，需要做模拟试验、保护和断路器传动试验时，试验之前，必须汇报调度，根据调度命令，先断开该设备的失灵保护、远方跳闸的起动回路。防止万一出现所传动的断路器不能跳闸，失灵保护、远方跳闸误动作，造成母线停电的恶性事故。

三、二次回路查找故障的一般步骤

1）根据故障现象分析故障的一般原因。

2）保持原状，进行外部检查和观察。

3）检查出故障可能性大的、容易出问题的、常出问题的薄弱点。

4）用“缩小范围”的方法逐步查找。

5）使用正确的方法，查明故障点并排除故障。

四、二次交流电压回路断线的故障处理

1. 二次交流电压回路断线原因

1）电压互感器二次熔断器熔断或接触不良。

2）电压互感器一次（高压）熔断器熔断。

3）电压互感器一次隔离开关辅助触头未接通、接触不良（多在操作后发生），回路端子线头有接触不良之处。

2. 二次交流电压回路断线处理

1）先将可能误动的保护和自动装置退出，根据出现的象征判断故障。

2）若电压互感器一次熔断器熔断，分别测量相电压和线电压来判别故障，并更换熔丝。

3）若二次侧熔断器或端子线头接触不良，可拨动底座夹片使熔断器接触良好，或上紧端子螺钉，装上熔断器后投入所退出的保护及自动装置。

4）二次侧熔断器熔断（或二次侧小开关跳闸），更换同规格熔断器，重新投入试送一次侧，成功后投入所退出的保护及自动装置。若再次熔断（或再次跳闸），应检查二次回路中有无短路、接地故障点，不得加大熔断器容量或二次侧开关的动作电流值，不易查找时，汇报调度和有关上级，由专业人员协助查找。

5）若高压熔断器熔断，应退出可能误动的保护（起动失灵）及自动装置，拔掉二次侧熔断器（或断开二次侧小开关），拉开一次侧隔离开关，更换同规格熔断器。检查电压互感器外部有无异常，若无异常可试送一次侧。试送正常，投入所退出的保护及自动装置。若再次熔断，说明互感器内部故障，可使一次母线并列后，合上电压互感器二次联络，投入所退出的保护及自动装置，故障互感器停电检修。

与电压互感器二次联络时，必须先断开故障电压互感器的二次侧，防止向故障点反充电。

必须注意，电压互感器高压熔断器熔断，若同时系统中有接地故障，不能拉开电压互感器一次侧隔离开关。接地故障消失以后，再停用故障电压互感器。

五、直流系统接地的故障处理

直流系统发生一点接地是常见的异常运行状态，虽不直接产生恶果，但潜在的危险性很大。因此规定，当直流系统发生接地后只允许连续运行2h，以便值班人员迅速寻找接地点，尽快消除，防止发展成两点接地故障。

1. 直流系统接地寻找的一般原则

首先，分清直流一点接地的极性（正极还是负极引起），粗略分析接地故障的原因（天气引起还是二次回路上有人工作引起）；其次，按现场实况，确定查找方法。对有两段以上的直流母线宜采用“分网法”，拉开两段母线分段隔离开关，缩小查找范围。对直流母线上

的不太重要的馈线分路，可用“瞬时停电法”查找，对有重要负荷的分路可用“转移负荷法”查找一点接地。

查找的顺序：先对有缺陷的分路，后一般分路；先户外，后户内；先对不重要回路，后对重要回路；先对新投运设备，后对投运已久的设备。

1）对于不重要的直流电源（如事故照明、信号装置、断路器和隔离开关的合闸电源及试验电源）馈线，采取“瞬时停电法”寻找，即拉开某一馈线的隔离开关，再迅速合上（切断时间不超过 3s），并注意接地现象是否瞬时消失，若未消失过，再依次继续寻找。

2）对重要的直流电源（如继电保护、操作电源、自动装置及信号电源）馈线，应事先取得调度同意后再进行，由两人进行。

2. 直流系统寻找接地点的具体试拉、合顺序

1）首先了解是否人员在二次回路设备上工作（如设备检修试验）等引起的。

2）在调度同意下，依次试拉、合直流分路的顺序如下：

① 事故照明，临时工作电源及继电保护试验电源（均属不太重要的负载）的试拉、合。

② 热备用或冷备用中的设备的试拉、合。

③ 10kV 断路器的合闸电源试拉、合。

④ 故障录波器电源刀开关的试拉、合。

⑤ 对控制回路寻找接地故障，采用熔丝投、切时应先拔“+”电源，后拔“-”电源；投入时次序则相反。

⑥ 试停硅整流装置，并试拉其直流刀开关。

⑦ 当已确定接地范围后，如无法停用，应报告上级派人尽快消除。

查找直流系统一点接地是十分细致繁杂的工作，当查找发生困难时，应及时汇报上级协助寻找。

3. 晶闸管整流装置运行异常及故障的处理

1）若晶闸管整流装置不能投入，因故发生合不上，或合上后立即跳闸，电压表无指示，一般应检查电源及直流输出部分。

2）KGCA 系列晶闸管整流装置的异常运行原因及处理见表 15-5。若硅整流装置电压过低（低于额定电压的 10%）且调压后不能升高，可能某一整流元器件损坏。

表 15-5 KGCA 系列晶闸管整流装置异常原因及处理

<table>
<tr><th>异常现象</th><th>原因</th><th>处理</th></tr>
<tr><td>过电压信号发亮，此时硅整流装置主回路已自行退出</td><td>直流输出电压超过额定电压的 10%</td><td rowspan="2">1）手掀电流互感器停止按钮，使晶闸管整流停用
2）按规定的投入步骤，试投整流装置，若故障仍存在，通知检修人员处理</td></tr>
<tr><td>过电流信号灯发亮，此时硅整流装置主回路已自行退出</td><td>直流输出电流超过额定电流的 20%</td></tr>
<tr><td>熔丝熔断信号灯发亮，此时硅整流装置主回路已自行退出</td><td>1）交流熔丝熔断一相或两相
2）电源断相运行</td><td>检查熔丝熔断或电源断相的原因，待故障消除后，重新投入硅整流装置</td></tr>
</table>

直流系统中如发生一点接地后，若在同一极的另一点再发生接地时，即构成两点接地短路，此时，虽然一次系统并没有故障，但由于直流系统某两点接地短接了有关元器件，可能

将造成信号装置误动，或继电保护和断路器的“误动作”或“拒动”，如图 15-26 所示。

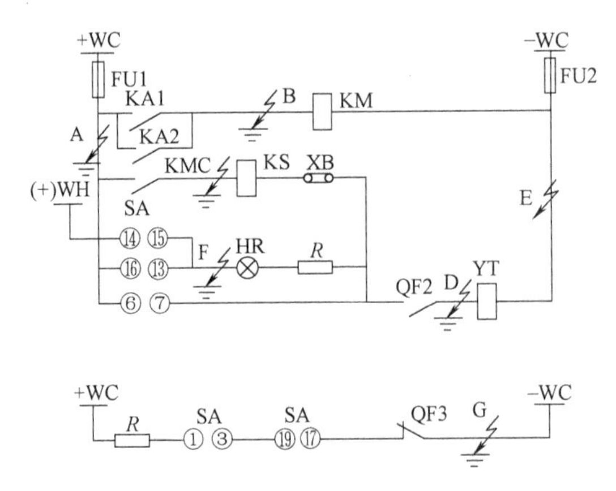

图 15-26　直流系统两点接地情况的分析

FU1、FU2—熔断器　KA1、KA2—电流继电器动合触头

KM—中间继电器　KS—信号继电器　XB—连接片

HR—红灯　SA—控制开关　R—电阻

QF2、QF3—断路器辅助触头　YT—跳闸线圈

+WC、-WC—直流控制母线

① 两点接地可造成断路器误动。当直流接地发生在 A、B 两点时，将电流继电器动合触头 KA1、KA2 短接，中间继电器起动，其动合触头 KM 闭合，由于断路器在合闸位置，所以直流正电源+WC→KM→KSXB→QF2→YT→-WC，回路接通使断路器跳闸，此时，一次系统未发生故障，故称“误动作”。当在 A、D 两点及 D、F 两点接地时，都能使断路器跳闸，形成“误动作”。

② 两点接地可能造成断路器“拒动”，如接地点同时发生在 B、E 两点，或 D、E 两点和 C、E 两点，将跳闸线圈回路短路，此时若一次侧系统发生故障，保护动作，但由于跳闸线圈未励磁、铁心未动作，造成断路器“拒动”，而越级跳闸，以致扩大事故。

③当接地点发生在 A、E 两点时，会引起熔断器熔断，当接地点发生在 B、E 和 C、E 两点，保护动作时，不但断路器拒跳，而且熔断器熔断，同时有烧坏继电器的可能。

④ 两点接地可造成“误发信号”，断路器正常运行中，控制开关触头 SA①③，SA⑰⑲是接通的，而断路器的辅助触头 QF3 是断开的，中央事故信号回路不通，不发信号。但当发生 A、G 两点接地，QF3 被短接，事故信号小母线至信号小母线接通，起动中央事故信号回路“误发信号”。

第十六章　防雷与接地装置

第一节　防 雷 装 置

一、防直击雷装置

城区新建的 10kV 配电室，一般采用安装避雷网和避雷带防止电气设备受直击雷的侵袭。

1. 避雷网

避雷网用于保护平顶或斜顶屋面且屋顶面积较大的建筑物。先是沿屋顶边缘及凸出物、屋面凸出物的边缘设置避雷线，避雷线一般用 $\phi12\sim\phi16$mm 的镀锌圆钢制成，并用同径圆钢或专用卡子支持，卡子间距一般为 600~800mm，专用卡子是预先为避雷线埋设的。

然后在屋顶同样用 $\phi12\sim\phi16$mm 镀锌圆钢将屋外分成 6m×6m 或 6m×10m 或 10m×10m 的方格，并与屋缘先设置的避雷线相焊接，再用专用支座将屋面的镀锌圆钢线网格支起，支座的间距一般为 1000~1200mm。

最后同样用 $\phi12\sim\phi16$mm 镀锌圆钢在屋面四角或两个角将做好的避雷网引至地下的接地装置，引下线与避雷网焊接后沿墙引下，并用专用支持卡子支好，卡子间距 2000~2500mm。引下线也可用钢筋混凝土柱子内的主筋代用，但连接必须可靠。

避雷网的保护范围一般是自身，不必计算，但是在设置避雷网的周围较之低的建筑也在保护范围内，一般设置避雷网的建筑物的侧面或四角处的保护范围可参考避雷针的保护范围进行估算。因此，建筑群内较低的建筑物一般可不设避雷网。屋顶避雷网格的设置及引下线如图 16-1 所示。

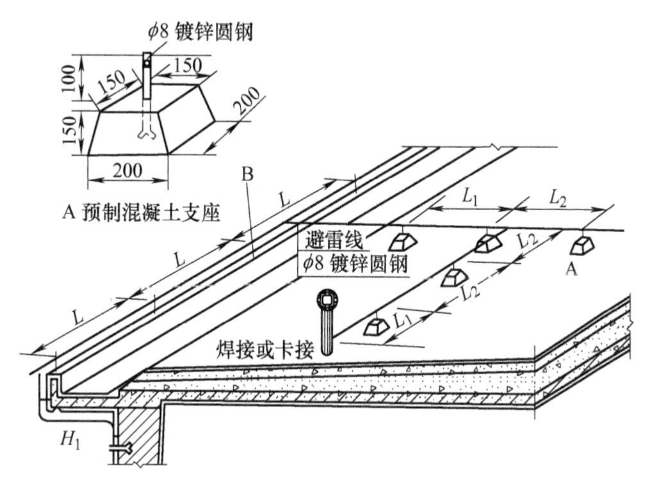

图 16-1　屋顶避雷网格的设置及引下线

避雷网（线）的支架及引下线如图 16-2 所示。

屋顶防雷线支撑预埋示意如图 16-3 所示。

2. 避雷带

避雷带也称均压环，用于防止高层建筑的立面和侧面遭雷击。它和屋顶的避雷网或避雷针组成了完整的避雷系统。

自建筑物的 30m 高处及以上每 3 层沿筑物四周设避雷带，避雷带一般用 ϕ12mm 圆钢或 12mm×4mm 扁钢埋入建筑物圈梁的外皮上（即拆模后应裸露在混凝土圈梁的外皮上），并与柱子的主筋可靠焊接。同时，建筑物四周墙壁上的金属窗、金属构架（物）必须与避雷带多点可靠连接。

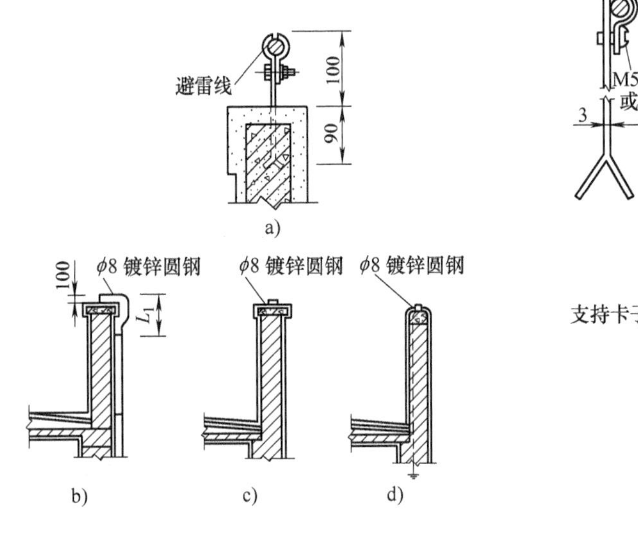

图 16-2　避雷网（线）的支架及引下线

a）挑檐支座支架　b）有支架防雷线明装引下线做法

c）有支架防雷线暗装引下线做法

d）无支架防雷线暗装引下线做法

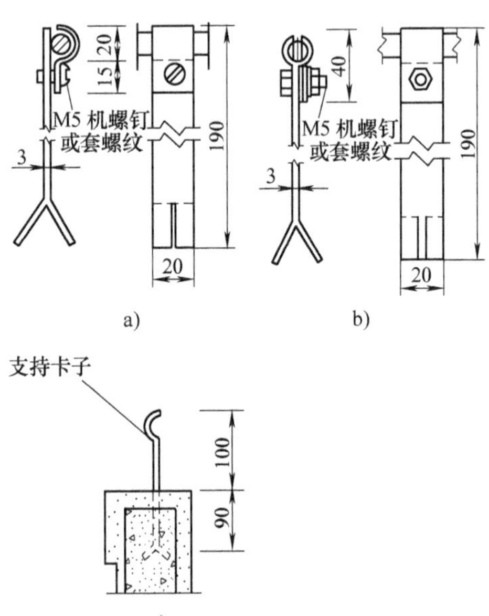

图 16-3　屋顶防雷线支撑预埋示意图

a）支持卡子 1 式结构　b）支持卡子 2 式结构　c）预埋件结构

避雷带的保护范围同避雷网。

避雷网与避雷带应有可靠接地，单独接地时，接地电阻应小于 10Ω，一般可与主接地网相连接。

10kV 配电室的建筑面积为 12×19.2m^2 时，配电室屋顶避雷网的平面布置如图 16-4 所示。

该配电室屋顶避雷网材料见表 16-1。

表 16-1　配电室屋顶避雷网材料

序　号	名　称	规　格	单　位	数　量
1	水平接地体(扁钢)	−50×5,热镀锌	m	75
2	接地引线(扁钢)	−50×5,热镀锌	根	7
3	水平接地体(圆钢)	ϕ16 热镀锌	m	60
4	圆钢	ϕ16,L=300 热镀锌	根	60

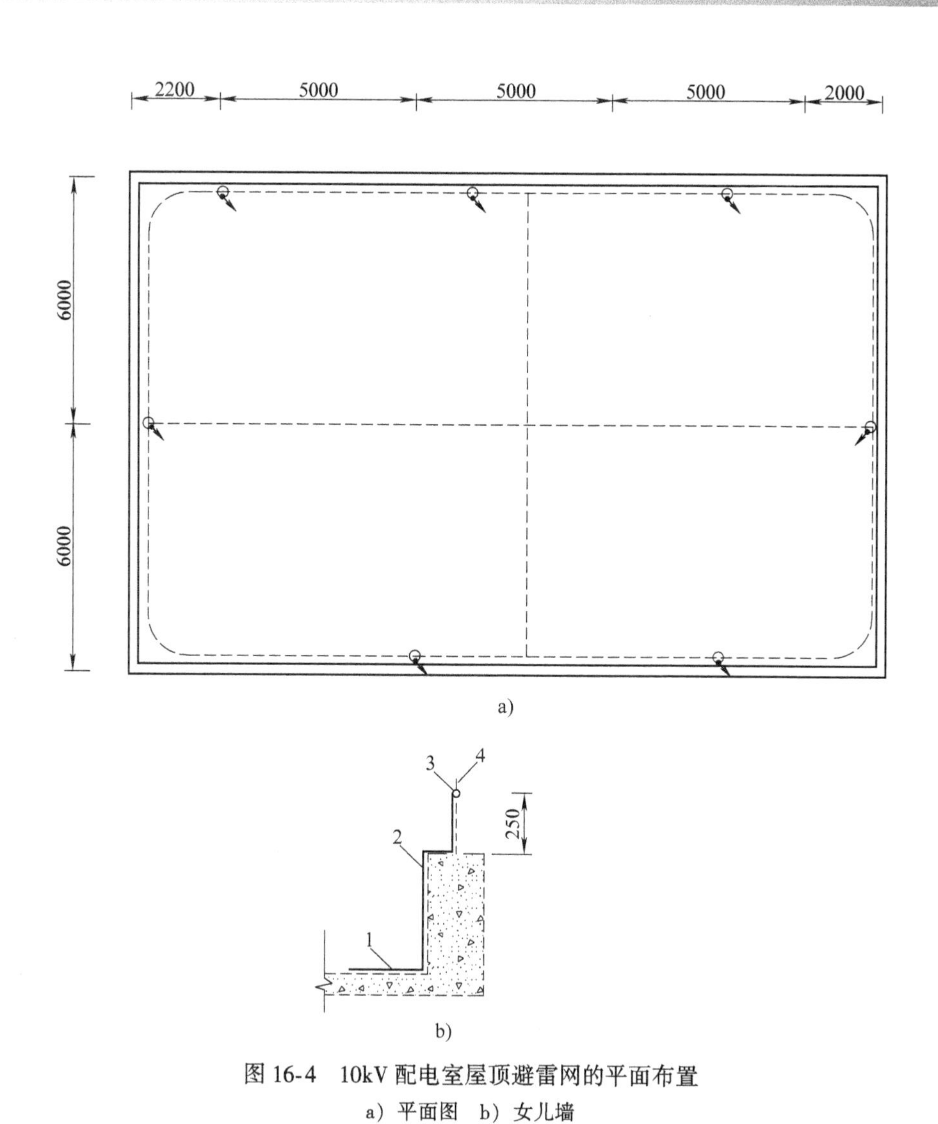

图 16-4　10kV 配电室屋顶避雷网的平面布置

a）平面图　b）女儿墙

—接地引线　----—水平接地体

1—水平接地体（扁钢）　2—接地引线（扁钢）　3—水平接地体（圆钢）　4—圆钢

二、防感应雷装置

1. 概述

雷电感应会产生很高的过电压，雷电波会侵入配电所、电气设备及建筑物内，损坏电气设备。为了防止感应雷过电压对电气设备的损坏，一般安装氧化锌避雷器进行保护。

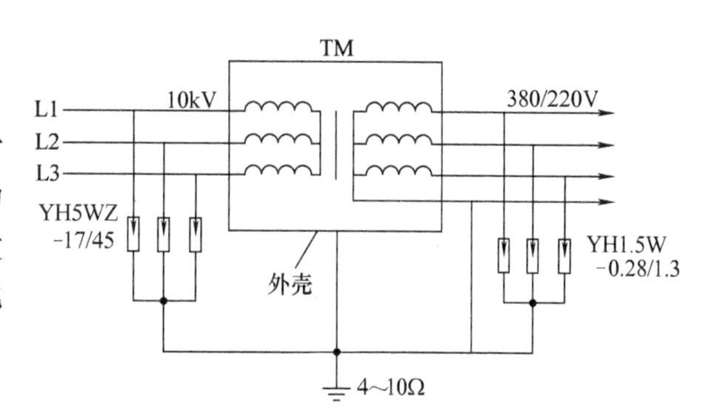

图 16-5　10kV、Yyn0 联结的配电变压器防雷电保护接线

2. 配电变压器防雷保护

10/0.4kV 的配电变压器，农村一

般使用 Yyn0 联结方式，城区一般使用 Dyn11 联结方式，为了防止配电变压器被感应雷袭击损坏，可以在配电变压器高、低压侧安装氧化锌避雷器，其原理接线如图 16-5 所示。并将避雷器、配电变压器低压侧中性点及配电变压器外壳共同接地。接地电阻一般控制在 4~10Ω。

3. 氧化锌避雷器

0.22~10kV 氧化锌避雷器的技术参数见表 16-2。

表 16-2　0.22~10kV 氧化锌避雷器的技术参数

型　　号	系统额定电压/kV	避雷器额定电压/kV	持续运行参考电压/kV	直流 1mA 参考电压(≥)/kV	工频 1mA 参考电压(≥)/kV	标称放电电流下残压(≤)/kV	方波冲击耐受电流(2ms)/A
YH1.5W-0.28/1.3	0.22	0.28	0.24	0.60	0.28	1.3	75
YH1.5W-0.5/2.6	0.38	0.5	0.42	1.20	0.5	2.6	75
YH5WS-10/30	6	10	8	15	10	30	100,150
YH5WZ-10/27	6	10	8	15	10	27	200,400
YH5WR-10/27	6	10	8	15	10	27	200,400
YH5WS-17/50	10	17	13.6	25	17	50	100,150
YH5WZ-17/45	10	17	13.6	24	17	45	400
YH5WR-17/45	10	17	13.6	24	17	45	400,600

选择的避雷器额定电压应大于或等于所在保护回路的标称额定电压，即

$$U_{bN} \geqslant U_{sN} \tag{16-1}$$

式中，U_{bN} 为避雷器的额定电压，单位为 kV；U_{sN} 为系统标称额定电压，单位为 kV。

第二节　接 地 装 置

一、接地种类

1. 工作接地

电力系统中为了运行的需要而设置的接地为工作接地，如图 16-6 所示。工作接地可以减轻一相接地故障的危险性，稳定系统电压。

2. 重复接地

除配电变压器中性点接地外，与中性点连接的引出线为工作零线，将工作零线上的一点或多点再次与地可靠的电气连接为重复接地，如图 16-6a 所示。

3. 保护接地

为了保证人身安全，电气设备外露可导电部分与大地作可靠的电气连接，称为保护接地，如图 16-6b 所示。

4. 保护接零

为了保证人身、电气设备的安全，将电气设备外露可导电部分与保护线连接，称为保护

接零，如图 16-6a 所示。从配电变压器中性点引出的专供保护接零 PE 线，与工作零线 N 线应严格分开安装。

为了确保人身、设备的安全，下列设备金属部分均应接地或接零：变压器的外壳，屋内外配电装置的金属或钢筋混凝土构架以及靠近带电部分的金属遮栏和金属门，配电、控制、保护用的屏（柜、箱）及操作台等的金属框架和底座，电力电缆的接头盒、终端头和膨胀器的金属外壳和电缆的金属护层、可触及的电缆金属保护管和穿线的钢管，电缆桥架、支架和井架，控制电缆的金属护层，SF_6 封闭式组合电器和箱式变电站的金属箱体，电热设备的金属外壳等电力电器设备的金属部分都应可靠接地。

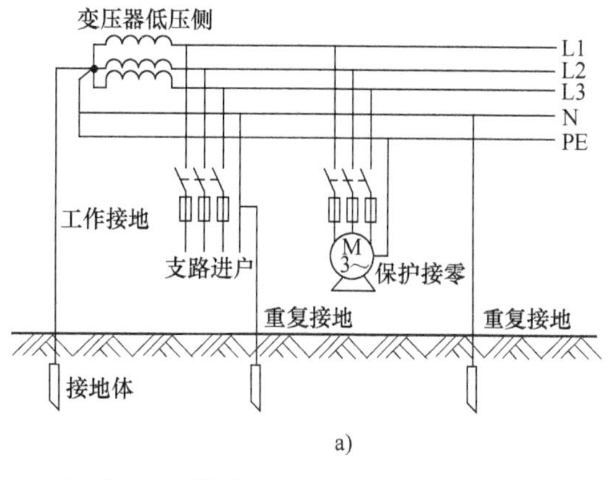

a)

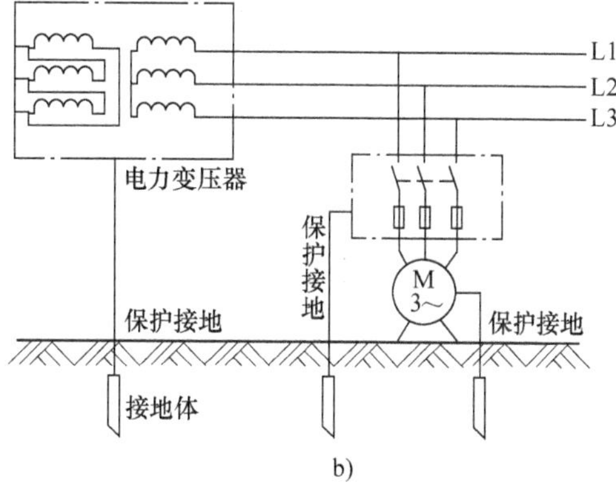

b)

图 16-6　接地种类

a）工作接地和重复接地　b）保护接地

二、接地电阻

1. 工作接地电阻

1kV 以上大接地电流系统，接地电阻要求为

$$R_o \leqslant \frac{2000V}{I_K} \tag{16-2}$$

式中，R_o 为接地电阻，单位为 Ω；I_K 为流经接地装置的入地短路电流，单位为 A。

当 $I_K \geqslant 2000A$ 时，

$$R_o \leqslant \frac{2000V}{I_K} = \frac{2000V}{2000A} \leqslant 1\Omega$$

当 $I_K \geqslant 4000A$ 时，

$$R_o \leqslant \frac{2000V}{I_K} = \frac{2000V}{4000A} = 0.5\Omega$$

容量在 100kV · A 以上的配电变压器中性点直接接地的接地电阻 $R \leqslant 4\Omega$，重复接地电阻 $R \leqslant 10\Omega$。

容量在 100kV · A 及以下的配电变压器中性点直接接地的接地电阻 $R \leqslant 10\Omega$，重复接地电阻 $R \leqslant 30\Omega$。

2. 保护接地电阻

根据国际电工委员会标准规定，人体受电击时安全电压限值为 50V。因此，电气设备外壳安装保护接地后，当设备发生漏电时，人体接触电压应在 50V 以下，确保人身安全。电动机保护接地系统如图 16-7 所示。

配电变压器工作接地电阻 $R_o = 4\Omega$，电动机保护接地电阻 $R_d = 1.18\Omega$，当电动机发生漏

电故障时，人体接触电压为

$$U_d = \frac{U_{ph}}{R_o + R_d} R_d = \frac{220}{4+1.18} \times 1.18\text{V}$$
$$= 50\text{V}$$

配电变压器工作接地电阻 $R_o = 10\Omega$，保护接地电阻 $R_d = 2.94\Omega$，当电动机发生漏电故障时，人体接触电压为

$$U_d = \frac{U_{ph}}{R_o + R_d} R_d = \frac{220}{10+2.94} \times 2.94\text{V}$$
$$= 50\text{V}$$

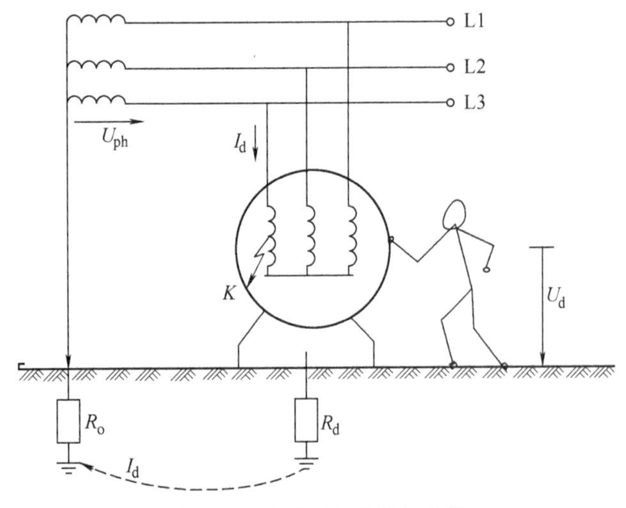

图 16-7　电动机保护接地系统

电气设备发生漏电故障时，仅靠接地保护，往往不能保证人身、设备的安全，必须安装漏电保护器切除故障设备。

三、接地体和保护接地线

保护接地引线一般可用圆钢或扁钢制作，其最小直径、截面尺寸不得小于表 16-3 所列数值。

表 16-3　接地体和接地线的最小规格

类　别	地　上		地　下	
	屋内	屋外	屋内	屋外
圆钢直径/mm	5	6	8	8
扁钢截面积/mm^2	24	48	48	48
扁钢厚度/mm	3	4	4	4
角钢厚度/mm	2	2.5	4	4
作接地体的钢管壁厚/mm	2.5	2.5	3.5	3.5
作接地线的钢管壁厚/mm	1.6	2.5	1.6①	

① 表中屋内地下敷设的钢管，系指敷设于室内地坪内。

低压电器设备铜铝接地线的截面积不应小于表 16-4 的规定。

表 16-4　低压电器设备地面上外露的接地线的最小截面积　　（单位：mm^2）

名　称	铜	铝	钢
明敷的裸导体	4	6	12
绝缘导体	1.5	2.5	
电缆的接地芯或与相线包在同一保护外壳内的多芯导线的接地芯	1	1.5	

中性点直接接地的低压系统电气设备的专用接地线可与相线一起敷设，其截面积一般不大于下列数值：钢，80mm^2；铜，50mm^2；铝，70mm^2。钢、铝、铜接地线的等效截面积见表 16-5。

表 16-5　钢、铝、铜接地线的等效截面积　（单位：mm^2）

钢	铝	铜	钢	铝	铜
15×2	—	1.3~2	40×4	25	12.5
15×3	6	3	60×5	35	17.5~25
20×4	8	5	80×8	50	35
30×4 或 40×3	16	8	100×8	70	42.5~50

四、接地电阻的计算

垂直接地体的接地电阻计算式为

$$R=\frac{\rho}{2\pi L}\left(\ln\frac{8L}{d}-1\right) \tag{16-3}$$

式中，R 为垂直接地体的接地电阻，单位为 Ω；ρ 为土壤电阻率，单位为 Ω·m。常见土壤电阻率见表 16-6，或现场实测；L 为垂直接地体的长度，单位为 m，当几根相同尺寸的垂直接地体时，L 的长度应包括所有垂直接地体的长度，及水平接地体的长度之和；d 为接地体直径，单位为 m，几何尺寸如图 16-8 所示。

表 16-6　常见土壤电阻率

土 壤 种 类	电阻率近似值 /Ω·m	土 壤 种 类	电阻率近似值 /Ω·m	土 壤 种 类	电阻率近似值 /Ω·m
黑土、园田土	50	砂土	300	多岩山地	5000
砂质黏土	100	多石土壤	400	在湿土中的混凝土	100~200
黄土	200	砂、沙砾	1000		

在图 16-8 中，圆钢计算几何尺寸为 d，钢管 $d=d_1$，扁钢 $d=\frac{b}{2}$，角钢 $d=0.84b$。

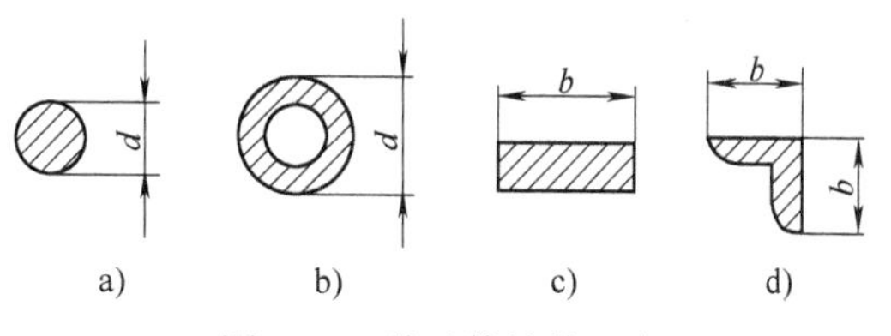

图 16-8　接地体计算尺寸

a）圆钢　b）钢管　c）扁钢　d）角钢

【例 16-1】　一根圆钢 $\phi20\times2500$mm 接地极，田园土壤电阻率 $\rho=50\Omega\cdot m$，计算接地电阻。

解： 接地电阻按式（16-3）计算，得

$$R=\frac{\rho}{2\pi L}\left(\ln\frac{8L}{d}-1\right)=\frac{50}{2\times3.14\times2.5}\times\left(\ln\frac{8\times2.5}{0.02}-1\right)\Omega=18.81\Omega$$

用同样的计算方法，将常用接地装置的工频接地电阻值，计算后列于表 16-7，供查取。

为了简化单根接地体的接地电阻计算，一般单根接地体长度为 2.5~3m 时，计算式为

$$R\approx0.3\rho \tag{16-4}$$

表 16-7 常用接地装置的工频接地电阻

型式	简图	材料尺寸/mm 及用量/m				土壤电阻率/(Ω·m)			
		圆钢 φ20	钢管 φ20	角钢∟ 50×50×5	扁钢 -40×4	50	100	250	500
						接地电阻/Ω			
单根	0.6m 2.5m	2.5				18.81	37.62	94.05	188.1
			2.5			15.89	31.78	79.45	158.9
				2.5		16.44	32.88	82.2	164.4
2根	5m		5.0		5.0	5.07	10.14	25.35	50.7
				5.0	5.0	5.21	10.42	26.05	52.1
3根	5m 5m		7.5		10.0	3.15	6.30	15.75	31.5
				7.5	10.0	3.23	6.46	16.15	32.3
4根	5m 5m 5m		10.0		15.0	2.32	4.64	11.6	23.2
				10.0	15.0	2.37	4.14	11.85	23.7
5根			12.5		20.0	1.85	3.70	9.25	18.5
				12.5	20.0	1.89	3.78	9.45	18.9
6根			15.0		25.0	1.54	3.08	7.70	15.4
				15.0	25.0	1.57	3.14	7.85	15.7
8根			20.0		35.0	1.16	2.32	5.80	11.6
				20.0	35.0	1.19	2.38	5.95	11.9

五、接地装置的安装

1. 接地装置的布置

单台配电变压器中性点接地装置，一般采用扁钢将垂直接地体焊接在一起，接地体埋深为0.8m，每根垂直接地体长度为2.5m，两根垂直接地体之间距离为5m。整个接地装置的布置如图16-9所示。

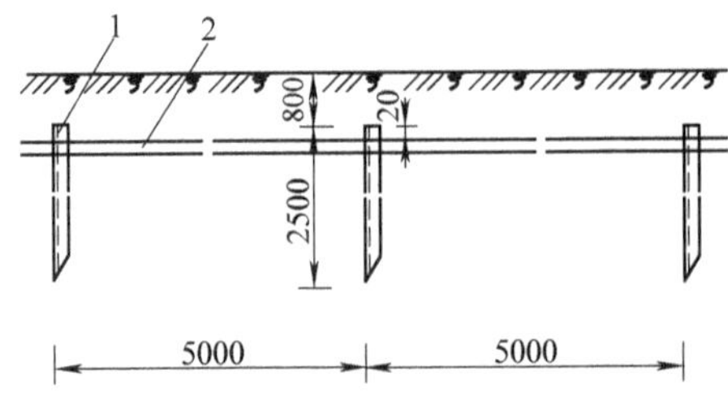

图16-9 单台配电变压器中性点接地装置的布置

1—垂直接地体 2—水平接地体

2. 配电室的接地装置

配电室内整个接地装置用扁钢网状布置，根据其接地电阻的要求，分别焊接长度为2.5m的垂直接地体。接地装置的基本要求如下：

1）接地网总接地电阻应≤4Ω，如实测不足时，需扩大水平接地体范围。

2）室外水平接地体和垂直接地体应敷设在自然土壤中，埋设深度≥0.8m，接地网外缘各角应做成圆角，其半径R=3.5m，室内一层地网敷设在层底板找平层内。

3）接地网在回填土时，应将低电阻率土壤直接覆盖水平接地体，尽量减少接地网的接地电阻。

4）接地线应采用搭接焊接方式，其搭接长度应为扁钢宽度的2倍或圆钢直径的6倍，焊接处涂沥青防腐。

5）所有设备安装处、构架、支架、预埋件及电缆沟接地带等均应敷设接地引线与接地网可靠焊接。

6）室内外电缆沟内的预埋件应多处（每条电缆沟至少3点）与地网主干线相接，支架与接地网连接应可靠，设备接地引下线不得直接连到电缆沟内的接地带上。

7）室内地面预埋件均应与本层地网牢固连接，严禁在一个接地线中串接几个需要接地的部分。

8）在土建施工时，如接地网主干线与基础相碰时，主干线可适当移位或绕开，严禁将地网主干线开断。

9）所有接地用材料均需做热镀锌处理，接地装置的施工应符合《电气装置安装工程施工及验收规范》。

10）从室外主地网有多点（连接处应靠近垂直接地体）用接地扁钢在粉刷层内沿内墙与屋顶避雷带可靠连接。

11）建筑物的柱体、楼板及屋顶内的钢筋应分别引出一根与各层地网焊接。

12）变压器接地网后再与主接地网连接，变压器接地网地下连接点至主接地网的地下连接点之间接地体的长度不得小于15m。

例如，某10/0.4kV配电室，安装2台配电变压器，配电室接地装置的平面布置如图16-10所示，接地材料见表16-8。

表16-8　配电所接地材料

序号	名　　称	规　　格	单位	数量	备　　注
1	水平接地体(扁钢)	-50×5,热镀锌	m	185	
2	垂直接地体(圆钢)	ϕ25,L=2500	根	12	
3	接地引线(扁钢)	-50×5,热镀锌	根	12	每根接地引线约3m
4	临时接地体(扁钢)	-50×5,热镀锌	根	4	每根接地引线约1m

3. 接地装置的施工工艺

垂直接地体与水平接地体的连接工艺如图16-11所示，扁钢搭接工艺如图16-12所示。

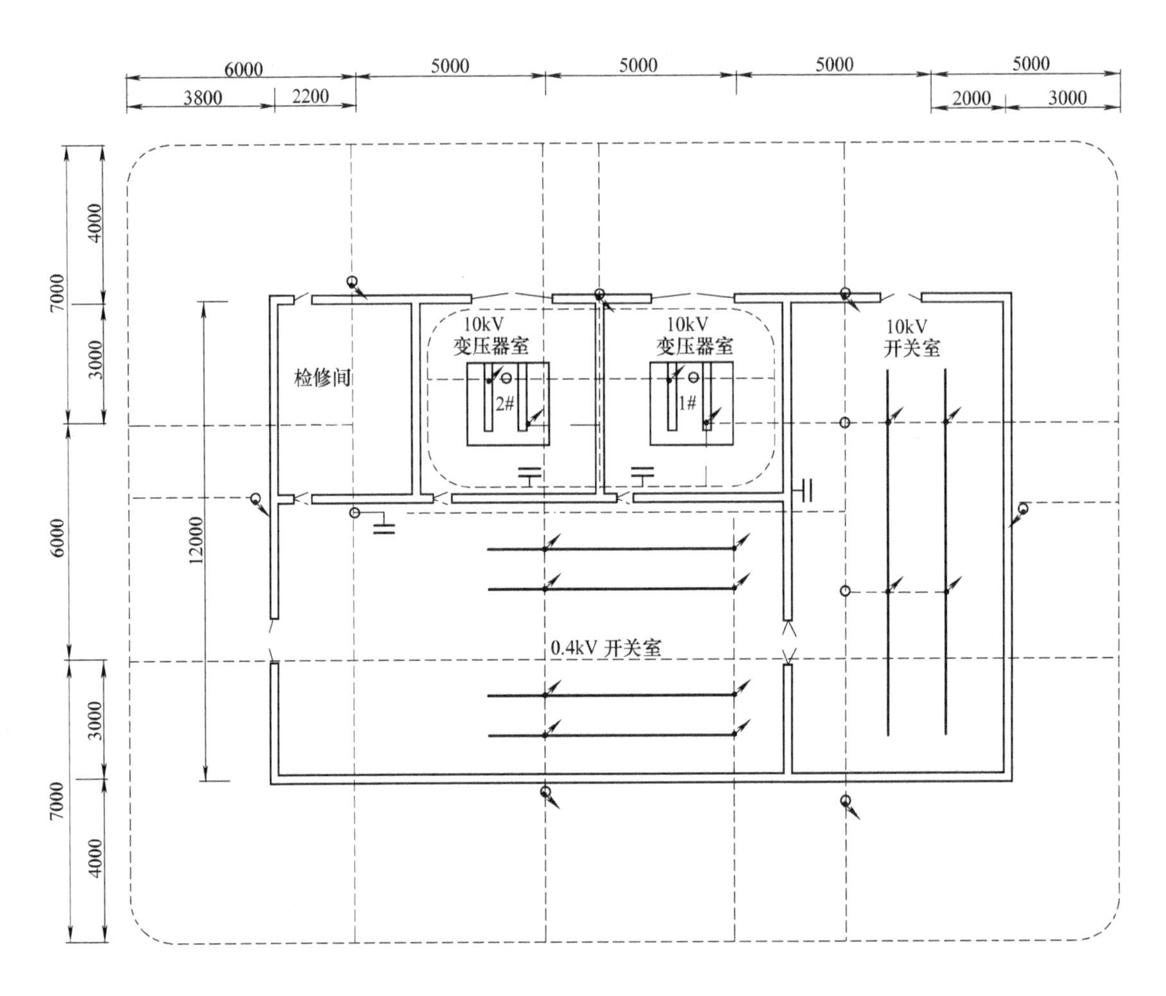

图 16-10　配电室接地装置的平面布置

○—垂直接地体　- - - - -—水平接地体　↗—接地引线　┤├—临时接地体

六、土壤电阻率的测量

利用带 4 个接线端钮（P1、C1、P2、C2）的接地电阻测试仪（量限为 0~1Ω、0~10Ω、0~100Ω），可以测量土壤的电阻率。

测量土壤电阻率的接线方法如图 16-13 所示。在被测区域沿直线插入 4 根接地体，彼此距离为 S，埋入深度不应超过 $S/20$。如 S 为 10m，则接地体埋入深度不应超过 0.5mm。测量方法与接地电阻的测量方法相同。

所测的土壤电阻率为

$$\rho = 2\pi S R_x \tag{16-5}$$

式中，S 为接地体之间的距离，单位为 m；R_x 为接地电阻测试仪上的示数，单位为 Ω。

一般需测几次，取其平均值。

800
50
25
50
20
50
50×5 镀锌扁钢
φ25 镀锌圆钢
2500
100
50
25
50
55

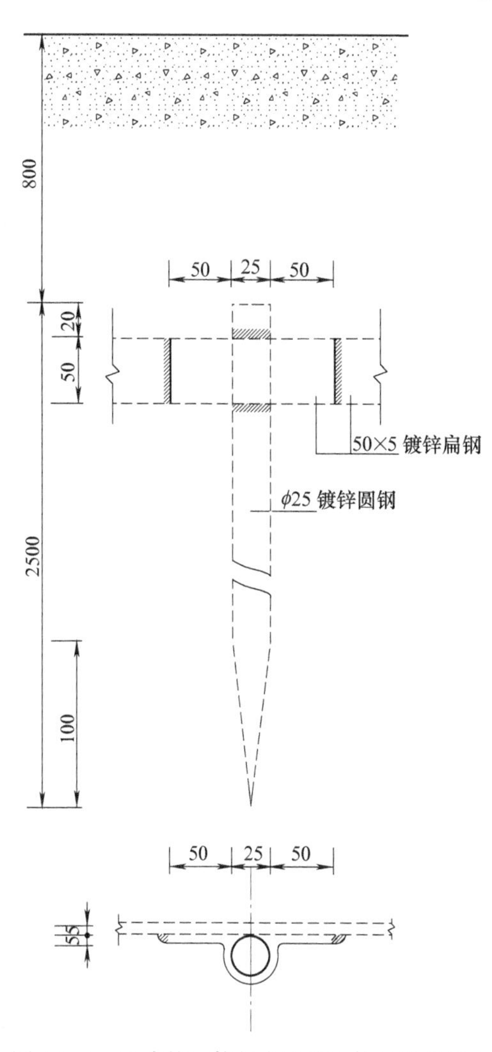

图 16-11　垂直接地体与水平接地体的连接工艺

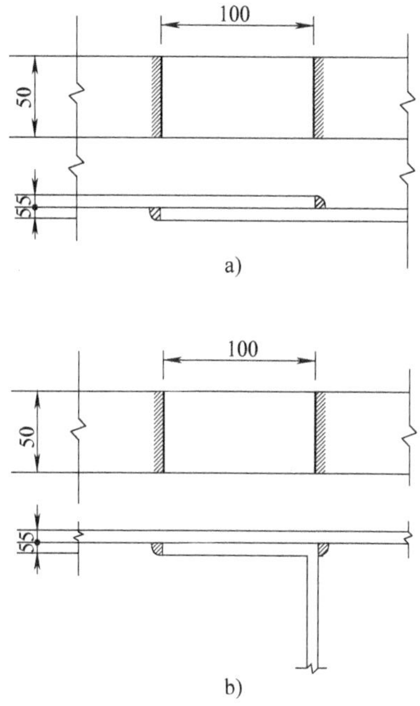

100
50
55
a)
100
50
55
b)

图 16-12　扁钢搭接工艺
a）水平搭接　b）垂直搭接

七、测定接地电阻值

接地装置安装施工结束后，应实测接地电阻值，如果接地电阻值达不到设计要求，应补种接地体。

测量接地电阻值通常使用接地电阻测试仪。国产接地电阻测试仪有 ZC-8 型和 ZC-29 型等。测试仪分为 3 个接线端钮和 4 个接线端钮两种。带 3 个接线端钮（E、P、C）的适用于直接测量各种接地装置的接地电阻值及一般导体的电阻值；带 4 个接线端钮（P1、C1、P2、C2）的除可测量上述电阻外，还可测量土壤的电阻率。

C2
P2
P1
C1
<S/20
S
S
S

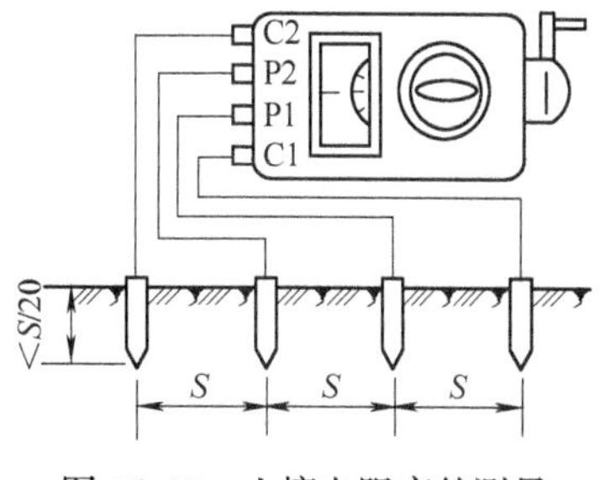

图 16-13　土壤电阻率的测量

用这两种测试仪测量接地电阻值时的接线方法如图 16-14 所示。

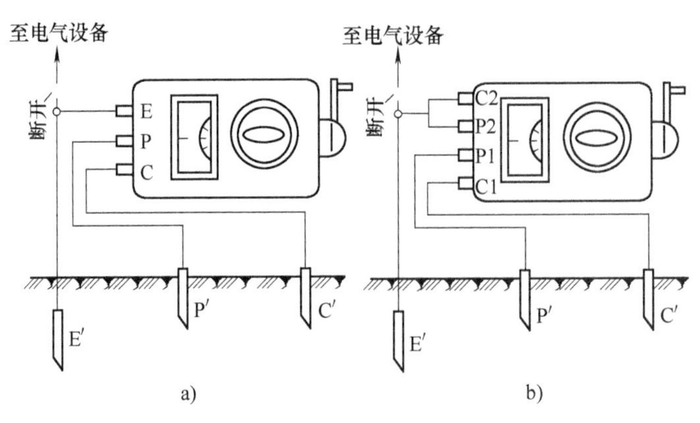

图 16-14 测量接地电阻示意图

a) 3 个端钮测试仪 b) 4 个端钮测试仪

测试前，先切断接地装置与电源或电气设备的所有联系。使用专用导线将接地体 E′、电位探测针 P′和电流探测针 C′分别与仪表上的相应接线端钮相连。通常 E′、P′和 C′成直线排列，彼此相距约 20m，P′和 C′插入地下 0.5~0.7m。

测量时，放平仪表，先检查检流计的指针是否指在中心线上，若不在中心线位置，可用零位调整器将其调整在中心线上。将“倍率标度”钮拨到最大倍数，慢慢摇动发电机的摇把，同时转动“测量标度盘”，使检流计的指针指于中心线上。当检流计的指针接近于平衡时，加快发电机摇把的转速，使其达到 120r/min，再调整“测量标度盘”，使指针指于中心线上。用“测量标度盘”的读数乘以“倍率”的倍数，即为所测得的接地电阻值。

【例 16-2】 某农村在村口田园处，台架式安装一台 S11-100/10 型配电变压器，配电变压器额定电压为 10/0.4kV，额定容量为 100kV·A，配电变压器的高、低压侧避雷器，低压侧中性点及配电变压器的外壳共同接地，接地电阻要求小于 10Ω，设计该配电变压器的接地装置。

解：配电变压器接地装置示意图如图 16-5 所示。

接地体选用 ϕ20×2500mm 的圆钢 2 根，两接地体之间相距 5m，接地体总长 $L=2.5\text{m}\times2+5\text{m}=10\text{m}$，查表 16-6 得田园土壤电阻率 $\rho=50\Omega\cdot\text{m}$，接地电阻按式（16-3）计算，得

$$R=\frac{\rho}{2\pi L}\left(\ln\frac{8L}{d}-1\right)=\frac{50}{2\times3.14\times10}\times\left(\ln\frac{8\times10}{0.02}-1\right)\Omega=5.8\Omega<10\Omega,$$

故满足要求。

【例 16-3】 某城镇居民区 10kV 户内变配电室，安装 2 台 SC10-800/10 型配电变压器，变配电室位于砂质黏土，土壤电阻率 $\rho=100\Omega\cdot\text{m}$，接地电阻要求小于 1Ω，设计该变配电室的接地装置。

解：该变配电室的接地装置如图 16-15 所示。

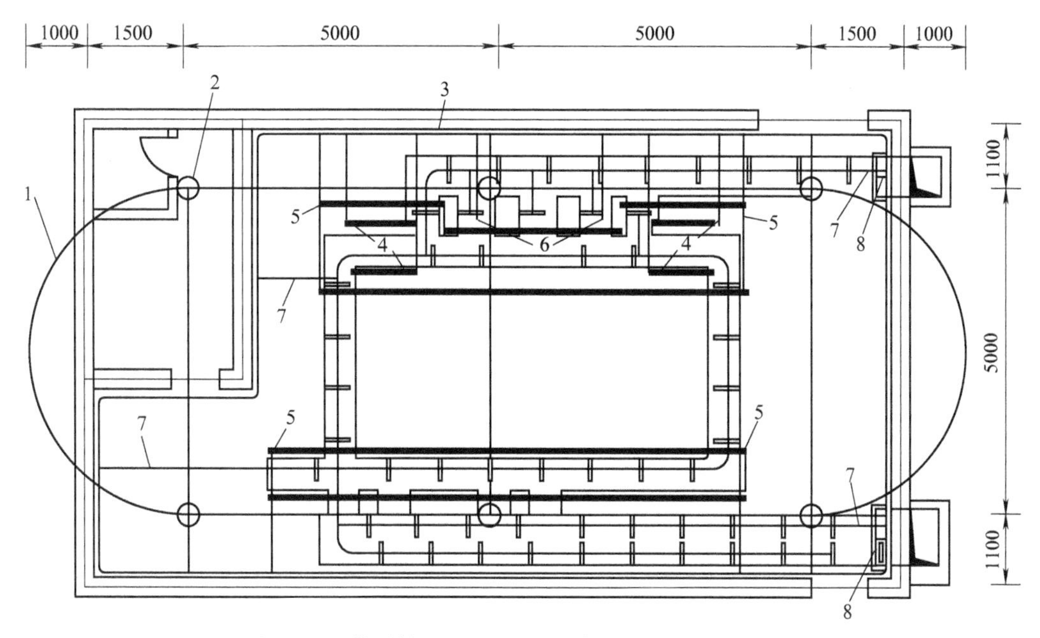

图 16-15　某城镇居民区 10kV 户内变配电室的接地装置
1—主接地网　2—主接地网与等电位接地环网焊接处　3—土建等电位接地网
4—变压器接地　5—开关柜、配电柜基础槽钢接地　6—10kV 避雷器接地
7—电缆沟电缆支架接地　8—电缆出线桥架接地

变配电室电气设备的明显接地处见表 16-9，接地设备材料见表 16-10。

表 16-9　变配电室电气设备的明显接地处

序　号	变配电室电气设备的明显接地处	备　注
1	主接地网与等电位环网连接点(计 4 处)	由主接地网引出后焊接
2	变压器接地(每台 2 处计 4 处)	由等电位环网点引出后焊接
3	开关柜、配电柜基础槽钢接地(4 处)	由等电位环网点引出后焊接
4	10kV 避雷器接地(2 处)	由等电位环网点引出后焊接
5	电缆沟电缆支架接地(4 处)	由等电位环网点引出后焊接
6	电缆出线桥架接地(2 处)	由等电位环网点引出后焊接

表 16-10　接地设备材料

编号	名　称	规　格	单位	数量	备　注
1	接地母线	−50×5 扁铁	m	80	热镀锌
2	接地体	∠50×50×5＝2.5m	根	6	热镀锌
3	接地支线	−50×5 扁铁	m	95	热镀锌

变配电室垂直接地体 6 根∠50mm×50mm×5mm 角钢，等效直径 $d=0.84b=0.84\times50\text{mm}=0.042\text{m}$，角钢垂直接地体总长 $2.5\text{m}\times6=15\text{m}$，水平连接扁钢−50×5mm^2 总长 175m，则接地体总长 $L=15\text{m}+175\text{m}=190\text{m}$，土壤电阻率 $\rho=100\Omega\cdot\text{m}$，则变配电室的接地电阻按式

(16-3) 计算，得

$$R=\frac{\rho}{2\pi L}\left(\ln\frac{8L}{d}-1\right)=\frac{100}{2\times3.14\times190}\left(\ln\frac{8\times190}{0.042}-1\right)\Omega=0.8\Omega$$

该值满足接地电阻小于1Ω的要求。

接地装置施工时，应注意以下一些事项：

全变配电室的主接地网与土建接地作等电位连接，装置接地电阻应小于1Ω，施工完成后进行接地电阻测量，超过标准应补种至合格。

有避雷器的独立接地应在避雷器接地点连接并可拆，测量时予以分开，接地装置的接地电阻应小于10Ω。

接地装置采用电焊连接，扁钢搭接长度不小于宽度的2倍，并至少3个棱边进行焊接。

角钢与扁钢焊接时，应两侧进行焊接，扁钢距角钢顶部应有大约100mm的距离。

接地装置埋设深度应大于0.7m，施工并验收合格后方可予以复土。

接地装置焊接处应二度防锈油漆防锈，接地的外露部分应涂以黄绿相间漆。

接地部分应遵守电气安装工程施工及验收规范。

【例16-4】 某工厂配电室安装1台SCB10-1250-10型配电变压器，额定电压 U_{N1} = 10kV，U_{N2} = 0.4kV，额定容量 S_N = 1250kV · A，配电室位于砂质黏土，试设计该配电室的接地装置。

解：根据配电变压器的额定容量 S_N = 2500kV · A，配电设备接地网与建筑等电位接地网相连接，全室接地电阻应小于1Ω。

配电室明显接地处见表16-11，接地设备材料见表16-12，接地装置的平面布置如图16-16所示。

表16-11 配电室明显接地处

序号	名称	备注
1	变压器接地(2处)	主接地网引出
2	0.4/10kV开关柜基础槽钢接地(4处)	主接地网引出
3	10kV避雷器接地(1处)	主接地网引出
4	电缆沟电缆支架接地(6处)	主接地网引出
5	0.4/10kV电缆支架接地(2处)	主接地网引出
6	变压器安全网门接地(1处)	主接地网引出

表16-12 接地设备材料

序号	名称	规格	单位	数量	备注
1	接地体	∠50×5角钢	根	8	热镀锌
2	接地母线	-50×5扁钢	m	95	热镀锌
3	接地支线	-50×5扁钢	m	105	热镀锌
4	电缆支架	现场制作	副		热镀锌

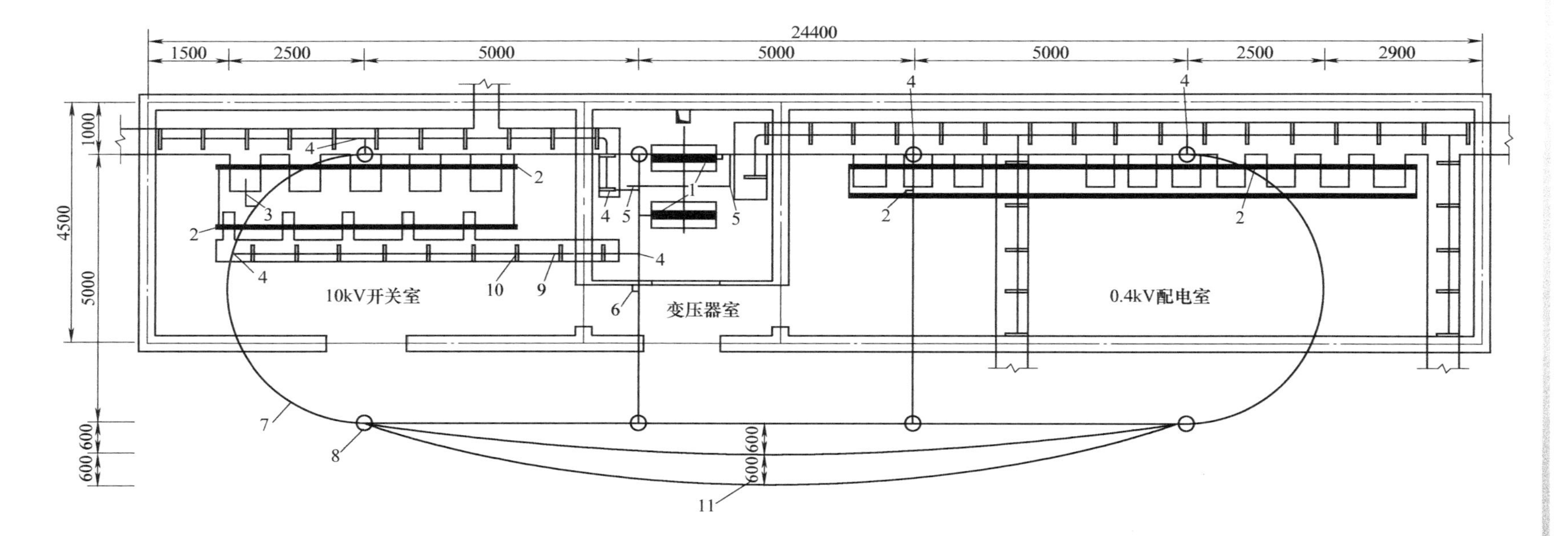

图16-16　接地装置的平面布置

1—变压器接地　2—0.4/10kV 开关柜基础槽钢接地　3—避雷器接地　4—电缆沟支架接地
5—0.4/10kV 电缆支架接地　6—配电变压器安全网门接地　7—接地母线
8—接地体　9—接地支线　10—电缆支架　11—均压带

配电室垂直接地体 8 根∠50mm×5mm×2500mm 角钢，根据图 16-8，计算接地体等效直径 $d=0.84b=0.84\times50\text{mm}=0.042\text{m}$，角钢垂直接地体长度 $2.5\text{m}\times8=20\text{m}$，水平连接扁钢 −50mm×5mm，扁钢总长 95m+105m=200m，接地体总长 $L=20\text{m}+200\text{m}=220\text{m}$。查表 16-6 得配电室砂质黏土电阻率 $\rho=100\Omega\cdot\text{m}$。接地电阻按式（16-3）计算，得

$$R=\frac{\rho}{2\pi L}\left(\ln\frac{8L}{d}-1\right)=\frac{100}{2\times3.14\times220}\left(\ln\frac{8\times220}{0.042}-1\right)\Omega=0.67\Omega<1\Omega$$

全室接地电阻满足设计要求。

接地装置施工时，应注意以下事项：

1）全配电室接地装置的接地电阻应小于 1Ω，施工完成后进行接地电阻测量，超过标准应补种至合格。

2）避雷器的独立接地应在避雷器接地点连接并可拆，测量时予以分开，接地装置的接地电阻应小于 10Ω。

3）接地装置采用电焊连接，扁钢搭接长度不小于宽度的 2 倍，并至少 3 个棱边进行焊接。

4）角钢与扁钢焊接时，应在两侧同时焊接，扁钢距角钢顶部的距离应有大约 100mm。

5）接地装置埋设深度应大于 0.7m，施工并验收合格后方可予以复土。

6）接地装置焊接处应二度防锈油漆防锈，接地的外露部分应涂以黄绿相间漆。

7）接地部分应遵守《电气安装工程施工及验收规范》。

第三节　防雷接地装置的运行维护

一、防雷装置的运行维护

1）检查配电房屋面防雷带有无锈蚀现象，引下线是否完好，接地处是否松动，发现缺陷应及时处理。

2）天气正常时，发现避雷器瓷套有裂纹，应根据要求将故障相避雷器退出运行进行更换。

3）雷雨时发现避雷器有裂纹，应尽量不使其退出运行，待雷雨过后再更换；若造成闪络而未引起接地，应在可能条件下将故障避雷器退出运行。

4）避雷器套管有炸裂现象，并引起系统接地时，运行值班人员应避免靠近，可采用断路器断开故障避雷器。

5）避雷器在运行中突然爆炸，但尚未造成系统永久性接地时，可在雷雨过后，将其退出运行并更换；若爆炸后引起系统永久性接地，则禁止使用隔离开关来操作故障的避雷器。

二、接地装置的安全要求

无论是保护接零，还是保护接地，接地装置都是头等重要的，它是电气系统保护装置的根本保证，安装和运行中都必须符合接地装置的安全要求。

1）接地装置的连接应采用焊接，焊接必须牢固可靠，无虚焊假焊。接至设备上的接地线，应用镀锌螺栓连接；有色金属接地线不能采用焊接时，可用螺栓连接。螺栓连接处的接

触面应平整并镀锡处理；凡用螺栓连接的部位，应有防松装置，以保持良好接触的长久性。

2）接地装置的焊接应采用搭接焊，其搭接长度必须符合以下规定：

① 扁钢为其宽度的 2 倍，且至少有 3 个棱边焊接。

② 圆钢为其直径的 6 倍，且应在圆钢的接触部位双面焊接。

③ 圆钢与扁钢连接时，其长度为圆钢直径的 6 倍，且应在圆钢接触部位的两面焊接。

④ 扁钢或圆钢与钢管、扁钢或圆钢与角钢焊接时，为了连接可靠，除应在其接触部位两侧进行焊接外，并将扁钢或圆钢弯成弧形或直角与钢管或角钢焊接。

3）利用建筑物的金属结构、混凝土结构的钢筋、生产用的钢结构架梁及配线用的钢管、金属管道等作为接地线时，应保证其全长为良好的电气通路，在其伸缩缝、接头及串接部位焊接金属跨接线，金属跨接线的截面应符合要求。

4）必须保证接地装置全线畅通并具有良好的导电性，不得有断裂、接触不良或接触电阻超标的现象。接地装置使用的材料必须有足够的机械强度，以免折断或裂开，其导体截面应符合热稳定和机械强度的要求。保护接零的保护线其导电能力，不得低于相线的 1/2。接地干线应在不同的两点及以上与接地网连接，自然接地体应在不同的两点及以上与接地干线或接地网连接，以保证导电的连续性及可靠性。大接地短路电流电网的接地装置，应校验其发生单相接地短路时的热稳定性，并校验能否承受短路接地电流转换出来的热量且保证稳定、畅通。

5）必须保证接地装置不受机械损伤，特别是明设的接地装置要有保护措施，与公路，铁路或管道等交叉及其他可能使装置遭受损伤处，均应用钢管或角钢等加以保护。接地线在穿过墙壁、楼板或引出地坪沿墙、沿杆、沿架敷设处，均应加装钢管或角钢保护，并涂以 15～100mm 宽度相等的绿色和黄色相间的条纹，以示醒目注意保护。在跨越建筑物伸缩缝、沉降缝处时，应设置补偿装置。补偿装置可用接地线本身弯成弧状代替。

6）必须保证装置不受有害物质的侵蚀，一般均采用镀锌铁件，凡焊接处均涂以沥青漆防腐，回填土不得有较强的腐蚀性。对腐蚀性较强的土壤，除应将接地线镀锌或镀铜外，还应当增大地线的截面积。因高电阻率土壤的影响而采取化学处理后的土壤，在埋设接地装置时，必须考虑化学物品是否对接地装置有腐蚀作用。

7）必须保证地下埋设的接地装置与其他物体的允许最小距离。接地体与建筑物的距离不应小于 1.5m；避雷针的接地装置与道路或建筑物的出入口及与墙的距离应大于 3m；接地线沿建筑物墙壁水平敷设时，离地面一般为 250～300mm，接地线与墙壁的间隙为 10～15mm。垂直接地体的间距一般为其长度的 2 倍，水平敷设时的间距一般为 5m。接地装置的敷设，应远离易燃易爆介质的管道；低压接地装置与高压侧的接地装置应有足够大的距离，否则，中间应加沥青隔离层。

8）接地线不得串联使用，可并联使用。

9）接地装置的埋深一般应大于 0.7m，且位于冻土层以下。

10）接地电阻必须符合要求。

无论是保护接零，还是保护接地，运行中人们往往只注重线路的维护检修，而对接地装置，特别是埋设于地下的装置注重不够，这样当接地装置出现故障时，供电系统也会同时出现故障，这样将是很危险的。

因此，接地装置的运行是一个很重要的内容，必须像供电用电系统那样引起人们的重视，以保证系统的安全运行。

三、接地装置的运行维护

1）凡是埋于地下的接地体、接地线以及利用的自然接地体等隐蔽工程，应按 GB 50169—2006 标准进行隐蔽工程验收，并做好中间检查及填写验收记录，其中选材、安装工艺过程、焊接、接地电阻测试及防腐处理等应符合标准的要求。

2）对于明设的接地装置，包括与电气设备外壳的接线点、焊接点、补偿装置、跨接线等易松动的部位应定期检查并紧固一次，发现问题要及时解决；设置的防止机械损伤的装置有否损坏或残缺，防腐是否完好，应及时采取措施。发现明显的电流烧灼现象，如镀锌变色、绝缘损坏要及时更换，并有验收合格签证。对于锌皮脱落、油漆爆皮，以及接地线的跌落、碰弯等有碍运行的地方要及时补救。

3）对于暗设及埋入地下的接地装置应定期检查零相回路的阻抗，接地电阻及通断情况，发现不妥要找出原因，对于难以修复的要重新敷设并验收合格。

一般情况下，应挖开接地引线的土层，检查地面以下 500mm 以上部分接地线的腐蚀程度；对于酸、盐、碱等严重腐蚀的区域，每 5 年左右应挖开局部地面进行检查，观察接地体的腐蚀情况。

接地装置接地电阻的测试周期，变电站每年 1 次；架空线路每 2 年 1 次；10kV 及以下线路上变压器或开关设备，每 2 年 1 次，10kV 以上每年 1 次；避雷针每 5 年 1 次，车间每年 1 次，住宅每年 1 次。时间一般为每年 3~4 月份或土壤最干燥时进行。

4）接地装置的检修周期在一般情况下，一个月一小修，半年一中修，一年一次大修，并做好检修记录及签证。特别是雷雨季节和大电流短路后应加强监视和检查，以免发生意外。每年春季和秋季宜作为检修阶段，并配合系统的检修和测试做好接地装置的运行和检修工作。

第十七章　配电自动化与用电智能化

第一节　综合自动化的主要功能

一、基本功能

配电所综合自动化系统应实现的基本功能有数据采集、运行监测和控制、继电保护、当地后备控制和紧急控制、与远方控制中心的通信。

（1）随时在线监视配电网运行参数、设备运行状态，自检、自诊断设备本身的异常运行，发现配电设备异常变化或装置内部异常时，立即自动报警并闭锁相应的出口动作，以防止事故扩大。

（2）电网出现事故时，快速采样、判断、决策，迅速隔离和消除事故，将故障限制在最小范围。

（3）完成配电所运行参数在线计算、存储、统计、分析报表、远传和保证电能质量的自动和遥控调整工作。

二、应用功能

配电所自动化系统应实现的应用功能有监视控制与数据采集（SCADA）、安全防误操作闭锁、电压无功自动控制（AVQC）、远动、继电保护及故障信息管理。

（1）监视控制与数据采集功能应包括数据采集与处理、事件处理与报警、遥控/遥调、人机接口（MMI）、统计与计算、报表生成及打印等。

（2）防误闭锁功能应包括配电所自动化系统防误闭锁以及操作票编制、预演与模拟操作等功能。

（3）电压无功自动控制（AVQC）功能是指根据设置的35kV及以下电压或无功目标值自动控制无功补偿设备，调节主变压器分接头，来实现电压无功自动控制。

（4）远动功能是指在配电所中实现直接与相关的调度中心进行实时数据通信的功能，应包括遥测、遥信、遥控及遥调。

（5）继电保护及故障信息管理功能指对配电所内继电保护、故障录波器等智能装置的统一接入、集中管理，并能对采集的数据进行处理，形成统一有序的数据格式，通过网络送到各调度中心的继电保护及故障信息系统主站。

三、在线计算功能

在线计算包括对所采集的各种电气量原始数据进行工程计算和对配电所运行参数、运行状况进行统计计算，它包括以下内容：

（1）交流采样后计算出电气量一次值 I、U、P、Q、f、$\cos\varphi$，并计算出日、月、年最大、最小值及出现的时间。其中，日、月可设置为非自然日和非自然月，相应的统计值也应按设定时间段进行计算。

（2）电量累计值和分时段值。

（3）主变压器温度、室温等温度值。

（4）日、月、年电压合格率。

（5）功率总加，电能总加。

（6）配电所送入、送出负荷及母线电量的平衡率。

（7）主变压器的负荷率及损耗。

（8）断路器的正常及事故跳闸次数、停用时间、月及年运行率等。

（9）变压器的停用时间及次数。

（10）站用电率计算。

（11）安全运行天数累计。

四、保护管理功能

保护管理功能实现对各配电所保护装置的集中统一管理，包含以下内容：

（1）运行数据采集、监测及传送。在子站内，系统接入采用不同介质、不同规约的各配电所保护装置，采集保护的动作信号、连接片投切状态、异常告警信号、保护测量值（电压、电流、功率、阻抗、频率等）、通信状态等运行信息，以及采样值、动作事件记录等故障记录信息，并根据实时性要求有选择、分优先级地上传到主站端；系统在有异常或事故时，通过图形和声光电信号等形式及时提醒运行人员；运行信息根据重要性、用户设定要求等保存到历史数据库中，供以后查询和分析。

（2）设备操作和控制。继电保护工程师在子站上可对保护进行定值召唤、定值修改、定值切换、连接片投退、历史记录查询等保护支持的操作，这些操作都要经过合法性检查，以保障安全；同时，在子站上可对保护进行远方复归。

（3）设备信息管理。集中管理各保护装置的生产厂家、装置型号、软件版本、铭牌参数等信息。

五、人机对话功能

（1）显示器显示画面的内容。显示采样和计算的实时运行参数（U、I、P、Q、$\cos\varphi$、有功电能、无功电能及主变压器温度 T、系统频率 f 等）、显示实时电气主接线图、事件顺序记录显示、越限报警显示、值班记录显示、历史趋势显示、保护定值和自控装置的设定值显示、故障记录和设备运行状态显示等。

（2）输入数据。电流互感器和电压互感器变比，保护定值和越限报警定值，自控装置的设定值，运行人员密码。

（3）打印功能。定时打印报表和运行日志，断路器操作记录打印，事件顺序记录打印，越限打印，召唤打印，抄屏打印，事故追忆打印。

（4）通过显示器屏幕可实现对断路器和隔离开关（如果允许电动操作的话）进行分、合操作，对变压器分接开关位置进行调节控制，对电容器进行投、切控制；能接受遥控操作命令，进行远方操作。为防止计算机系统故障时无法操作被控设备，在设计时，应保留人工直接跳闸、合闸手段。

六、报表功能

应提供专门和通用的报表生成工具，具有全图形的人机界面，能方便地生成各种报表，报表的生成时间、内容格式、打印时间可由用户确定。报表宜具备智能数据处理功能（包括数据有效性分析等）。

1. 各种报表的主要内容

（1）实时值表。

（2）正点值表。

（3）电能量表。

（4）事件顺序记录一览表。

（5）报警记录一览表。

（6）日、月、年最大负荷报表。

（7）母线电压合格率统计表。

（8）母线电量平衡表。

2. 报表的输出方式及要求

（1）实时及定时显示。

（2）定时或召唤打印，可以由操作员设置。

（3）可在操作员站上定义、修改、制作报表。

（4）各类报表应汉化。

（5）报表应按时间顺序存储，存储数量应满足用户要求，存储时间至少2年，报表可以转存为Excel格式，报表生成时间应可调。

七、数据与模拟量的采集功能

配电所的数据采集有两种：一是配电所原始数据采集，二是配电所自动化系统内部数据交换或采集。原始数据指直接来自一次设备的模拟量和开关量。

配电所的内部数据有：电能量数据、直流母线电压信号、保护动作信号等。

模拟量的采集有：各段母线电压、线路及馈出线电压、电流、有功功率、无功功率，主变压器电流、有功功率和无功功率，电容器电流、无功功率以及频率、相位、功率因数等。另外，还有少数非电量，如变压器温度、气体保护等。

模拟量的采集有交流和直流两种形式。交流采样如电压、电流信号不经过变送器，直接接入数据采集单元。直流采样是将外部信号，如交流电压、电流，经变送器转换成适合数据采集单元处理的直流电压信号后，再接入数据采集单元。在配电所综合自动化系统中，直流采样主要用于变压器温度、气体压力等非电量数据的采集。

开关量的采集有：断路器的状态、隔离开关状态、有载调压变压器分接头的位置、同期检测状态、继电保护动作信号、运行告警信号等，这些信号都以开关量的形式，通过光隔离电路输入至计算机。

八、运行监视和控制功能

1. 具体监视和控制项目

(1) 安全监视功能。

(2) 事件顺序记录。

(3) 故障记录、故障录波和测距。

(4) 操作控制功能。

(5) 人机联系功能。

(6) 数据处理与记录功能。

(7) 谐波分析与监视。

2. 运行监视的操作

(1) 能通过显示器对主要电气设备运行参数和设备状态进行监视，画面调用采用键盘、鼠标或跟踪球。

(2) 对显示的画面应具有电网拓扑识别功能，即带电设备颜色标识，能够根据颜色区分出不同电压等级。所有静态和动态画面应存储在画面数据库内，用户可方便和直观地完成实时画面的在线编辑、修改、定义、生成、删除、调用和实时数据库连接等功能，并能与其他工作站共享修改生成后的画面。

(3) 画面应采用标准窗口管理系统，窗口颜色、大小、生成、撤除、移动、选择及通过鼠标或键盘进行缩放等操作可由操作人员设置和修改。

(4) 图形管理系统应具有汉字生成和输入功能，支持矢量汉字字库。应具有动态棒型图、动态曲线、历史曲线制作功能。屏幕显示、打印制表、图形画面中的画面名称、设备名称、告警提示信息等均应汉字化。

(5) 应显示的主要画面至少包括以下各项：

1) 电气主接线图，包括显示设备实时运行状态（包括变压器分接头位置等）、各主要电气量（电流、电压、频率、有功功率、无功功率、变压器及高抗绕组温度及油温等）的实时值，并能指明潮流方向，可通过移屏、分幅显示方式显示全部和局部接线图及可按不同的详细程度多层显示。进行挂牌操作时，应该有选择的屏蔽间隔报文或者屏蔽间隔遥控。

2) 二次保护配置图，反映各套保护投切情况和连接片位置等。

3) 直流系统图。

4) 所用电系统状态图。

5) 趋势曲线图。对指定测量值，按特定的周期采集数据，并可按运行人员选择的显示间隔和区间显示趋势曲线；同时，画面上还应给出测量值允许变化的最大、最小范围。每幅图可按运行人员的要求显示4个以上测量值的当前趋势曲线。

6) 棒状图。

7) 自动化系统运行工况图。用图形方式及颜色变化显示自动化系统的设备配置，工作状态和通信状态。

8）各种保护信息及报表。

9）控制操作过程记录及报表。

10）事件顺序记录报表。

11）通信设备运行工况图。

12）光字牌图。

13）直流逆变电源状况图。

（6）监控系统在运行过程中，对采集的电流、电压、主变压器温度、频率等量要不断进行越限监视，如发现越限，立刻发出告警信号，同时记录和显示越限时间和越限值。另外，还要监视保护装置是否失电、自控装置是否正常等。

九、控制及安全操作闭锁功能

通过键盘能实现对断路器、隔离开关和接地隔离开关等配电所的开关设备实现一对一或选择控制。在控制过程中，通过显示器画面显示出被控对象的变位情况，并且通过软件能实现断路器与隔离开关、接地隔离开关之间的安全操作闭锁。

十、继电保护功能

继电保护功能是配电所综合自动化系统的最基本、最重要的功能，它包括配电所的主设备和输电线路的全套保护：高压输电线路的主保护和后备保护、变压器的主保护、后备保护以及非电量保护、母线保护、低压配电线路保护、无功补偿装置如电容器组保护、所用变压器保护等。

各保护单元除应具备独立、完整的保护功能外，还应具备以下附加功能：

（1）具有事件记录功能。包括发生故障、保护动作出口、保护设备状态等重要事项的记录。

（2）具有与系统对时功能，以便与系统统一时间，准确记录各种事件发生的时间。

（3）储存多套保护定值。

（4）具备当地人机接口功能。可显示保护单元各种信息，且可通过它修改保护定值。

（5）具备通信功能。提供必要的通信接口，支持保护单元与计算机系统通信协议。

（6）故障自诊断功能。通过自诊断，及时发现保护单元内部故障并报警。对于严重故障，在报警的同时，应可靠闭锁保护出口。

各保护单元满足功能要求的同时，还应满足保护装置的快速性、选择性、灵敏性和可靠性要求。

十一、报警功能

（1）告警管理功能将各种必要的信息反馈给运行人员，告诉运行人员当前工况，提醒注意。当系统有异常信息（包括一、二次设备及系统本身）、运行提示消息等发生时，告警管理功能按照信息的严重程度分类进行不同的处理：自动弹出告警窗、提供声光告警信号（电铃/电笛输出、语音提示）。告警窗口的大小、位置、告警颜色、图标、告警提示、字体应能灵活配置。

（2）子站本身的报警信息应发送到监控后台。

（3）当所采集的模拟量发生越限、数字量变位及计算机系统自诊断故障时，应进行报警处理。事故发生时，公用事故报警立即发出音响报警，主机/操作员工作站的显示器画面上应有相应的颜色改变并闪烁，同时推出报警条文。

（4）报警方式应分为两种：一种为事故报警，一种为预告报警。前者为非操作引起的断路器跳闸和保护装置动作信号，后者为一般性设备变位、状态信号、模拟量越限、自动化系统的事件异常等。对于事故报警和预告报警应有统一检索查询的工具，应能方便地显示整个系统未被确认和一直保持的报警信号。

（5）事故报警和预告报警应采用不同颜色、不同音响予以区别。事故信号采用电笛报警，预告信号采用电铃报警，对重要模拟量越限或发生断路器跳闸等事故时，应自动推出相关事故报警画面和提示信息，并自动启动事件记录打印机。

（6）事故报警通过手动方式和自动方式确认，手动确认应能确认单条或全部报警，自动确认时间可调。闪烁在报警确认后停止，声音按照配置时间自动复归，但报警信息仍保存。

对第一次事故报警发生阶段，若发生第二次报警，应同样处理，不应覆盖第一次。

十二、对SOE（事件顺序）记录及事故追忆功能

（1）应将配电所内重要设备的状态变化列为事件顺序记录，主要包括断路器、隔离开关和保护动作信号等。

（2）事件顺序记录报告所形成的各项内容是重要的原始数据，作为一次事件的报告，它的任何信息都不能被修改。但可对多次事件中的某些次进行选择、组合，以利于事后分析。

（3）事件顺序记录功能的分辨率应不大于2ms，事件顺序记录的存储容量不少于500条。

（4）事故追忆的时间跨度、记录点的时间间隔应能自行方便设定，事故前5min和事故后10min的数据都应保存。事故追忆应具备同时多重事故记录功能，每重事故应记录完整。

（5）事故追忆既可手动触发，也可选择不同的模拟量、数字量或其组合构成不同的触发条件。

（6）应提供图形界面，对事故发生的过程进行反演。

（7）事故总信号由保护动作信号与开关变位信号逻辑合成。挂检修牌时，检修间隔的信号正常上传并在单独界面显示，但不参与逻辑运算，不产生事故总信号，不推画面，也不产生音响。

十三、故障录波管理功能

故障录波管理是指根据所采集的电网故障数据对电网事故、保护装置动作情况进行各类判断、分析以及故障点的确定，使调度人员及时掌握系统故障情况及保护动作行为，快速查找故障点，迅速进行事故处理和恢复，同时还包括各种故障分量的计算和管理工作等。电网故障数据包括故障录波器数据和保护提供的采样值数据等。

故障录波管理提供以下内容：

（1）故障录波数据的采集、处理及传送。在子站内应配置相应的故障分析软件，系统

接入不同厂家的录波器，正常运行时巡检录波器，当有故障录波记录时可以由用户手动召唤或者自动接收录波器主动上传的数据，并把数据转换为标准的 COMTRADE 格式保存，并根据设置有选择地上传到主站端，以进行故障分析和处理。

（2）录波器运行状态监视和控制。子站可巡检录波器，获得录波器当前运行状态，在有异常时发出告警信息；同时在子站上可对故障录波进行远方启动。

（3）设备信息管理。集中管理各录波器装置的生产厂家、装置型号、软件版本、铭牌参数。

（4）录波曲线。可以任意选择一条、几条录波曲线，画在同一个或不同窗口内，进行分析、比较。可以对波形曲线进行幅度缩放、时间轴拉伸压缩以及曲线局部无级缩放，在波形图上可以显示每一条曲线的即时值、有效值、最大/最小值、相角值、功率值、谐波值、采样间隔、时间点等信息。

（5）谐波分析。可以计算故障量的 1~9 次谐波。

（6）相量图。可以绘制出故障数据的序分量相量图和相分量相量图。

（7）打印输出。录波图形的全部/局部及分析报告等都可打印输出保存。

（8）故障测距。根据源数据进行单端/双端测距，提供包括故障线路、故障时间、故障相别、故障距离、故障后电流电压有效值、跳闸时间、重合闸时间、再次故障以及启动线路、开关量变化等信息的故障分析报告。

十四、通信功能

（1）各保护测控单元与配电所计算机系统通信。

（2）各保护测控单元之间互通信。

（3）配电所综合自动化系统与电网自动化系统通信。

（4）其他智能化电子设备 IED 与配电所计算机系统通信。

（5）配电所计算机系统内部计算机间相互通信。

十五、电量处理功能

（1）自动化系统应对配电所用各种方式采集到的电能量进行处理。

（2）自动化系统应能对电能量进行分时段的统计分析计算。

（3）自动化系统应能适应运行方式的改变而自动改变计算方法，并在输出报表上予以说明，如旁路代线路时的电能量统计。

十六、计时功能

配电所中要求时间统一的装置包括测控单元、微机保护装置和故障录波器等，这些装置宜能接受 IRIG-B（DC）时码来满足对时需求。

配电所时钟同步的要求为：

（1）每个配电所配置一套时间同步系统来实现装置时间的同步。时间同步系统由主时钟、二级时钟、时间信号传输设备和时间信号用户设备接口组成。在配电所内应采用两台主时钟，互为备用，提高系统的可靠性。

（2）主时钟应能接收 GPS 卫星发送的信息，作为时间基准，还应能接收另外一台主时钟发出的 IRIG-B（DC）时码（RS422），作为主时钟的备用外部时间基准。

(3) 主时钟和二级时钟内部应具备时间保持单元，当接收到外部时间基准信号时，时钟被外部基准信号同步；当接收不到外部时间基准信号时，保持一定的走时准确度，使输出的时间同步信号仍能保证一定的准确度。时间保持单元的时钟准确度应优于 7×10^{-8}。

(4) 主时钟和二级时钟需提供以下各种标准同步时钟信号，以满足不同装置的对时需求：1 脉冲/s（空触点输入）、1 脉冲/min（空触点输入）、1 脉冲/h（空触点输入）IRIG-B（DC）时码（RS422）、IRIG-B（DC）时码（TTL）、IRIG-B（AC）时码、差分信号、时间日期报文串口（RS232）。

第二节 NSR650 系列数字式综合测控装置

一、概述

NSR650 系列数字式综合测控装置是面向单元设备的分散式测控装置。以摩托罗拉 MCU 为核心处理器。每单元装置内部由可靠快速 CAN 总线连接的多 CPU 模块组成。装置各子模块按功能分配，分别有智能数字量采集（DI）模块、智能交流采集（AC、AC-U、AC-I）模块、智能温度直流采集（DC）模块、智能控制（OUT）模块、智能数字输入输出（DIO）模块；非智能交流输入（NAC）模块、非智能出口（NOUT）模块、电压并列（VP）模块、网络接口（COMM）模块以及其他可选配模块。各种不同功能的模块与模件，对配电设备进行综合测控，实现配电自动化、智能化运行管理。

二、技术参数

NSR650 数字式综测控装置主要技术参数见表 17-1。

表 17-1 NSR650 测控装置主要技术参数

序号	名称	参数
1	额定直流电压输入/V	220 或 110
2	额定直流电压输出/V	+5、±12、+24(1)、+24(2)
3	额定交流电压/V	100、$100/\sqrt{3}$
4	额定交流电流/A	5、1
5	额定频率/Hz	50
6	状态量及脉量电平/V	24(18~30)
7	交流回路测量范围	
	电压/V	0~120
	电流/A	$0\sim1.2I_n$
8	控制输出接点载流容量/A	10(250V AC/DC)
9	控制输出接点开断容量/A	10(30V DC)10(250V AC)
10	模拟量测量回路精度	
	交流电流、电压/级	0.2
	功率、电量/级	0.5
	温度、直流/级	0.2
11	事件顺序记录(SOE)分辨率/ms	≤1

三、硬件配置

NSR650 系列数字式综合测控装置是单元设备的分散式测控装置。以摩托罗拉 MCU 为核心处理器，每单元装置内部由可靠快速 CAN 总线连接的 CPU 模块组成。NSR650 系列模件关系示意如图 17-1 所示。

1. 管理主模块（CPU、MMI）主要功能

（1）遥测数据采集及计算。

（2）遥信采集及处理（变位及 SOE 信息的记录和发送）。

（3）遥脉采集及累计计算。

（4）遥控命令的接收与执行。

（5）检验同期合闸。

（6）逻辑闭锁。

（7）与显示板通信、支持人机界面。

（8）通过网络接口，将信息读入或发出。

（9）GPS 对时。

（10）对关键芯片的定时自检。

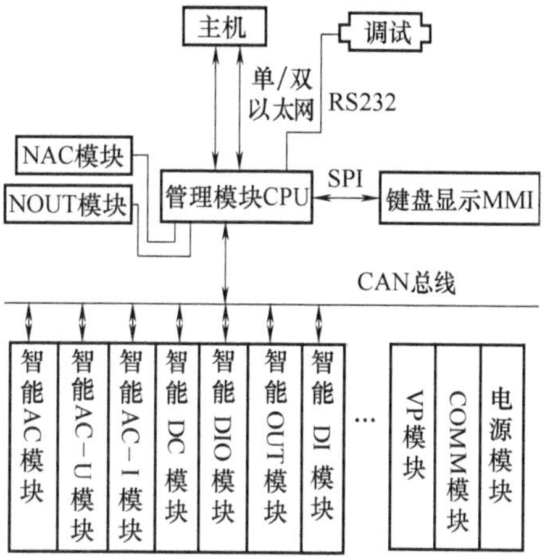

图 17-1　NSR650 系列模块关系示意图

2. 智能交流采集（AC、AC-U、AC-I）模块主要功能：主要采集电流、电压、有功、无功功率因数、有功电能、无功电能等。

3. 智能温度直流采集（DC）模块主要功能：采集外部弱直流性质输入量，可以是温度或直变送器输出的直流电压量。

4. 智能（OUT）模块控制功能：实现对断路器、隔离开关、变压器有载调压（升、降、急停）等设备的控制。

5. 智能数字输入（DIO）模块功能：同时具有遥信、遥控、遥调功能，可以实现遥信闭锁、遥控滑档闭锁等。

6. 智能数字量输入（DI）模块功能：

（1）开关量输入：采集断路器位置、隔离开关位置、变压器调压开关分接头位置、各种保护装置动作报警信号、其他公用信号等。

（2）编码输入：采集分接头位置等。

（3）脉冲量输入：采集正向有功电量、反向有功电量、正向无功电量、反向无功电量。

7. 电压并联（VP）模块功能：主要用于 PT 并列。

8. 网络接口（COMM）模块：具有三个以太网口和两个串口（RS232/485/422），该模块可用于接口转换器、路由器等。

9. 电源（POWER）模块：本模块为直流逆变电源插件。直流 220V 或 110V 电压输入经抗干扰滤波回路后，利用逆变原理输出本装置需要的四组直流电压，即 5V、±12V、24V（1）、24V（2）。

四、监控系统的运行维护及异常故障处理

1. 监控系统的运行维护

（1）严禁在运行工作站上进行与工作无关的操作，非当值人员严禁操作运行工作站。

（2）在运行工作站上进行倒闸操作时应严格履行监护复诵制度。

（3）一台运行工作站出现死机情况时，可以重新启动一次，如不能恢复，应立即汇报工区派人处理，此时拉合开关的操作可在保护盘上进行。

（4）工作站、显示器、打印机电源应从不间断的电源输出接入，工作站不得随意拨动。

（5）当交流失电后，运动装置的不间断电源，一般原则上可供10h左右。

（6）设备应水平放置稳妥，放置地点应保持清洁、干燥，要防止液体或脏物沾染设备；设备上禁止堆放物品；设备周围要留有适当空间，便于设备散热，室内温度控制在10～35℃；显示器要防止磁性物体接近。

（7）设备间的连接线应稳固，卡簧和固紧螺栓均要到位，禁止强力拖拽和带电插拔。

（8）站内应留有系统备份盘和设备使用资料；不得打开其他文件组；禁止关闭主控窗口，命令窗口和主菜单；禁止使用自带的或其他外来磁盘。

（9）监控系统为连续运行设备，只能任意调用画面，查看曲线、棒图等，利用系统提供的功能进行正常的运行方式的更改，严禁修改数据库画面和报表，严禁自行关闭系统。

（10）逆变电源只能作为监控系统专用电源，不得作为它用。

2. 监控系统的巡视检查

（1）监控系统各设备均在运行状态，工作指示灯亮，无死机现象，网络通信正常。

（2）运行工作站上的主接线图与现场运行方式一致，各种实时信息刷新正常。

（3）打印机打印正常，不缺纸。

（4）逆变电源输出是否正常。

3. 监控系统异常故障处理

（1）监控系统自动化设备出现缺陷时，应按配电所制定的设备缺陷管理制度进行处理。

（2）自动化设备因故障停运时，应及时报告当值调度员及主管部门，必要时安排人员临时值班。

（3）未经调度部门同意，不得将自动化设备或自动化通道停运，不得在自动化设备上工作。

（4）自动化人员进入配电所工作时，必须严格遵守部颁《电业安全工作规程》及现场工作规程。

（5）当出现运行灯灭、网络通信灯不闪等故障时，应及时汇报调度及主管部门，等候处理，并加强对监控系统的监视。

第三节　无人值班配电所信息量管理

一、概述

无人值班配电所应加强信息量管理，应规范监控中心的信息采集量的数量及术语，提高远程监控的工作效率，保障电网及配电所电气设备的安全可靠运行。

二、遥信量

1. 术语命令

对于术语命名，规定如下：

（1）一次设备方面的遥信：××变××线××断路器（开关）。

（2）二次设备方面的遥信：××变××线××断路器（开关）××保护。

（3）公共设备方面的遥信：××变。

为方便起见，将变电站划分为：线路单元、主变压器单元、母线单元、电容（电抗）器单元、中央信号及其他单元等。

2. 线路单元

（1）断路器位置信号。

操作机构断路器分闸信号由分闸触点并联发出，合闸信号由合闸接点串联发出；

（2）隔离开关位置信号（新建站）。

（3）断路器异常信号。

1）弹簧机构：弹簧未储能，SF_6 压力低闭锁。

2）公用：储能电机回路异常，SF_6 压力低报警。

3）断路器控制回路断线信号。控制回路断线，包括第一组、第二组控制回路、电源断线。

4）保护动作信号。保护动作，双套保护分别列出，包括第一组、第二组出口跳闸等。

5）保护装置异常信号。保护装置异常，包括保护异常、闭锁、电源异常等，及保护装置呼唤信号不接入，失灵装置异常。

6）交流回路断线信号。保护交流回路断线，线路无压。

7）装置异常或通道告警信号。收发信机（光端机）装置异常。

8）重合闸动作信号。重合闸动作。

9）断路器三相位置不一致。

3. 主变压器单元

（1）各侧断路器位置信号。

（2）各侧隔离开关（含中性点接地隔离开关）位置信号（新建站）。

（3）有载调压开关位置信号（如具备条件，可由遥测送）；

1）×号主变压器有载调压分接头从×档调至×档。

2）×号主变压器有载在线滤油装置动作。

（4）各侧断路器操作机构异常信号。

（5）冷却系统异常信号。

（6）冷却器全停信号。

（7）控制回路断线信号。

（8）主变油位异常信号。

（9）消弧线圈异常信号：

1）消弧线圈动作；

2）消弧线圈接地状态；

3）消弧线圈档位到头（包括容量不足）；

4）消弧线圈装置异常，包括消弧线圈拒动、位错误、协调装置异常、交直流电压消失等。

（10）油、线圈温度高信号：×号主变压器温度高（包括油温、线圈温）。

（11）交流回路断线信号：×号主变压器××kV电压回路断线（各电压等级应分别列出）。

（12）主保护动作信号：

1）×号主变压器本体重瓦斯保护动作；

2）×号主变压器有载重瓦斯保护动作；

3）×号主变压器差动保护动作（包括差动速断）。

（13）后备保护动作信号：×号主变压器后备保护动作（包括高、低后备保护动作）。

（14）保护异常信号：×号主变压器××保护装置异常（包括内部故障或电源故障等）。

（15）过负荷信号。

（16）轻瓦斯动作信号：

1）×号主变压器本体轻瓦斯动作；

2）×号主变压器有载轻瓦斯动作。

（17）调压装置异常信号：

1）×号主变压器有载调压装置紧急停止；

2）×号主变压器有载调压装置异常（包括电源、机构等方面）；

3）×号主变压器在线滤油装置异常（包括电源异常、滤芯失效、除水报警、除颗粒报警等）。

4）×号主变压器过负荷闭锁有载调压。

（18）压力释放信号。

（19）辅助冷却器投入信号。

（20）冷却器工作电源故障信号：

1）主变压器冷却器工作电源故障；

2）主变压器冷却器操作电源故障。

4. 母线单元

（1）母联及分段断路器位置信号。

（2）母线隔离开关位置信号。

（3）母线保护信号：

1）母联及分段断路器控制回路断线信号；

2）保护装置异常信号：（包括装置内部故障或电源异常等）；

3）母联及分段断路器操作机构异常信号；

4）交流电流回路断线信号：××TA回路断线；

5）交流电压回路断线信号：××kV交流电压回路断线。

5. 电容（电抗）器单元

（1）断路器位置信号。

（2）保护动作信号：保护动作，包括不平衡电压、电流保护出口跳闸等。

（3）交流回路断线信号。

（4）控制回路断线信号。

（5）保护装置异常信号：保护装置异常，包括装置内部故障及电源故障等。

6. 中央信号单元

（1）事故总信号：事故信号动作（如具备条件，优先采用硬接点接入）。

（2）直流接地信号：直流母线绝缘降低。

（3）直流装置异常信号：

1）直流充电机异常（包括失电压、断相等）。

2）直流母线电压越限（±10%）；

3）直流分屏绝缘监测装置异常；

4）电池组异常（包括过欠电压、事故放电等）；

5）蓄电池回路断开。

（4）34kV、10kV 系统接地信号：

1）××kV 正（Ⅰ）母线接地；

2）××kV 副（Ⅱ）母线接地；

（5）TV 二次回路异常信号（计量、同期）：

1）切换继电器同时动作；

2）正（Ⅰ）母线电能表回路电压消失；

3）副（Ⅱ）母线电能表回路电压消失（中央信号）。

（6）故障录波器异常信号：故障录波器装置异常（包括装置内部故障、电源异常等）。

（7）低周（低压）装置动作信号：低周（低压）减载装置动作。

（8）低周（低压）装置异常信号：低周（低压）装置异常，包括装置内部故障，电源异常等。

（9）备用电源自投装置动作信号（按电压等级）：

1）自投动作；

2）自投方式（包括线路备自投和内桥备自投，10kV 包括分段备自投等）。

（10）备用电源自投装置异常信号（按电压等级）：自投装置异常，包括装置内部故障、电源异常等。

（11）所用电系统异常信号（站用电要求有自投功能）：

1）所用电电压异常（包括母线和两条进线电压监视）；

2）所用电母线电压越限（±10%）；

3）逆变装置异常（包括装置内部故障、电源异常等）。

（12）所用电次级开关位置信号。

三、遥测量

（1）35kV 线路有功功率　无功功率、单相电流，10kV 线路单相电流。

（2）35kV、10kV 母线线电压 U_{ab}，相电压 U_{an}、U_{bn}、U_{cn}，$3U_0$。

（3）分段、母联电流，旁路有功功率、无功功率、电流。

（4）电容（电抗）器三相电流、无功功率。

(5) 主变压器各侧有功功率、无功功率、三相电流。
(6) 直流电压（正对地、负对地）。
(7) 变压器油温、线温。
(8) 所用变压器母线三相电压。

四、遥控量

(1) 高压断路器。
(2) 主变压器中性点接地隔离开关。
(3) 接地信号复归。
(4) 保护装置复归。
(5) 保护及自动装置投切。

五、遥调量

(1) 变压器分接开关（为备用调压措施）。
(2) 无功补偿装置投切。

六、其他量

(1) 远动、通信装置异常信号：测控单元通信中断，包括通信中断、电源异常等。
(2) 控制方式由遥控转为当地控制的信号。

第四节　用电智能化

一、概述

用电智能化服务体系，实现营销管理的现代化运行和营销业务的智能化应用；全面开展双向互动用电服务，实现电网与用户的双向互动，提升用户服务质量，满足用户多元化需求；推动用电智能化领域技术创新，带动相关产业发展；推动终端用户用能模式的转变，提升用电效率。

二、用电信息采集系统

用电信息采集系统是对电力用户的用电信息进行采集、处理和实时监控的系统，具备用电信息的自动采集、计量异常监测、电能质量监测、分布式电源监测及相关信息发布等功能。

用电信息采集系统主要由主站、通信网络、采集终端和智能电能表组成，可采集用户和电网各级关口计量点的全部用电信息。用电信息采集系统架构如图 17-2 所示。

主站功能包括数据采集、数据管理、终端管理、档案管理、自动抄表管理、费控管理、有序旧电管理、负荷控制，用电情况统计分析、异常用电分析、电能质量数据统计分析等。

采集终端是对各信息采集点进行用电信息采集的设备。它是实现电能表数据采集、数据管理、数据双向传输以及转发或执行控制命令的设备。采集终端按应用场所，分为专变采集终端、集中抄表终端（包括集中器、采集器）等类型，如图 17-3 所示。

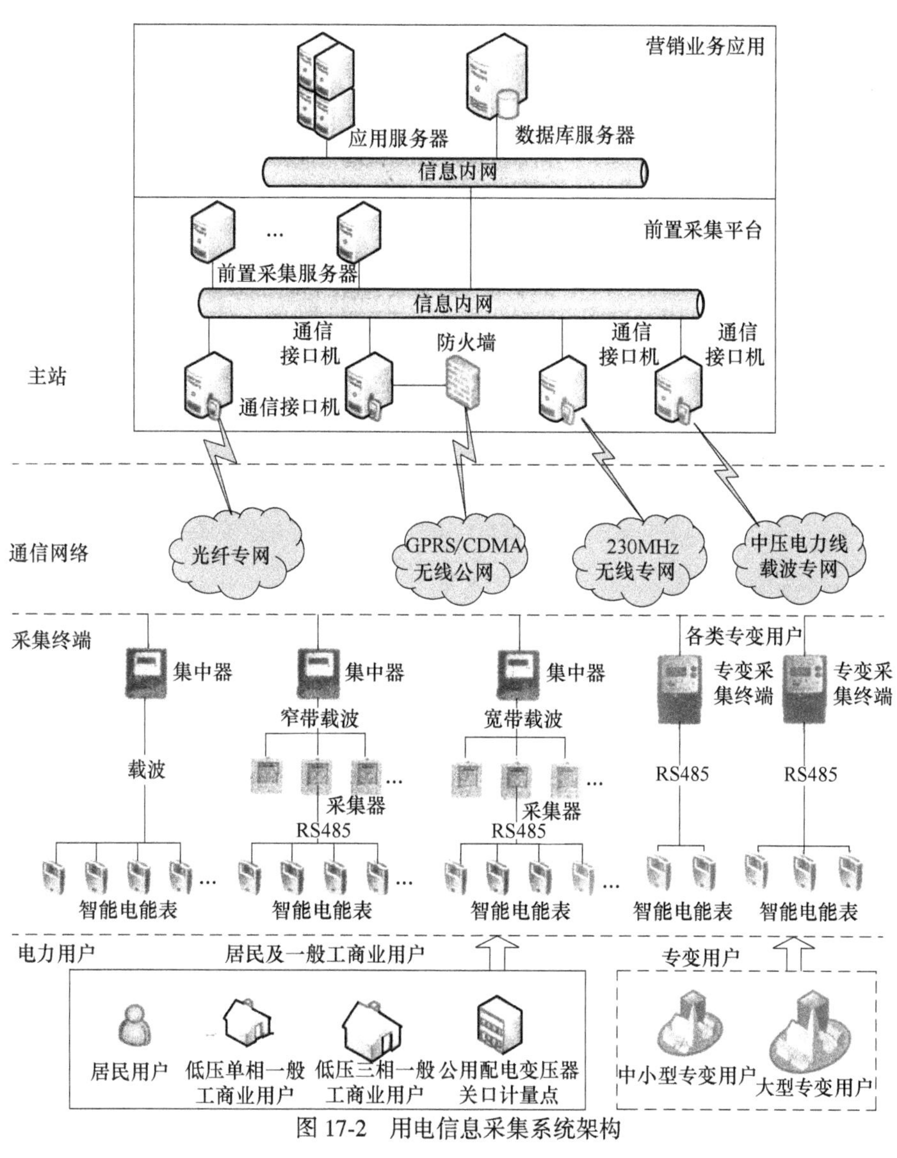

图 17-2　用电信息采集系统架构

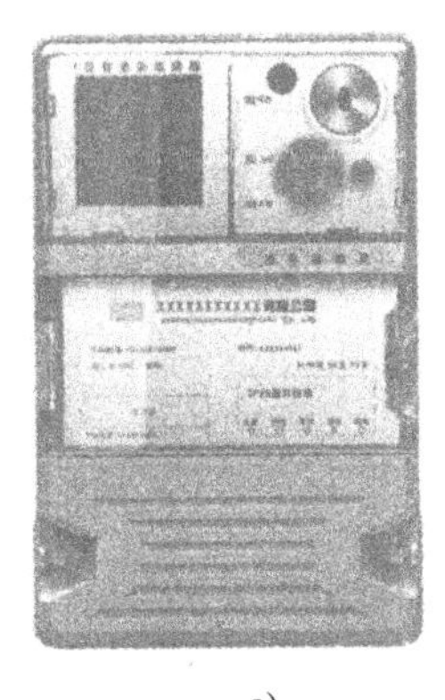

a)　　b)

图 17-3　采集终端

a）专变采集终端　b）集中器

三、智能电能表的接线

三相三线多功能电能表带电压、电流互感器接线如图 17-4 所示。

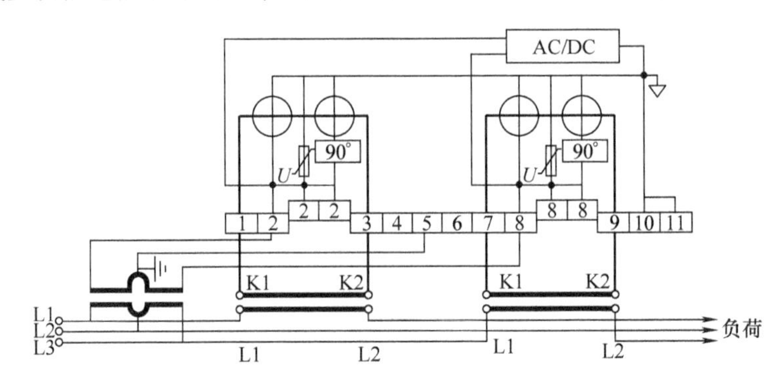

图 17-4　三相三线多功能电能表带电压、电流互感器接线

三相四线多功能电能表直通接线如图 17-5 所示，三相四线多功能电能表带电流互感器接线如图 17-6 所示，三相四线多功能电能表带电压、电流互感器接线如图 17-7 所示。

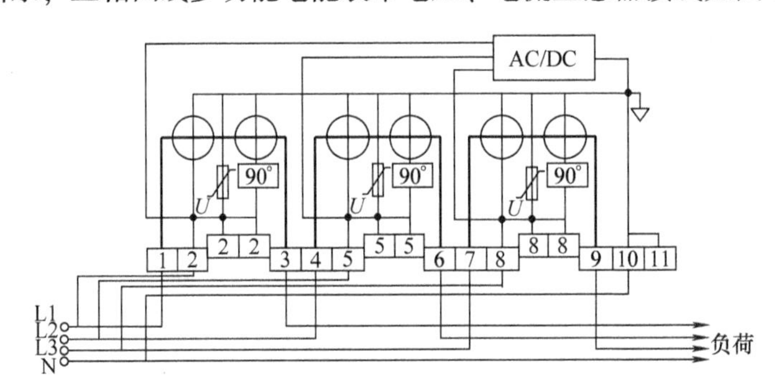

图 17-5　三相四线多功能电能表直通接线

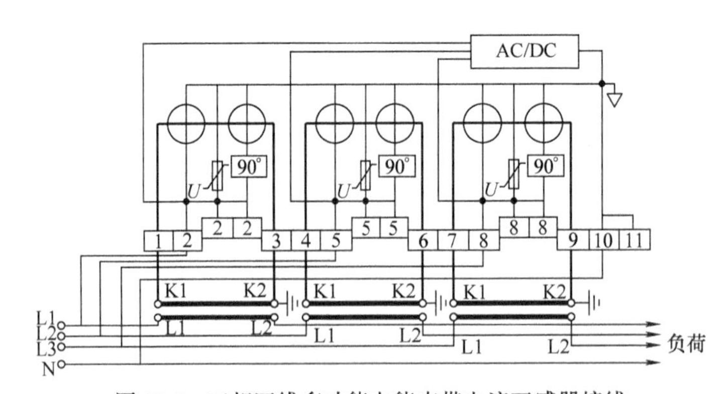

图 17-6　三相四线多功能电能表带电流互感器接线

多功能电能表辅助端子接线如图 17-8 所示，脉冲输出接口原理如图 17-9 所示，辅助端子脉冲输出原理如图 17-10 所示。

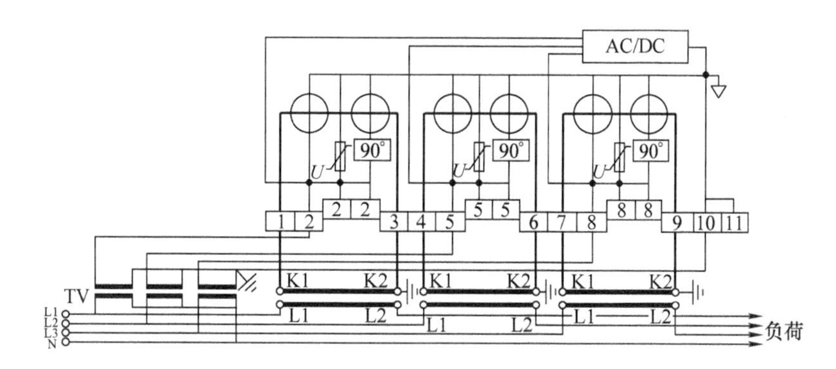

图 17-7　三相四线多功能电能表带电压、电流互感器接线

图 17-8　多功能电能表辅助端子接线

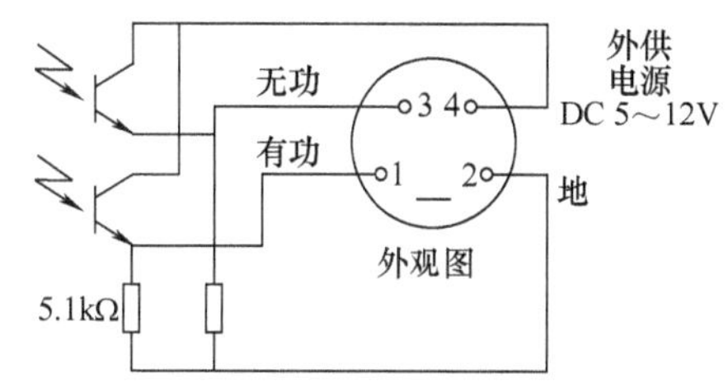

图 17-9　多功能电能表脉冲输出接口原理

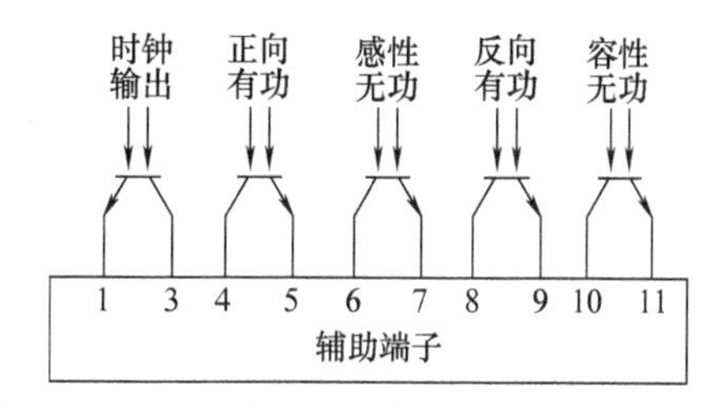

图 17-10　多功能电能表辅助端子脉冲输出原理

四、用电信息采集系统的主要功能

1）数据采集。根据不同业务对采集数据的要求，编制自动采集任务，包括任务名称、任务类型、采集群组、采集数据项、任务执行起止时间、采集周期、执行优先级、正常补采次数等信息，并管理各种采集任务的执行，检查任务执行情况。

2）数据管理。主要包括数据合理性检查、数据计算分析、数据存储管理等。

3）定值控制。主要是指通过远方控制方式实现系统功率定值控制、电量定值控制和费率定值控制功能。

4）综合应用。主要包括自动抄表管理、费控管理、有序用电管理、用电情况统计分析、异常用电分析、电能质量数据统计、线损分析、变压器损耗分析和增值服务。

5）运行维护管理。主要包括系统对时、权限和密码管理、终端管理、档案管理、配合其他业务应用系统、通信和路由管理、运行状况管理、维护及故障记录、报表管理等。

6）系统接口。主要完成与其他业务应用系统的连接功能。

五、用电信息采集系统的主要采集方式

1）采集类型。主要包括大型专用变压器用户、中小型专用变压器用户、三相一般工商业用户、单相一般工商业用户、居民用户和公用配电变压器考核计量点共计6种类型。

2）自动采集。按采集任务设定的时间间隔自动采集终端数据，自动采集时间、间隔、内容、对象可设置。当定时自动数据采集失败时，主站应有自动及人工补采功能，保证数据的完整性。

3）随机召测。根据实际需要随时人工召测数据。如果出现事件告警时，随即召测与事件相关的重要数据，供事件分析使用。

4）主动上报。在全双工通道和数据交换网络通道的数据传输中，允许终端启动数据传输过程（简称为主动上报），将重要事件立即上报主站，以及按定时发送任务设置，将数据定时上报主站。主站应支持主动上报数据的采集和处理。

六、用电信息采集系统的主要通信方式

在用电信息采集系统中，通信信道可分为远程信道和本地信道。

1）远程通信信道。该信道用于完成主站系统和现场终端之间的数据传输通信。光纤专网、GPRS/CDMA、5G等无线公网、230MHz无线专网、中压电力线路载波等通信方式适用于远程通信信道。

2）本地通信信道。该信道用于现场终端到表计的通信连接，高压用户一般采用RS-485通信方式连接专用变压器采集终端和计量表计；低压用户可采用低压电力线路载波、微功率无线网络、RS-485通信方式连接集中抄表终端和计量表计。

七、实施费控管理的方式

1）主站实施费控。根据用户的缴费信息和定时采集的用户电能表数据，计算剩余电费。当剩余电费等于或低于报警门限值时，通过采集系统主站或其他方式发催费告警通知，通知用户及时缴费。当剩余电费等于或低于跳闸门限值时，通过采集系统主站下发跳闸控制命令，切断供电。用户缴费成功后，可通过主站发送允许合闸命令，允许合闸。

2）采集终端实施费控。根据用户的缴费信息，主站将电能量费率时段、费率和费控参数（包括购电单号、预付电费值、报警和跳闸门限值等参数）下发终端并进行存储。当需要对用户进行控制时，向终端下发费控投入命令，终端定时采集用户电能表数据，计算剩余电费，终端根据报警和跳闸门限值分别执行告警和跳闸。用户缴费成功后，可通过主站发送允许合闸命令，允许合闸。

3）电能表实施费控。根据用户缴费信息，主站将电能量费率时段、费率和费控参数（包括购电单号、预付电费值、报警和跳闸门限值等参数）下发电能表并进行存储。当需要对用户进行控制时，向电能下发费控投入命令，电能表实时计算剩余电费，电能表根据报警和跳闸门限值分别执行告警和跳闸。用户缴费成功后，可通过主站发送允许合闸命令，允许合闸。

参 考 文 献

[1] 南京电力学校. 电力系统继电保护 [M]. 北京：水利电力出版社，1981.

[2] 江苏省电力工业局南通供电局. 变电运行培训教材：下册 [M]. 北京：水利电力出版社，1983.

[3] 华东六省一市电机工程（电力）学会联合编委会，江苏省南通市电机工程学会. 电工进网作业考核·培训教材（工矿企业电工部分）[M]. 北京：中国电力出版社，1999.

[4] 狄富清. 城乡电网配电装置 [M]. 北京：中国电力出版社，2001.

[5] 张全元. 变电运行现场技术问答 [M]. 北京：中国电力出版社，2003.

[6] 江苏省电力公司. 电力营销知识问答·电价电费部分 [M]. 北京：中国电力出版社，2004.

[7] 江苏省电力公司. 江苏省城市 10kV 及以下配网典型设计通用图：下册 [Z]. 南京，2004.

[8] 江苏省电力公司. 江苏省 35kV 及以下客户端变电所典型设计图集：上册 [Z]. 南京，2005.

[9] 江苏省电力公司. 江苏省 35kV 及以下客户端变电所典型设计图集：下册 [Z]. 南京，2005.

[10] 江苏省电力公司. 江苏省新农村配网建设与改造典型设计 [Z]. 南京，2006.

[11] 白公. 电工实用技能手册 [M]. 北京：机械工业出版社，2006.

[12] 江苏省电力公司. 电力系统继电保护原理与实用技术 [M]. 北京：中国电力出版社，2006.

[13] 陈海波. 电工技能一点通 [M]. 北京：机械工业出版社，2006.

[14] 国家电网公司. 国家电网公司输变电工程通用设计 400V 电能计量装置分册 [M]. 北京：中国电力出版社，2007.

[15] 文锋. 发电厂与变电站的二次接线及实例分析 [M]. 北京：机械工业出版社，2008.

[16] 国家电监会电力业务资质管理中心. 电工进网作业许可证续期注册培训教材 [M]. 北京：中国电力出版社，2008.

[17] 孟宪章，罗晓梅. 10/0.4kV 变配电实用技术 [M]. 北京：机械工业出版社，2009.

[18] 刘振亚. 智能电网知识读本 [M]. 北京：中国电力出版社，2010.

[19] 刘振亚. 智能电网知识问答 [M]. 北京：中国电力出版社，2010.

[20] 狄富清，狄晓渊. 配电实用技术 [M]. 北京：机械工业出版社，2012.

[21] 狄富清，狄晓渊. 10/0.4kV 配电设备继电保护实用技术 [M]. 北京：机械工业出版社，2014.

[22] 郭光荣，李斌. 电力系统继电保护 [M]. 3 版. 北京：高等教育出版社，2014.

[23] 狄富清、狄晓渊. 变电站现场运行实用技术 [M]. 北京：中国电力出版社，2019.

[24] ABB 公司. Emax 空气断路器技术资料 [Z].

[25] ABB 公司. Tmax 塑壳断路器技术资料 [Z].